Dahlmann / Haberstroh / Menges

Menges Werkstoffkunde Kunststoffe

Rainer Dahlmann
Edmund Haberstroh
Georg Menges

Menges Werkstoffkunde Kunststoffe

7., vollständig neu bearbeitete Auflage

HANSER

Die Autoren:

Prof. Dr. rer. nat. Rainer Dahlmann,
Institut für Kunststoffverarbeitung in Industrie und Handwerk an der RWTH Aachen

Prof. Dr.-Ing. Edmund Haberstroh,
Institut für Kunststoffverarbeitung in Industrie und Handwerk an der RWTH Aachen

Prof. Dr.-Ing. Georg Menges,
Institut für Kunststoffverarbeitung in Industrie und Handwerk an der RWTH Aachen

Bibliografische Information der Deutschen Nationalbibliothek:

Die Deutsche Nationalbibliothek verzeichnet diese Publikation in der Deutschen Nationalbibliografie; detaillierte bibliografische Daten sind im Internet über <http://dnb.ddb.de> abrufbar.

www.hanser-fachbuch.de
Herstellung: Der Buchmacher, Arthur Lenner, Windach
Coverconcept: Marc Müller-Bremer, www.rebranding.de, München
Coverrealisierung: Max Kostopoulos
Satz: Eberl & Koesel Studio GmbH, Krugzell, Germany
Druck und Bindung: CPI books GmbH, Leck
Printed in Germany

ISBN: 978-3-446-45801-7
E-Book-ISBN: 978-3-446-46086-7

Vorwort zur 7. Auflage

Die vorliegende Auflage der „Menges Werkstoffkunde Kunststoffe" erscheint wenige Monate, nachdem Georg Menges im Alter von 97 Jahren von uns gegangen ist. Er hatte den Lehrstuhl für Kunststoffverarbeitung der RWTH Aachen 1965 übernommen. 1970 erschien im Verlag de Gruyter (Sammlung Göschen) ein kleinformatiges Büchlein von 95 Seiten mit dem Titel „Werkstoffkunde der Kunststoffe", das zum Gebrauch in der Vorlesung konzipiert war. In diesem Jahr wurde in der Fakultät für Maschinenwesen der RWTH Aachen die Studienrichtung Kunststofftechnik ins Leben gerufen. 1979 entschloss sich der Hanser Verlag zur Veröffentlichung der ersten Auflage des vorliegenden Buchs. Georg Menges trat 1989 in den Ruhestand und blieb auch in der Weiterentwicklung dieses Buches aktiv. Gemäß dem Grundsatz, dass es zwischen Forschung, Lehre und industrieller Praxis keine Brüche und keine Lücken geben darf, waren Bücher über Verarbeitung und über Werkstoffkunde der Kunststoffe, die in gleichem Maße im Studium wie in der Industrie Verwendung finden können, für ihn immer ein Anliegen gewesen.

Vor nunmehr 10 Jahren erschien die 6. Auflage des vorliegenden Buches, die er gemeinsam mit seinen Schülern und Nachfolgern Michaeli, Haberstroh und Schmachtenberg erarbeitet hatte. Dabei wurde gemäß dem Vorschlag des Verlags sein Name als Teil des Titels eingefügt: „Menges Werkstoffkunde Kunststoffe".

Wie sich in dem Zeitraum von über 50 Jahren das Fachgebiet entwickelt und gewandelt hat, so hat sich dieses Buch kontinuierlich verbreitert, vertieft und gewandelt. Für diese 7. Auflage wurden nahezu alle Kapitel des Buches neu strukturiert und zu großen Teilen vollständig überarbeitet, ohne dass der Grundgedanke einer ganzheitlichen Betrachtung ignoriert wird. Im Gegenteil: Es wurden einige wichtige Themen als neue Akzente aufgenommen bzw. ausgedehnt. So wird das wichtige und aktuelle Themenfeld Kreislaufwirtschaft für Kunststoffe gleich im ersten Kapitel neu aufgegriffen, wobei auch dies mit der Grundeinstellung und Denkweise von Georg Menges konform ist: Er hat sich auch noch nach seiner Emeritierung im Jahre 1989 intensiv mit den Fragen des Recyclings von Kunststoffen beschäftigt und hierzu Vorträge, Artikel, Bücher und Patente erarbeitet, deren Passung zu den heutigen Problemstellungen bestechend ist.

Weiterhin erscheint in dieser Auflage nun das Thema Alterung als ein eigenständiges Kapitel, was es ermöglichte, die komplexen und werkstoffspezifischen Ursache-Wirkungs-Zusammenhänge durch eine neue Struktur verständlich und zugänglich zu machen. Durch die Darstellung einiger üblicher Alterungsmechanismen aus der Praxis wird dabei bewusst ein zu tiefer Einstieg in chemische Prozesse vermieden.

Völlig neu wurde die Schadensanalyse an Kunststoffprodukten in dieses Buch aufgenommen, die aufgrund ihrer Methoden sehr nah an die Werkstoffkunde anknüpft. Zur Lösung komplexer Schadensfälle sind werkstoffkundliche Kenntnisse notwendig, aber nicht hinreichend. Dazu ist weiterhin Wissen aus der Verarbeitung, der Konstruktion und der Analytik nötig. Außerdem unterstützt bei Schadensanalysen eine systematische Methodik, die ebenfalls in Kapitel 14 vorgestellt wird.

Auch die übrigen Kapitel wurden einer grundlegenden Überarbeitung unterzogen, die das Ziel hatte, die werkstoffkundlichen Zusammenhänge bei Kunststoffen noch verständlicher zu machen, ohne die wahre Komplexität zu verdecken.

Die Herausgeber bedanken sich sehr herzlich bei den Mitarbeitern des Carl Hanser Verlags für die stets sehr entgegenkommende Unterstützung. Besonderer Dank gebührt Frau Ulrike Wittmann und nach der Staffelübergabe Herrn Dr. Mark Smith für die hilfreichen Diskussionen und praktischen Tipps, deren Ergebnisse in die aktuelle Auflage eingeflossen sind. Frau Melanie Lindwurm-Giordani danken wir sehr herzlich für die sehr gewissenhafte Durchsicht der Skripte und die gelungene Umsetzung von Verbesserungen.

Ein Buch dieses Umfangs und dieser Geschichte baut letztendlich auf beinahe unzählbar viele Personen, die auch schon durch Mitarbeit an früheren Auflagen zum Resultat dieser Auflage einen Beitrag geliefert haben. Einige wissenschaftliche Mitarbeiterinnen und Mitarbeiter wurden mit der sachkundigen Durchsicht und Korrektur einzelner Abschnitte oder Kapitel betraut, was zum vorliegenden Ergebnis führte. Ihnen gilt unser besonderer Dank.

Dieses Buch wurde für Studierende und für Ingenieurinnen und Ingenieure in der Praxis verfasst. Das komplexe Werkstoffverhalten der Kunststoffe ist darin kompakt beschrieben, sodass dieses Buch die wichtigsten Grundlagen zur Beschreibung des Werkstoffverhaltens von Kunststoffen umfasst. Es soll insbesondere der jungen Generationen helfen, für technische Problemstellungen nachhaltige Lösungen durch den Einsatz von Kunststoffen zu schaffen.

R. Dahlmann

E. Haberstroh

Dieses Buch entstand unter Mitarbeit der folgenden wissenschaftlichen Mitarbeiterinnen und Mitarbeiter des Instituts für Kunststoffverarbeitung in Industrie und Handwerk an der RWTH Aachen:

Dr. Petra Scheller-Brüninghaus und Daniela Brücker	Unterstützung bei der Koordinierung und beim Korrekturlesen
Dr.-Ing. Max Adamy	Kapitel 3
Sina Butting, M. Sc.	Kapitel 5
Hakan Çelik, M. Sc.	Kapitel 11
Maiko Ersch, M. Sc.	Kapitel 6
Dominik Foerges, M. Sc.	Kapitel 4
Thomas Gebhart, M. Sc.	Kapitel 7
Jonas Gerads, M. Sc.	Kapitel 10
Montgomery Jaritz, M. Sc.	Kapitel 1
Lara Kleines, M. Sc.	Kapitel 8
Simon Koch, M. Sc.	Kapitel 7
Maximilian Kramer, M. Sc.	Kapitel 9
Dipl.-Ing. Michèle Marson-Pahle	Kapitel 4
Jonas Müller, M. Sc.	Kapitel 7
Dr.-Ing. Jakob Onken	Kapitel 7
Nicolas Reinhardt, M. Sc.	Kapitel 2 und 13
Dr.-Ing. Marcel Spekowius	Kapitel 5
Dr. rer. nat. Sabine Standfuß-Holthausen	Kapitel 13
Stefan Wilski, M. Sc.	Kapitel 12
Jens Wipperfürth, M. Sc.	Kapitel 2 und 6
Sezer Yildiz, M. Sc.	Kapitel 2
Christoph Zekorn	Kapitel 14

Die Autoren

(Quelle: IKV)

Prof. Dr. rer. nat. Rainer Dahlmann

Prof. Dr. rer. nat. Rainer Dahlmann ist Professor an der RWTH Aachen und Wissenschaftlicher Direktor am Institut für Kunststoffverarbeitung in Industrie und Handwerk an der RWTH Aachen (IKV). Er lehrt unter anderem das Fach Werkstoffkunde der Kunststoffe. Darüber hinaus leitet er das Zentrum für Kunststoffanalyse und -prüfung (KAP) am IKV.

(Quelle: privat)

Prof. Dr.-Ing. Edmund Haberstroh

Prof. em. Dr.-Ing. Edmund Haberstroh war ab 1995 Inhaber der Professur für Kautschuktechnologie am Institut für Kunststoffverarbeitung in Industrie und Handwerk an der RWTH Aachen (IKV). Er lehrte unter anderem das Fach Werkstoffkunde der Kunststoffe und ist seit 2014 emeritiert.

(Quelle: IKV)

Prof. Dr.-Ing. Georg Menges

Prof. Dr.-Ing. Georg Menges war bis 1989 Leiter des Instituts für Kunststoffverarbeitung in Industrie und Handwerk an der RWTH Aachen. Er legte den Grundstein für dieses Buch. Georg Menges ist im Februar 2021 verstorben.

Inhalt

1 Die Werkstoffgruppe der Kunststoffe

Die Welt der Technik umfasst Elemente von unterschiedlicher Art: Maschinen, Geräte, Computer, Fahrzeuge und viele mehr. Das Technikelement Werkstoffe gilt für Nichtspezialisten meist als notwendig, aber unspektakulär. Unter den Werkstoffen wiederum werden die Kunststoffe - allgemeiner gesagt die Polymerwerkstoffe - noch dazu häufig als problembehaftet angesehen. Eine genauere Betrachtung der Polymerwerkstoffe, deren Verarbeitung und der Produkte zeigt, dass sie **die** Werkstoffe des 20. und 21. Jahrhunderts sind, und dafür gibt es eine Fülle von Gründen. In diesem Einführungskapitel werden die wesentlichen Aspekte der heutigen Bedeutung von Polymerwerkstoffen, der Leistungen der Kunststofftechnik wie auch der Umweltproblematik bei der Nutzung von Kunststoffen sowie die Entwicklungsgeschichte dieser Werkstoffgruppe in kurzer Form aufgezeigt. In den nachfolgenden Kapiteln sollen die Inhalte behandelt werden, die zur werkstoffkundlichen Beschreibung von Polymerwerkstoffen erforderlich sind. Dabei ist es im Rahmen dieses Buches nicht möglich, die Elastomere (Kautschuk und Gummi) sowie die Duroplaste detailliert zu behandeln. Es werden lediglich einige Hinweise gegeben.

Die isolierte Betrachtung einer einzelnen Werkstoffgruppe ist nicht immer der Weg, um deren Platz in der Welt der Technik richtig einzuschätzen. Kunststoffe lassen sich häufig erst im Zusammenwirken verschiedener Werkstoffgruppen bei wichtigen Endprodukten umfassend beurteilen. Das zeigt sich schon bei der vielfältigen Produktgruppe der Kabel für Elektrotechnik, Elektronik, Computer- und Informationstechnik. Ein Kabel besteht aus Kupfer oder Glas für den Leiter und aus Thermoplasten oder Elastomeren für die Isolation. Ein Beispiel aus der Medizin sind Injektionsflaschen und Spritzen, die aus Glas, Kunststoff, Gummi und Metall bestehen. In einer Pandemie wird die Bedeutung des Testens und des Impfens mit allen dafür notwendigen Injektionsfläschchen und Injektionsspritzen schlagartig für jedermann sichtbar. Beispiele für Produkte, die prinzipiell nur in der Kombination verschiedener Werkstoffgruppen denkbar sind, finden sich in der gesamten Medizintechnik, ebenso im Automotive-Sektor.

In vielen anderen Fällen kann aber die auf den einzelnen Werkstoff fokussierte Betrachtung und Bewertung von reinen Kunststoffprodukten die richtige Sichtweise darstellen, so z. B. bei Rohren für die Wasserversorgung, bei Wärmedämmplatten im Bauwesen, bei technischen Teilen oder bei Schläuchen für die Medizintechnik.

Bevor konkret auf die grundlegenden Eigenschaften von Kunststoffen eingegangen wird, soll die geschichtliche Entwicklung der Polymerwerkstoffe in einem kurzen Abriss dargestellt werden.

■ 1.1 Geschichte der Kunststoffe

Seit jeher streben Menschen danach, Naturmaterialien für sich nutzbar zu machen und Werkstoffe zu entwickeln, deren Eigenschaften die der natürlichen Materialien übertreffen. Naturstoffe mit besonderen Eigenschaften waren z. B. der Naturkautschuk, das zähelastische und klebrige Guttapercha oder auch der Schellack, eine harzartige Substanz, welche aus den Ausscheidungen der Lackschildlaus gewonnen wird.

Die industrielle Herstellung von Polymerwerkstoffen zeichnete sich schon im 19. Jahrhundert ab, konnte aber wesentlich erst im 20. Jahrhundert realisiert werden. 1907 wurde Bakelit patentiert, der erste industriell produzierte vollsynthetische Kunststoff, ein Duroplast. Der erste Synthesekautschuk wurde 1909 patentiert. 1911 wurde dann der Begriff Kunststoff eingeführt. Die Erkenntnis der Existenz von Makromolekülen wurde erst 1920 von Hermann Staudinger postuliert, der auch diesen Begriff prägte. Er experimentierte übrigens u. a. mit Naturkautschuk und synthetisierte einen thermoplastischen Kunststoff. Jahrelang kämpfte er in der Chemie für die Durchsetzung dieser revolutionären Erkenntnis, die sich anschließend auch für einige andere Wissenschaftsgebiete als bahnbrechend erwies. 1953 erhielt er den Nobelpreis für Chemie.

Kunststoff wurde die prägende Werkstoffgruppe des 20. Jahrhunderts. Heute sind die diversen Kunststoffe und Verbundwerkstoffe aufgrund ihres unermesslich großen Einsatzspektrums essenziell in alle Lebensbereiche unverzichtbar integriert und in allen Branchen präsent. Aus ihrer massenhaften Verwendung resultieren heute aber auch schwerwiegende Entsorgungs- und Umweltprobleme.

Dieses einführende Kapitel beschreibt kurz die geschichtliche Entwicklung der Kunststoffe sowie die aktuelle Situation der Kunststoffindustrie. Wichtige Werkstoffeigenschaften und einige Einsatzgebiete werden kurz vorgestellt. Danach wird das Thema der Kreislaufwirtschaft für Kunststoffe behandelt, und abschließend wird die Bedeutung der Werkstofftechnik in der Kunststofftechnik in knapper Form aufgezeigt.

Bild 1.1 illustriert die Entwicklung der Kunststoffe anhand eines Zeitstrahls. Im Folgenden werden wichtige Werkstoffbeispiele und Entwicklungstrends dargestellt.

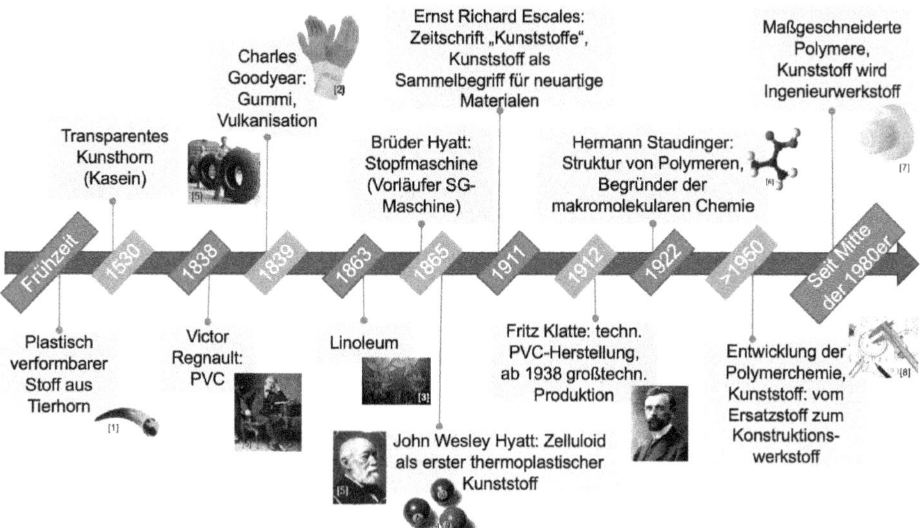

Bild 1.1 Geschichte der Kunststoffe[1]

Die möglicherweise bekanntesten Pioniere auf dem Gebiet der von Menschen hergestellten Polymere sind Victor Regnault und Charles Goodyear. Regnault stellte 1838 das erste Polyvinylchlorid (PVC) im Labor her, indem er das Gas Vinylchlorid den Strahlen der Sonne aussetzte. Charles Goodyear entdeckte im Jahr 1839, dass Naturkautschuk und Schwefel unter Wärmeeinwirkung zu dem wesentlich elastischeren und nicht mehr klebrigen Gummi reagieren und entwickelte daraus das Verfahren, das später als Vulkanisation bezeichnet wurde. Erste Produkte waren Gummischuhe und Zeltplanen. Somit wurden für die ab Mitte des 19. Jahrhunderts für die aufkommende Elektrotechnik so wichtigen Isolationsmaterialien wie auch für die Reifentechnologie eine bedeutende Grundlage geschaffen. Der für Reifen notwendige elastische und abriebfeste Werkstoff Gummi wurde erst durch die Kombination von verschiedenen Kautschukpolymeren mit dem Füllstoff Ruß und mit weiteren Mischungsbestandteilen möglich.

Der erste bei höheren Temperaturen verformbare, thermoplastische Kunststoff auf Naturstoffbasis geht auf Wesley Hyatt zurück, der um 1844 nach einem Ersatzwerkstoff für die bis dahin aus Elfenbein gefertigten Billardkugeln suchte. Aus Nitrocellulose und Kampfer erzeugte er Zelluloid, das sich schnell über den Einsatz

---

[1] Bildquellen: *https://www.nadeco.de, https://www.idealclean.de*; *wikipedia.de, https://kern.de/*; *https://commons.wikimedia.org/*; *https://de.f-morat.com*; *http://www.smv-online.de/*

als Billardkugeln hinaus in verschiedensten Anwendungen etablieren konnte. Die wohl bekannteste Anwendung ist der Einsatz als Trägermaterial für fotografische Filme; auch Kämme, Messergriffe und Spielzeug wurden damals aus Zelluloid hergestellt.

Durch das Aufkommen neuer Materialien entstand auch der Bedarf an neuen Methoden, um diese in die gewünschte Form zu bringen. Eine der ersten Entwicklungen auf diesem Gebiet ist die „Stopfmaschine“ aus dem Jahr 1860, die die Gebrüder Hyatt zur Verarbeitung von Zelluloid entwickelten. Diese Maschine wird als ein früher Vorläufer heutiger Spritzgießmaschinen angesehen.

Ein weiterer Meilenstein auf dem Weg zur heutigen Kunststoffindustrie ist die Entwicklung der Polymerisation von Polyvinylchlorid (PVC) im technischen Maßstab durch Fritz Klatte. 1912 erhielt der deutsche Chemiker von der Chemischen Fabrik Griesheim-Elektron (Griesheim bei Frankfurt, später ein Produktionsort der Firma Hoechst) den Auftrag, für den in großen Mengen vorhandenen Rohstoff Ethen (Ethylen) neue Umsetzungsprodukte zu finden.

Mit der stetigen Entwicklung neuer Kunststoffe, Verarbeitungsmethoden und Anwendungen stieg auch der Bedarf nach fundiertem Wissen über die neue Werkstoffgruppe. Tatsächlich war zu Beginn des 20. Jahrhunderts noch kaum etwas über die Struktur der Materialien bekannt; erst mit den Arbeiten von Hermann Staudinger änderte sich dies in den 1920er-Jahren. Er prägte den Begriff des Makromoleküls und schuf die Grundlage für ein erstes Verständnis polymerer Werkstoffe.

Einen regelrechten Boom erfuhren Kunststoffe ab 1950. Es wurden zahlreiche Erfolge im Bereich der Polymerchemie erzielt und neue großtechnisch umsetzbare Verarbeitungsverfahren entwickelt, insbesondere für thermoplastische Kunststoffe. Waren Kunststoffe anfangs Ersatzstoffe oder Werkstoffe für einzelne technische Aufgaben, für die es noch gar keinen Werkstoff mit passenden Eigenschaften gab, so wurden sie nach und nach zu Werkstoffen für die industrielle Massenfertigung.

Mit dem steigenden Verbrauch von Erdöl nach dem zweiten Weltkrieg, bedingt vor allem durch die rapide Zunahme von Autos und den Wechsel von Kohle zu Öl für den Heizbedarf, entstand das dringende Bedürfnis bei den Herstellern der Brennstoffe, den Raffinerien, die beim Cracken entstehenden Abfälle (vor allem die Gase Ethylen und Propylen) einer Nutzung zuzuführen. Damals war gerade von Ziegler und Natta die katalytisch bewirkte Polymerisation der Polyolefine – Polyethylen und Polypropylen – erfunden worden. Die Großchemiekonzerne wurden nun auch zu Herstellern dieser Rohstoffe. Das war der Auslöser dafür, große Teile der Chemieerzeugung auf Erdölbasis umzustellen. Der neue Name war Petrochemie. Die Produktion von Polymerwerkstoffen in den Industrieländern wuchs damals boomartig um 10 % pro Jahr. Die Gase, die zunächst noch als Abfälle verfügbar waren, reichten bald nicht mehr aus. Man war gezwungen, bei der Spaltung des Rohöls in den Crackern eine besondere Qualität - das Naphta - als Rohstoff für die Polymerisation zu erzeugen.

Mit der Erdölkrise 1973 trat eine gewisse Dämpfung ein, die sich nach der zweiten Erdölkrise 1982 zu einer Bewegung für Ressourcenschonung ausweitete; mit der Forderung, Kunststoffe genauso wie Metalle zu recyceln. Die Tatsache, dass verschmutzte Kunststoffe aus Verpackungen oft auf wilden Müllkippen landeten, führte mitunter zu einer ablehnenden Haltung gegenüber Kunststoffen.

Neue Kunststoffe entstanden nicht nur durch die Synthese grundlegend neuer Polymere; mehr und mehr wurden die vorhandenen Kunststoffe in ihrer Molekülstruktur modifiziert. Polymergemische und die vermehrte Verwendung der verschiedensten Füll- und Verstärkungsstoffe brachten eine wesentliche Erweiterung des Eigenschaftsspektrums. Die Ansprüche an die Endprodukte wuchsen weiter und es wuchsen auch die Ansprüche an die Fertigungstechnologien. Zahlreiche „maßgeschneiderte“ Polymerwerkstoffe für spezielle Anwendungen und ebenso die Ausdifferenzierung der Verarbeitungstechniken prägten die Entwicklung der Kunststofftechnik insbesondere seit Mitte der 1980er-Jahre.

1.2 Die Eigenschaften von Kunststoffen

Im Folgenden werden die wichtigsten Eigenschaften von Kunststoffen benannt und einige Einsatzgebiete und konkrete Anwendungen beispielhaft aufgezeigt.

Dichte

Die Dichte von Kunststoffen liegt überschlägig betrachtet im Bereich zwischen 0,8 g/cm^3 und 2,2 g/cm^3. Im Vergleich dazu betragen die Dichten von Aluminium 2,7 g/cm^3 und von Eisen 7,9 g/cm^3, Keramiken bewegen sich im Bereich von 3,7 g/cm^3 bis 4,0 g/cm^3. Trotz der geringen Dichte ist das mechanische Leistungsspektrum von Kunststoffen sehr weitreichend. Sie können weich und dehnbar, aber auch hart und steif sein.

Die Polymerwerkstoffe mit ihrer geringen Dichte haben in modernen Autos einen Gewichtsanteil von ca. 20 bis 25 % (Elastomere und Polymerfasern mit eingeschlossen). Hier hat das Leichtbau-Prinzip seit langem nicht nur die Substitution von Stahl durch Leichtmetalle vorangetrieben, sondern auch die Substitution von Leichtmetallen durch Kunststoffe. Es ist üblich, die einzelnen mechanischen Eigenschaften zur Dichte ins Verhältnis zu setzen; die Vorteile von Kunststoffen und Faserverbundkunststoffen gegenüber den Metallen werden dabei am deutlichsten erkennbar. Der Elektroantrieb für Fahrzeuge bietet heute ganz neue Möglichkeiten durch Kunststoffe, aber auch Herausforderungen für Kunststoffe, nicht nur in Karosserie und Innenraum, sondern auch im Motorraum selbst.

Der Flugzeugbau hatte im Leichtbau seit jeher eine Vorreiterrolle. Bei Verkehrsflugzeugen können heute nicht nur große Bauteile wie das Seitenleitwerk, sondern auch der gesamte Rumpf in Faserverbund-Kunststoff-Bauweise gefertigt werden. Weil Kohlefasern hier so dominant sind, wird in der Umgangssprache meist nur von „Carbon" gesprochen und der Kunststoffanteil gar nicht mehr erwähnt; bei Sportgeräten ist das ähnlich. Der generelle Nutzen der Leichtbauweise im Fahrzeug- und Flugzeugbau liegt sowohl in der Reduktion des Treibstoffverbrauchs als auch in der Reduktion klimaschädlicher und gesundheitsschädlicher Emissionen.

Mechanische Eigenschaften

Für einige mechanische Eigenschaften von Kunststoffen liegen die Werte um Größenordnungen unter denen von Metallen oder Keramiken. Dazu zählen beispielsweise die Steifigkeit und die Festigkeit. Kunststoffe haben aber auch bestimmte mechanische Eigenschaften, die denen von Metallen und Keramiken deutlich überlegen sind. Sie sind beispielsweise wesentlich besser dehn- und biegbar und sie haben eine deutlich bessere Schlagzähigkeit. Dadurch sind Kunststoffe beispielsweise sehr gut in der Lage, bei schlagartigen Belastungen Energie zu absorbieren, wodurch sie sich für den passiven Personenschutz im Fahrzeugbau etabliert haben.

Bild 1.2 zeigt eine Gegenüberstellung der E-Moduln verschiedener Kunststoffe sowie von Aluminium und Stahl. Man beachte dabei die doppelt-logarithmische Auftragung. Die geringere Steifigkeit (E-Modul) und Festigkeit lassen sich teilweise durch konstruktive Maßnahmen, teilweise auch durch das Einbringen von verstärkenden Fasern kompensieren. Auch hier bietet die Kunststofftechnik viele Möglichkeiten. Allerdings bleibt gegenüber Metallen und Keramiken eine relativ starke Abhängigkeit dieser mechanischen Eigenschaften von der Temperatur als Nachteil erhalten, was stets zu berücksichtigen ist.

Charakteristisch für die Kunststoffe ist neben ihrer Temperaturabhängigkeit ein mehr oder weniger ausgeprägtes viskoelastisches Spannungs-Dehnungs-Verhalten. Praktisch betrachtet zeigt sich diese Viskoelastizität in einer Neigung zum sog. Kriechen, d. h. in einer fortschreitenden Zunahme der Dehnung bei anhaltender Belastung. Nach der Entlastung bildet sich diese Deformation nach einer definierten Funktion über der Zeit ganz oder nur teilweise zurück.

Die Bedeutung von Füllstoffen in der Kunststoffwerkstofftechnik wird häufig unterschätzt. Füllstoffe können zur Erzielung bestimmter mechanischer Eigenschaften von großer Bedeutung sein, insbesondere dann, wenn die Partikelgröße im Bereich von nur einigen bis zu einigen hundert Nanometern liegt. Man spricht von Nano-Füllstoffen. Sie werden in Kunststoffen wie in Elastomeren eingesetzt. Nanoskaliger Ruß war schon von Anfang an für Reifen wie für viele andere Gummiprodukte unverzichtbar. Die wissenschaftlichen Erkenntnisse über Nano-Füllstoffe haben sich erst nach und nach entwickelt. Das Netzwerk aus Rußpartikeln – oder heute auch aus Silicapartikeln - ist neben dem Polymerketten-Netzwerk mitbestimmend für die mechanischen Eigenschaften von Elastomeren. Heute wird in Kunststoffen wie in Elastomeren neben den konventionellen Füll- und Verstärkungsstoffen eine ganze Palette verschiedenster Nanofüllstoffe genutzt.

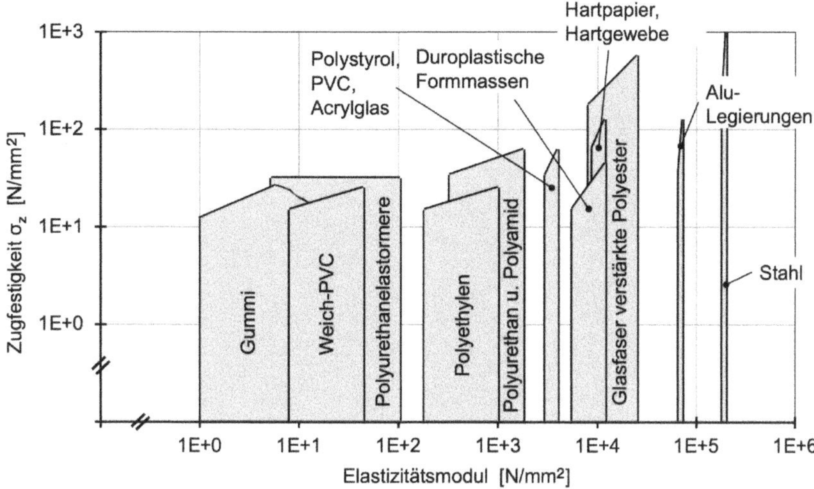

Bild 1.2 Zugfestigkeit und Elastizitätsmodul verschiedener Werkstoffe

Isolation

Kunststoffe sind in erster Linie hervorragende Isolatoren. Im Bauwesen können Kunststoffe dank ihrer herausragenden thermischen Isolationseigenschaften und Langlebigkeit einen besonderen Beitrag zur Energieeinsparung leisten. In der Elektrotechnik waren isolierte Kabel für die Energieverteilung und für elektrische Maschinen bereits bei deren ersten Entwicklungen essenziell. Heute sind Elemente der Mikroelektronik, Computertechnik und Telekommunikation oder die organischen Leuchtdioden in Displays (OLED) allgegenwärtig und ohne Kunststoffe nicht denkbar.

Mit den guten elektrischen Isolationseigenschaften sind aufgrund der molekularen Struktur stets auch die guten thermischen Isolationseigenschaften gekoppelt. Allerdings existieren Anwendungen, die konträre Anforderungen stellen, wie zum Beispiel eine gute elektrische Isolationswirkung bei gleichzeitig guter Wärmeableitung. Dies kann man bei Kunststoffen durch Zugabe geeigneter Füllstoffe recht gut gezielt einstellen, wodurch Kunststoffe insbesondere in der Leistungselektrik und -elektronik eine große Verbreitung gefunden haben.

Durchlässigkeit

Die meisten Kunststoffe haben eine relativ hohe selektive Durchlässigkeit für Gase. Das erlaubt zum Beispiel den Einsatz als Membranen zur Gastrennung, schränkt ihre Eignung aber für Lebensmittelverpackungen ein. Speziellere Kunststofftypen wiederum besitzen gute Gasbarriere-Eigenschaften, haben aber oftmals einen hohen Preis und für Verpackungen ungünstige mechanische Eigenschaften. Solche Kunststoffe mit geringer Durchlässigkeit nutzt man als Barriereschichten im Inneren von mehrschichtig aufgebauten Folien (Verbundfolien), die im Coextrusionsverfahren hergestellt werden.

Selektive Durchlässigkeit wird in einer speziellen Weise auch in bestimmten Brennstoffzellentypen genutzt, bei denen durch semipermeable Polymermembranen hindurch Protonen transportiert werden.

Beständigkeit

Hohe Chemikalienbeständigkeit ist eine herausragende Eigenschaft von Kunststoffen. Neben der traditionellen Verwendung für Kunststoff-Rohrleitungssysteme in der chemischen Industrie werden sie auch für die Auskleidung von metallischen Rohren und Behältern eingesetzt. Spezielle Anwendungen von Thermoplasten finden sich bei Rohrleitungssystemen für die Halbleiterherstellung (starke Säuren oder hochreines Wasser) und in der Biotechnologie.

Ein traditionelles umfangreiches Einsatzgebiet sind erdverlegte Wasser- und Gasrohrleitungen. Dabei kommt die generelle hohe Korrosionsbeständigkeit von Kunststoffen ebenso zum Tragen wie die Fähigkeit eines Kunststoffrohrs, gewisse Deformationen durch Verschiebungen im Erdreich über sehr lange Zeiten ohne Bruch zu ertragen.

Die gute Beständigkeit hat aber auch zur Folge, dass Kunststoffe im Vergleich zu natürlichen Werkstoffen wie Holz oder Baumwolle teilweise nur sehr langsam abgebaut werden. Das bedeutet, dass Kunststoffprodukte bei nicht fachgerechter Entsorgung gegen den Einfluss von Umweltbedingungen über mehrere 100 Jahre bestehen können. Weltweit wird daher eine Anreicherung von Kunststoffmüll an Stränden, in Meeresstrudeln und Sedimenten beobachtet. Mit dieser Ansammlung von Kunststoffmüll geht eine massive Umweltschädigung einher, und deswegen muss besonders bei kurzlebigen Produkten, wie zum Beispiel Verpackungen, ein verantwortungsvoller Umgang mit den Kunststoffen durchgesetzt werden (siehe Abschnitt 1.5).

Schon seit langem gehen Entwicklungen auch in Richtung biologisch abbaubarer Kunststoffe, die sich durch Umwelteinflüsse zersetzen und deren Verweildauer in der Natur dadurch deutlich reduziert wird (Kapitel 13). Dabei besteht eine Herausforderung darin, den Werkstoff so einzustellen, dass er während des Gebrauchs seinen Zweck (z.B. als Verpackung oder Medizinprodukt) in vollem Umfang erfüllt, nach der Nutzung aber möglichst schnell in unbedenkliche Stoffe zerfällt.

Temperaturstabilität

Dem Vorteil der vergleichsweise niedrigen Formgebungstemperaturen steht die im Vergleich zu den Metallen geringe Temperaturbeständigkeit von Kunststoffprodukten gegenüber. Für die Einsatztemperaturen von technischen Thermoplasten kann als Obergrenze zur ersten groben Orientierung der Bereich von 70 ° bis 150 °C angegeben werden, für die generell teureren hochtemperaturbeständigen Thermoplaste liegt der Bereich bei 150 ° bis 250 °C. Duroplaste sind nicht schmelzbar und deshalb in der Regel bis zu höheren Temperaturen einsetzbar.

Wirtschaftlichkeit

Viele Kunststoffprodukte sind äußerst wirtschaftlich in großen Mengen herstellbar. Bei Formteilen zeigt sich die besondere Stärke des Spritzgießverfahrens, mit dem auch geometrisch sehr komplexe Formteile mit hohen Genauigkeitsanforderungen in einem einzigen Arbeitsgang in kurzen Zykluszeiten vollautomatisch gefertigt werden können. Die im Vergleich zu anderen Werkstoffen relativ niedrigen Schmelztemperaturen sind einer der Einflussfaktoren für diese hohe Wirtschaftlichkeit. Der im Vergleich zu anderen Werkstoffen niedrige Energieverbrauch bei der Verarbeitung dient sowohl dem wirtschaftlichen Ziel der niedrigen Energiekosten als auch dem ökologischen Ziel der Reduktion des Verbrauchs an Primärenergieträgern und der Reduktion der klimaschädlichen Emissionen.

Die preisgünstige Herstellung und einfache Verfügbarkeit von Kunststoffprodukten – u.a. im Bereich der Verpackungen – haben in den letzten Jahrzehnten bis heute in einigen Bereichen zu einem unreflektierten Umgang mit den Endprodukten geführt. Die umweltgerechte Handhabung von Abfällen ist längst zu einer großen Herausforderung geworden. Dieser Herausforderung müssen sich sowohl die Nutzer der Produkte als auch Industrie und Forschung stellen, indem sie nachhaltige, praktikable und überzeugende Lösungen für die Reduzierung und Verwertung der Abfälle entwickeln (siehe Abschnitt 1.5).

Rezyklierbarkeit

Kunststoffe sind in vielen Fällen wiederverwertbar. Es bestehen verschiedene Möglichkeiten, Endprodukte nach ihrem Gebrauch so aufzubereiten, dass eine mehrfache gleich- oder ähnlichwertige Verwendung technisch möglich ist. Die Steigerung des Anteils an wiederverwertendem Material wird nicht nur durch technische, sondern auch durch nichttechnische Hemmnisse erschwert. Im Abschnitt 1.5 wird hierauf näher eingegangen.

Abschließend ist zu sagen, dass Kunststoffe neben vielen Vorteilen auch einige Defizite mit sich bringen. Die Aufgabe des Kunststoffingenieurs besteht dabei darin, durch Werkstoffwahl und Konstruktion in der Gesamtbewertung das bestmögliche Ergebnis zu erzielen.

1.3 Einsatzgebiete von Kunststoffen

Bild 1.3 gibt einen Überblick über die mengenmäßige Verteilung von Kunststoffen in Deutschland. Mehr als die Hälfte der Kunststoffe wird im Verpackungs- oder Baubereich eingesetzt, es folgen die Branchen Fahrzeugbau, Elektro und Elektronik, die Landwirtschaft und weitere Bereiche. Im Verpackungsbereich dominieren Polyethylen (PE) und Polypropylen (PP) sowie Polyethylenterephthalat (PET). Im Baubereich kommt neben PE und PP vorwiegend auch Polyvinylchlorid (PVC) zum Einsatz. Die Polyolefine PE und PP haben insgesamt den größten Mengenanteil.

Einige Anwendungsbeispiele mit typischen Merkmalen liefert die folgende Aufzählung:

- Verpackung: Folien, Beutel, Flaschen und andere Behälter ermöglichen es, Waren wirtschaftlich und ökologisch günstig zu verpacken. Der Erhalt von Lebensmitteln während des Transports und der Lagerung hat gerade in den warmen Erdregionen eine große Bedeutung.
- Bauwesen: Für Rohrleitungen, Bodenbeläge oder Fensterrahmen, sowie für die Wärmedämmung von Wänden, Böden und Dächern sind Kunststoffe unverzichtbar.
- Automobil: Der Innenraum im modernen PKW besteht nahezu vollständig aus Kunststoffen. Sie bieten viele Gestaltungsmöglichkeiten und damit eine große Designfreiheit für die Innen- und Außenausstattung der Fahrzeuge. Zahllose technische Teile, auch solche unter der Motorhaube, werden aus Thermoplasten gefertigt; manche davon sind mit Kurzglasfasern verstärkt. Hochleistungskunststoffe z. B. mit Carbonfaserverstärkung im Leichtbau ermöglichen emissionsärmere Mobilität und leisten damit einen Beitrag zur Nachhaltigkeit. Mit der Elektromobilität wird diese Bedeutung noch weiter zunehmen. Reifen, Schwingungsdämpfer und Dichtungen wären ohne Elastomere gar nicht denkbar.
- Energietechnik, Elektrotechnik, Elektronik, Computertechnik: Strom aus erneuerbaren Quellen wie Windenergie muss in Zukunft mehr und mehr über große Distanzen in Energiekabeln transportiert werden. Für die Gewinnung von elektrischer Energie aus Sonnenlicht sind organische Photovoltaikzellen eine moderne spezielle Anwendung von Polymerwerkstoffen. Für das Internet der Dinge werden zukünftig zahllose RFID-Mikrochips gebraucht, bei denen Chip und Antenne in Kunststoff eingebettet sind.
- Erneuerbare Energien: Beispiele sind organische Solarzellen in der Photovoltaik, Wärmetauscher und Leitungen in der Geothermie und Rotorblätter in Windkraftanlagen, deren Rotoren heute Durchmesser bis 120 Meter aufweisen und die nur mit Faser-Kunststoffverbund-Werkstoffen realisierbar sind.

- Medizin und Pharmazie: Die heutige Medizintechnik ist ohne Kunststoffe nicht vorstellbar. 45 Prozent aller weltweit hergestellten medizintechnischen Produkte bestehen aus Kunststoffen. Einige Beispiele sind:
  - Fäden für chirurgische Nähte sind im Körper abbaubar und werden resorbiert. In künstlichen Gelenken werden Kunststoffe in Kombination mit Keramik und Metall eingesetzt. Schrauben für die Chirurgie sind je nach Anwendung langlebig und verbleiben im Körper, oder sie müssen kurzlebig sein und im Körper abgebaut und resorbiert werden. Platten für die Unfallchirurgie aus dem Thermoplasten PEEK enthalten Füllstoffe, die sie im Röntgenbild sichtbar machen.
  - Bei Injektionsfläschchen und Fertigspritzen ist das Medikament oft sowohl mit Glas als auch mit Kunststoff und Gummi in direktem Kontakt, auch über lange Lagerzeiten. Bei diesen sog. Primärpackmitteln müssen aus Gründen der Sicherheit alle im konkreten Fall eingesetzten Typen dieser Werkstoffe für das jeweilige Medikament behördlich zugelassen werden.

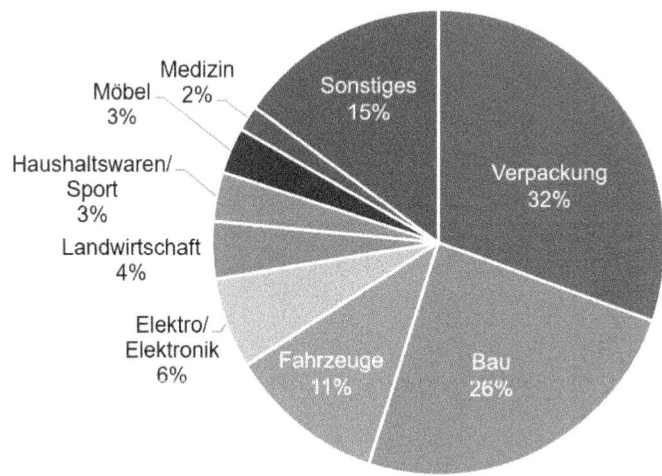

Bild 1.3 Einsatzgebiete von Kunststoffen in Deutschland 2017 [nach PlasticsEurope, Conversio]

1.4 Die Kunststoffindustrie

Seit dem Beginn der massenhaften Produktion von Kunststoff in den 1950er-Jahren wächst die Kunststoffproduktion weltweit stetig an (Bild 1.4). Zwischen den Ländern bzw. Weltregionen gibt es jedoch große Unterschiede beim Wachstum: Während die bereits große Kunststoffindustrie in Deutschland nur noch leicht wächst bzw. in einzelnen Sparten stagniert, wächst sie in Ländern wie China, aber auch in Osteuropa deutlich stärker. Dabei werden in vielen Ländern die Produktionskapazitäten erweitert, da die weltweite Nachfrage nach Kunststoffen steigt. 1989 überstieg das weltweit produzierte Kunststoffvolumen erstmals die Produktionsmenge von Stahl.

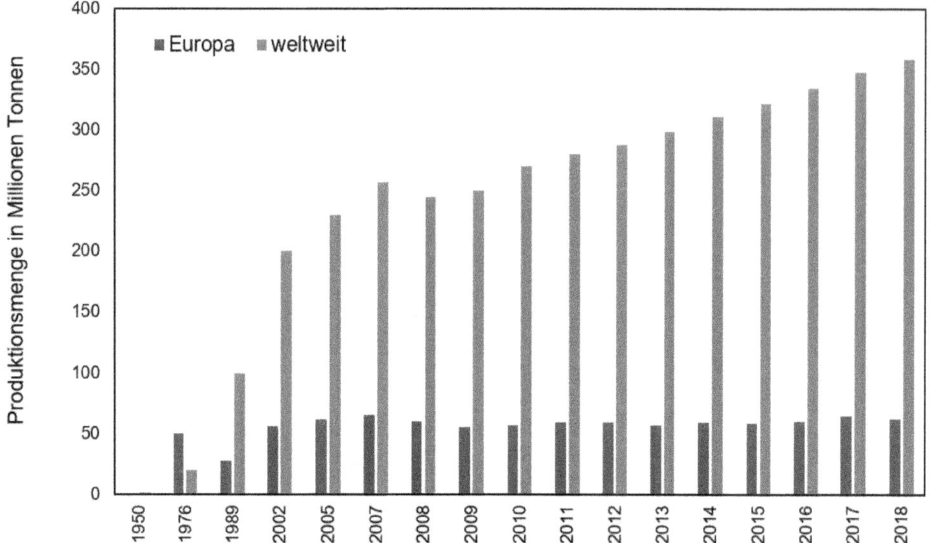

Bild 1.4 Kunststoffproduktion in Europa und weltweit von 1950 bis 2018 [nach Statista]. In diesen Zahlen sind alle thermoplastischen, duroplastischen und elastomeren Polymerwerkstoffe enthalten, zudem auch Klebstoffe, Beschichtungswerkstoffe, Dichtstoffe und Fasern aus Polypropylen. Nicht enthalten sind Fasern aus Polyethylenterephthalat („Polyester"), Polyamid und Polyacryl

Für Deutschland ist die Kunststoffindustrie volkswirtschaftlich - insbesondere auch für den Arbeitsmarkt - eine Schlüsselindustrie. Eingeteilt wird sie häufig in die Bereiche Kunststofferzeugung, Kunststoffverarbeitung und Maschinenbau (siehe Bild 1.5). Die Kunststofferzeuger produzieren Kunststoffe und entwickeln diese weiter, beispielsweise durch Modifikation des chemischen Aufbaus oder Zugabe geeigneter Zusatzstoffe. Kunststoffverarbeiter erzeugen aus den Kunststoffen funktionsgerechte Fertigteile, wobei häufig höchste Ansprüche an die Bauteilqualität gestellt werden. Schließlich entwickelt und produziert der Kunststoff-Maschinenbau spezialisierte Anlagen und Werkzeuge für einen kunststoffgerechten und wirtschaftlichen Verarbeitungsprozess. Mit rund 336 000 Erwerbstätigen im Jahr 2019 ist die von kleinen und mittelständischen Unternehmen geprägte Gruppe der Kunststoffverarbeiter von außerordentlicher Bedeutung für den deutschen Arbeitsmarkt. Im Jahr 2019 umfasste die gesamte Kunststoffindustrie 3510 Unternehmen und erzielte einen Umsatz von rund 97 Milliarden Euro.

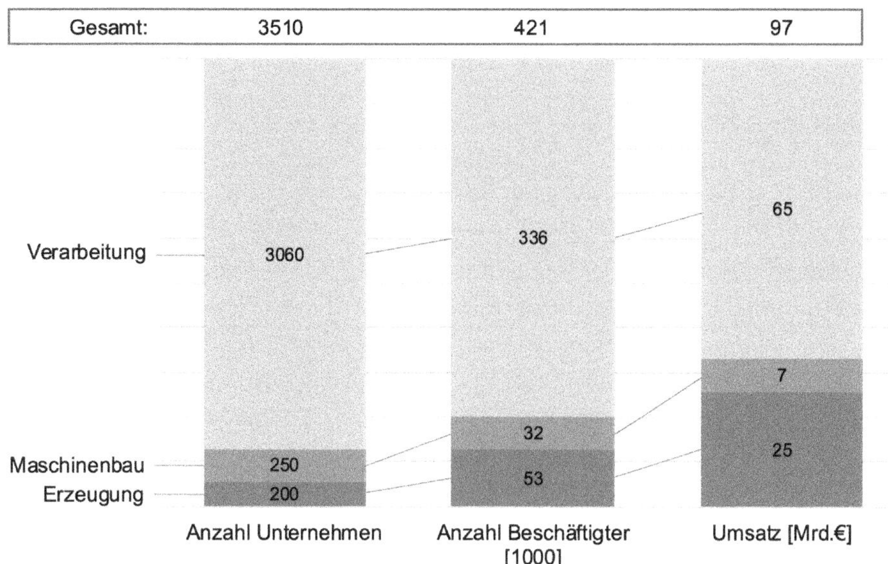

Bild 1.5 Struktur der Kunststoffindustrie in Deutschland im Jahre 2019 [nach PlasticsEurope]

1.5 Kunststoffe im Kreislauf

Kunststoffe zeichnen sich durch eine Vielzahl positiver Eigenschaften aus und sind für viele Anwendungsbereiche unverzichtbar. Trotz der Vorteile von Kunststoffen gegenüber anderen Materialien werden sie in den letzten Jahren zunehmend negativ wahrgenommen und in vielerlei Hinsicht kritisiert. Begriffe wie ökologischer Fußabdruck, Abfallvermeidung und Nachhaltigkeit prägen die Debatten. Kunststoffen werden in diesem Zusammenhang vor allem eine geringe Recyclingquote im Zusammenspiel mit der Kurzlebigkeit von Verpackungen und die unkontrollierten Einträge von Kunststoffabfällen in die Umwelt, besonders in Gewässer, zugeschrieben. Tatsächlich zeigen Untersuchungen, dass etwa 75 % der in den Weltmeeren gesammelten Abfälle aus Kunststoffen bestehen, die durch den Menschen in die marine Umwelt gelangt sind. Dies ist unter dem Begriff des „Marine Litter“ bekannt. Dabei handelt es sich vor allem um Verpackungsmaterialien sowie um Abfälle aus Fischerei und Schifffahrt. Ein weiteres Problem ist die wachsende Menge an Mikrokunststoffen („Mikroplastik“), also kleinen Kunststoffpartikeln mit einem Durchmesser von weniger als fünf Millimetern, die unkontrolliert, z. B. durch Reifenabrieb oder Auswaschung aus Bekleidung, in die Umwelt gelangen oder durch den Zerfall von Kunststoffprodukten entstehen. Mikroplastik steht in der Kritik, schwerwiegende Folgen für die Biodiversität und die Gesundheit von Lebewesen zu haben.

Vor dem Hintergrund weiterhin steigender Kunststoff-Produktionsmengen (siehe Abschnitt 1.4) ergibt sich die Forderung nach einem grundsätzlichen Umdenken in der Industrie und bei den Verbrauchern. In den Fokus gelangen die Entwicklung von hocheffizienten Recyclingverfahren, die Berücksichtigung der Rezyklierbarkeit bereits in der Phase der Produktentwicklung und intelligente Prozesse, die sich an die unterschiedliche Qualität recycelter und nicht recycelter Materialien anpassen, sowie biobasierte und biologisch abbaubare Kunststoffe als Alternative zu konventionellen Polymer-Werkstoffen; die Ansätze erstrecken sich notwendigerweise über alle Bereiche der Kunststofftechnik und fordern Rohstoffhersteller, Produktentwickler, Verarbeiter, Recycler und Maschinenbauer gleichermaßen heraus. Ein Leitgedanke für den Umgang mit den negativen Umweltauswirkungen der Kunststoffe ist das Konzept der Kreislaufwirtschaft, das im Folgenden näher erläutert wird.

1.5.1 Kreislaufwirtschaft

Der Begriff Kreislaufwirtschaft bezeichnet das gegensätzliche Modell zur Linearwirtschaft, in der hochwertige Materialien nach einer einmaligen Nutzung den Abfallströmen zugeführt werden und durch Verbrennung beziehungsweise Deponierung nicht mehr für eine weitere Nutzung zur Verfügung stehen. Demgegenüber ist die Kreislaufwirtschaft ein Modell, bei dem Werkstoffe so lange wie möglich durch Wiederverwendung (z.B. in Mehrwegsystemen), Reparatur, Aufarbeitung und Recycling in der Wirtschaft erhalten bleiben und so Abfälle und Ressourcenverbrauch reduziert werden. Bild 1.6 illustriert vereinfacht dieses Modell der Kreislaufwirtschaft.

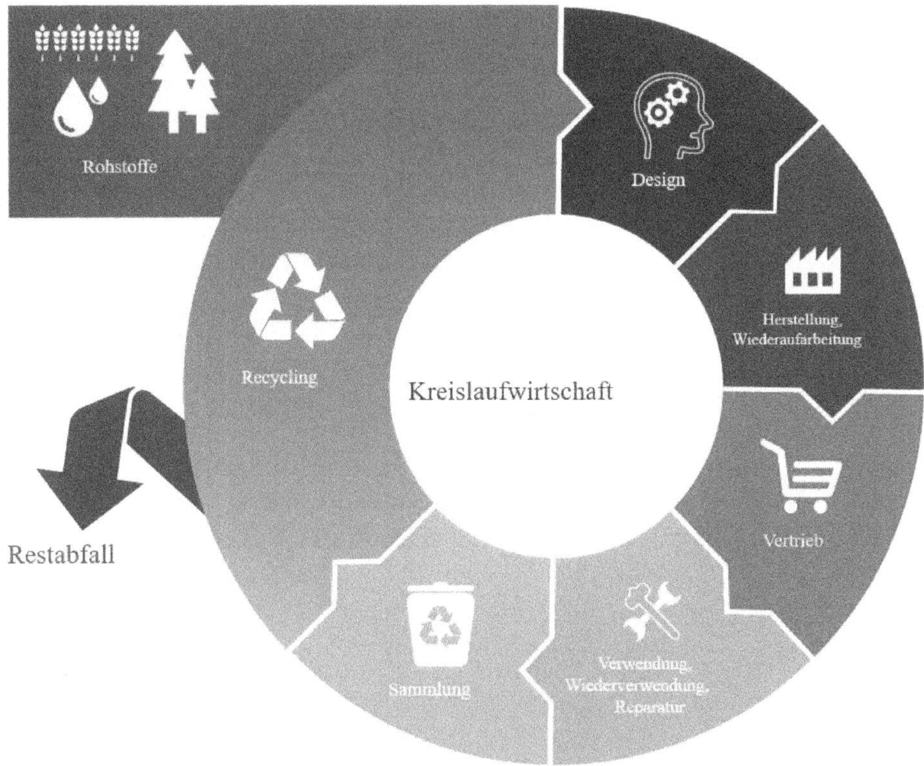

Bild 1.6 Definition des Europäischen Parlaments zur Kreislaufwirtschaft (2018) (Quelle: EU)

Der Begriff Kreislaufwirtschaft geht über den des Recyclings weit hinaus und beschreibt eine ganzheitliche Betrachtung geschlossener Kreisläufe, die zu einer Reduzierung von Müll, Emissionen (insbesondere CO_2) und Ressourcen (Rohstoffe und Energie) führt. Zwar sind in Deutschland bereits wichtige Lösungen in der Abfallproblematik etabliert, jedoch müssen weitere Innovationen und langfristige ökologisch und ökonomisch sinnvolle Gesamtlösungen zur Umsetzung der bestehenden Herausforderungen erarbeitet werden, die sich von der Rohstoffbereitstellung und Produktentwicklung über die industrielle Produktion bis hin zum Handel, zu den Verbrauchern und zum Recycling erstrecken.

1.5.2 Kunststoffverwertung

Die Verwertung von Kunststoffen ist ein wichtiger Eckpfeiler auf dem Weg hin zu einem nachhaltigen Wirtschaftssystem. Um mögliche Kreisläufe zu beschreiben, werden derzeit sinnvollerweise fünf Pfade unterschieden, die vom Prinzip her hierarchisch zu interpretieren sind (s. Bild 1.7). Dies soll bedeuten, dass die erste Priorität für ein gebrauchtes Kunststoffprodukt die Wiederverwendung sein soll. Danach werden gemäß der untenstehenden Auflistung Möglichkeiten des mechanischen Recyclings erwogen usw. Die Wahl des Verwertungsverfahrens ist allerdings auch abhängig von Kunststoffart, -zusammensetzung und Verschmutzungsgrad der Abfälle, wodurch die Grundvoraussetzung für qualitativ hochwertiges Recycling eine funktionierende Abfallsortierung und -analytik ist. Faktoren wie Materialverschmutzung oder schlecht trennbare Materialverbunde beeinflussen häufig die Umsetzung des aus der Perspektive des Kunststoffkreislaufs optimalen Verwertungswegs.

- Wiederverwendung

  Der für viele Produkte ökonomisch und ökologisch sinnvollste Weg ist die mehrfache Nutzung. Als Beispiel dient bei Verpackungen die Mehrweg-PET-Flasche. Aufwände entstehen in diesem Zyklus durch Sammlung, Transport, Sortierung und Waschvorgänge. Bei der Wiederverwendung bleibt nicht nur der Werkstoff, sondern wesentliche Teile des Produktes erhalten. Bei Mehrwegflaschen werden allerdings Verschlüsse und Etiketten derzeit nicht als Produkt, sondern nur als Werkstoff wiederverwendet.

- Mechanisches bzw. werkstoffliches Recycling

  Beim mechanischen Recycling werden die Produkte gesammelt, nach Werkstofftype sortiert, zerkleinert, gewaschen und regranuliert. Die Produkte werden also zerstört, der Kunststoff bleibt jedoch als Werkstoff mit seiner molekularen Struktur im Wesentlichen erhalten. Beim mechanischen Recycling ist zu unterscheiden zwischen Produkten aus einer Nutzungsphase, wie zum Beispiel einem Joghurtbecher, und Produkten aus einem Produktionsprozess, die dort als Reststoffe anfallen. Letztere lassen sich sehr sortenrein und in sauberem Zustand sammeln, während erstere meistens (Lebensmittel-)Rückstände enthalten und wegen der bestehenden Entsorgungssysteme aus der Masse wegen der Sortenvielfalt heraussortiert werden müssen. Dies wiederum erfordert einen wesentlich höheren Sortier- und Waschaufwand. Für das Recycling dieser beiden Abfalltypen haben sich daher auch zwei unterschiedliche Bezeichnungen ausgeprägt: Rezyklate aus dem industriellen Produktionsumfeld werden *Post Industrial Recyclates* (PIR), Rezyklate aus Produkten nach einer Nutzungsphase werden *Post Consumer Recyclates* (PCR) genannt.

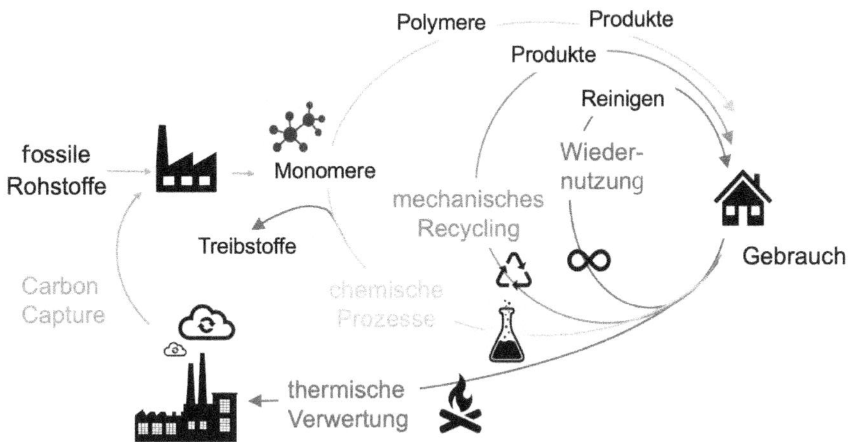

Bild 1.7 Pfade des Recyclings

- Chemische Prozesse

  Chemische Prozesse haben das Ziel, die chemische Struktur des Polymers aufzubrechen. Dabei werden die Makromoleküle in kleinere Fragmente zerlegt. Die Produkte der chemischen Prozesse sind dabei zwar prinzipiell Ausgangsstoffe für die erneute Synthese, allerdings sind diese Produkte auch sehr gut als Brenn- oder Treibstoff geeignet. Dieser Pfad erscheint zwar im Einzelfall ökonomisch sinnvoll, entzieht aber damit die Stoffe dem Kunststoffkreislauf (siehe Bild 1.7). Aus diesem Grunde werden chemische Prozesse nicht per se auch als Recyclingprozesse anerkannt.

  In aller Regel sind chemische Prozesse energetisch wesentlich aufwendiger als mechanische Prozesse, weswegen chemische Prozesse derzeit nur unter bestimmten Bedingungen bzw. für bestimmte Werkstoffe wie Polystyrol, Polymethylmethacrylat, Polyurethan, Polyamid oder Polyethylenterephthalat diskutiert werden.

- Thermische/energetische Verwertung

  Für viele Kunststoffabfälle ist derzeit eine stoffliche Verwertung im Sinne eines mechanischen Recyclings oder einer chemischen Verwertung sowohl ökonomisch als auch ökologisch noch nicht praktikabel. Vor allem für die Trennung von Verbunden aus verschiedenen Kunststoffen, wie sie häufig in Verpackungsmaterial vorzufinden sind, gibt es derzeit noch keine zufriedenstellende Lösung. In diesen Fällen werden die Abfälle einer energetischen bzw. thermischen Verwertung zugeführt. Diese hat zum Ziel, die nicht weiter rezyklierbaren Kunststoffe durch eine vollständige und schadstoffarme Verbrennung zur Energiegewinnung zu nutzen. Hierzu werden Kunststoffabfälle als Brennstoffe in Kraftwerken, Hochöfen und Zementwerken eingesetzt. Auch dieser Pfad entzieht diese Stoffe dem Kunststoffkreislauf, weswegen danach gestrebt wird, die Rezyklierbarkeit von Kunststoffprodukten bereits beim Design als Anforderung zu berücksichtigen („Design for Recycling").

- Synthese aus CO_2-Abgasen („Carbon Capture")

  Ein weiterer Pfad eröffnet sich dadurch, dass auch die Abgase aus der thermischen Verwertung (wie auch aus allen anderen Verbrennungsprozessen) aufgefangen und zur Synthese neuer Monomere und Polymere genutzt werden. Dieser Pfad lässt sich dem Begriff *Carbon Capture and Utilization* (CCU) zuordnen, der allgemein die Abscheidung von CO_2 und deren Weiterverwertung bezeichnet. Auch in diesem Pfad ist die weitere Nutzung als Treib- oder Brennstoff aus rein ökonomischen Gründen oft naheliegender als die Synthese neuwertiger Polymere. Allerdings gibt es durchaus Unternehmen der chemischen Industrie, die demonstriert haben, dass so gewonnenes CO_2 bei der Synthese von Kunststoffen fossile Rohstoffe ersetzen kann. (Literaturangabe: „Cro-Co2Pet")

Neben diesen fünf Pfaden wird derzeit stark der Weg verfolgt, bereits bei der Produktentwicklung bzw. dem Produktdesign den Faktor Rezyklierbarkeit miteinzubeziehen. Dies wird als recyclinggerechte Konstruktion bzw. *Design for Recycling* bezeichnet. Bedacht werden dabei z. B. die Auswahl der Materialien und die Demontier-, Sortier- oder Trennbarkeit im Recyclingprozess. Hier spielen Farbe, Etiketten und Bedruckungen eine Rolle, insbesondere aber die Bevorzugung von Monomateriallösungen. Über die Eignung eines Produktes für ein Leben nach dem Erstgebrauch entscheidet also maßgeblich der Produktentwickler.

Die Unterscheidung der verschiedenen chemischen Prozesse vom mechanischen Recycling soll anhand von Bild 1.8 kurz erläutert werden. Zu den physikalischen Prozessen gehören das mechanische Recycling wie auch einige solvolytische Prozesse.

Vorteilhaft ist beim mechanischen Recycling, dass die polymere Struktur im Wesentlichen erhalten bleibt. Einbußen müssen jedoch hinsichtlich des möglichen molekularen Abbaus und der Auswaschung von Additiven hingenommen werden. Dies kann zu dem sogenannten *Downcycling* führen. Dieser Begriff deutet an, dass die Rezyklate aus dem mechanischen Recycling nicht per se zu gleichwertigen Produkten verarbeitet werden können. Weiterhin ist die Qualität der Rezyklate von der Sortierung abhängig, die Verunreinigungen durch Fremdpolymere nicht immer vollständig verhindern kann. Die Rezyklate müssen teilweise erneut additiviert werden.

Wie der Name andeutet, werden Kunststoffe bei der Solvolyse in einem geeigneten Lösemittel gelöst. Das Lösemittel muss dazu werkstoffspezifisch ausgewählt werden. Ein Lösungsvorgang löst dabei nur die Nebenvalenzkräfte auf, die zwischen den Makromolekülen herrschen. Die Makromoleküle selbst bleiben dabei in der

Lösung erhalten. Aus diesem Grunde handelt es sich in erster Näherung um einen physikalischen Prozess, wie er beispielsweise bei Polyethylenen stattfindet. Das Polyethylen kann anschließend aus der Lösung heraus gewonnen werden, braucht allerdings in aller Regel eine neue Additivierung.

Bei anderen Werkstoffen wie zum Beispiel Polyethylenterephthalat kann dieser Lösungsprozess je nach Lösemittel von einem Hydrolysevorgang begleitet werden, der parallel einen molekularen Abbau bewirkt. Dieser chemische Prozess hat zur Wirkung, dass anschließend das Molekulargewicht durch Synthesevorgänge wieder erhöht werden muss.

Der chemische Prozess „Depolymerisation" zerlegt das Polymer in seine monomeren Bestandteile, die unmittelbar wieder zur Synthese genutzt werden können. Die so hergestellten Polymere stehen den ursprünglichen Werkstoffen in nichts nach. Dies ist allerdings nur für einige Kunststoffe, wie beispielsweise Polystyrol, möglich. Andere Kunststoffe lassen sich durch solche Prozesse nur in petrochemische Vorprodukte zerlegen, aus denen zwar auch Monomere erzeugt werden können, für die sich aber auch der Pfad der thermischen Verwertung eröffnet.

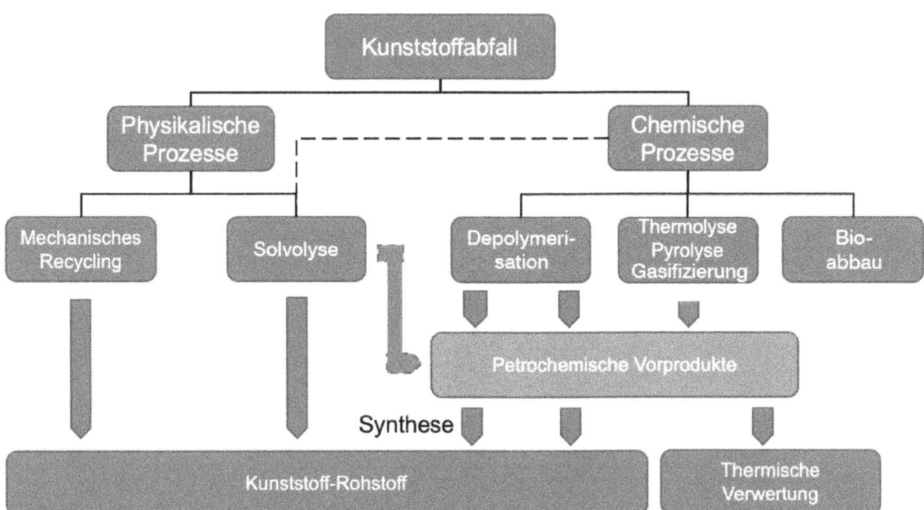

Bild 1.8 Merkmale physikalischer und chemischer Prozesse bei der Behandlung von Kunststoffabfällen

Thermolyse, Pyrolyse und Gasifizierung sind chemische Prozesse, die stark endotherm und daher energieintensiv sind. Aus diesem Grunde sind diese Prozesse nur dann attraktiv, wenn das mechanische Recycling z. B. aufgrund nur minderer Rezyklatqualität ausscheidet und zugleich ausreichend große Stoffmengen verfügbar sind. Das chemische Recycling benötigt in den meisten Fällen eine vorsortierte Fraktion und ist gegenüber dem Vorhandensein von Fremdstoffen nicht zwingend toleranter als das mechanische Recycling. Dies gilt insbesondere, wenn Katalysatoren im Spiel sind.

Das chemische Recycling hat momentan deutschland-, europa- und weltweit vom Volumen her nur eine sehr ungeordnete Bedeutung. Chemische Recyclinganlagen kommen zurzeit über den Pilotstatus noch nicht hinaus. Die Masse chemisch rezyklierten Kunststoffs beläuft sich in Deutschland 2019 auf einen Anteil von weniger als 1% (10 kt) der Gesamtmasse verwerteten Kunststoffs (6,28 Mio. t). Etwa 46% der Gesamtmasse werden als mechanisch rezykliert (2,93 Mio. t) registriert, wovon ein Anteil von ca. 20% (580 kt) exportiert wird, ohne dass sichergestellt ist, wie dieser Anteil weiter verwertet wird. Derzeit wird der größte Teil der Kunststoffabfälle mit ca. 53% (3,31 Mio. t) energetisch verwertet.

In Deutschland werden folglich über 99% der Kunststoffabfälle verwertet. Betrachtet man hingegen die Menge an Kunststoffen, die tatsächlich in einen Kunststoffkreislauf zurückgeführt werden, so reduziert sich diese Quote auf ca. 33%. Das deutsche Verpackungsgesetz, das zum 1.1.2019 in Kraft getreten ist, sieht für 2022 eine Kunststoffkreislaufquote von 63% vor.

Weniger als 1% der Kunststoffabfälle werden in Deutschland deponiert und damit dem Kreislauf vollständig entzogen. Dieser Wert ist im direkten Vergleich zu vielen anderen europäischen Ländern vergleichsweise niedrig. Bild 1.9 zeigt die Situation zur Verwertung von Kunststoffabfällen in Europa. Europaweit liegt die Deponiequote bei ca. 25% der Kunststoffabfälle. Das mechanische Recycling erreicht europaweit einen Anteil von etwa 31%; dabei ist allerdings zu beachten, dass sich über die Länder ein sehr breites Spektrum auftut. Das Ziel der EU, in 2025 50% und in 2030 55% aller Kunststoffabfälle zu rezyklieren, stellt dadurch starke Anforderungen an die Rezyklierkapazitäten und die Wiederverarbeitung von Rezyklaten.

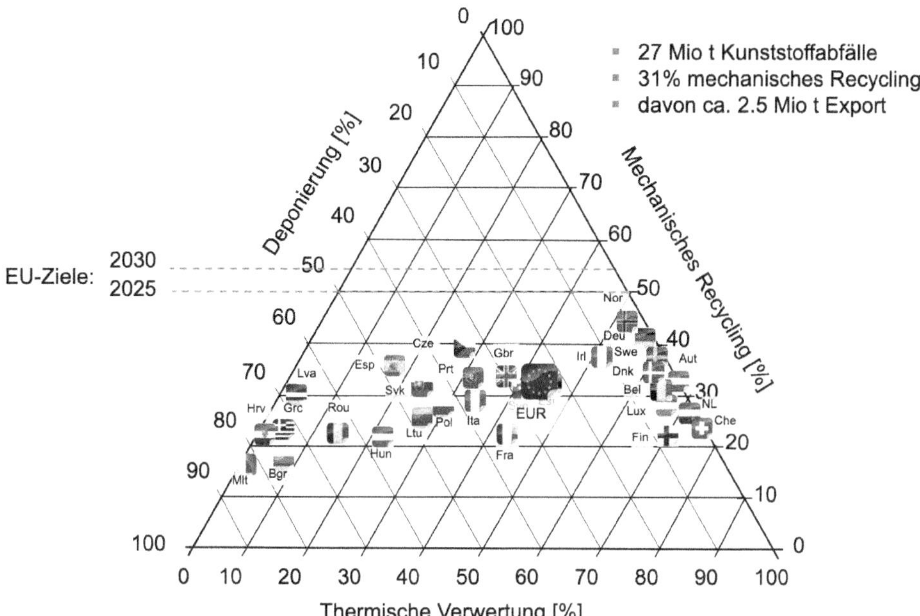

Bild 1.9 Verwertung von Kunststoffabfällen in Europa im Jahre 2017 [nach Lechleitner et al., EU2018, conversio 2018]

Um eine umfassende Umsetzung der Kreislaufwirtschaft zu ermöglichen, müssen die Technologien des stofflichen Recyclings deutlich weiterentwickelt und die Recycling-Kapazitäten drastisch erhöht werden. Dies allein wird aber nicht ausreichen, um die Ziele der Verpackungsverordnung und der EU-Richtlinie zu erfüllen. Dazu ist es auch notwendig, dass Rezyklate in erheblich größerem Maße in Produkten zum Einsatz kommen. Die Hemmnisse sind derzeit vielfältig: Zum einen liegen sie in der Gesetzgebung, die den Einsatz von Rezyklaten in bestimmten Bereichen wie im Lebensmittelkontakt derzeit nur sehr beschränkt zulässt. Zum anderen liegen Hemmnisse auch im hohen Preis im Vergleich zur Neuware. Da zugleich die Schwankungsbreite der Qualität von Rezyklaten deutlich höher ist als die von Neuware, ist bei deren Einsatz in üblichen Spritzgieß- und Extrusionsverfahren die Prozessstabilität durch Chargenschwankungen generell geringer. Weitere Hemmnisse zum Einsatz von Rezyklaten beziehen sich auf sich ändernde Produkteigenschaften wie Stippen in Folien, Geruchsbildung und Farbveränderungen, die zum Teil eine geringere Verbraucherakzeptanz erwarten lassen. Diese Themen werden die Kunststofftechnik in ihrer gesamten Breite in den kommenden Jahren sehr intensiv in Beschlag nehmen.

1.5.3 Biokunststoffe und alternative Rohstoffe

Auch wenn derzeit nur etwa 6 % der aus den Erdölraffinerien stammenden Produkte für die Herstellung und Verarbeitung von Kunststoffen verwendet werden, ist auf lange Sicht eine Reduktion des fossilen Anteils bei der Produktion von Kunststoffen notwendig, um CO_2-Einträge in die Atmosphäre aus fossilen Rohstoffen zu vermindern. Eine Möglichkeit besteht in der Herstellung von Polymeren aus alternativen, insbesondere nachwachsenden Rohstoffen, die in ihrem Wachstum CO_2 aus der Atmosphäre binden. Die wichtigsten Rohstoffe für die Herstellung von sogenannten biobasierten Kunststoffen sind Zucker, Stärke, Zellulose, Fette und Öle sowie Proteine und Lignine. Kapitel 2.4.6 geht auf biobasierte Kunststoffe näher ein.

Die Bioabbaubarkeit von Kunststoffen ist von der Herkunft der Ausgangsstoffe zunächst völlig entkoppelt. Es existieren Polymere sowohl fossiler wie auch biologischer Herkunft, die biologisch abbaubar sind. Kapitel 13.6.1 beleuchtet die Alterungsvorgänge bioabbaubarer Kunststoffe.

Zu den Biopolymeren gehört eine Vielzahl von Werkstoffen, die keiner einheitlichen Polymerklasse zuzuordnen sind und die sehr unterschiedliche Eigenschaften besitzen können. Es werden zudem Polymere als Biopolymere bezeichnet, die aus nachwachsenden Rohstoffen synthetisiert werden, wie auch solche, die durch biologischen Einfluss, wie beispielsweise Mikroorganismen, zersetzt werden können. Im allgemeinen Sprachgebrauch werden Biokunststoffe oftmals weniger mit der nachwachsenden Rohstoffbasis als vielmehr mit der Eigenschaft „biologisch abbaubar“ verknüpft; eine bekannte Anwendung sind z. B. Müllbeutel für kompostierbare Abfälle.

Konventionelle Kunststoffe sind i. A. nicht biologisch abbaubar, im Gegenteil versucht man sogar häufig, sie gegen jeglichen durch thermische oder mechanische Einflüsse bedingten Abbau zu schützen, da man im Allgemeinen Produkte mit einer langen Lebensdauer und anhaltender Funktionalität herstellen möchte. Es jedoch durchaus möglich, abbaubare Elemente in eine Polymerkette einzubauen, welche dann mikrobakteriell (bei Kompostierung) oder photochemisch zerstört werden. Vor allem die Diskussion um Kunststoff-Verpackungen, die nur für einen kurzzeitigen Gebrauch vorgesehen sind, macht biologisch, chemisch oder photochemisch abbaubare Kunststoffe interessant. Dies ist allerdings auf solche Abbauprozesse beschränkt, in denen die entstehenden Produkte, wie z. B. CO_2, einer weiteren Verwertung zugeführt werden können.

Ein Beispiel für einen derzeit relativ bekannten biobasierten Kunststoff ist Polylactid (PLA, auch Polymilchsäure genannt), das aus fermentierter Maisstärke hergestellt wird. PLA ist ein vergleichsweise spröder Werkstoff, dessen Eigenschaften sich jedoch durch Mischen mit anderen Kunststoffen, in der Regel mit Copolyestern und Additiven, in einem weiten Bereich einstellen lassen.

Auch für biobasierte Kunststoffe ist die Umweltverträglichkeit gesamtbilanziell zu betrachten: Wenn nicht auf Abfallprodukte aus der Lebensmittelproduktion (z. B. nicht essbare Pflanzenteile) zurückgegriffen werden kann, müssen große Ackerflächen für den Anbau der Pflanzen, die den Rohstoff liefern sollen, zur Verfügung stehen, die dann ggf. für die Nahrungsmittelproduktion fehlen. Auch können durch Maßnahmen zur Ertragsmaximierung, durch Transportvorgänge etc. weitere negative Umweltauswirkungen entstehen. Ebenso sind bei einer CO_2-Bilanzierung alle Faktoren zu berücksichtigen, die für das Säen, das Wachstum und die Ernte der Pflanzen erforderlich sind. Dadurch haben biobasierte Kunststoffe nicht per se einen günstigeren CO_2-Fußabdruck als Kunststoffe aus fossilen Rohstoffen (Quelle: LCA Biobased Polymers).

Marktsituation

Trotz des Zugangs dieser Werkstoffklasse in weitere Anwendungen des täglichen Lebens und ihrer verstärkten Präsenz im Supermarkt sowie in den Medien ist der Anteil der Biokunststoffe gemessen an der Gesamtproduktion von Kunststoffen mit weniger als 2 % nach wie vor gering. Entsprechend einer Studie des Verbandes European Bioplastics lag die globale Produktion von Biopolymeren im Jahr 2016 bei etwa 2,05 Mio. Tonnen. 42,9 % entfielen demnach auf biologisch abbaubare und 57,1 % auf biobasierte (und nicht biologisch abbaubare) Kunststoffe. Gemäß der Studie wird für das Jahr 2020 eine weltweite Produktionskapazität von gerade einmal 2,19 Mio. Tonnen vorausgesagt. Vor zehn Jahren wurde hierfür noch ein Wert von 5 Mio. t prognostiziert.

Die tatsächlichen zukünftigen Marktentwicklungen hängen entscheidend von unterschiedlichen dynamischen Faktoren ab:

- Preisentwicklung bei den fossilen und den nachwachsenden Rohstoffen,
- Preisentwicklung bei konventionell hergestellten Produkten sowie der Entwicklung des Rohstoffkostenanteils,
- politische und rechtliche Rahmenbedingungen,
- Bereitschaft seitens der Industrie, neue Produkte in den Markt einzuführen,
- Bereitschaft zu Investitionen in den Bau und zur Optimierung größerer Produktionsanlagen.

Diese Faktoren haben sich trotz anderslautender Prognosen in den letzten Jahrzehnten nicht maßgeblich geändert. Der Hauptgrund dafür liegt darin, dass das Vorkommen von Rohstoffen fossiler Herkunft derzeit weit weniger einer Verknappung unterliegt, als dies zu früheren Zeiten bewertet worden war.

1.6 Kunststofftechnik

Aus der Vielzahl an unterschiedlichen Kunststoffen, ihrem breiten Eigenschaftsspektrum und den immer weiter entwickelten Verarbeitungstechnologien resultiert eine hohe Komplexität in allen Prozessen, mit denen sich die Kunststofftechnik beschäftigt. Die Kunststofftechnik befasst sich dabei im weitesten Sinne mit der Werkstofftechnik, der (Weiter-)Entwicklung von Verarbeitungsverfahren und werkstoff- und verarbeitungsgerechten Konstruktionsweisen. Essenziell ist es dabei, die Wechselwirkungen zwischen Konstruktion, Werkstoff, Verarbeitung und Wiederverwertung zu berücksichtigen, was vor allem durch den Anspruch an eine Kunststoffkreislaufwirtschaft in Zukunft einen noch höheren Rang bekommen wird.

Die Konstruktion von Kunststoffprodukten muss dabei rezykliertechnische, werkstofftechnische wie auch verarbeitungstechnische Aspekte berücksichtigen. Sie ist in erster Linie auf die Eigenschaften und Funktionalitäten des Produkts gerichtet und muss dabei die werkstofflichen Voraussetzungen einfließen lassen. Die Konstruktion muss aber auch die verarbeitungstechnischen Gegebenheiten und Möglichkeiten berücksichtigen und dabei oftmals Kompromisse eingehen, weil vordergründig vorteilhafte Produkteigenschaften nicht zwingend vorteilhaft bei der Verarbeitung sind (und sich damit auch nachteilig auf die Produkteigenschaften auswirken).

Die mengenmäßig wichtigsten Verfahren der Kunststoffverarbeitung sind das Extrusions- und das Spritzgießverfahren. Das Extrudieren ist ein kontinuierlicher Prozess, in dem Endlosteile wie Profile, Rohre oder Folien hergestellt werden. Das Spritzgießen als diskontinuierliches Verfahren wird zur Herstellung von Bauteilen mit teilweise hoher Komplexität in Bezug auf Geometrien und Funktionalitäten eingesetzt. Die additive Fertigung, im allgemeinen Sprachgebrauch als „3D-Druck“ bekannt, ist ein Verfahren, das in letzter Zeit ein deutliches Wachstum erfahren hat. Der Begriff „additive Fertigungsverfahren“ ist darauf zurückzuführen, dass das Werkstück Schicht für Schicht, „additiv“, aufgebaut wird, bis es sein vollständiges Volumen erreicht hat. Verfahren wie die Extrusion und das Spritzgießen hingegen nutzen Werkzeuge zur Formgebung der Produkte. Für eine Einführung in die Verfahren der Kunststoffverarbeitung sei auf die weiterführende Literatur verwiesen, beispielsweise [Hopmann/Michaeli: „Einführung in die Kunststoffverarbeitung“].

Bei der Herstellung von Kunststoffprodukten beeinflussen sich Konstruktion, Werkstoff und Verarbeitung gegenseitig. Sowohl das zu realisierende Produkt wie auch das ausgewählte Verarbeitungsverfahren stellen Anforderungen an Werkstoffe, die mitunter gegenläufig sind. Als Beispiel dient das Molekulargewicht, das im Hinblick auf gute mechanische Produkteigenschaften in der Regel hoch sein sollte, was sich aber auf die Fließfähigkeit im Spritzgießprozess nachteilig auswirken kann. Die Konstruktion muss daher Produkt-, Verarbeitungs- und Wiederverwertungseigenschaften im Blick haben. Eine wesentliche Stütze ist dabei die Werkstofftechnik. Die Werkstofftechnik umfasst dabei ausgehend von polymeren Struktureigenschaften die Werkstoffentwicklung und die Werkstoffeigenschaften im Gebrauch und während der Verarbeitung auf einem ingenieurwissenschaftlichen Niveau. Ein durchgängiges und vollständiges Verständnis ist dabei ein Ziel der Werkstofftechnik, das allerdings nicht zuletzt aufgrund der großen Vielfalt verfügbarer Kunststoffe viele Lücken aufweist, die Bestandteil aktueller Forschungsarbeiten sind.

Dieses Buch bietet einen Überblick über die Eigenschaften von Kunststoffen. Dabei spielen die makromolekulare Struktur sowie Zusatzstoffe eine wichtige Rolle, da sie für die Ausbildung sowohl der Gebrauchs- als auch der Verarbeitungseigenschaften entscheidend sind. Daher wird dem Werkstoffverhalten in der Schmelze, den Bedingungen beim Erstarren aus der Schmelze und den sich daraus ausbildenden Eigenschaften besondere Bedeutung zugeordnet. Ziel soll es sein, ein gutes und weitgehend durchgängiges Verständnis des Werkstoffzustandes von Kunststoffen unter dem Einfluss der Verarbeitungs- und Gebrauchsbedingungen zu gewinnen.

Literatur zu Kapitel 1

Baur, E.; Osswald, T. A.; Rudolph, N.: *Plastics Handbook*. München: Carl Hanser Verlag, 2019

Baur, E.; Osswald, T. A.; Rudolph, N.: *Saechtling Kunststoff-Taschenbuch*. München: Carl Hanser Verlag, 31. Aufl., 2013

Braun, D.: *Simple Methods for Identification of Plastics*. München: Carl Hanser Verlag, 2013

Braun, D.: *Erkennen von Kunststoffen*. München: Carl Hanser Verlag, 2012

Braun, D.: *Kleine Geschichte der Kunststoffe*. München: Carl Hanser Verlag, 2017

Bundesministerium der Justiz und für Verbraucherschutz: *Gesetz über das Inverkehrbringen, die Rücknahme und die hochwertige Verwertung von Verpackungen (Verpackungsgesetz – VerpackG)*. Berlin, 2017

Conversio Market & Strategy: *Stoffstrombild Kunststoffe in Deutschland 2017*. Mainaschaff, 2018

Endres, H.-J.; Siebert-Raths, A.: *Technische Biopolymere*. München: Carl Hanser Verlag, 2009

European Commission (EU): *COMMUNICATION FROM THE COMMISSION TO THE EUROPEAN PARLIAMENT, THE COUNCIL, THE EUROPEAN ECONOMIC AND SOCIAL COMMITTEE AND THE COMMITTEE OF THE REGIONS- A European Strategy for Plastics in a Circular Economy*. (2018) 28 final

European Plastics e. V.: *European Bioplastics*, nova Institut, Köln, 2020

Hopmann, C.; Michaeli, W.: *Einführung in die Kunststoffverarbeitung*. München: Carl Hanser Verlag, 2017

Hopmann, C.; Schmitz, M.: *Plastics Industry 4.0*. München: Carl Hanser Verlag, 2020

Lechleitner, A.; Schwabl, D.; Schubert, T.; Bauer, M.; Lehner, M.: Chemisches Recycling von gemischten Kunststoffabfällen als ergänzender Recyclingpfad zur Erhöhung der Recyclingquote. *Österreichische Wasser- und Abfallwirtschaft* 72 (2019), S. 47 – 60; *https://doi.org/10.1007/s00506-019-00628-w*

Lindner, L.; Schmitt, J.; Hein, J.: *Stoffstrombild Kunststoffe in Deutschland 2019*. Conversio Market & Strategy, Mainaschaff, 2020

Naranjo, A.; Noriega, M., Osswald, T. A.; et al.: *Plastics Testing and Characterization*. München: Carl Hanser Verlag, 2012

Osswald, T. A; Menges, G.: *Materials Science of Polymers for Engineers*. München: Carl Hanser Verlag, 2012

Walker, S.; Rothman, R.: Life cycle assessment of bio-based and fossil-based plastic: A review. *Journal of Cleaner Production* 261, Elsevier, 10 July 2020

2 Bildung von Makromolekülen und Polymeren

■ 2.1 Begriffsdefinitionen: Monomer, Makromolekül, Polymer, Kunststoff

Im allgemeinen Sprachgebrauch der Chemie sind **Moleküle** (lat. Molecula = kleine Masse) zwei- oder mehratomige Teilchen, die durch **chemische (kovalente) Bindungen** zusammengehalten werden und einen starren Atom-Verbund bilden. Moleküle sind die kleinsten Teilchen eines **Reinstoffes** und haben eine definierte Masse. Atom-Verbunde, welche aus Atomen des gleichen chemischen Elementes aufgebaut sind, wie z.B. Chlor (Cl_2), Sauerstoff (O_2) oder Stickstoff (N_2), werden als Elementmoleküle bezeichnet. Moleküle können jedoch auch aus Verbänden von Atomen verschiedener Elemente bestehen, wie z.B. Kohlenstoffdioxid (CO_2) oder Wasser (H_2O). Bild 2.1 zeigt vergleichend einen AtomVerbund aus einem Element (links) und aus verschiedenen Elementen (rechts).

Was ist ein Molekül?

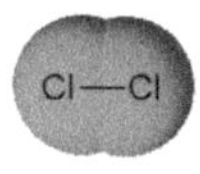

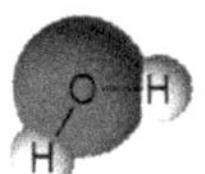

Bild 2.1 Ein Chlormolekül aus einem Element und ein Wassermolekül aus zwei verschiedenen Elementen

Monomere (griech. mono = einzel, meros = Teil) sind kleine, sehr reaktionsfreudige Moleküle, die sich unter bestimmten Voraussetzungen zu molekularen Ketten oder Netzen zusammenschließen können. Von molekularen Ketten wird gesprochen, wenn die zusammengeschlossenen Monomere nur aus der linearen Hauptkette bestehen. Von molekularen Netzen wird gesprochen, wenn die zusammengeschlossenen Monomere eine nicht-lineare Struktur aufweisen. Unter molekularen Netzen sind z.B. verzweigte, gepfropfte oder sternförmige Strukturen einzuordnen. Zu den Monomeren zählen Moleküle mit einer reaktionsfähigen **Doppelbindung** (wie z.B. ein Ethen-Molekül zur Herstellung von Polyethylen) oder mit

Was ist ein Monomer?

reaktionsfähigen **funktionellen Gruppen** (wie z.B. 1,4-Diisocyanatobutan und Ethylenglykol zur Herstellung von Polyurethan). Ringförmige Strukturen mit reaktionsfähigen funktionellen Gruppen, wie εCaprolactam (zur Herstellung von Polyamid 6), können ebenfalls als Monomere herangezogen werden. Einige Beispiele zu Monomeren mit reaktionsfähiger Doppelbindung und mit reaktionsfähigen funktionellen Gruppen zeigt Bild 2.2 .

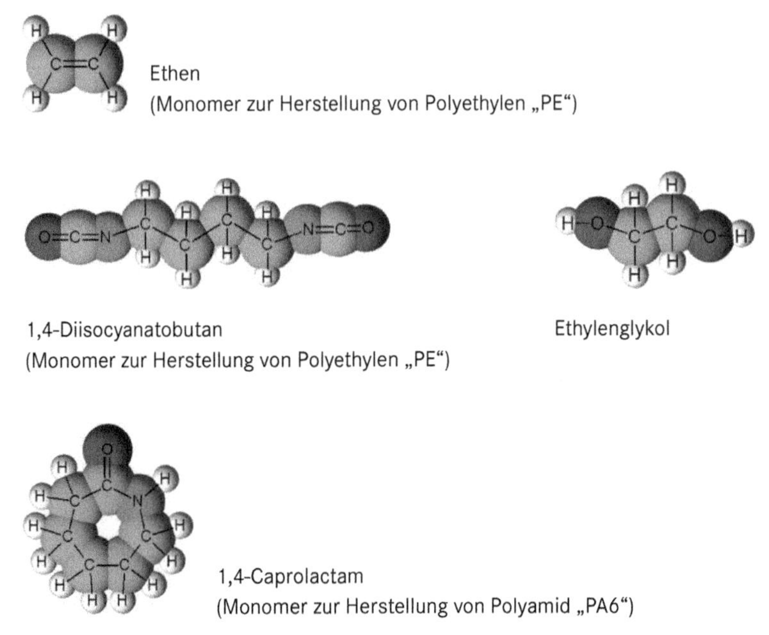

Bild 2.2 Monomere mit reaktionsfähiger Doppelbindung (Ethen), mit reaktionsfähigen funktionellen Gruppen (1,4-Diisocyanatobutan und Ethylenglykol) und mit reaktionsfähiger funktioneller Gruppe in Ringstruktur (ε-Caprolactam)

Was sind Makromoleküle bzw. Polymere?

Makromoleküle sind Riesenmoleküle, die aus vielen gleichen, sich wiederholenden, niedermolekularen Bausteinen (Monomeren) aufgebaut sind. Makromoleküle haben eine hohe Molekülmasse. Die Massen der Grundbausteine (Monomere oder Atome) sind im Vergleich zur Molekülmasse sehr klein. Üblicherweise wird von Makromolekülen gesprochen, wenn die Molekülmasse über 10.000 $g \cdot mol^{-1}$ liegt. Der Begriff des **Makromoleküls** wurde 1922 von Hermann Staudinger geprägt und bezeichnet ein Molekül, welches sich in seiner Zusammensetzung nicht merklich unterscheidet, egal ob es aus n oder n + 1 Wiederholungseinheiten zusammengesetzt ist. Ein Polymer (altgriech. poly = viel und meros = Teil) ist ein chemischer Stoff, der aus vielen Makromolekülen besteht und seine Eigenschaften erst aus dem speziellen Wechselspiel der Makromoleküle erhält.

Modell des Makromoleküls

Am Beispiel des Polyethylens in Bild 2.3 kann man sich eine Kette vorstellen, die aus mehreren Ethen-Einheiten (Monomer) besteht, welche hintereinander gereiht

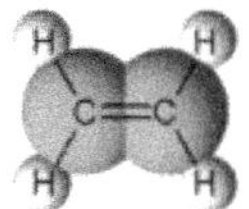

Ethen als Wiederholungseinheit „n“ in Polyethylen (PE)

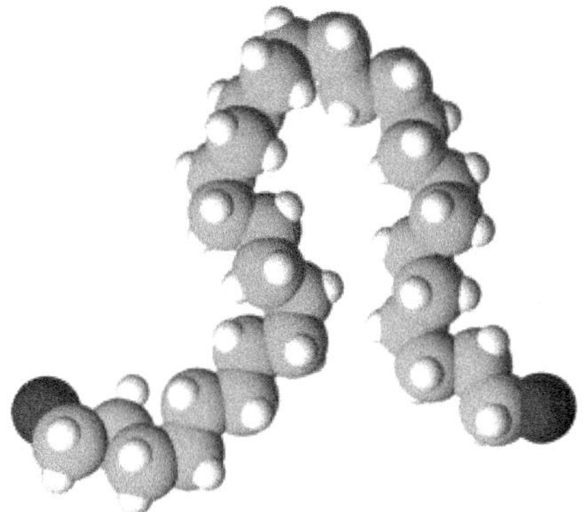

Ein Ausschnitt aus einem Polyethylen-Makromolekül mit mehreren Ethen-Wiederholungseinheiten „n“ im Kalottenmodell

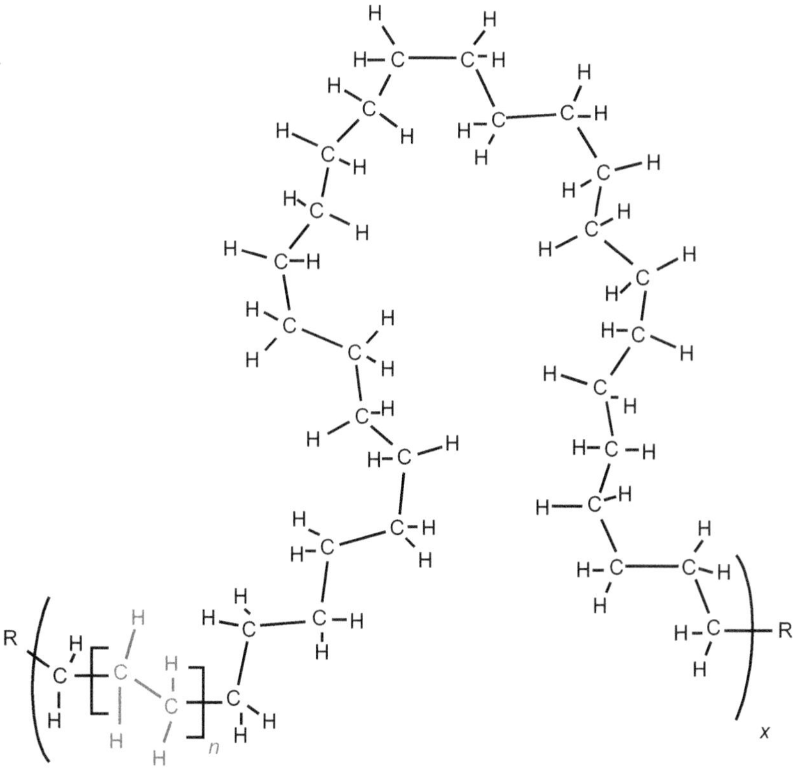

Ein Ausschnitt „x“ aus einem Polyethylen-Makromolekül mit mehreren Ethen-Wiederholungseinheiten „n“ aufgezeichnet mit Strichformel.

Bild 2.3 Modell des Makromoleküls am Beispiel Polyethylen

an ihren Nachbarn hängen. So können einzelne Glieder der Makromolekülkette als sogenannte Monomermoleküle bezeichnet werden. Sie hängen einigermaßen beweglich mit ihren Nachbarn zusammen und bilden damit das Makromolekül. Das einzelne Makromolekül ist jedoch submikroskopisch klein; es ist etwa 1000-mal so lang wie sein Durchmesser. Das Makromolekülmodell hat also die Form einer Kette, aufgebaut aus einigen hundert Monomermolekülen, die sich bei der Polymerisation miteinander verbunden haben. Ein Makromolekül hat einen Durchmesser von etwa 0,5 nm bei einer gestreckten Länge von typischerweise 1 µm. Die einzelnen Makromoleküle sind jedoch nie völlig gestreckt. Das reale Polymer besteht vielmehr aus einer riesigen Zahl solcher Ketten, die entweder ungeordnet miteinander verschlungen oder auch regelmäßig angeordnet sein können.

Makromolekulare Stoffe werden in natürliche, halbsynthetische und synthetische Stoffe unterteilt. Der Aufbau eines synthetischen Makromoleküls ist in den meisten Fällen regelmäßig, sodass sich Bereiche innerhalb eines Makromoleküls periodisch wiederholen. Natürliche Makromoleküle können dagegen einen sehr unregelmäßigen Aufbau haben. Hinzu kommt, dass natürliche Makromoleküle im Vergleich zu synthetischen Makromolekülen eine sehr einheitliche Kettenlänge aufweisen.

natürliche Makromoleküle

Natürliche makromolekulare Stoffe sind z. B.:

- Kohlenwasserstoffe, z. B. Naturkautschuk
- Polynukleotide, z. B. Nukleinsäuren
- Polysaccharide, z. B. Stärke und Zellulose
- Proteine, z. B. Seide, Collagen, Enzyme, Antikörper

Organische Makromoleküle auf der Basis von Kohlenstoffatomen sind die Baustoffe der gesamten belebten Natur. Auch der menschliche Körper besteht zu einem großen Teil aus organischen Makromolekülen. Seit Beginn seiner Existenz benutzt der Mensch viele dieser Naturstoffe als Werkstoffe. Dazu gehören Holz, Blätter, Gras, Elfenbein, Leder, Tiersehnen, Baumwolle, Flachs, Hanf, Leinen, Seide, Kautschuk, Teer, Bernstein und viele andere.

halbsynthetische Makromoleküle

Halbsynthetische makromolekulare Stoffe werden aus makromolekularen Naturstoffen durch chemische Umformung gewonnen.

Vertreter halbsynthetischer makromolekularer Stoffe sind z. B.:

- Viskose, Cellulosenitrat (Zelluloid)
- Vulkanisierter Kautschuk

synthetische Makromoleküle

Synthetische makromolekulare Stoffe werden aus niedermolekularen Grundmolekülen (Monomeren) durch Polymerisation, Polykondensation oder Polyaddition aufgebaut.

Vertreter synthetischer makromolekularer Stoffe sind z. B.:

- Polystyrol (PS), Polyethylen (PE), Polypropylen (PP), Polyamid (PA), Polyvinylchlorid (PVC), Polyetylenterephthalat (PET)
- Silikone
- Synthesekautschuk

Was sind Kunststoffe?

Kunststoffe sind makromolekulare Verbindungen, die synthetisch oder durch Umwandlung von Naturprodukten entstehen. Kunststoffe bestehen aus Polymeren und aus Zuschlagstoffen wie z. B. Additiven, Füll- und Verstärkungsstoffen (siehe Bild 2.4). Der polymere Bestandteil legt bereits viele Eigenschaften des Kunststoffes fest, die durch Zuschlagstoffe hinsichtlich der Verarbeitbarkeit oder der Produktnutzung weiter ausgebaut werden.

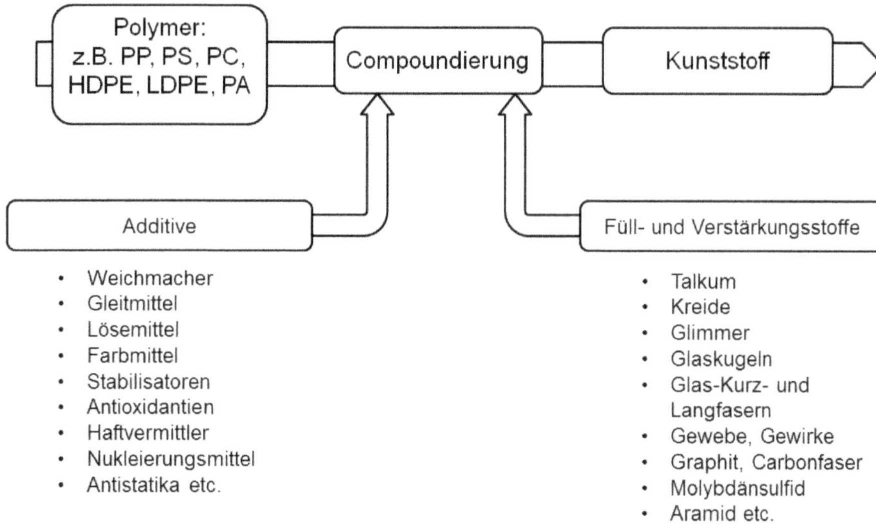

Bild 2.4 Vom Polymer zum Kunststoff

Da die Eigenschaften der Polymere in entscheidendem Maße von ihrem molekularen Aufbau wie von der Anordnung der Ketten geprägt werden, wird hierauf im Folgenden eingegangen.

2.2 Ausgangsstoffe zur Herstellung von Kunststoffen

Der wesentliche Teil der Kunststoffe wird heutzutage aus erdölbasierten Ausgangsstoffen hergestellt. Darüber hinaus werden seit einigen Jahren auch Kunststoffe aus pflanzlichen Rohstoffen („Biopolymere“) gewonnen. Gemessen am gesamten

Kunststoffmarkt ist der Anteil dieser biogenen Kunststoffe mit wenigen Prozent vergleichsweise gering.

Biopolymere bilden die Grundlage aller Lebewesen. Man gliedert sie nach ihren Grundbausteinen in Polydiene (Polybutadien), Polysaccharide (Cellulose, Kohlenhydrate), Polypeptide (Proteine) und Polynukleotide (DNA). Näheres dazu wird in Abschnitt 2.4.6 beschrieben. Die Natur ist in der Lage, komplizierte Makromoleküle reproduzierbar herzustellen. Die Komplexität der Biopolymere ist die Voraussetzung für die Vielfalt des Lebens. Das Leben beruht u. a. auf der Bildung, der Umwandlung und dem Abbau natürlicher Polymere.

Auch das Erdöl könnte man im weiteren Sinne zu den natürlichen Polymeren zählen. Die abgestorbene Biomasse der gewachsenen pflanzlichen und tierischen Kleinstlebewesen, vor allem das Plankton der Meere, sinken in tiefere, sauerstoffärmere, salz- und schwefelwasserstoffhaltige Wasserschichten, wodurch die Verwesung (Fäulnisprozesse) verhindert wird und die organischen Reste konserviert werden. Am Meeresboden lagert sich ein sogenannter Faulschlamm ab, der aus Proteinen, Kohlenhydraten und Fetten besteht. Durch die fortschreitende Sedimentation gerät der Faulschlamm allmählich in tiefere Erdschichten, wodurch Druck und Temperatur steigen. Unter diesen Umgebungsbedingungen wird der Faulschlamm über Jahrhunderte und Jahrtausende durch anaerobe Bakterien allmählich zu Erdöl und Erdgas umgewandelt.

Das Erdöl ist ein sehr komplexes Gemisch aus Hunderten von Substanzen, enthält aber vor allem eine Vielzahl verschiedener aliphatischer (Alkane und Alkene), cyclischer (Naphthene) und aromatischer Kohlenwasserstoffe (Aromaten). Neben den Kohlenwasserstoffen unterschiedlicher Kettenlänge sind aber auch Verbindungen mit Schwefel, Stickstoff, Sauerstoff und anderen Elementen im Molekül enthalten. Außerdem sind anorganische Stoffe wie Wasser und Schwefel ebenfalls im Gemisch zu beobachten. Erdöl dient neben seiner Funktion als Energieträger auch als Rohstoff, um Monomere für ganz neue Polymere herzustellen, und ist somit die Basis für synthetische Polymere oder Kunststoffe.

Der Weg vom Erdöl zum Kunststoff

In einer Raffinerie wird Erdöl durch Destillation in einer Fraktionierkolonne in mehrere Bestandteile getrennt. Hierzu wird das Erdöl zunächst auf ca. 400 °C erwärmt und der entstehende Dampf in die Fraktionierkolonne geleitet. Die vorwiegend aus großen Kohlenwasserstoffverbindungen bestehende Zusammensetzung des Erdöls geht aufgrund ihrer unterschiedlichen Siedepunkte (abhängig von Größe der Kohlenwasserstoffmoleküle und der Temperatur) vom flüssigen in den gasförmigen Zustand über. Durch das gestufte Abkühlen der Dampfphase in der Fraktionierkolonne können je nach Siedetemperatur die Bestandteile des Erdöls voneinander getrennt werden. Aufgrund der Temperaturgefälle in der Fraktionierkolonne von unten nach oben kondensieren schwere Bestandteile des Erdöls wegen ihrer hohen Siedetemperatur bereits vorher und werden aus der Dampfphase getrennt. Leichter siedende Bestandteile des Erdöls kondensieren erst später im oberen Bereich der Fraktionierkolonne. Während des Siedevorgangs wird das Erdöl in der Fraktionierkolonne in Gase, Rohbenzin (Naphtha), Petroleum (Mitteldestillat) und Gasöl getrennt. Die für die Kunststoffherstellung wichtigste Fraktion ist unter anderem das Rohbenzin (Naphtha). In einem Crackprozess werden Bestandteile des Naphthas aus langen Kohlenwasserstoffketten bei hohen Temperaturen zu kürzeren Molekülen gespalten und umgebaut. Nach dem thermischen Spaltprozess werden Ethen, Propen, Buten und andere Kohlenwasserstoffverbindungen wie z. B. Benzol, Toluol und Xylol gewonnen. Diese Ausgangsstoffe aus der petrochemischen Industrie werden als Grundchemikalien oder Grundbausteine für jedes chemische Erzeugnis eingesetzt. Dazu zählen Kunststoffe (zzgl. Lacke und Klebstoffe), Pharmazeutika, Farbstoffe, Wasch- und Reinigungsmittel, Düngemittel, Pflanzenschutzmittel und vieles mehr (siehe Bild 2.5).

Durch die chemische Umwandlung der Ausgangsstoffe Ethen, Propen, Buten, Benzol, Toluol und Xylol werden die Monomere unterschiedlichster Kunststoffe gewonnen.

Anhand der unten aufgeführten Beispiele wird gezeigt, aus welchen Grundbausteinen des Erdöls die verschiedenen Polymere hergestellt werden:

- Polyethylen (PE) aus Ethylen (Grundbaustein und Monomer) über radikalische oder koordinative (stereospezifische) Polymerisation
- Polypropylen (PP) aus Propylen (Grundbaustein und Monomer) über koordinative (stereospezifische) Polymerisation
- Polyvinylchlorid (PVC) aus Ethylen (Grundbaustein) über Vinylchlorid (Monomer) durch radikalische Polymerisation
- Polystyrol (PS) aus Benzol und Ethen (Grundbausteine) über Styrol (Monomer) durch radikalische, kationische oder anionische Polymerisation
- Polymethylenmethacrylat (PMMA) aus Propen (Grundbaustein) über Methacrylsäuremethylester (Monomer) durch radikalische Polymerisation
- Polyoxymethylen (POM) aus Methanol (Grundbaustein) über Formaldehyd, auch Methanal genannt, (Monomer) durch kationische Polymerisation
- Polyethylentherephthalat (PET) aus Xylol und Ethen (Grundbausteine) über Terephthalsäure und Ethylenglykol (Monomere) durch Polykondensation

Das Polymerisat wird in einen Extruder überführt, additiviert und granuliert, sodass diese mit Kunststoffverarbeitungsmaschinen verarbeitet werden können.

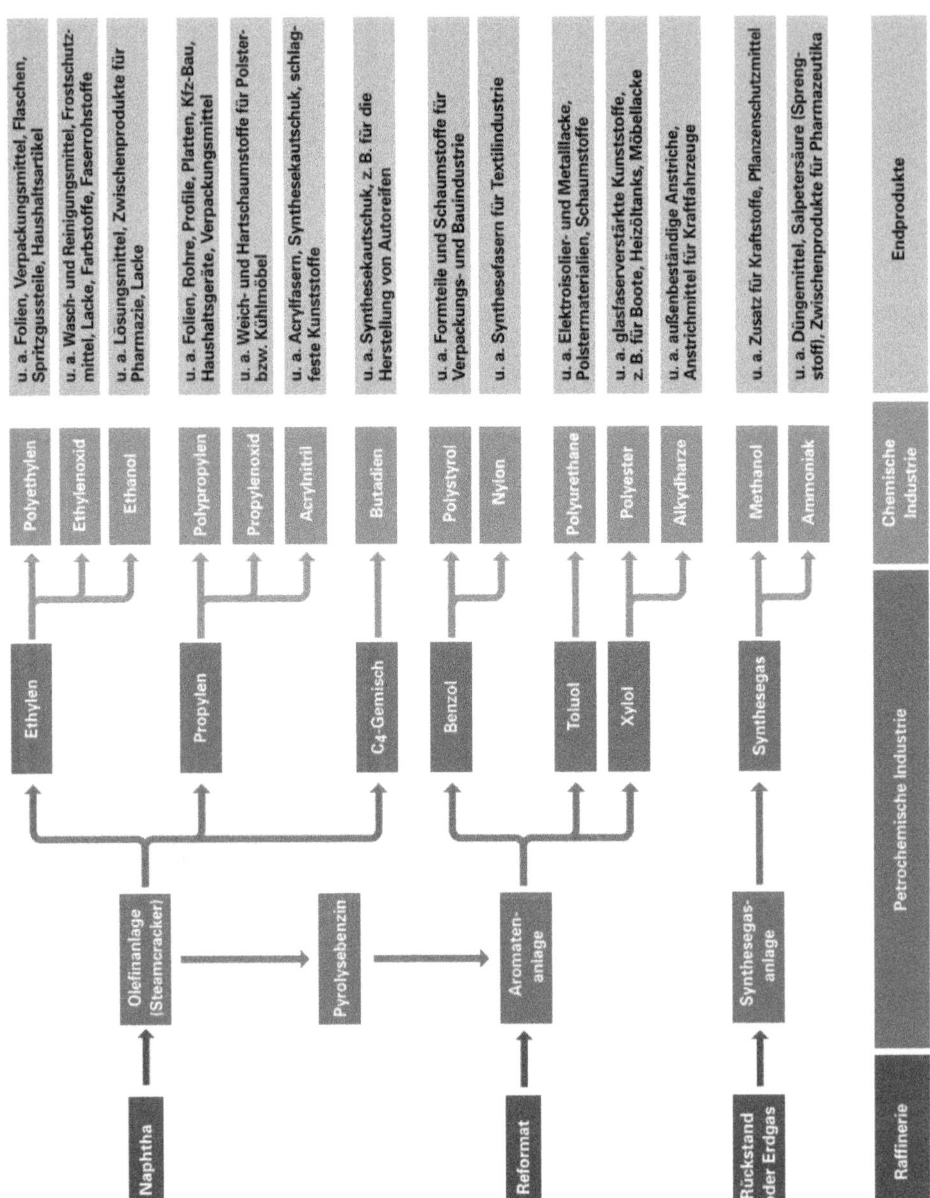

Bild 2.5 Beispiele von aus Rohöl gewonnenen Produkten nach verschiedenen Verarbeitungsprozessen (Deutsche BP AG)

2.3 Aufbau und Eigenschaften von Makromolekülen

Der molekulare Aufbau der Polymere beeinflusst in hohem Maße die Struktur und damit die physikalischen, aber vor allem auch die chemischen Eigenschaften, vgl. Bild 3.1 und Kapitel 13. Die physikalische Gestalt der einzelnen Makromoleküle kann sich unterschiedlich ausbilden, abhängig von der Herstellung (Polymerisation) und der Verarbeitung. Sie hat ebenfalls einen bedeutenden Einfluss auf die Eigenschaften und den Charakter des Polymers. In Bild 2.6 sind die vier wesentlichen Bauformen von Polymeren schematisch dargestellt.

2.3.1 Lineare Makromoleküle

thermoplastische Polymere

Die einfachste Bauform besitzen die linearen Makromoleküle. Die daraus aufgebauten Polymere können wiederholt geschmolzen oder in einem Lösemittel gelöst werden. Ihre mechanischen Eigenschaften reichen von weich (z.B. *thermoplastische Elastomere*) über zäh bis hin zu hart und spröde.

2.3.2 Verzweigte Makromoleküle

Verzweigte Makromoleküle verhalten sich prinzipiell wie die linearen, jedoch bedingen die Seitenketten einen größeren Kettenabstand und daher ein generell weicheres Materialverhalten gegenüber einer gleichen Polymerstruktur ohne Verzweigungen. Lange Seitenketten können jedoch auch zu zusätzlichen Verschlaufungen führen, wodurch das Verhalten in der Schmelze stark beeinflusst wird. Die Viskosität eines verzweigten Polymers ist deutlich höher als die einer linearen Struktur mit vergleichbarem Molekulargewicht.

Wenn lineare oder verzweigte Makromoleküle genügend Beweglichkeit durch Wärme oder durch Lagern in einem Lösemittel erhalten oder langzeitig belastet werden, können die einzelnen Makromoleküle aneinander abgleiten; der Kunststoff wird plastisch verformt. Die Namensgebung folgt dieser Eigenschaft: Sie werden mit dem Sammelbegriff *Thermoplaste* bezeichnet.

teilkristalline Thermoplaste

Eigenschaften teilkristalliner Thermoplaste

Wenn sich die Makromoleküle frei bewegen können, bilden sie aus thermodynamischen Gründen ungeordnete Knäuel, die mehr oder minder miteinander verschlungen sind. Anschaulich vorstellbar ist dies anhand von gekochten, ineinander verschlungenen Spaghetti. Je nach Eigenschaften der Wechselwirkung zwischen den Makromolekülen erstarren Polymere in dieser ungeordneten Knäuelform. Einige Typen von Makromolekülen können beim Erstarren jedoch zumindest segmentweise eine besondere Ordnung einnehmen. Eine solche Erstarrung in geordneten Strukturen wird begünstigt, wenn die Makromoleküle linear und relativ gleichmäßig aufgebaut sind.

Segmente der Makromoleküle nehmen dann die engstmögliche Lage zueinander ein. Dadurch bilden sich beim Erstarren kristalline Zonen aus. Es verbleiben aber immer auch Zonen, die nicht kristallisieren können und daher ungeordnet bleiben. Diese Zonen werden amorph genannt. Solche Polymere werden daher auch als teilkristalline Thermoplaste bezeichnet.

Dieser teilkristalline Zustand verleiht den Polymeren in vieler Hinsicht einen besonderen Charakter, der sich im Wesentlichen durch eine höhere Wärmestandfestigkeit, Festigkeit und Zähigkeit ausdrückt. Eine ausführlichere Behandlung der Kristallisation von Polymeren erfolgt in Abschnitten 3.4.2 und 5.3.

2.3.3 Vernetzte Makromoleküle (Duroplaste, Elastomere)

vernetzte Polymere (Duroplaste, Elastomere)

Die Eigenschaften der Thermoplaste werden durch zwei Typen von Bindungskräften definiert: Die starken Bindungskräfte innerhalb der Makromoleküle und die deutlich schwächeren Bindungskräfte, die zwischen den Makromolekülen wirken. Es ist jedoch auch möglich, die einzelnen Kettenmoleküle über Querbrücken miteinander chemisch zu verbinden. Dieser Vorgang wird Vernetzung genannt. Damit können die Makromoleküle auch bei hohen Temperaturen nicht mehr aneinander abgleiten, was die Eigenschaften der Polymere deutlich verändert. Es werden zwei Fälle unterschieden:

1. Falls die Vernetzung zwischen den Makromolekülketten sehr weitmaschig ist, sind derartige Kunststoffe zwar weder schmelzbar noch löslich, sie können jedoch unter der Einwirkung von Lösemitteln aufquellen, d. h. die Lösemittelmoleküle lagern sich zwischen den Polymerketten ein und erweichen den Werkstoff. Ist bei derartigen Polymeren die Kettenbeweglichkeit bei Raumtemperatur ausreichend hoch, so lassen sie sich reversibel sehr stark verformen. Materialien dieser Art werden *Elastomere* (kautschukelastische Stoffe) genannt.
2. Mit zunehmend engmaschigerer Vernetzung wird der Werkstoff steifer (härter) und fester; er ist weder schmelzbar noch quellbar bzw. löslich. Derartige Werkstoffe werden als *Duroplaste* bezeichnet. Die Makromoleküle sind als Netzwerk, also als ein einziges, kompaktes Molekül, miteinander verbunden. Um derartige Polymere verarbeiten zu können, werden sie in der Regel in der Polymerisation zunächst linear oder allenfalls gering vernetzt hergestellt, sodass sie noch im erwärmten Zustand umgeformt oder in Lösung weiterverarbeitet werden können. Die Vernetzung erfolgt dann als letzte Verarbeitungsstufe nach der Formgebung, meist unter Einwirkung von Wärme.

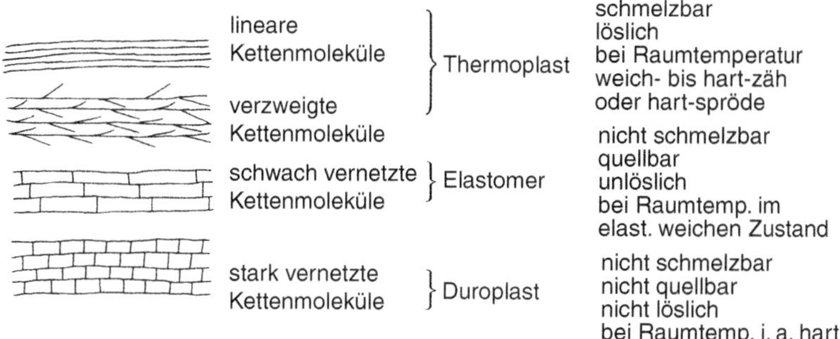

Bild 2.6 Schematische Darstellung der Anordnung der Kettenmoleküle in Kunststoffen und deren Eigenschaften

2.4 Bildung und Herstellung von Polymeren

2.4.1 Vom Atom zum Molekül über kovalente Bindungen

Alle organischen Makromoleküle und damit auch die Kunststoffe basieren auf der Fähigkeit des Kohlenstoffs, sogenannte *kovalente Atombindungen* (Details siehe Abschnitt 2.4.2.1) einzugehen. Diese Fähigkeit resultiert aus dem atomaren Aufbau des Kohlenstoffatoms. Zum Verständnis dieses atomaren Aufbaus hilft die anschauliche Darstellung, wie sie Bohr entwickelt hat (Bohrsches Atommodell oder Kugelschalenmodell). Darin wird der Atomkern, der aus positiven und neutralen Teilchen (*Protonen und Neutronen*) zusammengesetzt ist, von negativen Teilchen (*Elektronen*) auf verschiedenen, genau definierten Bahnen umkreist.

Bild 2.7 zeigt die Kugelschalenmodelle des Kohlenstoff- und des Neonatoms. Es ist zu erkennen, dass das Neonatom acht Elektronen in der äußeren Schale besitzt, die damit voll besetzt ist. Daher geht das Edelgas Neon, wie auch die anderen Edelgase, deren äußere Schalen mit Elektronen voll besetzt sind (sog. *Edelgaskonfiguration*), keine Verbindungen mit anderen Atomen ein.

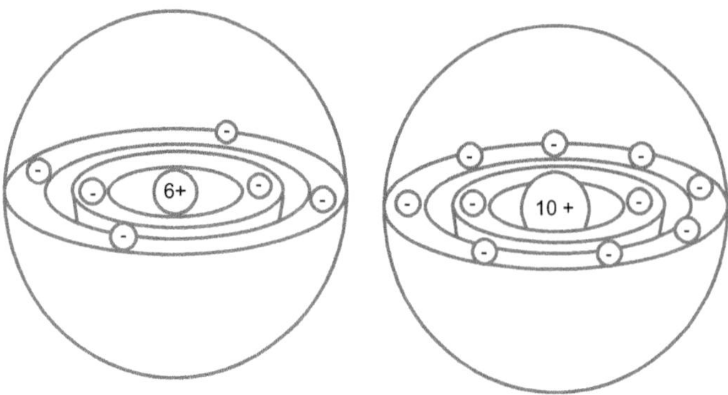

Bild 2.7 Kugelschalenmodell des Kohlenstoffatoms (links) und des Neonatoms (rechts)

chemische Bindung

Dem Kohlenstoffatom fehlen hingegen in seiner äußeren Schale vier Elektronen zur Edelgaskonfiguration. Da die äußere Schale aus quantenmechanischen Gründen eine volle Besetzung anstrebt, sucht das Kohlenstoffatom in seiner Nachbarschaft nach Atomen, durch die dieses Defizit ausgeglichen und eine voll besetzte Schale erzielt werden kann. Man spricht beim Kohlenstoffatom von vier *freien Valenzen*; Kohlenstoffatome versuchen, diese Lücken in ihrer äußeren Schale aufzufüllen, indem sie sich Elektronen mit anderen Atomen teilen, wodurch eine chemische Bindung und damit ein Molekül entsteht. Das Kohlenstoffatom gelangt so quasi zu einer Edelgaskonfiguration. Die Kohlenstoffatome gehen sowohl mit weiteren Kohlenstoffatomen wie beim Diamant oder beim Graphit, als auch mit Wasserstoff-, Sauerstoff-, Stickstoff- oder anderen Atomen, wie sie in organischen Polymeren oder Biopolymeren vorkommen, Bindungen ein.

Durch dieses „Teilen" von Elektronen, d.h. die Absättigung der freien Valenzen, entsteht die kovalente Atombindung. Bild 2.8 zeigt schematisch eine Bindung zwischen zwei Kohlenstoffatomen, wie man sie sich beispielsweise bei der Verbindung von zwei Ethen-Monomeren eines Polyethylens (s. Bild 2.9) vorzustellen hat. Jedes der beiden Kohlenstoffatme stellt ein Elektron für die Bindung zur Verfügung. Dieses Bindungselektronenpaar bewegt sich in einem Raum zwischen den beiden C-Atomen in einer Art Wolke. Die Einfachbindung zwischen den Kohlenstoffatomen im Ethan wird auch σ-Bindung genannt.

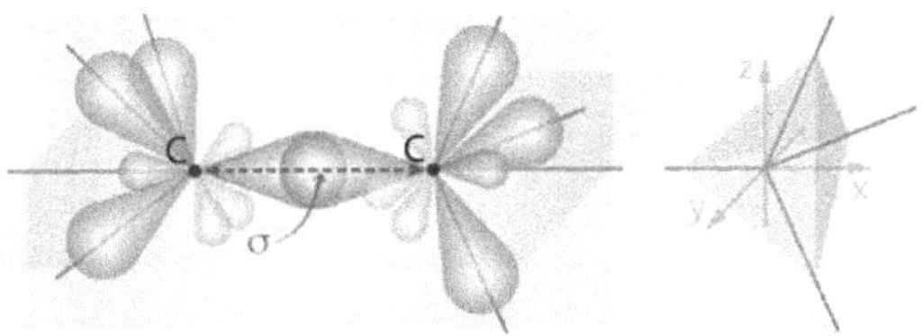

Bild 2.8 Einfachbindung zwischen zwei Kohlenstoffatomen beim Ethan

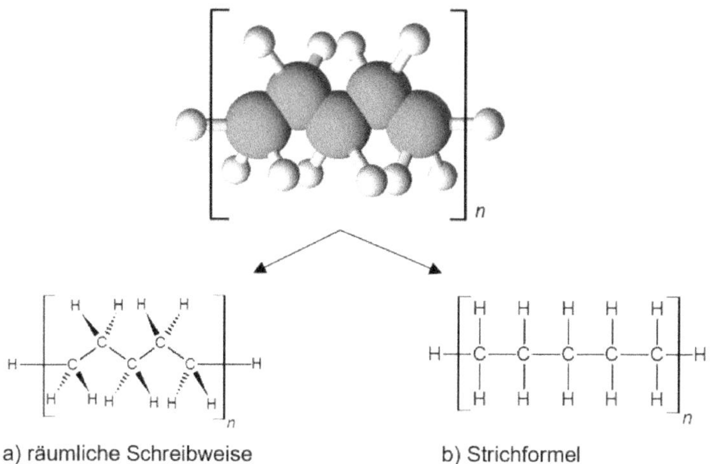

Bild 2.9 Schematische Darstellung des Polyethylenmoleküls

Die beiden Elektronen der sich überschneidenden Elektronenwolken (oder „-bahnen") stehen beiden Atomen zur Verfügung, sodass beide Atome quasi fünf Außenelektronen besitzen. Man erkennt weiterhin, dass die vier „bindungsfähigen" Bahnen des Kohlenstoffatoms sich möglichst günstig im Raum anordnen (sodass die elektrostatische Abstoßung der positiv geladenen Wasserstoffatomrümpfe möglichst gering ist) und deswegen die Form eines *Tetraeders* einnehmen. Dies ist in Bild 2.10 am Molekülmodell des Gases Methan weiter verdeutlicht, bei dem das Kohlenstoffatom sich mit vier Wasserstoffatomen unter den gleichen Winkeln verbindet und so den größtmöglichen Abstand der vier Wasserstoffatome um das zentrale Kohlenstoffatom herum realisiert. Die elektrostatische Abstoßung wird auch bei der Anordnung der Makromoleküle später eine entscheidende Rolle spielen.

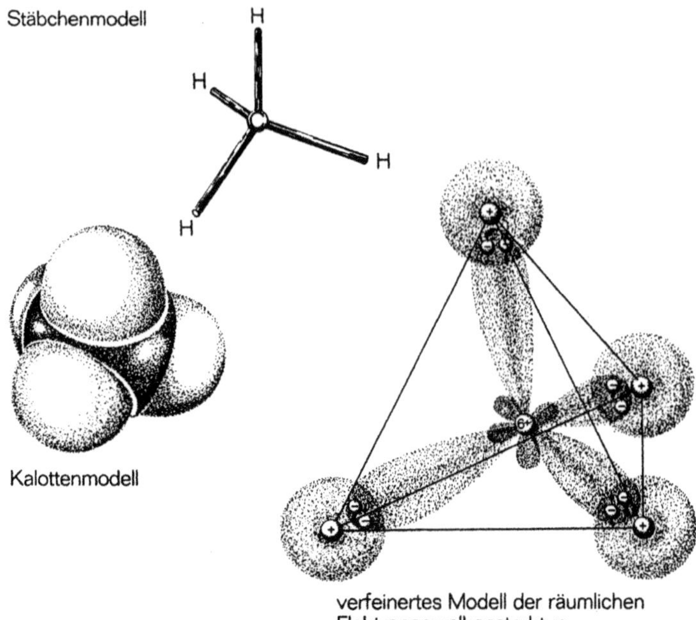

Bild 2.10 Drei verschiedene Darstellungen des Methanmoleküls (BASF AG)

Die Fähigkeit des Kohlenstoffs, Kettenmoleküle zu bilden, liefert die Grundlage für die natürlichen und die meisten künstlichen Makromoleküle.

Die Überführung von Monomeren in Makromoleküle wird als Polymerisation bezeichnet. Hierbei unterscheidet man zwischen drei Reaktionsarten:

- Polymerisation
- Polykondensation
- Polyaddition

Im folgenden Kapitel werden die Bindungstypen und Reaktionsarten zum Aufbau von künstlichen Makromolekülen mit Beispielen beschrieben.

2.4.2 Hauptvalenzbindungen

2.4.2.1 Kovalente Atombindung

Die chemische Bindung der Monomermoleküle zu Makromolekülen nennt man *kovalente Atombindung.* Üblicherweise sind in den Makromolekülen Atome von C, O, S, Si und N miteinander verbunden.

Bindungsenergie

Bei den an der Bindung beteiligten Atomen entsteht durch die zusätzlichen Elektronen ein Energiegewinn, die sog. *Bindungsenergie.* Diese beträgt beispielsweise bei der C–C-Bindung ca. 350 kJ/mol. Die Energien der Bindungen zwischen Kohlenstoff und den Heteroatomen O, S, N und Si sind demgegenüber etwas geringer.

Würde man die Bindungsenergie der C–C-Einfachbindung in Festigkeitswerte umrechnen, dann müsste z. B. Polyethylen, welches in der Hauptkette nur C–C-Einfachbindungen aufweist, eine Festigkeit von etwa $1{,}5 \times 10^4$ N/mm^2 besitzen. Die effektiven Festigkeiten von Polymeren sind aber bekanntlich um mehrere Größenordnungen niedriger und liegen nur zwischen 10 und 100 N/mm^2. Den wesentlichen Beitrag zum Zusammenhalt liefern die Anziehungskräfte – die *Nebenvalenzkräfte* –, die die nebeneinanderliegenden Makromoleküle aufeinander ausüben.

HINWEIS: Daraus ist zu schließen, dass die Eigenschaften der Polymere nur mittelbar auf den kovalenten Bindungen beruhen. Für die Ausbildung der Eigenschaften sind vielmehr die Kräfte verantwortlich, die sich zwischen nebeneinanderliegenden Molekülen ausbilden können, unterstützt von Verschlaufungen der Kettenmoleküle. ■

Elektronegativität

Weitere anzutreffende Bezeichnungen für die kovalente Atombindung sind Elektronenpaarbindung, Molekülbindung oder homöopolare Bindung. Für die Stärke einer kovalenten Bindung ist die Elektronegativität verantwortlich. Die Elektronegativität beschreibt die Neigung von Atomen, die Elektronen innerhalb der Bindung an sich zu ziehen. Sie ist keine messbare Größe, sondern eine Modellvorstellung, die von Linus Pauling etabliert wurde (sog. Pauling-Skala). Durch ein Berechnungsverfahren auf Grundlage der Bindungsenergien verschiedenster Atomkombinationen erstellte er eine Tabelle, in der die Elektronegativität in Zahlenwerten angegeben ist. Dabei ist Fluor das elektronegativste Element (EN = 4), die am wenigsten elektronegativen Elemente sind die schweren Alkalielemente der ersten Hauptgruppe des Periodensystems. Die Elektronegativität von Kohlenstoff beträgt 2,5, von Wasserstoff 2,2 und von Sauerstoff 3,5. In einer Bindung zwischen Atomen unterschiedlicher Elektronegativitäten zieht nun das Atom mit der höheren Elektronegativität die Elektronen der Bindung mehr auf seine Seite (so z. B. Sauerstoff (O) in einer –C–O-Bindung). Damit entsteht ein Ladungsgefälle entlang der Bindungsachse und so ein elektrischer Dipol. Diese Dipole sind von besonderem Interesse, da sie zum einen einige chemische Eigenschaften bestimmen, zum anderen Ursache für eine Nebenvalenzkraft sind (s. u.). Die Elektronegativitäten von Kohlenstoff (C) und Wasserstoff (H) sind nahezu gleich groß, sodass C–H-Bindungen unpolar sind. Bild 2.11 verdeutlicht die Bildung der Dipole.

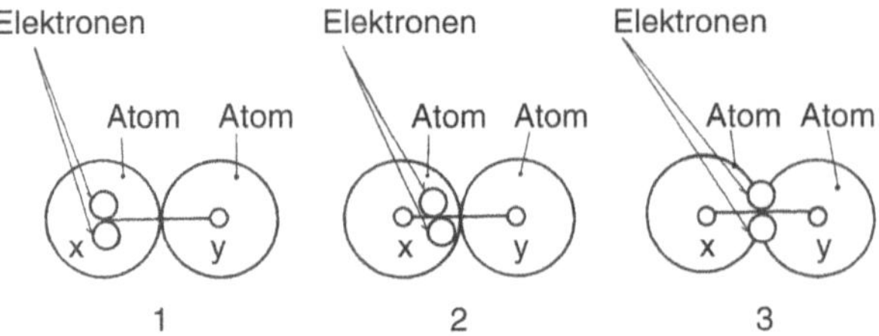

Bild 2.11 Erklärung des polaren Charakters. 1: stark polar (z. B. H_2O), 2: schwach polar (z. B. H_2S, viele organische Verbindungen), 3: unpolar (z. B. H_2, N_2, O_2 usw.)

polare Bindung

Das linke Molekül (1) besitzt einen stark polaren Charakter (z. B. H_2O); die Aufenthaltswahrscheinlichkeit der Elektronen ist stark zum Atom x verschoben. Das mittlere Molekül (2) ist schwach polar, die Elektronen sind nicht so stark verschoben (z. B. H_2S, wie auch viele organische Verbindungen). Beim rechten Molekül (3) liegen die Elektronen „mittig" zwischen den Atomkernen. Das Molekül ist unpolar (z. B. H_2, N_2, O_2 usw.). Unter den Kunststoffen ist Polyvinylchlorid (PVC) der wichtigste Vertreter mit großen polaren Bindungskräften. Hier ist der Schwerpunkt der Bindung der beiden Atome stark zum elektronegativen Chlor verschoben.

$$-\underset{|\,\delta^+}{\overset{|}{C}}-\underset{\delta^-}{Cl}$$

Von geringerer Stärke sind die Dipolmomente der Nitrilgruppe

$$-\overset{\delta^+}{C}\equiv\overset{\delta^-}{N}$$

und diejenigen der Estergruppe.

$$\cdots-\overset{\overset{\delta^-}{O}\,\|}{\underset{\delta^+}{C}}-\underset{\delta^-}{O}-\cdots$$

Enthalten chemische Gruppen polare kovalente Bindungen, so spricht man von *polaren Gruppen*.

HINWEIS: Kovalente Bindungen prägen die Hauptvalenzbindungen in Makromolekülen. Durch heterogene Atomkonstellationen werden durch die unterschiedliche Elektronegativität Dipole erzeugt.

2.4.2.2 Ionenbindung

Ionenbindung

Streng genommen ist eine Ionenbindung nichts anderes als die elektrostatische Anziehung zwischen elektrisch geladenen Teilchen (Ionen), wie man sie z. B. in

Salzen findet. Es gibt nur einige wenige Makromoleküle, in denen Ionenbindungen anzutreffen sind, die zu interessanten Eigenschaftsverbesserungen führen können. So können z. B. durch Copolymerisation Zn^{2+} und Cd^{2+}-Ionen eingebaut werden. Diese Bindung ist bei Raumtemperatur sehr fest, löst sich jedoch bei hohen Temperaturen, sodass eine leichte Verarbeitung möglich ist. Sie verleiht derartig ausgerüsteten Polymerwerkstoffen, sogenannten Ionomeren, eine hohe Zähigkeit. Einer der wenigen Polymerwerkstoffe mit Ionenbindungen ist das Surlyn von DuPont, das für die Außenhaut von Golfbällen eingesetzt wird, die sehr hoch beansprucht ist.

2.4.3 Polymerisation über ungesättigte Bindungen (Kettenwachstumsreaktion)

Die Verknüpfung der Monomere zu Makromolekülen, die aus historischen Gründen Polymerisation genannt wird, kann dann erfolgen, wenn in den Monomeren entweder freie Valenzen erzeugt werden können oder die Monomere reaktive Endgruppen besitzen, welche chemische Bindungen eingehen können.

Initiatoren

Die Initiierung der Polymerisationsreaktion über ungesättigte Bindungen kann auf verschiedenen Wegen erfolgen. Es können hierzu *radikalische*, *anionische* und *kationische* Initiatoren (man spricht analog von der radikalischen, anionischen oder kationischen Polymerisation) genutzt werden. Im Wesentlichen liegt der Unterschied in der chemischen Struktur der aktiven Stelle, die im ersten Fall ein Teilchen mit einem einzelnen ungepaarten freien Elektron (*Radikal*), im zweiten Fall ein Anion (C^-) und im dritten Fall ein Kation (C^+) sein kann.

Des Weiteren gibt es die koordinative Polymerisation, bei der die Polymerisationsreaktion durch Übergangsmetallkomplexe katalysiert wird. Hierbei werden Monomere mit einer Doppelbindung durch die Wechselwirkung mit dem Metallkomplex aktiviert, sodass die Doppelbindung geschwächt und die Anlagerung eines weiteren Monomers initiiert wird.

2.4.3.1 Radikalische Polymerisation

ungesättigte Moleküle

Neben der Einfachbindung zwischen zwei Kohlenstoffatomen, bei der sich die Atome zwei Elektronen teilen, ist auch die Ausbildung von Doppel- und Dreifachbindungen zwischen zwei C-Atomen möglich; diese teilen sich dann 4 bzw. 6 Elektronen. Man bezeichnet Moleküle, die Doppel- oder Dreifachbindungen enthalten, als *ungesättigt*.

Das einfachste Beispiel für ein ungesättigtes Molekül ist das Ethen, welches zur Gruppe der *Alkene* (früher auch *Olefine*) gehört und den monomeren Baustein des

Polyethylens darstellt (man bezeichnet daher das Polyethylen auch als ein *Polyolefin*). Bild 2.12 zeigt schematisch den Aufbau eines Ethenmoleküls.

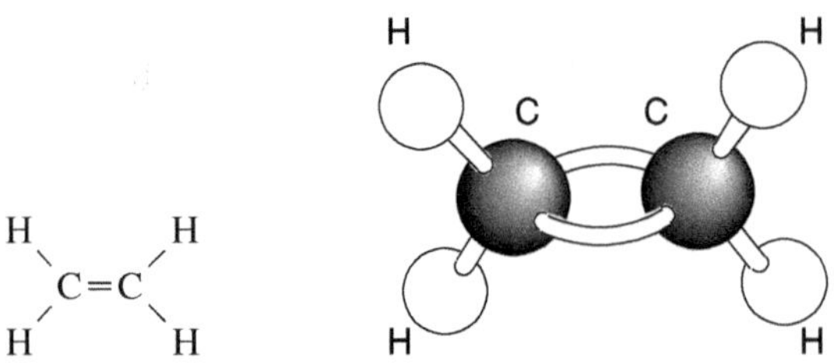

Bild 2.12 Schematische Darstellung des Ethenmoleküls

Energieinhalt ungesättigter Moleküle

Es ist zu erkennen, dass sich bei der Doppelbindung beide Bindungen aufgrund der Elektrostatik stark „verbiegen" müssen und somit stark vom Tetraederwinkel abweichen. Folglich befindet sich das Molekül in einem gespannten Zustand. Während eine C-C-Einfachbindung eine Bindungsenergie von 350 kJ/mol aufweist, besitzt eine Doppelbindung eine Bindungsenergie von nur 560 kJ/mol. Öffnet man eine solche Doppelbindung und knüpft stattdessen daraus zwei Einfachbindungen, so wird eine Energie von 140 kJ/mol (= 2 · 350 kJ/mol - 560 kJ/mol) frei. Dieses Freiwerden von Energie durch Lösen des Verspannungszustandes in ungesättigten Molekülen ist dafür verantwortlich, dass sich Doppelbindungen auflösen und sich die ungesättigten Moleküle zu Polymeren zusammenschließen. Noch größer ist die Energiedifferenz folglich bei einer C-C-Dreifachbindung (Bindungsenergie 840 kJ/mol, freiwerdende Energie 210 kJ/mol), wie sie z. B. im Acetylen (Ethin) vorhanden ist.

$$H-C\equiv C-H$$

Ablauf der Polymerisation

Bei der Bildung von Polymeren aus ungesättigten Monomeren - der sog. *Radikalischen Polymerisation* - müssen zunächst einige Monomermoleküle durch einen *Initiator* aktiviert werden. Als Initiator werden Peroxide eingesetzt. Peroxide sind chemische Stoffe, die eine Peroxygruppe -O-O- enthalten.

Beim Zerfall von Peroxiden werden zwei Radikale gebildet, deren Valenzen eine Absättigung anstreben (siehe Bild 2.13).

Der Substituent R in Bild 2.13 steht für ein Atom oder eine Atomgruppe, welche in einem Molekül (in diesem Fall das Monomer) ein Wasserstoffatom ersetzt. Handelt es sich bei dem Substituenten des in Bild 2.13 aufgezeichneten Monomers um ein Chloratom, so spricht man von Vinylchlorid (Monomer zur Herstellung von PVC). Handelt es sich bei dem Substituenten um eine Atomgruppe $-CH_3$, so spricht man von einem Propen-Monomer (Monomer zur Herstellung von PP).

Zerfall des Initiators „Benzolperoxid" (Radikalbildung)

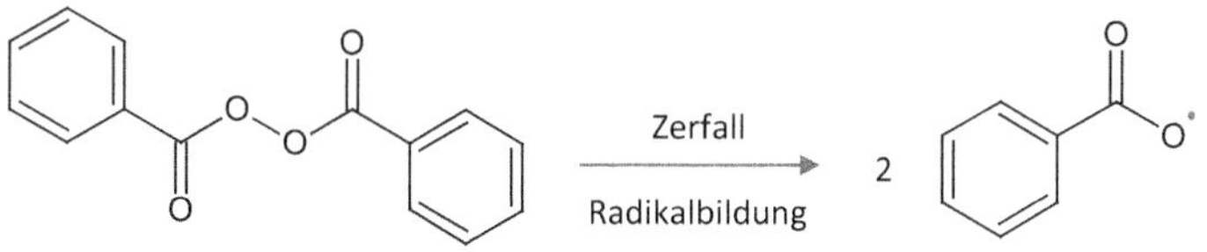

Zerfall

2

Radikalbildung

Initiator: Benzolperoxid

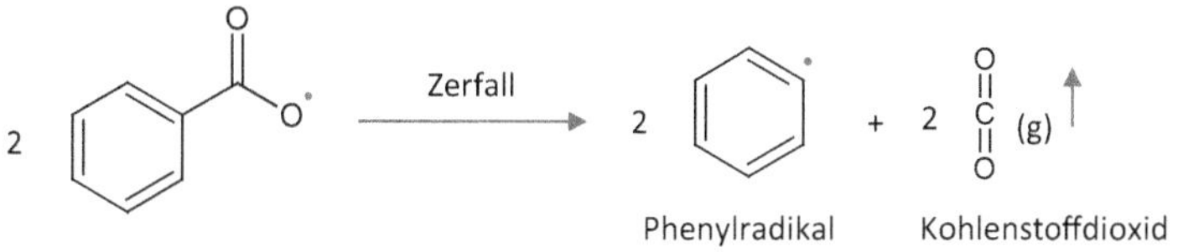

2 Zerfall 2 + 2 (g)

Phenylradikal Kohlenstoffdioxid

Startreaktion 1. Monomer

$H_2C{=}CH$–R

Start

$-CH_2-CH^{\bullet}$–R

Wachstumsreaktion

$-CH_2-CH^{\bullet}(R)$ + $n\ H_2C{=}CH(R)$ → $-CH_2-CH(R)[CH_2-CH(R)]_n-CH_2-CH^{\bullet}(R)$

weitere Monomere

Polymerkette mit einem Radikal

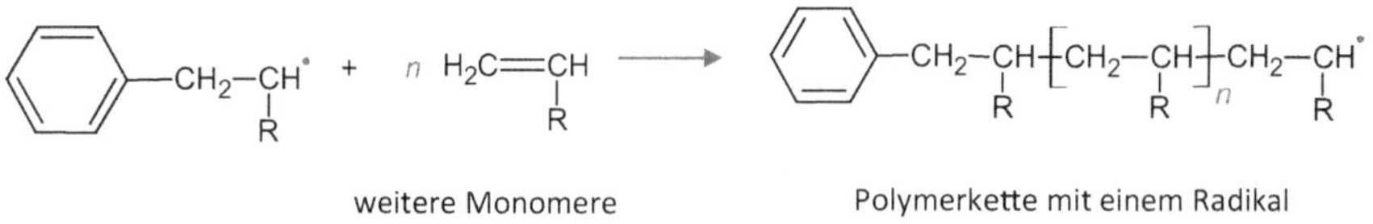

<u>*Mögliche Abbruchreaktionen*</u>

a) Kombination zweier aktiver Ketten

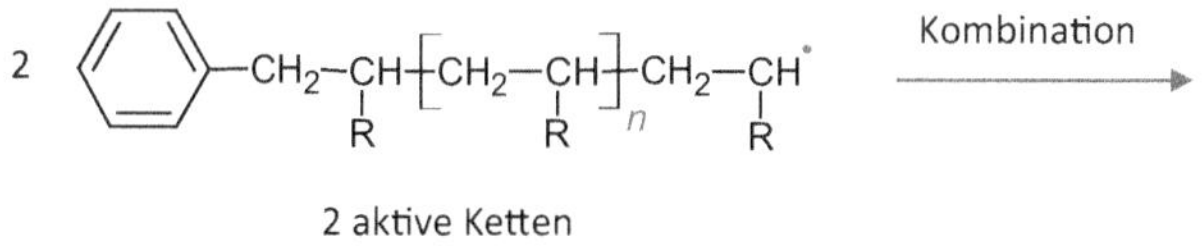

2 $-CH_2-CH(R)[CH_2-CH(R)]_n-CH_2-CH^{\bullet}(R)$

Kombination

2 aktive Ketten

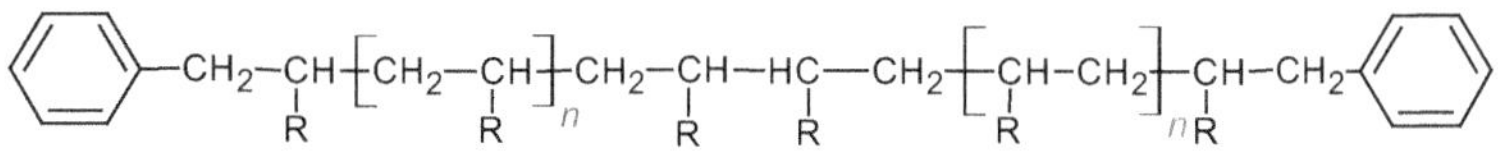

$-CH_2-CH(R)[CH_2-CH(R)]_n-CH_2-CH(R)-HC(R)-CH_2[CH(R)-CH_2]_n-CH(R)-CH_2-$

b) Kombination einer aktiven Kette und einem Initiatorradikal

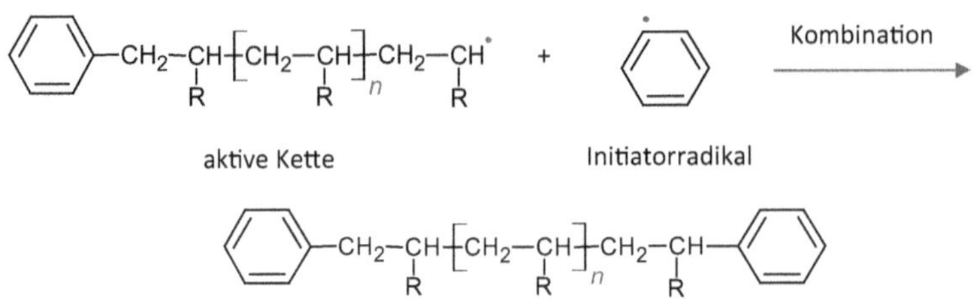

$$C_6H_5-CH_2-\underset{R}{CH}-\left[CH_2-\underset{R}{CH}\right]_n-CH_2-\underset{R}{CH^{\bullet}} + C_6H_5^{\bullet} \xrightarrow{\text{Kombination}}$$

aktive Kette Initiatorradikal

$$C_6H_5-CH_2-\underset{R}{CH}-\left[CH_2-\underset{R}{CH}\right]_n-CH_2-\underset{R}{CH}-C_6H_5$$

c) Disproportionierung

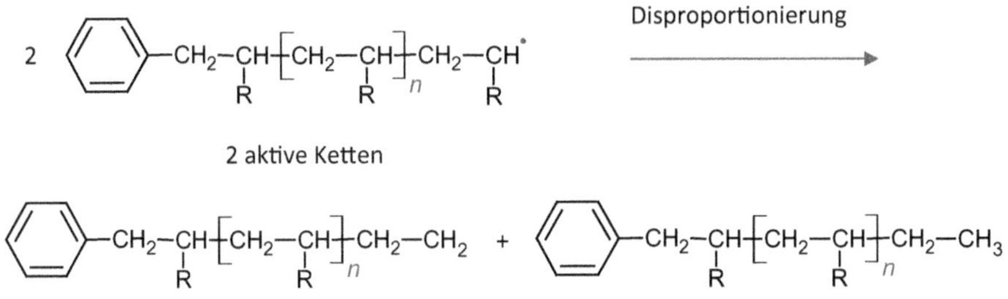

$$2\ C_6H_5-CH_2-\underset{R}{CH}-\left[CH_2-\underset{R}{CH}\right]_n-CH_2-\underset{R}{CH^{\bullet}} \xrightarrow{\text{Disproportionierung}}$$

2 aktive Ketten

$$C_6H_5-CH_2-\underset{R}{CH}-\left[CH_2-\underset{R}{CH}\right]_n-CH_2-CH_2 + C_6H_5-CH_2-\underset{R}{CH}-\left[CH_2-\underset{R}{CH}\right]_n-CH_2-CH_3$$

d) Eliminierung

$$C_6H_5-CH_2-\underset{R}{CH}-\left[CH_2-\underset{R}{CH}\right]_n-CH_2-\underset{R}{CH^{\bullet}} \xrightarrow{\text{Eliminierung}}$$

1 aktive Kette

$$C_6H_5-CH_2-\underset{R}{CH}-\left[CH_2-\underset{R}{CH}\right]_n-CH=CH_2 + H^{\bullet}$$

Wasserstoffradikal

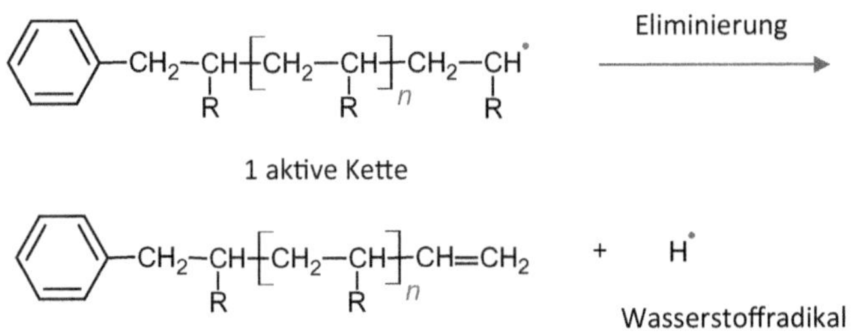

Bild 2.13 Schematische Darstellung der radikalischen Polymerisation (Start-, Wachstums- und Abbruchreaktion/en)

Ein Radikal greift ein ungesättigtes Monomer (ein Monomer mit einem Substituenten R) an und öffnet die Mehrfachbindung zwischen den C-Atomen; dies ist die *Startreaktion* der Radikalkettenbildung. Eine der beiden entstandenen zwei freien Valenzen des Monomermoleküls bindet das Radikal an sich. Damit verlagert sich das aktive Zentrum auf die zweite Valenz des Monomers (Bild 2.13).

Diese versucht nun ihrerseits sich abzusättigen und greift ein noch ungesättigtes Monomermolekül an, dessen Doppelbindung aufbricht und sich seinerseits an die wachsende Kette anbindet. Dieses aktive Zentrum lagert dann ein weiteres Monomermolekül an und die *Kettenbildung* setzt sich so fort, bis der Prozess abbricht. Für den Abbruch gibt es mehrere Ursachen; die einfachste ist, dass es keine ungesättigten Monomermoleküle mehr in erreichbarer Nähe gibt oder:

a) Kombination zweier aktiver Ketten
Reaktion zweier Radikal-Enden von zwei Polymerketten unter Bildung einer Kohlenstoff-Kohlenstoff-Einfachbindung (Kombination). Es resultiert eine zu diesem Zeitpunkt vergleichsweise lange Kette mit vielen Wiederholungseinheiten (Monomere).

b) Kombination von einer aktiven Kette und einem Initiatorradikal
Reaktion der radikalischen Gruppen einer Polymerkette mit dem Initiatorradikal (ebenfalls eine Kombination)

c) Disproportionierung
Übertragung eines Wasserstoffatoms von einer aktiven Kette zu einer anderen aktiven Kette (Disproportionierung). Von den zwei entstehenden, nicht-reaktiven Ketten kann diejenige mit der neu gebildeten Doppelbindung theoretisch wieder von einem Radikal angegriffen werden. In diesem Fall wird die bestehende Kette als Verzweigung eingebaut.

d) Eliminierung eines Wasserstoffatoms (der Radikalposition benachbart) unter Bildung einer Doppelbindung sowie eines neuen, eigenständigen Radikals.

2.4.3.2 Anionische Polymerisation

Aus der unterschiedlichen Natur der aktiven Spezies resultieren Unterschiede im Reaktionsmechanismus und in den erzielbaren Eigenschaften. So zeichnen sich z. B. anionisch oder kationisch hergestellte Polymere durch eine besonders enge *Molekulargewichtsverteilung* aus. Ein Beispiel für ein anionisch, z. B. über Kaliumhydroxid (KOH), polymerisierbares Monomer ist das Styrol, welches durch Baseninitiierung zu *Polystyrol* umgesetzt wird (siehe Bild 2.14).

Die anionische Polymerisation ist eine Kettenwachstumsreaktion, die im Idealfall übertragungs- und abbruchfrei abläuft. Die negativen Ladungen der Anionen stoßen sich gegenseitig ab, sodass die Synthese von Polymeren mit definierter Molmasse und enger Molmassenverteilung möglich wird. Das aktive Zentrum an den Kettenenden gestattet die Addition von weiterem Monomer unter Erhalt der negativen Ladung. Am Reaktionsende muss das aktive Zentrum abgebrochen werden. Dies wird in der Regel durch die Zugabe von protischen Lösungsmitteln (wie z. B. Wasser oder Methanol) erreicht (siehe Bild 2.14). Als „protisch“ werden Moleküle bezeichnet, die über eine funktionelle Gruppe verfügen, aus der Wasserstoffatome als Protonen abgespalten werden können.

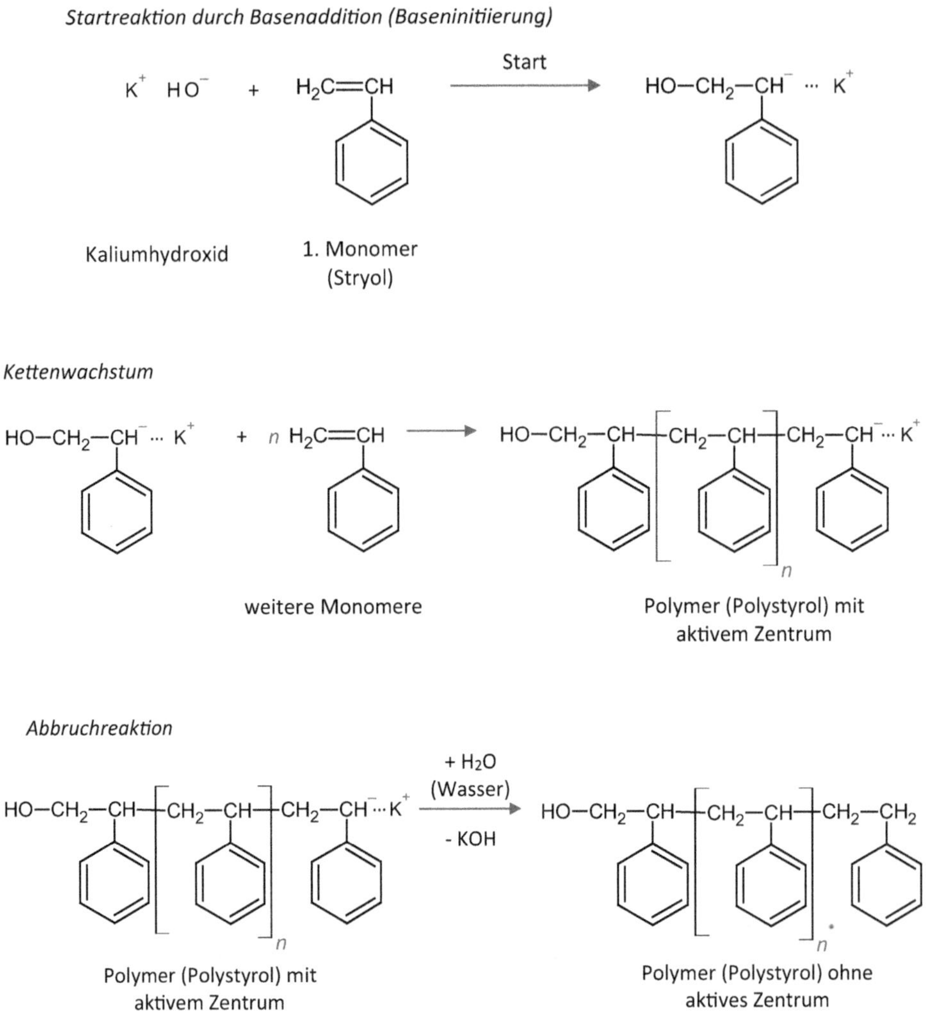

Bild 2.14 Schematische Darstellung der anionischen Polymerisation (Start-, Wachstums- und Abbruchreaktion)

2.4.3.3 Kationische Polymerisation

Bei der kationischen Polymerisation ist das reaktive Zentrum durch ein Carbeniumion (C^+) gekennzeichnet. Das Carbeniumion wird indirekt durch sogenannte Friedel-Crafts-Katalysatoren (z. B. Bortrifluorid) erzeugt. Friedel-Crafts-Katalysatoren geben in Verbindung mit Wasser Protonen (H^+) ab, die sich aufgrund ihrer Ladung an Doppelbindungen (Monomer) anlagern. Die Anlagerung eines Protons an eine Doppelbindung (Monomer) führt zur Bildung eines Carbeniumions (C^+), sodass dieser Vorgang als Startreaktion der kationischen Polymerisation bezeichnet wird (siehe Bild 2.15).

Die kationische Polymerisation kann durch Zusatz von Abbruchreagenzien wie Basen oder analogen Stoffen (Wasser) herbeigeführt werden. Dabei erfolgt die Abbruchreaktion durch die Anlagerung eines Anions (siehe Bild 2.15).

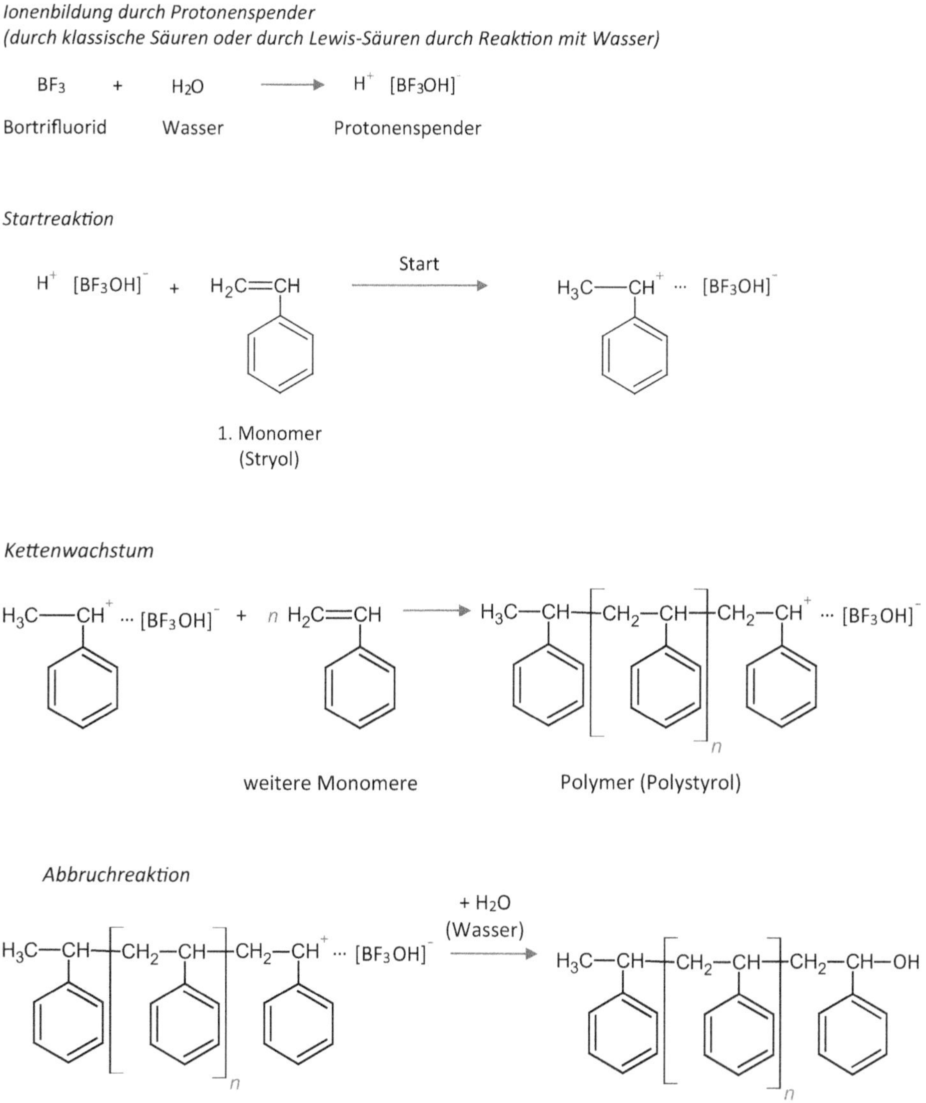

Ionenbildung durch Protonenspender
(durch klassische Säuren oder durch Lewis-Säuren durch Reaktion mit Wasser)

$BF_3 + H_2O \longrightarrow H^+ [BF_3OH]^-$

Bortrifluorid — Wasser — Protonenspender

Startreaktion

$H^+ [BF_3OH]^- + H_2C{=}CH(C_6H_5) \xrightarrow{\text{Start}} H_3C{-}CH^+(C_6H_5) \cdots [BF_3OH]^-$

1. Monomer (Stryol)

Kettenwachstum

$H_3C{-}CH^+(C_6H_5) \cdots [BF_3OH]^- + n\ H_2C{=}CH(C_6H_5) \longrightarrow H_3C{-}CH(C_6H_5){-}[CH_2{-}CH(C_6H_5)]_n{-}CH_2{-}CH^+(C_6H_5) \cdots [BF_3OH]^-$

weitere Monomere — Polymer (Polystyrol)

Abbruchreaktion

$H_3C{-}CH(C_6H_5){-}[CH_2{-}CH(C_6H_5)]_n{-}CH_2{-}CH^+(C_6H_5) \cdots [BF_3OH]^- \xrightarrow{+ H_2O\ (\text{Wasser})} H_3C{-}CH(C_6H_5){-}[CH_2{-}CH(C_6H_5)]_n{-}CH_2{-}CH(C_6H_5){-}OH$

Bild 2.15 Schematische Darstellung der kationischen Polymerisation (Start-, Wachstum- und Abbruchreaktion)

2.4.3.4 Koordinative Polymerisation

koordinative Polymerisation

Für einige Polymerisationsreaktionen existieren spezielle Katalysatoren, welche ein Polymer mit besonders regelmäßiger Struktur (Stereoselektivität) und hohen Molmassen erzeugen. Diese Katalysatoren besitzen ein aktives Zentrum, an welches das wachsende Makromolekül sowie das einzubauende Monomer angebunden werden. Aufgrund der Struktur kann das Monomer nur in einer ganz bestimmten Weise an die Kette angekoppelt werden. Die Art der Bindung zwischen dem Katalysator und der Kette bzw. dem Monomer wird *koordinative Bindung* genannt, daher spricht man auch von einer *koordinativen Polymerisation.* Diese Art der Polymerisation wurde von K. Ziegler und G. Natta (Nobelpreis 1963) entwickelt. Die von ihnen verwendeten Katalysatoren (auch *Ziegler-Natta-Katalysatoren* genannt) sind chemische Verbindungen, die ein Metallatom enthalten. Des Weiteren gibt es die sogenannten *Metallocen-Katalysatoren.* Auch hierbei handelt es sich um metallhaltige organische Verbindungen, die nach einem ähnlichen Mechanismus funktionieren und ebenfalls durch eine Koordination der Reaktionspartner eine bestimme Art der Anbindung erzwingen. Der Umfang, in dem sich eine regelmäßige Struktur ausbildet, wird als Taktizität bezeichnet. Die in einigen Makromolekülen besondere Regelmäßigkeit führt zu einem hohen Kristallinitätsgrad, beispielsweise bei Polyethylenen von ca. 50 %, was ihre Gebrauchsfähigkeit bis zu einer Temperatur von 100 °C und darüber ermöglicht. Unter anderem diese Möglichkeit hat dazu geführt, dass diese von ihrer Rohstoffbasis her preiswerten Polymere inzwischen weltweit zu den mengenmäßig bedeutendsten Kunststoffen zählen.

Mittels koordinativer Polymerisation werden Polymere wie z. B. Polyethylen mit hoher Dichte (HDPE), isotaktisches Polypropylen (PP-it), Copolymere aus Ethylen und Propylen (EPM) hergestellt.

2.4.4 Polyaddition und Polykondensation über reaktive Endgruppen (Stufenwachstumsreaktion)

bifunktionelle Monomere, Polyaddition

Moleküle, die mindestens zwei reaktive Endgruppen besitzen (*bifunktionelle Moleküle*), können mit den reaktiven Endgruppen anderer Moleküle reagieren und auf diese Weise ebenfalls Makromoleküle erzeugen. Bei der Polykondensation werden dabei Nebenprodukte gebildet, bei der Polyaddition hingegen nicht. Einige mögliche reaktive Endgruppen sind z. B.

- die Hydroxylgruppe bei Alkoholen $-OH$
- die Aldehydgruppe, z. B. des Formaldehyds $-C(=O)H$
- die Carboxylgruppe organischer Säuren $-C(=O)OH$

- die Isocyanatgruppe $-N=C=O$
- die Epoxidgruppe $-\underset{H}{C}\overset{O}{\frown}CH_2$
- die Amingruppe $-NH_2$

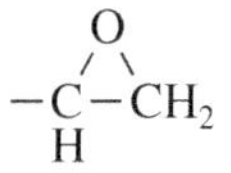

Im Falle einer Polyaddition von Molekülen mit zwei reaktiven Endgruppen resultieren lineare Makromoleküle. Handelt es sich bei den zur Polyaddition eingesetzten Molekülen um mehrfunktionelle Komponenten, so entsteht ein vernetztes System. Die Funktionalität der zur Polyaddition eingesetzten Moleküle ist ebenfalls entscheidend dafür, ob lineare oder vernetzte Systeme gebildet werden.

Typische Polymere, die durch Polyaddition hergestellt werden, sind z. B.:

- Epoxidharze
- Polyurethane

Polyaddition

Die Polyaddition eines Diisocyanats mit einem Dialkohol führt zu einem linearen Polyurethan. Hierbei reagiert die Isocyanatgruppe mit der Hydroxylgruppe des Diols zu einer Urethangruppe. Bild 2.16 zeigt die Gleichung für die Reaktion eines Diisocyanats (1,6-Hexandiisocyanat) mit einem Diol (1,4Butandiol) zu einem linearen Polyurethan.

$$n\ O=C=N-CH_2-CH_2-CH_2-CH_2-CH_2-CH_2-N=C=O \quad + \quad n\ HO-CH_2-CH_2-CH_2-CH_2-OH$$

1,6-Hexandiisocyanat 1,4-Butandiol

$$\longrightarrow O=C=N-(CH_2)_6-NH-\overset{O}{\overset{\|}{C}}\left[-O-(CH_2)_4-O-\overset{O}{\overset{\|}{C}}-NH-(CH_2)_6-NH-\overset{O}{\overset{\|}{C}}\right]_{n-1}-O-(CH_2)_4-OH$$

Polyurethan (PUR)

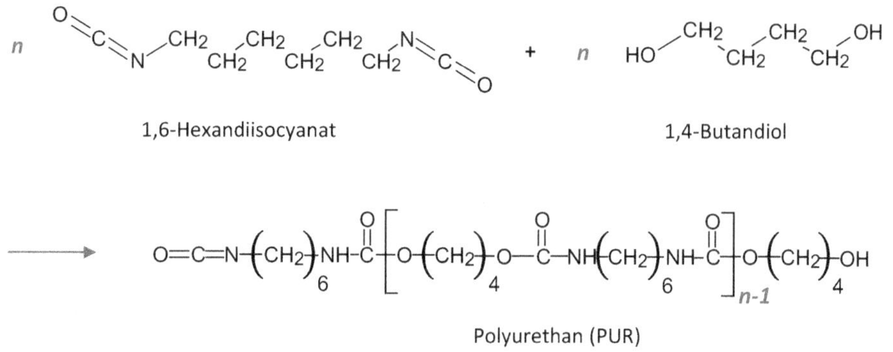

Bild 2.16 Schematische Darstellung der Polyaddition mit einem Diisocyanat und einem Diol

Ähnlich verläuft die Reaktion zwischen Epoxid- und Amingruppen. Kennzeichnend für diese Reaktionstypen ist, dass keine Nebenprodukte entstehen; es findet nur eine Addition der Bausteine statt. Man spricht daher von einer *Polyaddition*.

Polykondensation

Es gibt auch Kombinationen reaktiver Endgruppen, die unter Abspaltung von niedermolekularen Komponenten, in der Regel Wasser, miteinander reagieren. Daher stammt der Ausdruck *Polykondensation* für diese Art des molekularen Aufbauens. Ein Beispiel für die Polykondensationsreaktion ist die Reaktion von Amin- und Carbonsäuregruppen zu *Amiden*, die damit zu *Polyamiden* werden. Bild 2.17 zeigt die Gleichung für die Reaktion eines Diamins (Hexamethylendiamin) mit einer Dicarbonsäure (Adipinsäure) zu einem linearen Polyamid (Nylon).

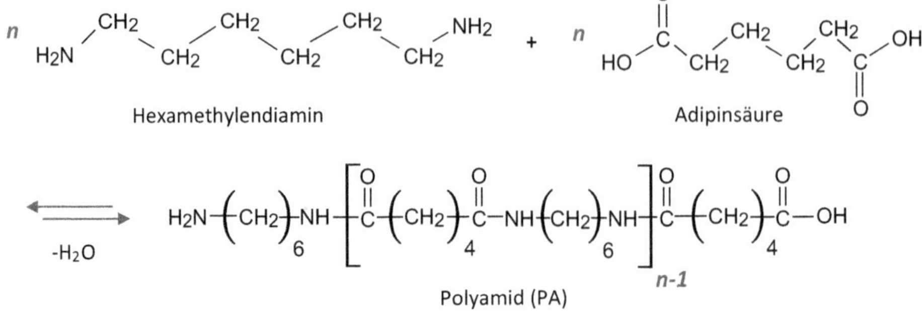

$$n\ H_2N{-}CH_2{-}CH_2{-}CH_2{-}CH_2{-}CH_2{-}CH_2{-}NH_2 + n\ HO{-}\overset{O}{\overset{\|}{C}}{-}CH_2{-}CH_2{-}CH_2{-}CH_2{-}\underset{O}{\underset{\|}{C}}{-}OH$$

Hexamethylendiamin Adipinsäure

$$\underset{-H_2O}{\rightleftharpoons} H_2N{-}\left(CH_2\right)_6{-}NH{-}\left[\overset{O}{\overset{\|}{C}}{-}\left(CH_2\right)_4{-}\overset{O}{\overset{\|}{C}}{-}NH{-}\left(CH_2\right)_6{-}NH\right]_{n-1}{-}\overset{O}{\overset{\|}{C}}{-}\left(CH_2\right)_4{-}\overset{O}{\overset{\|}{C}}{-}OH$$

Polyamid (PA)

Bild 2.17 Schematische Darstellung der Polykondensation mit einem Diamin und einer Dicarbonsäure

Der Doppelpfeil deutet an, dass die Reaktion in beide Richtungen ablaufen kann; es handelt sich um eine *Gleichgewichtsreaktion*. Entzieht man dem Reaktionsgemisch das entstehende Wasser, dann wird das Gleichgewicht auf die Seite des Amids verschoben und aus dem hier beispielhaft verwendeten Diamin und einer Dicarbonsäure bildet sich ein *Polyamid*.

Ein weiteres Beispiel für eine Polykondensationsreaktion ist die Reaktion von Phenol mit Formaldehyd. Auch hier wird Wasser als Nebenprodukt frei, welches dem System entzogen werden muss.

Weder für die Polykondensation noch für die Polyaddition ist eine Aktivierung der Moleküle bzw. Endgruppen erforderlich. In einigen Fällen werden lediglich Katalysatoren zur Beschleunigung der Reaktion zugegeben. Die Bildung der Makromoleküle folgt daher einem anderen Mechanismus. Zunächst lagern sich die Moleküle paarweise zusammen und reagieren miteinander. Dann lagern sich die so gebildeten Gruppen zusammen und reagieren zu größeren Gruppen (man spricht hier von *Oligomeren* mit wenigen Wiederholungseinheiten; griech. oligo = wenig, klein). Oft hält dieser Vorgang an; die Gruppen werden immer größer, d. h. die Kettenmoleküle immer länger, bis schließlich Makromoleküle gebildet werden. Da das Molekulargewicht der Ketten immer in Stufen größer wird, spricht man auch von einer *Stufenwachstumsreaktion* (siehe Bild 2.18).

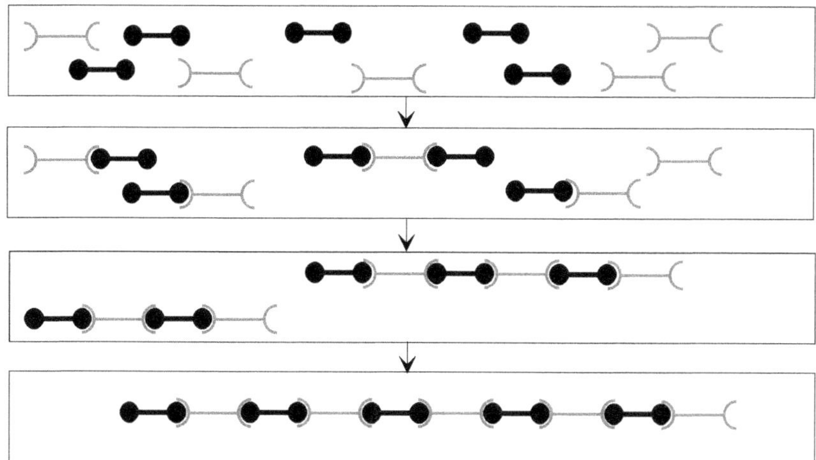

Bild 2.18 Schema einer Stufenwachstumsreaktion

Stufenwachstumsreaktion, Äquivalenz der Gruppen

Um große Molmassen zu erhalten, muss eine weitere Voraussetzung erfüllt sein; dies soll anhand des oben genannten Beispiels der Polyaddition von Diisocyanaten an Diol erläutert werden.

Liegt das Diol im Überschuss vor, so werden sich nur kurze Kettenfragmente (Oligomere) bilden, die an beiden Seiten Hydroxygruppen tragen. Da diese jedoch nicht mehr miteinander reagieren können, wenn Isocyanat verbraucht ist, stoppt die Reaktion. Erst die Zugabe von weiterem Diisocyanat setzt die Reaktion fort. Das höchste Molekulargewicht wird dann erzielt, wenn genau gleich viele Alkohol- und Isocyanatgruppen vorhanden sind (*Äquivalenz*).

Für die Fertigung sind solche Stufenreaktionen von enormem Vorteil, da die Reaktion, d.h. die Kettenbildung, gezielt gesteuert bzw. gestoppt werden kann. Die Monomermischung wird zunächst nur so weit polykondensiert (polymerisiert), dass sie einen zähflüssigen Charakter annimmt. Aufgrund der dann noch relativ kurzen Ketten ist die Viskosität noch vergleichsweise gering. Im nächsten Schritt, z.B. während oder nach der Formgebung, gibt man die fehlende Menge Monomer hinzu und die Reaktion mit Bildung längerer Moleküle schreitet fort. Damit steigen das Molekulargewicht und die Viskosität sprunghaft an.

Ein gutes Beispiel für diese Vorgehensweise sind einige sogenannte Zweikomponenten-Klebstoffe. Diese härten erst dann aus bzw. erreichen erst dann ein hohes Molekulargewicht, wenn die fehlende Monomermenge der zweiten Komponente in ausreichender Menge - man sagt „im *stöchiometrischen Verhältnis*“ - eingemischt worden ist. Bei der Polykondensation muss allerdings das bei der Reaktion freiwerdende Wasser vollständig abgezogen werden, da der Aufbau des Molekulargewichts sonst zum Stillstand kommt. Das erschwert die Polykondensation gegenüber der Polyaddition.

HINWEIS: Bei der Polykondensation und der Polyaddition werden die Makromoleküle in einer Stufenwachstumsreaktion aus Monomeren mit reaktiven Endgruppen gebildet. Bei der Polykondensation entstehen niedermolekulare Nebenprodukte, die abgezogen werden müssen, sonst stoppt die Polykondensation. Bei der Polyaddition gibt es dieses Problem nicht.

2.4.5 Vernetzung

Methoden der Vernetzung

Wie bereits erläutert können Makromoleküle untereinander verbunden (*vernetzt*) werden. Damit diese Reaktion stattfinden kann, müssen an den Makromolekülen geeignete *Vernetzungsstellen* vorhanden sein. Dies können entweder C–C-Doppelbindungen (ungesättigte Bindungen) in der Kette sein oder aber reaktive Gruppen. Die Vernetzung kann dann entweder nach erfolgter Kettenbildung durch die Zugabe geeigneter Reagenzien erfolgen oder auch schon während der Kettenbildungsreaktion gestartet werden.

2.4.5.1 Vernetzungen über ungesättigte Bindungen

Vernetzung über ungesättigte Bindungen

Ein Beispiel für eine Vernetzung über ungesättigte Bindungen in der Polymerkette sind die *ungesättigten Polyesterharze*. Hier wird in einem Polykondensationsprozess zunächst ein Vorprodukt - ein *Präpolymer* - hergestellt, welches ungesättigte Bindungen in der Kette enthält. Dieses Präpolymer wird anschließend in ca. 30 % Styrol gelöst. Unmittelbar vor der Verarbeitung werden Chemikalien zugesetzt (Initiatoren, Peroxid), die eine Polymerisationsreaktion des Styrols starten. An die gebildeten aktiven Zentren (freie Valenzen) können sich neben den Styrolmolekülen auch andere in den Polymerketten vorhandene Doppelbindungen anlagern, d. h. die Präpolymer-Ketten werden quasi in die sich bildenden Polystyrolketten eingebaut.

Vulkanisation

Ein weiteres Beispiel für eine Vernetzung über Doppelbindungen in zunächst thermoplastischen Polymeren ist die *Vulkanisation* von Kautschuken zu Elastomeren. Hier werden z. B. Schwefel oder Schwefelverbindungen als Vernetzungsreagenzien zugegeben, die mit den Doppelbindungen reagieren.

2.4.5.2 Vernetzung über reaktive Gruppen

Vernetzung über reaktive Gruppen

Die Vernetzung erfolgt über reaktive Gruppen direkt während der Kettenbildungsreaktion. Setzt man anstelle der bifunktionellen Monomere solche mit drei oder mehr reaktiven Gruppen ein, so werden gezielt Verzweigungsstellen in der Polymerkette erzeugt, die zur Vernetzung führen, wenn sie aktiviert werden. Im Rahmen einer Stufenreaktion können diese Verzweigungen schließlich nach erfolgter Formgebung die Vernetzungsbrücken zwischen den Ketten bilden.

Ein praktisches Beispiel für eine derartige Vernetzung ist die Herstellung von Polyurethanen. Hier setzt man z. T. *mehrwertige Alkohole* (*Polyole*), d. h. Alkohole mit drei oder mehr OH-Gruppen ein. Nach der Mischung tritt die Reaktion mit gleichzeitiger Vernetzung ein. Wird dann noch ein weiteres Reagenz hinzugegeben, welches für die Entwicklung von Gas (Stickstoff, CO_2) oder Dampf sorgt, dann führt dies zu einem Aufschäumen. Nach dem Abschluss der Reaktion ist ein *Polyurethanschaum* (*PUR-Schaum*) entstanden, wie man ihn z. B. als Montageschaum kennt.

Ein weiteres Beispiel für eine Stufenreaktion mit gleichzeitiger Vernetzung über reaktive Endgruppen ist die Herstellung von Phenolharzen. Rohstoffhersteller stellen zunächst sogenannte *Novolake* her, die sich im flüssigen Zustand leicht mit Füllstoffen versetzen lassen. Novolake sind Phenolharze, die durch Polykondensation der Edukte Formaldehyd und Phenol hergestellt werden. Bei der Reaktion von Phenol mit einem Aldehyd entsteht ein erstes thermoplastisches Zwischenprodukt (siehe Bild 2.19).

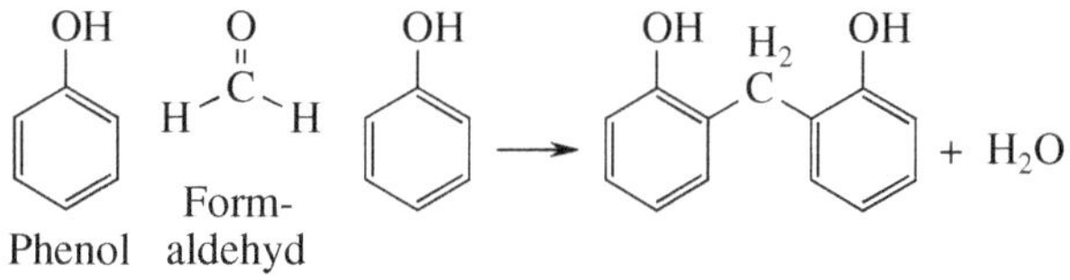

Phenol Formaldehyd $\longrightarrow$ + H_2O

Bild 2.19 Schema einer Stufenwachstumsreaktion: thermoplastisches Zwischenprodukt

Das Zwischenprodukt wird durch den Zusatz von Formaldehydspendern unter Abspaltung von Wasser räumlich vernetzt und in seine Endgestalt gebracht; man spricht von Aushärten (siehe Bild 2.20).

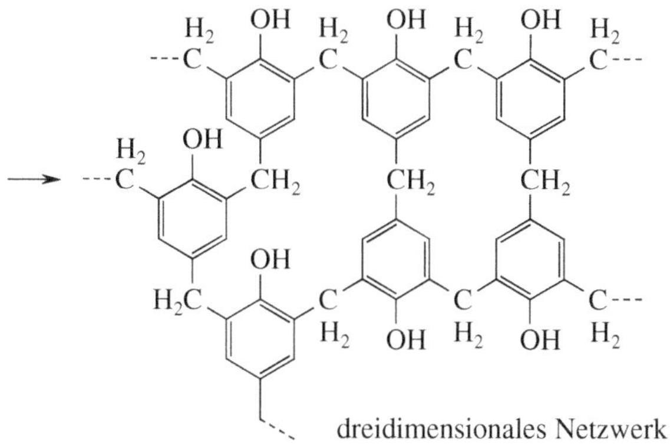

dreidimensionales Netzwerk

Bild 2.20 Schema einer Stufenwachstumsreaktion: duroplastisches Netzwerk

2.4.5.3 Vernetzung über Strahlung oder Peroxide

Strahlenvernetzung, Vernetzung mit Peroxiden

Wenn weder Doppelbindungen noch Endgruppen im Molekül vorhanden sind, besteht die Möglichkeit, freie Valenzen durch „Herausschlagen" von Wasserstoffatomen - der sog. *Wasserstoffabstraktion* - aus den Kettenmolekülen zu erzeugen. Dies kann z.B. durch die Einwirkung energiereicher Strahlung (Elektronen- oder Gammastrahlen) erfolgen. Eine weitere Möglichkeit ist der Einsatz spezieller Reagenzien, die ebenfalls die gesättigten Polymerketten angreifen und Wasserstoffatome herausschlagen können. Beispielsweise werden *Peroxide* für eine derartige Aktivierung bei Polyethylen genutzt, um dieses zu vernetzen.

In der Verarbeitung wird die Vernetzung erst ausgeführt, nachdem das Formteil seine Endgestalt erhalten hat. Eine Umformung nach der Vernetzung würde zur Zerstörung führen.

2.4.6 Biopolymere

Fossile Ressourcen wie Erdöl und Erdgas sind zentrale Rohstoffe in der Kunststoffindustrie. Die Diskussionen von alternativen, nachwachsenden Rohstoffen für die Polymerherstellung nimmt in Zeiten knapper werdender fossiler Ressourcen stetig zu. Zudem kann aus Gründen der CO_2-Bilanz der Einsatz nicht-fossiler Rohstoffe interessant sein. Der Begriff „Biokunststoff" oder Biopolymer ist sowohl mit der „nachwachsenden Rohstoffbasis" als auch mit der Eigenschaft „biologisch abbaubar" verknüpft. Der Begriff beschreibt jedoch eine Vielzahl von Produkten, welche keiner einheitlichen Polymerklasse zuzuordnen sind und zudem unterschiedliche Eigenschaften besitzen können.

Biokunststoffe sind daher folgendermaßen klassifiziert:

- Kunststoffe, die auf Basis nachwachsender Rohstoffe hergestellt werden
- biologisch abbaubare Kunststoffe, welche alle Kriterien von wissenschaftlich anerkannten Normen zum Nachweis der biologischen Abbaubarkeit und Kompostierbarkeit von Kunststoff(produkt)en erfüllen. In Europa ist die Norm EN 13432/EN 14995 maßgeblich.

Biobasierte Polymere sind also nicht zwangsläufig biologisch abbaubar; andererseits können Biopolymere auf Basis von fossilen Rohstoffen entsprechend biologisch zersetzt werden. Die biologische Abbaubarkeit hängt daher nicht vom Ursprung des Rohstoffs, sondern ausschließlich von der chemischen Struktur der Polymere ab. Bild 2.21 verdeutlicht diese Zusammenhänge. Bioabbaubare Kunststoffe werden erneut in Abschnitt 13.6.1 aufgegriffen.

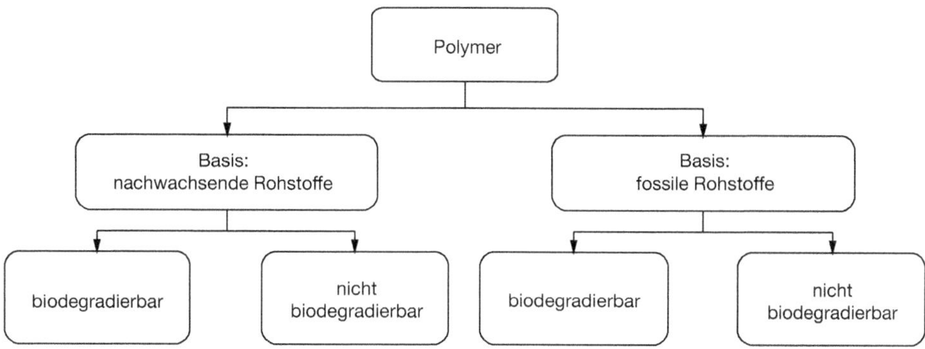

Bild 2.21 Einteilung des Begriffes Polymer nach dem Rohstoffursprung sowie nach der Abbaubarkeit

2.4.6.1 Produkte

Das Beispiel des Naturkautschuks macht deutlich, dass Biopolymere aus Pflanzenproduktion bereits seit geraumer Zeit ihren Platz in den unterschiedlichsten Produkten finden. Insbesondere die biologischen Degradationseigenschaften spielen dabei eine wesentliche Rolle. Biologisch abbaubare Polymere finden daher bevorzugt in kurzlebigen Produkten wie Packmitteln, Geotextilien und landwirtschaftlichen Produkten (bspw. Mulchfolien), Einwegprodukten oder auch in medizinischen Produkten wie Implantaten oder Nahtmaterialien Einsatz. Bei den beiden letztgenannten sind Biokompatibilität und Bioresorbierbarkeit gefordert. Biobasierte Polymere hingegen, die nicht biologisch abbaubar sind, können prinzipiell konventionelle Kunststoffprodukte ersetzen.

2.4.6.2 Bandbreite der Biopolymere

Die Bandbreite der Biopolymere ist groß. Sie reicht von den klassischen Polymeren pflanzlichen Ursprungs wie Cellulose und Stärke über Makromoleküle tierischen Ursprungs (Proteine, Chitin) oder fossilen Ursprungs (z. B. Polyesteramide – PEA), bis hin zu Polymeren, die durch Mikroorganismen (z. B. Polylactid – PLA) oder Fermentation (z. B. Polyhydroxybutyrat – PHB) entstehen. Neben diesen sogenannten „chemisch neuartigen“ biobasierten Kunststoffen etablieren sich zunehmend immer mehr „Drop-in“-Biokunststoffe. Hierbei handelt es sich beispielsweise um biobasiertes PET, PP oder PE, welche sich chemisch nicht von ihren Pendants auf Erdölbasis unterscheiden und somit identische Eigenschaften aufweisen. Sie lassen sich auf den konventionellen Anlagen der Kunststoffindustrie verarbeiten, da die Herstellung identisch zu den fossilen Pendants verläuft. Allerdings bedarf es wie bei Polymeren fossilen Ursprungs auch hier einer Additivierung, die zur Nivellierung der Verarbeitungs- und Gebrauchseigenschaften nötig ist. Darüber hinaus nehmen auch Copolymere, Blends und Compounds von oder mit Biopolymeren einen wichtigen Stellenwert ein.

2.4.6.3 Biopolymere natürlichen Ursprungs

Polylactid (Polymilchsäure)

Polylactid (PLA) ist ein steifer, transparenter Thermoplast, der ähnliche Eigenschaften wie Polystyrol besitzt und einen mit PET oder Cellophan vergleichbar hohen E-Modul aufweist. PLA gehört zur Polymerklasse der aliphatischen Polyester und ist mit Abstand eines der technisch und industriell mengenmäßig wichtigsten Biopolymere, das derzeit synthetisiert wird. Die Herstellung höhermolekularer Polymilchsäure geht bereits auf Carothers im Jahr 1932 zurück und wurde weiter von den Firmen DuPont und Ethicon entwickelt. Heute wird es durch eine Vielzahl von Firmen vertrieben und kann dank Optimierung der Prozesstechnik und eines technisch ausgereiften Eigenschaftsprofils auf dem Weltmarkt zu konkurrenzfähigen Preisen, verglichen mit konventionellen Kunststoffen, angeboten werden. PLA ist natürlichen Ursprungs und wird fermentativ durch Milchsäure hergestellt. Darauf folgen diverse chemische Umwandlungsreaktionen. Bei PLA handelt es sich um einen Thermoplasten, der die Nutzung bereits existierender Prozesse ermöglicht. Außerdem kann PLA durch sein stereogenes Zentrum und die damit existierenden zwei enantiomeren (Bild und Spiegelbild) Formen (D- und L-Milchsäure, siehe Bild 2.22) ein breites Eigenschaftsprofil und eine Vielzahl unterschiedlicher Anwendungen ermöglichen, abhängig vom Anteil der unterschiedlichen Stereoisomere. Die biologische Abbaubarkeit, die in erster Linie durch Hydrolyse erfolgt und nicht auf mikrobielle Einwirkung zurückzuführen ist, wird ebenfalls durch den Anteil der unterschiedlichen Stereoisomere beeinflusst; sie nehmen Einfluss auf die Kristallinität des Polymers. PLA kann zudem in öffentlichen Müllverwertungsanlagen in Kompost umgewandelt werden.

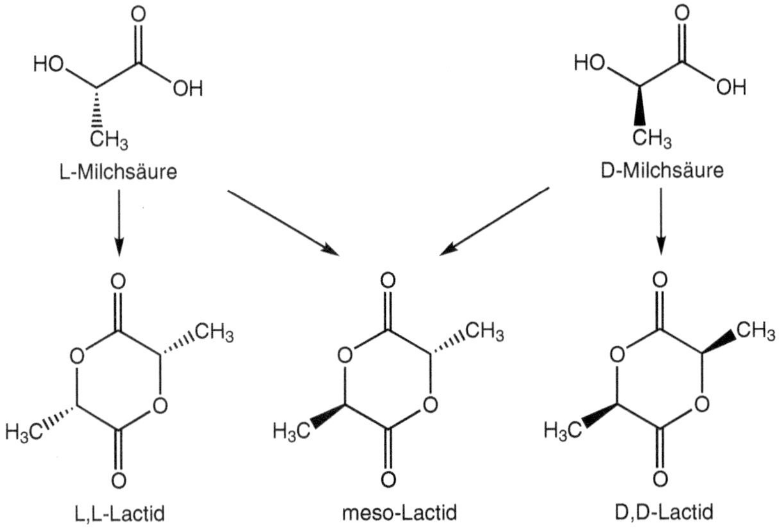

Bild 2.22 Strukturformeln D-/L-Milchsäure sowie L,L-Lactid, meso-Lactid, D,D-Lactid

Aufgrund seines nicht durch mikrobielle Einwirkung ablaufenden biologischen Abbaus ist PLA interessant für Anwendungen mit direktem Nahrungsmittelkontakt über längere Zeiträume. Es wird daher zur Herstellung von Kunststoffflaschen, Gefäßen für kalte Getränke, steifen Verpackungen verwendet oder wird für abbaubare Folien genutzt. Auch für textile Anwendungen spielt PLA eine wichtige Rolle. Kleidungsstücke aus PLA sollen ähnlich wie PET einen besseren Tragekomfort, eine bessere Formbeständigkeit und eine erhöhte Wasseraufnahme gewährleisten, was insbesondere für die Verwendung in Sportbekleidung interessant ist.

Polysaccharide

Stärke gehört zu den bekanntesten hydrokolloiden (d. h. in Wasser als Kolloide vorliegenden und zur Gelbildung neigenden) Biopolymeren und ist zudem eines der günstigsten Biopolymere. Der relative Gehalt von Amylose und Amylopektin variiert stark mit der Rohstoffquelle und nimmt Einfluss auf die mechanischen wie auch die Biodegradationseigenschaften. Damit sind diese Polymere starken Eigenschaftsschwankungen unterworfen.

Reine Stärke wird aufgrund ihrer Sprödigkeit und Feuchtigkeitsempfindlichkeit bisher nur für eine eingeschränkte Anzahl von thermoplastischen Kunststoffanwendungen eingesetzt, wie z. B. als Loose-Fill-Produkte im Verpackungs- und Transportwesen. Die Eigenschaften lassen sich jedoch wesentlich verbessern, indem die Stärke chemisch modifiziert wird, sowie durch das Blenden mit thermoplastischen Kunststoffen wie Polyolefinen oder Polyestern. Werden biologisch abbaubare Polyester in Blends verwendet, können vollständig kompostierbare Polymere entstehen.

Polyhydroxyalkanoate

Polyhydroxyalkanoate (PHA) können mittels Fermentation aus natürlichen Rohstoffen wie Zucker oder Stärke synthetisiert werden. Sie gehören zur Klasse der Polyester, sind teilkristallin und biodegradierbar. Im Gegensatz zur PLA-Synthese sind zusätzlich zur fermentativen Synthese keine nachfolgenden chemischen Reaktionsschritte nötig. Das Polymer selbst wird von unterschiedlichen Mikroorganismen als Kohlenstoff- und Energiespeicher genutzt und kann im Mikroorganismus einen Anteil von bis zu 90 % des Trockengewichts der Zellmasse ausmachen. Die chemische Struktur des PHAs (siehe Bild 2.23) hängt von der Bakterien-Spezies sowie der Kohlenstoffquelle ab, auf der der Mikroorganismus gewachsen ist. Die Vielfalt der möglichen PHAs ermöglicht unterschiedliche Eigenschaftsprofile und Anwendungsmöglichkeiten. PHA kann durch Spritzgießen verarbeitet werden und in bioresorbierbaren medizinischen und nichtmedizinischen Produkten (z. B. Fischernetze, biologisch abbaubare Filme), Hygieneartikel (Rücklagen in Windeln oder Damenbinden, Verpackungen) Einsatz finden.

Die industriell wichtigsten Vertreter der Gruppe der PHA sind die Poly(3-hydroxybutyrate) (PHB) sowie deren Copolymere, wie beispielsweise Poly(3-hydroxybutyrat-co-3-hydroxyvalerat) (PHB-co-HV).

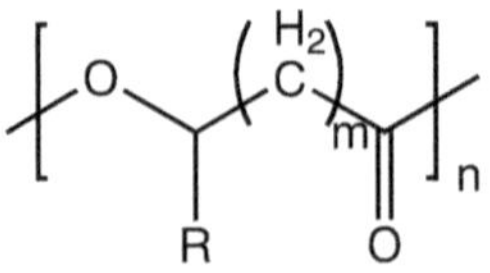

Bild 2.23 Allgemeine Strukturformel von PHAs

2.4.7 Molmasse und Molmassenverteilung

Definition Molmasse (Molekulargewicht)

Für die Eigenschaften eines Polymerwerkstoffs ist die Kettenlänge der Makromoleküle von sehr großer Bedeutung. Die Kettenlänge der Makromoleküle wird üblicherweise anhand der Molmasse beschrieben. Die Molmasse gibt namensgemäß die Masse eines Mols ($6{,}022 \cdot 10^{23}$) Makromoleküle an. Längere Makromoleküle haben demzufolge höhere Molmassen, sodass die Gebrauchseigenschaften eines Werkstoffs auch unmittelbar mit seiner Molmasse zusammenhängen. Auch die Verarbeitbarkeit von Kunststoffen wird durch die Molmasse stark beeinflusst, da die Viskosität der Schmelze mit der Molmasse schnell zunimmt. Längere Makromoleküle, also Polymere mit höherer Molmasse, haben in den Knäueln mehr Verschlaufungen und sind daher zäher (schlagfester, weniger spröde) und gegen Abbaureaktionen resistenter.

Molmassen werden in der Regel über drei verschiedene Mittelwerte angegeben, da es sich bei Polymeren um Gemische mit verschieden langen Ketten handelt. Die Mittelwerte sind essentiell bei der statistischen Beschreibung eines Polymers und liefern somit Aussagen, die für die Strukturaufklärung eines Polymers relevant sind.

Durch Fraktionieren eines Polymers erhält man den Massenanteil $\boldsymbol{m_i}$ und die Molmasse $\boldsymbol{M_i}$ jeder Fraktion $\boldsymbol{i}$. Daraus kann man die ***zahlenmittlere Molmasse*** $\bar{M}_n$ ableiten:

$$\bar{M}_n = \frac{\sum m_i}{\sum n_i} = \frac{\sum n_i \cdot M_i}{\sum n_i} \tag{2.1}$$

mit n_i Anzahl der Moleküle der Molmasse m_i.

Das ***Gewichtsmittel der Molmasse*** (***des Molekulargewichts***) $\bar{M}_w$ ist definiert als

$$\bar{M}_w = \frac{\sum m_i M_i}{\sum m_i} = \frac{\sum n_i \cdot M_i^2}{\sum n_i \cdot M_i} \tag{2.2}$$

Ein für eine Messung leicht zugänglicher Wert ist die sogenannte ***viskositätsmittlere Molmasse*** (Viskositätsmittel; viskosimetrisches Mittel) $\bar{M}_v$:

$$\bar{M} = \sqrt[\alpha]{\frac{\sum n_i \cdot M_i^{\alpha+1}}{\sum m_i}} \tag{2.3}$$

Die gewichtsmittlere Molmasse hat, wie oben schon gesagt, einen ganz erheblichen Einfluss u. a. auf die Festigkeitseigenschaften (vgl. Bild 2.24), wie sich besonders gut am Beispiel von Polystyrol zeigen lässt:

$\bar{M}_w < 10\,000$: spröde, mäßige Festigkeiten

$\bar{M}_w \approx 250\,000$: hart, fest, glasartig

$\bar{M}_w > 1\,000\,000$: faserig

Im Allgemeinen führt eine Zunahme des mittleren Molekulargewichtes zu mehr Verschlaufungen des Polymers. Dies resultiert in einer Steigerung der Festigkeit und der Zähigkeit sowie in einer höheren chemischen Beständigkeit. Mehr Verschlaufungen wirken sich allerdings negativ auf die Fließfähigkeit des Kunststoffs aus, was besonders bei der Verarbeitung im Spritzgießen und der Extrusion berücksichtigt werden muss. Da mit zunehmender Molmasse die Schmelzeviskosität steigt und oberhalb einer Grenze dadurch die Verarbeitbarkeit eingeschränkt wird, wird bei Kunststoffen die Länge der Makromoleküle auf ein geeignetes Mittelmaß eingestellt. Bei der gewählten mittleren Länge sind bereits die für die betreffenden Anwendungen ausreichenden Eigenschaften vorhanden, jedoch bleibt die Viskosität in einem Bereich, in dem die Verarbeitbarkeit noch zufriedenstellend ist. Man wird also versuchen, für die Verarbeitung durch Spritzgießen möglichst niedrige Viskositäten zu erhalten, d. h. niedrigere Molmassen auswählen. Für die Extrusion und das Blasformen bevorzugt man Thermoplaste mit höherer Schmelzeviskosität und gleichzeitig höherer Schmelzeelastizität, um eine ausreichende Steifigkeit des extrudierten Stranges zu erreichen. Dadurch wird erreicht, dass der Strang nicht auseinanderfließt, sobald er das strangformende Werkzeug verlässt.

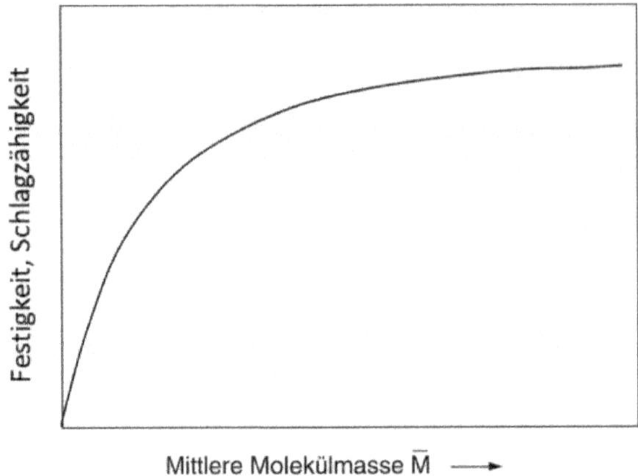

Bild 2.24 Einfluss der mittleren Molmasse auf mechanische Eigenschaften

In Polymeren ist die Molmasse über einen mehr oder weniger ausgeprägten Bereich verteilt (vgl. Bild 2.25). In der Praxis findet man oft die Bezeichnung einer engen Molmassenverteilung und hohen Einheitlichkeit, d. h. einer geringen Streuung um den Mittelwert, bzw. einer „breiten" Molmassenverteilung und einer hohen Uneinheitlichkeit, d. h. einer breiten Streuung um den Mittelwert, die technisch oft erwünscht ist.

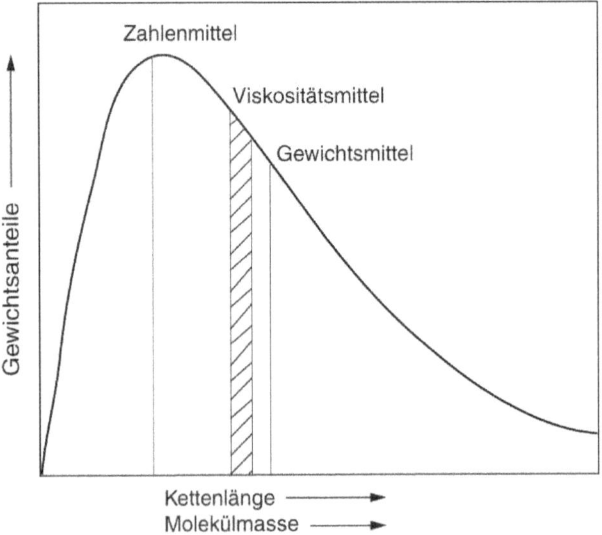

Bild 2.25 Molmassenverteilung eines Polymeren mit Angabe der Lage verschiedener Mittelwertangaben

Bei einem völlig einheitlichen, d. h. monodispersen, Kunststoff (den es in der Realität allerdings nicht gibt) würde gelten:

$$M_w = M_n = M_v$$

Bei den in der Praxis vorliegenden polydispersen Kunststoffen, d. h. bei den Polymeren, die unterschiedlich lange Polymerketten enthalten, ist stets

$$M_w > M_v > M_n$$

Somit hat ein Polymer eine umso einheitlichere Molekülgröße, je mehr das Verhältnis M_w/M_n sich 1 nähert. Als Messzahl wird die Uneinheitlichkeit

$$U = \left(\frac{M_w}{M_n}\right) - 1 \qquad (2.4)$$

benutzt. Ein aus der Uneinheitlichkeit abgewandeltes Maß ist die Polydispersität D, die definiert ist als

$$D = \frac{\bar{M}_w}{\bar{M}_n} \geq 1 \qquad (2.5)$$

und häufig als Maß für die Beschreibung der Breite einer Verteilung angegeben wird.

Die Molmassenverteilung hat Einfluss auf verschiedene Eigenschaften. Die einzelnen Makromoleküle in einem Polymer unterscheiden sich durch ihren Polymerisationsgrad bzw. ihre Molmasse. Die Verteilung, mit der bestimmte Kettenlängen im Polymer auftreten, bezeichnet man folglich als Molmassenverteilung. Sie hat besonderen Einfluss auf die Fließeigenschaften, vor allem auf die elastischen Eigenschaften der Schmelze und auf das Verhalten bei Stoßbeanspruchung der erstarrten Polymere (vgl. Bild 2.26).

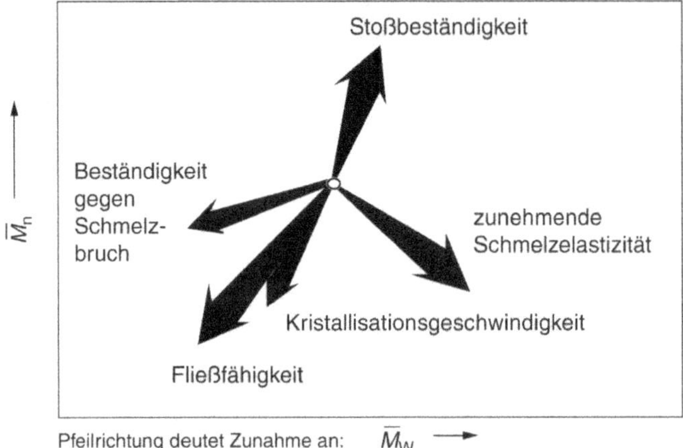

Bild 2.26 Qualitative Abschätzung des Einflusses von Molmasse und Molmassenverteilung auf verschiedene Eigenschaften

Für die Verarbeitung sind in der Regel etwas breitere Molmassenverteilungen erwünscht, wie man Tabelle 2.1 entnehmen kann.

Aus Bild 2.26 lässt sich erkennen, dass eine breitere Molmassenverteilung das Fließen begünstigt, da die kurzen Moleküle wie eine Art Schmiermittel wirken. Anderseits brauchen große Moleküle länger, bis sie kristallisieren, d. h. die Kristallisationsgeschwindigkeit sinkt mit wachsender Molekülmasse. Dies verlängert die Zykluszeit und verursacht eine höhere Nachschwindung im Gebrauch, wenn man dem Werkstoff keine Zeit lässt, auszukristallisieren, und ihn damit zwingt, zunächst mit geringer Kristallinität zu erstarren.

Die in einem Polymer auftretende mittlere Molmasse sowie die Molmassenverteilung lassen sich durch eine gezielte Anpassung des Polymerisationsprozesses steuern. Damit lassen sich ebenfalls die Eigenschaften an die Verwendungen anpassen.

Tabelle 2.1 Einfluss der Uneinheitlichkeit der Molmassenverteilung ($\bar{M}_w / \bar{M}_n$) auf Verarbeitung und Eigenschaften

$\frac{\bar{M}_w}{\bar{M}_n} k >> 1$		$\frac{\bar{M}_w}{\bar{M}_n} k \to 1$
Einfluss auf Verarbeitung		**Einfluss auf Festigkeit**
Spritzgießen	Extrudieren	
verlängerte Zykluszeit durch langsame Abkühlung infolge geringerer Kristallisationsgeschwindigkeit	gegen Schmelzebruch unempfindlicher, da kurze Kettenmoleküle als Schmiermittel wirken, stärkeres Schwellen durch lange Kettenmoleküle	möglichst enge Verteilung ergibt bessere Stoßfestigkeit (kurze Kettenmoleküle führen zum Reißen)

2.4.7.1 Messung von Molmassen und Molmassenverteilungen

Es gibt verschiedene Möglichkeiten, die Molmasse zu bestimmen. Eine Übersicht vermittelt Tabelle 2.2. Die verschiedenen Methoden lassen sich einteilen in relative und absolute Methoden. In die Auswertung einer Absolutmethode gehen außer einigen leicht bestimmbaren Stoffkonstanten (z. B. Brechungsindex oder Dichte) nur universelle Konstanten (Gaskonstante, Avogadro-Konstante) ein. Die Auswertung nach den relativen Methoden erfordert hingegen die Bestimmung einer Kalibrierkurve anhand von Polymerstandards, deren Molekulargewicht zunächst durch eine Absolutmethode bestimmt worden sein muss.

Tabelle 2.2 Übersicht über verschiedene Molmassen-Bestimmungsmethoden

Methode	Absolut-/Relativmethode	Mittelwert	Molmassenbereich in g/mol
Lösungsviskosimetrie	relativ	$\bar{M}_v$	bis 10^7
Schmelzeviskosimetrie	relativ	$\bar{M}_w$ (in Näherung)	keine Grenze
Ultrazentrifuge	absolut	$\bar{M}_w$ (in Näherung)	10^4 bis 10^7
Lichtstreuung	absolut	$\bar{M}_w$	10^4 bis 10^7
Osmometrie	absolut	$\bar{M}_n$	10^4 bis 10^7
Endgruppenbestimmung	absolut		10^2 bis 10^4
Kryoskopie* und Ebullioskopie**	absolut	$\bar{M}_n$	bis 2×10^4 g/mol
Gelpermeations-chromatografie (GPC)	relativ	M_n, $\bar{M}_v$ und $\bar{M}_w$	600 bis 2×10^6 g/mol (bei Polystyrol-Eichung)

* Gefrierpunktserniedrigung
** Siedepunktserhöhung

Eine der gebräuchlichsten Methoden für die Molmassenbestimmung ist die **Lösungsmittelviskosimetrie**. Hierbei wird die Viskosität verschiedener verdünnter Lösungen gemessen, in denen das Polymer in jeweils unterschiedlicher Konzentration vorliegt. Dem Verfahren liegt zugrunde, dass gelöste Polymermoleküle die Viskosität der Lösung erhöhen. Die Bestimmung der Viskosität erfolgt dabei in der Regel in einem Kapillarviskosimeter, in dem die Durchlaufzeit einer definierten Menge Lösung durch eine definierte Kapillare gemessen und mit der Durchlaufzeit des reinen Lösemittels verglichen wird. Gemessen wird dabei die Zunahme der Viskosität mit der Konzentration c des Polymers in der Lösung. Zur Auswertung

Lösungsviskosimetrie

extrapoliert man die Viskositäten für $c \to 0$ und erhält so die sog. *Grenzviskositätszahl (η-Wert, Staudinger-Index)*. Mithilfe der *Mark-Houwink-Beziehung*, die für lineare Polymere gilt, kann man dann auf die mittlere Molmasse schließen:

$$\left[\eta\right] = K \cdot M_w^{\alpha} \qquad (2.6)$$

mit K = Koeffizient, α = Exponent, der die Beweglichkeit der Polymermoleküle im Lösemittel ausdrückt, M_w = massenmittleres Molekulargewicht.

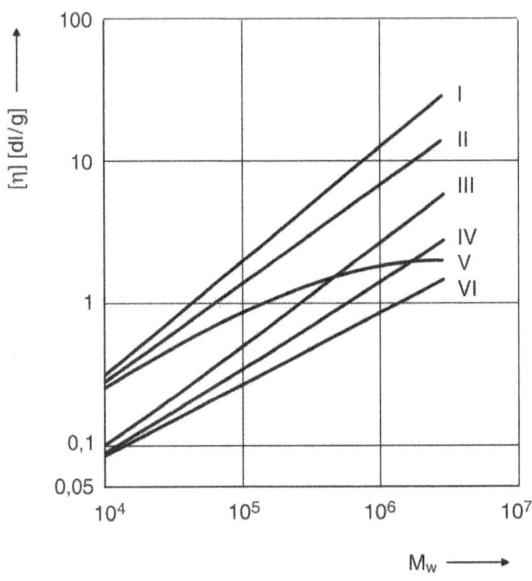

Bild 2.27 Zusammenhang zwischen Viskosität und Molekülmasse unterschiedlicher Polymere gemessen in verschiedenen Lösemitteln [nach Hoffmann, Krömer, Kuhn]

I. Lineare Polyethylene (PE-HD) in Tetralin bei 120 °C

II. Lineares Polypentenamer mit 80 % *trans*-Gehalt in Toluol bei 25 °C

III. Polystyrol in Toluol bei 25 °C

IV. Polystyrol in Dimethylformamid bei 25 °C

V. Verzweigte Polyethylene (PE-LD) der Dichte 0,918 g cm^{-3} in Tetralin bei 120 °C

VI. Polystyrol in Cyclohexan bei 34,5 °C (Θ-Lösungsmittel)

In Bild 2.27 ist die Abhängigkeit des Staudinger-Indexes (η) von M_ω für einige wichtige Kunststoffe in Lösung in einem bestimmten Lösungsmittel aufgetragen. Die Kurven gelten für lineare Polymerwerkstoffe; bereits bei Polymeren mit Verzweigungen sind sie nicht mehr gültig, wie man an der Kurve für Polyethylen niedriger Dichte (PE-LD) erkennen kann.

Für nicht oder schlecht lösliche Thermoplaste (vor allem Polyolefine) hat sich die Bestimmung der Schmelzeflussrate (engl.: MFR, Melt Flow Rate) als Schnellprüfung etabliert (vgl. Abschnitt 4.5.2 und Bild 4.32). Die Schmelzeflussrate-Methode gehört zu den Methoden der Schmelzeviskosimetrie. Diese Bestimmungsmethode ist beschrieben in DIN EN ISO 1133. Die Schmelzeflussrate gibt dabei an, welche Menge (in Gramm) unter festgelegten Bedingungen (Geometrie der Düse) innerhalb einer bestimmten Zeit (10 min) bei einer bestimmten Temperatur der Schmelze (bei Polyethylen z. B. 190 °C) und genau definierter Belastung (z. B. 20 N) durch die Düse hindurchgedrückt wird.

Für Einzelheiten zu den anderen Verfahren zur Bestimmung der Molmasse und ihrer Verteilung sei auf die Fachliteratur verwiesen, z. B. [Wortberg, Hoffmann, Krömer, Kuhn].

Gelpermeations-chromatografie

Einige Methoden zur Molmassebestimmung liefern die Molmassenverteilung gleich mit. So erhält man z. B. aus der Gelpermeationschromatografie (GPC, engl.: size exclusion chromatography, SEC), einem Verfahren, bei dem die Polymerketten quasi „der Länge nach" sortiert und dann detektiert werden, die Molekulargewichtsverteilung. Daraus werden dann die entsprechenden Mittelwerte berechnet. Die Trennung findet in einer Kolonne statt, die mit mit Lösemittel gequollenem, porösem Gel gefüllt ist. Kleine Moleküle sind in der Lage, in die Poren des gequollenen Gels einzudringen. Innerhalb der Poren können die Moleküle sich nur über die Diffusion bewegen, wodurch der Weitertransport durch das Gel verzögert wird (sog. Elution). Große Moleküle können nicht in die Poren eindringen und bewegen sich daher verhältnismäßig schnell durch die Kolonne. Auf diese Weise erfolgt eine Trennung der Moleküle in sog. Fraktionen. Anschließend werden durch einen Vergleich mit Kalibriersubstanzen die Molmassen der einzelnen Fraktionen bestimmt, die final in eine Verteilung überführt werden.

HINWEIS: Sowohl die Molmasse als auch die Molmassenverteilung haben erhebliche Einflüsse auf die Eigenschaften der Polymere.

2.4.8 Relevante technische Herstellungsverfahren

Technische Polymerisationen unterscheiden sich häufig immens von Polymerisationsreaktionen, die im Labormaßstab durchgeführt werden. Ziel ist selbstverständlich neben einem hohen Umsatz (= hohe Ausbeute) die wirtschaftliche Massenproduktion eines Polymers. Bei der Herstellung im großen Maßstab treten Effekte auf, die gegenüber der Herstellung im Labor nicht mehr vernachlässigt werden können, da sie die Molmassenverteilung und die chemische Struktur beeinflussen können. Aufgrund der Skalierung hin zu großen Einsatzmengen werden z. B. Diffusionseffekte oder Wärmeübertragung relevant, die im Labormaßstab vernachlässigbar sind. Gemeinsamkeiten besitzen Laborreaktionen und technische Reaktionen natürlich in dem zugrundeliegenden Reaktionsmechanismus, der in Abschnitt 2.4.3 bereits erläutert wurde.

Bei den technischen Herstellungsverfahren wird die Reaktion in unterschiedlichen Medien durchgeführt. Die Wahl des Mediums unterliegt den Eigenschaften des Monomers selbst, den verfahrenstechnischen Bedingungen (z. B. aufgrund zu berücksichtigender Reaktionswärme) und der vom Verarbeiter gewünschten Lieferform (z. B. Pulver, Lösung, usw.). Diese Anforderungen führen dazu, dass dasselbe Polymer teilweise in mehreren unterschiedlichen Reaktionen hergestellt wird. Nachfolgend wird auf einige unterschiedliche Medientypen eingegangen.

Reaktion in Masse

Die Reaktion reiner Monomere wird auch als „Reaktion in Masse“ bezeichnet. Sowohl Kettenwachstumsreaktionen als auch Stufenwachstumsreaktionen (Polyaddition und Polykondensation) können in Masse realisiert werden. Typischerweise finden Polyaddition und Polykondensation bei hohen Temperaturen und in inerten Gasatmosphären (z. B. N_2, CO_2) statt. Die Monomere liegen dann in der Regel schmelzeförmig vor. Ein Beispiel ist die Polyaddition von Polyamid 6.6 (Nylon), das in der Polykondensationsreaktion von Hexamethylendiamin und Adipinsäure synthetisiert werden kann. Häufig wird bei der Reaktion zunächst aus den beiden Monomeren das sogenannte AH-Salz gebildet. Dadurch umgeht man das Problem der genauen stöchiometrischen Einwaage, die für die Reaktion notwendig wäre. Das AH-Salz kann anschließend polykondensiert werden.

Kettenwachstumreaktionen sind bei der Reaktion in Masse üblicherweise radikalisch. Da hierbei ausschließlich Monomere und Initiatoren (im weiteren Verlauf der Reaktion dann auch das Polymer) anwesend sind, werden in der Regel reine Produkte erhalten. Ein Beispiel hierfür ist die Herstellung von optisch reinem Poly(methylmethacrylat) (Plexiglas™).

Die radikalische Kettenwachstumsreaktion in Masse wird typischerweise bei Umsätzen von 40–60 % abgebrochen, da verfahrenstechnisch keine schnelle Abführung möglich ist. Da die radikalische Kettenwachstumsreaktion bei hohen Umsätzen aufgrund der hohen Viskosität des Reaktionsgemisches immer schneller abläuft (sog. Geleffekt), kann es zu Problemen bei der Wärmeabfuhr kommen. (Lokale) Überhitzungen führen dann zu unerwünschten Molmassenverteilungen, Verzweigungen des Polymers oder Verfärbungen.

Reaktion in Suspension und Emulsion

Polymerisationen in Suspension oder Emulsion sind zweiphasige Reaktionen. Bei der **Reaktion in Suspension** liegen wasserunlösliche Monomere in Wasser vor. Ein Suspensionsmittel teilt den Reaktionsraum in kleine Monomertröpfchen mit Durchmessern von wenigen Mikrometern bis zu einem Zentimeter. Der Reaktionsmechanismus ist eine radikalische Kettenwachstumsreaktion, die durch öllösliche Initiatoren gestartet wird. Eine anionische oder kationische Kettenwachstumsreaktion ist bei der Reaktion in Suspension aufgrund der Reaktion mit Wasser nicht möglich. Das Polymer liegt nach Abschluss der Reaktion in Perlen mit bis zu 400 µm Durchmesser vor. Aus diesem Grund wird diese Form der Polymerisation oft auch als Perlenpolymerisation bezeichnet.

Bei der **Emulsionspolymerisation** läuft die Polymerisation in sogenannten Mizellen ab. Die Mizellen werden mithilfe sogenannter oberflächenaktiver Substanzen (Tenside) erzeugt (vgl. Bild 2.28). Die Moleküle dieser Substanzen besitzen sowohl hydrophobe als auch hydrophile Teile. Damit neigen sie zur Phasentrennung, da sie sich abhängig von der Polarität des umgebenden Lösungsmittels ausrichten und mit dem anderen Teil eine separate Phase bilden. Innerhalb der Mizelle - also in der separaten Phase -können Monomermoleküle eingelagert werden. Die beladenen Mizellen besitzen einen Durchmesser von etwa 4 nm bis 10 nm. Neben den beladenen Mizellen existieren ebenfalls Monomertropfen, die von den Emulgatormolekülen stabilisiert werden. Im Verhältnis sind diese Monomertröpfchen um das 100 bis 1000-Fache größer als die Mizellen. Die Emulsionspolymerisation wird ebenfalls überwiegend radikalisch durchgeführt. Dabei dringen Radikale in die Mizelle ein und initiieren die Reaktion. Der Anteil der Monomere, die bereits polymerisiert sind, wird durch die Monomertröpfchen ergänzt. Bei ca. 50 bis 80 % Umsatz sind die Monomertröpfchen dann komplett verschwunden. Das Polymer wird weiterhin durch den Emulgator stabilisiert, sodass Partikel vorhanden sind, die auch als Latexpartikel bezeichnet werden.

Die Emulsionspolymerisation bietet einige verfahrenstechnische Vorteile. So kann aufgrund des umgebenden Wassers die Temperatur des Systems nicht nur gut eingestellt, sondern auch sehr gut konstant gehalten werden. Ebenfalls kann nicht reagiertes Monomer leicht zurückgewonnen werden. Ein Beispiel für die Reaktion in Emulsion oder Suspension ist die technische Herstellung von Polyvinylchlorid, das z. B. zur Herstellung von Bodenbelägen durch Extrusion und von Rohrfittings durch Spritzgießen eingesetzt wird.

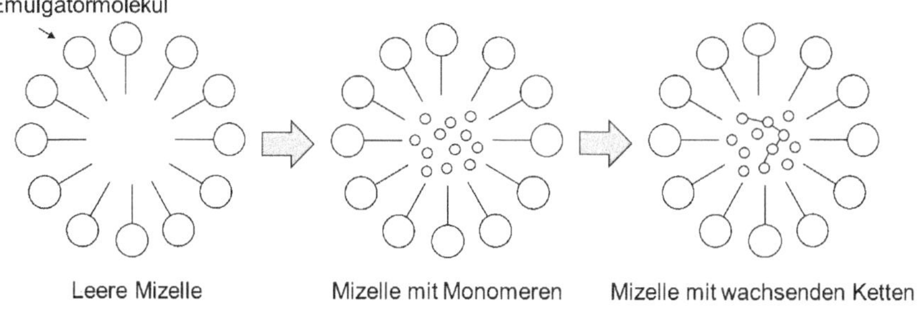

Bild 2.28 Darstellung der Polymerbildung in Mizellen

Neben der Polymerisation in Suspension oder Emulsion existieren noch weitere zweiphasige Reaktionsmedien. Beispiele hierfür sind die Reaktion in Gasphase oder die Reaktion durch Fällung. An dieser Stelle sei auf weiterführende Literatur verwiesen.

Reaktion in Lösung

Fast alle ionischen Polymerisationen werden in Lösung durchgeführt. Mithilfe des Lösungsmittels werden die Initiatoren (Säuren oder Basen) entsprechend dissoziiert. Die Polarität des Lösungsmittels beeinflusst dabei das Ausmaß der Dissoziation. In Bezug auf die radikalische Polymerisation setzen Lösungsmittel die Reaktionsgeschwindigkeit herab und entstehende Wärme kann besser abgeführt werden. Da das Lösungsmittel auch die Konzentration des Polymers verringert, bilden sich Polymerisate mit weniger Verzweigungen, wodurch eine engere Molmassenverteilung erreicht wird. Die Reaktion in Lösung in Kombination mit der Polykondensation wird häufig eingesetzt, wenn die beteiligten Monomere nicht in einer Reaktion in Masse (Schmelze) synthetisiert werden können. Nachteilig an der Reaktion in Lösung ist das meist aufwendige Entfernen des Lösungsmittels; sie sind aber erwünscht, wenn das Polymer in Lösung verbleiben soll. In Tabelle 2.3 sind unterschiedliche Polymere, ihr bevorzugter technischer Reaktionsmechanismus und das bevorzugte Medium zusammengefasst.

Tabelle 2.3 Bevorzugte Reaktionsmechanismen und Medien für die Herstellung ausgewählter Polymere

Polymer	Mechanismus	Medium				
		Masse	Suspension	Emulsion	Lösung	Anwendung
PE-LD	RPM	+	+	(+)	(+)	Thermoplast
PE-HD	KoPM		+			Thermoplast, Fasern
PP	RPM	+	+		+	Thermoplast, Fasern
PS	RPM	+	+	(+)	(+)	Thermoplast
Polyamid 6	APM	+			+	Thermoplast, Fasern
Polyamid 6.6	PK	+	(+)			Thermoplast, Fasern
EPDM Kautschuk	KoPM				+	Elastomer
POM	APM/KPM	+	(+)			Thermoplast
PUR	PA	+			+	Elastomer, Duroplast
PET	PK	+				Thermoplast, Fasern

Mechanismus:

RPM = radikalische Polymerisation; KPM = kationische Polymerisation; APM = anionische Polymerisation; PK = Polykondensation; PA = Polyaddition; KoPM = koordinative Polymerisation

Für die technische Herstellung von Polymeren werden unterschiedliche Reaktoren benutzt. Dabei richtet sich die Auswahl der Reaktoren nicht ausschließlich an dem vorliegenden Reaktionsmechanismus, sondern an verschiedenen anderen Kriterien wie Polymermengen (z. B. klein, groß, chargenweise, kontinuierlich), Stoffeigenschaften (z. B. Löslichkeit oder Molmasse), den Produkteigenschaften (Lösung, Pulver, Granulat) und natürlich der Viskosität sowie der durch die Reaktion verursachten Wärme aus. Ebenso spielt bei der Auswahl eines geeigneten Reaktors die Empfindlichkeit der Reaktion gegen Verunreinigungen eine Rolle. Im Wesentlichen lassen sich bei der Polymerisation verwendete Reaktoren in vier Klassen einteilen, auf die im Folgenden nur oberflächlich eingegangen wird:

Reaktoren

- Diskontinuierlicher Rührkessel
- Strömungs- bzw. Durchflussrohre
- Kaskaden aus Rührkesseln
- Kontinuierliche Rührkessel bzw. Durchflusskessel

Der diskontinuierliche Rührkessel ist einer der wichtigsten Reaktortypen. Er existiert in unterschiedlichen Größen und Ausführungsformen. Es sind Volumina bis 200 m^3, bei Drücken bis 10 MPa sind 30 m^3 möglich. Rührkessel können für alle Reaktionsmechanismen verwendet werden. Nach dem diskontinuierlichem Rührkessel sind die Kaskaden aus Rührkesseln die zweitwichtigste Reaktorform. Auch hier können praktisch alle Reaktionsmechanismen realisiert werden. Unter Strömungs- bzw. Durchflussrohren sind unter anderem auch die Extrusionsschnecken oder Doppelschnecken zu verstehen. So kann in einem Doppelschneckenextruder in einer Fällungspolymerisation von Trioxan beispielsweise Polyoxymethylen (POM) hergestellt werden. Kontinuierliche Rührkessel eignen sich besonders für die radikalische Copolymerisation von z. B. Styrol und Acrylnitril.

Literatur zu Kapitel 2

Arndt, K. F.; Müller, G.; Schröder, E.: *Polymer Characterization*. München: Carl Hanser Verlag, 1998

Baur, E.; Osswald, T. A.; Rudolph, N.: *Saechtling Kunststoff-Taschenbuch*. München: Carl Hanser Verlag, 31. Aufl., 2013

Biederbick, K.-H.: *Kunststoffe*. Würzburg: Vogel Verlag Würzburg, 1984

Breulmann, M.; Künkel, A.; Philipp, S. et al.: *Biodegradable Polymers*. Weinheim: Wiley-VCH Verlag, 2009

Briehl, H.: *Chemie der Werkstoffe*. Berlin, Heidelberg, New York: Springer-Verlag, 2014, S. 130

Callister, D. W.; Rethwisch, G. D.: *Materialwissenschaften und Werkstofftechnik*. Weinheim: Wiley-VCH Verlag, 2012, S. 499

Czichos, H.; Hennecke, M.: *HÜTTE - Das Ingenieurwissen*. Berlin, Heidelberg, New York: Springer-Verlag, 2013, S. C107 - C112

Demtröder, W.: *Experimentalphysik 3 - Atome, Moleküle und Festkörper*. Berlin, Heidelberg, New York: Springer-Verlag, 3. Auflage, 2006, S. 2

Elias, H.-G.: *Macromolecules*, Vol. 1. Weinheim: Wiley-VCH Verlag, 2005

Elias, H.-G.: *Macromolecules*, Vol. 2. Weinheim: Wiley-VCH Verlag, 2007

Endres, H. J.; Siebert-Raths, A.: *Technische Biopolymere - Rahmenbedingungen, Marktsituation, Herstellung, Aufbau und Eigenschaften*. München: Carl Hanser Verlag, 2009

European Bioplastics e. V. *www.european-bioplastics.org*, 16. 03. 2011

Fakirov, S.; Bhattacharyya, D.: *Handbook of Engineering Biopolymers - Homopolymers, Blends, and Composites*. München: Carl Hanser Verlag, 2007

Gross, R. A.; Kalra, B.: Biodegradable Polymers for the Environment. *Science* 297 (2002), S. 803 - 807

Hoffmann, M.; Krömer, H.; Kuhn, R.: *Polymeranalytik*. Stuttgart: Georg Thieme Verlag, 1977

Kaiser, W.: *Kunststoffchemie für Ingenieure*. München: Carl Hanser Verlag, 2. Aufl., 2007

Kircher, K.: *Chemische Reaktionen bei der Kunststoffverarbeitung*. München: Carl Hanser Verlag, 1982

Knipp, U.: *Herstellung von Großbauteilen aus Polyurethanschaumstoffen*. RWTH Aachen, Dissertation, 1973

Macosko, C. W.: *RIM-Fundamentals of Reaction Injection Molding*. München, Wien: Carl Hanser Verlag, 1989

Mecking, S.: Biologisch abbaubare Werkstoffe - Natur oder Petrochemie? *Angewandte Chemie* 116 (2004), S. 1096 - 1104

N. N.: Biodegradable Plastics, Japan Study Committee for the Practical Use of Biodegradable Plastics. In: *The Age of New Plastics*. 1995

N. N.: DIN EN ISO 1133-1: *Bestimmung der Schmelze-Massefließrate (MFR) und der Schmelze-Volumenfließrate (MVR) von Thermoplasten - Teil 1: Allgemeines Prüfverfahren*. Berlin: Beuth Verlag, 2010

N. N.: DIN EN ISO 1628-2: *Kunststoffe - Bestimmung der Viskosität von Polymeren in verdünnter Lösung unter Verwendung von Kapillarviskosimetern - Teil 2: Vinylchlorid-Polymere*. Berlin: Beuth Verlag, 1999

N. N.: *Kunststoff-Werkstoffe im Gespräch: Aufbau und Eigenschaften*. BASF AG, Ludwigshafen, 1975

Okada, M.: Chemical syntheses of biodegradable polymers. *Progress in Polymer Science* 27 (2002), S. 87 - 133

Osswald, T. A.; Menges, G.: *Materials Science of Polymers for Engineers*. München: Carl Hanser Verlag, 2nd ed., 2003

Pauling, L.: *Grundlagen der Chemie*. Weinheim: Verlag Chemie, 9. Aufl., 1969

Tieke, B.: *Makromolekulare Chemie. Eine Einführung*. Weinheim: Wiley-VCH Verlag, 2. Aufl., 2005

Utracki, L.: *Polymer Alloys and Blends; Thermodynamics and Rheology*. München: Carl Hanser Verlag, 1999

van Krevelen, D. W.: *Properties of Polymers*. Amsterdam, London, New York, Tokyo: Elsevier, 1990

Vieweg, R., Hoechtlen, A.: *Polyurethane. Kunststoffhandbuch Band VII*. München: Carl Hanser Verlag, 1966

Vollmert, B.: *Grundriss der makromolekularen Chemie*. Berlin, Göttingen, Heidelberg: Springer Verlag, 1962

Vroman, I.; Tighzert, L.: Biodegradable Polymers. *Materials 2* (2009), S. 307 - 344

Woodward, A. E.: *Understanding Polymer Morphology*. München: Carl Hanser Verlag, 1994

Wortberg, J.: *Qualitätssicherung in der Kunststoffverarbeitung*. München, Wien: Carl Hanser Verlag, 1996

Wunderlich, W.: Megatrends innovativer Entwicklungen. *Kunststoff-Trends* 1 (2004), S. 26 - 27

Wypych, G.: *Handbook of Fillers*. Toronto: ChemTec Publishing, 2010

3 Polymere Strukturen

In der makromolekularen Chemie wird die Struktur von Makromolekülen in die Primär-, Sekundär-, Tertiär- und Quartärstruktur differenziert.

- Die Primärstruktur bezeichnet
  - die *Konstitution* (d. h. den Typ und die Anordnung) der Atome, Substituenten, Endgruppen, Verzweigungen und die Molmasse (Molekulargewicht) und
  - *die Konformation* (d. h. die räumliche Anordnung bestimmter chemischer Gruppen).
- Die *Sekundärstruktur* beschreibt die Anordnung der einzelnen Kettensegmente in Makromolekülketten.
- *Die Tertiärstruktur* beschreibt die vollständige räumliche Anordnung eines Makromoleküls und
- *die Quartärstruktur* ist die definierte Assoziation mehrerer Makromoleküle zueinander. Sie ist für die synthetisch hergestellten Polymere ohne wesentliche Bedeutung, da diese nicht in der Lage sind, größere Komplexe untereinander einzugehen.

3.1 Wechselwirkungen von Makromolekülen

Nach der Herstellung liegt ein Polymer vor, das eine bestimmte Molmassenverteilung aufweist. Dabei befinden sich viele Makromolekülketten unterschiedlicher Länge im Reaktionsgefäß bzw. Reaktor. Der folgende Abschnitt befasst sich daher mit der Fragestellung, wie benachbarte Makromolekülketten interagieren können. Diese intermolekularen Wechselwirkungen sind zwar wesentlich schwächer als die kovalenten Bindungen, die die Kette selbst bildet, sie bestimmen aber ebenfalls in einem hohen Maß die finalen Eigenschaften des Polymers. Bild 3.1 zeigt schematisch die Zusammenhänge.

Im Folgenden werden zunächst die auftretenden Bindungskräfte erläutert.

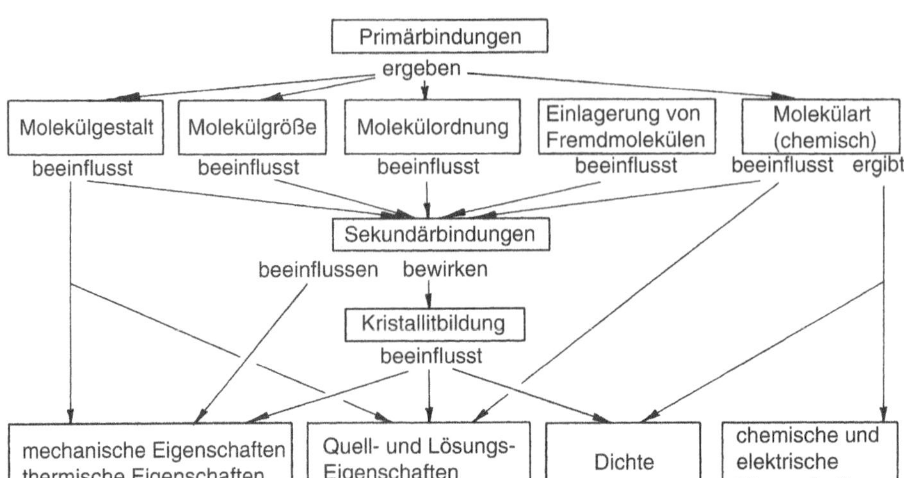

Bild 3.1 Zusammenhänge zwischen Moleküleigenschaften und Werkstoffeigenschaften [nach Biederbick]

Die gegenüber den Hauptvalenzbindungen der Kettenmoleküle wesentlich schwächeren Wechselwirkungen zwischen den benachbarten Kettenmolekülen beeinflussen entscheidend die chemischen und physikalischen Eigenschaften der Polymere. Sie werden zusammenfassend als Nebenvalenzkräfte (oder Sekundärbindungen, siehe Bild 3.1, Mitte) bezeichnet.

3.1.1 Dispersionskräfte

Dispersionskräfte

Die *Dispersionskräfte* (W_{an}), auch London-Kräfte genannt, sind schwache intermolekulare Anziehungskräfte. Aufgrund spontaner Fluktuationen der Elektronendichte wird ein elektrischer Dipol erzeugt, der wiederum in einem benachbarten Molekül einen Dipol induziert. Die Dipolkräfte sind anziehend und nur bei großer Nähe stark (z. B. in Kristallen), denn die anziehenden Kräfte nehmen mit der sechsten Potenz des Abstandes ab: $W_{an} \sim 1/r^6$

CH_2 CH_2 CH_2 CH_2 CH_2 CH_2 CH_2 CH_2

CH_2 CH_2 CH_2 CH_2 CH_2 CH_2 CH_2 CH_2

Die Bindungskräfte der Dispersionskräfte betragen maximal 10 kJ/mol. Es ist leicht verständlich, dass diese Bindungskräfte mit zunehmender Erwärmung schnell abnehmen, weil höhere Temperaturen größere Schwingungsamplituden und damit einen größeren mittleren Abstand der Moleküle voneinander bedeuten. Die Bindungskräfte sinken weiterhin, wenn die Moleküle größere Beweglichkeit durch Aufnahme von Fremdmolekülen, z. B. in Lösungsmitteln wie Wasser bei Polyamiden, gewinnen.

Erwartungsgemäß sind die Dispersionskräfte nur in den kristallisierten Bereichen stark, da hier die Moleküle die dichtestmögliche Packung, d. h. größte Nähe zueinander, besitzen. Dies ist auch die Ursache dafür, dass vor allem im hochverstreckten Zustand, in wwelchem die Molekülketten parallel aneinanderliegen, beachtliche Zugfestigkeiten von

$$\sigma_B \cong \frac{E}{25} \tag{3.1}$$

erreicht werden können, wobei E den E-Modul darstellt.

3.1.2 Dipolkräfte

permanente Dipolkräfte

Die *Dipolkräfte* resultieren aus elektrostatischen Anziehungskräften zwischen Molekülen, die elektrische Dipole enthalten. Der einfachste Fall - die Anziehung zwischen permanenten Dipolen - tritt bei Molekülen auf, die polare Atombindungen enthalten (s. o.). Weiterhin dürfen diese Bindungen nicht in einer Weise angeordnet sein, die das Dipolmoment wieder aufheben würde (so ist z. B. die C–Cl-Bindung stark polar, das CCl_4-Molekül ist jedoch aufgrund seiner Symmetrie unpolar, da sich die Dipolmomente der einzelnen Bindungen aufgrund der tetraedrischen Struktur aufheben).

Ein permanentes Dipolmoment erzeugt zwischen den Molekülen elektrostatische Wechselwirkungen, die zu einer Änderung der physikalischen Eigenschaften führen. So sind diese Kräfte u. a. für die Siedepunkttemperatur von Kohlenwasserstoffen verantwortlich. Beispielsweise liegt der Siedepunkt von Ethanol mit 78 °C deutlich höher als derjenige von Propan (−42,1 °C), obwohl diese Moleküle vergleichbare Masse und Größe besitzen.

induzierte Dipolkräfte

Moleküle mit permanenten Dipolen können zudem in anderen, unpolaren Molekülen Elektronenverschiebungen hervorrufen und somit Dipole induzieren. Kunststoffe mit polaren Gruppen erweichen aufgrund der Dipol-Wechselwirkungen erst bei höheren Temperaturen als ähnlich gebaute Polymere ohne Dipolkräfte. Die Stärke der Dipolkräfte nimmt mit der vierten Potenz des Abstands zweier benachbarter Atome in benachbarten Ketten ab:

$$W_{Dipol} \sim \frac{1}{r^4} \qquad (3.2)$$

3.1.3 Wasserstoffbrückenbindungen

Wasserstoffbrücken

Bei *Wasserstoffbrückenbindungen* handelt es sich um eine besondere Art einer polaren Wechselwirkung, bei der ein bereits gebundenes Wasserstoffatom eine Wechselwirkung mit einem elektronegativen Atom eines anderen Moleküls (in der Regel Atom O, N und dergleichen) eingeht. Aufgrund dieser Wechselwirkung kommt es zu einer Ladungsverschiebung, die diese Wechselwirkung zur stärksten Nebenvalenzkraft macht. Diese Art der Wechselwirkung ist z. B. für den im Vergleich zu Masse und Größe des Moleküls extrem hohen Siedepunkt des Wassers verantwortlich. Auch zwischen Polymerketten, die Wasserstoff und Sauerstoff als Substituenten an der Kette tragen, können derartige Bindungen wirksam werden. Insbesondere die natürliche Cellulose und ihre thermoplastischen Derivate sowie die Polyamide verdanken diesen zwischenmolekularen Kräften ihre hohen Erweichungstemperaturen, sowie die außergewöhnliche Zähigkeit. Das nachfolgende Strukturbild von Polyamid 6 dient als Beispiel für diese Art der Nebenvalenzbindungen.

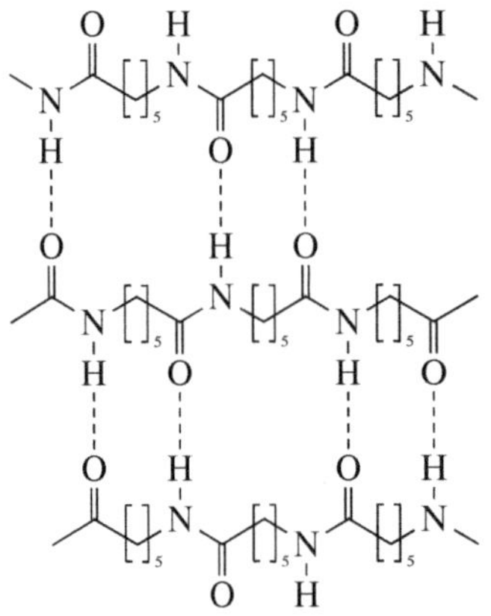

Hier entstehen zwischen den N–H-Gruppen und den C–O-Gruppen Wasserstoffbrücken, die hohe Schmelz- und Erweichungstemperaturen sowie eine außerordentlich hohe Zugfestigkeit hervorrufen. Die Brücken zeichnen sich weiterhin dadurch aus, dass sie zwar bei hohen Belastungen durch das aneinander Abgleiten von Ketten gelöst werden, sich jedoch nach einer Verschiebung sofort wieder klettenartig aufbauen.

HINWEIS: Die Nebenvalenzbindungen verbinden die Polymerketten untereinander und beeinflussen die makroskopischen Eigenschaften eines Polymers wesentlich.

3.1.4 Vergleich der Nebenvalenzkräfte

Die schwächsten Nebenvalenzkräfte sind die Dispersionskräfte mit 10 kJ/mol. Die daraus resultierende theoretische Zugfestigkeit beträgt jedoch immer noch mehr als das Zehnfache der Zugfestigkeit realer Polymere. Diese Diskrepanz lässt sich nur durch Defekte im Aufbau der Polymere erklären. So ist eine vollständige Kristallisation in realen Polymeren wegen Strukturfehlern in den Kettenmolekülen nicht möglich; technische Polymere sind allenfalls zu 30 bis 70 % kristallin. Infolge von Baufehlern innerhalb der kristallinen Bereiche werden aber auch in verstreckten Polymerwerkstoffen die theoretischen Festigkeiten, die sich aus den Anziehungskräften errechnen lassen, noch immer nicht erreicht (bei Polyamid 66 betrüge der theoretische Elastizitätsmodul $1{,}4 \cdot 10^5$ N/mm^2, er beträgt aber im hochverstreckten Zustand, z. B. bei Fasern, effektiv nur ca. 5 % hiervon). Spezielle Verstreck- und Wärmebehandlungen bei einem aromatischen Polyamid (z. B. *Kevlar*) ermöglichen jedoch nahezu das Erreichen des theoretischen Modulwertes.

In der Natur finden wir ähnlich hohe Nebenvalenzkräfte, z. B. in der Cellulose, die ein linearer Thermoplast ist. Durch den gezielten Strukturaufbau, den die Natur diesem Polymer verschafft hat, entstehen jedoch so hohe Nebenvalenzkräfte, dass der Stoff nicht geschmolzen werden kann, sondern sich vor dem Schmelzen zersetzt (verbrennt).

Die stärkste Nebenvalenzkraft ist die Wasserstoffbrückenbindung. Dies kennzeichnet die vergleichsweise hohe Erweichungstemperatur von über 100 °C gegenüber ähnlichen Polymeren, die keine Wasserstoffbrücken besitzen.

Polymere, die polare Gruppen enthalten, besitzen eine hohe Verträglichkeit mit kleinen Molekülen wie Wasser, Lösungsmitteln oder Weichmachern, die ebenfalls polar sind. Hierauf beruht z. B. der Effekt, dass sich Polymerwerkstoffe, die sich eigentlich antiadhäsiv verhalten, durch den Einbau solcher Gruppen in die Oberflächen mit anderen verträglich, d. h. klebbar, machen lassen. Ein weiteres Beispiel ist, dass PVC durch den Einbau von polaren Flüssigkeiten weich gemacht werden kann (*Weichmacher*, engl.: *Plasticizer*).

3.2 Primärstruktur und Eigenschaften

Primärstruktur

Die Primärstruktur eines Polymers wird bestimmt durch die verschiedenen in ihm enthaltenen Atome sowie ihre „Reihenfolge" in der Kette und die Art ihrer Verknüpfung. Auch Seitenketten und Verzweigungen gehen in die Primärstruktur ein.

Bild 3.1 kann entnommen werden, dass die Primärstruktur (Konstitution, Molekülgestalt) die mechanischen, thermischen und chemischen Eigenschaften der Polymere direkt beeinflusst. Aus Anordnung und Wirkung der in einem Polymer eingebauten Atome und Atomgruppen lassen sich daher nahezu alle Eigenschaften voraussagen. [Van Krevelen] leitete hieraus nahezu alle Eigenschaften von Polymeren ab.

Die kovalenten Bindungen sind verantwortlich für den Zusammenhalt der Atome in den Monomeren als den Bausteinen und natürlich auch in den Kettenmolekülen. Sie bestimmen die Thermostabilität (vgl. Kapitel 8), das elektrische Verhalten, d. h. die nicht vorhandene elektrische Leitfähigkeit bei Polymerwerkstoffen (falls sie keine besondere Behandlung erfahren haben), und ermöglichen damit ihren umfassenden Einsatz als Isolationswerkstoffe für Nieder- und Hochspannungsanwendungen (z. B. Kabelisolationen aus PE). Weiterhin ist im Begriff der Primärstruktur die Molekülgröße, d. h. die mittlere Molmasse, enthalten.

3.2.1 Molekülordnung

Die Regelmäßigkeit, mit welcher die Ketten aufgebaut sind (bzw. mit der die Wiederholungseinheiten angeordnet sind), hat einen wesentlichen Einfluss auf die Größe der wirkenden Nebenvalenzkräfte und somit auf viele Eigenschaften. Beispielsweise begünstigt ein hochgradig regelmäßiger Aufbau der Ketten die Ausbildung kristalliner Strukturen, indem sich mehr oder weniger lange Segmente engstmöglich zu dichten Packungen zusammenlagern können (kristallisieren), wodurch starke Dispersionskräfte wirksam werden. Auch die Ausbildung von Wasserstoffbrücken wird durch einen regelmäßigen Aufbau begünstigt, wie es z. B. bei den Polyamiden der Fall ist. Wir sprechen hier von Strukturregelmäßigkeit. Hierauf wird in den folgenden Kapiteln noch ausführlich eingegangen.

Es stellt sich in Anbetracht der großen Bedeutung nun die Frage, wie ein solcher regelmäßiger Molekülaufbau bei einer Polymerisation erzwungen werden kann. Dabei muss zwischen zwei Effekten unterschieden werden, zwischen der *sterischen Ordnung* und der *Taktizität*. Beide müssen vorhanden sein, um Kristallisation zu ermöglichen.

3.2.2 Sterische Ordnung

sterische Ordnung

Unter der sterischen Ordnung eines Moleküls versteht man die Anordnung des Substituenten R an der Kohlenstoffkette. Betrachtet man z. B. ein zur Polymerisation befähigtes Monomer folgender Struktur (beispielsweise Polyvinylchlorid, Polystyrol, Polypropylen u. a.):

$$H_2\underset{1}{C}=\overset{H}{\underset{2}{C}}-R$$

so kann sich dieses theoretisch mit dem „Kopf" (C-Atom 1) oder mit dem „Schwanz" (C-Atom 2) an die wachsende Kette anlagern. Es können sich so prinzipiell drei verschiedene Polymere bilden (Bild 3.2).

Häufig wird eine der möglichen Anlagerungen aufgrund von Reaktionsmechanismen bei der Polymerisation bevorzugt. Dies ist erwünscht, da eine regelmäßige Anordnung der Monomerglieder im ganzen Kettenmolekül (oder zumindest in Segmenten einer gewissen Länge) eine Grundvoraussetzung für die Kristallisation ist.

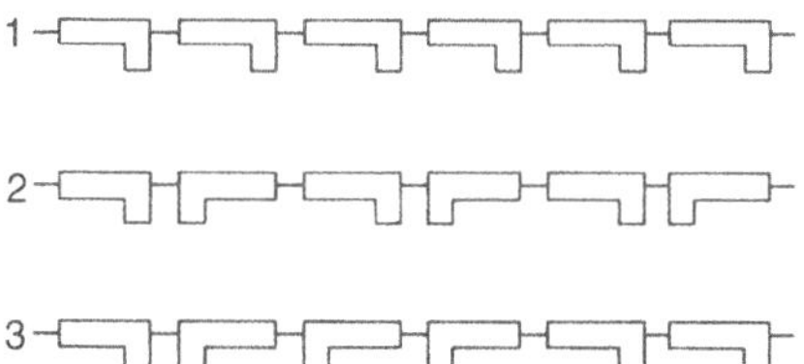

Bild 3.2 Schematische Darstellung der Kopf-Schwanz- und Kopf-Kopf-Polymerisation
1 Kopf-Schwanz-Polymerisation, 2 Kopf-Kopf-Polymerisation, 3 gemischte Polymerisation

3.2.3 Taktizität

Stereoisomerie

Kohlenstoff ist chemisch gesehen vierwertig, d. h. es können vier Substituenten an ein C-Atom gebunden sein, die sich tetraedrisch um das zentrale Kohlenstoffatom anordnen. Damit sind zwei Strukturen möglich, die sich wie die linke und die rechte Hand spiegelbildlich zueinander verhalten. Sie lassen sich nicht durch eine Drehung, sondern nur durch eine Spiegelung ineinander überführen. Die beiden möglichen räumlichen Anordnungen nennt man *Stereoisomere* und das betrachtete Kohlenstoffatom wird in diesem Fall als Stereo(isomerie)zentrum bezeichnet. Bild 3.3 zeigt schematisch die Stereoisomere eines Moleküls mit einem zentralen Kohlenstoffatom. Man erkennt, dass zur Überführung der einen in die andere Struktur der Austausch zweier Substituenten durch Öffnen und Knüpfen zweier Bindungen erforderlich ist.

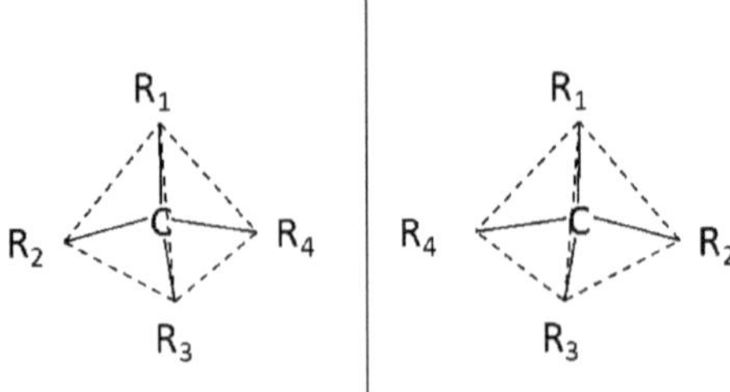

Bild 3.3 Isomerie einer Kohlenstoffverbindung

Taktizität

In einer Makromolekülkette bildet prinzipiell jedes Kohlenstoffatom ein Stereozentrum, das neben den beiden mit ihm verbundenen Kettenatomen zwei weitere gleiche oder unterschiedliche Substituenten (z. B. Fluor, Wasserstoff oder andere chemische Gruppen) enthält. Die Art, wie sich diese Substituenten im Raum anordnen, bezeichnet der Begriff der *Taktizität*. Es wird unterschieden zwischen

- *isotaktischen* Polymeren, bei denen alle Stereozentren dieselbe Konfiguration aufweisen,
- *syndiotaktischen* Polymeren, bei denen die Konfiguration der Stereozentren regelmäßig wechselt und
- *ataktischen* Polymeren, bei denen keine regelmäßige Konfiguration der Stereozentren sichtbar ist.

Anschaulich gesprochen liegen die Substituenten bei isotaktischen Polymeren alle auf einer Seite der Hauptkette, bei syndiotaktischen Polymeren abwechselnd rechts und links (Bild 3.4).

Technische Bedeutung haben alle drei Formen, wobei jedoch die isotaktische Struktur die bisher wichtigste Molekülbauform ist. Der erste Kunststoff, der so hergestellt wurde, ist auch heute noch der wichtigste: das Polypropylen. Es kristallisiert zu etwa 50 % und verdankt seine Eigenschaften dieser Struktur.

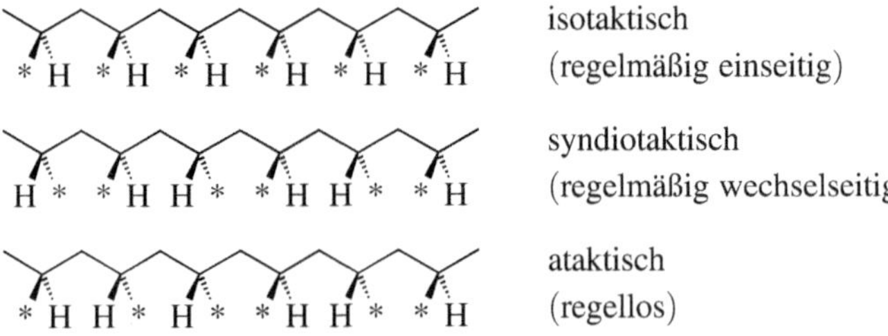

Bild 3.4 Sterische Konfiguration der Seitenketten

Die dritte Form ist das ataktische Polymer, bei welchem die Substituenten völlig unregelmäßig angeordnet sind. Es ist völlig amorph und wird z. B. als ataktisch aufgebautes Polypropylen in großen Mengen als Teppichrückenbeschichtung verwendet, weil es dank seines elastomeren Verhaltens die Rutschfestigkeit verbessert. Reale Polymere enthalten nach der Polymerisation meist noch alle drei Arten von Stereoisomeren nebeneinander. Bei der Polymerisation wird in der Regel ein möglichst hoher Anteil gleicher Taktizität angestrebt, man spricht hier von *Isotaxie-Index* (bei Polypropylen > 95 %). Der ataktische Anteil wird in technischen Polymerwerkstoffen - z. B. bei PP mit Heptan - vor der Granulierung vom Hersteller extrahiert.

3.2.4 Konfiguration der Doppelbindungen in der Kette

cis-trans-Isomerie

Je nach eingesetztem Monomer und der durchgeführten Polymerisationsreaktion kann das Makromolekül noch Kohlenstoff-Doppelbindungen besitzen, die zu zwei verschiedenen Konfigurationen führen können. Um diese Konfigurationen beschreiben zu können, wird die Doppelbindung zur Referenzebene. Auf dieser Basis können, wie Bild 3.5 am Beispiel des Polybutadiens zeigt, die unterschiedlichen Konfigurationen in Abhängigkeit von der Lage der Substituenten an der Doppelbindung zueinander beschrieben werden:

- *cis*-Isomerie: die Substituenten an der Doppelbindung zeigen in die gleiche Richtung.
- *trans*-Isomerie: die Substituenten zeigen in die entgegengesetzte Richtung.

Um die Isomerie auch bei der Namensgebung zu berücksichtigen, wird die Bezeichnung *cis* oder *trans* gefolgt von der Nummer des Atoms, die in der Monomereinheit von links nach rechts durchnummeriert wird, dem Polymernamen vorangestellt. Dies ist nicht zu verwechseln mit der Namensgebung des 1,3-Butadiens, bei dem die Nummern die ersten an der Doppelbindung beteiligten Kohlenstoffatome bezeichnen.

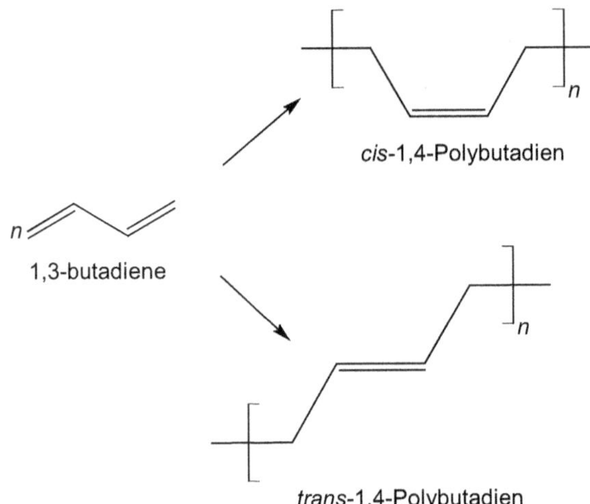

Bild 3.5 *cis-trans*-Isomerie des 1,4-Polybutadiens

Verschiedene Isomere können mitunter stark unterschiedliche Eigenschaften aufweisen. Die Isomere des Polybutadiens unterscheiden sich beispielsweise stark in ihren Schmelztemperaturen. Ein weiteres Beispiel ist das reine *cis*-1,4-Polyisopren, das besser unter der Bezeichnung Naturkautschuk bekannt ist und sich gummielastisch verhält. Im Gegensatz dazu ist reines *trans*-1,4-Polyisopren (Guttapercha) ein festes Harz.

3.2.5 Verzweigungen

Verzweigungen

Wie bereits oben angesprochen, bestehen Polymere nicht nur aus linearen Ketten. Aufgrund von „Baufehlern“ können z. B. *Verzweigungen* auftreten, diese werden jedoch auch bewusst erzeugt, um die Eigenschaften des Werkstoffs an die Anwendungen anzupassen (Tabelle 3.1 und Tabelle 3.2).

Beispiele hierfür sind die Polyethylene (vgl. Bild 3.6), bei denen an der Hauptkette recht unterschiedliche Verzweigungen – lange, kurze und weiter verzweigte Äste – hängen können. Sie entstehen bei der Polymerisation oft ungewollt, z. B. durch Verunreinigungen des Monomergases, oder aber auch gezielt, z. B. durch Zugabe von Spuren anderer Kohlenwasserstoffe. Die Veränderungen, die Verzweigungen im Eigenschaftsbild eines Werkstoffs hervorrufen, sind abhängig von deren Anzahl, Verteilung und Länge. In erster Linie stören sie die Kristallisation, d. h. sie machen den Polymerwerkstoff weicher, aber auch zäher.

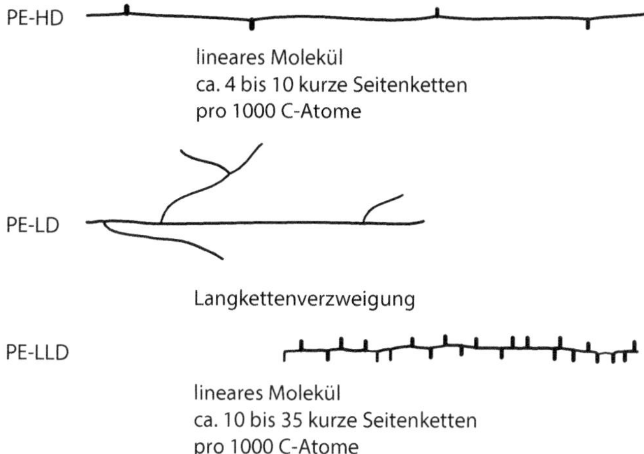

Bild 3.6 Unterschiedliche Verzweigungen am Polyethylen führen zu einem unterschiedlichen Eigenschaftsbild desselben Polymers

Es existieren heute vor allem drei große Gruppen derartiger Polyethylene, die sich in vielen Eigenschaften voneinander unterscheiden, obwohl sie chemisch sonst gleich sind. Das PE-HD (PE hoher Dichte; engl.: high density), das PE-LD (PE niedriger Dichte; engl.: low density) und das PE-LLD (PE linear low density). In Tabelle 3.1 sind die wesentlichen Einflüsse, die durch die verschiedenen Verzweigungsarten bei Polyethylen bewirkt werden, aufgelistet.

Tabelle 3.1 Einfluss von Verzweigungen auf die Eigenschaften von Polyethylen

Verzweigungsart	Auswirkung
kurze Verzweigung (2 – 6 C-Atome)	Herabsetzen des Kristallisationsgrades, der Dichte und der Steifigkeit
lange Verzweigung (> 10 C-Atome)	Herabsetzen der Molmassenverteilung, der Fließfähigkeit, des Glanzes bei Folien und Einschnürung von Folien beim Verstrecken

Tabelle 3.2 Einfluss von Art und Anzahl der Seitenketten bei PE-LD auf dessen Eignung für bestimmte Verwendungszwecke

Verwendungszweck	Anzahl kurze Seitenketten	Anzahl lange Seitenketten
transparente Folien	mittel	wenig
zähe Folien	wenig	viel
leichtfließendes Spritzguss-material	viel	viel
steife Spritzgussteile	wenig	wenig
Blasformteile	mittel	viel
Extrusionsbeschichten	mittel	viel

innere Weichmacher

Das Beispiel an den unterschiedlichen Polyethylentypen verdeutlicht die Auswirkungen von Verzweigungen auf unterschiedliche Eigenschaften des Polymers und bestimmt damit am Ende auch den Einsatzzweck des Kunststoffs. Im Allgemeinen wirken Verzweigungen als innere Weichmacher. Diese Tatsache kann genutzt werden, um Endeigenschaften zu erzielen, z. B. durch Anhängen von langen, beweglichen Paraffinseitenketten.

■ 3.3 Sekundärstruktur und Eigenschaften

Die Makromolekülketten sind in der Regel – entgegen der als Vereinfachung gewählten Schreibweise – nicht linear, sondern an jedem Kohlenstoffatom mit Einfachbindungen entsteht aufgrund der energetisch günstigeren Anordnung ein sog. Valenzwinkel von ca. 110° (siehe Bild 3.7). Mehrfachbindungen wie die beim Kohlenstoff vorkommenden Doppel- und Dreifachbindungen beanspruchen mehr Raum, sodass ein Valenzwinkel von 180° entsteht.

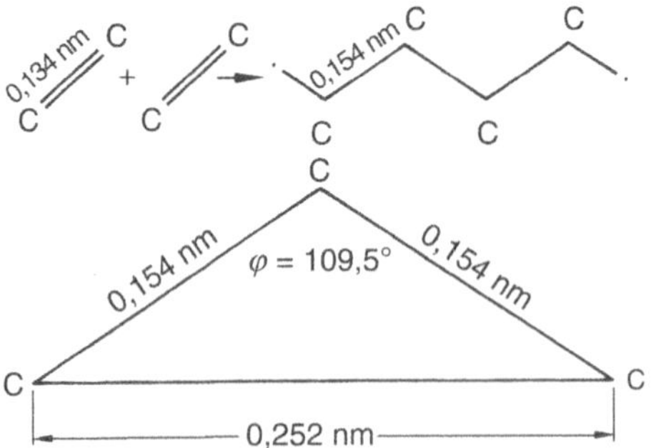

Bild 3.7 Bindungsabstand und Bindungswinkel bei Polyolefinen

Drehbarkeit um Einfachbindung

Um die Achse einer C–C-Einfachbindung besteht eine weitgehend freie Drehbarkeit. Normalerweise stehen die benachbarten C-Atome mit ihren Substituenten in der energetisch günstigsten Stellung (vgl. Bild 3.8). Dies bedeutet, dass die Substituenten (Wasserstoffatome beim Polyethylen beispielsweise) „auf Lücke“ stehen. Lediglich in einigen Stellungen behindern sich die weiteren, an die Kohlenstoffatome gebundenen Gruppen aufgrund ihrer räumlichen (sterischen) Ausdehnung. Dadurch entstehen energetisch ungünstige Konstellationen. Die Molekülketten sind in ihrer freien Drehbarkeit behindert und die Substituenten stehen „hintereinander“.

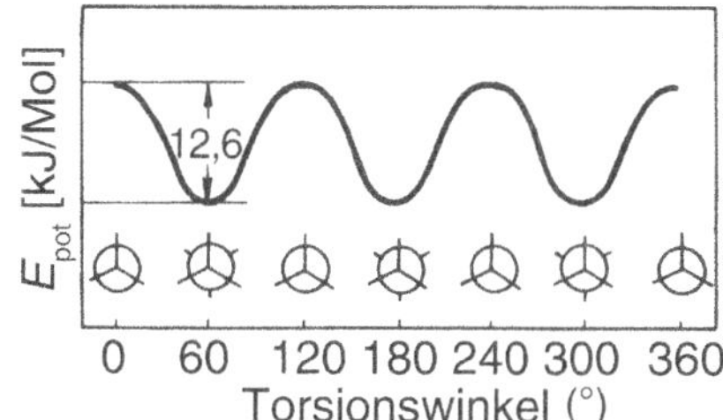

Bild 3.8 Beweglichkeit um die Hauptvalenzachse bei organischen Molekülen: Die Kurve zeigt den Verlauf der potenziellen Energie bei der inneren Rotation eines Ethanmoleküls

Die Energie für eine Drehung ist recht niedrig (z.B. 13 kJ/mol beim Ethan-Molekül, dem Monomer des Polyethylens). Bereits bei Raumtemperatur können sich die Methylgruppen des Ethan-Moleküls um die Bindungsachse frei drehen. Je leichter die Drehbarkeit, umso weniger steif ist auch die Kette und damit das Polymer. Erwartungsgemäß sind Ketten mit Heteroatomen (z.B. –C–O–C–) noch leichter zu drehen.

O, OH, N, O, O, N, HO, O	E > 63 kJ/mol
HO, H_2, C, C, C, O, OH, H_2, O	E ~ 63 kJ/mol
H_3C–CH_3	E ~ 13 kJ/mol

Bei Doppelbindungen ist aufgrund der Anordnung der Bindungselektronen eine Drehung um diese Achse nicht möglich. Doppelbindungen in einer Makromolekülkette führen daher zu einer höheren Steifigkeit. Polymere mit Ringen in der Kette sind besonders steif, was vor allem bedeutet, dass das betreffende Polymer eine höhere Wärmefestigkeit besitzt.

Die Drehbarkeit um die C–C-Bindung und die Länge der Makromolekülketten ermöglichen es, dass sie eine Vielzahl verschiedener Gestalten annehmen können. Solange keine ordnenden Kräfte einwirken und die Moleküle bzw. Molekülsegmente ausreichende Beweglichkeit besitzen, z. B. in der Schmelze oder noch mehr in Lösung, wird die Kette die statistisch wahrscheinlichste Form - eine Knäuelstruktur - einnehmen, die gleichzeitig die größte Entropie besitzt, wie Bild 3.9 zeigt.

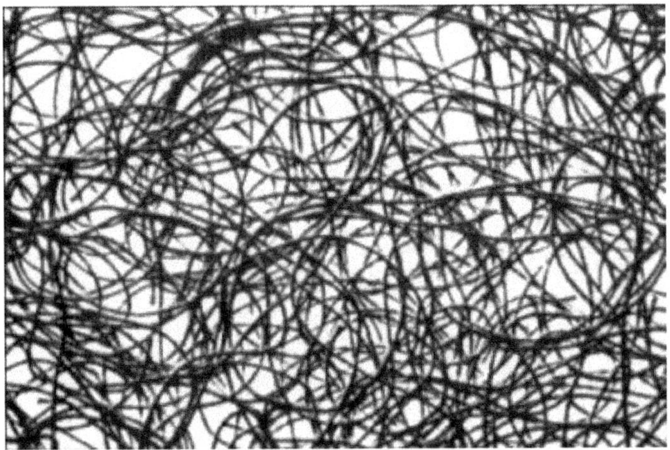

Bild 3.9 Regellose Knäuelstruktur

Behinderung der Drehung

sterische Hinderung

Werden während der Synthese Monomereinheiten mit Substituenten an die Polymerkette angefügt, so behindern diese aufgrund ihres erhöhten Raumbedarfs je nach ihrer Größe mehr oder weniger die Drehbarkeit um die C–C-Bindungen der Hauptkette. Man bezeichnet diesen Effekt als *sterische Hinderung*. Dieser Einfluss, der das mechanisch-thermische Verhalten stark beeinflusst, existiert bei sehr vielen Polymerwerkstoffen. Dies findet seinen Ausdruck vor allem in der Höhe der

Einfriertemperatur. Dieser Einfluss wird in Tabelle 3.3 für unterschiedliche Molekülkonfigurationen deutlich.

Tabelle 3.3 Molekülkonfiguration, Erweichungstemperatur (Glastemperatur) T_g und Kristallitschmelztemperatur T_m [Vollmert]

Kettenausschnitt	Polymer	T_g [°C]	T_m [°C]
$-CH_2-CH_2-$	lineares Polyethylen	-125	135
$-CH_2-CH(CH_3)-$	isotaktisches Polypropylen	-20	170
$-CH_2-CH(C_2H_5)-$	isotaktisches Polybuten	-25	135
$-CH_2-CH(CH(CH_3)-CH_3)-$	isotaktisches Poly-3-methylbuten-1	50	310
$-CH_2-CH(CH_2-CH(CH_3)-CH_3)-$	isotaktisches Poly-4-methylpenten-1	29	240
$-CH_2-CH(C_6H_5)-$	syndiotaktisches Polystyrol	100	270
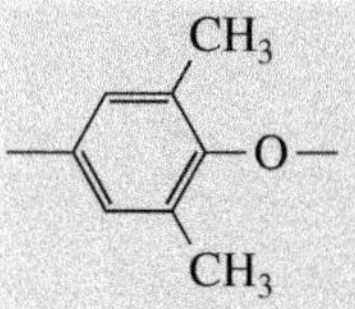 $-C_6H_2(CH_3)_2-O-$ (Benzolring mit zwei CH_3-Gruppen)	Polyphenylenether (PPE)	-200	205
$-O-CH(CH_3)-$	Polyacetaldehyd	-30	165
$-O-CH_2-$	Polyformaldehyd (Polyacetal, Polyoxymethylen)	-85	178, 198
$-O-CH_2-CH(CH_3)-$	isotaktisches Polypropylenoxid	-75	75
$-O-CH_2-C(CH_2Cl)_2-CH_2-$	Poly-[2,2-bis-(chlor-methyl)-trimethylenoxid]	5	181

Tabelle 3.3 *Fortsetzung*

Kettenausschnitt	Polymer	T_g [°C]	T_m [°C]
$-CH_2-C(CH_3)(CO_2CH_3)-$	Polymethylmethacrylat, isotaktisch	50	160
$-CClF-CF_2-$	Polychlortrifluorethylen	45	220
$-CF_2-CF_2-$	Polytetrafluorethylen	-113, +127	330
$-CH_2-CCl_2-$	Polyvinylidenchlorid	-19	190
$-CH_2-CF_2-$	Polyvinylidenfluorid	-45	171
$-CH_2-CH(Cl)-$	Polyvinylchlorid, amorph kristallin	80 80	- 212
$-CH_2-CH(F)-$	Polyvinylfluorid	-20	200
$-CO_2-C_6H_4-CO_2-(CH_2-)_2O-$	Polyethylenterephthalat (linear, Polyester)	69	245
$-CO-(CH_2-)_4CO-NH-(CH_2-)_6NH-$	Polyamid 66	57	265
$-CO-(CH_2-)_8CO-NH-(CH_2-)_6NH-$	Polyamid 610	50	228
$-CO-(CH_2-)_5NH-$	Polycaprolactam, Polyamid 6	75	233
$-C_6H_4-C(CH_3)_2-C_6H_4-O-C(=O)-O-$	Polycarbonat	149	267
$-CH_2-C_6H_4-CH_2-$	Poly-(p-xylen)	-	400
$[-C(=O)-C_6H_4-C(=O)-O-(CH_2)_2-O]_x-[C(=O)-C_6H_4-O]_x$ ~ 35 % PET, ~ 65 % PHB	Polyethylenterephthalat/ p-Hydroxybenzoat-Copolymeres LC-PET, Polymeres mit semiflexiblen Ketten	75	280

Tabelle 3.3 *Fortsetzung*

Kettenausschnitt	Polymer	T_g [°C]	T_m [°C]
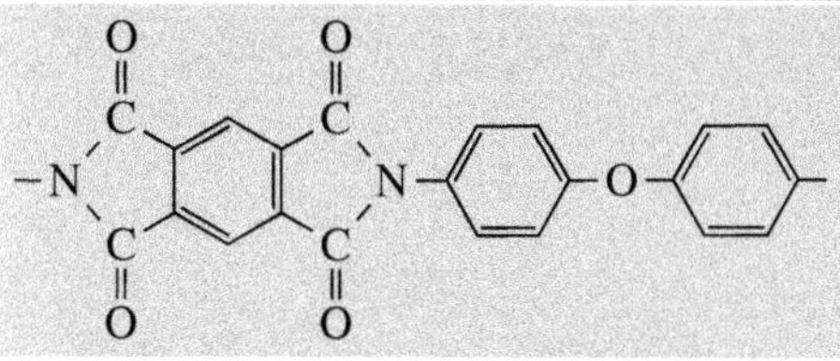	Polyimid PI	bis 400	
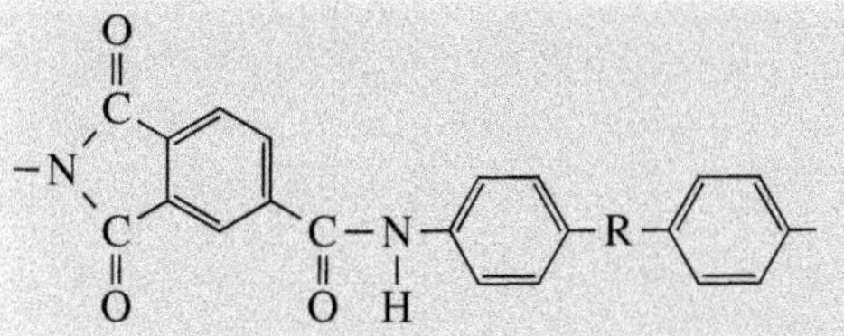	Polyamidimid PAI	~260	
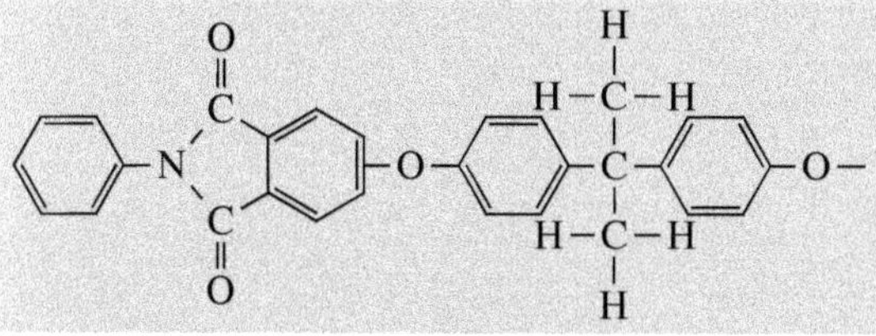	Polyetherimid PEI	~215	
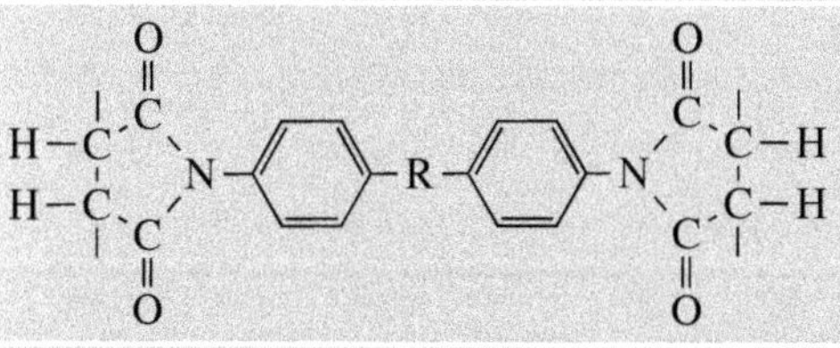	Polybismaleinimid PBI	~250	
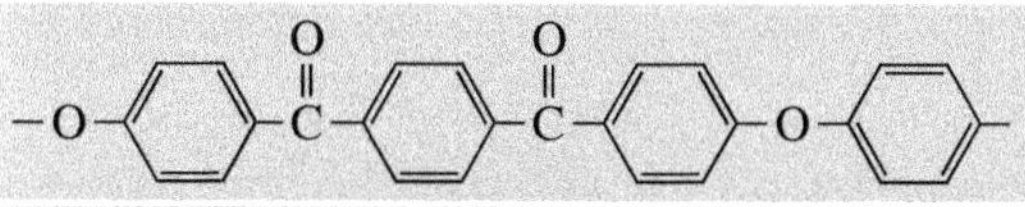	Polyoxybenzoat POB	~290	
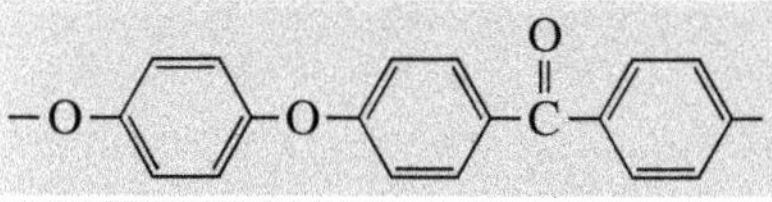	Polyetheretherketon PEEK	143	335
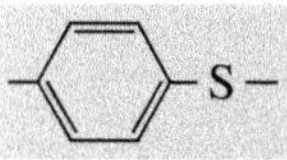	Polyphenylensulfid PPS	85	280
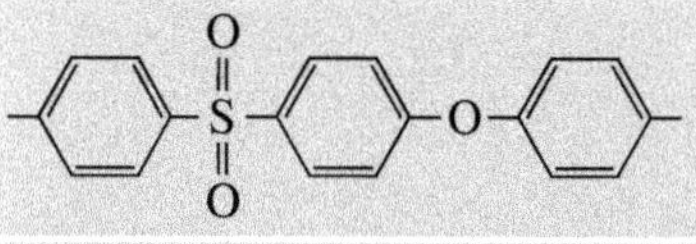	Polyethersulfon PES	~230	
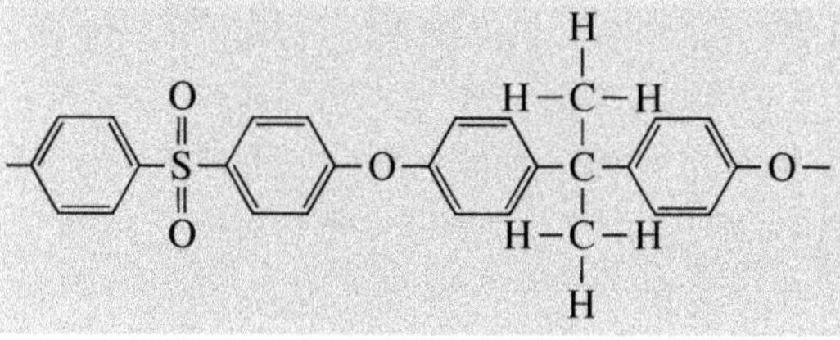	Polysulfon PSU	~180	

Bei den Thermoplasten ist das typischste Beispiel für den Einfluss einer sterischen Behinderung durch den Substituenten das Polystyrol (PS) mit seinem Aromatenring.

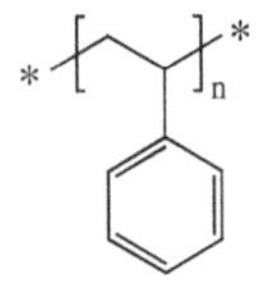

Die Einfriertemperatur (Glastemperatur) T_g beträgt 100 °C, die Kristallitschmelztemperatur T_m beträgt 270 °C (bei syndiotaktischem Aufbau) und die Verdampfungswärme des Monomers (Maß für die Bindungsenergie) ist 32 kJ/mol.

Ein anderes gutes Beispiel ist Polymethylmetacrylat (PMMA).

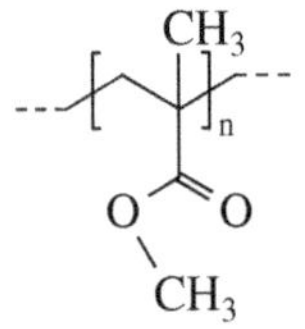

Hier beträgt die Einfriertemperatur T_g = 100 °C, die Kristallitschmelztemperatur bei syndiotaktischem Aufbau T_m = 200 °C und die Verdampfungswärme des Monomers 32 kJ/mol.

Beide Thermoplaste erstarren in der Regel amorph und sind glasklar. Sie werden daher auch als organische Gläser bezeichnet. Beide Thermoplaste sind zudem bei Raumtemperatur hart und spröde. Infolge ihrer sperrigen Substituenten liegt eine *sterische Hinderung* vor.

Weitere Beispiele sind der Auflistung von Aufbau und thermischen Eigenschaften (T_g und T_m) der wichtigsten Kunststoffe in Tabelle 3.3 zu entnehmen.

3.4 Supramolekulare Strukturen

3.4.1 Vernetzungen

Vernetzung, physikalisches Netzwerk

Wie bereits oben besprochen, können die einzelnen Polymerketten durch bestimmte Reaktionen miteinander zu physikalischen Netzwerken verbunden werden. Durch diese Vernetzungen entstehen gravierende Änderungen in den Eigenschaften. Mechanische Eigenschaften, die durch Vernetzung beeinflusst werden, sind der Schubmodul im kautschukelastischen Bereich und die Zugfestigkeit.

Durch Vernetzen werden Polymere unlöslicher, sie quellen jedoch je nach Vernetzungsgrad bis zu einem bestimmten Gleichgewichtswert.

Vernetzungsgrad, Quellung

Der Vernetzungsgrad ist definiert als das Verhältnis der vernetzten Bausteine (Wiederholungseinheiten) zur Gesamtzahl der Wiederholungseinheiten. Die Quelldehnung ist somit eine geeignete Möglichkeit zur Bestimmung des Vernetzungsgrades. Aus dem Volumenbruch v_p des vernetzten Polymers im Gel ($= v_{ungequollenes Polymer}/v_{Gel}$) lässt sich mittels der *Flory-Rehner-Gleichung* das Molekulargewicht der Segmente M_{segm}, die zwischen den Vernetzungsstellen liegen, bestimmen:

$$M_{segm} = -\frac{v_0 \rho_p \left(\sqrt[3]{v_p} - \frac{v_p}{2} \right)}{\ln\left(1 - v_p\right) + v_p + \chi v_p^2} \tag{3.3}$$

mit: v_p = Volumenbruch des Polymers im Gel, χ= Parameter zur Beschreibung der Polymer-Lösemittel-Wechselwirkungen, v_0 = Molvolumen des Lösemittels, ρ = Dichte des Polymers

Aber auch aus der Ermittlung mechanischer Parameter lässt sich der Vernetzungsgrad bzw. M_{segm} bestimmen. Durch die Entropieänderung der Ketten entsteht beim Dehnen eines Elastomers eine Rückstellkraft, deren Höhe von der mittleren Kettenlänge der Segmente M_{segm} zwischen den Vernetzungsstellen abhängt. Damit lässt sich die mittlere Kettenlänge der Segmente aus der Rückstellkraft F wie folgt errechnen:

$$M_{segm} = A_0 \cdot \rho \cdot R \cdot T \left[\beta - \frac{1}{2\beta} \right] \cdot \frac{1}{F} \tag{3.4}$$

Auch mit dem Elastizitätsmodul kann man die mittlere Molekülsegmentlänge zwischen zwei Vernetzungsstellen nach der folgenden Formel errechnen:

$$M_{segm} = \frac{3 \cdot \rho \cdot RT}{E} \tag{3.5}$$

mit: A = Querschnitt der nichtdeformierten Probe, T = absolute Temperatur, R = allg. Gaskonstante, β = Verhältnis der Länge der gedehnten Probe zur ungedehnten, F = Rückstellkraft, ρ = Dichte, E = Elastizitätsmodul.

nicht-vernetzte Anteile

Eine wichtige und oft praktizierte Methode zur Bestimmung der nicht vernetzten Anteile ist das Kochen des Polymers in einem geeigneten Lösemittel. Hierzu wird das Polymer in feine Späne zerlegt und in ein feinmaschiges Säckchen aus Draht oder Tuch gepackt, das dann abgewogen wird. Da beim Kochen in Lösungsmittel das unvernetzte Polymer herausgewaschen wird, kann durch erneutes Wiegen des Säckchens nach dem Kochprozess der noch im Säckchen vorhandene Anteil und darüber der Vernetzungsgrad bestimmt werden. Der unlösbare Anteil, der aus den vernetzten Molekülen besteht, wird als *Gelgehalt* bezeichnet.

3.4.2 Kristallisation

Kristallisation

Wenn eine Kette einen völlig regelmäßigen Aufbau besitzt, dann ist eine hohe Packungsdichte durch geordnetes Aneinanderlagern der Ketten möglich. Diese Aneinanderlagerung erfolgt wie bei einem Reißverschluss: Bereits ein einziger nicht an seinem Platz sitzender Reißverschlusshaken verhindert in einem gewissen Bereich das Schließen des Reißverschlusses. Man spricht bei den zu solch einer engen Packung fähigen Polymerwerkstoffen von teilkristallinen Polymeren. Die Bezeichnung als teilkristallin rührt daher, dass die langen Ketten in praktischen Fällen beim Abkühlen aus der Schmelze niemals fähig sind, vollständig zu kristallisieren.

Beispiele hierfür sind das Polyethylen hoher Dichte (PE-HD),

$$-CH_2-CH_2-CH_2-CH_2-CH_2-CH_2-CH_3$$

bei dem die Kristallisation unterhalb +136 °C erfolgt, und das Polyformaldehyd (Polyacetal)

$$-CH_2-O-CH_2-O-CH_2-O-CH_3$$

mit einer Kristallisationstemperatur unterhalb +170 °C. Beide Polymere kristallisieren zu etwa 70 %.

Wie später noch zu erkennen ist, zeichnen sich die teilkristallinen Polymere durch besondere Zähigkeit aus, die von dem Nebeneinander der harten, kristallinen und der weichen, amorphen Phasen bewirkt wird.

Unterdrückung der Kristallisation

Durch unregelmäßigen Aufbau der Makromoleküle wird die Kristallisation eingeschränkt bzw. ganz unterdrückt. Bereits das im Hochdruckverfahren hergestellte Polyethylen (PE-LD) hat infolge seiner Verzweigungen einen geringeren Kristallisationsgrad (35 %) als Polyethylen hoher Dichte (PE-HD). In manchen Fällen verhindert man die Kristallisation durch Copolymerisation (Abschnitt 3.6.1) mit anderen Monomeren, die statistisch in die Hauptkette eingebaut werden.

Ein anschauliches Beispiel ist das aus Ethylen und Propylen aufgebaute Copolymerisat EPM (vgl. Bild 3.10).

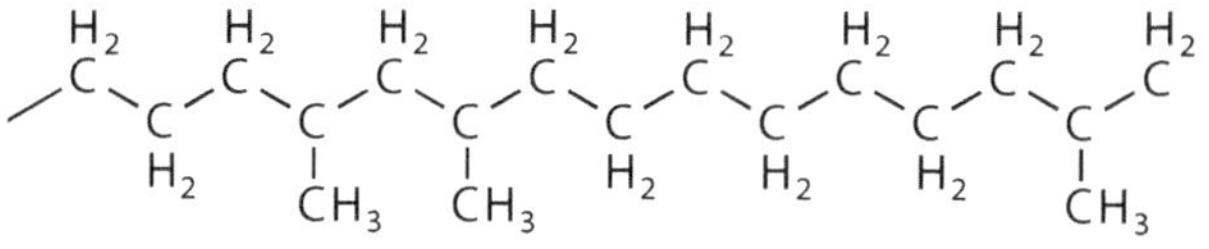

Bild 3.10 Das Copolymerisat EPM, das aus Ethylen und Propylen aufgebaut wird

EPM ist ein Elastomer, dessen Erweichungstemperatur je nach Zusammensetzung zwischen −20 °C und −60 °C liegt. Durch den unregelmäßigen Aufbau ist hier bei einem Propylengehalt von 30 % eine Kristallisation ausgeschlossen.

Vertiefende Ausführungen zur Kristallisation folgen in Kapitel 5 („Entstehung innerer Struktur"). Es gibt auch Polymere, die bereits in der Schmelze oder in Lösung einen bestimmten Ordnungszustand einnehmen. Diese werden *flüssigkristalline Polymere* genannt und im Folgenden näher erläutert.

3.5 Besondere polymere Strukturen

3.5.1 Flüssigkristalline Kunststoffe (liquid crystalline polymers, LCP)

flüssigkristalline Polymere

Moleküle mit steifen Kettensegmenten, die aus mehreren durch aliphatische Segmente miteinander verbundenen Aromatenringen bestehen (vgl. Tabelle 3.3), können einen flüssigkristallinen Charakter besitzen, wenn die steifen Kettensegmente nicht zu groß sind. Diese Polymere sind schmelzbar, weisen jedoch bereits in der Schmelze eine hohe Ordnung auf, weshalb sie als thermotrope Flüssigkristalle bezeichnet werden (im Gegensatz dazu weisen lyotrope Polymere eine hohe Ordnung im gelösten Zustand auf). Die möglichen Ordnungszustände zeigt Bild 3.11.

Die Molekülstäbchen orientieren sich beim Fließen wie Baumstämme in einem strömenden Fluss. Da sie sich gegenseitig behindern, ist praktisch keine Relaxation möglich, sodass der Orientierungszustand eingefroren wird. Hierdurch besitzt ein Bauteil aus einem derartigen Werkstoff in Richtung der Orientierung der aromatischen Segmente besonders hohe Modulwerte.

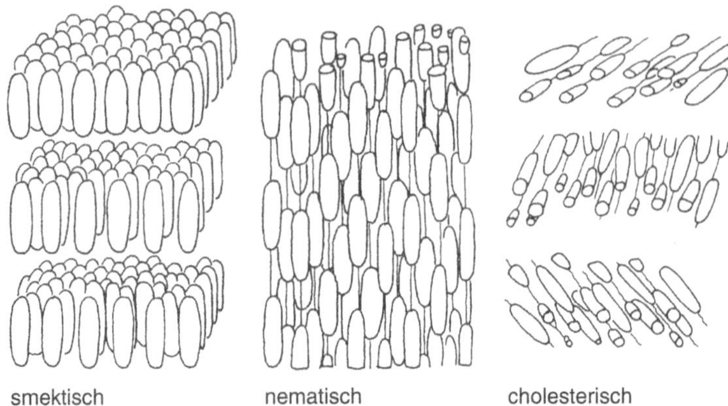

Bild 3.11 Flüssigkristalline Phasen

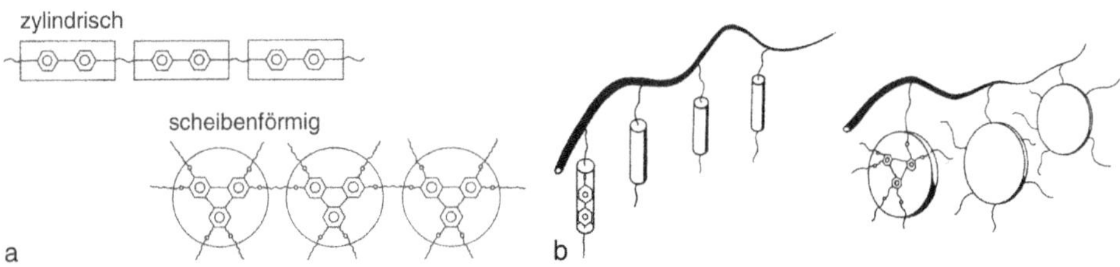

Bild 3.12 Möglichkeiten des Aufbaus von Polymeren mit flüssigkristallinen Bausteinen. a) Stäbchenmoleküle, b) Seitenketten-LCPs

Die steifen Molekülbausteine können sowohl als Monomere in der Makromolekülkette eingebaut sein, wie in Bild 3.12 (a) gezeigt, oder als Substituenten bzw. Seitenketten angeordnet werden. Unterschiedliche Eigenschaften sind die Folge.

3.5.2 Polysalze (intrinsisch leitfähige Polymere)

leitfähige Polymere

Wenn bestimmte Polymere durch eine Oxidation, Reduktion oder eine Säure-Base-Reaktion behandelt werden, bildet sich ein Polysalz. Das Polysalz besteht aus elektrisch geladenen Ketten mit eingelagerten Ionen. Die Elektronen können entlang der Ketten und von einer Kette zur anderen mit großer Geschwindigkeit wandern, sodass hohe Leitfähigkeiten von bis zu 100.000 S/cm entstehen. Die Leitfähigkeit ist vergleichbar mit der von Kupfer und wesentlich höher als Leitfähigkeiten, die durch Einarbeiten von Ruß erhalten werden. Solche Produkte sind heute als Pulver (z. B. Polypyrrol und Polyanilin) erhältlich, aber nur in Lösung verarbeitbar, da sie nicht thermoplastisch sind. Polyanilin in Form von Lösung wird als Lack eingesetzt, um die damit beschichteten Oberflächen leitfähig zu machen.

3.6 Modifizierung der Eigenschaften

Die Eigenschaften von Kunststoffen müssen oftmals modifiziert werden, um unterschiedlichsten Anforderungen gerecht zu werden. Wie in Kapitel 2 beschrieben, kann dies beispielsweise durch eine Variation des Molekulargewichts, der sterischen Ordnung oder der Anzahl an Verzweigungen erfolgen. Darüber hinaus bietet die Herstellung von sogenannten Copolymeren oder Polymerblends sowie die Modifizierung durch den Einsatz von Füllstoffen großes Potenzial, um ein breites Eigenschaftsprofil abzudecken.

Im Folgenden wird auf die Herstellung und Eigenschaften von Copolymeren und Polymerblends eingegangen. Diese beiden Gattungen unterscheiden sich im Wesentlichen dadurch, dass bei Blends Polymere unterschiedlichen Typs gemischt werden, während bei Copolymeren die Makromoleküle aus unterschiedlichen Monomerbausteinen synthetisiert werden.

Zudem werden verschiedene Füllstoffe vorgestellt, und es wird deren Einfluss auf die Materialeigenschaften aufgezeigt.

3.6.1 Copolymere

Bisher wurden Polymere beschrieben, die aus einer Monomertype synthetisiert werden. Diese Polymere werden Homopolymere genannt. Polymere müssen aber keineswegs nur aus einer Monomer-Sorte aufgebaut sein. Vielmehr können verschiedene Monomere zu einem Makromolekül aufgebaut werden. Dies kann sowohl über eine Polymerisation als auch über eine Polyaddition oder Polykondensation erfolgen. Werden zwei oder mehr verschiedene Monomer-Sorten bei der chemischen Synthese eingesetzt, entstehen sogenannte Copolymere. Durch die Zusammensetzung der Copolymere können die Eigenschaften der Kunststoffe, wie z. B. eine höhere Alterungsbeständigkeit oder eine gesteigerte Zähigkeit, gezielt beeinflusst werden.

Je nach Anordnung der Monomere in der Kette wird zwischen statistischen, alternierenden oder Blockcopolymeren unterschieden (Bild 3.13). Liegen die beiden Monomer-Sorten im Makromolekül rein zufällig und somit regellos vor, dann werden diese Copolymere als statistische Copolymere bezeichnet. Bei alternierenden Copolymeren wechseln sich die Monomer-Sorten ab. Hingegen bestehen Blockpolymere aus längeren Segmenten einer Monomer-Sorte. Bei der chemischen Synthese von Blockcopolymeren können auch miteinander unverträgliche Monomere in einem Polymer vereint werden, indem die Enden der jeweiligen Blöcke mit entsprechenden funktionellen Gruppen versehen werden, die eine kovalente Bindung ermöglichen. Eine spezielle Form der Copolymere sind die Pfropfcopolymere. Dies sind Polymere mit einer meist homogenen Hauptkette, auf die kürzere Seitenketten einer anderen Monomer-Sorte aufgepfropft werden. Dies kann durch eine *Pfropfreaktion* erfolgen, bei der die Seitenketten in einem gesonderten Verarbeitungsschritt mit der Hauptkette verbunden werden. Aktive Stellen der Hauptkette ermöglichen bei der Pfropfreaktion die Anpolymerisation der anzupfropfenden Monomere.

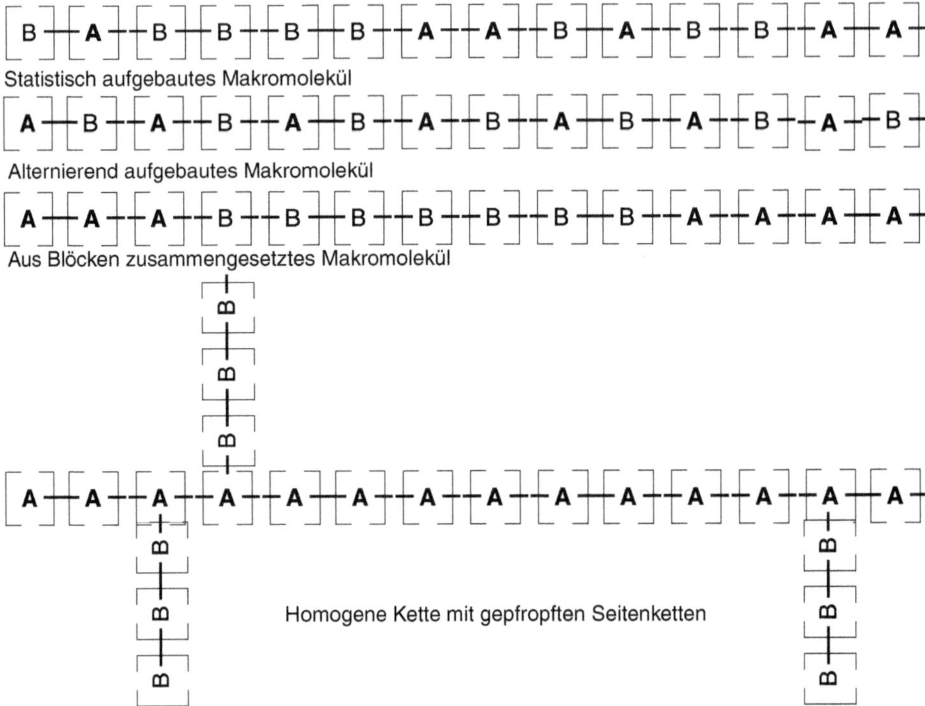

Bild 3.13 Einteilung der Copolymere

Zur eindeutigen Kennzeichnung der Konstitution und präzisen Eigenschaftsvoraussage der Copolymere müssen hier folgende Parameter zusätzlich gegenüber einem Homopolymer bekannt sein:

- die mittlere Zusammensetzung des Copolymers,
- die Verteilung der Zusammensetzung,
- die mittlere Blocklänge und
- die Verteilung der Blöcke.

Im Folgenden wird anhand von Beispielen der Einfluss der mittleren Zusammensetzung des Copolymers auf die Materialeigenschaften erläutert. Hierbei muss auch berücksichtigt werden, ob die Zusammensetzung des Copolymers eine Kristallisation von einzelnen Kettensegmenten erlaubt.

3.6.1.1 Eigenschaften ausgewählter Copolymere

Zunächst soll der Einfluss des Aufbaus eines Copolymers auf die Materialeigenschaften anhand eines amorphen Copolymers aufgezeigt werden. Bild 3.14 zeigt exemplarisch die Änderung der Erweichungstemperatur mit der Zusammensetzung eines Copolymers aus Styrol und Dimethylstyrol. Aufgrund unterschiedlicher kovalenter Bindungskräfte bedingen die verschiedenen Kettensegmente eine variierende Molekülbeweglichkeit. Im Falle eines statistisch aufgebauten Makromoleküls werden die Erweichungstemperaturen entsprechend dem Verhältnis der Partner im Copolymer linear verschoben. Da ein Polymer, bestehend aus 100% Dimethylstyrol, eine höhere Erweichungstemperatur als ein Polymer, das aus 100% Styrol besteht, aufweist, steigt mit steigendem Dimethylstyrolgehalt die Erweichungstemperatur des Copolymers an.

Wird anstatt eines statistisch aufgebauten Makromoleküls ein blockweise alternierender Aufbau realisiert, resultiert ein Blockcopolymer, das zwei getrennte Erweichungsbereiche aufweisen kann. Dazu müssen die Blöcke jeweils ausreichend lang sein, damit sich die Wechselwirkung der verschiedenen Monomertypen ausprägen kann. Somit beeinflusst nicht nur die Zusammensetzung, sondern auch der Aufbau des Copolymers die Materialeigenschaften.

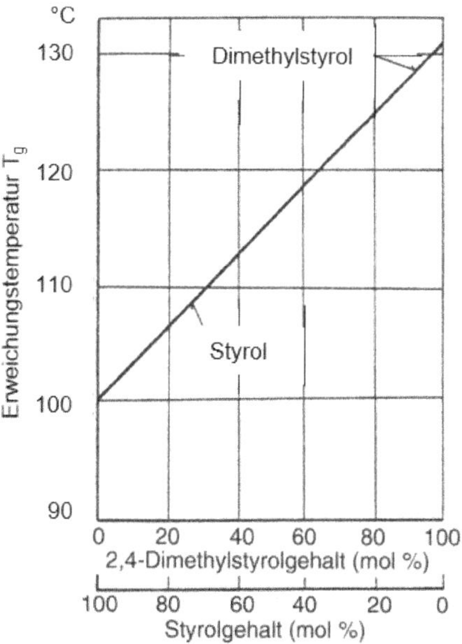

Bild 3.14 Erweichungstemperatur (Glastemperatur) als Funktion des Comonomeranteils bei statistischer Verteilung der Comonomere in der Kette

Polymere aus Styrol oder Dimethylstyrol sind amorphe Kunststoffe, da sie keine kristallinen Strukturen ausbilden können. Aus diesem Grunde sind auch die Copolymere aus diesen beiden Monomeren stets amorph. Im Gegensatz dazu weisen die Homopolymere Polypropylen (PP) und Polyethylen (PE) stets hohe Kristallinitäten auf. Bild 3.15 zeigt ein Beispiel, in dem Schmelz- und Erweichungstemperaturen der Homopolymere (zu beiden Enden der x-Achse) und der statistisch aufgebauten Copolymere aufgezeigt werden.

Für ein statistisches Copolymer aus Ethylen und Propylen wird bei einem Ethylen- oder Propylenanteil von mehr als 20 bis 30 % im Polymerwerkstoff die Kristallisation unterdrückt. Das Copolymer erstarrt dann aus der Schmelze amorph, und aufgrund der fehlenden kristallinen Strukturen kann für solche Copolymere keine Schmelztemperatur angegeben werden. Wenn gleichzeitig die Molmassen ausreichend hoch sind, erhält dieses Copolymer einen elastomeren Charakter mit einer Erweichungstemperatur weit unterhalb der Raumtemperatur. Durch die Zugabe von ungesättigten Kohlenwasserstoffen (Dien) wird eine Vernetzung möglich, die aus dem amorphen Copolymer ein gebrauchstaugliches Elastomer macht. Diese Ethylen-Propylen-Dien-(EPD(M)) Kautschuke gewinnen dank ihrer vorzüglichen Eigenschaften ständig an Bedeutung.

Von den Copolymeren mit ähnlich hohen Ethylen- und Propylenanteilen zu den reinen Homopolymeren hin (d. h. in Bild 3.15 von der Mitte der x-Achse nach links bzw. rechts) können im Erstarrungsvorgang zunehmend kristalline Strukturen entstehen. Die Kristallisation wird durch die Länge gleichartiger Bausteine im Makromolekül, die bei der Copolymerisation von Ethylen und Propylen erzeugt werden, entscheidend beeinflusst, wodurch die Gebrauchseigenschaften bestimmt sind. Da die Kristallisation durch die Zusammensetzung des Copolymers beeinflusst wird, liegt keine Proportionalität zwischen der Copolymer-Zusammensetzung und den Materialeigenschaften für teilkristalline Copolymere vor.

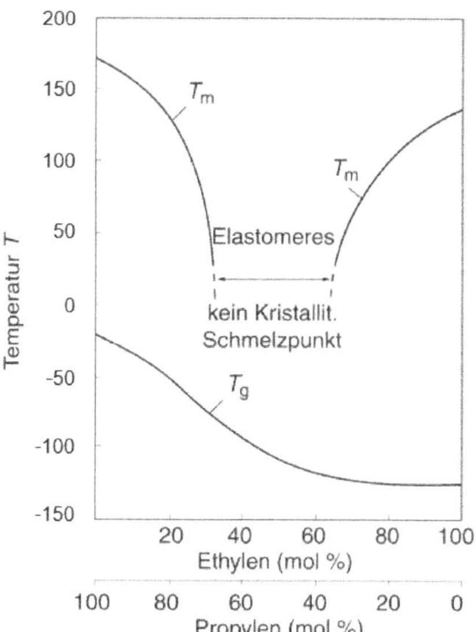

Bild 3.15 Schmelz- und Erweichungstemperatur bei statistischen Ethylen-Propylen-Copolymeren

In Bild 3.16 wird exemplarisch die Schmelztemperatur für ein Ethylen-Propylen-Blockcopolymer gezeigt. Wie zuvor beschrieben, wechseln sich bei Blockcopolymeren Kettensegmente, welche jeweils aus nur einem Monomer bestehen, regelmäßig blockweise ab. Für das Ethylen-Propylen-Blockcopolymer kristallisieren die jeweiligen Segmente, sodass die Kristallisation über der gesamten Variation der Zusammensetzung stattfindet (Bild 3.16).

Blockcopolymere aus Propylen und Ethylen sind infolge der verbesserten Schlagzähigkeit sehr gebräuchlich. Im Vergleich zu einem Blend (Mischung) aus Polypropylen und Polyethylen wird eine deutlich höhere Schlagzähigkeit erreicht (Bild 3.17). Im Gegensatz zu einem Copolymer sind in einem Blend die Eigenschaften makroskopisch differenzierbar und somit sind die Wechselwirkungen an den Grenzflächen für die resultierenden Eigenschaften entscheidend. Da Polypropylen und Polyethylen eine geringe Verträglichkeit aufweisen, wird eine verringerte Schlagzähigkeit im Vergleich zu Copolymeren erreicht.

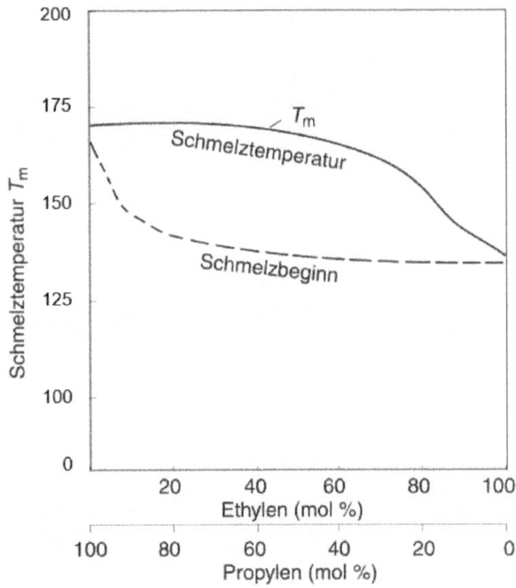

Bild 3.16 Schmelzbereich und Kristallitschmelztemperatur bei Ethylen-Propylen-Blockcopolymeren

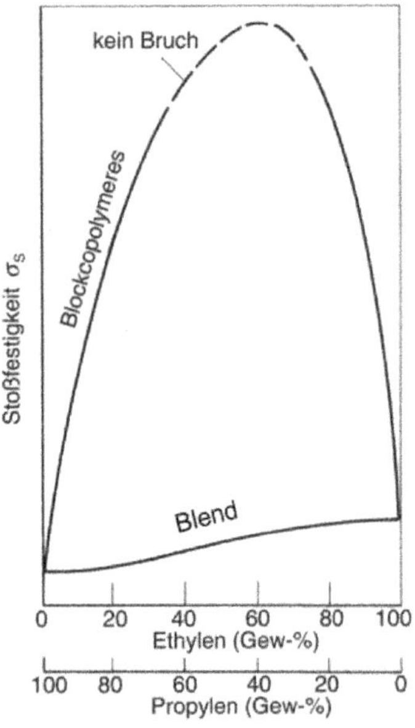

Bild 3.17 Das Blockcopolymer hat eine die Grundstoffe weit übertreffende Schlagzähigkeit und ist somit einem Blend aus Polypropylen und Polyethylen in dieser Hinsicht weit überlegen

Ein weiteres Beispiel verdeutlicht, inwieweit die Zusammensetzung des Copolymers die Materialeigenschaften beeinflusst. In Bild 3.18 wird dies exemplarisch anhand der chemischen Beständigkeit aufgezeigt. Das Blockcopolymer weist infolge der Kristallisation eine höhere chemische Beständigkeit im Vergleich zum statistisch verteilten Copolymer auf (Bild 3.18). Das statistische Copolymer zeigt insbesondere bei mittleren Mischungsverhältnissen und somit bei geringer Kristallisation eine ausgeprägte Löslichkeit bzw. geringe chemische Beständigkeit.

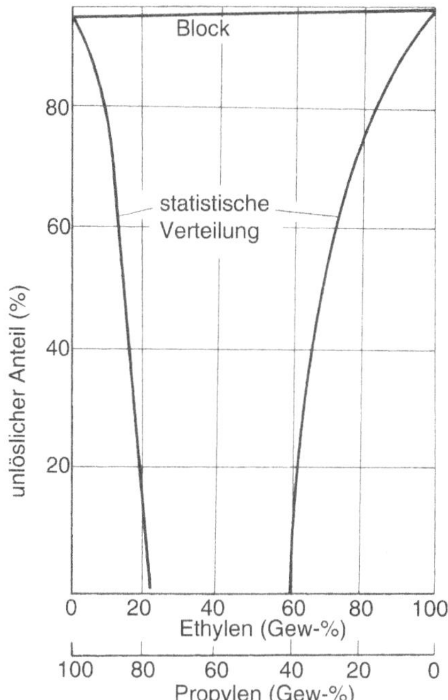

Bild 3.18 Löslichkeit von Block- und statistisch angeordneten Copolymeren; infolge der verminderten Kristallisation ist bei mittleren Mischungsverhältnissen bei statistischen Copolymeren eine starke Löslichkeit vorhanden

Die genannten Beispiele zeigen, dass bei gleichbleibender Zusammensetzung des Copolymers allein durch die Änderung der Monomerabfolge unterschiedlichste Materialeigenschaften realisiert werden können. Die vielfältigen Eigenschaftsprofile von Copolymeren finden daher auch breite Anwendung in der kunststoffverarbeitenden Industrie. Nachteilig ist die aufwändigere Prozessführung bei der chemischen Synthese der Copolymerisate.

3.6.1.2 Copolymere für die industrielle Anwendung

Aufgrund der spröden Eigenschaften von Polystyrol wurden zahlreiche Copolymere auf Styrol-Basis entwickelt. Zur Steigerung der Schlagzähigkeit wird beispielsweise Butadien zu High-Impact-Polystyrol (PS-HI) pfropf-copolymerisiert.

Ein weiteres Copolymer, das sich durch eine hervorragende Schlagzähigkeit auszeichnet und in sehr großen Mengen seit Jahrzehnten eingesetzt wird, ist Styrol-

Acrylnitril-Butadien (ABS). ABS ist ein Copolymer, das durch die Copolymerisation von Styrol und Acrylnitril in Gegenwart von synthetischem Kautschuk (Butadien/Acrylnitril-Copolymerisat oder Polybutadien) hergestellt wird.

Bei der Herstellung von ABS wird zunächst ein leicht vernetztes Elastomer (Butadien), das in feinen Partikeln vorliegt, in monomerem Styrol verteilt. Dann erfolgt die Herstellung des Copolymerisats aus Acrylnitril und Styrol. Die bei der Polymerisation entstehenden Ketten pfropfen auf die Elastomerpartikel auf. Dadurch sind die Ketten fest auf den Elastomerpartikeln verankert. Das Elastomer liegt somit als feine, aus Kügelchen bestehende Phase in der Styrol/Acrylnitril-Matrix vor. Das Aufpfropfen ist notwendig, um die Schlagzähigkeit zu verbessern (vgl. Abschnitt 7.3.2). Im Vergleich zu Polystyrol werden zudem die Festigkeit, Zähigkeit, Steifigkeit und die Temperaturbeständigkeit sowie die Beständigkeit gegenüber Ölen und Fetten durch die Polymerisation von Polystyrol mit Acrylnitril und Butadien gesteigert. Darüber hinaus ist ABS schwer entflammbar. Die Copolymerisation von Styrol mit nur Acrylnitril führt zur Herstellung von Styrol-Acrylnitril-Copolymeren (SAN), die sich durch eine bessere Chemikalienbeständigkeit auszeichnen, aber nicht die Schlagzähigkeit von ABS erreichen.

Durch die Zugabe einer gepfropften Elastomerkomponente auf Acrylesterbasis bei der Copolymerisation von Styrol mit Acrylnitril (SAN) entstehen Acrylnitril-Styrol-Acrylester-Copolymere (ASA). ASA besitzt im Vergleich zu ABS bei ähnlicher Schlagzähigkeit eine gesteigerte Beständigkeit gegen Witterungseinflüsse, Alterung und Vergilben.

3.6.2 Polymerblends

Eine weitere Möglichkeit, das Eigenschaftsspektrum von Polymeren zu erweitern, ist die Herstellung von Polymerblends. Hierbei werden verschiedene Polymere miteinander vermischt, sodass sich die Materialeigenschaften der Polymere kombinieren. Im Vergleich zur Herstellung von Copolymeren, bei der eine chemische Synthese stattfindet, ist die Blendherstellung im Hinblick auf die Prozessführung deutlich einfacher. Denn bei der Blendherstellung müssen vollständig polymerisierte Kunststoffe miteinander vermischt werden. Dies erfolgt meist während der Compoundierung, die einen weiteren Prozessschritt nach der Polymersynthese darstellt. Hierzu werden die Einsatzstoffe zunächst gefördert und dosiert. Die Plastifizierung und Homogenisierung der Mischung findet in geeigneten Mischaggregaten statt. Damit das Material nach dem Mischen weiterverarbeitungsfähig ist, wird das Polymerblend zunächst gekühlt und anschließend granuliert.

Die Plastifizierung und die Homogenisierung bei der Herstellung von Polymerblends können in verschiedenen Maschinen stattfinden. Bei der Aufbereitung von Thermoplasten ist der gleichlaufende, dichtkämmende Doppelschneckenextruder die am häufigsten eingesetzte Aufbereitungsmaschine. Die wichtigsten verfahrenstechnischen Elemente sind zwei Schnecken, die eine sehr gute Mischwirkung und Homogenisierung der Schmelze ermöglichen. Sowohl das Gehäuse als auch die Schnecken sind modular aufgebaut und können gezielt für unterschiedlichste Anwendungen angepasst werden.

Bei der Herstellung von Polymerblends hängen die Eigenschaften stark davon ab, ob und inwieweit die Blendpartner miteinander verträglich sind. Sie können sich vollständig miteinander mischen oder separate Phasen bilden. Mithilfe von vollständig durchmischten Blends werden in der Regel einzelne, bestimmte Eigenschaftsverbesserungen angestrebt. Bei nicht durchmischten Blends stehen oftmals unterschiedliche Eigenschaftsziele, wie z. B. eine hohe Temperaturbeständigkeit bei gleichzeitiger Zähigkeit bei tiefen Temperaturen, im Vordergrund. Die Verträglichkeit von Polymeren beruht auf den makromolekularen Wechselwirkungen und somit auf den Nebenvalenzkräften. Eine vollständige Verträglichkeit ist nur bei wenigen Polymeren gegeben. Es wird daher unterschieden:

- homogene Blends aus verträglichen Polymeren,
- teilweise bzw. begrenzt verträgliche Polymere,
- heterogene Blends aus unverträglichen Polymeren.

Die Verträglichkeit von Polymerblends kann anhand von thermodynamischen Bedingungen vorhergesagt werden. Auf das thermodynamische Kriterium für verträgliche Polymerblends wird im folgenden Abschnitt näher eingegangen.

3.6.2.1 Thermodynamisches Kriterium für verträgliche Polymerblends

Für die Mischbarkeit von Polymeren ist eine negative Änderung der Gibbs-Energie ΔG_m eine notwendige, aber nicht hinreichende Bedingung für die Mischbarkeit der Komponenten.

Generell gilt:

$$\Delta G_m = \Delta H_m - T \cdot \Delta S_m \tag{3.6}$$

mit ΔH_m = Enthalpie des Mischens, ΔS_m = Entropie des Mischens.

Zwei Phasen einer Substanz befinden sich im Gleichgewicht, wenn die molaren oder spezifischen Gibbs-Energien in den jeweiligen Phasen gleich sind. Für Polymerblends muss die Formel 3.6 entsprechend erweitert werden. So wird die thermodynamische Zustandsgleichung über den Anteilen – meist als Massenbrüche w_i bezeichnet – (vgl. Bild 3.19) aufgetragen. In Bild 3.19 entsprechen w_1 bzw. w_2 den Gewichtsanteilen der jeweiligen Blendpartner.

Mischbarkeit ist gegeben, wenn die folgenden Bedingungen erfüllt sind:

$$\Delta G_m(w) = \Delta H_m(w) - T \cdot \Delta S_m(w) < 0 \tag{3.7}$$

$$\left(\frac{d^2 \Delta G_m}{dw^2}\right)_{p,T} > 0 \tag{3.8}$$

Da w_1 dem Gewichtsanteil der ersten Blendkomponente entspricht, kann w_1 durch Formel 3.9 substituiert werden.

$$w_1 = 1 - w_2 = \frac{m_1}{m_1 + m_2} \tag{3.9}$$

Beispiel

Dies soll anhand der drei Beispielgemische gezeigt werden, von denen die Verläufe der freien Reaktionsenthalpien ΔG_m in Bild 3.19 dargestellt sind.

- Für die Kurve 1 sind beide Bedingungen erfüllt; die Mischung 1 bildet in allen Mischungsverhältnissen w ein thermodynamisch stabiles und homogenes System.
- Umgekehrt zeigt die Kurve 3, dass die Mischung 3 in allen Verhältnissen heterogen und thermodynamisch instabil ist.
- Den realen Fall verdeutlicht Kurve 2. Im Abschnitt M-N ist das System thermodynamisch instabil. In den Bereichen O-A und B-O sind die Mischungen stabil und entmischen sich nicht. In den Bereichen A-M bzw. B-N entstehen metastabile, homogene Mischungen.

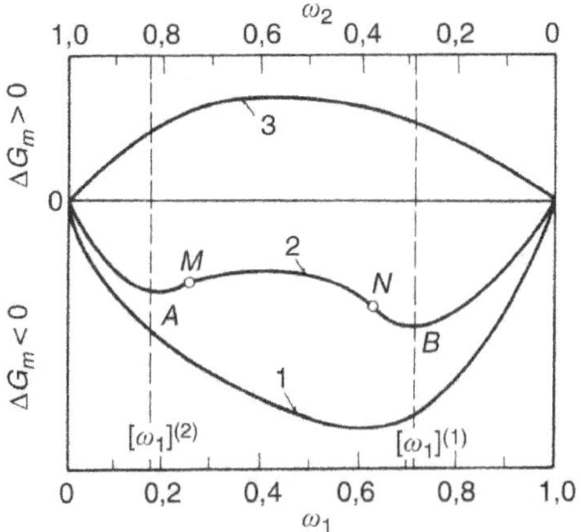

Bild 3.19 Konzentrationsabhängigkeit des isothermisch-isobaren Mischungspotentials von thermodynamisch stabilen (1), teilstabilen (2) und instabilen (3) binären Mischungen (schematisch)

Die Verträglichkeit der Blendpartner ist zudem stark temperaturabhängig. Bild 3.20 zeigt die molare Gibbs-Mischungsenergie (oben) und die Entmischungstemperaturen (unten) in Abhängigkeit von den Gewichtsanteilen für ein teilstabiles System. Oberhalb von T_4 ist das System unabhängig von der Zusammensetzung stabil. Unterhalb von T_4 durchläuft die Gibbs-Mischungsenergie unterschiedliche Bereiche. Wie zuvor beschrieben, entstehen in diesen Bereichen stabile, metastabile und instabile Mischungen. Mithilfe der Kurven 1 und 2 in Bild 3.20 (unten) können die einzelnen Bereiche voneinander getrennt werden. Die Kurve 1 wird als „Binodale" und Kurve 2 als „Spinodale" bezeichnet. Die Binodale trennt den stabilen vom nicht stabilen Bereich, wobei der nicht stabile Bereich wiederum in den metastabilen und instabilen Bereich unterteilt wird. Innerhalb der Spinodale ist das System instabil. Die Blendpartner entmischen sich und ein Zweiphasensystem liegt vor. Somit teilt die Spinodale den nicht stabilen Bereich in zwei metastabile und einen instabilen Bereich.

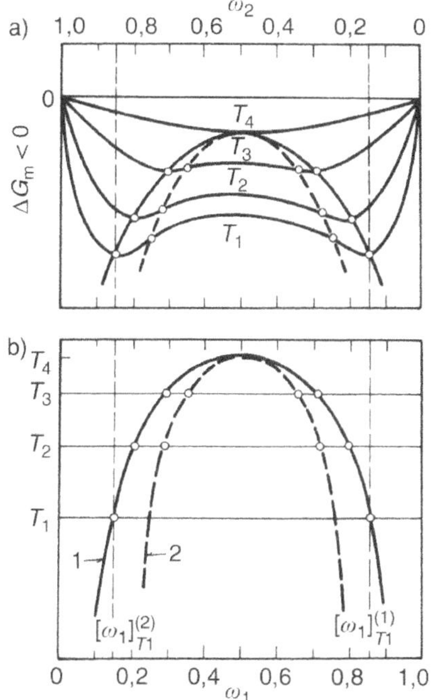

Bild 3.20 Temperaturabhängigkeit des konzentrationsbezogenen Gleichgewichtszustands eines binären Systems mit oberer kritischer Mischungstemperatur.
a) freie Mischungsenergie (isobar); Parameter: Temperatur,
b) Binodale (1) bzw. Spinodale (2) (schematisch)

Diese Beispiele verdeutlichen, dass sich solche Mischungen stark fertigungsabhängig verhalten werden. Insbesondere die Abkühlgeschwindigkeit weist einen enormen Einfluss auf, weil an sich heterogene Systeme infolge hoher Abkühlgeschwindigkeit als homogene Mischung eingefroren werden können. Heterogene Systeme sind oftmals schlecht zu verarbeiten, weil bei erneuter Erwärmung eine Auftrennung der einzelnen Phasen stattfinden kann. Zur Steigerung der Verträglichkeit müssen oftmals Kompatibilisatoren, die an den Grenzschichten wirken, eingesetzt werden (vgl. Abschnitt 3.6.2.4).

3.6.2.2 Homogene Blends aus verträglichen Polymeren

homogene Blends

Es existiert nur eine begrenzte Anzahl an untereinander verträglichen Polymeren. Die Eigenschaften des Blends lassen sich weitgehend linear mit dem Anteil der beiden Polymertypen verändern. Wirtschaftliche Bedeutung haben vor allem die folgenden Blends aus verträglichen Polymeren:

- Naturkautschuk mit Polybutadien und andere Elastomere,
- Polyphenylenether (PPE) mit Polystyrol (PS),
- Polyamide, z. B. PA 6 mit PA 10 und
- Polyethylen mit Polyisobutylen.

Mischungen von Homopolymeren mit der gleichen Monomerbasis existieren hingegen häufig. Ein gutes Beispiel sind Blends aus verschiedenen Polyethylenen, insbesondere Gemische aus PE-LD und PE-LLD. Durch das Blenden mit PE-LD wird das schwer verarbeitbare PE-LLD, vor allem bei der Herstellung von Schlauchfolien, an die vorhandenen Maschinen angepasst. Das Blend wird hier in der Regel während der Verarbeitung im Extrusionsprozess hergestellt.

3.6.2.3 Heterogene Blends aus begrenzt verträglichen Polymeren

heterogene Blends

Die bedeutendsten Anwendungen für Blends aus begrenzt verträglichen Polymeren finden sich in der Kautschukverarbeitung. In der Kautschukverarbeitung kommen häufig Mischungen zum Einsatz, da die heutigen Anforderungen an viele Gummiprodukte, insbesondere Reifen, nur durch die Mischung verschiedener Polymere erfüllt werden können.

Polymerblends aus den zwei Thermoplasten Polyphenylenether (PPE) und Polystyrol (PS) weisen eine begrenzte Verträglichkeit auf und bilden daher heterogene Blends. Diese Blends haben eine große technische Bedeutung erlangt, da sie eine hohe Gebrauchstemperaturgrenze bis ca. 160 °C mit einer hervorragenden chemischen Beständigkeit verbinden. Dadurch sind sie für den Einsatz im Verbrennungsmotorraum von Automobilen gut geeignet.

Blends aus Homopolymeren, die zwar aus den gleichen Monomeren bestehen, sind jedoch infolge unterschiedlicher Molmassen oder Verzweigungen nicht immer unbegrenzt verträglich.

3.6.2.4 Heterogene Blends aus Mehrphasengemischen

Eine sehr breite Anwendung finden Blends aus unverträglichen Polymeren. Mit modernen Aufbereitungsmaschinen, wie beispielsweise dem Doppelschneckenextruder, kann eine homogene Dispersion der Phasen mit einer Größe von einigen Nanometern bis zu Mikrometern erzeugt werden. Kompatibilisatoren (Verträglichkeitsvermittler) binden die einzelnen Phasen aneinander, sodass hochwertige Kunststoffe mit genau an die Aufgaben angepassten Eigenschaften entstehen.

Da ein Kompatibilisator auf die zu mischenden Polymere abgestimmt sein muss, existiert kein universell einsetzbarer Kompatibilisator für alle möglichen Polymermischungen. Die verwendeten Kompatibilisatoren können reaktiv mit den Blendpartnern eine kovalente Bindung eingehen. Ist dies nicht der Fall, muss der Kompatibilisator mit mindestens einer Komponente mischbar sein.

Kompatibilisatoren (Verträglichkeitsvermittler)

Kompatibilisatoren sind Copolymere, deren Ketten je zur Hälfte aus solchen Monomeren bestehen, die jeweils mit einer der beiden Phasen verträglich sind. Alternativ können Kompatibilisatoren auch durch Anpfropfung von Seitenketten erzeugt werden Bild 3.21 zeigt diese Mechanismen der Kompatibilisierung. Kompatibilisatoren werden in der Größenordnung von einigen Gewichtsprozent (typ. > 5 Gew.-%) in das Rohgranulat eingemischt.

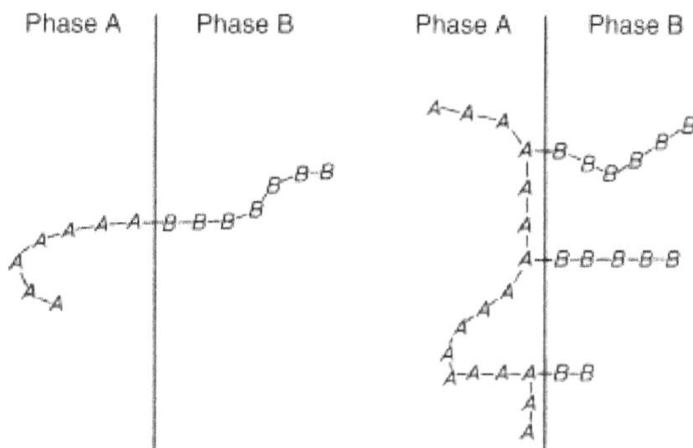

Bild 3.21 Nutzung von Block- (links) und Pfropf-Copolymeren als Kompatibilisatoren

Heute erfolgt das Blenden meist bei den Rohstoffherstellern oder in Mischbetrieben, sogenannten Compoundeuren. Mithilfe von geeigneten Aufbereitungsmaschinen, wie dem Doppelschneckenextruder, ist auch wirtschaftliche Produktion bei kleinen Mengen möglich. Selbst Duroplaste, wie Epoxid- und Phenolharze, werden so mit Erfolg in ihren Zähigkeitseigenschaften verbessert. Bild 3.22 zeigt exemplarisch die Vicat-Temperatur von Blends in Abhängigkeit von der Kerbschlagzähigkeit für einige wichtige Thermoplaste. Die Vicat-Temperatur erlaubt Rückschlüsse auf die Wärmeformbeständigkeit (siehe Abschnitt 8.2.1).

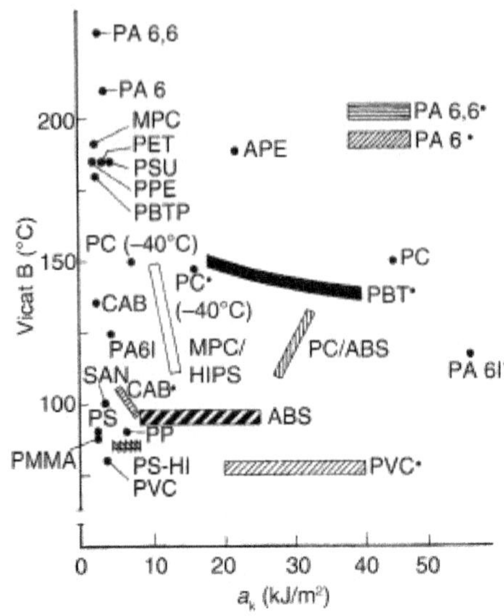

Bild 3.22 Kerbschlagzähigkeit a_k (DIN 53453) und Vicat-Erweichungstemperatur B VST/B (DIN 53460) kautschukmodifizierter Produkte im Vergleich zu normalen Thermoplasten (Bayer AG)

In diesen Beispielen erzielen durch Pfropfen angebundene, gering vernetzte Kautschukpartikel die Verbesserung der Schlagzähigkeit. Die verbesserte Schlagzähigkeit beruht auf der Bildung von Myriaden von Mikrorissen (engl.: crazes) bei Stoßbelastung, was in Abschnitt 7.1 vertiefend erklärt wird.

Bei Gehalten von mehr als 50% der zweiten Komponente entsteht eine Phasenumkehr. Dieser Effekt kann erwünscht sein, z. B. wenn die zweite Komponente ein Elastomer ist und dadurch ein Elastomer mit Einlagerungen eines steifen Polymers erhalten wird. Auf diese Weise können beispielsweise in größeren Mengen thermoplastische Elastomere hergestellt werden. Sie bieten gegenüber vernetztem Kautschuk den Vorteil, dass sie sich auch unvernetzt kautschukelastisch verhalten, solange die Temperatur unter der Erweichungstemperatur der thermoplastischen Phase bleibt. Das wiederum hat den Vorteil, dass Formteile aus thermoplastischen Elastomeren mit den gleichen Maschinen verarbeitet werden können, die zur Thermoplastverarbeitung dienen. Dadurch ist eine einfache Formgebung möglich und die Zeit für die Vernetzungsreaktion wird eingespart. Zudem wird ein unkompliziertes mechanisches Recycling ermöglicht. Darüber hinaus können durch sogenanntes Coextrudieren oder Mehrkomponenten-Spritzgießen in einem Arbeitsgang miteinander fest verbundene Teile aus zwei verschiedenen Werkstoffen hergestellt werden. Diese sogenannten Hart-Weich-Verbunde weisen heute vor allem bei technischen Spritzgussteilen eine große Bedeutung auf. Ein typisches Anwendungsbeispiel sind angespritzte Dichtungen.

3.6.3 Modifizierungen durch Füllstoffe

Hart-Weich-Verbunde

Der Zusatz von Füll- bzw. Zuschlagstoffen zu einem Polymer ist eine weitere Möglichkeit, die Eigenschaften von Polymeren gezielt zu verbessern und an die jeweilige Aufgabe anzupassen. Die Einarbeitung von Füllstoffen wird auch als Compoundierung bezeichnet. Die Compoundierung von Thermoplasten erfolgt wie die Blendherstellung oftmals auf einem gleichlaufenden, dichtkämmenden Doppelschneckenextruder, der eine hohe Mischwirkung aufweist. Es existieren unterschiedlichste Zuschlagstoffe, die sich in ihrer geometrischen Form und Abmessung, ihrer chemischen Zusammensetzung, der Herkunft und der Wirkung auf die Eigenschaften bei einer Einarbeitung in den Kunststoff unterscheiden. Bei der Auswahl des passenden Zuschlagstoffes müssen neben den geforderten Eigenschaftsveränderungen auch sicherheitstechnische, gewerbehygienische oder toxikologische Aspekte berücksichtigt werden. Die verschiedenen Zuschlagstoffe lassen sich in Klassen einteilen, u.a. hinsichtlich der Wirkung der Zuschlagstoffe auf die Eigenschaften. Wichtige Klassen sind:

- Verarbeitungshilfsmittel (Gleitmittel, Trennmittel, Antiblockmittel, Haftvermittler)
- Gebrauchsfähigkeitsverlängernde Zuschlagstoffe (Antioxidantien, Lichtschutzmittel, Wärmestabilisatoren)
- Antistatika
- Füllstoffe für magnetische, elektrische und thermische Eigenschaften
- Flammschutzmittel
- Färbende Zuschlagstoffe
- Festigkeitserhöhende Zuschlagstoffe (anorganische/organische Zusatzstoffe)
- Steifigkeitserhöhende Zuschlagstoffe
- Festigkeit und Steifigkeit herabsetzende Zuschlagstoffe (Weichmacher)
- Treibmittel
- Nanofüllstoffe

Im Folgenden werden die wichtigsten Zuschlagstoffe näher erläutert.

3.6.3.1 Verarbeitungshilfsmittel

Zu den verarbeitungsfördernden Zusatzstoffen zählen Gleitmittel, Wärmestabilisatoren, Haftvermittler, Trenn- und Thixotropiemittel.

Gleitmittel

Gleitmittel wirken zum einen zwischen den Polymerpartikeln und minimieren so die Reibungskräfte beim Mischen, Plastifizieren und Verformen. Hierdurch wird eine schonendere Verarbeitung empfindlicher Polymere ermöglicht, da unkontrollierter Friktionswärme vorgebeugt wird. Zum anderen sollen Gleitmittel ein Anhaften des Polymers an heißen Stahlflächen der Förderaggregate (Schnecke, Zylinder usw.) verhindern. Dadurch werden die Verweilzeit und folglich die thermische Belastung bei der Verarbeitung verringert. Je nach Wirkungsweise des Gleitmittels unterscheidet man zwischen inneren und äußeren Gleitmitteln.

- Innere Gleitmittel (z. B. Fettalkohole) wirken auf molekularer Ebene und verringern die innere Reibung. Sie haben einen starken Einfluss auf die rheologischen Eigenschaften eines Polymers.
- Äußere Gleitmittel (z. B. Wachse oder Fettsäuren) lassen sich nicht in den Kunststoff einarbeiten und diffundieren deswegen bei der Verarbeitung in die Grenzschicht zwischen Polymer und Metall. Dadurch werden die Wandreibung und folglich die Verweilzeit und die thermische Belastung des Polymers reduziert.

In Abhängigkeit von Temperatur und Zeit können in Polymeren Abbauerscheinungen durch Kettenspaltungen initiiert werden. Diese machen den Einsatz von Wärmestabilisatoren erforderlich. Weit verbreitet sind Antioxidantien, die dadurch wirken, dass sie mit entstehenden Radikalen reagieren. Auch die Anwesenheit von Metallionen kann eine katalytische Wirkung auf Degradationsprozesse in Polymeren haben. Um solche Verunreinigungen (z. B. aus Ziegler-Katalysatoren, Füllstoffen und Pigmenten) unschädlich zu machen, werden z. B. Metalldesaktivatoren eingesetzt.

Haftvermittler werden vorwiegend bei der Einarbeitung von Füllstoffen, wie z. B. Fasern, verwendet, um die Haftung zwischen Füllstoff und Polymer zu verbessern. Zum Beispiel führt der Einsatz organofunktioneller Silane, die hydrolisierbare Siliziumgruppen besitzen, zur Bildung von Siloxanpolymeren. Diese lagern sich unter Abspaltung von Wasser an der Füllstoffoberfläche an. Die funktionellen Gruppen des Polysiloxanüberzugs sind nach außen gerichtet und gehen mit dem Polymer eine chemische Verbindung ein, die für die bessere Haftungseigenschaft verantwortlich ist.

Haupteinsatzgebiete von Trennmitteln sind das Spritzgießen, das Pressen und die Schaumverarbeitung. Aufgabe der Trennmittel ist es, die Entformungskräfte zwischen dem Polymer und den Metalloberflächen herabzusetzen. Innere Trennmittel können dem Polymer zugegeben, äußere Trennmittel können auf die Werkzeugoberfläche aufgetragen werden.

Thixotropiemittel werden als Antiblockmittel eingesetzt, um ein Zusammenkleben von Folien zu verhindern oder die Rieselfähigkeit von Granulaten und Pulvern zu verbessern. Sie erzeugen kolloidale Bindungen, die unter Schereinwirkung leicht zerstört werden können. Polymere, die mit derartigen Stoffen versetzt sind, zeigen in Ruhe eine hohe Zähigkeit, die durch Scherung während der Verarbeitung deutlich verringert wird.

3.6.3.2 Gebrauchsfähigkeitsverlängernde Zuschlagstoffe

Um den Abbau eines Polymers während des Gebrauchs zu unterdrücken, werden gebrauchsfähigkeitsverlängernde Zuschlagstoffe eingesetzt. Zu nennen sind z. B. Antioxidantien und Lichtstabilisatoren. Antioxidantien werden eingesetzt, um einen Abbau durch Wärme in Anwesenheit von Sauerstoff zu verhindern. Antioxidantien bilden unschädliche Produkte mit den freien Radikalen, die durch Kettenspaltungen entstehen. Viele Polymere sind lichtunbeständig. Der UV-Strahlungsanteil des Lichts führt zum photochemischen Abbau. Dadurch werden freie Radikale erzeugt. Dies macht den Einsatz von Lichtstabilisatoren erforderlich. Lichtstabilisatoren absorbieren die einfallende Strahlung und verhindern die Bildung freier Radikale.

3.6.3.3 Flammschutzmittel

Da Polymere auf Kohlenstoffbasis wie alle organischen Stoffe brennbar sind, werden häufig Flammschutzmittel hinzugefügt. Aus Erfahrungen mit dem Polymer PVC, welches 56 Gew.-% Chlor enthält, ist bekannt, dass ein Polymer durch Halogenzugabe schwerentflammbar wird. Dies geschieht durch eine endotherme Reaktion und die Bildung schwerer Dämpfe, die den Sauerstoffzutritt zur Brandstelle verhindern. Als Zusatzstoffe werden daher z. B. Chlorparaffine, Bromverbindungen und Elemente der 5. Gruppe des Periodensystems wie Arsen, Antimon und Phosphor verwendet. Die Zuschläge wirken oftmals synergetisch, d. h. der Gesamteffekt ist größer als die Summe der einzelnen Effekte. Da die Handhabung der oben genannten Zusätze häufig kritisch betrachtet wird, werden Zusatzstoffe entwickelt, die oberhalb einer Temperatur von ca. 200 bis 300 °C Wasser abspalten und so zur Selbstverlöschung führen.

3.6.3.4 Färbende Zuschlagstoffe

Als färbende Zuschlagstoffe werden meist organische oder anorganische Pigmente verwendet. Die Farbwirkung von Pigmenten beruht auf Lichtbrechung im Polymer. Damit haben die Größe und die Dispersion der Partikel einen sehr großen Einfluss auf die Farbqualität. Der Teilchendurchmesser der Pigmente liegt unter 1 µm. Während der Verarbeitung dürfen die Pigmentpartikel ihre Gestalt nicht ändern, da diese die Lichtreflexion beeinflusst. Verarbeitbare Ansätze sind sogenannte Masterbatches, in denen hohe Pigmentkonzentrationen in ein Polymer eingearbeitet sind.

3.6.3.5 Festigkeitserhöhende Zuschlagstoffe

Zuschlagstoffe, die eine wesentlich größere Länge als Dicke (hohes Aspektverhältnis) aufweisen, erhöhen eingebettet in ein Polymer die Festigkeit, da Kräfte, die auf das Polymer wirken, auf die Füllstoffe übertragen werden und das Polymer entlasten. Als festigkeitserhöhende Zuschlagstoffe kommen organische und anorganische Füllstoffe zum Einsatz. Zu den anorganischen Füllstoffen zählen z. B. Glasfasern, Glimmer oder Einkristalle. Auch der Einsatz von organischen Füllstoffen ist üblich. Im Vergleich zu Glasfasern besitzen organische Fasern eine höhere Bruchdehnung und geringe Dichte. Typische organische Fasern sind Polyester-, Aramid- und Kohlenstofffasern. Der hohen Zugfestigkeit der Fasern steht grundsätzlich eine geringe Druckfestigkeit entgegen. Dadurch können bereits geringe, nicht axial in die Faser eingeleitete Kräfte zum Ausknicken führen. Weiterhin werden Naturfasern, Gewebeschnitzel, Papier, Zellulose und Kohlenstoff (Ruß) als festigkeitserhöhende Zusätze verwendet.

3.6.3.6 Steifigkeitserhöhende Zuschlagstoffe

Neben der Festigkeit spielt auch die Steifigkeit eines Bauteils eine wesentliche Rolle. Unabhängig von dem Aspektverhältnis erhöhen Zuschlagstoffe die Steifigkeit, wenn sie eine höhere Steifigkeit als das Matrixmaterial aufweisen. Somit führt auch die Zugabe von Fasern zu einer Erhöhung der Steifigkeit (Bild 3.23). Aufgrund der gegenüber Glasfasern höheren Steifigkeit und Festigkeit der Kohlenstofffasern werden durch die Zugabe der Kohlenstofffasern höhere Steifigkeiten (und Festigkeiten) im Compound erreicht. Bei Glasfasern steigen die Steifigkeit und Festigkeit mit wachsendem Faseranteil näherungsweise linear an, bei Kohlefasern flacht der Anstieg der Festigkeit mit wachsendem Faseranteil etwas ab. Dieser Effekt ist im Wesentlichen auf eine zunehmende Faser-Faser-Interaktion und stärkere Faserkürzung während der Verarbeitung zurückzuführen. Zur Steigerung der Steifigkeit kommen oftmals auch mineralische Füllstoffe mit kugelförmigen Partikeln zum Einsatz, die ein Aspektverhältnis von ungefähr 1 aufweisen. Diese Füllstoffe sind einfach verarbeitbar und preisgünstig.

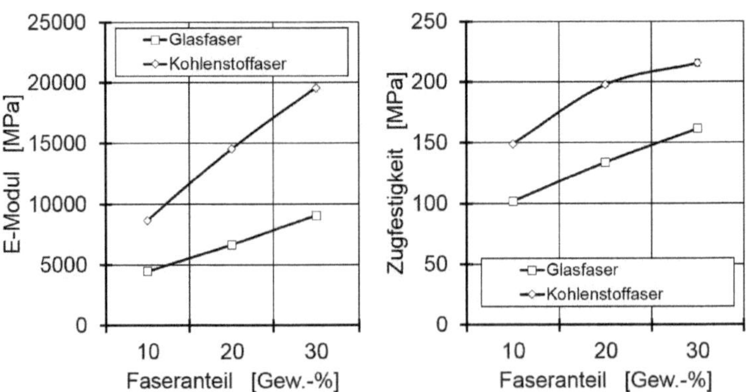

Bild 3.23 Einfluss des Glas- und Kohlenstofffaseranteils auf die Steifigkeit und Festigkeit von Polyamid 6

3.6.3.7 Festigkeit und Steifigkeit herabsetzende Zuschlagstoffe

Für einige Anwendungsfälle ist es notwendig, den Elastizitätsmodul durch Zugabe geeigneter Weichmacher zu verringern. Bei Weichmachern unterscheidet man zwischen inneren und äußeren Weichmachern. Eine innere Weichmachung kann durch Copolymerisation erfolgen, bei der der Weichmacher Bestandteil der Polymerkette wird. Im Gegensatz dazu werden bei der äußeren Weichmachung dem Polymer monomere oder polymere Substanzen zugemischt, die eine Affinität zum Polymer aufweisen und außerdem ein Lösungs- bzw. Quellvermögen für das Polymer besitzen. Diese Weichmacher sind folglich auch nur durch Nebenvalenzen an das Polymer gebunden, wodurch grundsätzlich Migrationsprozesse möglich sind. Weichmacher müssen eine gute Verträglichkeit, eine hohe Lichtechtheit, eine geringe Fogging-Neigung, eine gewisse Temperaturstabilität, eine Migrations- und Extraktionsbeständigkeit, eine toxische Unbedenklichkeit und eine gute Kältefestigkeit sowie eine ausreichend hohe Zugfestigkeit und Dehnung aufweisen.

3.6.3.8 Treibmittel

Um Polymere zu schäumen, können feste, flüssige und gasförmige Treibmittel eingesetzt werden. Es wird grundsätzlich zwischen chemischen und physikalischen Treibmitteln unterschieden.

Chemische Treibmittel erzeugen während der Plastifizierung durch einen thermisch induzierten Zersetzungsprozess ein Gas, das sich in der Polymerschmelze löst. Oft wird Stickstoff oder häufiger Kohlendioxid freigesetzt.

Physikalische Treibmittel bewirken ein Aufschäumen durch die Verdampfung von flüssigen Treibmitteln. Physikalische Treibmittel werden dem Polymer im Allgemeinen erst bei der Verarbeitung zugegeben. Hauptanwendungsgebiet ist das Schäumen von Polyurethan. Bei der Extrusion und beim Spritzgießen existieren viele wirtschaftlich wichtige Verfahren zum Schäumen von Polymeren (z. B. ProFoam). Häufig wurde dabei FCKW als Treibmittel eingesetzt. Bedingt durch die starke Belastung der Ozonschicht ist der Einsatz von FCKW deutlich zurückgegangen. FCKW wird vermehrt durch alternative Treibmittel (z. B. CO_2, Butan, Pentan) und Verfahrensalternativen ersetzt.

Unabhängig von der Treibmittelart erfolgt das Aufschäumen in der Regel bei der Formgebung. Das im Polymer gelöste Treibmittel schäumt das Polymer beim Eintrag in die Form oder beim Werkzeugaustritt durch einen Druckabfall auf. Geschäumte Formteile weisen meist unterschiedliche Blasenstrukturen auf. Außen besitzen sie keine oder sehr feine Poren, während die Formteile in der Mitte größere Poren aufweisen. Diese Schäume werden auch Integralschäume genannt. Diese Struktur kommt den meisten Anwendungen entgegen, da sie sich als biegesteif erweist und eine glatte, porenfreie Oberfläche zeigt.

Vorgeschäumte Granulate aus Polystyrol können in eine geschlossene Form mit perforierten Wänden eingefüllt und dort, z. B. durch Heißdampf, erwärmt werden. Unter dem Innendruck des treibenden Gases blähen sich die Granulatkörner weiter auf. Sobald die Form und die Hohlräume zwischen den Granulatkörnern ausgefüllt sind, sintern die Granulatkörner zusammen. Der sogenannte Partikelschaum aus Polystyrol ist ein Großprodukt und wird unter dem Namen Styropor (BASF) vor allem als Wärmeisolationsstoff im Bau von Wohngebäuden vertrieben. Ähnliche Verfahren sind für Polypropylen verfügbar.

Eine ebenfalls große Bedeutung haben Polyurethane, die in einer Polyadditionsreaktion aus Polyolen und Isocyanaten entstehen. Die Komponenten können in flüssiger Form genau dosiert und miteinander vermischt werden, bevor sie in die Form eingetragen werden. Aus geschäumtem Polyurethan werden z. B. Matratzen hergestellt. Als Treibmittel dient Wasser, das mit einem Teil des Isocyanats reagiert und dabei ein Gas abspaltet.

Für alle Schäumverfahren ist eine sorgfältige Auswahl der Polymere bzw. der Präpolymere, der Treibmittel und der Prozessbedingungen notwendig, da die Polymerschmelze gewisse Werte für Viskosität, Elastizitätsmodul und Dehnfähigkeit aufweisen muss, damit die Blasen nach dem Aufschäumvorgang nicht kollabieren, sondern eine gleichmäßige Schaumstruktur bilden.

3.6.3.9 Nanofüllstoffe

Als Nanofüllstoffe werden Füllstoffe bezeichnet, deren Primärpartikel mindestens eine charakteristische Dimension der Größe unter 100 nm aufweisen. Nanofüllstoffe bieten eine sehr große spezifische Oberfläche und damit eine große Interaktionsfläche zwischen dem Polymer und dem Füllstoff. Daher kann bereits die Zugabe geringer Mengen Nanofüllstoff zum Polymer zu den folgenden Eigenschaftsverbesserungen führen:

- erhöhter E-Modul bei Erhalt der Schlagzähigkeit,
- erhöhte Zugfestigkeit,
- verbessertes Brandverhalten,
- erhöhte Wärmeformbeständigkeit,
- verringerte Permeabilität gegenüber Gasen,
- verbesserte Barriereeigenschaften,
- antistatische und antimikrobielle Eigenschaften.

HINWEIS: Nanofüllstoffe sind Füllstoffe, deren Primärpartikel mindestens eine charakteristische Dimension der Größe unter 100 nm aufweisen.

Allerdings weisen Nanofüllstoffe auch eine starke Wechselwirkung untereinander auf, was die Neigung zur Agglomeration begünstigt. Liegen die Nanofüllstoffe agglomeriert im Polymer vor, können sie ihre positiven Eigenschaften nicht voll entfalten, da bereits ein großer Teil ihrer Oberfläche dazu verwendet wird, Verbindungen mit anderen Nanopartikeln einzugehen. Daher müssen Nanofüllstoffe im Polymer sehr gut dispergiert werden, um die gewünschten Eigenschaftsverbesserungen uneingeschränkt zu erreichen.

Folgende Nanofüllstoffe finden Anwendung als funktioneller Füllstoff in Kunststoffen:

- kohlenstoffhaltige Nanopartikel (z.B. Kohlenstoffnanoröhrchen, Kohlenstoffnanofasern oder Graphen) zur Steigerung der elektrischen, thermischen und mechanischen Eigenschaften,
- Schichtsilikat auf Basis von Montmorillonit zur Verstärkung bei gleichzeitiger Verbesserung der Barrierewirkung und Reduzierung der Brennbarkeit,
- Silizium zur Erhöhung der Oberflächenhärte, auch als Füllstoff in Lacken,
- Silber mit antibakterieller und fungizider Wirkung.

Bei Schichtsilikaten auf Basis von Montmorillonit handelt es sich um plättchenförmige, in der Natur vorkommende, quellbare und relativ preiswerte Schichtsilikate mit einer im Vergleich zu mikroskaligen Füllstoffen besonders großen spezifischen Oberfläche. Schon geringe Anteile Schichtsilikat (wenige Gewichtsprozent) können bemerkenswerte Eigenschaftsverbesserungen bewirken. Allerdings liegen Schichtsilikate in ihrer Ausgangsform als mikroskalige Agglomerate vor. Diese müssen zunächst zerteilt und dann homogen im Polymer verteilt werden, um die gewünschten Eigenschaftsverbesserungen zu erzielen. Liegen die einzelnen nanoskaligen Plättchen des Schichtsilikats fein verteilt in der polymeren Matrix vor, kann z.B. der Elastizitätsmodul erhöht sowie die Permeabilität und die Brennbarkeit vermindert werden. Da die homogene Verteilung der Schichtsilikatplättchen im Polymer eine große Herausforderung darstellt, ist das Wunschziel einer Verstärkung von Polymeren bei gleichzeitig verbesserter Schlagzähigkeit bisher noch nicht zufriedenstellend erreicht worden. Die mögliche Verstärkungswirkung beim Einsatz von Schichtsilikaten beruht auf dem großen Aspekt-Verhältnis (Fläche zu Dicke) und beträgt bei Nanokompositen auf Basis von Schichtsilikaten in der Regel mehr als 100. Aufgrund ihrer geringen Dimensionen, ihres geringeren benötigten Volumenanteils sowie ihrer Flexibilität entsteht bei Nanokompositen auf Basis von Schichtsilikaten im Vergleich zu kurzglasfaserverstärkten Kunststoffen deutlich geringerer Verschleiß an Verarbeitungsmaschinen und Werkzeugen.

Schichtsilikate werden bereits zur Verringerung der Brennbarkeit und der Permeation von Polymeren in kommerziellen Anwendungen eingesetzt. Bild 3.24 zeigt, dass die Schichtbildung der plättchenförmigen Partikel den Weg für permeierende Gase durch die Wände von Verpackungsmitteln aus Kunststoffen erheblich verlängert. Die Verminderung der Brennbarkeit von Polymeren mit Schichtsilikat wird durch eine Krustenbildung im Brandfall erreicht. Durch die Bildung von skelettartigen Strukturen können mit Nanokompositen weiterhin eine bessere Dimensionsstabilität und ein erheblich reduziertes Schwindungspotential erreicht werden. Die geringe Partikelgröße kann schließlich die Herstellung verstärkter, aber optisch transparenter Kunststoffe ermöglichen.

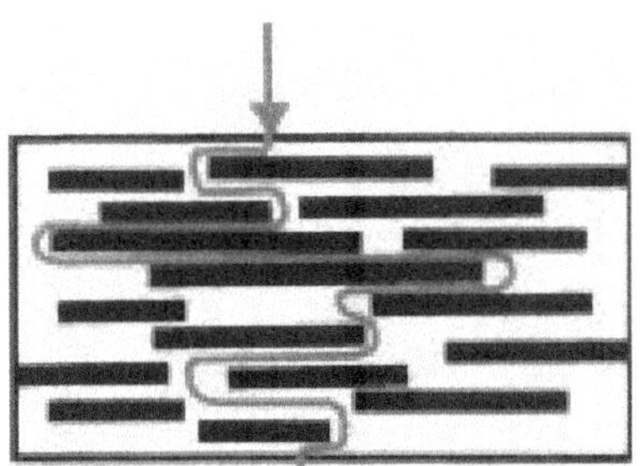

Bild 3.24 Barriereeigenschaften von Nanokompositen [nach Mülhaupt]

HINWEIS: Die Eigenschaftsverbesserungen von Nanokompositen gegenüber unverstärkten bzw. konventionell verstärkten Materialien sind auf Grenzflächeneffekte zurückzuführen.

Auch Kohlenstoffnanoröhren (engl.: Carbon Nano Tubes, CNT) können als Nanofüllstoffe in Polymeren eingesetzt werden. CNT sind submikroskopisch kleine, röhrenförmige Gebilde aus Kohlenstoff. Ihre Wände sind miteinander verbundene Aromatenringe (Graphit), die in einer oder mehreren Schichten angeordnet sein können. Der Durchmesser der Röhrchen liegt im Bereich von 0,4 bis 50 nm, ihre Länge kann bis hin zu mehreren Millimetern reichen. CNT erreichen bei einer Dichte von 1,3 g/cm^3 eine enorme Zugfestigkeit von 30 bis 60 GPa und sind daher als Füllstoffe für Polymere besonders interessant. Die spezifische Zugfestigkeit von CNT entspricht rechnerisch einer 130-mal höheren spezifischen Zugfestigkeit als derjenigen von Stahl. Der Elastizitätsmodul liegt bei 1 TPa, was etwa dem 5-fachen Wert von Stahl entspricht. Für die Anwendung in Kunststoffen ist vor allem die sehr gute elektrische Leitfähigkeit (1000-fache Strombelastbarkeit gegenüber Kupfer) sowie die Wärmeleitfähigkeit (5-mal höher als diejenige von Diamant 6000 W/mK) von großem Interesse.

Literatur zu Kapitel 3

Arndt, K. F.; Müller, G.; Schröder, E.: *Polymer Characterization*. München: Carl Hanser Verlag, 1998

Baur, E.; Brinkmann, S.; Osswald, T. A. et al.: *Saechtling Kunststofftaschenbuch*. München: Carl Hanser Verlag, 30. Auflage, 2013

Becker, G. W.; Bottenbruch, L.; Braun, D.: *Technische Polymer-Blends, PC-ABS-Blends, PC-PBT-Blends, PPE-Blends, Kunststoff-Handbuch 3/2 Technische Thermoplaste*. München: Carl Hanser Verlag, 1992

Biederbick, K.-H.: *Kunststoffe*. Würzburg: Vogel Verlag Würzburg, 1984

Briehl, H.: *Chemie der Werkstoffe*. Berlin, Heidelberg, New York: Springer-Verlag, 2014, S. 130

Callister, D. W.; Rethwisch, G. D.: *Materialwissenschaften und Werkstofftechnik*. Weinheim: Wiley-VCH Verlag, 2012, S. 499

Cremer, M.: *Morphologie und Eigenschaftsveränderung beim Spritzgießen von Polymerblends*. RWTH Aachen, Dissertation, 1992

Crolla, G.: *Morphologische und verfahrenstechnische Untersuchungen an PVC*. RWTH Aachen, Dissertation, 1988

Czichos, H.; Hennecke, M.: *HÜTTE - Das Ingenieurwissen*. Berlin, Heidelberg, New York: Springer-Verlag, 2013, S. C107 - C112

Demtröder, W.: *Experimentalphysik 3 - Atome, Moleküle und Festkörper*. Berlin, Heidelberg, New York: Springer-Verlag, 3. Auflage, 2006, S. 2

Eipper A., Stransky R.: Kleine Teilchen - großer Effekt. *Kunststoffe* 98 (2008) 1, S. 94 - 96

Elas, A.: *Compoundierung und Weiterverarbeitung von Masterbatches aus Schichtsilikat und Polyethylen*. RWTH Aachen, Dissertation, 2010

Elias, H.-G.: *Macromolecules*, Vol. 1. Weinheim: Wiley-VCH Verlag, 2005

Elias, H.-G.: *Makromolecules*, Vol. 2. Weinheim: Wiley-VCH Verlag, 2007

Heidemeyer, P. K. H.: *Herstellung verstärkter Thermoplaste durch Blenden mit flüssig-kristallinen Polymeren*. RWTH Aachen, Dissertation, 1990

Hoffmann, M.; Krömer, H.; Kuhn, R.: *Polymeranalytik*. Stuttgart: Georg Thieme Verlag, 1977

Kaiser, W.: *Kunststoffchemie für Ingenieure*. München: Carl Hanser Verlag, 3. Aufl., 2011

Kircher, K.: *Chemische Reaktionen bei der Kunststoffverarbeitung*. München, Wien: Carl Hanser Verlag, 1982

Klepek, G.: *Konstruieren mit PUR-Integral-Hartschaumstoff*. München, Wien: Carl Hanser Verlag, 1980

Knipp, U.: *Herstellung von Großbauteilen aus Polyurethanschaumstoffen*. RWTH Aachen, Dissertation, 1973

Macosko, C. W.: *RIM - Fundamentals of Reaction Injection Molding*. München, Wien: Carl Hanser Verlag, 1989

Michler, G. H.: *Kunststoff-Mikromechanik*. München: Carl Hanser Verlag, 1992

Mülhaupt, R.: Nanowerkstoffe; Chancen und Risiken. *Kunststoffe* 96 (2004) 8, S. 76 - 88

N. N.: DIN EN ISO 1133-1: *Bestimmung der Schmelze-Massefließrate (MFR) und der Schmelze-Volumenfließrate (MVR) von Thermoplasten - Teil 1: Allgemeines Prüfverfahren*. Berlin: Beuth Verlag, 2010

N. N.: DIN EN ISO 1628-2: *Kunststoffe - Bestimmung der Viskosität von Polymeren in verdünnter Lösung unter Verwendung von Kapillarviskosimetern - Teil 2: Vinylchlorid-Polymere*. Berlin: Beuth Verlag, 1999

Nicolay, A.: *Untersuchungen zur Blasenbildung in Kunststoffen unter besonderer Berücksichtigung der Rissbildung*. RWTH Aachen, Dissertation, 1976

Nordmeier, J.: *Schlagzähmodifizieren von Polypropylen auf Zweischneckenextrudern*. RWTH Aachen, Dissertation, 1986

Osswald, T. A.; Menges, G.: *Materials Science of Polymers for Engineers.* München: Carl Hanser Verlag, 2nd ed., 2003

Pauling L.: *Grundlagen der Chemie.* Weinheim: Verlag Chemie, 9. Aufl., 1969

Pfefferkorn, T. G.: *Analyse der Verarbeitungs- und Materialeigenschaften elektrisch leitfähiger Kunststoffe auf Basis niedrig schmelzender Metalllegierungen.* RWTH Aachen, Dissertation, 2009

Rothe, B.: *Herstellung von Polyamid 6-Nanocompounds mit Schichtsilikaten durch reaktive Extrusion von Caprolactam.* RWTH Aachen, Dissertation, 2010

Schacht, T.: *Spritzgießen von Liquid Crystal Polymeren.* RWTH Aachen, Dissertation, 1986

Schäper, S.: *Nukleierung thermodynamisch getriebener Polyurethan-Reaktionsschäume.* RWTH Aachen, Dissertation, 1977

Schwanitz, K.: *Analyse und Verfahrensentwicklung der Herstellung von harten Polyurethan-Integralschäumen.* RWTH Aachen, Dissertation, 1974

Suh, K. W., Web, D. D.: Cellular Materials. In: Mark, H. F. (Hrsg.); Biskales, N.; Overberger, C. G.; Menges, G.; Kroschwitz, J. I. (Eds.): *Encyclopedia of Polymer Science and Engineering,* Vol. 3. Hoboken: Wiley interscience, 2nd ed., 1986

Tieke, B.: *Makromolekulare Chemie. Eine Einführung.* Weinheim: Wiley-VCH Verlag, 2. Aufl., 2005

Utracki, L.: *Polymer Alloys and Blends; Thermodynamics and Rheology.* München: Carl Hanser Verlag, 1999

van Krevelen, D. W.: *Properties of Polymers.* Amsterdam, London, New York, Tokyo: Elsevier, 1990

Vieweg, R., Hoechtlen, A.: *Polyurethane. Kunststoffhandbuch Band VII.* München: Carl Hanser Verlag, 1966

Vollmert, B.: *Grundriss der makromolekularen Chemie.* Berlin, Göttingen, Heidelberg: Springer Verlag, 1962

Woodward, A. E.: *Understanding Polymer Morphology.* München: Carl Hanser Verlag, 1994

Wortberg, J.: *Qualitätssicherung in der Kunststoffverarbeitung.* München: Carl Hanser Verlag, 1996

Wunderlich, W.: Megatrends innovativer Entwicklungen. *Kunststoff-Trends* (2004) 1, S. 26 – 27

Wypych, G.: *Handbook of Fillers.* Toronto: ChemTec Publishing, 2010

4 Verhalten im Schmelzezustand

In der Kunststoffverarbeitung ist die Kenntnis der Fließeigenschaften von Schmelzen von besonderer Bedeutung, da in nahezu allen Verarbeitungsverfahren der Werkstoff im schmelzflüssigen Zustand vorliegt. Es geht hier einerseits um die Beurteilung der Eignung eines Kunststoffs für einen bestimmten Verarbeitungsprozess, z.B. durch die Beschreibung des Fließverhaltens der Schmelze. Andererseits geht es auch um die detaillierte Analyse von Schmelzeströmungsvorgängen im Verarbeitungsprozess. Die Strömungssimulation mittels numerischer Verfahren wie der FEM ist für die Auslegung von Maschinen, Werkzeugen und Nachfolgeeinrichtungen häufig unverzichtbar. Diese Simulation ermöglicht z.B. die detaillierte Darstellung von Strömungen in Schnecken-Zylinder-Systemen, in Düsen bei der Extrusion, in Formwerkzeugen beim Spritzgießen; sie ermöglicht auch die Darstellung von Verstreckprozessen beim Umformen. Die Güte solcher Simulationsrechnungen steht und fällt mit der Güte der Beschreibung des Fließverhaltens der Werkstoffe. Polymerwerkstoffe zeigen meist ein sehr komplexes Fließverhalten, das vom molekularen Aufbau der Basispolymere und vom Einfluss von Zuschlagstoffen wie Füllstoffen abhängig ist.

Rheologie

Das komplexe Fließverhalten verschiedenster Stoffe, auch der Polymerwerkstoffe, ist Gegenstand der Rheologie. Die Rheologie beschäftigt sich mit dem Fließverhalten von allen Stoffen, sowohl mit einfachen Verhalten wie von Wasser und Öl, aber auch komplexen Verhalten wie z.B. der Kunststoffe. Die Abgrenzung der Rheologie zur Strömungsmechanik ist dadurch gegeben, dass sich erstere auf eine schon von Newton eingeführte einfachste Beschreibung der Fließeigenschaften beschränkt. Die Strömungsmechanik ist Bestandteil der Kontinuumsmechanik, sie bildet das Fundament für die Rheologie.

Das vielfältige Gebiet der Rheologie beschäftigt sich u. a. mit Lebensmitteln, Farben und Lacken, Klebstoffen, Flüssigkeiten in Medizin und Biologie, mit Baustoffen und mit den Polymerwerkstoffen. Aus dem Gebiet der Polymerwerkstoffe werden in diesem Kapitel nur die Thermoplaste behandelt, auf andere Polymerwerkstoffe, z.B. die Elastomere, wird stellenweise kurz verwiesen. Hinweise auf weiterführende Literatur finden sich in der Literaturliste.

Die reale Komplexität des Fließverhaltens vieler Polymere zwingt in der Praxis zu einer vereinfachten Beschreibung, z. B. um Simulationsprogramme in angemessener Weise nutzen zu können. Diese Vereinfachungen im konkreten Fall sinnvoll vorzunehmen und das Fließverhalten mit geeigneten Messmethoden zu erfassen, gehört zu den wesentlichen Fertigkeiten eines Ingenieurs.

In der Polymertechnologie werden verschiedenste Messverfahren der Rheologie, z.B. zur Erfassung der Viskosität, genutzt. Dabei kommt es darauf an, die spezifischen Eigenheiten des jeweiligen Polymers zu verstehen und auf dieser Grundlage die Möglichkeiten und Grenzen verschiedener rheometrischer Messverfahren und Messgeräte richtig einzuschätzen.

Die einführende Darstellung der Rheologie der Kunststoffe in diesem Buch ist nach folgendem Prinzip aufgebaut: Die in der Strömungsmechanik sehr wichtige Vektor- und Tensormathematik, die auch in Simulationsprogrammen große Bedeutung hat, wird hier nicht genutzt. Viele für die Kunststoffrheologie grundlegende Inhalte lassen sich zunächst anhand einfacher Strömungsformen (z.B. eindimensionale stationäre Strömung) behandeln. Es geht hier um die Darstellung der wichtigsten Phänomene, Begriffe und Modelle. Grundgleichungen werden vorgestellt, auf eine tiefgreifende mathematische Beschreibung rheologischer Vorgänge wird aber verzichtet.

Ganz unabhängig von der mathematischen Beschreibung hat der Ingenieur bei der Beschäftigung mit Schmelze-Fließvorgängen die Aufgabe, sich für die dem jeweiligen Problem angemessenen Vereinfachungen des komplexen rheologischen Verhaltens der Kunststoffe zu entscheiden. Dazu sind aus der Menge aller bekannten rheologischen Phänomene diejenigen auszuwählen, die im konkreten Fall für eine realitätsgerechte Problembehandlung unverzichtbar sind. Dieses Vorgehen erfordert zunächst eine sorgfältige Betrachtung und Analyse der im realen Verarbeitungsprozess vorliegenden strömungsmechanischen Gegebenheiten; danach sind die bei einem gegebenen Werkstoff möglicherweise auftretenden rheologischen Phänomene zu diskutieren. Es gehört zu den wesentlichen Aufgaben des Ingenieurs, das praktische Strömungsproblem richtig zu erfassen und die rheologischen Kenngrößen sowie die zugehörigen Messverfahren sinnvoll auszuwählen.

Strömungsformen

Neben der realistischen Beschreibung des Materialverhaltens bei Schmelzefließvorgängen ist die Berücksichtigung der jeweils vorliegenden Strömungsform von Bedeutung.

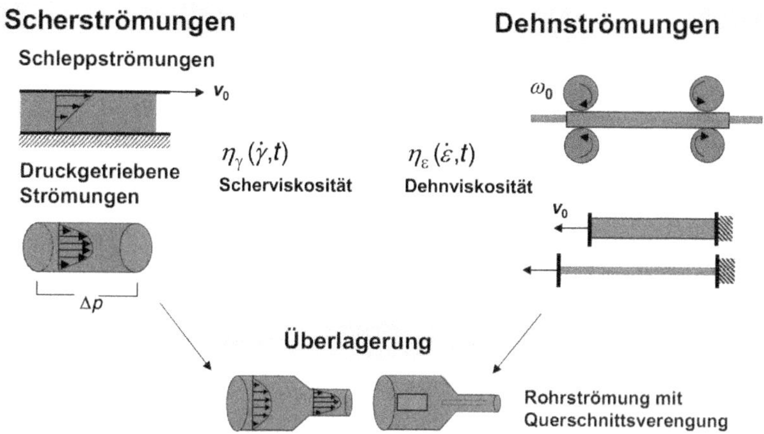

Bild 4.1 Reine Scher- und reine Dehnströmungen sowie die Überlagerung von Scher- und Dehnströmungen [nach Kohlgrüber/Hepperle]

Auch hier sind in gewissen Grenzen Vereinfachungen zulässig. Während in den Verarbeitungsprozessen komplexe Strömungsformen vorliegen können, wird versucht, in rheologischen Messgeräten zumeist rein eindimensionale oder rein zweidimensionale Strömungen zu realisieren. Die Scherströmung und Dehnströmungen stellen die wichtigsten Deformationsarten dar (Bild 4.1). In diesem Kapitel werden zunächst ausschließlich eindimensionale Strömungen betrachtet, da es um die grundlegende Beschreibung des Fließverhaltens geht. Auf eine komplexere Beschreibung des Fließverhaltens wird im Rahmen dieses Kapitels aufgrund besserer Verständlichkeit verzichtet.

viskoses und elastisches Verhalten

Das Kapitel konzentriert sich zunächst auf die Thermoplaste, später werden kurze Hinweise auf vernetzende Polymere und auf bestimmte Eigenheiten von Kautschukmischungen gegeben. Viele Polymerschmelzen haben die Eigenschaft, die im Fließprozess für die Deformation der Schmelze aufgebrachte Energie zu einem kleinen Teil als elastische Deformationsenergie zu speichern und nach Entlastung die dieser gespeicherten Energie zugehörige Spannung zeitlich verzögert abzubauen. Es sind also zwei gleichzeitig auftretende Phänomene zu betrachten: Die kontinuierliche Umwandlung von mechanischer Energie in Wärme (viskoses Verhalten mit Dissipation) sowie die Speicherung von mechanischer Energie (elastisches Verhalten). Anders ausgedrückt, alle Fluide zeigen primär ein viskoses Verhalten, manche zeigen aber gleichzeitig ein zeitabhängiges elastisches Verhalten. Das letztere ist zeitabhängig und wird als Viskoelastizität bezeichnet. Viskoelastische Polymerschmelzen sind in ihrem rheologischen Verhalten zwischen den rein viskosen Flüssigkeiten und den rein elastischen Festkörpern einzuordnen. Die grundlegende Charakterisierung des rheologischen Verhaltens der Polymere einschließlich der Beschreibung ihrer Viskoelastizität ist mit einigem Aufwand verbunden. Wegen dieses höheren Aufwandes wird bei der Strömungssimulation die Elastizität der Schmelze häufig vernachlässigt.

In den nachfolgenden Abschnitten wird zunächst ausschließlich auf die viskosen Eigenschaften eingegangen, danach wird die Viskoelastizität kurz eingeführt. Schließlich werden verschiedene Methoden zur Messung der Fließeigenschaften vorgestellt.

4.1 Viskose Kunststoffschmelzen unter stationärer Scherströmung

Zur grundlegenden Beschreibung des Fließverhaltens von Kunststoffschmelzen werden hier folgende Annahmen getroffen, um die Berechnung zu vereinfachen:

Wandhaftung

- Eine als rein viskos betrachtete Schmelze haftet an der Oberfläche des Fließkanals (Wandhaftung),
- die Strömung ist voll ausgebildet (stationäre Strömung, keine Anlaufvorgänge) und
- die Temperatur ist konstant (isotherme Verhältnisse).

Die in der Kunststofftechnik vorkommenden Strömungen sind aufgrund der hohen Viskositäten der Schmelzen stets als zähe, schleichende Strömungen zu bezeichnen. Gegenüber den Zähigkeitskräften sind die Trägheitskräfte zu vernachlässigen, d. h. die Reynoldszahl dieser laminaren Strömungen nimmt sehr kleine Werte an (kleiner als eins). Turbulenz, im Sinne der Strömungsmechanik, kommt bei solchen Strömungen nicht vor. Bei Thermoplasten darf in den meisten Fällen angenommen werden, dass die strömende Schmelze an der Wand haftet. Ausnahmen findet man z. B. bei PVC mit höheren Weichmacheranteilen oder bei sehr hochmolekularem PE. Ein Sonderfall liegt dann vor, wenn bei PE für die Folienextrusion durch Zugabe von Additiven gezielt Wandgleiten herbeigeführt wird, um höhere Durchsätze zu ermöglichen, ohne dass Schmelzebruch auftritt. Die Wirkung solcher Additive wurde durch laseroptische Messungen messbar gemacht; dabei entstehen direkt gemessene Bilder der Geschwindigkeitsverteilung im Fließkanal einschließlich der Wandgleitgeschwindigkeit [Münstedt/Schwarzl (2014)]. Wichtig ist die Erkenntnis, dass Wandgleitgeschwindigkeiten sich zeitabhängig verändern können, weil sie mit Ablagerungen der Additive an der Fließkanalwand einhergehen. Kautschukmischungen zeigen aufgrund ihres Weichmachergehalts häufig ein ausgeprägtes Wandgleiten, das von den verschiedensten Einflussfaktoren abhängig ist. Die quantitative Bestimmung ist relativ aufwendig und die Berücksichtigung des Wandgleitens in den rheologischen Modellgleichungen ist noch Gegenstand der Forschung.

Zur Einführung der grundlegenden Parameter soll hier das sog. Zweiplattenmodell verwendet werden (Bild 4.2), bei dem sich zwischen zwei ebenen, unendlich ausgedehnten Platten eine Schmelze befindet. Wird eine der beiden parallelen Platten mit konstanter Geschwindigkeit gegen die andere verschoben, dann gleiten die Flüssigkeitsschichten aneinander ab, die Volumenelemente erfahren eine Scherdeformation. Von unmittelbarem Interesse ist die Geschwindigkeitsdifferenz zweier benachbarter Schichten, das Maß dafür ist die Schergeschwindigkeit (Bild 4.3).

Scherung

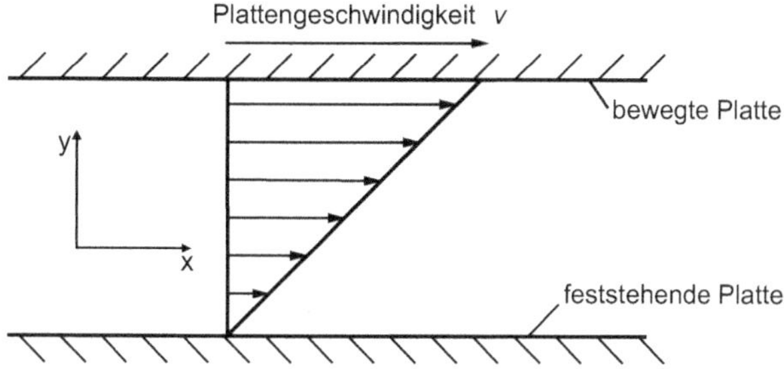

Bild 4.2 Schematische Darstellung des laminaren Scherfließens (Geschwindigkeitsverteilung im Zweiplattenmodell)

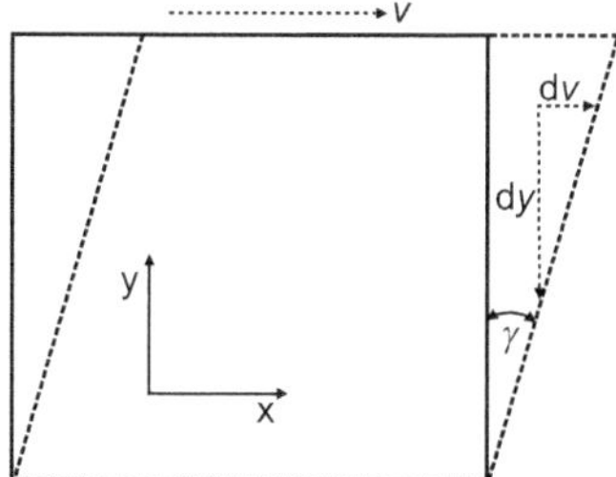

Bild 4.3 Scherung eines Flüssigkeitselements

Die Schergeschwindigkeit $\dot{\gamma}$ ist nach Formel 4.1 definiert:

$$\frac{dv}{dy} = \frac{d}{dy}\left(\frac{ds}{dt}\right) = \frac{d}{dt}\left(\frac{ds}{dy}\right) = \left(\frac{d\gamma}{dt}\right) = \dot{\gamma} \tag{4.1}$$

Dabei stellt *ds* die in der Zeit *dt* zurückgelegte Strecke der bewegten Platte dar. Die dargestellte Strömungsform wird auch Schleppströmung genannt, sie ist eindimensional. Zum Beispiel kann die Strömung zwischen Schnecke und Zylinderwand im Einschneckenextruder vereinfacht so beschrieben werden. Dazu wird der Schneckenkanal abgewickelt dargestellt.

Schergeschwindigkeit

Die neben der Schleppströmung ebenso wichtige Strömungsform der Druckströmung in einem Rohr oder zwischen zwei feststehenden Platten wird in Abschnitt 4.1.4 behandelt.

Schubspannung und Scherviskosität

Eine stationäre isotherme Strömung einer viskosen Schmelze wird durch eine konstante Spannung aufrechterhalten. Der Zusammenhang zwischen dieser Spannung und der Schergeschwindigkeit ist durch die Definition der Viskosität gegeben:

$$\eta = \frac{\tau}{\dot{\gamma}} \qquad (4.2)$$

Zuerst soll hier auf die bei Polymeren besonders stark ausgeprägte Abhängigkeit der Viskosität von der Schergeschwindigkeit eingegangen werden. Anschließend werden die Einflüsse von Temperatur, Druck, Füllstoffgehalt und Molekülaufbau sowie weitere Einflüsse behandelt.

4.1.1 Abhängigkeit der Viskosität von der Schergeschwindigkeit

Bei vielen Flüssigkeiten, wie z. B. Wasser oder Öl, ist die Viskosität von der Schergeschwindigkeit unabhängig, d. h. das Verhältnis von Schubspannung zu Schergeschwindigkeit bleibt über einen breiten Bereich von Strömungsgeschwindigkeiten und damit Schergeschwindigkeiten unverändert. Dies wird Newtonsches Fließverhalten genannt.

Fließkurve und Strukturviskosität

Der grundlegende Zusammenhang zwischen Schubspannung und Schergeschwindigkeit wird in der Fließkurve dargestellt. Bild 4.4 zeigt verschiedene Typen von Fließkurven. Die Steigung der Fließkurve entspricht der Viskosität. Newtonsches Verhalten ist bei vielen Polymerschmelzen im Bereich niedriger Schergeschwindigkeiten gegeben, mit zunehmender Schergeschwindigkeit zeigt sich aber eine Abnahme der Viskosität, die mehrere Zehnerpotenzen betragen kann. Dieser Effekt wird als Strukturviskosität bezeichnet. Er ist zu erklären durch die Verformung der knäuel- bzw. kugelförmigen Makromoleküle unter der Einwirkung der Scherkräfte zu langgestreckten Molekülknäueln, die sich in Strömungsrichtung ausrichten und damit mit weniger Energieaufwand transportiert werden können.

Eine Zunahme der Viskosität mit der Schergeschwindigkeit, dilatantes Verhalten genannt, kommt bei Polymeren sehr selten vor und wird hier nicht behandelt. Der in Bild 4.4 ebenfalls dargestellte rheologische Flüssigkeitstyp der Bingham-Fluide fließt nur, wenn eine bestimmte Schubspannung überschritten wird. Alle kleineren Schubspannungen bewirken zwar eine elastische Deformation, aber kein Fließen. In den Bereichen des Fließkanals, in denen die Schubspannung den kritischen Wert übersteigt, verhalten sich Bingham-Fluide meist wie Newtonsche oder wie strukturviskose Fluide, können aber auch dilatantes Verhalten aufweisen. Dort wo die Schubspannung niedriger ist, werden sie nicht geschert und verhalten sich wie ein fester Pfropfen innerhalb der Strömung. Bingham-Verhalten wird häufig bei gefüllten Thermoplastschmelzen und vor allem bei gefüllten Kautschuken beobachtet.

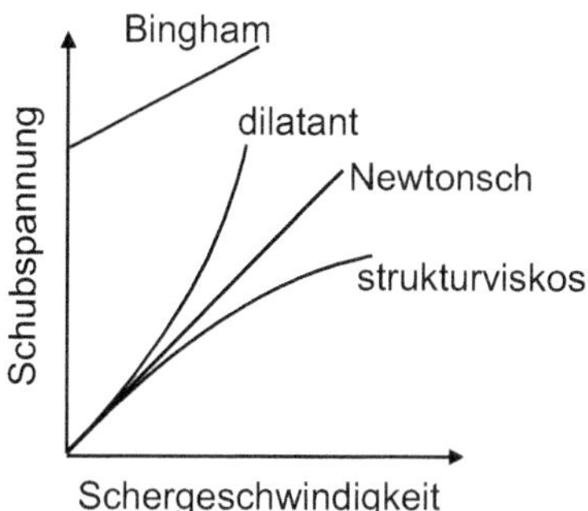

Bild 4.4 Fließkurven verschiedener Flüssigkeiten (schematisch)

Viskositätskurve

Nachdem die grundlegenden Typen des Fließverhaltens von Kunststoffen anhand der Fließkurve schematisch dargestellt wurden, soll nun die Darstellungsform eingeführt werden, die für das praktische Arbeiten die größte Bedeutung hat, die Viskositätskurve (Bild 4.5). Gemäß der Definition der Viskosität zeigt ein Diagramm mit Viskositätskurven nichts anderes als die Steigung der Fließkurven, ebenfalls als Funktion der Schergeschwindigkeit.

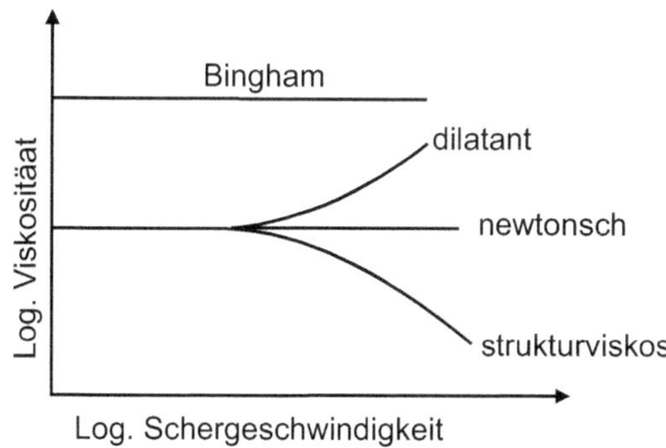

Bild 4.5 Viskositätskurven verschiedener Flüssigkeiten (schematisch)

4.1.1.1 Mathematische Modellierung der Schergeschwindigkeitsabhängigkeit

Die oben vorgestellten Fließ- und Viskositätskurven bilden die Grundlage für die Berechnung von Schmelzeströmungen in Kunststoffverarbeitungsprozessen. Die häufig zu einer mathematischen Beschreibung genutzten Gleichungen sollen im Folgenden beschrieben werden.

- *Potenzansatz nach Ostwald/de Waele*

Potenzansatz

Bei Fluiden, die kein Newtonsches Fließverhalten aufweisen, bei denen also kein proportionaler Zusammenhang zwischen Schubspannung und Schergeschwindigkeit besteht, ist es notwendig, andere Modelle zur Beschreibung des Verhaltens zu verwenden. Besonders wichtig ist der Potenzansatz nach Ostwald und de Waele. In dieser einfachen Gleichung wird das rheologische Verhalten des Polymers durch zwei Parameter beschrieben: Fließexponent m und Fluidität Φ.

$$\dot{\gamma} = \Phi \cdot \tau^m \tag{4.3}$$

Die Abweichung vom Newtonschen Fließverhalten, d. h. das Maß der Strukturviskosität, wird durch den Fließexponenten m beschrieben. Der Fließexponent m ist ein Maß für die Abweichung vom Newtonschen Fließverhalten, d. h. ein Maß der Strukturviskosität. Er ist mittels des folgenden Zusammenhangs zu bestimmen:

$$m = \frac{\Delta(\log \dot{\gamma})}{\Delta(\log \tau)} \tag{4.4}$$

Bild 4.6 zeigt die strukturviskose Fließkurve in doppelt-logarithmischer Darstellung, die häufig zwei näherungsweise lineare Abschnitte hat. Zur Beschreibung eines Kurvenabschnitts eignet sich der in Formel 4.3 dargestellte Potenzansatz nach Ostwald und de Waele.

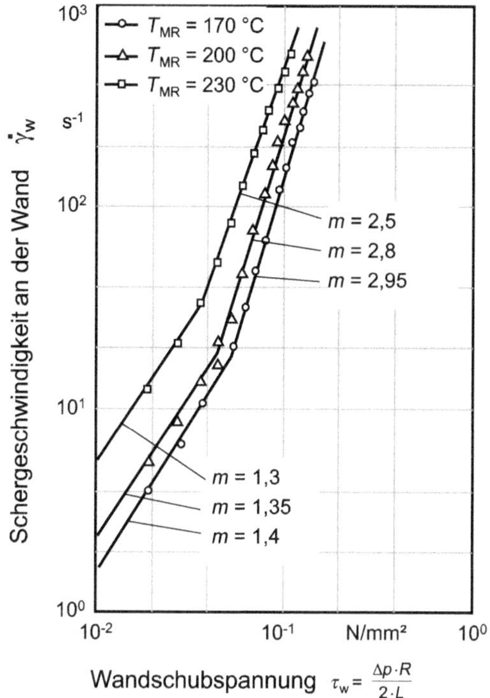

Bild 4.6 Schergeschwindigkeit als Funktion der Wandschubspannung

Der Fließexponent m ist also die Steigung der Fließkurve im betrachteten Bereich, aufgetragen im doppelt-logarithmischen Diagramm mit der Schubspannung als Abszisse.

Bei Kunststoffschmelzen liegt m in der Regel zwischen 1 und 6. Für $m = 1$ wird $\Phi = 1/\eta$, d. h. es liegt Newtonsches Fließverhalten vor. Formel 4.5 stellt die Viskositätsfunktion dar:

$$\eta = \Phi^{-1} \cdot \tau^{1-m} = \Phi^{\frac{1}{m}} \cdot \dot{\gamma}^{\frac{1}{m}-1} \tag{4.5}$$

Der Faktor K heißt Konsistenzfaktor oder Eins-Viskosität. Er gibt die Viskosität bei der Schergeschwindigkeit von 1 s^{-1} an.

$$K = \Phi^{\frac{1}{m}} \tag{4.6}$$

Der Viskositätsexponent n beschreibt im doppelt-logarithmischen Viskositätsdiagramm die Steigung der Viskositätskurve.

$$n = \frac{1}{m} \tag{4.7}$$

Durch Einsetzen des Konsistenzfaktors und des Viskositätsexponenten in Formel 4.5 ergibt sich die übliche Darstellung der Viskositätsfunktion:

$$\eta = K \cdot \dot{\gamma}^{n-1} \tag{4.8}$$

Durch die Anpassung der Parameter der Viskositätsfunktion kann unterschiedliches Fließverhalten abgebildet werden. Der Viskositätsexponent n ist gleich 1 für Newtonsches Verhalten und nimmt im strukturviskosen Bereich Werte kleiner 1 an. Für die meisten strukturviskosen Polymere nimmt der Viskositätsexponent Werte zwischen 0,2 und 0,7 an. Bei Werten des Fließexponenten größer 1 beschreibt der Potenzansatz das oben erwähnte dilatante Verhalten. Addiert man auf der rechten Seite des Potenzansatzes eine kritische Schubspannung hinzu, kommt man zu einer Gleichung für Bingham-Fluide. Diese Gleichung ist nach Herschel und Bulkley benannt. Die folgende Tabelle fasst diese Werte zusammen:

Tabelle 4.1 Einteilung des rheologischen Verhaltens von Fluiden

Fluid	Vorfaktor K	Fließexponent n	Fließgrenze σ_0
Newtonsch	> 0	1	0
Strukturviskos	> 0	$0 < n < 1$	0
Dilatant	> 0	$1 < n < \infty$	0
Herschel-Bulkley-Fluid	> 0	$1 < n < \infty$	> 0
Bingham	> 0	1	> 0

Der Potenzansatz ist wegen seiner Einfachheit für die analytische Beschreibung von Strömungsproblemen besonders vorteilhaft. Allerdings kann er den bei ungefüllten Thermoplasten auftretenden Viskositätsverlauf in niedrigen Schergeschwindigkeitsbereichen (Plateau oder Newtonscher Bereich genannt) nicht beschreiben. Hier ist der unten beschriebene Carreau-Ansatz weit besser geeignet. Bei gefüllten Polymeren verläuft dagegen die Viskositätskurve häufig so, dass sie auch im Bereich niedriger Schergeschwindigkeiten mit dem Potenzansatz gut beschrieben werden kann. Insbesondere ist bei gefüllten Kautschuken oft selbst bei äußerst niedrigen Schergeschwindigkeiten kein Newtonsches Verhalten zu beobachten.

- *Carreau-Ansatz*

Carreau-Ansatz

Ein rheologisches Werkstoffmodell, das sowohl das Newtonsche Verhalten bei niedrigen Schergeschwindigkeiten als auch das strukturviskose Verhalten bei hohen Schergeschwindigkeiten in einer einzigen Gleichung beschreiben kann, ist der Carreau-Ansatz. Er enthält drei Werkstoffparameter und lautet:

$$\eta(\dot{\gamma}) = \frac{A}{\left(1 + B \cdot \dot{\gamma}\right)^C} \tag{4.9}$$

Hier beschreibt Parameter A die Nullviskosität (Viskosität bei $\dot{\gamma} \to 0$) und B die sogenannte reziproke Übergangsviskosität. Die Nullviskosität η_{0S} ist dabei der Wert, den die stationäre Viskosität bei sehr kleinen Schergeschwindigkeiten erreicht. Analog zu $n - 1$ im Potenzansatz entspricht der Parameter C der Steigung der Viskositätskurve (Bild 4.7). Es ist zu beachten, dass auch hier die beiden Diagrammachsen logarithmisch skaliert sind.

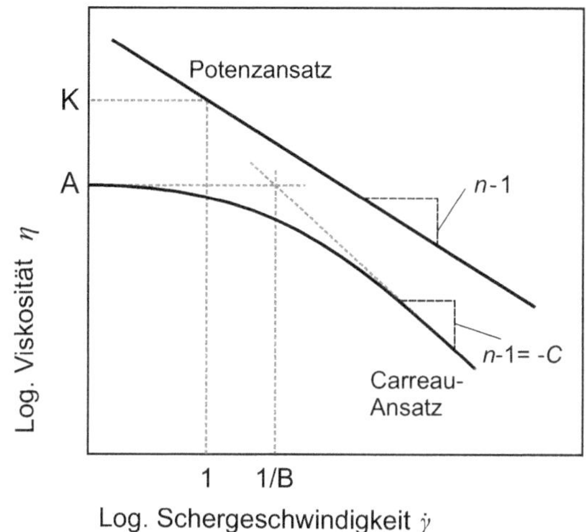

Bild 4.7 Potenzansatz und Carreau-Ansatz in doppelt-logarithmischer Auftragung

Da der Carreau-Ansatz sowohl den Newtonschen wie auch den strukturviskosen Bereich beschreibt, hat er für ungefüllte Thermoplastschmelzen gegenüber dem Potenzansatz einen beträchtlichen Vorteil. In Programmen zur Strömungssimulation ist meist neben dem Potenzansatz auch der Carreau-Ansatz verfügbar. Viskositätskurven für Thermoplaste sowie die zugehörigen Carreau-Parameter finden sich z. B. in der weltweit verbreiteten Werkstoffdatenbank CAMPUS. Diese Werte können als Anhaltspunkte genutzt werden, um die rheologischen Eigenschaften von gängigen Polymertypen im Rahmen der Simulation abzuschätzen. Für realitätsnähere Simulationsergebnisse müssen die Werkstoffeigenschaften jedoch individuell gemessen werden. An dieser Stelle sei nochmals darauf hingewiesen, dass bei dieser oft praktizierten Vorgehensweise von folgenden Annahmen ausgegangen wird: rein viskoses Verhalten (d. h. keine Elastizität), Wandhaftung, keine Fließgrenze, stationäre Strömung. Für weitere rheologische Modelle, die z. B. auch eine Fließgrenze berücksichtigen, wird auf die Literatur am Kapitelende verwiesen.

CAMPUS

4.1.2 Abhängigkeit der Viskosität von Temperatur und Druck

Bis hierher wurde lediglich der Einfluss der Schergeschwindigkeit auf die Viskosität dargestellt. Auf die Einflüsse von Temperatur, Druck und Füllstoffgehalt soll im Folgenden eingegangen werden. Bild 4.8 gibt schematisch einen Überblick und weist darüber hinaus auch noch auf die Einflussgrößen Molekulargewicht und Weichmachergehalt hin.

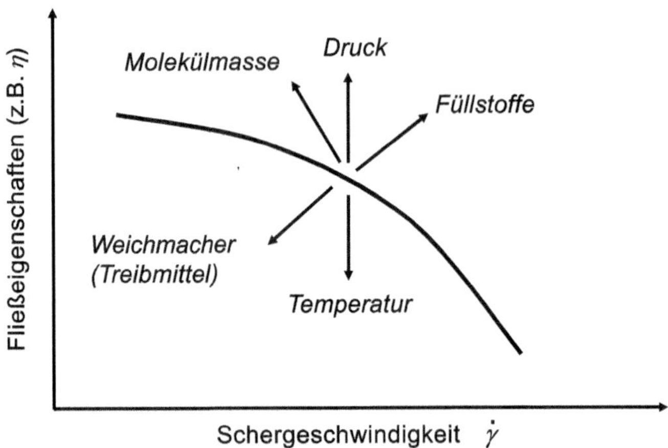

Bild 4.8 Einflüsse auf das Fließverhalten von Polymerschmelzen

4.1.2.1 Temperaturabhängigkeit

Die Abkühlung einer Schmelze bedingt eine Volumenänderung. Bild 5.3 bzw. Bild 5.20 zeigt, dass das spezifische Volumen bei einer Abkühlung der Schmelze bis zur Glasübergangstemperatur bei amorphen Thermoplasten ($T_{ET} = T_g$) bzw. der Kristallitschmelztemperatur T_m bei teilkristallinen Thermoplasten linear abnimmt. Bei amorphen Thermoplasten ändert sich von der Glasübergangstemperatur an die Steigung; das spezifische Volumen nimmt nun weniger stark ab. Das bedeutet, dass oberhalb der Glasübergangstemperatur mit steigender Temperatur zusätzlich sogenanntes „freies Volumen" entsteht, welches den Molekülketten Platzwechsel, d.h. Fließen ermöglicht, während unterhalb der Glasübergangstemperatur dieses freie Volumen jedoch nicht mehr zur Verfügung steht.

Während das Volumen mit der Temperatur linear zunimmt, fällt die Viskosität exponentiell ab.

$$\eta(T) = \eta_{0S} \cdot e^{B/T} \tag{4.10}$$

Trägt man für ein und dieselbe Polymerschmelze die Viskositätskurven doppeltlogarithmisch für jeweils unterschiedliche Temperaturen auf (Bild 4.9), so ändert sich zwar die Lage der Viskositätskurven im Diagramm je nach Temperatur, der qualitative Verlauf bleibt aber gleich.

Masterkurve

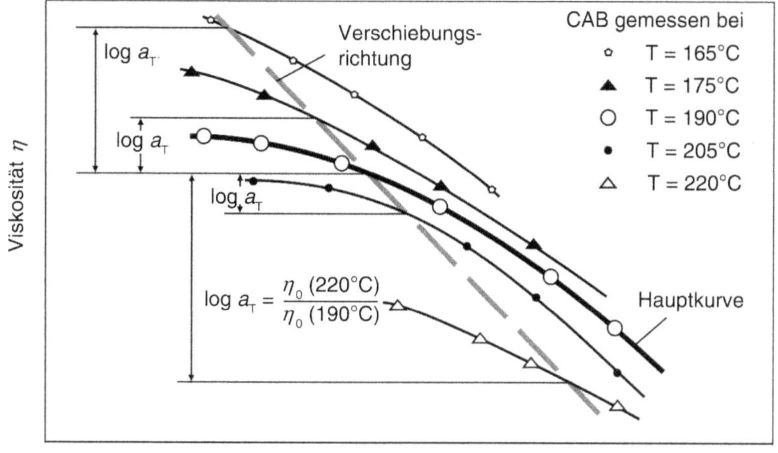

Bild 4.9 Viskositätsfunktion einer Kunststoffschmelze bei verschiedenen Temperaturen in doppelt-logarithmischer Auftragung

Zeit/Temperatur-Verschiebung

Es kann gezeigt werden, dass für fast alle Polymerschmelzen die Viskositätskurven bei verschiedenen Temperaturen in eine einzige temperaturunabhängige Masterkurve überführt werden können, indem die Viskosität durch den η_0-Wert der entsprechenden Temperatur dividiert und die Schergeschwindigkeit mit η_0 multipliziert wird. Grafisch bedeutet dies, dass die Kurven entlang einer Geraden mit der Steigung −1, d. h. entlang einer Linie konstanter Schubspannung $\eta \cdot \dot{\gamma}$, um die Strecke log $(\eta_0(T))$ nach rechts und gleichzeitig nach unten verschoben und ineinander überführt werden. Dieses Vorgehen wird Zeit-Temperatur-Verschiebung genannt. Das Zeit-Temperatur-Verschiebungsprinzip führt zur Auftragung der sogenannten reduzierten Viskosität η/η_0 über der Größe $\eta_0 \cdot \dot{\gamma}$. Das Ergebnis ist eine einzige für den Kunststoff charakteristische Funktion:

$$\frac{\eta(\dot{\gamma},T)}{\eta_0(T)} = f\left(\eta_0(T)\cdot\dot{\gamma}\right) \qquad (4.11)$$

Temperaturverschiebungsfaktor

Die Temperatur T ist hierbei als Bezugsgröße frei wählbar. Ist die Viskositätsfunktion für eine bestimmte Temperatur T gesucht, und nur die Masterkurve bzw. die Viskositätskurve bei einer zunächst willkürlichen Bezugstemperatur T_0 gegeben, muss eine Temperaturverschiebung durchgeführt werden, um den gewünschten Kurvenverlauf zu erhalten. Dabei ist aber zunächst nicht bekannt, um welchen Betrag die Viskositätskurve verschoben werden muss. Gesucht ist demnach der sogenannte Temperaturverschiebungsfaktor a_T.

$$a_T = \frac{\eta_0(T)}{\eta_0(T_0)} \quad \text{bzw.} \quad \log a_T = \log \frac{\eta_0(T)}{\eta_0(T_0)} \tag{4.12}$$

Der Logarithmus von a_T repräsentiert dabei die Strecke, um die die Viskositätskurve der Bezugstemperatur T_0 jeweils in Richtung der Koordinatenachsen verschoben werden muss, um auf die Masterkurve verschoben zu werden. Diesen Zusammenhang stellt das Bild 4.10 dar.

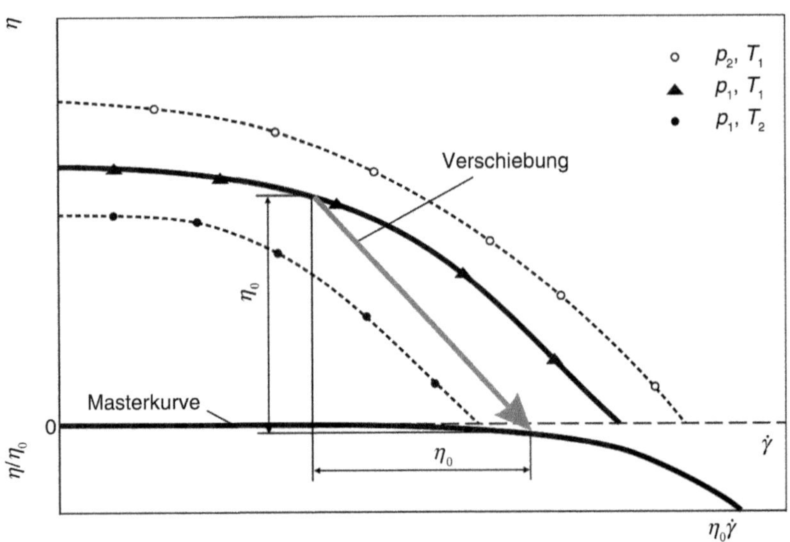

Bild 4.10 Zeit/Temperatur-Verschiebungsprinzip (doppelt-logarithmische Auftragung)

Mathematische Modellierung der Temperaturverschiebung

Zur Berechnung des Temperaturverschiebungsfaktors existieren verschiedene Ansätze, von denen im Folgenden die beiden in der Kunststofftechnik wichtigsten – der Arrhenius-Ansatz und die Gleichung nach [Williams, Landel und Ferry] (WLF-Gleichung) – dargestellt werden sollen.

- *Arrhenius-Ansatz*

Arrhenius-Ansatz

Der Arrhenius-Ansatz lässt sich aus Betrachtungen eines rein thermisch aktivierten Platzwechselprozesses von Molekülen herleiten:

$$\log a_T = \log \frac{\eta_0(T)}{\eta_0(T_0)} = \frac{E_0}{R} \cdot \left(\frac{1}{T} - \frac{1}{T_0} \right) \tag{4.13}$$

Dabei sind E_0 die materialspezifische Fließaktivierungsenergie [J/mol] und R die universelle Gaskonstante mit $R = 8{,}314$ [J/(mol · K)]. Der Arrhenius-Ansatz eignet sich insbesondere zur Beschreibung der Temperaturabhängigkeit der Viskosität von *teilkristallinen* Thermoplasten. Für amorphe Thermoplaste ist der Arrhenius-Ansatz nur 100 °C oberhalb der Glasübergangstemperatur sinnvoll anwendbar, da unterhalb der Effekt des freien Volumens das Verhalten bestimmt.

- *WLF-Gleichung*

Williams, Landel und Ferry fanden 1955 eine der in der Kunststofftechnik wichtigsten Gleichungen, die übrigens nicht nur für die Beschreibung des Temperatureinflusses auf die Viskosität verwendet wird. Die WLF-Gleichung ist eine Konsequenz des Zeit-Temperatur-Verschiebungsprinzips, welches mathematisch eine Anwendung des Boltzmannschen Superpositionsprinzips darstellt. Letzteres dient zur Beschreibung des linear-viskoelastischen Verhaltens der Kunststoffe.

$$\log a_T = \log\left(\frac{\eta(T)}{\eta(T_S)}\right) = -\frac{C_1 \cdot (T - T_S)}{C_2 + (T - T_S)} \tag{4.14}$$

WLF-Ansatz

Die Viskosität $\eta(T)$ bei einer Temperatur T wird mit der Viskosität bei der Standardtemperatur T_S verknüpft. T_S wird mittels der Faustregel $T_S \approx T_g + 50\,°C$ ermittelt, wobei T_g die Glasübergangstemperatur ist. Für C_1 und C_2 werden meist die Werte $C_1 = 8{,}86$ und $C_2 = 101{,}6$ angegeben [Williams, Landel, Ferry]. Diese Zahlen haben aber keine theoretische Grundlage, sondern wurden empirisch ermittelt. Sie können für eine größere Anzahl von Polymeren zu einer brauchbaren Abschätzung dienen. Für eine genauere Beschreibung sollten C_1 und C_2 für die jeweils vorliegenden Polymere aus gemessenen Temperaturverschiebungsfaktoren mittels HKR-Messungen bestimmt werden. Zur Bestimmung von Glasübergangs- und Erweichungstemperaturen wird auf Kapitel 8 (Thermische Eigenschaften und Analyse) verwiesen.

Die starke Abhängigkeit der Fließfähigkeit von der Temperatur ist noch einmal in Bild 4.11 schematisch und in Bild 4.12 für verschiedene Thermoplaste dargestellt. Man kann erkennen, dass teilkristalline Kunststoffe spontan relativ dünnflüssig aufschmelzen, sobald die Kristallitschmelztemperatur T_m überschritten wird.

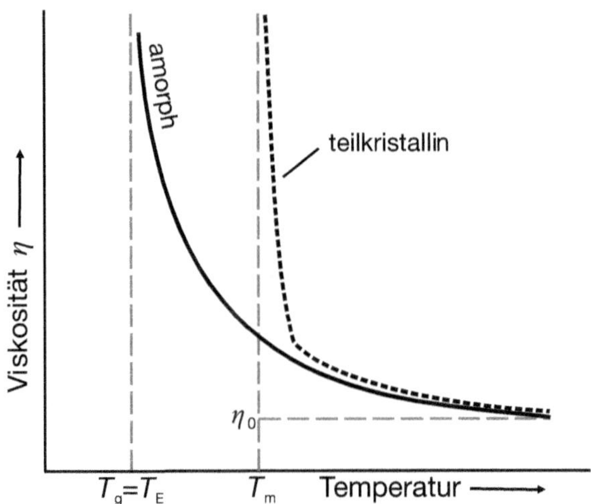

Bild 4.11 Schematische Temperaturabhängigkeit der Viskosität (logarithmisch)

In Bild 4.12 ist der Differentialquotient d log η/dT der WLF-Funktion aus Formel 4.14über der Temperaturdifferenz zwischen Schmelztemperatur T_m und Erweichungstemperatur T_E aufgetragen. Die Messpunkte stammen von unterschiedlichen Kunststoffen. Dabei ist besonders bemerkenswert, dass die teilkristallinen Kunststoffe bei Temperaturen verarbeitet werden müssen, die weit über der Glasübergangstemperatur liegen – wegen der weit über der Glasübergangstemperatur liegenden Kristallitschmelztemperatur. Diese Schmelzen sind daher hinsichtlich der Viskosität weniger von der Temperatur abhängig. Die Umformtemperaturen für amorphe Thermoplaste liegen ca. 20 – 50 °C über der Schmelztemperatur T_m und für teilkristalline ca. 100 °C über T_g.

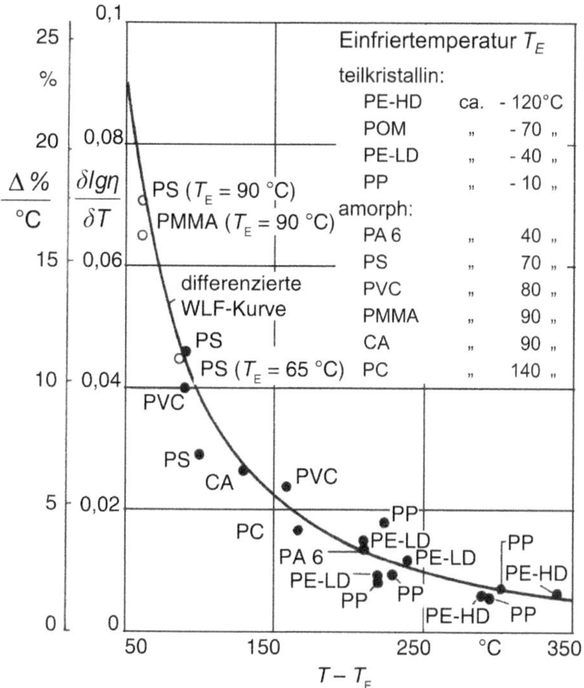

Bild 4.12 Viskositätsänderungen als Funktion der Differenz zwischen Masse- und Glasübergangstemperatur [nach Wübken]

Druckabhängigkeit

Die Viskosität weist außer einer Temperatur- auch eine Druckabhängigkeit auf. Zunehmender hydrostatischer Druck in der Schmelze vermindert die Fließfähigkeit, die Glasübergangstemperatur wird nach oben verschoben und das freie Volumen nimmt ab.

Während eine Druckerhöhung zu einer Verminderung der Fließfähigkeit führt, wird bei einer Temperaturerhöhung die Fließfähigkeit verbessert. Mit dem zunehmenden hydrostatischen Druck p wird das freie Volumen vermindert, sodass die Beweglichkeit der Molekülketten abnehmen muss, gleichzeitig steigt die Viskosität. Dieser Zusammenhang wird in der Formel 4.15 dargestellt.

$$\eta = \eta_{0S} \cdot e^{C \cdot p} \tag{4.15}$$

Es muss nun eine Beschreibungsform gefunden werden, die den Einfluss des Druckes gemeinsam mit dem der Temperatur ausdrückt. Dies gelingt über die Glasübergangstemperatur T_g, denn die Beweglichkeit der Moleküle entsteht erst nach deren Überschreiten. Wenn die Glasübergangstemperatur als Bezugstemperatur benutzt wird, ergibt sich ein einheitlicher Bezugspunkt. Da die Glasübergangstemperatur auch vom hydrostatischen Druck abhängt, kann somit auch dessen Einfluss mit einbezogen werden. Da dieser Einfluss bei allen Thermoplastschmelzen nahezu gleich ist, lässt er sich wie folgt abschätzen [Hopmann, Michaeli]:

$$T_g(p) = T_g(1bar) + t \cdot p \quad mit\, 0{,}020 \le t \le 0{,}025 \tag{4.16}$$

Die Größe dieser Verschiebung ist bei verschiedenen Thermoplasten unterschiedlich, wie man Bild 4.13 entnimmt. Die Druckabhängigkeit lässt sich leicht in die WLF-Gleichung einbauen (vgl. Formel 4.11), indem die Standardtemperatur, d. h. die Bezugstemperatur, entsprechend der Druckänderung verschoben wird.

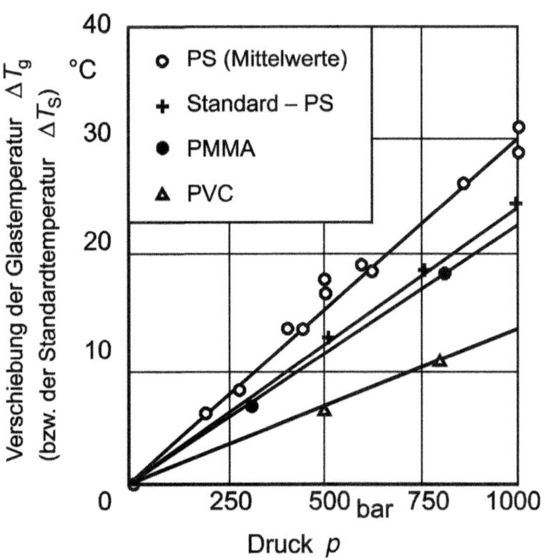

Bild 4.13 Verschiebung der Glasübergangstemperatur durch hydrostatischen Druck

4.1.3 Abhängigkeit vom Füllstoffgehalt

Kunststoffe mit Füllstoffen

Um ihre Viskosität aus der Viskosität der ungefüllten Schmelze auch ohne Messung schnell abschätzen zu können, wurde eine einfache, bewährte Methode entwickelt [Geisbüsch]. Die Füllstoffpartikel werden nur passiv von der Strömung mitgeschleppt, jedoch nicht selbst geschert. Das Polymer zwischen den Füllstoffpartikeln erfährt eine entsprechend höhere Schergeschwindigkeit. Um dies zu berücksichtigen, wird die Schergeschwindigkeit in der gefüllten Schmelze um einen Faktor *k* höher angesetzt als in der ungefüllten.

Für die Viskosität der gefüllten Schmelze $\eta_{\text{gef}}(\dot{\gamma})$ wird folgende Gleichung angesetzt (vgl. Bild 4.14):

$$\eta_{gef}(\dot{\gamma}) \approx k \cdot \eta_{ungef}(k \cdot \dot{\gamma}) \tag{4.17}$$

Für große $\dot{\gamma}$ gilt näherungsweise:

$$\eta_{gef}(\dot{\gamma}) = \frac{\tau_0}{\dot{\gamma}} + k \cdot \eta_{ungef}(k \cdot \dot{\gamma}) \tag{4.18}$$

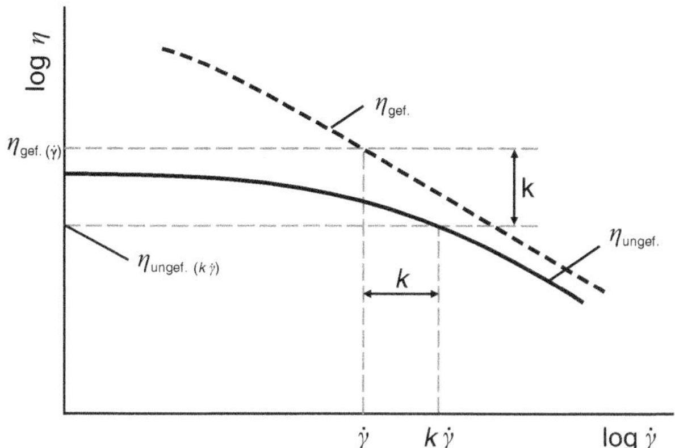

Bild 4.14 Berechnung der Viskosität einer gefüllten Schmelze aus der ungefüllten [nach Geisbüsch]

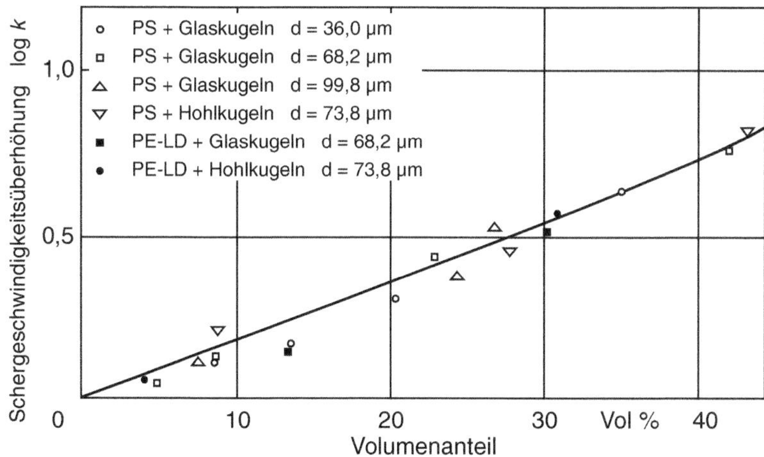

Bild 4.15 Schergeschwindigkeitsüberhöhung in Abhängigkeit vom Füllstoffgehalt

Einstein-Guth-Gold-Beziehung

Darin ist τ_0 die Fließgrenze, die bei niedrigen Schergeschwindigkeiten großen, bei hohen Geschwindigkeiten jedoch vernachlässigbaren Einfluss hat. Der Faktor k ist in halblogarithmischer Auftragung eine nahezu lineare Funktion des Volumenanteils Füllstoff, wie Bild 4.15 zeigt. Für kleine Volumengehalte (< 10 Vol.%) rechnet man relativ genau mit der Einstein-Guth-Gold-Beziehung und dem Füllstoffvolumenanteil c:

$$\frac{\eta_{gef}}{\eta_{ungef}} = 1 + c^2 \qquad (4.19)$$

4.1.4 Druckströmungen in einfachen Fließkanälen

Druck-Durchsatz-Beziehung

Häufig treten in Kunststoffverarbeitungsmaschinen durch ein Druckgefälle getriebene Strömungen auf, z. B. in Schmelzeverteilerkanälen von Spritzgießwerkzeugen oder in Extrusionsdüsen. Zur Auslegung solcher Fließkanäle wie auch zur Auswertung von Messungen mit Kapillarrheometern (Abschnitt 4.5.1) werden Druck-Durchsatz-Beziehungen benötigt, in denen neben der Fließkanalgeometrie die Viskositätsfunktion enthalten ist. Für geometrisch einfache Kanalformen, wie Schlitz-, Rund- oder Ringspaltkanäle, existieren für diese Beziehungen einfache analytisch lösbare Gleichungen. Am Beispiel der Strömung durch einen kreisrunden Kanal (Rohrströmung) soll aufgezeigt werden, welche Besonderheiten bei der Berechnung von Volumenströmen und von Geschwindigkeitsverteilungen über dem Kanalquerschnitt entstehen.

Schubspannungsverlauf

Ausgangspunkt ist die Gleichung für die Verteilung der Schubspannung über dem kreisförmigen Fließquerschnitt (Formel 4.20). Diese Schubspannungsverteilung hängt vom Druckgefälle in Fließrichtung ab. Die Herleitung von Formel 4.20 basiert auf einer Impulsbilanz (Bilanz der Drücke und Schubspannungen).

$$\tau(r) = \frac{\Delta p}{2L} \cdot r \qquad (4.20)$$

Schergeschwindigkeitsverlauf

Dabei sind L die Länge und r der Radius des Rohres. Dieser Verlauf ergibt sich allein aus der Kräftebilanz und ist unabhängig vom rheologischen Verhalten (d. h. von der Fließkurve) des Fluids. Das zugehörige Schubspannungsprofil ist in Bild 4.16 links dargestellt. Der Maximalwert an der Wand wird Wandschubspannung genannt.

Im Gegensatz zum Schubspannungsverlauf ist der Schergeschwindigkeitsverlauf materialabhängig und kann für den einfachsten Fall der Newtonschen Flüssigkeit direkt aus dem Volumenstrom bestimmt werden. Aus der Hagen-Poiseuilleschen Gleichung folgt:

$$\dot{\gamma}_{Newtonsch}(r) = \frac{4\dot{V}}{\pi R^4} \cdot r \qquad (4.21)$$

Rohrströmung

Für Newtonsche Fluide kann nun bei Kenntnis der Viskosität mit Formel 4.2 , Formel 4.20 und Formel 4.21 nach Hagen-Poiseuille die Druck-Durchsatz-Beziehung für Rohrströmungen angegeben werden:

$$\Delta p = \frac{8\dot{V}L\eta_{Newtonsch}}{\pi R^4} \tag{4.22}$$

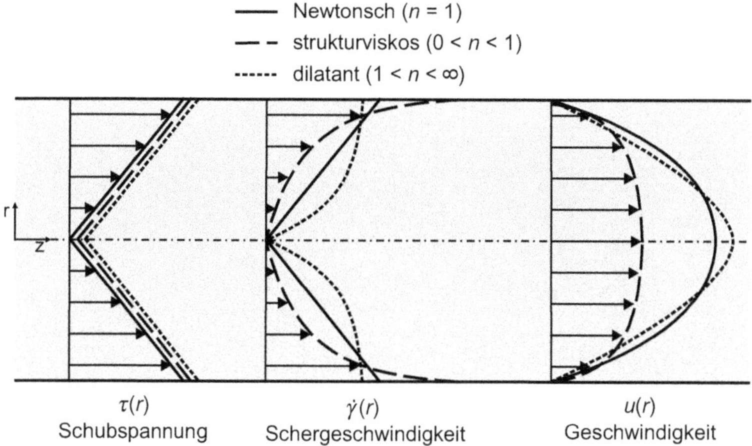

Bild 4.16 Beispiele für die Profile von Schubspannung, Schergeschwindigkeit und Geschwindigkeit bei einer druckgetriebenen Rohrströmung [nach Kohlgrüber/Hepperle]

Bei strukturviskosen Fluiden ist der Verlauf der Schergeschwindigkeit über dem Kanalquerschnitt nicht linear, er wird von der Fließkurve bestimmt. Es ist nicht mehr möglich, die Druck-Durchsatz-Beziehung analytisch herzuleiten. Um dennoch mit einer analytischen Lösung arbeiten zu können, bietet sich ein einfaches Näherungsverfahren nach Schümmer an, mit dem auch für strukturviskose Flüssigkeiten die Druckverlust-Durchsatz-Beziehung mit recht hoher Genauigkeit ermittelt werden kann. Dieses unten erläuterte Verfahren wird Konzept der repräsentativen Viskosität genannt.

Bild 4.16 zeigt auch die unterschiedlichen Geschwindigkeitsprofile für Newtonsche, strukturviskose und dilatante Flüssigkeiten. Man beachte, dass die Fläche unter der Geschwindigkeitskurve dem Volumenstrom entspricht. Aus dem Volumenstrom folgt durch Multiplikation mit der Dichte unmittelbar der Massedurchsatz.

Das Konzept der repräsentativen Viskosität

repräsentative Viskosität

Die repräsentative Viskosität ergibt sich aus einem Fließvergleich eines Newtonschen Fluids mit einem strukturviskosen Fluid. Unter der Annahme, dass beide Fluide bei gleicher Druckdifferenz den gleichen Volumenstrom erzeugen, erzwingt die Strukturviskosität, dass das strukturviskose Fluid in der Mitte des Fließkanals langsamer, am Rande des Fließkanals aber schneller fließt als das Newtonsche Fluid (Bild 4.17). Daraus folgt, dass es eine Stelle geben muss, an der beide Schergeschwindigkeiten gleich groß sind. Diese Stelle wird repräsentative Stelle r_{rep} genannt. Die Viskosität und die Schergeschwindigkeit werden hier ebenfalls als repräsentativ bezeichnet. Der Verlauf der Schubspannung ist aufgrund des gleichen Druckverlustes für beide Fluide gleich. Die Schergeschwindigkeitsverläufe sind in Bild 4.17 dargestellt.

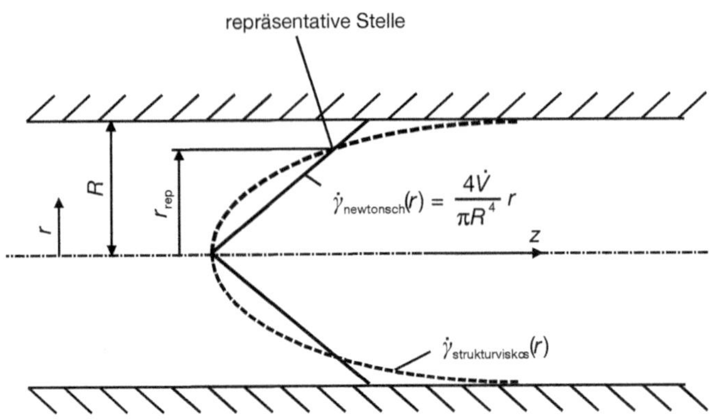

Bild 4.17 Konzept der repräsentativen Viskosität [nach Schümmer]

Für fast alle in der Praxis der Kunststofftechnik relevanten Thermoplaste bleibt die Lage dieser repräsentativen Stelle nahezu unverändert. Für die Rohrströmung gab Schümmer für das Verhältnis von repräsentativer Stelle r_{rep} zum Rohrradius R an:

$$e_0 = \frac{r_{rep}}{R} \approx \frac{\pi}{4} \tag{4.23}$$

Obwohl der Wert e_0 empirisch ermittelt wurde und keine physikalische Begründung hat, ist er für die meisten Thermoplaste als Näherungswert gut geeignet.

Genauere Abschätzungen lassen sich bei Giesekus und Langer finden. Damit ist die Berechnung der Schergeschwindigkeit des strukturviskosen Fluids an der repräsentativen Stelle mit Formel 4.21 möglich:

$$\dot{\gamma}_{rep} = \dot{\gamma}_{Newtonsch}\left(r_{rep}\right) = \frac{4\dot{V}}{\pi R^3} \cdot e_0 \tag{4.24}$$

Die Viskosität an der repräsentativen Stelle η_{rep} lässt sich nun über ein Viskositätsdiagramm oder eines der in Abschnitt 5.1.1 vorgestellten Modelle bestimmen. Mithilfe von Formel 4.20, Formel 4.21 und Formel 4.22 ergibt sich somit:

$$\Delta p = \frac{8\dot{V}L\eta\left(\dot{\gamma}_{rep}\right)}{\pi R^4} \tag{4.25}$$

Die für die Rohrgeometrie dargestellte Methode zur Erfassung des Durchflussverhaltens kann analog auf die Geometrie des Schlitzes und des Ringspalts übertragen werden. Eine Zusammenstellung der Grundgleichungen für die angesprochenen Systeme ist in Tabelle 4.2 zu finden.

Tabelle 4.2 Grundgleichungen zur Düsenauslegung mit repräsentativen Größen

Geometrie	Substitution	repräsentative Schergeschwindigkeit	Druckverlust/Länge $\Delta p/l$
Rohr		$\frac{4\dot{V}}{\pi R^3} \cdot 0{,}815$	$\frac{8\eta_{rep}\dot{V}}{\pi R^4}$
Ringspalt	$\bar{R} = R_a\left(1+k^2+\frac{1-k^2}{\ln k}\right)^{\frac{1}{2}}$ $k = \frac{R_i}{R_a}$	$\frac{\dot{V}}{\left(R_a^2 - R_i^2\right)\bar{R}}$	$\frac{8\eta_{rep}\dot{V}}{\pi\left(R_a^2 - R_i^2\right)\bar{R}^2}$
Schlitz		$\frac{6\dot{V}}{BH^2} \cdot 0{,}722$	$\frac{12\eta_{rep}\dot{V}}{BH^3}$

Voraussetzung für die Anwendbarkeit dieser Berechnungsverfahren ist das Vorliegen thermisch homogener Schmelzen. Die angegebenen Beziehungen lassen sich ebenso verwenden, um bei einem Kapillarrheometerversuch aus den gemessenen Werten für Volumenstrom und Druckverlust die unbekannte Viskosität zu ermitteln.

4.1.5 Erwärmung infolge von Scherung

Bei allen hochviskosen Flüssigkeiten muss für den Fließprozess erhebliche mechanische Energie aufgewendet werden, die in Wärme umgesetzt wird. Eine schnelle Abfuhr dieser Wärme durch Wärmeleitung hin zu der kälteren Fließkanalwand ist bei Polymeren wegen der niedrigen Wärmeleitfähigkeit nicht möglich. Folglich kann es bei höheren Schergeschwindigkeiten zu einer beträchtlichen Erwärmung der Schmelze kommen. Es wird angenommen, dass diese Energie nicht an die Wände des Fließkanals abgegeben wird, sondern für die Temperaturerhöhung zur Verfügung steht. Man kann auch von einer inneren Wärmequelle sprechen. Bei gefüllten Schmelzen kommt wegen der erhöhten Viskosität dieser Effekt noch stärker zur Wirkung als bei ungefüllten. Die volumenspezifische Dissipationsleistung $\dot{e}$ ist:

$$\dot{e} = \eta \cdot \dot{\gamma}^2 \quad \left(\text{in W/m}^3\right) \tag{4.26}$$

Diese nützliche Gleichung wird wie folgt hergeleitet: Ein quaderförmiges Fluidelement wird durch eine Schubspannung geschert, die dafür aufgewendete Energie wird durch das Elementvolumen dividiert. Die pro Zeiteinheit aufgebrachte Energie ist die Leistung für diese kontinuierliche Scherdeformation. Mittels der Definition der Scherviskosität wird die Schubspannung durch die Viskosität ersetzt und man erhält die Formel 4.26 .

Die resultierende Temperaturerhöhung einer Schmelze kann in den Fällen, in denen man adiabate Verhältnisse ansetzen kann - wie beim Durchströmen einer Düse mit einem geringen Unterschied zwischen Schmelzetemperatur und Wandtemperatur - nach dem Energieerhaltungssatz wie folgt abgeschätzt werden:

$$\Delta T = \frac{\dot{V} \cdot dp}{\dot{m} \cdot c_p} \cong \frac{\Delta p}{\rho(T) \cdot c_p(T)} \tag{4.27}$$

Mit Δp = Druckgefälle in der Düse, ρ = Dichte der Schmelze, c_p = Wärmekapazität der Schmelze.

4.1.6 Schergeschwindigkeitsbereiche in Verarbeitungsprozessen

Die Größenordnung der Schergeschwindigkeitsbereiche

Die bei verschiedenen Kunststoffverarbeitungsprozessen auftretenden Schergeschwindigkeiten sind in ihrer Größenordnung recht unterschiedlich, wie Tabelle 4.3 zeigt. Diese Werte stellen über den Fließkanalquerschnitt gemittelte Schergeschwindigkeiten dar.

Tabelle 4.3 Schergeschwindigkeitsbereiche typischer Verarbeitungsverfahren

Verarbeitungsprozess	Schergeschwindigkeitsbereich
Pressen	10^1 s^{-1}
Kalandrieren	10^1 bis 10^2 s^{-1}
Extrudieren (Werkzeug)	10^3 bis 10^4 s^{-1}
Spritzgießen	10^4 bis 10^6 s^{-1}

Verarbeitungstemperaturen und Viskositäten

Polymere mit Viskositäten der Größenordnungen < 10 Pa · s sind zu dünnflüssig für die Verarbeitung mit Schneckenmaschinen; sie erfordern andere Verarbeitungsmethoden, wie z. B. das Rakeln bei Plastisolen. Viskositäten von $> 10^4$ Pa · s (zähflüssig) lassen sich durch Schneckenmaschinen nur noch schwer verarbeiten.

Bild 4.18 zeigt exemplarisch Viskositätsniveau und Viskositätsverlauf für einige technische Thermoplaste im Verarbeitungstemperaturbereich.

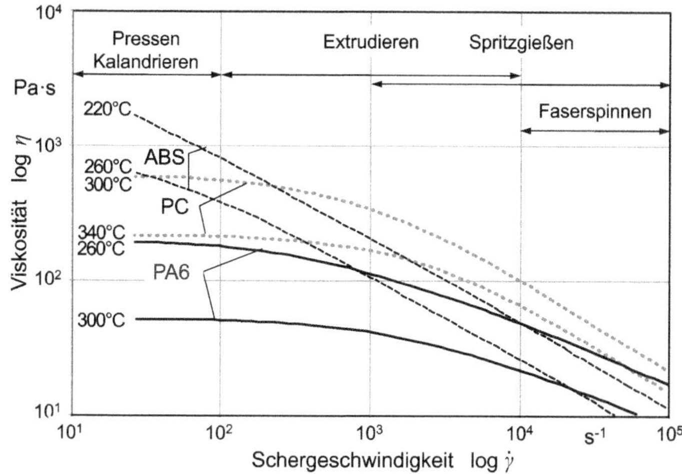

Bild 4.18 Viskositäten einiger Thermoplaste

Für das Spritzgießen werden niedrigviskose Schmelzen bevorzugt, da hier häufig kleine Fließkanalquerschnitte verwendet werden und hohe Volumenströme auftreten. Für das Extrudieren oder Extrusionsblasformen werden typischerweise hochviskose Thermoplaste eingesetzt, da beim Austritt aus der Düse oft eine gewisse Steifigkeit der Schmelze gegeben sein muss. Die Schmelze darf nicht außerhalb geschlossener Fließkanäle unter ihrem Eigengewicht wegfließen, sondern muss in der vom Düsenaustrittsquerschnitt gegebenen Form bleiben. Mit „Schmelzefestigkeit" wird in der Praxis eine Eigenschaft bezeichnet, die sich von der idealtypischen Eigenschaft einer Flüssigkeit (rein viskoses Verhalten) klar unterscheidet. Es geht hier um ein Eigenschaftsbild, das zwischen flüssig und fest einzuordnen ist. Zunächst soll auf die Unterscheidung zwischen Scherströmung und Dehnströmung eingegangen werden.

Extrusion, Spritzgießen

4.2 Überlagerung von Scher- und Dehnströmung

Fließeigenschaften von Kunststoffschmelzen werden fast immer in Fließkanälen mit konstantem Querschnitt gemessen, z. B. im Kapillarrheometer. Die so gemessene Viskosität bezieht sich daher grundsätzlich nur auf Fließen unter reiner Scherung. Sie wird Scherviskosität genannt und enthält keine Information über das rheologische Verhalten unter Dehnung.

Nun ist aber die Kombination von Scher- und Dehndeformation charakteristisch für alle konvergierenden Strömungen, wie sie z. B. bei Extrusionswerkzeugen fast immer vorkommen. Hier strömt das Fluid durch Kanäle mit variablem Querschnitt, es können sogar abrupte Querschnittsübergänge vorkommen. Man spricht von konvergierender Strömung in einem sich verengenden Kanal, bei der sich Scher- und Dehnströmung überlagern. Reine Dehnung findet in einer konvergierenden Strömung nur entlang der in der Mitte verlaufenden Bahnlinie statt. Beispiele sind das Verstrecken von Folien (uniaxiale und biaxiale Dehnung), das Faserspinnen, das Thermoformen, das Extrusionsblasformen und das Streckblasen.

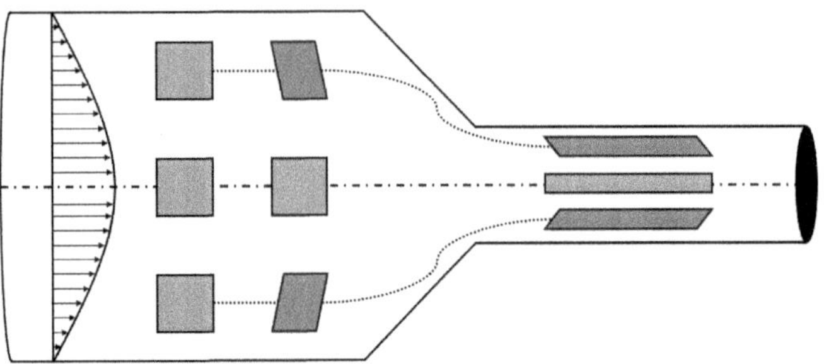

Bild 4.19 Überlagerung von Scher- und Dehnströmung im konvergierenden Fließkanal

Darüber hinaus ist zu bedenken, dass bei dreidimensionalen Strömungen z. B. in Profilextrusionswerkzeugen für die detailliertere Strömungssimulation streng genommen eine Darstellung der Viskosität in tensorieller Form wünschenswert wäre. Die Messung aller einzelnen Werte eines Viskositätstensors ist aber praktisch nicht möglich.

Im Kapillarrheometer wie auch beim Schmelzindexmessgerät liegt beim Einströmen in die Messkapillare ein abrupter Querschnittsübergang vor, was zu einer Kombination von Scher- und Dehnströmung führt. In der Messkapillare selbst herrscht dagegen eine reine Scherströmung, der Druckabfall wird nur in der Messkapillare selbst gemessen.

Die Information über das Fließverhalten unter Dehndeformation kann streng genommen nur mittels solcher Rheometerversuche gewonnen werden, bei denen entweder reine Dehndeformation herrscht oder eine wohldefinierte Kombination von Scherung und Dehnung. Methoden zur Beschreibung der letztgenannten Strömungen wurden von Cogswell und Binding entwickelt [Morrison]. Um dies zu ermöglichen, müssen bestimmte Annahmen getroffen werden. Methoden zur Bestimmung der Dehnviskosität sind in Abschnitt 4.5.4 beschrieben.

Dehnviskosität

$$\mu = \frac{\sigma}{\dot{\varepsilon}} \tag{4.28}$$

Die Dehn- oder Troutonviskosität ist bei niedrigen Schergeschwindigkeiten mit der Scherviskosität über folgende Gleichung verknüpft:

$$\mu = 3\eta \tag{4.29}$$

Wird für die Schmelze Inkompressibilität und Newtonsches Verhalten angenommen, so ist diese Beziehung direkt analytisch herzuleiten. Im Bereich höherer Schergeschwindigkeiten kann die Kurve der Dehnviskosität bei Polymerschmelzen allerdings einen deutlich anderen Verlauf annehmen und sogar abschnittsweise dilatantes Verhalten aufweisen. Als Beispiel sei der Verlauf der Scher- und Dehnviskosität eines PE-LD in Bild 4.20 gezeigt.

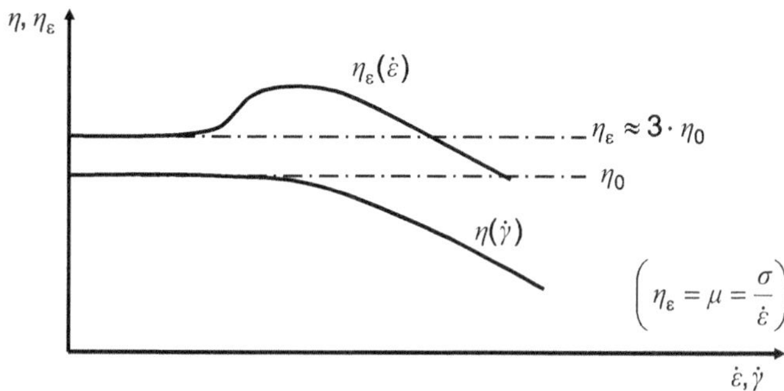

Bild 4.20 Scher- und Dehnviskosität eines PE-LD [nach Pahl]

$$\varepsilon = \frac{l}{l_0} - 1 \tag{4.30}$$ Dehnungsmaße

und die natürliche oder Hencky-Dehnung.

$$\varepsilon = \ln\left(\frac{l}{l_0}\right) \tag{4.31}$$

Dabei ist l die aktuelle Länge des Schmelzeteilchens und l_0 die Anfangslänge. Beide Deformationsmaße liefern für kleine Dehnungen den gleichen Wert; für große Dehnungen wird häufig die natürliche Dehnung verwendet.

Wie bei der Scherviskosität beziehen sich die oben genannten Gleichungen auf eine stationäre Dehngeschwindigkeit. Diese ist aber in der Realität praktisch nicht zu finden, da hierfür beispielsweise ein kreisrunder Schmelzestrang bei Verwendung der natürlichen Dehnung mit einem exponentiellen Geschwindigkeitsverlauf gedehnt werden müsste. Zudem ändert sich beim Schmelzespinnen aufgrund von Strangaufweitung und Geschwindigkeitsumlagerungen am Austritt die Querschnittsfläche des Schmelzestrangs in Fließrichtung, sodass keine konstante Dehngeschwindigkeit vorliegt.

Dehnverfestigung

Als Beispiel dient dabei das in Bild 4.21 dargestellte Verhalten einer PE-Schmelze. Bei Dehnversuchen mit konstanten Dehngeschwindigkeiten ist der Anfangsbereich der Kurve für die zeitabhängige Dehnviskosität unabhängig von der Dehngeschwindigkeit. Bei höheren Dehngeschwindigkeiten tritt dann der Effekt der Dehnverfestigung auf. Dies zeigt sich im früheren Anstieg der Dehnviskosität mit steigender Dehngeschwindigkeit.

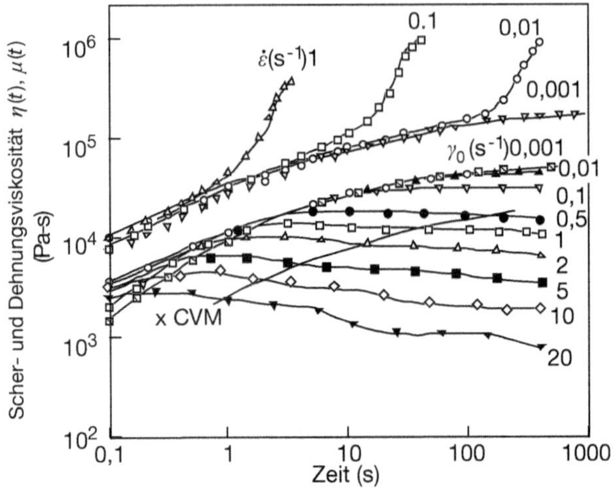

Bild 4.21 Anlaufen von Scher- und Dehnströmungen [nach Meißner]

■ 4.3 Viskoelastische Kunststoffschmelzen

Die Eigenschaft der Viskoelastizität von Polymerschmelzen hat bei den Thermoplasten eine besondere Bedeutung. In manchen Fällen ist es zwingend, den elastischen Anteil der rheologischen Eigenschaften zu berücksichtigen, in vielen anderen Fällen dagegen kann die Elastizität vernachlässigt werden. Diese Fallunterscheidung erfordert ein solides Grundverständnis des rheologischen Verhaltens der Werkstoffe sowie eine fundierte Einschätzung der jeweiligen zu betrachtenden Teilprozesse eines Verarbeitungsprozesses. Weiter unten wird darauf eingegangen, wie die Relevanz der elastischen Eigenschaften gegenüber den viskosen Eigenschaften im konkreten Fall beurteilt werden kann.

Viskoelastizität muss in der Werkstoffkunde der Kunststoffe übergreifend betrachtet werden, d.h. man hat mit viskoelastischen Schmelzen und ebenso mit viskoelastischen Festkörpern, sprich Bauteilen, zu tun. Die Viskoelastizität der festen Kunststoffe im festen Zustand wird in Kapitel 6 behandelt.

Bei der Fertigung von Thermoplast-Produkten wird die ausgeformte Schmelze zu einem Festkörper, d. h. es findet eine Materialverfestigung durch Erstarren statt. Dabei werden verschiedene rheologische Zustände durchlaufen. Die mathematische Beschreibung des Materialverhaltens ausgehend von der viskoelastischen Schmelze, die im Verlauf eines Abkühl- und Erstarrungsprozesses über Zwischenzustände in den Zustand eines abgekühlten fertigen Bauteils mit viskoelastischen Eigenschaften gelangt, muss kongruent sein. Die Rheologie bietet dafür die theoretische Grundlage, die Messmethoden und Messgeräte sind heute umfangreich vorhanden und können auch in der industriellen Praxis genutzt werden. Für die Ermittlung der Materialkennwerte zum viskoelastischen Verhalten sind Messungen unter schwingender Scherbeanspruchung notwendig.

Simulationsprogramme, die das Kriechverhalten von Bauteilen oder Schmelzen unter Belastung modellieren, benötigen stets eine geeignete mathematische Beschreibung des viskoelastischen Werkstoffverhaltens im jeweiligen Temperaturbereich.

Es ist eine wichtige Frage, wann eine Kunststoffschmelze noch vereinfacht als rein viskos betrachtet werden kann, und wann dagegen das wesentlich komplexere viskoelastische Verhalten beschrieben werden muss. Elastische Effekte zeigen sich sehr deutlich bei verschiedenen Verarbeitungsprozessen, so z. B. in der Extrusion beim Schwellen eines aus der Düse austretenden Schmelzestrangs. Ebenso wird das elastische Verhalten erkennbar bei der Längung des senkrecht hängenden Schmelzeschlauchs beim Extrusionsblasformen, beim Durchhang des warmen Halbzeugs beim Thermoformen, oder es zeigt sich in Form von unerwünschten Störungen an der Oberfläche von Extrudaten bei höheren Massedurchsätzen.

In solchen Fällen muss schon bei der Materialcharakterisierung die Viskosität als komplexe Größe erfasst werden, d. h. die Materialparameter für die Eigenschaften „viskos“ und „elastisch“ müssen in der mathematischen Darstellung unabhängig voneinander repräsentiert werden. Gleichzeitig muss ihr physikalischer Zusammenhang mathematisch darstellbar sein, so ist z. B. das Verhältnis des elastischen Anteils der Viskosität zum viskosen Anteil in Abhängigkeit von der Deformationsgeschwindigkeit eine wichtige Größe.

Eine andere Situation liegt bei Schmelzeströmungen in geschlossenen Fließkanälen vor. Hier ist es meist ausreichend, von dem einfacheren Fall des rein viskosen Materialverhaltens auszugehen und damit die Elastizität zu ignorieren. Dadurch wird die mathematische Beschreibung der rheologischen Eigenschaften stark vereinfacht und natürlich ist auch der Aufwand für die Materialdatenermittlung stark reduziert.

4.3.1 Viskoelastische Eigenschaften und ihre Beschreibung

Es geht bei den Schmelzefließvorgängen nicht nur darum, die Makromoleküle gegeneinander zu bewegen und dabei einen Widerstand - der sich in der Viskosität widerspiegelt - zu überwinden. Es geht auch um die Veränderung von Gestalt und Anordnung der Molekülknäuel sowie um das Lösen oder Neubilden von Verschlaufungen zwischen Molekülketten, was sich in elastischen Phänomenen widerspiegelt. Die Beschreibung dieser Vorgänge ist Gegenstand der Polymerphysik. Die in der strömenden Schmelze herrschenden Kräfte führen zu einer Veränderung der Gestalt der knäuelförmigen Makromoleküle. Fallen diese Kräfte nach dem Austritt aus der Düse weg, bildet sich die ursprüngliche Molekülgestalt wieder zurück. Mit diesem Vorgang, der Relaxation genannt wird, stellt sich wieder der statistisch wahrscheinlichere Zustand ein, die Entropie nimmt wieder zu.

Grundsätzlich betrachtet besteht also an dieser Stelle die Notwendigkeit, das Modellbild der Kunststoffschmelze zu erweitern. Es geht darum, neben den viskosen Eigenschaften gleichzeitig auch die elastischen Eigenschaften zu beschreiben. Dabei ist die Elastizität zeitabhängig darzustellen. So kommt man zu einem rheologischen Modell, das das Phänomen der Viskoelastizität beschreiben kann. Ein viskoelastisches Modell ist prinzipiell sowohl für viskoelastische Festkörper wie für viskoelastische Flüssigkeiten geeignet. Bei den in diesem Kapitel zu diskutierenden Flüssigkeiten dominiert in der Gewichtung der Grundphänomene der viskose Anteil. Bei viskoelastischen Festkörpern dagegen dominiert der elastische Anteil und der viskose Anteil kann in erster Näherung als ein sekundäres Phänomen betrachtet werden (siehe auch Kapitel 6). Die in der Alltagsanschauung so selbstverständliche Einteilung in die streng getrennten Kategorien „fest" und „flüssig" kann in der Polymertechnologie hinderlich sein. Physiker sprechen bei viskoelastischen Substanzen von einer Welt zwischen fest und flüssig.

Diese hier nur verbal und im Grundsätzlichen dargelegten physikalischen Tatsachen werden in Abschnitt Abschnitt 4.5.3.3 konkretisiert. Dort wird exemplarisch gezeigt, wie sich die viskosen und die elastischen Anteile sowohl des komplexen Elastizitätsmoduls als auch der komplexen Viskosität in Diagrammform anschaulich darstellen lassen. Das Beispiel dort zeigt, wie bei der rheologischen Beschreibung von Kunststoffschmelzen die beiden Aspekte „viskoelastische Flüssigkeit" und „viskoelastischer Körper" gemeinsam quantitativ dargestellt werden können.

Zeitabhängigkeit der Spannung

Zur einfachen Veranschaulichung des Effekts der zeitabhängigen Elastizität bei einer viskoelastischen Polymerschmelze dient Bild 4.22. Dargestellt ist der zeitliche Verlauf von Schergeschwindigkeit und Schubspannung für den Fall, dass der Schmelze spontan eine bestimmte konstante Schergeschwindigkeit aufgeprägt wird. Die Schubspannung als Antwort des Werkstoffs auf die aufgezwungene Deformation erreicht erst nach einer Verzögerung einen konstanten Wert. Nachdem die Strömung verzögerungsfrei zum Stillstand gezwungen wurde, zeigt sich im

Abklingen der Schubspannung wiederum die zeitabhängige Reaktion der viskoelastischen Flüssigkeit. Solch eine Messung kann z. B. mit Rotationsrheometern vorgenommen werden, die Anlauf- und Abklingvorgänge in einer stillstehenden Schmelze erfassen können (siehe dazu Abschnitt 4.5.3).

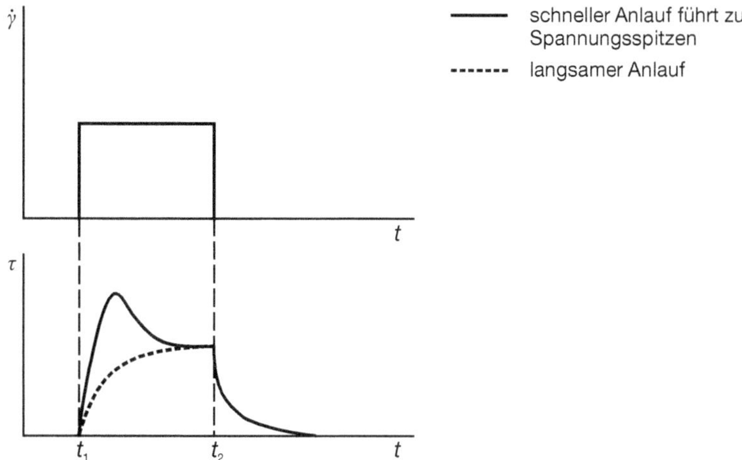

Bild 4.22 Anlaufeffekte beim Fließen von Polymerschmelzen
t_1 ≙ Verformungsbeginn
t_2 ≙ Ende der erzwungenen Verformung

4.3.2 Normalspannungen in der Scherströmung

In einer Scherströmung treten bei viskosen Fluiden nur Schubspannungen auf. Bei den viskoelastischen Kunststoffschmelzen ist jedoch der Spannungszustand komplexer. Neben den Schubspannungen treten hier auch Normalspannungen längs und quer zur Fließrichtung auf; diese sind zum hydrostatischen Druck hinzuzuaddieren. Wechselt man von der in der Strömungsmechanik üblichen Kontinuumsbetrachtung zur Betrachtung im molekularen Größenmaßstab, so kann man von folgender Vorstellung ausgehen:

In fließenden Schmelzen haben Makromoleküle die Tendenz, sich durch die Wirkung von Scherkräften in Strömungsrichtung auszurichten; sie nehmen dann die Gestalt von mehr oder weniger stark in die Länge gezogenen Knäueln an. Man könnte auch sagen, dass diese Knäuel bzw. Flüssigkeitselemente senkrecht zur Strömungsrichtung zusammengedrückt werden. Diese deformierten Molekülknäuel haben stets das Bestreben, wieder ihre ursprüngliche Form anzunehmen. Die Vorstellung ist, dass die Moleküle unter Scherdeformation die Tendenz haben, sich zu kräuseln, d. h. sich spiralig einzurollen, wodurch Normalspannungen entstehen [Schröder, S. 73; Osswald/Rudolph]. Die Normalspannungen sind zumeist längs und quer zur Fließrichtung in ihrer Größe deutlich verschieden. Man definiert die sog. Erste und Zweite Normalspannungsdifferenz als Funktion der Schergeschwindigkeit. Messbar sind Normalspannungsdifferenzen z. B. in Platte-Platte- oder Kegel-Platte-Rheometern anhand der Axialkraft, die an den Platten auftritt. Bei der Viskositätsmessung im Kapillarrheometer, sowie bei der Simulation des Verhältnisses von Druckgradient zu Massendurchsatz in Verarbeitungsprozessen mit einfachen Fließkanalgeometrien, werden die Normalspannungen meist außer Acht gelassen. Bei komplexeren Strömungsformen kann es aber notwendig sein, sie mit zu betrachten.

Beim Austritt einer Schmelze aus dem Fließkanal ins Freie zeigt sich die Wirkung von Normalspannungen sehr deutlich in dem Phänomen des Schwellens - auch Strangaufweitung genannt. Bei Mehrschichtströmungen in der Coextrusion zeigen sich ebenfalls die Auswirkungen der Normalspannungen, hier können die einzelnen parallel fließenden Schmelzeschichten wegen der erwähnten Effekte Kräfte aufeinander ausüben. Zum tieferen Verständnis der hier nur kurz angesprochenen Phänomene ist die weiterführende Literatur heranzuziehen [siehe Osswald/Rudolph und Schröder].

4.3.3 Die Deborah-Zahl

Deborah-Zahl

Die charakteristische Zeitdauer für den Auf- und Abbau von Spannungen in viskoelastischen Materialien kann sehr unterschiedlich sein. Liegen die Zeitkonstanten in der Größenordnung der jeweils vorliegenden Prozesszeiten, sind die zeitabhängigen elastischen Effekte von realem technischem Interesse. Reagiert das Material in seinem Spannungszustand wesentlich schneller oder langsamer auf eine aufgeprägte Deformation, so ist diese Zeitabhängigkeit zu vernachlässigen. Um die Relevanz der elastischen Effekte beurteilen zu können, wird in der Rheologie die Deborah-Zahl herangezogen. Sie ist definiert als

$$De = \frac{\lambda}{t_p} \tag{4.32}$$

Dabei ist λ die Relaxationszeit des Materials und t_p eine charakteristische Prozesszeit, z. B. die mittlere Verweilzeit eines Volumenelements in einem bestimmten Fließkanalabschnitt. Letztere resultiert aus dem Verhältnis von Volumenstrom zum Volumen des Fließkanalabschnitts.

Ist die Deborah-Zahl klein, so darf man rein viskoses Verhalten annehmen; wird sie hingegen groß, so ist das Material als viskoelastisch zu betrachten.

4.3.4 Bedeutung für die Verarbeitung

Wie schon erwähnt, können die viskoelastischen Eigenschaften Effekte bei der Verarbeitung eines Polymeren hervorrufen, die bei der Auslegung eines Verarbeitungsprozesses berücksichtigt werden müssen. Ausgeprägte Fließanomalien beim Austritt der Schmelze ins Freie treten oft schon bei relativ niedrigen Schergeschwindigkeiten auf. Sie sind ein Indiz für die komplexen Spannungsverhältnisse in dem im geschlossenen Fließkanal strömenden Fluid. Für die Simulierbarkeit der Strömung im Kanal ist das aber aus praktischer Sicht meist keine wirkliche Einschränkung. Wenn im Verarbeitungsprozess die Schmelze den geschlossenen Kanal nicht verlässt, wie z. B. beim Spritzgießen, ist es nicht notwendig, solche dynamischen elastischen Effekte zu beschreiben. Schließlich geht es meist lediglich um die Ermittlung von Druckgradienten und von dissipativer Erwärmung im strömenden Fluid. Wenn aber z. B. die Verhältnisse in mehrschichtigen Schmelzeströmungen darzustellen sind, was bei der Coextrusion vorkommen kann, dann können die elastischen Spannungen quer zur Fließrichtung zur Veränderung der Schichtstruktur innerhalb der Schmelze führen. In solchen Fällen werden die elastischen Schmelzeeigenschaften für die Praxis relevant. Auf die beiden wichtigsten Fließanomalien soll im Folgenden kurz eingegangen werden.

Strangaufweitung (Schwellen)

Polymerschmelzen zeigen typischerweise beim Austritt aus einer Düse eine Strangaufweitung, die meist Schwellen genannt wird (Bild 4.23). Wie oben bereits erwähnt, tritt das Schwellen auch dann auf, wenn elastische Effekte keine Rolle spielen, also auch bei allen rein viskosen Flüssigkeiten. Der Schwelleffekt ist hier allerdings geringer. Die Ursache liegt in der Umlagerung des Geschwindigkeitsprofils am Düsenaustritt. Bei Polymerschmelzen ist aber eine zweite Ursache von größerem Interesse: der viel stärkere Effekt der Änderung der Gestalt der Makromoleküle. Wechselt man von der Betrachtung der Schmelze als Kontinuum zur Betrachtung auf der molekularen Ebene, so kann man Folgendes sagen: Die Molekülknäuel, die zuvor unter dem Zwang der Strömung innerhalb der Düse zu länglichen Gebilden verformt und in Fließrichtung orientiert wurden, können nach dem Düsenaustritt wieder eine statistisch wahrscheinlichere Gestalt annehmen. Damit ist auch eine Zunahme der Entropie verbunden. Kontinuumsmechanisch betrachtet werden die im Fließkanal bei viskoelastischen Flüssigkeiten vorhandenen senkrecht zur Kanalwand gerichteten Normalspannungen beim Schwellen abgebaut.

In einer Scherströmung, wie sie in Bild 5.2 schematisch dargestellt ist, treten bei rein viskosen Fluiden nur Schubspannungen auf. Bei den viskoelastischen Kunststoffschmelzen kann jedoch der Spannungszustand komplexer sein, als diese Darstellung zeigt. Neben den Schubspannungen treten auch Normalspannungen längs und quer zur Fließrichtung auf; diese existieren zusätzlich zum hydrostatischen Druck.

Makromoleküle in fließenden Schmelzen haben die Tendenz, sich durch die Wirkung von Scherkräften in Strömungsrichtung auszurichten; sie nehmen dann die Gestalt von mehr oder weniger stark in die Länge gezogenen Knäueln an. Man kann auch sagen, dass diese Knäuel bzw. Flüssigkeitselemente senkrecht zur Strömungsrichtung zusammengedrückt werden. Diese deformierten Molekülknäuel haben stets das Bestreben, sich wieder in Richtung ihrer ursprünglichen Form zurückzustellen. Man kann sich vorstellen, dass solche Moleküle unter Scherdeformation die Tendenz haben, sich zu kräuseln, d.h. sich spiralig einzurollen, wodurch Normalspannungen entstehen [Schröder, Osswald/Rudolph]. Die Normalspannungen sind zumeist für die Raumrichtungen deutlich verschieden. Man stellt sie längs und quer zur Fließrichtung dar und formuliert die sog. Erste und Zweite Normalspannungsdifferenz als Funktion der Schergeschwindigkeit; sie können in ihrer Größe sehr unterschiedlich sein. Messbar sind Normalspannungsdifferenzen z.B. in Platte-Platte- oder Kegel-Platte-Rheometern, da hier an den Platten eine Axialkraft auftritt. Bei der Viskositätsmessung im Kapillarrheometer sowie bei der Simulation des Verhältnisses von Druckgradient zu Massendurchsatz in Verarbeitungsprozessen mit einfachen Fließkanalgeometrien werden die Normalspannungen und die Normalspannungsdifferenzen in Längs- und Querrichtung meist außer Acht gelassen. Bei komplexeren Strömungsformen kann es aber notwendig sein, die Normalspannungsdifferenzen mit zu betrachten.

Auswirkungen der Normalspannungen zeigen sich z.B. bei Mehrschichtströmungen in der Coextrusion, wo die einzelnen parallel fließenden Schmelzeschichten wegen der erwähnten Effekte Kräfte aufeinander ausüben. Beim Austritt von Schmelzen aus dem Fließkanal ins Freie zeigt sich die Wirkung von Normalspannungen sehr deutlich in dem Phänomen des Schwellens, auch Strangaufweitung genannt. In der Praxis der Kunststoffverarbeitung kann das Schwellen minimiert werden, in dem die sog. Parallelzone im Extrusionswerkzeug, also der Teil des Fließkanals mit konstantem Querschnitt vor dem Austritt, verlängert wird (Bild 4.23). Dadurch verlängert sich die Zeit zur Relaxation der Normalspannungen, die beim Einlauf der Strömung in die Parallelzone aufgebaut wurden. Bei der in Bild 4.23 dargestellten Strömung handelt es sich in diesem Bereich der Querschnittsverengung um eine Kombination von Scher- und Dehnströmung.

Der Praktiker spricht bei dieser Parallelzone auch von „Bügelzone“, weil hier die zuvor der Schmelze aufgezwungenen Molekülumlagerungen (und damit Spannungen) teilweise „weggebügelt“ werden. Man sagt auch: Eine längere Parallelzone gibt dem Material die Möglichkeit, die im konvergenten Bereich des Fließkanals „erlebte“ starke Deformation „zu vergessen“. Um bei einer Abschätzung der nötigen Länge der Parallelzone auch die Unterschiede in den Relaxationszeiten verschiedener Polymere zu berücksichtigen, kann die Deborah-Zahl herangezogen werden.

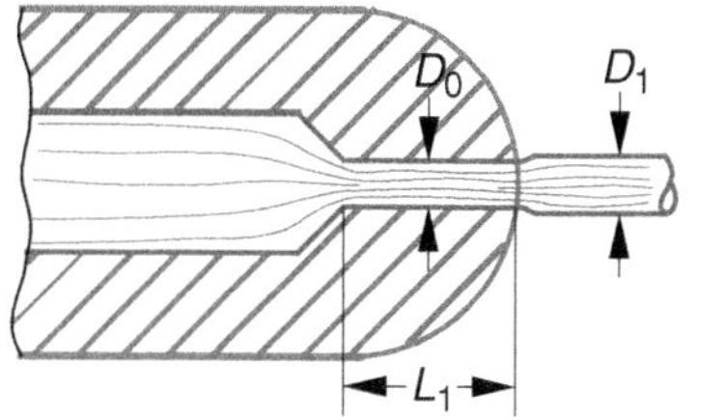

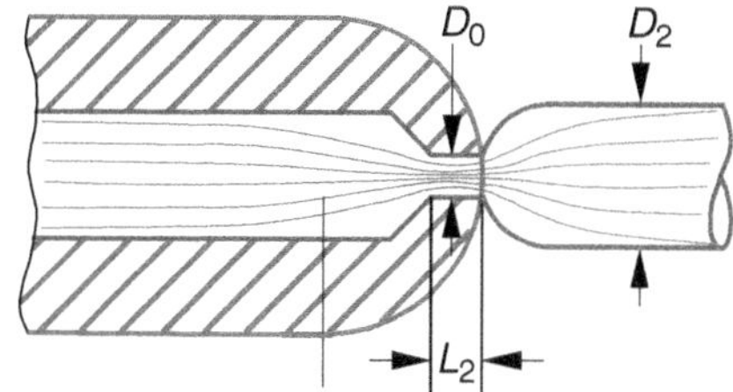

Bild 4.23 Schematische Darstellung des Extrudatschwellens

Fließanomalien

Fließanomalien (Stick-Slip und andere Effekte)

Ein wesentlicher, den maximalen Durchsatz durch ein Extrusionswerkzeug beschränkender Faktor ist das Auftreten von Oberflächendefekten, z.B. an Folien. Damit sind Rauigkeiten oder wellenartige Verwerfungen an der Oberfläche des Extrudats gemeint, welche beispielhaft an extrudierten Strängen aus PE-HD in Bild 4.24a dargestellt sind. Diese Effekte treten beispielsweise an Extrusionsdüsen auf, lassen sich aber auch im Labor an einem Kapillarrheometer beobachten. Solche Fließanomalien treten bei hohen Extrusionsgeschwindigkeiten auf und werden u. a. der Ursache zugeschrieben, dass dem Polymer nicht ausreichend Zeit zum Relaxieren zur Verfügung steht. Die Oberflächendefekte werden zum Beispiel als Haifischhaut (engl.: „shark skin") oder Schmelzebruch bezeichnet. Es kann auch zum periodisch wechselnden Ablösen und Haften der Schmelze an der Fließkanalwandung kommen, wie in Bild 4.24b zu sehen ist. Dieses Phänomen wird häufig als „Stick-Slip"-Effekt bezeichnet und darauf zurückgeführt, dass die Schubspannungen an der Wand so hoch sind, dass die Wandhaftung der Schmelze verloren gehen kann. Untersuchungen von [Vinogradov], [Vlachopoulos] und anderen haben eine kritische Wandschubspannung in der Größenordnung von etwa 0,1 MPa ergeben.

Ein weiterer Einfluss auf die kritische Wandschubspannung ist das Molekulargewicht. Mit ansteigendem Molekulargewicht wird die Neigung zu Oberflächendefekten geringer. Durch ein steigendes Molekulargewicht vergrößert sich die Anzahl der Kontaktpunkte des Moleküls mit der Werkzeugwand, wodurch ein Abgleiten des Moleküls erschwert wird. Dieser Einfluss ist jedoch nur bei niedrigen Molekulargewichten zu beobachten.

Mit steigender Geschwindigkeit können helixförmige Strukturen entstehen, wie sie in Bild 4.24c für PP dargestellt sind. Auch hierbei ist die Wandschubspannung entscheidend. Schließlich können die in Bild 4.24d dargestellten unregelmäßigen Strukturen entstehen, bei denen man von Schmelzebruch spricht. Der Effekt der Haifischhaut als erstes Stadium der Oberflächendefekte kommt nicht immer vor, der stick-slip-Effekt ist überwiegend bei linearen Polymeren zu beobachten.

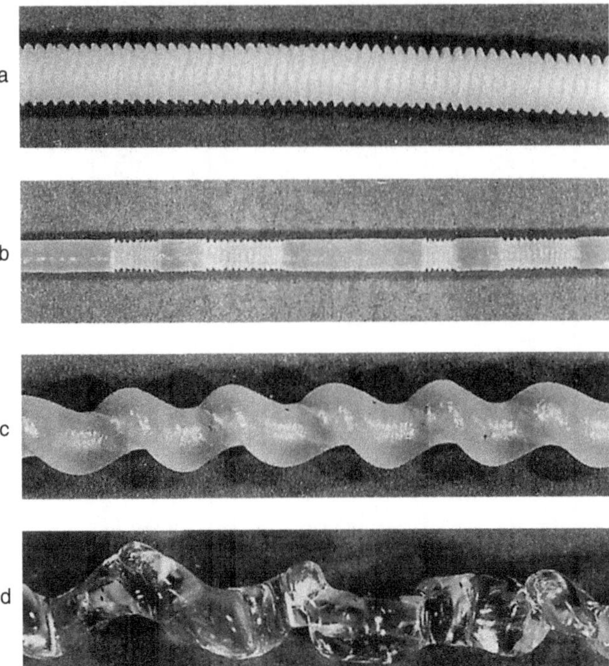

Bild 4.24 Verschiedene Oberflächendefekte von Extrudaten [nach Osswald], Erläuterung s. Text

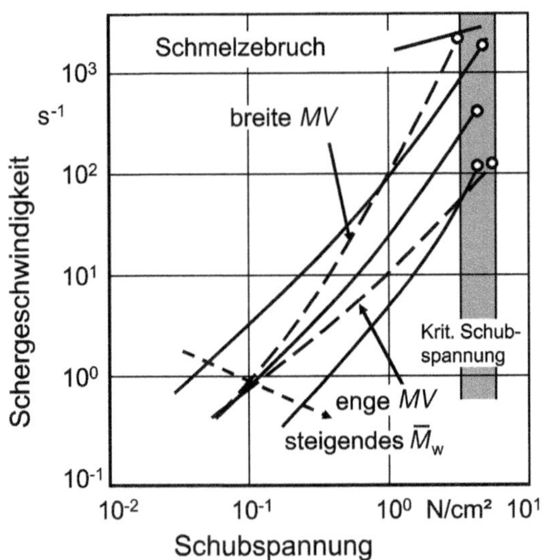

Bild 4.25 Auftreten von Schmelzebruch bei unterschiedlichen mittleren Molekülmassen und Molekülmassenverteilungen [nach van der Regt]

Bei einer niedrigeren Massetemperatur kann schon bei geringen Durchsätzen Schmelzebruch auftreten, da hier größere Schubspannungen in der Schmelze wirken als bei höheren Temperaturen. Das Auftreten des Schmelzebruchs ist zudem von der Molmasse und der Molmassenverteilung abhängig (siehe Bild 4.25). Es gibt Sonderfälle, bei denen Schmelzebruch erwünscht ist, z. B. bei Sackfolien, wo eine hierdurch bewirkte raue Oberfläche die Stapelfähigkeit verbessert. Schmelzebruch

4.4 Polymere mit zeitlich veränderlichen Fließeigenschaften

Bestimmte Polymere verändern während der Verarbeitung ihre rheologischen Eigenschaften dauerhaft. Dies trifft insbesondere auf Stoffe zu, bei denen sich der molekulare Aufbau durch chemische Reaktionen ändert. Dabei kann es sich sowohl um Vernetzungsreaktionen als auch um Abbauerscheinungen handeln. Durch die veränderte Molekülstruktur ändern sich auch die rheologischen Eigenschaften. Vernetzung, Abbau

4.4.1 Vernetzende Systeme

Zu den bekanntesten vernetzenden Polymeren gehören die Kautschuke, die Duroplaste und das Polyurethan. Dabei werden die Vernetzungsreaktionen entweder durch Aufheizen oder durch Hinzufügen einer Komponente gestartet (thermisch- und mischungs-induziert). Das dabei steigende Molekulargewicht hat eine Zunahme der Viskosität zur Folge. Zur Verdeutlichung ist in Bild 4.26 der zeitliche Verlauf des Vernetzungsgrades eines Vinylesters aufgezeigt und in Bild 4.27 die Abhängigkeit der Viskosität vom Vernetzungsgrad.

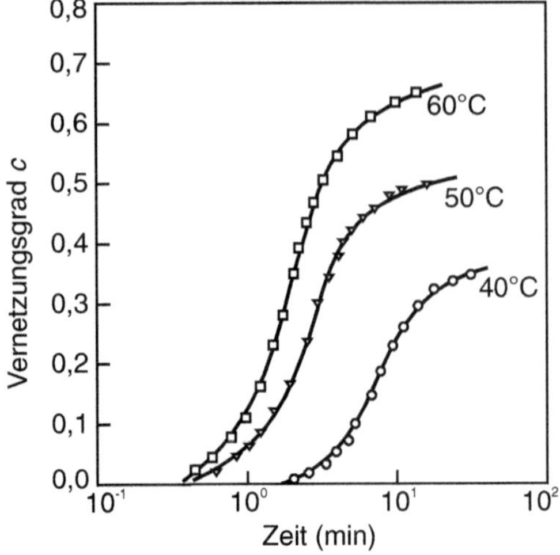

Vernetzungsgrad

Bild 4.26 Vernetzungsgrad eines Vinylesters als Funktion der Zeit [nach Osswald]

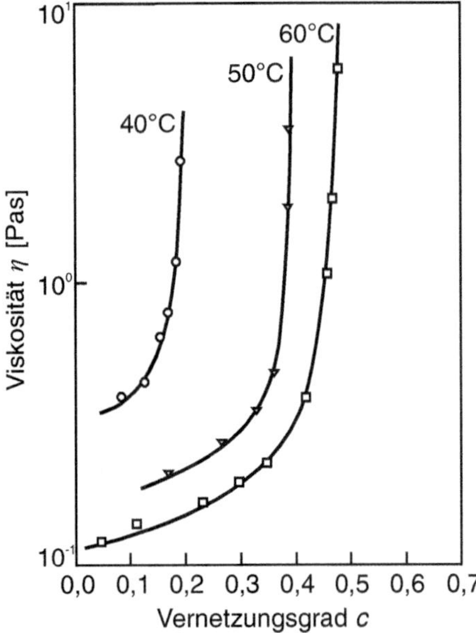

Bild 4.27 Viskosität eines Vinylesters als Funktion des Vernetzungsgrads [nach Osswald]

Ein vollständiges Viskositätsmodell muss also neben der Schergeschwindigkeit und der Temperatur auch den zeitabhängigen Vernetzungsgrad $c(t)$ berücksichtigen:

$$\eta = \eta\left(\dot{\gamma}, T, c\right) \tag{4.33}$$

Bisher existieren keine auf alle chemisch reagierenden Polymere anwendbaren Viskositätsmodelle, die den Vernetzungsgrad berücksichtigen. In der Praxis ist die Berücksichtigung des Vernetzungsgrades bei der Berechnung von Fließvorgängen hauptsächlich für sehr schnell reagierende Systeme relevant. Dazu wurde auf dem Gebiet der Viskositätsmodellierung von Polyurethanen ein empirisches Modell entwickelt, welches die Temperatur und den Vernetzungsgrad mit der Viskosität verknüpft: Viskositätsmodell

$$\eta = \eta_0 e^{\frac{E}{RT}} \left(\frac{c_g}{c_g - c} \right)^{C_1 + C_2 \cdot c} \tag{4.34}$$

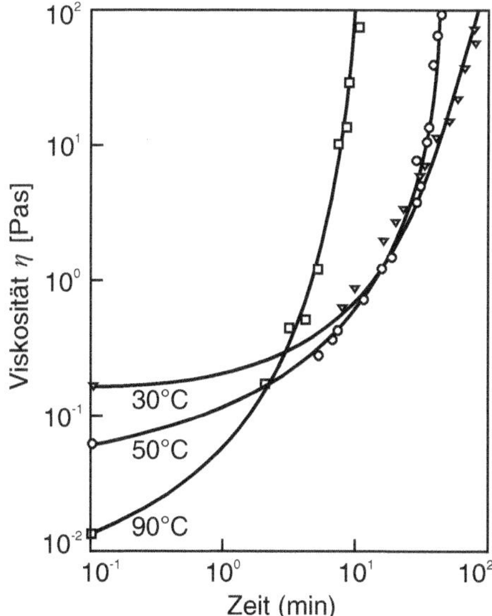

Bild 4.28 Viskosität eines 47 % MDI-BDO P(PO-EO) Polyurethans als Funktion der Zeit [nach Osswald]

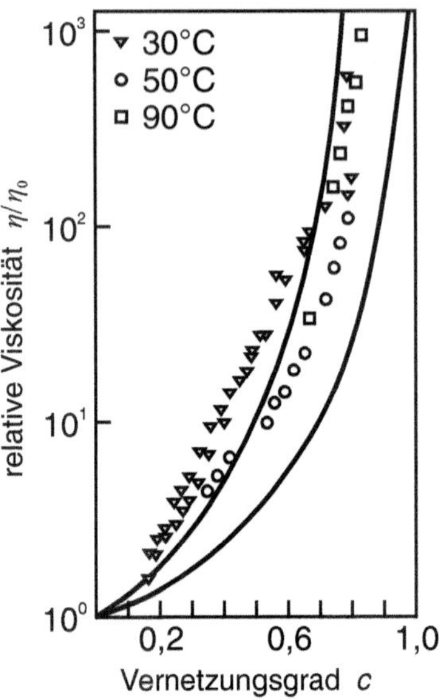

Bild 4.29 Viskosität eines 47% MDI-BDO P(PO-EO) Polyurethans als Funktion des Vernetzungsgrads [nach Osswald]

Dabei sind E die Aktivierungsenergie, R die ideale Gaskonstante, T die Temperatur, c_g der Gelpunkt, c der Vernetzungsgrad und C_1 und C_2 Konstanten. In Bild 4.28 und Bild 4.29 ist die Viskosität als Funktion der Zeit und des Vernetzungsgrades eines Polyurethans dargestellt. Die Symbole geben dabei Messwerte und die durchgezogenen Linien die Beschreibung durch das Modell wieder.

4.5 Messtechnik

Kunststoffschmelzen werden in den meisten Verarbeitungsprozessen hauptsächlich geschert. Die Messung scherrheologischer Eigenschaften ist besonders wichtig und heute sehr ausgereift. Die wichtigste Aufgabe ist die Messung von Fließ- bzw. Viskositätskurven. Man nutzt Hochdruck-Kapillarrheometer und noch häufiger MFR (Melt Flow Rate)-Messgeräte. Letztere bieten eine vereinfachte Versuchsdurchführung und schnelle Vergleichskennwerte für bestimmte Fließeigenschaften; sie liefern aber keine Viskositätskurven, also auch keine Viskositätswerte für die Strömungssimulation.

Neben der Beanspruchung durch Scherung werden Kunststoffschmelzen während der Verarbeitung oft auch gedehnt. Das Messen von dehnrheologischen Eigenschaften von Kunststoffschmelzen ist jedoch mit einem hohen messtechnischen

Aufwand verbunden. Dies wird später noch näher in Abschnitt 4.5.4 „Bestimmung der Dehnviskosität" erläutert.

Neben den meist primär interessierenden viskosen Eigenschaften ist auch die Messung der viskoelastischen Eigenschaften von Bedeutung; sie ist mit allen heutigen Rotationsrheometern möglich und wird häufig zu wissenschaftlichen Zwecken sowie bei der Werkstoffentwicklung eingesetzt. Es bestehen Korrelationen der unter oszillierender Scherdeformation gemessenen rheologischen Eigenschaften mit der molekularen Struktur des Polymers. Somit können oszillierende Rotationsrheometer auch zur vergleichenden Beschreibung molekularer Eigenschaften wie z. B. der Molekulargewichtsverteilung eingesetzt werden. Aus den damit gewonnen Diagrammen der rheologischen Kennwerte lassen sich also auch Informationen über den molekularen Aufbau des Polymers gewinnen.

Überlagerung von Scher- und Dehnströmung, konvergierende Strömungen

Nun ist aber die Kombination von Scher- und Dehndeformation charakteristisch für alle konvergierenden Strömungen, wie sie z. B. bei Extrusionsdüsen fast immer vorkommen. Hier strömt die Schmelze durch Kanäle mit variablem Querschnitt und es können auch abrupte Querschnittsübergänge vorkommen. Man spricht von konvergierender Strömung in einem sich verengenden Kanal, bei der sich Scher- und Dehnströmung überlagern. In Rheometern findet man solche konvergierenden Einlaufströmungen beim Übergang vom Vorratsbehälter in die Kapillare. Reine Dehnung findet man in einer konvergierenden Strömung nur entlang der in der Kanalmitte verlaufenden Bahnlinie (Bild 4.19).

Darüber hinaus ist zu bedenken, dass für die Simulation dreidimensionaler Strömungen z. B. in Profilextrusionswerkzeugen streng genommen eine Darstellung der Viskosität in Form eines Tensors wünschenswert wäre. Die Messung aller einzelnen Werte eines Viskositätstensors ist aber praktisch nicht möglich.

Viskositätsmessung in reiner Dehnströmung ist für den praktischen Gebrauch in der Kunststofftechnik wegen des hohen Aufwands eher selten.

Bei der Messung der Scherviskosität im Kapillarrheometer wie auch beim MFR (Melt Flow Rate)-Messgerät (Abschnitt 4.5.2) liegt beim Einströmen in die Messkapillare ein abrupter Querschnittsübergang vor, was dort zu einer Überlagerung von Scher- und Dehnströmung führt. In diesem Übergangsbereich vor der Kapillare ist die Strömung nicht mehr stationär. Anschließend in der Messkapillare liegt dagegen eine reine stationäre Scherströmung vor. Bei Geräten mit Rund-Kapillare werden der Druck vor dem Einströmen in die Kapillare und der am Kapillarende (Umgebungsdruck) für die Viskositätsmessung verwendet, weil die direkte Druckmessung an kleinen Rund-Kapillaren nicht möglich ist. In diesem Fall kann der in der Einlaufströmung durch die Dehnung zusätzlich auftretende Druckverlust mittels der nach Bagley benannten Methode ermittelt und durch Verwendung unterschiedlicher Kapillaren durch Subtraktion separiert werden (siehe weiter unten). Bei Rheometern mit Schlitz-Kapillare dagegen kann der Druckabfall in der Kapillare direkt gemessen werden.

4.5.1 Kapillarrheometer

Druckmessung

Das Prinzip eines Hochdruck-Kapillarrheometers ist in Bild 4.30 abgebildet. Das zu prüfende Material wird in der Regel granulatförmig schrittweise in den zylindrischen beheizten Vorratsbehälter gegeben, wo es aufschmilzt. Durch das schrittweise Befüllen und manuelle Verdichten wird erreicht, dass die Schmelze vor Messbeginn möglichst blasenfrei vorliegt. Kurz vor dem Eintritt in die Rund-Kapillare befindet sich ein Druckaufnehmer (Bild 4.30, links), welcher den Druck während der Messung aufnimmt. Der Druckaufnehmer ist über eine kleine Öffnung – das sog. „pressure hole" – mit dem Vorratsbehälter verbunden.

Volumenstromvorgabe

Rund-Kapillare (runder Querschnitt)

Der Kolben verschließt den Vorratsbehälter von oben und wird mit einer definierten Geschwindigkeit verfahren, sodass von einem bekannten und konstanten Volumenstrom in der Kapillare ausgegangen werden kann. Mit diesen beiden Informationen (Druck und Volumenstrom) kann ein Punkt der Fließkurve bestimmt werden, da sich für jeden Volumenstrom ein konstanter Druck einstellt. Durch Variation des Volumenstroms können so die Punkte der Fließkurve nacheinander ermittelt werden. Die Berechnung erfolgt mit den in Abschnitt 4.1.4 vorgestellten Beziehungen.

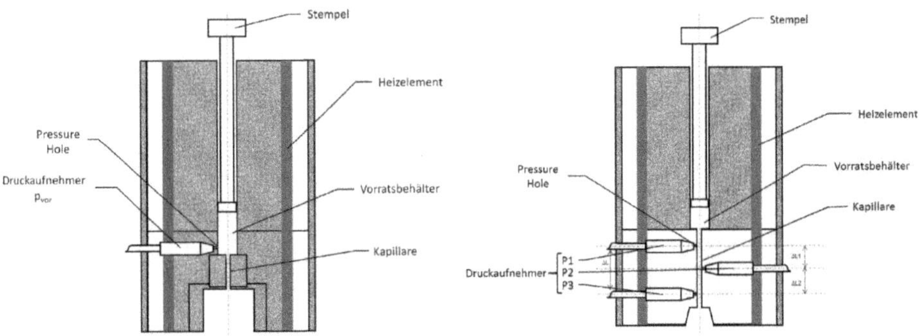

Bild 4.30 Hochdruck-Kapillarrheometer (links: Rund-Kapillare; rechts: Schlitz-Kapillare)

Im Bereich des abrupten Querschnittsübergangs vom Vorratsbehälter in die Kapillare werden die Schmelzeteilchen stark in Fließrichtung gedehnt. Die bei dieser Deformation elastisch gespeicherte Energie bleibt auf dem Weg durch die Kapillare teilweise erhalten und bewirkt nach dem Austritt das Aufschwellen des Schmelzestrangs (Abschnitt 4.3.4). Die Differenz zwischen dem gemessenen Druck und dem Atmosphärendruck am Ausgang der Rund-Kapillare ist der Gesamtdruckverlust. Um den Druckverlust in der Rund-Kapillare zu erhalten, muss der Druckverlust im Einlaufbereich abgezogen werden, was mittels der sogenannten „Bagley-Korrektur" möglich ist.

Bagley-Korrektur

1. Der Einlaufdruckverlust ist unabhängig von der Länge der Rund-Kapillare.
2. In der Kapillare fällt der Druck mit konstantem Druckgradienten ab.

Man arbeitet mit mehreren Kapillaren unterschiedlicher Länge. Wird der gemessene Druck vor den Rund-Kapillaren unterschiedlichen *L*/*D*-Verhältnisses (der Durchmesser *D* bleibt konstant und die Länge *L* variiert) bei konstanter Schergeschwindigkeit über die unterschiedlichen *L*/*D*-Verhältnisse aufgetragen, so ergeben sich in einem Δp-*L*/*D*-Diagramm (Bild 4.31, rechts) Punkte, die auf einer Geraden liegen. Die Steigung dieser Geraden entspricht dem Druckgradienten in der Kapillare. Wird die Schergeschwindigkeit variiert, ergibt sich eine Geradenschar mit der Schergeschwindigkeit als Parameter.

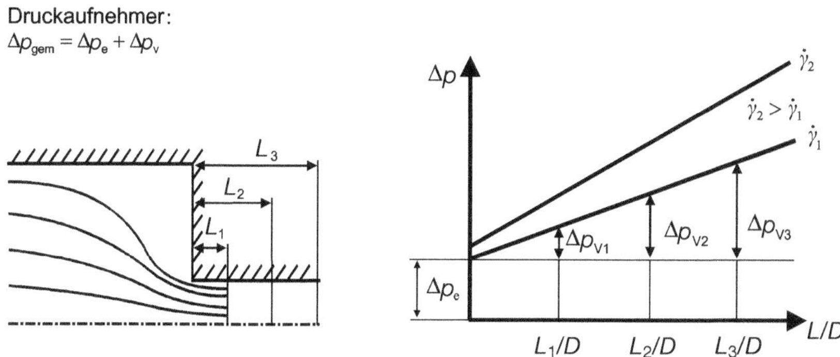

Bild 4.31 Bagley-Korrektur

Durch Extrapolation der Geraden einer Schergeschwindigkeit auf die Kapillarlänge null ($L/D = 0$) kann der von den Kapillarlängen unabhängige Einlaufdruckverlust im Schnittpunkt der Geraden mit der Ordinate ermittelt werden. Dieser Einlaufdruckverlust steigt wie der Druckgradient über der Rund-Kapillare mit zunehmender Schergeschwindigkeit. Der in der Rund-Kapillare auftretende Druckverlust Δp_v ergibt sich aus der Differenz zwischen dem gemessenen Druckverlust Δp_{gem} und dem Einlaufdruckverlust Δp_e:

$$\Delta p_v = \Delta p_{gem} - \Delta p_e \qquad (4.35)$$

Schlitz-Kapillare (rechteckiger Querschnitt)

Alternativ kann auch eine Kapillare mit rechteckförmigem Querschnitt (Schlitz) verwendet werden. Dabei ist es im Gegensatz zu den Rund-Kapillaren möglich, zwei oder drei Druckaufnehmer (je nach Ausführung der Schlitz-Kapillare) direkt in der Kapillare zu platzieren (Bild 4.30, rechts). Eine Bagley-Korrektur ist in diesem Fall nicht nötig; nachteilig ist der in der Regel kleinere Schergeschwindigkeitsbereich, in dem gemessen werden kann. Dies ist durch die größere Querschnittsfläche und den damit erhöhten Materialverbrauch begründet.

Der wesentliche Vorteil des Hochdruck-Kapillarrheometers gegenüber anderen Rheometern besteht darin, dass die Viskosität in sehr hohen Schergeschwindigkeitsbereichen gemessen werden kann, wie sie auch in den Kunststoff verarbeitenden Maschinen (z.B. Extruder oder Spritzgießwerkzeug) vorliegen. Weiterhin ist es vorteilhaft, dass die Verfälschung der Messung durch dissipative Erwärmung der Schmelze relativ gering ist, da die Probe aus dem Messkanal zügig hinausbefördert wird.

Nachteilig ist die relativ aufwendige Versuchsdurchführung, da es nötig ist, die Versuche mit mindestens zwei verschiedenen Düsen durchzuführen. Zudem können keine elastischen Eigenschaften gemessen werden.

4.5.2 MFR-Messgerät (Schmelze-Massefließrate)

Schmelze-Massefließrate (Melt Flow Rate) MFR

Die verbreitetste Kenngröße zur Charakterisierung des Fließverhaltens von Kunststoffschmelzen ist die SchmelzeMassefließrate (engl.: Melt Flow Rate, MFR-Wert). Die Messapparatur, das Messverfahren und die Kennzeichnung sind seit 1965 weltweit standardisiert (DIN EN ISO 1133, ASTM D-1238). In fast allen Werkstoffdatenblättern von Kunststoffproduzenten wird der MFR-Wert angegeben.

Der MFR-Wert dient zur schnellen und einfachen Charakterisierung des Fließverhaltens von Kunststoffschmelzen mit einem einzigen Zahlenwert. Dieser gibt die Masse einer Schmelze in Gramm pro 10 Minuten an, die mittels eines mit Gewichtsstücken belasteten Kolbens aus einem Vorratsbehälter durch eine Düse gedrückt wird. Die Abmessungen von Düse, Kolben, Vorratsbehälter und Gewichtsstücken sind genormt. Der schematische Aufbau des Messgerätes ist in Bild 4.32 dargestellt. Häufig wird das Verfahren B (Weglängenmessverfahren) der DIN EN ISO 1133 angewendet, welches im Folgenden näher beschrieben wird.

Das Material muss auch hier sorgfältig in den vorgeheizten Vorratsbehälter eingefüllt werden. Um eine möglichst blasenfreie Kunststoffschmelze im Vorratsbehälter zu erhalten, wird wie bei dem HKR das Granulat schrittweise in den Vorratsbehälter gegeben, aufgeschmolzen und immer wieder manuell verdichtet. Anschließend wird der Kolben abgesenkt – noch ohne Gewichte. Im Folgenden wird die Kunststoffschmelze im Vorratsbehälter üblicherweise 5 min vorgewärmt, bevor die Messung automatisch beginnt. Der Kolben wird nun mit dem ausgewählten Gewicht belastet, sodass die Schmelze durch die Kapillare gedrückt wird. Der Kolben ist mit Markierungen versehen, die einen genormten Abstand aufweisen, nach DIN EN ISO 1133 sind dies 30 mm. Passiert die erste Markierung den oberen Rand des Vorratsbehälters, beginnt die eigentliche Messung. Ab diesem Zeitpunkt wird die ausgeflossene Schmelzemasse durch Abschneiden des Schmelzestrangs in vorgegebenen Zeitabständen portioniert und anschließend entweder je Portion oder die Gesamtmasse aller Portionen gewogen. Zeitgleich wird die Zeit während des Portioniervorgangs gestoppt, bis die zweite Markierung auf dem Kolben den oberen Rand des Vorratsbehälters passiert. Aus der gewogenen Schmelzemasse und der gemessenen Zeit wird der MFR-Wert in g/10 min berechnet.

Als modifizierte SchmelzeMassefließrate kann auch die Schmelze-Volumenfließrate (MVR-Wert) angegeben werden, die das extrudierte Schmelzevolumen pro 10 Minuten in cm^3/10 min. angibt. Das Volumen lässt sich allein aus dem Weg des Kolbens ermitteln, sodass hier das Wiegen entfällt. Die Versuchsdurchführung nach DIN EN ISO 1133 ist äquivalent zu der Messung des MFR-Wertes.

Schmelze-Volumenfließrate (Melt Volume Rate) MVR

MFR-Werte bzw. MVR-Werte werden nahezu in allen Materialdatenblättern von thermoplastischen Kunststoffen angegeben. Wichtig ist, dass immer das verwendete Gewicht und die Prüftemperatur mit angegeben werden. Die Angabe MFR 190/2,16 bedeutet beispielsweise, dass der MFR-Wert bei 190 °C und einem Gewicht von 2,16 kg ermittelt wurde. Nur wenn dasselbe Gewicht und dieselbe Prüftemperatur verwendet wurden, können die MFR- bzw. MVR-Werte miteinander verglichen werden.

Vergleichbarkeit

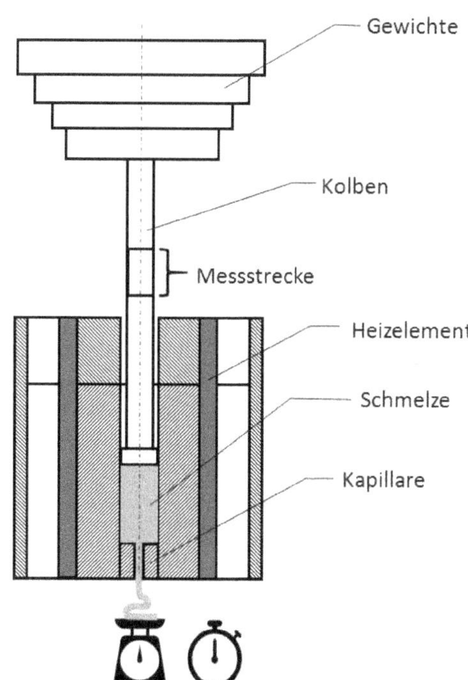

Bild 4.32 Das Schmelzindexmessgerät

Der wesentliche Nachteil dieses Messverfahrens ist, dass es sich bei dem Messergebnis um einen einzelnen Wert handelt, der nur einen einzigen Punkt der Viskositätskurve repräsentiert. Da sich das Fließverhalten der meisten Kunststoffschmelzen aber aufgrund der Strukturviskosität stark nichtlinear mit der Belastung verändert, ist der MFR- oder MVR-Wert nur für eine grobe Charakterisierung der Fließeigenschaften und für vergleichende Messungen z. B. in der Qualitätskontrolle zu nutzen. Um den Einfluss von z. B. Feuchtigkeit auf den Kunststoff sichtbar zu machen, z. B. durch Konditionierungsversuche über der Zeit, sind vergleichende Messungen mit diesem Verfahren gut geeignet.

4.5.3 Rotationsrheometer

Rotationsrheometer-Grundprinzip

Während bei den Kapillarrheometern die Strömung durch Druckdifferenzen getrieben wird, folgen die Rotationsrheometer einem anderen Prinzip: Zwischen einer feststehenden und einer rotierenden Platte wird eine Schleppströmung erzeugt. Die bewegliche Platte kann mit konstanter Winkelgeschwindigkeit kontinuierlich rotieren oder sie kann eine harmonisch oszillierende Bewegung ausführen. Die Amplitude des Oszillationswinkels wird zumeist sehr klein gewählt.

Beim kontinuierlich rotierenden Rotationsrheometer ist eine Analogie zum Kapillarrheometer unmittelbar einsichtig. Dagegen unterscheidet sich die bei dem oszillierenden Prinzip vorliegende Deformation wesentlich von der kontinuierlichen Strömung im Kapillarrheometer; man könnte geneigt sein, das gar nicht als ein wirkliches Fließen zu bezeichnen. Dennoch bietet gerade diese Deformationsform besondere Möglichkeiten, Viskosität zu messen und auch die viskoelastischen Eigenschaften von Kunststoffschmelzen darzustellen.

Drehmoment, Drehzahl

Bei Rotationsrheometern werden neben den geometrischen Verhältnissen zwei Informationen zur Auswertung benötigt: Zur Bestimmung der Schubspannungen werden das an dem beweglichen Kegel bzw. der Platte anliegende Drehmoment und zur Bestimmung der Schergeschwindigkeiten die Drehzahl oder Winkelgeschwindigkeit des Kegels bzw. der Platte verwendet. Eine der beiden Größen wird vorgegeben und die andere ist Messgröße. Grundprinzip ist, dass die Deformation des Messguts durch die Bewegung der Platte vorgegeben wird und das an den Platten gemessene Drehmoment – quasi als Antwort der Werkstoffprobe auf die ihr aufgezwungene Deformation – die Information über das rheologische Verhalten enthält.

Der wesentliche Vorteil von Rotationsrheometern gegenüber Kapillarrheometern liegt in der Vielfalt der Messmöglichkeiten. Neben der Messung des rein viskosen Fließverhaltens mit einer konstant rotierenden Platte bzw. einem Kegel ist es durch dynamische Versuche möglich, elastische und viskose Eigenschaften der Schmelze in ein und derselben Messung zu bestimmen. Bei dynamischen Versuchen führt die Platte eine sinusförmig oszillierende Bewegung aus, die Amplituden sind sehr klein. Dies ermöglicht die rheologische Messung ohne eine Beeinflussung der Struktur des Probenmaterials (siehe unten). Eine Einschränkung bei allen Rotationsrheometern liegt darin, dass die unvermeidlich in der Probe entstehende Dissipationswärme bei höheren Schergeschwindigkeiten evtl. nicht mehr abgeführt werden kann. Die bei allen Viskositätsmessungen gegebene Notwendigkeit der Temperaturkontrolle kann deshalb den Schergeschwindigkeitsbereich gegenüber den Kapillarrheometern nach oben hin einschränken.

Allgemein ist zu sagen, dass im Rotationsrheometer geringere Schergeschwindigkeiten erreicht werden als im Hochdruck-Kapillarrheometer. Falls bei höher viskosen Materialien das Drehmoment beim Messprinzip der gleichförmigen Rotation nicht ausreicht, kann oszillierend gemessen werden. Die Probenvorbereitung für das Rotationsrheometer ist stets mit großer Sorgfalt durchzuführen.

Messungen niedrigviskoser Materialien bei hohen Schergeschwindigkeiten können problematisch sein, da prinzipbedingt die Probe während der gesamten Messung im Messspalt verbleiben muss. Deshalb wird für niedrigviskose Materialien häufig ein ganz anderes Messprinzip mit der Messgeometrie Becher/Rührer verwendet.

4.5.3.1 Bauarten von Rotationsrheometern

Es existiert eine Vielzahl von unterschiedlichen Messgeometrien, die in Rotationsrheometern eingesetzt werden. Die bekanntesten sind das Kegel-Platte- (a) und das Platte-Platte-System (b), welche in Bild 4.33 dargestellt sind. Auf die spezifischen Vor- und Nachteile soll im Folgenden kurz eingegangen werden.

Platte-Platte-System

Das Platte-Platte-System ist mit dem Kegel-Platte-System sehr eng verwandt (Bild 4.33). Das Fluid wird zwischen zwei parallele, konzentrisch angeordnete, kreisförmige Platten eingebracht. Dabei ist darauf zu achten, dass die Schmelze spannungsfrei zwischen den Platten vorliegt. Im Platte-Platte-System variiert die Schergeschwindigkeit in der Probe über dem Radius: Die Schergeschwindigkeit am Rand ist stets am höchsten. Die variierende Schergeschwindigkeit erfordert eine mathematische Korrektur. Vorteilhaft ist jedoch, dass die Probenbefüllung einfacher ist und der Spalt zwischen den Platten in gewissen Grenzen frei gewählt werden kann, was den Messbereich erweitert. Des Weiteren sind Einwegplatten erhältlich, welche für reaktive Systeme wie z. B. Polyurethane verwendet werden können.

Kegel-Platte-System und Platte-Platte-System

Das Kegel-Platte-System besteht aus einer ebenen Platte mit dem Radius R und einem sehr stumpfen Kegel (üblicherweise zwischen 1° und 3°), die koaxial zueinander angeordnet sind. Wesentlicher Vorteil dieser Anordnung ist eine homogene Schergeschwindigkeit im gesamten Scherspalt.

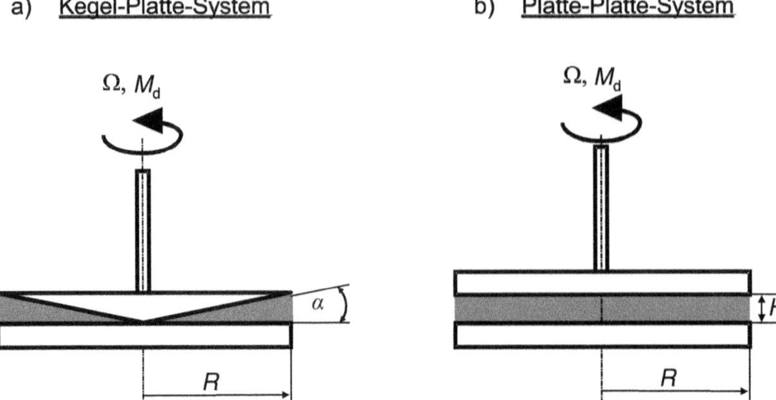

Bild 4.33 Messgeometrien für Rotations- bzw. Torsionsrheometer

Die Höhe des Scherspalts nimmt bei dem Kegel-Platte-System zur Drehachse hin fast bis auf den Wert 0 ab (real wird ein Abstand von der Kegelspitze zur Platte von etwa 40 µm erreicht). Dadurch kann es bei verschiedenen Fluiden zu Effekten kommen, die die Messung verfälschen. Davon betroffen sind beispielsweise Suspensionen oder Emulsionen sowie sehr hochviskose Schmelzen. Bei solchen Fluiden sollte die Höhe des Spaltes wenigstens um ein bis zwei Größenordnungen größer sein als z. B. der Partikel- bzw. Tropfendurchmesser der dispersen Phase. Oft wird in diesen Fällen das Platte-Platte-System bevorzugt.

Festkörperklemmen

Ein Oszillationsrheometer bietet neben der Möglichkeit, Scheiben in der Kombination Kegel/Platte oder Platte/Platte zu verwenden, eine weitere Option. Man kann dieses Gerät umbauen, um streifenförmige feste Kunststoffproben dynamisch einer Torsionsdeformation auszusetzen. Hierfür werden sog. Festkörperklemmen eingebaut. Mit dieser sog. Torsionsrheometer-Messung ist es möglich, einen Werkstoff über einen sehr großen Temperaturbereich (von der Schmelze bis zum Festkörper) dynamisch unter derselben Belastung (Frequenz und Amplitude) zu charakterisieren. Diese Methode ergänzt somit die Möglichkeiten der DMA (Dynamisch-Mechanische Analyse).

4.5.3.2 Grundversuche mit Rotationsrheometern

rheologische Grundversuche

Rotationsrheometer ermöglichen eine Vielzahl an Untersuchungsmöglichkeiten. Mit den heutigen Antrieben und Steuerungen können alle wichtigen rheologischen Grundversuche nach [Pahl] (siehe Bild 4.34) realisiert werden. Die beiden bedeutendsten, der Spannversuch und der Schwingversuch, werden im Folgenden kurz erläutert.

Spannversuch

Beim Spannversuch wird das Fluid im Spalt im Idealfall sprunghaft aus dem Ruhezustand mit einer konstanten Schergeschwindigkeit (Drehzahl) belastet. Gemessen wird das Drehmoment, woraus sich die Schubspannung ergibt. Schrittweise

Variation der Schergeschwindigkeit führt zur Fließkurve und zur Viskositätskurve.

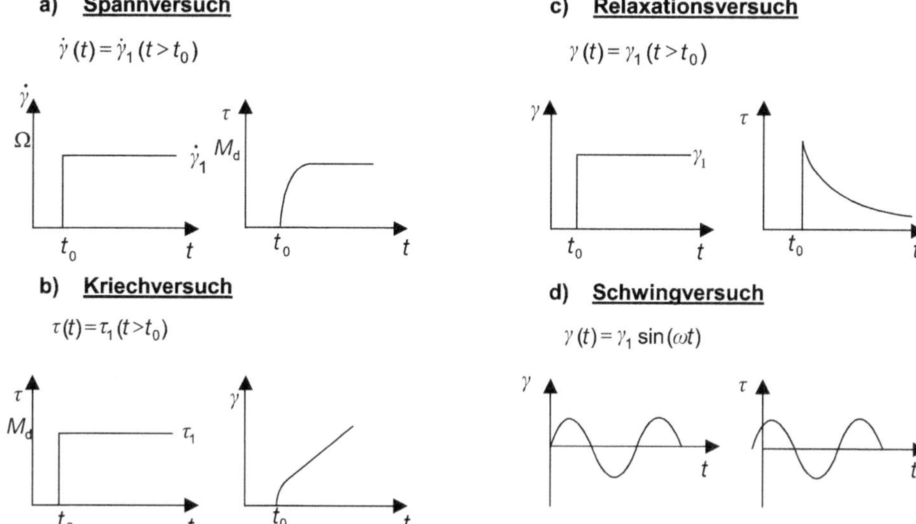

Bild 4.34 Rheometrische Grundversuche am Rotationsrheometer [nach Pahl]

Besonders interessant ist der *Schwingversuch*, auch Oszillationsversuch genannt. Hierbei wird in der Regel ein sinusförmiger Verlauf des Scherwinkels bei einer bestimmten Frequenz und Amplitude vorgegeben. Der als Werkstoffantwort gemessene Drehmoment- bzw. Schubspannungsverlauf ist ebenfalls sinusförmig, jedoch bei Polymerschmelzen aufgrund der Viskoelastizität immer phasenverschoben.

Schwingversuch (Oszillationsversuch)

Die Viskosität wird als komplexe Größe formuliert, wobei dem Realteil die Bedeutung des Verlustanteils und dem Imaginärteil die Bedeutung des Speicheranteils zukommt. Diese beiden Viskositätsanteile und ihre Abhängigkeit von der Oszillationsfrequenz (Winkelgeschwindigkeit) oder von der Amplitude des Scherwinkels werden separat gemessen und können gemeinsam in einem Diagramm dargestellt werden. Siehe dazu den folgenden Abschnitt 4.5.3.3.

Zwischen dem Verlauf der Deformation und dem der Spannung besteht bei einem viskoelastischen Stoff eine Phasenverschiebung. Diese Verschiebung charakterisiert das Verhältnis zwischen dem viskosen und dem elastischen Anteil der komplexen Viskosität wie auch des komplexen Moduls. Der Winkel der Phasenverschiebung δ liegt zwischen dem eines idealen elastischen Festkörpers, bei dem die Schubspannung mit dem Scherwinkel in Phase schwingt (also dem Wert null), und dem eines rein viskosen Materials, bei dem die Schubspannung dem Scherwinkel

Phasenverschiebung

um 90° nacheilt. Die Phasenverschiebung ist frequenzabhängig. Auf die Vielzahl an Auswertungsmöglichkeiten wird hier nicht eingegangen, sie sind beispielsweise bei [Mezger, Schröder und Pahl] umfassend dargestellt.

Ein wesentlicher Vorteil des Schwingversuchs im Vergleich zu den Versuchen mit stationärer Scherung ist, dass mit sehr kleinen Amplituden gearbeitet werden kann und somit die Ruhestruktur des gemessenen Stoffes nicht zerstört wird. Zudem sind aus einigen Ergebnissen der Schwingungsmessungen Rückschlüsse auf die Stoffstruktur möglich.

4.5.3.3 Anwendungsbeispiel für den Schwingversuch

Die physikalischen Grundtatsachen wurden bereits weiter oben beschrieben. An dem folgenden Beispiel soll das dort Dargestellte praxisbezogen erläutert werden:

Bei bestimmten Verarbeitungsprozessen kann es notwendig sein, dem Polymer ein gewisses Maß an Elastizität zu verleihen. Um den elastischen Anteil des E-Moduls bzw. des Schubmoduls wesentlich zu erhöhen, kann das Molekulargewicht einer Polyamidschmelze (PA 66) durch Copolymerisations- und Pfropfungsreaktionen stark erhöht werden. Konkret wird ein PA 66 (Molekulargewicht: 28 000 g/mol) durch Aufpfropfen langer Seitenketten aus Styrol-Maleinsäure-Anhydrid modifiziert und dadurch auf ein Molekulargewicht von 112 000 g/mol gebracht. Die Frage ist nun, inwieweit diese Molekulargewichtserhöhung und Veränderung der Molekülstruktur neben der zu erwartenden Erhöhung des Viskositätsniveaus auch eine Veränderung des Verhältnisses zwischen viskosem und elastischem Anteil der Steifigkeit mit sich bringt. Bild 4.35 zeigt die Gegenüberstellung der komplexen Viskosität $|\eta^*|$ und der beiden Anteile des komplexen Moduls Speichermodul G' und Verlustmodul G'' für das ursprüngliche und das modifizierte Material. Definitionen und Formeln hierzu finden sich im folgenden Abschnitt 4.5.3.4.

Im Verlauf des Betrags der komplexen Viskosität $|\eta^*|$ wird neben der Erhöhung des Viskositätsniveaus durch die Modifikation auch eine stärker ausgeprägte Strukturviskosität sichtbar (größere Steigung der Viskositätskurve in dem gemessenen Bereich). Die Verläufe von G' und G'' zeigen, dass bei dem modifizierten Material schon bei niedrigen Deformationsgeschwindigkeiten eine Elastizität der Schmelze in erheblichem Maße vorhanden ist. Der Speichermodul G' ist hier sogar schon ebenso groß oder größer als der Verlustmodul G''. Es ist zu beachten, dass sich das Probematerial also nicht mehr wie eine typische Flüssigkeit verhält. Nach der üblichen rheologischen Begriffsdefinition handelt es sich nicht mehr um eine Flüssigkeit, sondern um ein Gel ($G' > G''$). Der Schnittpunkt zwischen den Kurven für G' und G'' liegt im Fall des modifizierten Polyamids bei einer relativ niedrigen Deformationsgeschwindigkeit. Bei dem unmodifizierten Material zeigt sich dagegen erst bei wesentlich höheren Deformationsgeschwindigkeiten ein gewisses Maß an Elastizität.

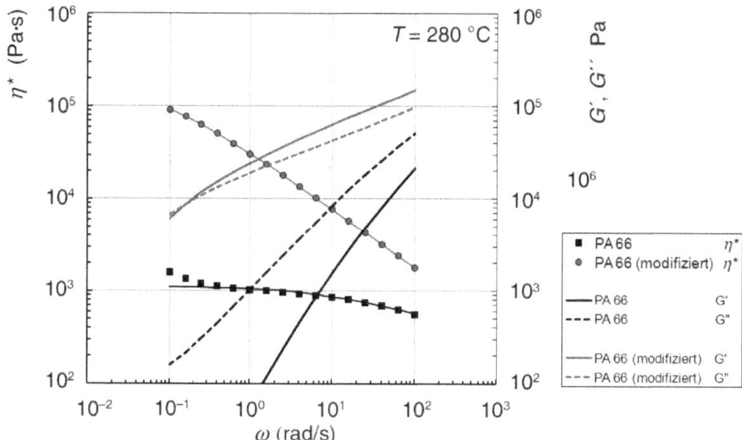

Bild 4.35 Rheologische Stofffunktionen $|\eta^*|(\omega)$, $G'(\omega)$, $G''(\omega)$ eines PA 66 sowie einer Modifikation dieses PA 66 mit aufgepfropften Seitenketten und höherem Molekulargewicht [nach Zhang, Fritz, Bonten]

Die Eigenschaft der Elastizität einer Thermoplastschmelze kann bei Extrusionsprozessen z. B. dort von Bedeutung sein, wo die Schmelze aus der Düse austritt und das Extrudat frei waagerecht abgezogen wird. Das heißt, das Extrudat wird nicht von irgendwelchen Transportvorrichtungen getragen. Bei diesem freien Abziehen ist ein ausreichend hoher Anteil an elastischem Verhalten notwendig (quasi eine Kombination aus Flüssigkeits- und Festkörperverhalten), damit das Extrudat nicht zu stark durchhängt. Praktiker sprechen von Schmelzesteifigkeit, manchmal auch von Schmelzefestigkeit. Ist diese Steifigkeit nicht gegeben, dann ist der Effekt des Wegfließens infolge des Eigengewichts zu stark. Dies gilt zumindest dann, wenn langsam und mit geringerer Kraft abgezogen wird. Eine entsprechende Situation liegt vor, wenn senkrecht nach unten abgezogen wird und die Schmelze eine gewisse Steifigkeit haben muss, um nicht wegzufließen. Wie bereits erwähnt, haben Polymere, die für diese Art von Verarbeitungsprozessen geeignet sind, immer höhere Molekulargewichte als die für das Spritzgießen geeigneten Typen desselben Polymers. Die Spritzgießtypen müssen eine relativ niedrige Viskosität aufweisen und eine Elastizität der Schmelze wird hier nicht benötigt.

An diesem Beispiel sollte gezeigt werden, dass zwei Dinge gemeinsam diskutiert werden können: Einerseits muss bei den mit hohen Kräften erzwungenen Fließprozessen in Fließkanälen zuallererst die Fließfähigkeit einer Kunststoffschmelze betrachtet werden (Hauptinteresse: nicht zu hohe Viskosität, zumindest bei hohen Deformationsgeschwindigkeiten). Andererseits können aber auch ungewollte Deformationsprozesse aufgrund von geringen Gewichtskräften eine Rolle spielen (Hauptinteresse: eine gewisse Steifigkeit schon bei extrem niedrigen Deformationsgeschwindigkeiten). Bei der ersteren Betrachtung steht die Vorstellung der

Schmelze als Flüssigkeit im Vordergrund, bei der letzteren Betrachtung wird die viskoelastische Schmelze dagegen primär als eine feste Substanz betrachtet.

Die Betrachtung des elastischen Anteils im rheologischen Verhalten einer Kunststoffschmelze ist für die Simulation von Strömungsvorgängen in Verarbeitungsprozessen, z. B. bei der Fließkanalauslegung, meist nicht von Bedeutung. Werden jedoch Strömungen bei abrupter Verringerung des Kanalquerschnitts (Dehnströmung und elastische Speicherung von Deformationsenergie) betrachtet oder geht es um das Schwellen am Düsenaustritt, so spielen die elastischen Eigenschaften eine große Rolle. Allgemein gesagt ist auf dem Gebiet der Werkstoffauswahl und der Werkstoffentwicklung das Gesamtbild der viskoelastischen Eigenschaften einer Kunststoffschmelze grundsätzlich von Bedeutung.

4.5.3.4 Viskositätsmessung mittels oszillierender Scherdeformation oder in stationärer Strömung

Die Anwendung der in den vorherigen Abschnitten beschriebenen verschiedenen Messverfahren für das Fließverhalten von Polymerwerkstoffen erfordert ein Grundverständnis der Prinzipien und der Aussage der einzelnen Verfahren. Die folgenden Messprinzipien werden hier nochmals gegenübergestellt:

- *Prinzip A*: Stationäre Scherströmung in einem rohr- oder schlitzförmigen Kanal (z. B. im Kapillarrheometer) oder in einem kreisrunden scheibenförmigen Volumen zwischen zwei mit konstanter Schergeschwindigkeit rotierenden Platten (z. B. Platte-Platte-Rheometer).
- *Prinzip B*: Harmonisch (d. h. sinusförmig) oszillierende Deformation zwischen zwei Platten oder einer Platte und einem flachen Kegel (z. B. Platte-Platte- oder Kegel-Platte-Rheometer).

Prinzip A eignet sich für Flüssigkeiten. Es werden nur viskose Eigenschaften gemessen, nicht aber der elastische Anteil des Fließverhaltens einer viskoelastischen Flüssigkeit. Die gemessene Viskosität eignet sich zur Berechnung von stationären Scherströmungen und darf nicht mit der komplexen Viskosität verwechselt werden. Grundlegend bei der Beschreibung der kontinuierlichen Scherdeformation des Materials ist hier die konstante Deformationsgeschwindigkeit (Schergeschwindigkeit).

Prinzip B eignet sich sowohl für Flüssigkeiten mit rein viskosem Charakter, für solche mit viskoelastischem Charakter wie auch für Festkörper. Dem Material werden nur kleine Deformationen aufgezwungen, die periodisch (sinusförmig) ihre Richtung ändern. Darüber hinaus kann auch die Umwandlung einer Flüssigkeit in einen Festkörper messtechnisch weitestgehend erfasst werden, z. B. beim Prozess der Vernetzung eines reaktiven Systems (z. B. Elastomer oder Duroplast). Eine solche Messung liefert die Darstellung der Auswirkungen der durch einen chemischen Prozess verursachten Umwandlung einer Schmelze in ein festes Polymer mit viskoelastischen Eigenschaften als Funktion der Zeit.

Erfasst wird ein Maß für die Steifigkeit, nämlich der Schubmodul einer viskoelastischen Flüssigkeit oder eines viskoelastischen Festkörpers. Der komplexe Schubmodul G^* wird dargestellt als komplexe Größe mit den beiden Anteilen Speichermodul G' (Realteil, elastischer Anteil) und Verlustmodul G'' (Imaginärteil, viskoser Anteil). Die Basis bei der Beschreibung der Steifigkeit des Materials bildet die oszillierende Deformation (Amplitude) als Sinusfunktion der Zeit (Frequenz) und die Höhe der Deformation (Amplitude der Funktion Scherwinkel über der Zeit).

komplexer Schubmodul

Nach einem Newtonschen Gesetz liefert diese dynamische Messung gleichzeitig mit dem Betrag des komplexen Schubmoduls $|G^*|$ auch den Betrag der komplexen Viskosität $|\eta^*|$.

$$\left|G^*\right| = \omega \cdot \left|\eta^*\right| \tag{4.36}$$

Die komplexe Viskosität $|\eta^*|$ setzt sich, analog zu $|G^*|$, aus einem Realteil η' und einem Imaginärteil η'' zusammen:

komplexe Viskosität

$$\left|\eta^*\right| = \sqrt{(\eta')^2 + (\eta'')^2} \tag{4.37}$$

Hierbei hat der Realteil die physikalische Bedeutung des viskosen Anteils und der Imaginärteil die des elastischen Anteils.

$$\left|\eta'\right| = \left|\frac{G''}{\omega}\right| \tag{4.38}$$

$$\left|\eta''\right| = \left|\frac{G'}{\omega}\right| \tag{4.39}$$

Cox und Merz haben in ihren Untersuchungen zum Fließverhalten von Polystyrol festgestellt, dass die Auftragung der komplexen Viskosität $|\eta^*|$ über der Winkelgeschwindigkeit ω und der Scherviskosität η über der Schergeschwindigkeit $\dot{\gamma}$ in einem Diagramm eine zusammenhängende Viskositätskurve ergibt. Dieser Zusammenhang wird als Cox-Merz-Regel bezeichnet. Diese Regel ist nicht allgemein gültig, sondern als rein empirisch zu betrachten.

Cox-Merz-Regel

$$\lim_{\dot{\gamma}\to 0} \eta(\dot{\gamma}) = \lim_{\omega\to 0} \eta^*(\omega) \tag{4.40}$$

Bei den beiden hier gegenübergestellten Messprinzipien liegen grundsätzlich unterschiedliche Beanspruchungsarten vor. Die Anwendbarkeit der Cox-Merz-Regel muss im Einzelfall überprüft werden.

Die Cox-Merz-Regel bewährt sich für einige ungefüllte Polymerschmelzen und für Polymerlösungen. Sie gilt jedoch nicht für Dispersionen und Gele, also nicht für gefüllte Polymere und nicht für Polymere, die in ihren viskoelastischen Eigenschaften einen höheren Anteil an Elastizität aufweisen. Schmelzen, bei denen im Bereich niedriger Schergeschwindigkeiten der elastische Anteil des komplexen Moduls größer ist als der viskose Anteil, die also Gel-Eigenschaften aufweisen, erfüllen die Cox-Merz-Regel nicht [Mezger, S.180, 181]. Im Übrigen sind Kautschukmischungen Dispersionen, bei denen der Füllstoff neben dem Kautschuk-Polymer eine bedeutende Rolle für die rheologischen Eigenschaften spielt. Hier kann die Cox-Merz-Regel evtl. im Bereich hoher Schergeschwindigkeiten näherungsweise gelten. Auch hier muss die Anwendbarkeit in jedem Einzelfall geprüft werden.

4.5.4 Bestimmung der Dehnviskosität

Schmelzedehnung

Neben der Scherung erfahren Kunststoffschmelzen während ihrer Verarbeitung in der Regel auch Dehndeformationen. Dies ist beispielsweise immer bei Fließkanälen mit sich ändernden Querschnittsflächen der Fall, also an Stellen, wo die Schmelze in Fließrichtung beschleunigt oder verzögert wird. Zudem existieren Verarbeitungsverfahren, bei denen die Schmelze gezielt gedehnt wird, um das Produkt durch das Einbringen von Orientierungen zu verstärken. Beispiele sind das Verstrecken von Folien (uniaxial und biaxial), das Faserspinnen, das Thermoformen, das Extrusionsblasformen und das Streckblasen. Dabei werden die Dehnungen in uniaxial (Abschnitt 4.5.4.1) und biaxial (Abschnitt 4.5.4.2) unterteilt.

4.5.4.1 Messtechnik für uniaxiale Dehnung

Rheotensversuch

Vor allem der Faserspinnprozess ist ein Verarbeitungsverfahren, bei dem die Schmelze nach dem Verlassen des Werkzeugs in erheblichem Maße in Abzugsrichtung gedehnt wird, aber auch z. B. in der Herstellung von Bändchen oder Folien sind die dehnrheologischen Eigenschaften einer Kunststoffschmelze von Interesse. Zur Auslegung dieser Prozesse ist es wichtig, das Verhalten der Schmelze bei uniaxialer Dehnung zu kennen. Ein Messverfahren, das diese Eigenschaften qualitativ erfasst, ist der Rheotensversuch. Es handelt sich dabei nicht um ein Rheometer, das Dehnviskositätswerte für Berechnungen liefert, sondern um die Gewinnung von Daten für die vergleichende Materialcharakterisierung (Bild 4.36).

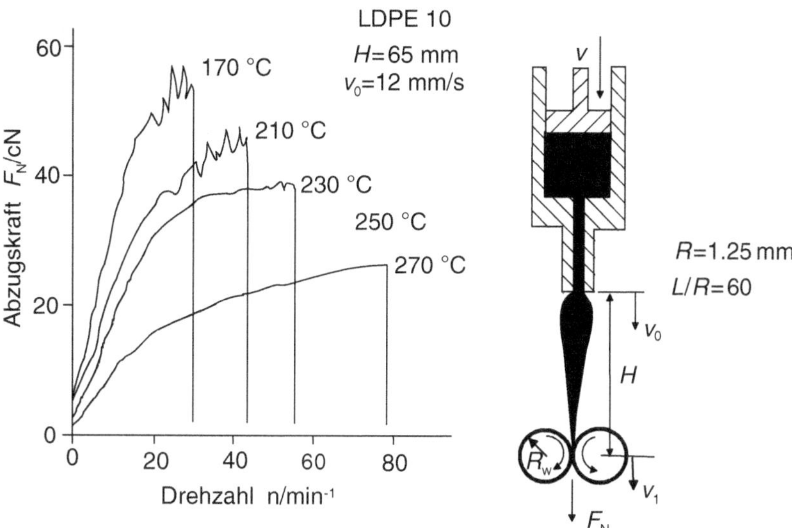

Bild 4.36 Der Rheotensversuch

Die Versuchsanordnung stellt sich wie folgt dar: Die die Schmelze wird mit einem definierten Volumenstrom durch eine Rund-Kapillare mit großem *L*/*D*-Verhältnis (z. B. 30/1) extrudiert. Das Aufschwellen der Schmelze nach dem Düsenaustritt wird möglichst gering gehalten (Bild 4.36, rechts). Der Schmelzestrang wird von einem im Abstand *H* angeordneten Paar Walzen oder Zahnräder abgezogen. Die Abzugsgeschwindigkeit v_1 ist höher als die Austrittsgeschwindigkeit v_0 aus der Düse, sodass sich eine Verstreckung der Schmelze ergibt; sie wird während des Versuchs so lange linear gesteigert, bis der Schmelzestrang abreißt. Dabei wird die Abzugskraft an den Walzen gemessen. Der Versuch wird bei unterschiedlichen Schmelzetemperaturen durchgeführt. Die so erhaltenen Diagramme (Bild 4.36, links) dienen als Orientierungswerte für die Auslegung z. B. eines Spinnprozesses.

Vorteil dieses Messverfahrens ist die sehr prozessnahe Materialcharakterisierung. Der wesentliche Nachteil besteht darin, dass von dem gemessenen Dehnverhalten nicht direkt und quantitativ auf Dehnvorgänge in einem Verarbeitungsprozess geschlossen werden kann, da die Schmelze nach dem Werkzeugaustritt in einer nicht exakt beschreibbaren Weise aufschwillt und abkühlt und somit die Stranggeometrie nur abgeschätzt werden kann.

Dehnrheometer nach Münstedt

Das von Münstedt entwickelte Rheometer ist in Bild 4.37 dargestellt. Die zylindrische Probe befindet sich in einem temperierten Ölbad, das die gleiche Dichte wie die Probe besitzt. Über geklebte Enden ist die Probe auf der einen Seite mit einer Kraftmessdose und auf der anderen Seite mit einem Abzugsband befestigt, mit dem die Probe in die Länge gezogen wird.

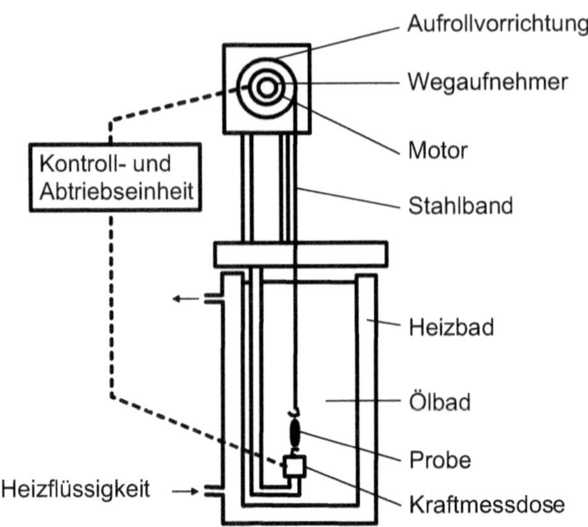

Bild 4.37 Dehnrheometer nach Münstedt

Nachteil dieser Versuchsanordnung ist, dass sich der Querschnitt der Probe an den geklebten Einspannungen nicht verändern kann. Man kann von einer konstanten Temperatur in der Probe ausgehen. Der Probenquerschnitt ist in der Mitte kleiner als in der Nähe der Einspannungen, Spannung und Dehnung sind entsprechend inhomogen verteilt.

4.5.4.2 Messtechnik für biaxiale Dehnung

biaxiale Dehnung

Kunststoffschmelzen werden z. B. beim Blasformen, Streckblasen, Thermoformen und bei der Schlauchfolienextrusion biaxial gedehnt. Das Verhalten von Kunststoffschmelzen bei biaxialer Dehnung unterscheidet sich erheblich von dem bei uniaxialer Dehnung. Daher wurden speziell für diesen Belastungsfall eigene Rheometertypen entwickelt.

Rheometer nach Meißner

Ein von Meißner vorgestelltes Dehnrheometer (Bild 4.38) verwendet das Prinzip der „rotierenden Klemmen". Acht dieser Klemmen, die mit Kraftmessern verbunden sind, sind in einem Kreis angeordnet. Die folienförmige Probe wird in diese Klemmen eingespannt, mit temperiertem Silikonöl auf die Versuchstemperatur aufgeheizt und anschließend äquibiaxial gedehnt.

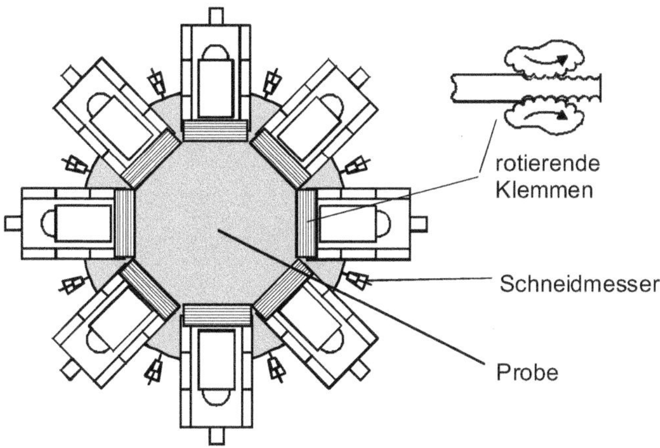

Bild 4.38 Dehnrheometer nach Meißner

Da das Probenmaterial aus dem Messgebiet herausgefördert wird, können sehr große Dehnungen realisiert werden. Nachteilig ist allerdings, dass durch die Klemmen die Spannung in der Probe nicht homogen verteilt ist. Ein rein äquibiaxialer Dehnungszustand liegt nur in der Mitte vor, während an den Klemmen fast uniaxial gedehnt wird. Durch diese Mischform fällt es schwer, das Verhalten des Materials bei rein biaxialer Dehnung zu ermitteln. Zudem lassen sich nur relativ kleine Dehngeschwindigkeiten realisieren.

Reckrahmen

Ein ähnlicher Versuchsaufbau, welcher zur äquibiaxialen Verstreckung verwendet wird, ist der sog. Reckrahmen. Eine quadratische Probe wird von Klemmen gehalten, die Erwärmung erfolgt mit heißer Luft (Bild 4.39). Aufgrund technischer Weiterentwicklungen kann die Folie mittlerweile unproblematisch eingespannt werden. Die maximal erreichbare Dehnung ist durch den Bauraum eingeschränkt. Während des Versuchs entstehen zwischen den Klemmen Einschnürungen am Probenrand, weshalb die Probe dort nicht homogen deformiert wird. Der Reckrahmen wird aufgrund seiner einfachen Handhabung und besonders wegen der sehr hohen möglichen prozessnahen Dehngeschwindigkeiten eingesetzt.

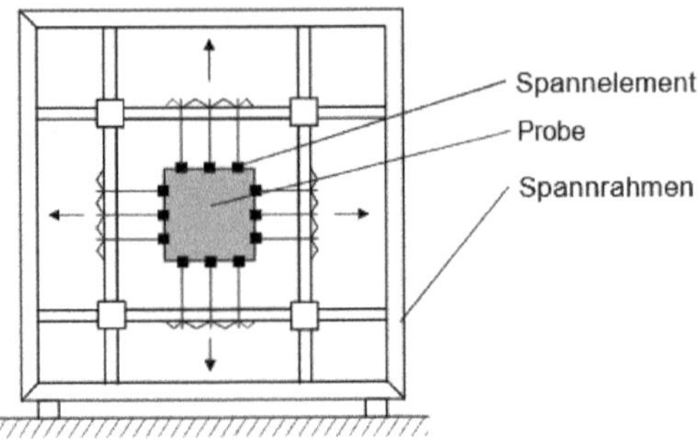

Bild 4.39 Reckrahmen (Brückner)

Membrane-Inflation-Rheometer

Von Hartwig wurde das das sog. „Membrane-Inflation-Rheometer" entwickelt. Das Messprinzip ist in Bild 4.40 dargestellt. Die ebene, kreisrunde, folienartige Probe wird zwischen einen waagerecht liegenden Zylinder und einen oben offenen Ölbehälter gespannt. Zylinder und Kammer sind mit temperiertem Silikonöl gefüllt, welches die gleiche Dichte wie die Probe besitzen sollte, sodass Gravitationskräfte kompensiert werden. Ein Kolben drückt das Öl mit einer definierten Geschwindigkeit aus dem Zylinder in den Ölbehälter. Die ebene Probe verformt sich anfangs zu einer Kugelkalotte, danach sorgt die zylindrische Leitvorrichtung für die kontrollierte Ausformung eines Zylinders mit aufgesetzter Kugelkalotte. Während der Deformation wird die Druckdifferenz zwischen Kolben und Kammer gemessen. Am Pol der Kugelkalotte wird so eine äquibiaxiale Dehnung realisiert, die optisch gemessen wird. Über Kräftebilanzen und die Folienvolumen-Dehnung-Dicken-Berechnung am Pol werden die Spannungs-Dehnungs-Kurven ermittelt.

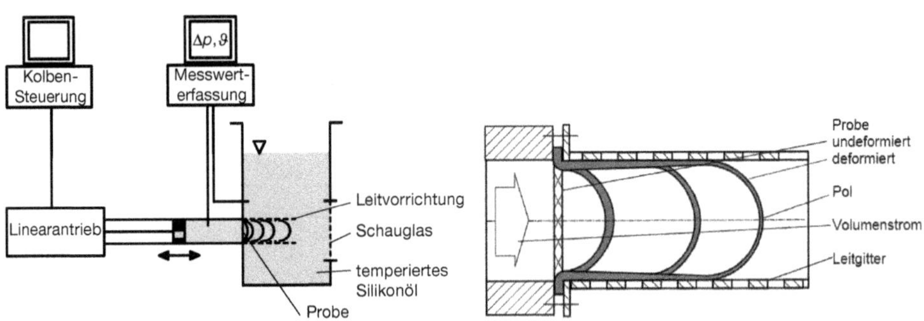

Bild 4.40 Membrane-Inflation-Rheometer

Mit dieser Messvorrichtung können sehr hohe Dehngeschwindigkeiten erreicht werden, die im Bereich der z. B. beim Streckblasprozess vorkommenden Geschwindigkeiten liegen. Nachteilig wirken sich allerdings die bei hohen Deformationsgeschwindigkeiten auftretenden Trägheitskräfte des verdrängten Öls aus, die die Messungen der Druckdifferenz beeinflussen können. Weiterhin ist nicht immer geklärt, inwieweit das Öl in die Probe eindiffundieren und dann die rheologischen Eigenschaften beeinflussen kann.

Bubble-Inflation-Rheometer

Eine dem Membrane-Inflation-Rheometer sehr ähnliche und schon früher entstandene Anordnung ist das Bubble-Inflation-Rheometer (BIR). Auch hier wird eine flächige Probe in einer ringförmigen Klemmvorrichtung eingespannt und erwärmt. Die Dehnung der eingespannten Folie erfolgt jedoch mit Druckluft oder einem flüssigen Arbeitsmedium frei in den Raum hinein, im Gegensatz zum MIR. Der Aufbau ist schematisch in Bild 4.41 gezeigt. Im Pol der Probe liegt zu jedem Zeitpunkt der äquibiaxiale Dehnungszustand vor. Dies ist mit der Symmetrie der aufgeblasenen Probe zu begründen. An der Einspannung liegt eine planare Dehnung vor. Zur Bestimmung der Spannungen in der Probe dient die Druckdifferenz in der Blase, der Verstreckgrad im Pol korrespondiert mit dem verdrängten Volumen. Detaillierte Informationen zum BIR können in den zu dem Kapitel angegebenen Literaturquellen nachgelesen werden.

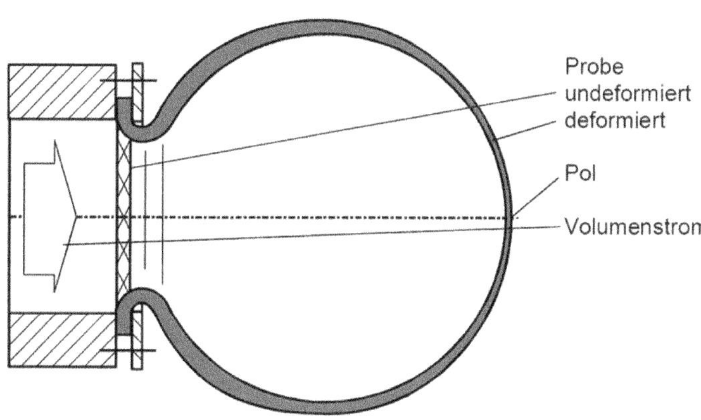

Bild 4.41 Bubble-Inflation-Rheometer

Literatur zu Kapitel 4

Agassant, J.-F.; Avenas, P.; Carreau, P. et al.: *Polymer Processing.* München: Carl Hanser Verlag, 2017

Ansari, M.; Inn, Y. W.; Sukhadia, A. M. et al.: Wall slip of HDPEs: Molecular weight and molecular weight distribution effects. *Journal of Rheology* 57 (2013) 3, S. 927–948; *https://doi.org/10.1122/1.4801758*

Carreau, P. J.; De Klee, D. C. R.; Chhabra, R. P.: *Rheology of Polymeric Systems.* Hanser, München 1997

Chmiel, H.; Schümmer, P.: Eine neue Methode zur Auswertung von Rohrrheometer-Daten. *Chemie Ingenieur Technik* 43 (1971) 23, S. 1257 - 1259

Cox, W. P.; Merz, E. H.: Correlation of dynamic and steady-flow viscosities. *Journal of Polymer Science* 28 (1958) A-118, S. 619 - 622

Detrois, C.: *Untersuchungen zur Dehnrheologie und Verarbeitbarkeit von Halbzeugen beim Thermoformen sowie Simulation und Optimierung der Umformphase.* Dissertation, RWTH Aachen, 2001

Ferry, J. D.: *Viscoelastic Properties of Polymers.* John Wiley & Sons, New York, London 1980

Geisbüsch, P.: *Ansätze zur Schwindungsberechnung ungefüllter und mineralisch gefüllter Thermoplaste,* Dissertation, IKV, RWTH Aachen, 1980

Giesekus, H.; Langer, G.: Die Bestimmung der wahren Fließkurven nicht-newtonscher Flüssigkeiten und plastischer Stoffe mit der Methode der repräsentativen Viskosität. *Rheologica Acta* 16 (1977) 1, S. 1 - 22

Hartwig, K.: *Simulation des Streckblasvorganges und Charakterisierung des prozeßrelevanten Materialverhaltens.* Dissertation, IKV, RWTH Aachen, 1997

Hepperle, J.: Rheologische Eigenschaften von Polymerschmelzen. In: Kohlgrüber, C. (Hrsg.) *Der gleichläufige Doppelschneckenextruder: Grundlagen, Technologie, Anwendungen.* München: Carl Hanser Verlag, 2016

Hopmann, C.; Michaeli, W.: *Extrusion Dies for Plastics and Rubber.* München: Carl Hanser Verlag, 2016

Kulicke, W.-M.: *Fließverhalten von Stoffen und Stoffgemischen.* Hüthig und Wepf Verlag, Basel, 1986, S. 91 ff.

Macosko, C. W.: *Rheology - Principles, Measurements and Applications.* Weinheim: VCH Verlagsgesellschaft, 1994

Malkin, A.: *Rheology.* Toronto: ChemTec Publishing, 2012

Matsouka, S.: *Relaxation Phenomena in Polymers.* München: Carl Hanser Verlag, 1992

Meißner, J.: Rheologisches Verhalten von Schmelzen. In: G. Schreyer (Hrsg.) *Konstruieren mit Kunststoffen,* Teil 2. München: Carl Hanser Verlag, 1985

Menges, G.; Geisbüsch, P.: *Die Glasfaserorientierung und ihr Einfluss auf die mechanischen Eigenschaften thermoplastischer Kunststoffschmelzen - Eine Abschätzmethode.* Colloid & Polymer Science 1982, S. 73 - 82

Mezger, T. G.: *Das Rheologie Handbuch.* Hannover: Vincentz Network, 2016

Morrison, F.: *Understanding Rheology.* New York: Oxford University Press, 2001

Müllner, H. W. et al.: Constitutive characterization of rubber blends by means of capillary-viscosimetry. *Polymer Testing* 28 (2009) S. 13 - 23

Münstedt, H.: *Rheological and Morphological Properties of Dispersed Polymeric Materials: Filled Polymers and Polymer Blends.* München: Carl Hanser Verlag, 2016

Münstedt, H.; Schwarzl, F.: *Deformation and Flow of Polymeric Materials.* Heidelberg, Berlin, New York: Springer, 2014

Osswald, T. A.; Menges, G.: *Materials Science of Polymers for Engineers.* München: Carl Hanser Verlag, 2012

Osswald, T. A.; Rudolph, N.: *Polymer Rheology.* München: Carl Hanser Verlag, 2014

Osswald, T. A.: *Understanding Polymer Processing.* München: Carl Hanser Verlag, 2010

Osswald, T. A.; Hernandez-Ortiz, J. P.: *Polymer Processing: Modeling and Simulation.* München: Carl Hanser Verlag, 2006

Pahl, M.; Gleisle, W.; Laun, H.-M.: *Praktische Rheologie der Kunststoffe und Elastomere.* Düsseldorf: VDI Verlag, 1995

Schröder, T.: *Rheologie der Kunststoffe.* München: Carl Hanser Verlag, 2018

Vinogradov, G. V.; Malkin, A. Y.: Temperature-independent viscosity characteristics of polymer systems. *Journal of Polymer Science* 2 (1964) A-5, S. 2357 - 2372

Vinogradov, G. V.; Malkin, A. Y.: Rheological properties of polymer melts. *Journal of Polymer Science* 4 (1966) A-2, S. 135 - 154

Vinogradov, G. V.; Malkin, A. Y.; Jarlykow, B. W. et al.: Relaxationseigenschaften und kritische Fließbedingungen bei Polymeren. *Plaste und Kautschuk* 19 (1972) 12, S. 907 - 912

Walczak, K.; Gupta, M.; Koppi, K. et al.: Elongational Viscosity of LDPEs and Polystyrenes Using Entrance Loss Data. *Polym. Eng. Sci.* 48, 2008

Williams, M. L.; Landel, R. F.; Ferry, J. D.: The Temperature Dependence of Relaxation Mechanisms in Amorphous Polymers and Other Glass-forming Liquids. *Journal of American Chemical Society* 77 (1955) 14, S. 3701 - 3707

Zhang, D.; Fritz, H. G.; Bonten, C.: Modifikation der rheologischen Eigenschaften von PA 66 mittels eines reaktiven Extrusionsprozesses. In: C. Bonten, M. R. Buchmeiser (Hrsg.) *22. Stuttgarter Kunststoff-Kolloquium*, 2011

5 Abkühlen aus der Schmelze und Entstehung von innerer Struktur

5.1 Einleitung

Wenn einer Polymerschmelze Wärme entzogen wird, dann verlieren die Ketten ihre Beweglichkeit, und Segment um Segment wird von den Nebenvalenzfeldern der Nachbarn eingefangen. Die Schmelze wird hochviskos und friert schlussendlich ein. Durch das segmentweise Erstarren verändert sich das spezifische Volumen der Kunststoffschmelze. Dabei kann es zur Entstehung kristalliner Bereiche kommen, das heißt die Anordnung der einzelnen Atome der Molekülketten erfolgt auf einem periodischen Gitter. Da die Schmelze aus einem Netzwerk von im Vergleich zu den einzelnen Atomen sehr langen Molekülketten besteht, muss die periodische Anordnung segmentweise erfolgen, sodass es gezwungenermaßen zu Faltungen der Ketten kommt. Dabei entstehen immer auch ungeordnete Domänen im Bereich der Faltung. Auch Fehlstellen in den Ketten sowie Übergangsbereiche zwischen verschiedenen Molekülen stören die Periodizität. Erstarrte Kunststoffe sind daher niemals zu 100 % kristallin; manche Kunststoffe erstarren partiell kristallin (z. B. Polyethylen, Polypropylen, Polyamid), andere bilden aufgrund ihres molekularen Aufbaus gar keine kristallinen Strukturen aus. Man spricht daher im ersten Fall auch von teilkristallinen Werkstoffen und gibt den Anteil des kristallinen Bereichs über den Kristallisationsgrad an. Im zweiten Fall spricht man von amorphen Werkstoffen. Zu diesen gehört beispielsweise das Polystyrol.

Das unterschiedliche Erstarrungsverhalten amorpher und teilkristalliner Kunststoffe wird anschaulich am Verlauf der Enthalpie über der Temperatur deutlich (siehe Bild 5.1).

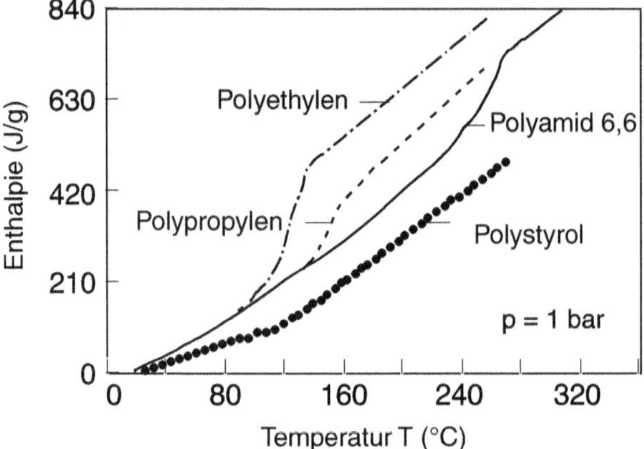

Bild 5.1 Wärmeinhalt als Funktion der Temperatur bei verschiedenen Thermoplasten

Betrachten wir zunächst die Kurve des amorphen Polystyrols. Im Verlauf der Enthalpie und des spezifischen Volumens registrieren wir eine schwache Steigungsänderung unterhalb von 120 °C (vgl. Bild 5.1, untere Kurve). Wurde der Stoff vorher mit zunehmender Abkühlung in seinem mechanischen Verhalten mehr und mehr einem Kautschuk ähnlich, so wird er unterhalb dieser Temperatur zum harten, spröden Körper. Man nennt diese Temperatur daher die Einfriertemperatur. Richtiger ist jedoch, für Polymere von einem Einfriertemperaturbereich zu sprechen, da sich dieser Vorgang über einige Temperaturgrade hinzieht. Das Volumen eines so einfrierenden Stoffes ändert sich bis zur Einfriertemperatur und darunter jeweils linear, allerdings mit unterschiedlicher Steigung. Die Einfriertemperatur kann aus dem Schnittpunkt beider Geraden bestimmt werden.

Im Vergleich dazu erstarren die teilkristallinen Werkstoffe Polyethylen, Polypropylen und Polyamid anders. Bei diesen Werkstoffen kommen Segmente der Ketten bereits weit oberhalb der Einfriertemperatur in Nebenvalenzfelder ihrer Nachbarn, wo sie nun eine engste Packungsdichte einnehmen und periodische Domänen bilden, d. h. sie kristallisieren. Da hierbei Kristallisationswärme frei wird (vgl. Bild 5.1: Stufe in den Enthalpiekurven für Polyamid, Polyethylen, Polypropylen), muss diese erst abgeführt werden, bevor die Abkühlung weiter voranschreiten kann. Man beobachtet daher, dass die Schmelze, die je nach Größe ihrer Moleküle noch mehr oder weniger viskos ist, bei Erreichen der Kristallisationstemperatur einen Temperaturhaltebereich aufweist. Je kürzer die Moleküle sind (geringe Molmasse), umso leichter kristallisieren die Moleküle, der Kristallisationsgrad wächst. Die Kristallisationstemperatur ist nur in seltenen Fällen mit der Kristallitschmelztemperatur identisch; beide sind in starkem Maße von der Abkühl- bzw. Aufheizgeschwindigkeit abhängig. Teilkristalline Thermoplaste haben einen Kristallisationsgrad von 30 bis 70 %. Bei derartigen Anteilen liegt unterhalb der Kristallitschmelztemperatur ein fester, aber dank der noch nicht eingefrorenen amorph erstarrenden Anteile zäher Körper vor.

In Bild 5.2 wird schematisch dargestellt, wie sich gleichlaufend mit der Enthalpie in Bild 5.1 das Volumen von Polymeren v_i mit der Temperatur ändert. Dabei sind die Einfriertemperatur T_{ET} sowie die Kristallisationstemperatur T_{KT} eingezeichnet. In der Schmelze besteht ein gewisses freies Volumen (Leerstellen), welches die Molekülbeweglichkeit erlaubt. Eine unterkühlte Flüssigkeit besteht jedoch auch nur so lange, wie dank des noch vorhandenen freien Volumens eine gewisse molekulare Beweglichkeit besteht.

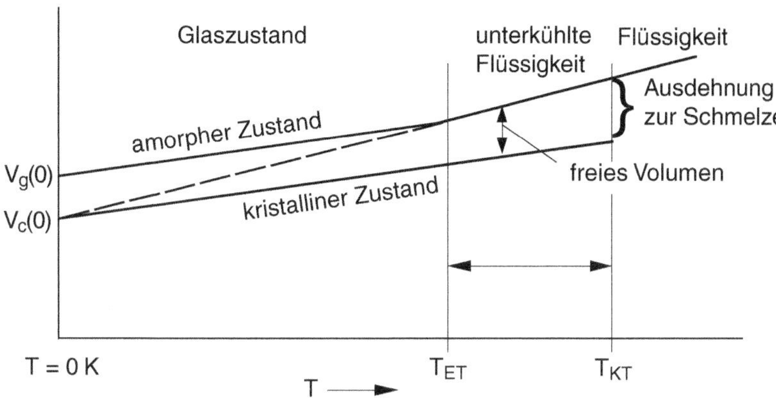

Bild 5.2 Wärme-Volumen-Ausdehnungsmodell für Thermoplaste [nach Simha und Boyer]

Wenn für ganze Moleküle oder Segmente von Ketten jedoch die Bewegungsmöglichkeit stark eingeschränkt ist, ist der Glaszustand erreicht. Der Stoff ist eingefroren. Wie man Bild 5.2 weiter entnimmt, wird damit auch das freie Volumen eingefroren, das bei der Einfriertemperatur vorliegt.

Im Falle der Kristallisation ändert sich das Volumen des kristallisationsfähigen Anteils weit über der Einfriertemperatur des amorphen Anteils auf ein niedrigeres spezifisches Volumen, jedoch bleiben in den amorphen Anteilen Leerstellen übrig, die weiterhin Beweglichkeit der Polymerketten und damit langsames Fließen (Kriechen) erlauben. Experimentell findet man bei Polymeren Kristallisations- und Schmelzebereiche, was auf die unterschiedlichen Molmassen der einzelnen Polymerketten zurückzuführen ist. Kürzere Makromoleküle kristallisieren aufgrund ihrer höheren Beweglichkeit schneller als längere Makromoleküle.

Die Flüssigkeit hat gegenüber dem festen Körper ein großes freies Volumen und aufgrund dessen eine hohe Molekülbeweglichkeit. Am absoluten Nullpunkt hat ein kristallisierender Stoff dagegen sein kleinstes Volumen, da hier keine Wärmebewegung mehr vorliegt.

5.2 Erstarrung amorpher Thermoplaste

Unter einem amorphen Zustand versteht man streng genommen eine völlig ungeordnete, regellose Struktur in Polymerwerkstoffen. Es stellt sich allerdings die Frage, ob Polymere überhaupt eine ideal amorphe Struktur besitzen können. So sind die hohen Dichten von sogenannten amorphen Polymeren mit der Vorstellung eines völlig wirren Durcheinanders von Molekülketten mit einer hierzu erforderlichen sehr lockeren Packung unvereinbar. Vor allem elektronenmikroskopische Untersuchungen zeigen, dass solche amorphen Polymere, die aus relativ starren Ketten bestehen, deutliche übermolekulare Strukturen und Ordnungszustände besitzen. Dies sind beispielsweise globuläre Bereiche mit überwiegend geknäulten Makromolekülen oder Bündel- bzw. fibrilläre Bereiche aus überwiegend gestreckten Makromolekülen. Trotz dieser Strukturen zeigen die Polymere keinerlei Beugungseffekte bei der Röntgenstreuung und keinerlei Phasenumwandlungsenergie beim Aufschmelzen.

Auch Polymere aus weichen, flexiblen Makromolekülen, wie Polyisopren, bei denen zunächst eine Struktur aus völlig ungeordneten, verschlungenen Makromolekülen angenommen wurde, zeigen bänderartige oder globuläre Bereiche. Diese Bündelstrukturen aus parallelisierten Kettenmolekülen sind relativ labil und kurzlebig. Ihre räumliche Lage fluktuiert, und sie zerfallen leicht bei Einwirkung von Spannungen. Die starke Viskositätsabnahme bei zunehmender Schubspannung wird z. B. auf die Zerstörung solcher übermolekularer Nahordnungsbereiche zurückgeführt. Ein erstarrtes amorphes Kunststoffmaterial ist daher einer Kunststoffschmelze sehr ähnlich.

Betrachtet man das spezifische Volumen eines amorphen Materials, so ist aber bei einer materialspezifischen Übergangstemperatur eine Veränderung der Kurvensteigung zu beobachten. Dieser Übergang wird auch Einfrierlinie genannt und beschreibt den Wechsel von Schmelze in den Glaszustand (siehe Bild 5.3).

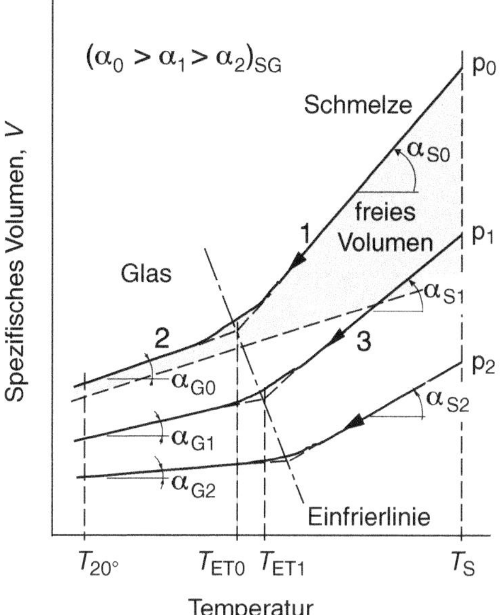

Bild 5.3 p-v-T-Diagramm eines amorphen Thermoplasten bei verschiedenen Drücken

Aufgrund der Leerstellen sind die Polymere kompressibel. Damit ist das spezifische Volumen bei amorphen und teilkristallinen Thermoplasten abhängig vom Umgebungsdruck. Durch zunehmenden Druck p_i verringert sich das spezifische Volumen und die Einfriertemperatur nimmt linear zu (Bild 5.3). Dabei ist jedoch zu beachten, dass der Begriff „Glaszustand" nicht ganz treffend ist, da die Molekülketten noch über eine gewisse Beweglichkeit verfügen. Die Beweglichkeit ist zwar nicht völlig eingeschränkt, aber signifikant geringer als im Schmelzezustand. Dies ist insbesondere von Bedeutung, wenn der Kunststoff im Zuge eines Verarbeitungsverfahrens externen Einflüssen wie beispielsweise Fließvorgängen unterliegt. Durch diese können die Makromoleküle deformiert und in Strömungsrichtung orientiert werden. Orientierungen können dann durch genügend schnelle Abkühlung eingefroren werden. Eingefrorene Orientierungen beeinflussen entscheidend die späteren Werkstoffeigenschaften im festen Zustand. Das Entstehen von Orientierungen und deren Abbau durch Relaxation soll daher im Folgenden detaillierter betrachtet werden.

5.2.1 Molekülorientierungen

Beim Durchströmen oder beim Pressen werden die Molekülknäuel ausgerichtet, wie schematisch in Bild 5.4 beim Übergang von Zustand I und II angedeutet ist. Sie kommen somit in einen Zwangszustand. Auch eine Schmelze, die unter Druck gesetzt wird, verformt sich durch Deformation der Molekülknäuel (Zustand II). Wirkt der Druck nur sehr kurz oder ist die Schmelze sehr hochviskos, dann zeigt sie kautschukelastisches Verhalten, d. h. nach Entlastung formt sie sich wieder in die Ausgangslage zurück (Zustand I). Unter langzeitig einwirkendem Druck bei gleichzeitig hoher Temperatur – das bedeutet Molekülbeweglichkeit – relaxiert die Schmelze, sie nimmt ohne verbleibende Orientierung die neue Gestalt (III) an. Unter Orientierung versteht man also eine Molekülgestalt, die einen Zwangszustand darstellt. Bei einigen Verarbeitungsverfahren, wie z. B. beim Spritzgießen (oder auch beim Vakuumtiefziehen), lässt man im Allgemeinen der Schmelze nicht ausreichend Zeit zum Relaxieren, sondern man friert sie – durch Einspritzen ins gekühlte Werkzeug – im Zustand II ein. Eine spätere Wiedererwärmung führt dann zum Rückstellen in den Zustand I, dies ist ein entropieelastischer Effekt. Man spricht daher auch vom Erinnerungsvermögen der Thermoplaste oder dem „memory effect".

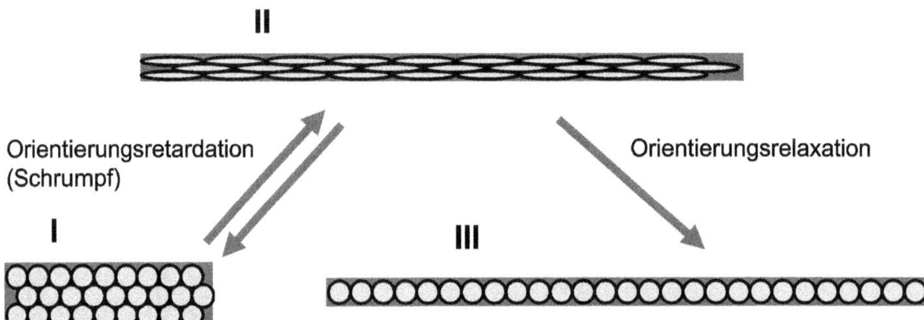

Bild 5.4 Schema zur Veranschaulichung der Deformation und Relaxation von Polymeren in der Schmelze und im kautschukelastischen Zustand [nach Vollmert]

Aufgrund der Molekülknäuelstruktur der Polymerschmelze ist es anschaulich klar, dass die Bewegung einer einzelnen Kette durch die anliegenden Ketten beeinflusst wird. Die Verschlaufungseffekte, die zum nicht linearen viskoelastischen Verhalten der Schmelze führen, müssen auch bei der Beschreibung der Erstarrungsvorgänge berücksichtigt werden. Eine dafür gängige Modelltheorie ist das sogenannte Kriechmodell (engl.: reptation theory). Bei diesem Modell geht man davon aus, dass die Polymerkette sich innerhalb eines umschließenden Zylinders ungestört bewegen kann. Der Durchmesser des Zylinders hängt dabei von der Verschlaufung mit den anderen Ketten ab (siehe Bild 5.5).

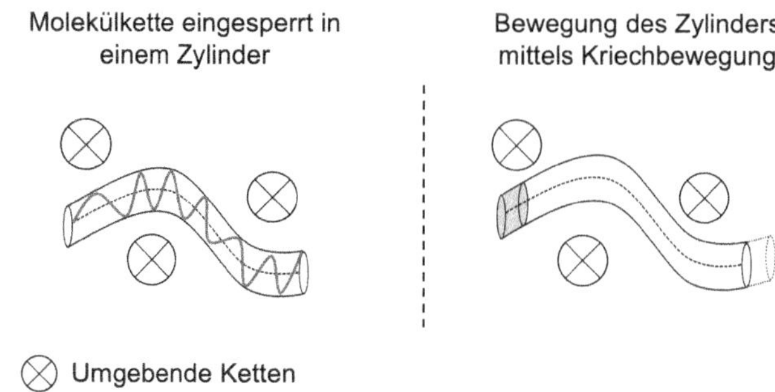

Bild 5.5 Schematische Darstellung des Kriechmodells
links: Polymerkette ungestört im umschließenden Zylinder
rechts: Kriechbewegung des umschließenden Zylinders

Der umschließende Zylinder fließt im verschlauften Netzwerk durch eine Kriechbewegung. Kommt es zu einer Deformation der Schmelze, unterscheidet die Theorie zwei Prozesse, die die Antwort des Schmelzesystems beschreiben, um nach der Deformation wieder in den energetisch günstigen Zustand zu relaxieren [Doi/Edwards 1978].

1. Relaxation erster Ordnung: Direkt nach der Deformation verändert sich der Abstand zwischen den Kettensegmenten innerhalb des umschließenden Zylinders zu einer energetisch günstigeren Konfiguration.
2. Relaxation zweiter Ordnung: Aufgrund der Deformation brechen einzelne Kettensegmente aus dem Zylinder aus und relaxieren langsam in ihn zurück.

Der Relaxationsprozess wird meistens über eine charakteristische Halbwertzeit beschrieben, nach der die relaxierende Größe die Hälfte ihres Anfangswertes erreicht hat.

Um die Molekülkettenorientierung zu beschreiben, verwendet man die Richtung des Vektors von Kettenanfang zu Kettenende. Im isotropen Zustand ist die Richtungsverteilung dieser Vektoren in alle Richtungen gleichmäßig, d. h. es gibt keine Vorzugsrichtung. Darstellbar ist die Molekülorientierung über die Doppelbrechung. Dabei ist bekannt, dass die Doppelbrechung sowohl vom Orientierungszustand als auch von den Spannungen im Material abhängt. Hierbei muss auch erwähnt werden, dass die Eigenschaften von Bauteilen im kalten Zustand stark durch die Orientierung beeinflusst werden, wie dies in Bild 5.6 für das Bruchverhalten bei Biegung für gespritzte und wie üblich schnell gekühlte Plättchen, z. B. aus Polystyrol, dargestellt ist. Auch die Zugfestigkeit kann in Orientierungsrichtung mehr als doppelt so hoch sein wie senkrecht dazu.

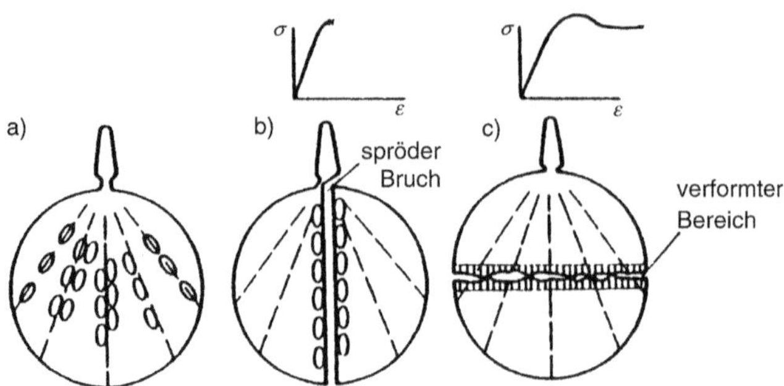

Bild 5.6 Zur Orientierung von Spritzgussteilen [nach Vollmert]
a) Fließrichtung bei einem gespritzten Kunststoffscheibchen - Orientierung von Partikeln
b) Bruch längs der Fließlinien bei geringer Deformation - sprödes Bruchverhalten
c) Bruch quer zu den Fließlinien bei größerer Deformation mit wesentlich größerem Kraftaufwand - zähes Bruchverhalten

Orientierungsgradbestimmung, Schrumpf

Man kann diese Eigenschaften (Orientierungsgrad, Relaxationsverhalten) bei amorphen Thermoplasten bestimmen, wenn man verstreckte Formteile schrumpfen lässt bzw. im gestreckten Zustand wiedererwärmt und dabei retardieren lässt. Eine andere Methode benutzt die Änderung der optischen Anisotropie bei transparenten Kunststoffen, um die Relaxation bzw. Retardation zu messen. Bei thermorheologisch einfachen Stoffen, zu denen die Thermoplast-Schmelzen ebenso wie Elastomere (solange sie nicht vernetzt sind) gehören, haben alle Relaxations- und Retardations-Zeitverläufe die gleiche Temperaturabhängigkeit. Es ist daher möglich, diese Kurven entlang der Zeitachse so zu verschieben, dass sie zur Deckung gebracht werden können, sodass die Zusammenhänge sich verhältnismäßig einfach ermitteln lassen. Dies soll an einem Beispiel erläutert werden.

Als Beispiel dienen Schrumpfmessungen an gespritzten Formteilen aus einem Polystyrol (Bild 5.7 und Bild 5.8) [Wübken]. Hierbei drücken wir die jeweiligen Verformungszustände in Form der (eingefrorenen) Dehnung ε aus. Wir bezeichnen somit den Zustand nach der Herstellung mit den eingefrorenen Orientierungen als Dehnung im Ausgangszustand.

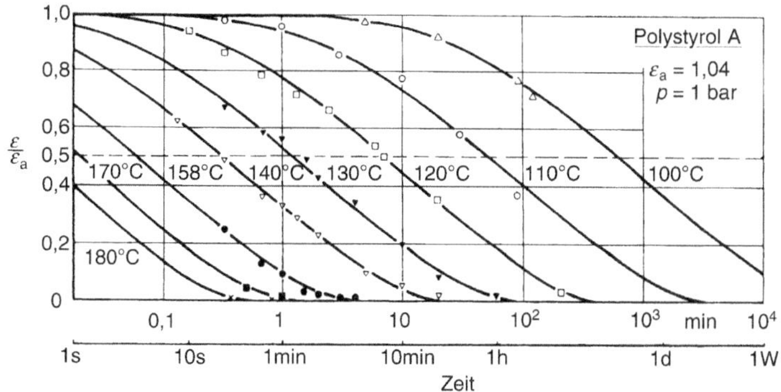

Bild 5.7 Relaxationsvorgang im Spritzgießwerkzeug bei unterschiedlichen Temperaturen [nach Wübken]

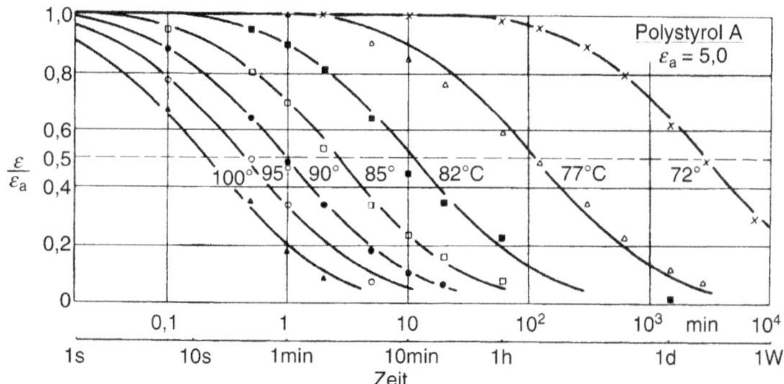

Bild 5.8 Retardationsvorgang (freier Schrumpf) bei unterschiedlichen Temperaturen [nach Wübken]

$$\varepsilon_a = \frac{l_a - l_0}{l_0} \tag{5.1}$$

und

$$\varepsilon = \frac{l - l_0}{l_0} = \frac{\Delta l}{l_0} \tag{5.2}$$

mit l_a Länge im Ausgangszustand, l_0 Länge im ausgeschrumpften Zustand (gleichbedeutend mit vor der Orientierung)

Demnach kann die sich infolge von Relaxations- oder Retardationsvorgängen einstellende Verformung ε auf die Ausgangsverformung ε_a bezogen werden. Der Praktiker arbeitet allerdings nicht mit dieser für wissenschaftliches Arbeiten besonders geeigneten Darstellung, sondern mit dem Schrumpf. Darunter versteht man:

$$S = \frac{l_a - l}{l_a} = \frac{\Delta l}{l_a} \tag{5.3}$$

und völlig ausgeschrumpft, also der Endschrumpf (maximaler Schrumpf):

$$S_0 = \frac{l_a - l_0}{l_a} \tag{5.4}$$

Für die maximale Deformation (Dehnung im Ausgangszustand) folgt daraus:

$$\varepsilon_a = \frac{S_0}{1 - S_0} \tag{5.5}$$

Temperung

Lässt man in Spritzgussteilen durch Tempern bei unterschiedlichen Temperaturen oder durch langen Aufenthalt im beheizten Werkzeug – also bei Erhalt der Geometrie – die Moleküle relaxieren, dann kann man die Ergebnisse wie folgt darstellen: Es ergeben sich, wie in Bild 5.7 und Bild 5.8 gezeigt, Kurven der auf den Anfangswert bezogenen Dehnung über dem Logarithmus der Zeit, die – unabhängig davon, ob Relaxation oder Retardation – ähnlich sind.

Masterkurve

In beiden Fällen sind die Kurven umso mehr zu langen Zeiten verschoben, je niedriger die Temperatur ist. Darüber hinaus laufen Retardationsvorgänge schneller ab. Da die Kurven jeweils für Relaxation oder Retardation ähnlich sind, kann man sie durch Verschieben zur Deckung bringen. Man erhält eine einzige Kurve, die sogenannte Masterkurve (Bild 5.9).

Als Bezugsgröße für das Maß, um das die Funktionen jeweils zu verschieben sind, nehmen wir zweckmäßigerweise die Dehnung, die gerade halb so groß ist wie der Ausgangswert.

$$\frac{\varepsilon}{\varepsilon_a} = 0.5 \tag{5.6}$$

Als Bezugskurve, auf die wir unsere Kurven verschieben, benutzen wir die Kurve, die den Wert

$$\frac{\varepsilon}{\varepsilon_a} = 0.5 \text{ zur Zeit } t = 1 \text{ min}$$

durchläuft. Zudem machen wir die Zeit dimensionslos, indem wir sie durch die Halbwert-Relaxationszeit $\lambda_{1/2}$ teilen (vgl. Bild 5.9).

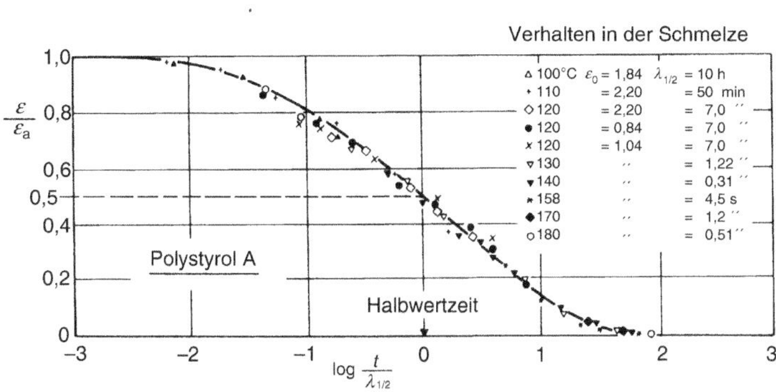

Bild 5.9 Hauptkurve (normierte Darstellung) der Relaxationsvorgänge im Spritzgießwerkzeug [nach Wübken]

Den jeweiligen Halbwert-Relaxationszeitwert in einer Kurve für eine bestimmte Temperatur erhält man aus der sogenannten WLF-Kurve (Bild 5.10). Die Ergebnisse der Untersuchungen von [Wübken] sind hier zusammengestellt. Wie bereits festgestellt, sind die Retardationen sehr viel schneller als die Relaxationen und das Schrumpfen der Spritzgussteile, bei dem offensichtlich eine Mischung beider Mechanismen vorliegt. Dass die Relaxation etwa 10^4-fach länger braucht, ist leicht erklärbar, denn - wie man Bild 5.4 entnimmt - bei der Relaxation müssen sich die Moleküle gegeneinander verschieben, während sich bei der Retardation ganze Querschnitte gemeinsam bewegen können.

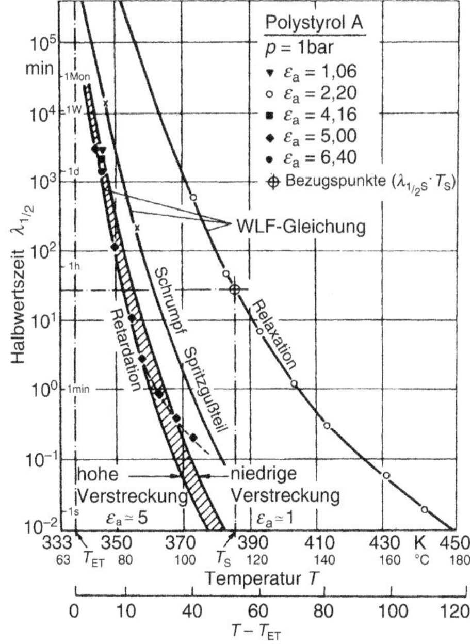

Bild 5.10 Temperaturabhängigkeit der Halbwertszeiten von Retardation und Relaxation [nach Wübken]

5.2.2 Berechnung der Orientierung

Ein häufig verwendeter Ansatz zur Berechnung der Molekülorientierung geht von einem Hantelmodell zur Beschreibung der Ketten aus. Dabei wird in der ursprünglichen Modellformulierung von einem elastischen Materialverhalten ausgegangen [Pantani/Sorrentino 2002].

$$\frac{D}{Dt} = \underline{\underline{A}} - \underline{\underline{\nabla v^T}} \cdot \underline{\underline{A}} - \underline{\underline{A}} \cdot \underline{\underline{\nabla v}} = -\frac{1}{\lambda}\underline{\underline{A}} + \underline{\underline{\nabla v}} + \underline{\underline{\nabla v^T}} \tag{5.7}$$

Dabei ist $\underline{\underline{\nabla v}}$ das Gradientenfeld der Strömung und λ die Relaxationszeit. Für den Tensor $\underline{\underline{A}}$ gilt:

$$\underline{\underline{A}} = 3\left(\left\langle \underline{R}\,\underline{R} \right\rangle - \left\langle \underline{R}\,\underline{R} \right\rangle_0\right) / \left\langle R_0^2 \right\rangle \tag{5.8}$$

wobei $\underline{R}$ der Vektor vom Anfang einer einzelnen Hantel zum Ende ist, was im Modell dem Vektor von Molekülkettenanfang zu Kettenende entspricht. Das Symbol $< >$ beschreibt die Mittelung über alle Raumrichtungen. Der Tensor $\underline{\underline{A}}$ ist ein Maß für die Anisotropie der Molekülkette bezogen auf den Gleichgewichtszustand. Die Eigenwerte können als Orientierungsgrad in die verschiedenen Raumrichtungen interpretiert werden [Pantani/Sorrentino 2004]. Die Länge einer Hantel wird beschrieben über $\left\langle R_0^2 \right\rangle$. Gemäß dem Hantelmodell ist der Beitrag zum Spannungstensor $\underline{\underline{\sigma}}$:

$$\underline{\underline{\sigma}} = G\underline{\underline{A}} \tag{5.9}$$

wobei G einen skalaren Kopplungswert darstellt. Das viskoelastische Verhalten des Kunststoffs kann über die Modellbeschreibung der Relaxationszeit λ in die Gleichung einfließen. Eine gängige Beschreibung für Scherströmungen gemäß Pantani ist [Pantani/Sorrentino 2004]:

$$\lambda_0(T,p,\dot{\gamma}) = \frac{\lambda_0(T,p)}{1+\left[\frac{\lambda_0(T,p)}{\dot{\gamma}}k\right]^{1-m}} \tag{5.10}$$

$$\lambda_0(T,p) = \lambda^* 10^{\frac{-A(T-T_0-CP)}{B+T-T_0}}$$

Dabei wird die Relaxationszeit mit den Prozessgrößen Temperatur T, Druck p und Schergeschwindigkeit $\dot{\gamma}$ sowie den Materialparametern λ^*, A, B, CP, T_0 verknüpft.

■ 5.3 Erstarrung teilkristalliner Thermoplaste

Von morphologischer Struktur spricht man, wenn man die Ordnungszustände bzw. das Gefüge beschreiben will. Bild 5.11 zeigt dies in dem Schema der möglichen Strukturen. Auf molekularer Ebene können die Ordnungsmöglichkeiten zwischen einzelnen benachbarten Polymermolekülen oder ihren Kettensegmenten (Nahordnung) vom hochkristallinen Zustand bis zu völliger Unordnung bei einer ideal amorphen Struktur reichen (Bild 5.11, Schema links in vertikaler Anordnung). Dieser Nahordnung können sich weitere übermolekulare Ordnungen größerer Dimensionen überlagern, die als Überstruktur oder Textur bezeichnet werden (Bild 5.11, rechts).

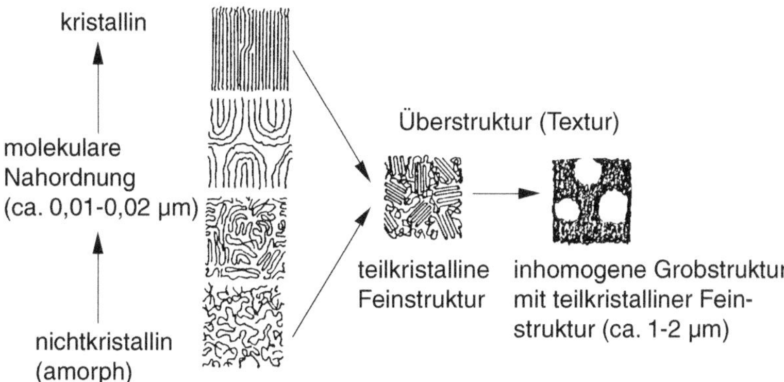

Bild 5.11 Schematische Darstellung von Beispielen der molekularen Nahordnung und übermolekularer Ordnungen [nach Funke]

Elektronenmikroskopisch erfassbare, übermolekulare Ordnungen lassen sich durch Zusammensetzung, Größe, Form und Verteilung der molekularen Nahordnungsbereiche (Domänen) charakterisieren und sind daher chemisch und/oder bezüglich des Nahordnungsgrades ihrer Strukturelemente inhomogen. Beim Übergang zu noch größeren, bereits lichtmikroskopisch erkennbaren Dimensionen lassen sich auch gröbere, makromorphologische Strukturen erkennen, wie sie z. B. bei teilkristallinen Kunststoffen in Form von Einschlüssen einer zweiten Phase (vgl. Blends) oder bei Gemischen verschiedener Polymere und in teilkristallinen Thermoplasten als kristalline Überstruktur anzutreffen sind.

Es ist zu beachten, dass die Molekülstruktur nicht nur auf die mikroskopischen Eigenschaften Einfluss hat, sondern auch die Gefügeeigenschaften von ihr abhängen. So können beispielsweise die höchsten Kristallisationsgrade bei Materialien mit isotaktischem Kettenaufbau erreicht werden, weil die Periodizität der Kettenstruktur die Bildung kristalliner Bereiche begünstigt. Wenn in einem Polymer die Molekülketten einen völlig regelmäßigen und identischen Aufbau besitzen, dann ist eine extrem hohe Packungsdichte durch geordnetes Aneinanderlegen der Ketten zumindest segmentweise möglich. Als anschauliches Beispiel mag ein Reißverschluss dienen. Er kann sich einwandfrei schließen lassen, aber bereits ein einziger nicht an seinem Platz sitzender Reißverschlusshaken verhindert das Schließen des Reißverschlusses. Ebenso haben wir uns das Aneinanderpassen der Kettenmoleküle vorzustellen, wenn die Moleküle in benachbarten Ketten identisch angeordnet sind. Man spricht bei den zu solcher Packung fähigen Kunststoffen von teilkristallinen Polymeren; teilkristallin deswegen, weil die langen Ketten in praktischen Fällen beim Abkühlen aus der Schmelze niemals fähig sind, vollständig zu kristallisieren. Beispiele sind das Polyethylen hoher Dichte (PE-HD) und das Polyoxymethylen (POM), die zu etwa 70 % kristallisieren. Den prozentualen Anteil der kristallinen Bereiche am Gesamtvolumen nennt man Kristallisationsgrad oder Kristallinität.

Durch unregelmäßigen Aufbau der Makromoleküle wird die Kristallisation eingeschränkt bzw. ganz unterdrückt. Bereits das im Hochdruckverfahren hergestellte Polyethylen niedriger Dichte (PE-LD) hat infolge seiner Verzweigungen einen geringeren Kristallisationsgrad (ca. 35 %) als Polyethylen hoher Dichte (PE-HD), das im Niederdruckverfahren hergestellt wird. In anderen Fällen verhindert man die Kristallisation absichtlich durch Copolymerisation mit anderen Monomeren, die statistisch in die Polymere eingebaut werden. So kann durch den unregelmäßigen Aufbau des aus Ethylen und Propylen aufgebauten Copolymerisates EPM mit einem Polypropylengehalt von 30 % eine Kristallisation ausgeschlossen werden (siehe Abschnitt 3.6.1).

Darüber hinaus hängt auch der Erstarrungsprozess an sich von der Molekülkettenstruktur ab, da diese den Faltungsprozess beeinflusst. Die Ausbildung periodischer, kristalliner Bereiche ist energetisch günstiger als eine willkürliche amorphe Anordnung. Im Zuge der Erstarrung teilkristalliner Materialien kommt es daher zu einer Faltung der langen Molekülketten, um möglichst viele kristalline Bereiche auszubilden. Die Kettenfaltung resultiert in einer plattenähnlichen Anordnung der Moleküle, was typisch für teilkristalline Werkstoffe ist. Die plattenähnlichen Anordnungen werden dabei auch als Lamellen bezeichnet. Aufgrund der kontinuierlichen Kettenfaltung während der Erstarrung tritt ein Lamellenwachstum zu Überstrukturen auf, wobei die sphärische Überstruktur Sphärolith genannt wird. Die räumliche Anordnung und die morphologische (Gefüge-)Struktur, die sich nach der Erstarrung bei solchen Polymeren aufgrund eines regelmäßigen Aufbaus einstellen, zeigt Bild 5.12 schematisch am Beispiel von Polyethylen. Ausgehend von einem Kern bzw. Keim (oberstes Teilbild) wachsen Lamellen (die beiden mittleren Teilbilder). Das Ende der Lamellen ist dabei gleichzeitig die Grenze des Sphärolithen (unterstes Teilbild). Die Lamellen selber bestehen aus gefalteten Molekülketten (siehe zweites Teilbild).

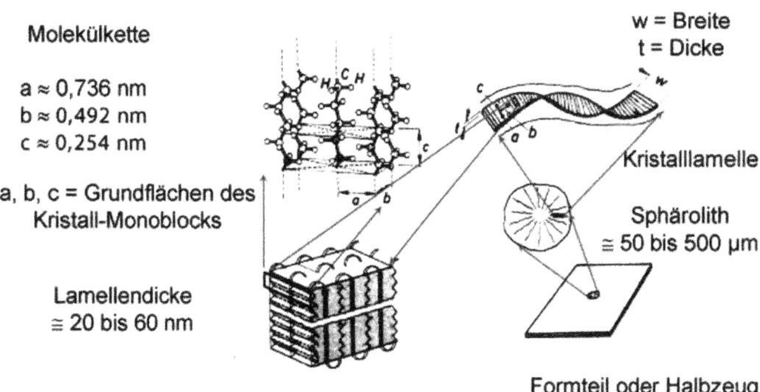

Bild 5.12 Struktureller Aufbau von teilkristallinen Polymeren am Beispiel von Polyethylen vom Keim über die Lamellen bis zum Sphärolithen (Überstruktur in teilkristallinen Thermoplasten)

5.3.1 Kristallstrukturen

teilkristalline Polymere

Schon ehe die Existenz von Makromolekülen allgemein erkannt wurde, gab es vor allem aus röntgenografischen Untersuchungen zwingende Hinweise, dass in bestimmten Naturstoffen, wie Zellulose oder Kautschuk, bei tiefer Temperatur oder in gestrecktem Zustand hoch geordnete, kristalline Bereiche vorliegen müssen. Das Vorhandensein von kristallartig geordneten Bereichen führte zunächst zu der Modellvorstellung, dass teilkristalline Polymere als Systeme aufzufassen seien, bei denen Bereiche hoher Ordnung (Kristalle) in einer Matrix aus ungeordneten (amorphen) Molekülketten eingebettet sind (Fransenmizellen-Modell, Bild 5.13). Diese Modellvorstellung entspricht jedoch nur in wenigen Fällen der zu beobachtenden Realität. Die Vorstellung, es lägen zwei getrennte Phasen nebeneinander vor, ist jedoch auch bei dem in Bild 5.12 gezeigten Modell vorhanden.

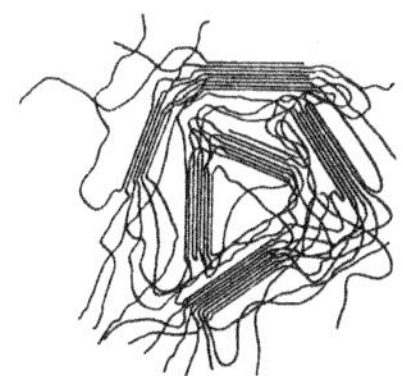

Bild 5.13 Kristallisation, dargestellt in Form von Fransenmizellen

Einkristall

Zum Studium der Kristallisation kann man wie bei Metallen Einkristalle züchten. Jedoch werden diese weniger aus Schmelzen als vielmehr aus Lösungen gezogen. Hierbei entstehen plättchenartige Kristalle einer ganz bestimmten Stufenhöhe. Unter bestimmten Bedingungen können auch Stäbchen, sogenannte Whisker (vgl. auch Bild 5.15), erzeugt werden.

Sphärolith

Wenn Schmelzen erstarren, dann entstehen kristalline Überstrukturpartikel in Größen bis zu 100 µm Durchmesser, die aus Lamellen bestehen (vgl. Bild 5.12, beide unteren Teilbilder). Bei den entstandenen Überstrukturen handelt es sich um Sphärolithe, die ein typisches und häufig vorkommendes Gefüge darstellen, das im Polarisationsmikroskop gut sichtbar ist (Bild 5.14). Bei schneller Abkühlung an kalten Metalloberflächen beobachtet man eine stark gerichtete Erstarrung in Form entarteter Sphärolithe.

Bild 5.14 Polarisationsmikroskopische Aufnahme von Sphärolithen im Polypropylen [nach Wagner]

Sphärolithe haben Größen von bis zu 0,1 mm. Die Bildung solcher grober Überstrukturen ist stets mit dem Verlust der Transparenz verbunden. Teilkristalline Thermoplaste sind daher nur durchscheinend und von opaker Eigenfarbe. Verstreckte teilkristalline Thermoplaste hingegen sind transparent, da die übriggebliebenen Blöcke und Lamellen kleiner sind als die Lichtwellenlänge (≤ 0,1 µm). Füllstoffhaltige Proben, die nicht mehr transparent sind, können geätzt werden, sodass auf diese Weise Sphärolithe sichtbar gemacht werden können. Hier empfiehlt sich dann aber meist die Beobachtung unter einem Rasterelektronenmikroskop.

verstreckte Gefüge

Werden teilkristalline Kunststoffe im Bereich der Kristallisationstemperaturen verstreckt, dann wird die Sphärolithbildung verhindert bzw. gebildete Sphärolithe werden zerstört. Es entsteht ein verstrecktes Gefüge ohne Überstruktur, das dank der gemeinsamen Orientierung der Lamellen einen höheren Kristallisationsgrad aufweist.

Zusätzlich zur radialen Struktur können unter Bedingungen hoher Orientierung der Ketten und hoher Drücke auch zylindrische Überstrukturen entstehen. Diese werden je nach Form Shish-Kebab-Kristalle oder Whisker genannt und können zu einem Selbstverstärkungseffekt mit hoher mechanischer Festigkeit führen [Ehrenstein] (siehe Bild 5.15).

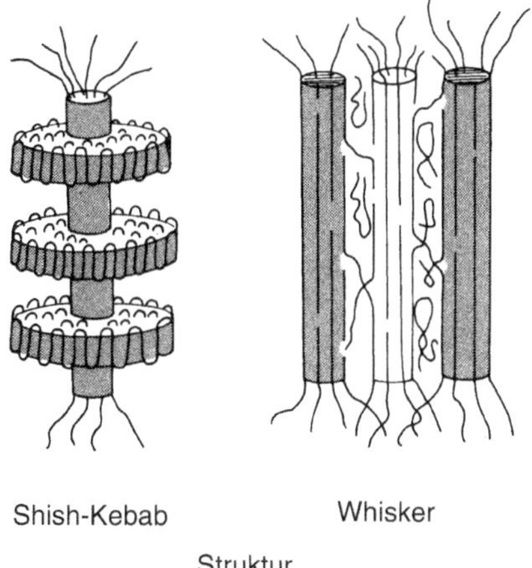

Bild 5.15 Überstrukturen bei der Kristallisation gescherter Schmelzen

Prüfverfahren

Die traditionelle Gefügebeurteilung erfolgt bei ungefüllten Kunststoffen an Dünnschnitten, die mit sogenannten Mikrotomen vom zu untersuchenden Kunststoff abgeschält werden. Sie sind normalerweise einige 10 µm dick. Proben aus füllstoffhaltigen Kunststoffen werden besser durch Schleifen präpariert. Entsprechend Bild 5.16 werden sie unter dem Mikroskop meist in einem Strahlengang mit polarisiertem Licht betrachtet. Die durchschnittenen Sphärolithe nehmen dabei charakteristische Färbungen an, da das Licht unterschiedlich - je nach Lage der Lamellen - gebrochen wird. Typisch ist das viele Sphärolithe überspannende Malteserkreuz (Bild 5.14).

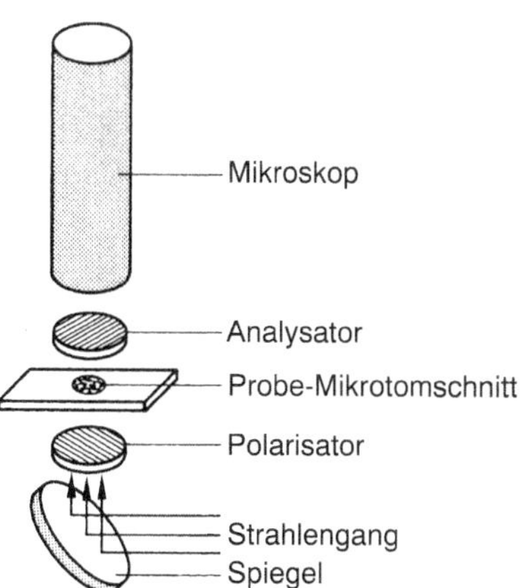

Bild 5.16 Schema eines Polarisationsmikroskops

Weitere Möglichkeiten zur Gefügeanalyse bieten zerstörungsfreie Prüfverfahren, wie die Infrarot-Mikrospektroskopie oder die Röntgenstreuung. Da hierbei keine Probenentnahme in Form von Mikroschnitten oder -schliffen erfolgt, sind Gefügeveränderungen durch die Probenpräparation ausgeschlossen. Allerdings erfordern die genannten Prüfverfahren vor Beginn einer Messreihe eine Kalibrierung, für die gut reproduzierbare Daten benötigt werden. Trotz dieser teilweise aufwändigen Kalibrierung bieten die Infrarot-Mikrospektroskopie und die Röntgenstreuung eine gute Ortsauflösung bei einer schnellen Probenpräparation.

5.3.2 Beschreibung des Kristallisationsprozesses

Die Erfassung des Kristallisationsprozesses in Form von mathematischen und physikalischen Modellen erfordert einen geeigneten Ansatz zur Erfassung der Kettenfaltung. Da eine Beschreibung jeder einzelnen Kette aufgrund der Vielzahl an Ketten in einer Schmelze nicht zielorientiert ist, muss eine zusammenfassende Beschreibung gefunden werden. Dabei helfen experimentelle Untersuchungen, die nahelegen, den Erstarrungsprozess in parallel ablaufende Teilprozesse zu unterteilen. Bild 5.17 zeigt dies am Beispiel der Kristallisation einer Polypropylenschmelze unter isothermen Bedingungen, aufgenommen mit einem Polarisationsmikroskop.

Bild 5.17 Kristallisationsprozess für ein isotaktisches Polyropylen unter isothermen Bedingungen für drei verschiedene Zeitpunkte $t_0 < t_1 < t_2$

Die Mikroskopieaufnahmen zeigen eine kontinuierliche Neubildung von Sphärolithen, welche mit einer temperaturabhängigen Geschwindigkeit radial wachsen. Dieses Verhalten kann durch zwei Teilprozesse beschrieben werden: Keimbildung und Wachstum. Stabile Keime periodischer Anordnung der Molekülketten entstehen in der Schmelze und beginnen zu wachsen, sobald sie eine kritische Größe erreicht haben. Da die Verschlaufung der Molekülketten untereinander eine sofortige Anordnung der Kettensegmente im energetisch günstigsten Zustand verhindert, kommt es nach dem Wachstum zu einer nachträglichen Erhöhung des Kristallisationsgrades. Dies wird mit einem dritten Teilprozess, der sogenannten Nachkristallisation, beschrieben. Die drei Teilprozesse sollen im Folgenden näher betrachtet werden.

Keimbildung

Die Keimbildung ist der erste Teilprozess, der bei der Bildung eines Kristalls aus der Schmelze auftritt. Aus physikalischer Sicht kann dieser Prozess energetisch beschrieben werden. Der durch die kompaktere Anordnung freiwerdenden Volumenenergie steht eine Zunahme der Oberflächenenergie entgegen. Damit ein Keim stabil ist, muss die freiwerdende Volumenenergie größer als die Oberflächenenergie sein. Dabei können externe Einflüsse den Prozess begünstigen. So ist die Oberflächenenergie niedriger, wenn die Keimbildung an einer existierenden Oberfläche stattfindet. Dies ist zum Beispiel der Fall, wenn ein Keim an der Oberfläche eines vorher entstandenen Spärolithen entsteht. Auch ist es möglich, durch externe Maßnahmen den Keimbildungsprozess zu beeinflussen, indem künstlich zusätzliche Oberflächen geschaffen werden. Dies kann durch die Zugabe von Fremdpartikeln in die Schmelze geschehen (man spricht dann auch von einer Nukleierung) oder durch räumliche Beschränkungen herbeigeführt werden (z. B. an den Werkzeugwänden eines Spritzgießwerkzeugs). Je nachdem, unter welchen Bedingungen der Keim entstanden ist, spricht man von primärer homogener oder heterogener bzw. sekundärer Keimbildung (siehe Bild 5.18).

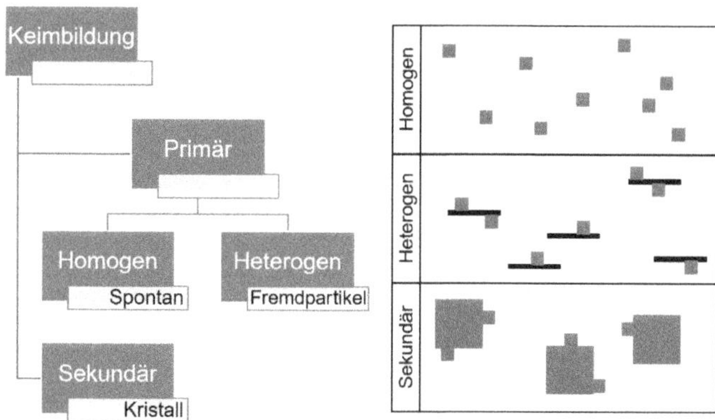

Bild 5.18 Keimbildungstypen beim Erstarren von Thermoplastschmelzen

Die physikalischen Randbedingungen, unter denen die Erstarrung geschieht, beeinflussen den Keimbildungsprozess. Dabei sind sowohl Temperatur als auch Druck und Schmelzedeformation wichtig.

Zu beachten ist, dass bei der Keimbildung unterschiedliche Arten kristalliner Einheitszellen beim gleichen Material auftreten können. Dies hängt von den Umgebungsbedingungen sowie ggf. der Oberfläche, an der der Keim entsteht, ab [Michler/Balta-Calleja]. So gibt es beispielsweise beim Material Polypropylen (PP) drei verschiedene Einheitszellen, wobei von α-, β- und γ-Phase gesprochen wird. Die α-Phase hat eine monokline, die β -Phase eine trikline und die γ-Phase eine orthorhombische Einheitszelle. Aufgrund der räumlich unterschiedlichen Anordnung der Ketten in den verschiedenen Phasen sind auch die Gefügeeigenschaften unterschiedlich [Jones/Aizlewood, Lotz]. Gelegentlich ist für bestimmte Anwendungsfälle eine spezifische Phase vorteilhaft. So ist es nicht unüblich, bei PP-Schmelzen gezielt β-Nukleierungsmittel hinzuzugeben, um den Anteil an β-Kristallen gegenüber den α-Kristallen zu erhöhen und so günstigere mechanische Eigenschaften des erstarrten Materials zu erhalten.

Als Nukleierungsmittel kommen sehr unterschiedliche Stoffe in Frage: Verarbeitungshilfsmittel, Farbstoffe, Füllstoffe, Verstärkungsstoffe und sogar Flüssigkeiten und Gase wirken bereits als Nukleierungsmittel. Obwohl eine Reihe von Arbeiten über den Einfluss von Nukleierungsmitteln auf die Kristallisation – insbesondere auch bei Polypropylen – vorliegt, sind die chemische und physikalische Struktur des Nukleierungsmittels und die Effektivität der Nukleierung bisher noch nicht vollständig geklärt. So kann z. B. ein Zusatzstoff in einem bestimmten Polymer ein ausgezeichnetes Nukleierungsmittel darstellen (so etwa Silikonöl in Polyamid 6), während er in einem anderen Polymer ohne Wirkung bleibt. Die meisten bisher bekannten guten Nukleierungsmittel sind Metallsalze organischer Säuren, die im Kristallisationsbereich des Polymeren bereits selbst kristallin vorliegen.

Kristallwachstum

Das Kristallwachstum stellt den zweiten fundamentalen Prozess der Kristallisation dar. Es umfasst die Anlagerung weiterer kristalliner Bereiche an einen aktiven Keim und ist damit von großer Bedeutung für die Beschreibung des Kristallisationsvorgangs. Bei normaler Erstarrung wächst bei Polypropylen, wie bei vielen anderen teilkristallinen Thermoplasten, um jeden Kristallkeim ein aus kristallinen und nicht kristallinen Bereichen bestehender Sphärolith. Dabei wandelt sich die Schmelze an der Keimoberfläche analog dem Sekundärkeimbildungsmechanismus in kristallines Material um (vgl. Bild 5.19). Das Sphärolithwachstum lässt sich als Lamellenwachstum mit vereinzelter dendritischer Verzweigung der Lamellen auffassen. Die Richtung der Molekülketten in den Lamellen ist senkrecht zur Wachstumsrichtung der Sphärolithe, d. h. senkrecht zum Sphärolithradius, angeordnet. Die Wachstumsrichtung wird durch das Temperaturgefälle bestimmt (vgl. Bild 5.19).

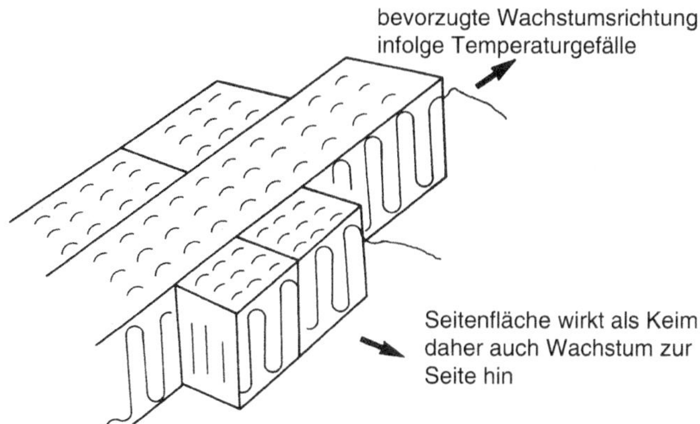

Bild 5.19 Mechanismus der Lamellenbildung bei der Kristallisation

Im Vergleich zur Keimbildung ist die Modellbeschreibung des Wachstums einfacher, weil sie auf einen Keimbildungsprozess an der Oberfläche eines aktiven Keims zurückgeführt werden kann. Dies ist im Zuge der vorangegangenen Klassifizierung zwischen primärer und sekundärer Keimbildung bereits geschehen. Zur Ableitung einer mittleren Wachstumsgeschwindigkeit muss dann nur noch über der bereits existierenden Oberfläche des Keims/Kristalls die Keimbildung gemittelt werden. Mithilfe dieses Ansatzes haben Hoffman, Davis und Lauritzen eine temperaturabhängige Beschreibung der Sphärolithwachstumsgeschwindigkeit abgeleitet [Hoffman/Davis]. Hierfür haben sie ein schichtweises Wachstum des aktiven Keims ermittelt, wobei die Zeit zur Erstarrung einer Schicht von der Keimbildungsrate an der Oberfläche des kristallinen Bereichs abhängt.

Nachkristallisation

Die Nachkristallisation beschreibt den dritten Teilprozess der Erstarrung teilkristalliner Thermoplaste. Während dieses Prozesses kommt es zu einer weitergehenden Kristallisation bereits erstarrter Bereiche. Aufgrund der Kettenfaltung kommt es in den Faltungsbereichen der Ketten sowie in den Grenzschichten zwischen den Überstrukturen zu amorphen Bereichen. Diese sind energetisch ungünstig. Da die Molekülketten der meisten Kunststoffe bei Raumtemperatur noch über eine gewisse Beweglichkeit verfügen, strebt das erstarrte System zu einer Minimierung der amorphen Bereiche, wodurch es zu einer nachträglichen Erhöhung des Kristallisationsgrades kommt. In der wissenschaftlichen Literatur sind kaum Modelle zur Beschreibung der Nachkristallisation bekannt. Die meisten Ansätze verwenden empirische Dämpfungsfunktionen, die in Kombination mit den Modellen zur Keimbildung und zum Kristallwachstum verwendet werden.

spezifisches Volumen

Durch den Kristallisationsprozess kommt es aufgrund der räumlich engeren Anordnung der Kettensegmente gezwungenermaßen zu einer Veränderung der Dichte bzw. des spezifischen Volumens des erstarrten Materials gegenüber der Schmelzeform. Die Auswirkungen der Dichteänderungen werden besonders gut am Beispiel des Spritzgießens klar. Bei diesem wird eine heiße Schmelze unter hohem Druck in ein kaltes Werkzeug gespritzt und dort zum Erstarren in der gewünschten Form gebracht. Man kann den Füll- und Nachdruckverlauf (vgl. Bild 5.20) in einem p-v-T-Diagramm (spezifisches Volumen über Druck und Temperatur) verfolgen und daraus wichtige Eigenschaften voraussagen. So ist in Bild 5.20 der Zustandsverlauf (Verlauf von Druck und Temperatur) des Werkstoffs von der Schmelze bis zum festen, kalten Formteil dargestellt. Während der volumetrischen Füllung (0 bis 1), der Kompressionsphase (1 bis 2) und der Nachdruckphase (2 bis 3) wird Polymermasse in die Werkzeugkavität gedrückt. Bei Punkt 3 kommt es durch den Abkühlprozess zum Einfrieren des Angusses, d. h. zur Versiegelung des Formteils. Von diesem Zeitpunkt an kann kein weiteres Material zur Schwindungskompensation nachgeführt werden. Innerhalb des weiteren Abkühlens des Polymers über den isochoren Druckabbau (3 bis 4), die Abkühlung auf Entformungstemperatur (4 bis 5) und die Abkühlung auf Umgebungstemperatur (5 bis 6) kommt es zu einer Abnahme des spezifischen Volumens. Die Schwindung, d. h. die Abmessungsdifferenz des fertigen kalten Formteils gegenüber dem formenden Werkzeug, kann man aus dem Volumenunterschied zwischen dem spezifischen Volumen zum Zeitpunkt 4 und dem spezifischen Volumen bei Raumtemperatur abschätzen. Da sich bei nahezu gleichem Druck über dem Formteilquerschnitt aufgrund der schlechten Wärmeleitfähigkeit von Polymeren Temperaturprofile einstellen, kommt es über den Formteilquerschnitt zu einer unterschiedlichen Volumenschwindung. Unterschiedliche Schwindungen, hervorgerufen auch durch unterschiedliche Druck- und Temperaturverhältnisse im Formteil, führen zu Eigenspannungen und Verzug.

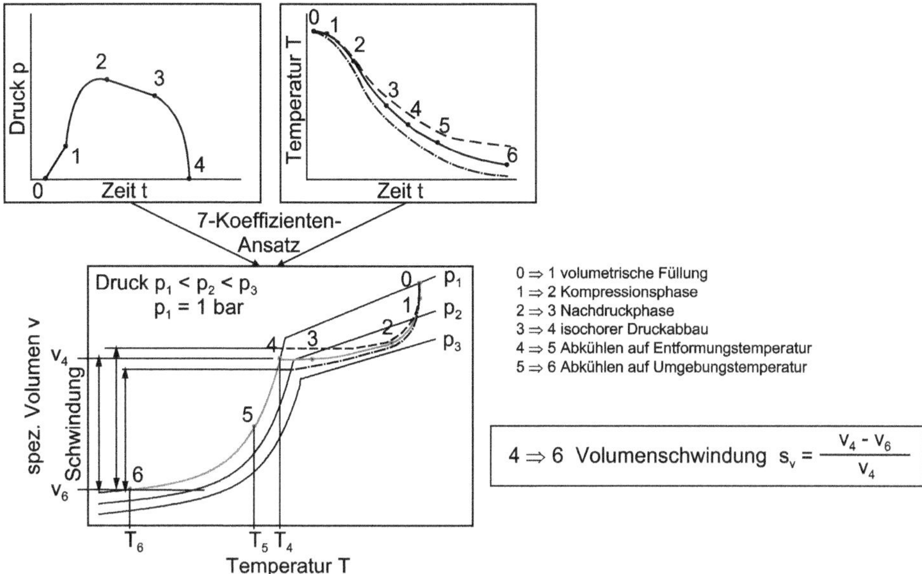

Bild 5.20 Zustandsverlauf im p-v-T-Diagramm bei einem teilkristallinen Thermoplast

HINWEIS: Die Differenz zwischen dem spezifischen Volumen bei Erreichen des Umgebungsdrucks zum spezifischen Volumen bei Raumtemperatur gibt im p-v-T-Diagramm die Volumenschwindung wieder.

Bei teilkristallinen Thermoplasten treten aufgrund des niedrigeren Verlaufes des spezifischen Volumens gegenüber amorphen Thermoplasten eine höhere Schwindung und eine höhere Schwindungsspannbreite über der Temperatur auf.

5.3.3 Berechnung des Keimbildungsprozesses

Nach den allgemeinen Betrachtungen zur Erstarrung teilkristalliner Thermoplaste aus Abschnitt 5.3.2 sollen nun tiefergehend mathematische Modelle zur Berechnung der Kristallisation abgeleitet werden. Dabei kommt die Modellvorstellung der Keimbildung und des Kristallwachstums zum Einsatz, wobei eine Methode nach Ziabicki angewendet wird [Ziabicki 1996]. Eine vertiefende Beschreibung des Modells ist [Spekowius] zu entnehmen. Für die thermodynamische Beschreibung des energetischen Ansatzes zur Erfassung der Keimbildung bietet sich das Gibbspotential an. Die Gibbsenergie ist eines der fünf Standardpotentiale und beschreibt die maximale Energie eines reversiblen Systems bei konstantem Druck und Temperatur. Allgemein ist die Gibbsenergie G definiert als

$$G = H - TS \tag{5.11}$$

und damit verknüpft mit der Entropie S, der Temperatur T und der Enthalpie H. Im Fall der Keimbildung ist nicht der Absolutwert, sondern die Änderung ΔG von Bedeutung, welche durch die Veränderung der Volumenenergie $\Delta G_{volumen}$ und der Oberflächenenergie ΔG_{oberfl} beschrieben werden kann:

$$\Delta G = -\Delta G_{volumen} + \Delta G_{oberfl,i} = -v_0 m \cdot g_v + c_i v_0^{2/3} m^{(i-1)/i} \Delta\sigma_i \tag{5.12}$$

Dabei entspricht m der Zahl der Kettensegmente, welche im periodischen Bereich des Keims vorliegen, v_o dem Volumen des periodischen Bereichs eines einzelnen Kettensegments, Δg_v der Volumenenergieänderung, i der Dimension des Keims, c_i einem Geometriefaktor und $\Delta\sigma_i$ der Zunahme der Oberflächenenergie, die benötigt wird, um ein neues Kettensegment dem Keim anzugliedern. Die Dimension des Keims i kann die Werte zwei oder drei annehmen, wobei ein Wert von zwei der Keimbildung an existierender Oberfläche (heterogene Keimbildung) und der Wert drei der Keimbildung aus dem Schmelzevolumen (homogene Keimbildung) entspricht.

Formel 5.12 impliziert, dass der Keim durch eine einzige Kettensegmentanzahl m und einen konstanten Wert $\Delta\sigma_i$ beschrieben werden kann. Dies ist der Fall für isotrope und anisotrope Keime, welche die thermodynamisch günstigste Geometrie während des Wachstums behalten. Es ist zu beachten, dass das Modell bei der heterogenen Keimbildung die Oberfläche nur an einer Seite des Keims einbezieht. Szenarien mit einer Oberfläche an mehreren Seiten (z. B. zwischen zwei Sphärolithen) werden nicht berücksichtigt. Als grundlegende Geometrieform wird die Form eines Parallelepipeds angenommen. In diesem Fall kann der Geometriefaktor c_i mit i verknüpft werden.

$$c_i = 2i \tag{5.13}$$

Da die freiwerdende Volumenenergie linear mit m steigt, die Zunahme der Oberflächenenergie aber nur mit $m^{(i-1)/i} < m$ erfolgt, kommt es zu einer Energiebarriere. Dies bedeutet, dass mindestens eine kritische Zahl periodischer Kettensegmente $\dot{m}$ vorliegen muss, damit der Keim stabil ist (vgl. Bild 5.21).

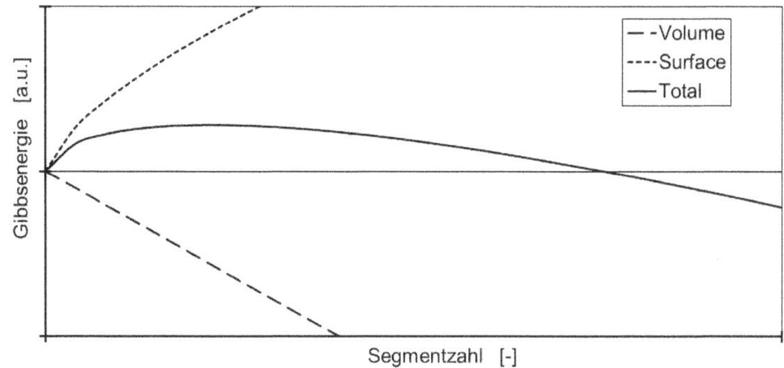

Bild 5.21 Gibbsenergien in Abhängigkeit von der Segmentzahl eines entstehenden Keims

$\overset{*}{m}$ und die Höhe der Energiebarriere $\Delta G_i\big|_{m=\overset{*}{m}}$ können direkt berechnet werden, indem der Extrempunkt der Kurve mittels $\left.\frac{\partial \Delta G_i}{\partial m}\right|_{m=\overset{*}{m}} = 0$ ermittelt wird:

$$\overset{*}{m} = \left[c_i \frac{i-1}{i} \frac{v_0^{-1/3} \Delta\sigma_i}{\Delta g_v} \right]^i \tag{5.14}$$

$$\Delta G_i\big|_{m=\overset{*}{m}} = \left(\frac{c_i v_0^{2/3} \sigma_i}{i} \right) \left[c_i \frac{i-1}{i} \frac{v_0^{-1/3} \Delta\sigma_i}{\Delta g_v} \right]^{i-1} \tag{5.15}$$

Sobald die kritische Segmentzahl in einem Keim vorliegt, wird der Keim als aktiver Keim bezeichnet. Um die Gesamtzahl der aktiven Keime N_i in der Schmelze zeitabhängig zu berechnen, muss eine zeitabhängige Verteilungsfunktion $\varrho_i(t,m)$ eingeführt werden.

$$N_i(t) = \int_{\overset{*}{m}}^{\infty} \varrho_i(m',t)\,dm' \tag{5.16}$$

Die zeitliche Entwicklung der Verteilungsfunktion kann über die Fokker-Planck-Gleichung beschrieben werden [Fokker]:

$$\frac{\partial \varrho_i}{\partial t} - \frac{\partial}{\partial m}\left[\mathcal{D}\left(\frac{\partial \varrho_i}{\partial m} + \frac{\varrho_i}{k_B T} \frac{\partial \Delta G_i}{\partial m} \right) \right] = 0 \tag{5.17}$$

Dabei ist k_B die Boltzmannkonstante und $\mathcal{D}$ der Diffusionskoeffizient der Polymerschmelze. Aufgrund des endlichen Schmelzevolumens muss ϱ_i zwei Bedingungen hinsichtlich der Segmentanzahl m erfüllen:

$$\lim_{m \to \infty} \varrho_i(m,t) = 0 \tag{5.18}$$

$$\lim_{m \to \infty} \frac{\partial}{\partial m} \varrho_i(m,t) = 0 \tag{5.19}$$

Der Diffusionskoeffizient kann unter Verwendung der Ratentheorie analog zu Ziabicki auf einfache Weise ausgedrückt werden [Ziabicki 1986]:

$$\mathcal{D} = \frac{k_B T}{h} c_i m^{(i-1)/i} exp\left(-\frac{E_a}{k_B T}\right) \tag{5.20}$$

h entspricht der Planckkonstante und E_a beschreibt die energetische Transportbarriere. Anders ausgedrückt: die Transportbarriere wird mit der Kettenmobilität und Relaxation über einen Arrheniusansatz verknüpft. Falls $\varrho_i(t,m)$ bekannt ist, kann die Keimbildungsrate $\dot{N}_i$ berechnet werden:

$$\dot{N}_i = \frac{dN_i}{dt} = \frac{\partial N_i}{\partial t} + \frac{dN_i}{dm}\frac{dm}{dt} \tag{5.21}$$

Durch Einsetzen von Formel 5.16 und Formel 5.17 in Formel 5.21 und Anwendung des Hauptsatzes der Integralrechnung ergibt sich:

$$\dot{N}_i = \mathcal{D}\left(\frac{\partial \varrho_i}{\partial m} + \frac{\varrho_i}{k_B T}\frac{\partial \Delta G_i}{\partial m}\right)\Bigg|_{m=\dot{m}}^{m\to\infty} + \varrho_i \frac{dm}{dt}\Bigg|_{m=\dot{m}}^{m\to\infty} \tag{5.22}$$

Formel 5.22 kann weiter vereinfacht werden, indem die Barriereeigenschaften $\left.\frac{\partial \Delta G}{\partial m}\right|_{m=\dot{m}} = 0$, sowie die Formel 5.18 und Formel 5.19 verwendet werden.

$$\dot{N}_i = -\mathcal{D}\left.\frac{\partial \varrho_i}{\partial m}\right|_{m=\dot{m}} - \varrho_i \left.\frac{d\overset{*}{m}}{dt}\right|_{m=\dot{m}} = \dot{N}_{th,i} + \dot{N}_{ath,i} \tag{5.23}$$

Dabei entspricht $\dot{N}_{th,i}$ einer thermischen Keimbildungsrate und $\dot{N}_{ath,i}$ einer athermischen. Die thermische Keimbildungsrate beschreibt alle isothermen Szenarien, die athermische beschreibt alle transienten Temperaturbedingungen und verschwindet im isothermen Fall. Um Formel 5.23 weiter zu vereinfachen, muss eine Verteilungsfunktion $\varrho_i(t,m)$ gefunden werden. Ein möglicher Ansatz ist hier, die Fokker-Planck-Gleichung unter Annahme von Gleichgewichtsbedingungen zu integrieren. In diesem Fall erhält man:

$$\varrho_i\big|_{m=\dot{m}} = C_{0,i} exp\left(-\frac{i-1}{i}\right) exp\left(-\frac{\Delta G_i\big|_{m=\dot{m}}}{k_B T}\right) \tag{5.24}$$

$$\left.\frac{\partial \varrho_i}{\partial m}\right|_{m=\dot{m}} = -C_{0,i}\frac{i-1}{i}\frac{1}{\dot{m}}exp\left(-\frac{i-1}{i}\right)exp\left(-\frac{\Delta G_i|_{m=\dot{m}}}{k_B T}\right) \tag{5.25}$$

$C_{0,i}$ ist ein Materialparameter und entspricht dem Absolutwert der Verteilungsfunktion für m = 1. Einsetzen von Formel 5.14, Formel 5.15, Formel 5.20 und Formel 5.25 in Formel 5.23 liefert schlussendlich den Ausdruck für die thermische Keimbildungsrate.

$$\dot{N}_{i,th} = -\mathcal{D}\left.\frac{\partial \varrho_i}{\partial m}\right|_{m=\dot{m}} = \tilde{N}_{i,th} k_B T \Delta g_v exp\left(-\frac{E_a}{k_B T}\right)exp\left(-\frac{\tilde{K}_i}{T\Delta g_v^{i-1}}\right) \tag{5.26}$$

E_a, $\tilde{N}_{i,th}$ und $\tilde{K}_i$ sind Materialparameter, die sich aus den bekannten Geometriefaktoren sowie Konstanten zusammensetzen. Diese werden in der Anwendung durch Kalibrierungen für das zu untersuchende Material bestimmt. Oftmals wird der Parameter i aus Formel 5.26 durch den Parameter $n = i - 1$ ausgetauscht. Man erhält dann:

$$\dot{N}_{n,th} = \tilde{N}_{n,th} k_B T \Delta g_v exp\left(-\frac{E_a}{k_B T}\right)exp\left(-\frac{K_n}{T\Delta g_v^{n}}\right) \tag{5.27}$$

Einsetzen von Formel 5.14, Formel 5.15 und Formel 5.24 in Formel 5.23 liefert den Ausdruck für die athermische Keimbildung.

$$\dot{N}_{n,ath} = -\varrho_i \left.\frac{d\dot{m}}{dt}\right|_{m=\dot{m}} = \tilde{N}_{n,ath}\frac{dT}{dt}\Delta g_v^{-(n+2)} exp\left(-\frac{K_n}{T\Delta g_v^{n}}\right)\frac{d\Delta g_v}{dT} \tag{5.28}$$

In Formel 5.26 und Formel 5.28 wird der Einfluss des Verarbeitungsprozesses auf die Keimbildung durch die Temperatur T und die Gibbsenergie pro Volumen Δg_v beschrieben. Da die Gibbsenergie jedoch nur schwer messbar und greifbar ist, macht es Sinn, die Gibbsenergie in Form von physikalischen Variablen wie Temperatur oder Strömungsfeld auszudrücken. Dazu wird angenommen, dass die Gibbsenergie sich additiv aus einem strömungsunabhängigen Teil $\Delta g_{v,q}$ und einem strömungsabhängigen Teil $\Delta g_{v,f}$ zusammensetzt.

$$\Delta g_v = \Delta g_{v,q} + \Delta g_{v,f} \tag{5.29}$$

Beide Teile der Gibbsenergie werden im Folgenden näher betrachtet.

5.3.3.1 Ruhender Anteil der Gibbsenergie

Unter der Annahme konstanter Temperatur und Druck kann der strömungsunabhängige Teil der Gibbsenergie sofort aus Formel 5.11 abgeleitet werden:

$$\Delta g_{v,q} = \Delta\left(h_q - Ts_q\right) = \Delta h_q - T\Delta s_q - s_q\Delta T = \Delta h_q - T\Delta s_q \tag{5.30}$$

Dabei entspricht Δh_q der Enthalpie und Δs_q der Entropieänderung pro Volumen. Unter einigen Annahmen und Vereinfachungen lässt sich Δs_q im stationären Zustand als Funktion einer sogenannten Gleichgewichtsschmelzetemperatur $T_{m,0}$ und der latenten Wärme der Kristallisation $\Delta h_{m,0}$ berechnen. Beide Größen lassen sich aus DSC-Messungen ableiten (siehe Kapitel 8). Unter weiteren Annahmen lässt sich der strömungsabhängige Teil der Gibbsenergie folgendermaßen darstellen:

$$\Delta g_{v,q} = \Delta h_{m,0} \frac{2T}{T_{m,0} + T} \frac{T_{m,0} - T}{T_{m,0}} \tag{5.31}$$

Details zur Herleitung können [Hoffman/Davis, Hoffman/Miller und Spekowius] entnommen werden.

Die thermischen und athermischen Keimbildungsraten hängen von Materialparametern ab, die starken Einfluss auf die Ergebnisse haben. Um dies zu verdeutlichen, ist die berechnete relative Änderung der Keimbildungsrate für verschiedene lineare Transformationen der Materialparameter E_a, K_n und $\Delta h_{m,0}$ für $n = 1$ in Bild 5.22 dargestellt.

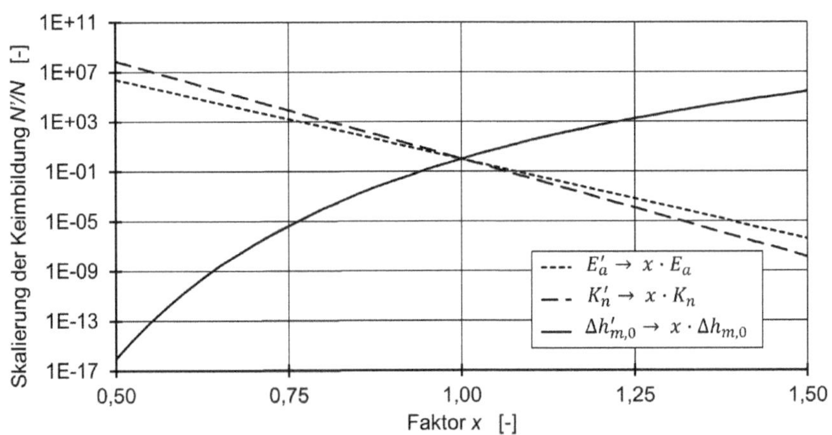

Bild 5.22 Sensitivität der Keimbildungsrate gegenüber den Materialparametern E_a, E_a, $\Delta h_{m,0}$

Als Basis für die Berechnungen wurden die Materialparameter eines Polypropylens sowie eine Temperatur von 80 °C zugrunde gelegt. Es ist bemerkenswert, dass eine Skalierung der Materialparameter von 50 % bis 150 % eine Beeinflussung der Keimbildungsrate von bis zu 24 Größenordnungen hat. Dies unterstreicht die Bedeutung der Materialparameter sowie die Notwendigkeit von deren genauer Bestimmung.

5.3.3.2 Strömungsanteil der Gibbsenergie

Analog zum Vorgehen im vorangegangenen Kapitel werden für den strömungsabhängigen Teil der Gibbsenergie eine konstante Temperatur und ein konstanter Druck angenommen:

$$\Delta g_{v,f} = \Delta\left(h_f - Ts_f\right) = \Delta h_f - T\Delta s_f - S_f \Delta T = -T\Delta s_f \tag{5.32}$$

Im Gegensatz zur Gibbsenergie unter ruhenden Bedingungen werden Enthalpieeinflüsse bei der strömungsinduzierten Betrachtung vernachlässigt. Diese Vereinfachung hat zur Folge, dass der Einfluss von beispielsweise Schererwärmungen auf die Keimbildung nicht berücksichtigt wird. Die Hauptfragestellung ist daher, wie der Einfluss der Strömung auf die Entropieänderung Δs_f beschrieben werden kann. Hierzu wird angenommen, dass die Kette aus mehreren Segmenten besteht, von denen jedes Segment als ein steifer Zylinder beschrieben werden kann. Man erhält dann die gesamte Entropieänderung Δs_f als Ausdruck der Entropieänderung einzelner Kettensegmente $\Delta s_{f,c}$, die wiederum auf Basis tiefergehender Betrachtungen, die [Spe16] entnommen werden können, auf statistischer Grundlage berechnet werden können.

Das Strömungsfeld wird in diesen theoretischen Betrachtungen anhand eines Deformationstensors $\underline{\underline{E}}\left(t,t'\right)$ ausgedrückt. Unter weiteren Annahmen lässt sich daraus die Entropieänderung einzelner Kettensegmente und daraus wiederum der Strömungsanteil der Gibbsenergie bei der Keimbildung ableiten:

$$\Delta g_{v,f} = \frac{3ck_B T}{4\pi} \int_{-\infty}^{t} \frac{d\mu}{dt'}\left(t-t'\right)\left[\int ln\left(\left|\underline{\underline{E}}\left(t,t'\right)\underline{u}\right|\right) d\Omega\right] dt' \tag{5.33}$$

μ stellt dabei eine sogenannte Memoryfunktion dar, mit deren Hilfe molekulare Relaxationsprozesse beschrieben werden, $\underline{u}$ repräsentiert als normalisierter Vektor die Richtung des Kettensegmentes, Ω bezeichnet einen Raumwinkel (in Kugelkoordinaten). Formel 5.33 hängt nur von Materialparametern und den physikalischen Variablen Temperatur und Strömungsfeld ab. Darüber hinaus gibt es im Gegensatz zur Gibbsenergie im ruhenden Fall eine explizite Zeitabhängigkeit. Dies ist notwendig, weil Relaxationsprozesse eine Zeitabhängigkeit erfordern.

Zur Verdeutlichung der Strömungsabhängigkeit der Keimbildung und des Einflusses des Relaxationsprozesses werden die Beispiele der reinen Dehnströmung und der reinen Scherströmung betrachtet. Für den Deformationstensor erhält man:

$$\underline{\underline{E}}_{dehn} = \begin{pmatrix} exp\left(\dot{\varepsilon}\left(t-t'\right)\right) & 0 & 0 \\ 0 & exp\left(-\dot{\varepsilon}/_2\left(t-t'\right)\right) & 0 \\ 0 & 0 & exp\left(-\dot{\varepsilon}/_2\left(t-t'\right)\right) \end{pmatrix} \tag{5.34}$$

$$\underline{\underline{E}}_{scher} = \begin{pmatrix} 1 & \dot{\gamma}(t-t') & 0 \\ 0 & 1 & 0 \\ 0 & 0 & 1 \end{pmatrix} \tag{5.35}$$

$\dot{\gamma}$ ist die Scherrate und $\dot{\varepsilon}$ die Dehnrate. Bild 5.23 zeigt die dimensionslose Gibbsenergie $\Delta g_{v,f} / 3ck_B T$ für verschiedene Scher- und Dehnraten und $t \rightarrow \infty$.

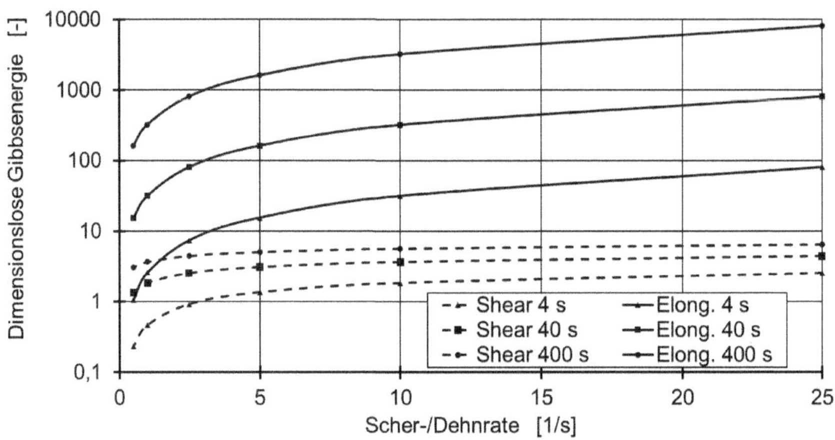

Bild 5.23 Dimensionslose Gibbsenergie für verschiedene Scher- und Dehnraten zu verschiedenen Entschlaufungszeiten von 4 s, 40 s und 400 s

Der Vergleich zwischen Dehn- und Scherströmung zeigt, dass hohe Dehnraten zu deutlich höheren Energien führen als hohe Scherraten. Der Grund dafür ist der exponentielle Einfluss der Dehnrate. Anschaulich bedeutet dies, dass z. B. beim Spritzgießen in Bereichen mit hoher Dehnströmung ein deutlich feineres Gefüge vorliegt. Bild 5.23 zeigt zusätzlich den Einfluss der Entschlaufungszeit. Eine Erhöhung der Entschlaufungszeit geht einher mit einer Erhöhung des Wertes der Memoryfunktion und führt daher zu höheren Energien.

Für eine tiefere Betrachtung der Herleitung wird auf die weiterführende Literatur verweisen, z. B. [Spekowius].

5.3.4 Berechnung des Kristallwachstums

Der Kristallwachstum stellt den zweiten fundamentalen Prozess der Kristallisation dar. Er kann dabei auf einen Keimbildungsprozess an der Oberfläche aktiver Keime zurückgeführt werden. Im Gegensatz zu den Abhandlungen des vorangegangenen Kapitels sind die Randbedingungen damit vereinfacht. Es kann davon ausgegangen werden, dass der sich angliedernde Keim deutlich kleiner als der bereits kristallisierte Bereich ist. Dies entspricht dem Fall, dass $i = 2$ in Formel 5.23 gilt. Darüber hinaus wird angenommen, dass das Kristallwachstum unabhängig vom Strömungsfeld und der Abkühlrate ist [Zinet/El Otmani].

Im Gegensatz zum Keimbildungsmodell ist die Zielsetzung für das Wachstumsmodell eine andere. Ziel der Keimbildungsbeschreibung ist die Ermittlung einer Keimbildungsrate. Beim Wachstumsmodell kommt es darauf an, die Wachstumsgeschwindigkeit eines Kristalls zu erfassen. Aus Modellbildungssicht entspricht dies einer Berechnung von Schichten, die auf einer bereits kristallisierten Oberfläche durch Keimbildungsprozesse gebildet werden. Nach einer Integration der Keime über der Oberfläche kann dann die Wachstumsgeschwindigkeit v_g berechnet werden [Hoffman/Davis]:

$$v_g = \tilde{v}_0 exp\left(-\frac{U^*}{R\left(T - T_\infty\right)}\right) exp\left(-\frac{K_g}{T \Delta g_{v,q}}\right) \quad (5.36)$$

Dabei sind $\tilde{v}_0$ und K_g Materialparameter, U^* eine Aktivierungsenergie und T_∞ die Temperatur, bei der keine Molekülkettenbewegung mehr stattfindet. T_∞ ist normalerweise 30 bis 50 °C unterhalb der Glasübergangstemperatur [Lamberti]. Formel 5.36 ist eines der zentralen Ergebnisse der Hoffman-Davis-Lauritzen-Theorie und ist eines der am meisten verwendeten Kristallisationsmodelle. Interessant ist die Ähnlichkeit zum in Abschnitt 5.3.3 abgeleiteten Keimbildungsmodell. Diese Ähnlichkeit wird im Folgenden diskutiert.

Amplitude

Beim direkten Vergleich der Vorfaktoren von Formel 5.27 und Formel 5.36 fällt auf, dass die Amplitude der Keimbildung temperaturabhängig ist:

$$\tilde{v}_0 \leftrightarrow \tilde{N}_{n,th} k T \Delta g_v \quad (5.37)$$

Dies geht auf eine durchgeführte Näherung zurück, dass verschiedene Arten des Schichtwachstums in der Theorie nach Hoffman auftreten können. Diese unterscheiden sich alle hinsichtlich eines temperaturabhängigen Vorfaktors. Da die Experimente jedoch zeigen, dass eine Vernachlässigung des temperaturabhängigen Teils der Wachstumsamplitude vertretbar ist, können die verschiedenen Amplituden zu einem einzigen konstanten Vorfaktor zusammengefasst werden [Jan10]. Dadurch wird die Anwendung deutlich vereinfacht.

Transportterm

Der Transportterm kommt aus der Beschreibung des Diffusionsprozesses und berücksichtigt Kettenmobilität sowie Relaxation. Im direkten Vergleich fällt ein Unterschied in Zähler und Nenner des Arguments der Exponentialfunktion auf:

$$exp\left(-\frac{U^*}{R\left(T - T_\infty\right)}\right) \leftrightarrow exp\left(-\frac{E_a}{k_B T}\right) \quad (5.38)$$

Im Keimbildungsmodell wurde ein Arrheniusansatz verwendet, wohingegen das Wachstumsmodell einen WLF-Ansatz verfolgt. Dies bedeutet, dass ein Wechsel vom Arrheniusverhalten hin zum Vogel-Fulcher-Verhalten beim Wachstum durchgeführt wurde. Dies trägt dem Umstand Rechnung, dass das Materialverhalten bei hoher Unterkühlung besser durch den WLF-Ansatz beschrieben wird. Eine übliche Beschreibung des Übergangspunktes zwischen niedriger und hoher Unterkühlung liegt bei $T_g + 100°C$ [Hoffman/Miller]. Die Beschreibung der Keimbildung durch einen Arrheniusansatz und des Wachstums durch einen WLF-Ansatz stellt einen Kompromiss dar, der in der Literatur nicht unüblich ist [Chen/Fan, Lamberti, Raabe/Godara]. Grundgedanke ist dabei, dass bei Abkühlprozessen die Keimbildung im Vergleich zum Wachstum eher bei höheren Temperaturen stattfindet.

Ratenterm

Die Ähnlichkeit von Wachstums- und Keimbildungsmodell wird beim Ratenterm besonders deutlich:

$$exp\left(-\frac{K_g}{T\Delta g_{v,q}}\right) \leftrightarrow exp\left(-\frac{K_n}{T\Delta g_v^n}\right) \tag{5.39}$$

Im Falle des Wachstumsmodells wird ein isothermer Keimbildungsprozess an den Oberflächen der kristallinen Bereiche ohne Strömungseinfluss angenommen. In diesem Fall gilt $n = 1$ und $\Delta g_v = \Delta g_{v,q}$. Darüber hinaus sind bei gleicher Keimform die Materialparameter K_g und $K_{n=1}$ identisch.

5.3.5 Berechnung des relativen Kristallisationsgrades

Sind die Keimbildungsrate $\dot{N}$ und die Wachstumsgeschwindigkeit v_g bekannt, kann für den isothermen Fall ohne Strömung eine vereinfachte Beschreibung des Kristallisationsgrades angegeben werden [Janeschitz-Kriegl]. Bei konstanter Keimbildungsrate ergibt sich im dreidimensionalen Fall für den Anteil des erstarrten Volumens:

$$\xi = 1 - exp\left(-\frac{\pi}{3}\dot{N}v_g^3 t^4\right) \tag{5.40}$$

ξ wird auch relativer Kristallisationsgrad genannt und beschreibt die prozentualen Anteile des erstarrten Materials. Formel 5.40 ist ein Spezialfall der Gleichung von Johnson, Mehl, Avrami und Kolmogorow (sog. JMAK-Gleichung) für kontinuierliche Keimbildungsraten in dreidimensionalen Volumina. Die allgemeine Form lautet:

$$\xi = 1 - exp\left(-\left(K_a t\right)^{n_a}\right) \tag{5.41}$$

K_a ist ein Strukturfaktor, der von der Keimbildungs- und Wachstumsart abhängt, n_a ist der Avramiexponent, der Werte zwischen eins und vier annehmen kann. Die JMAK-Gleichung wird oft verwendet, um den Erstarrungsprozess anhand eines Parameterfits für die Parameter K_a und n_a zu beschreiben. Der Wert des Avramiexponenten gibt dann Aufschluss über die Art des Kristallisationsvorgangs. Findet zum Beispiel eine Keimbildung unter Verwendung von Nukleierungsmitteln statt, gibt es nur drei Freiheitsgrade für das Wachstum in die drei Raumrichtungen und der Avramiexponent nimmt den Wert drei an. Für den Spezialfall aus Formel 5.40 hat der Avramiexponent einen Wert von vier, da neben dem Wachstum in drei Raumrichtungen eine kontinuierliche Keimbildung aus der Schmelze angenommen wird. Tabelle 5.1 zeigt den Zusammenhang zwischen Avramiexponent und dem zugrundeliegenden Kristallisationsprozess.

Tabelle 5.1 Strukturfaktor und Avrami-Exponent

Art des Kristallwachstums	Konstante Keimkonzentration	Konstante Keimbildungsrate
$n_a = 1$	Eindimensional (Stäbchen)	-
$n_a = 2$	Zweidimensional (Scheibe)	Eindimensional (Stäbchen)
$n_a = 3$	Dreidimensional (Kugel)	Zweidimensional (Scheibe)
$n_a = 4$	-	Dreidimensional (Kugel)

5.4 Gefügebeobachtungen

Das Gefüge in einem Kunststoffprodukt prägt die Maßhaltigkeit sowie die mechanischen, chemischen und weiteren wichtigen Eigenschaften. Die Strukturanalyse bringt Erkenntnisse über die inneren Merkmale von Kunststoffprodukten und zeigt insbesondere auch die Wirkung der Verarbeitungsprozesse auf das Gefüge bis hin zum Wechselspiel mit Füll- und Verstärkungsstoffen. Neben der Grundlagenforschung spielt die Gefügeuntersuchung für die Produkterprobung, Qualitätssicherung, Schadensanalyse und Prozessoptimierung eine entscheidende Rolle.

Neben teilkristallinen und mehrkomponentigen Kunststoffen weisen auch amorphe ungefüllte Kunststoffe übermolekulare Strukturen auf. Dieser Vielfalt muss man in der Praxis mit einer Vielzahl analytischer Methoden begegnen, deren gängigste bildgebender, streuoptischer, spektroskopischer oder thermoanalytischer Art sind. Zu den letzteren zählt insbesondere die Differentialthermoanalyse (DSC), deren Möglichkeiten zur Strukturanalyse im Detail in Kapitel 8 erläutert wird. Unter den spektroskopischen Methoden spielt vor allem die Infrarotspektroskopie eine vielseitige Rolle, worauf in Kapitel 10 eingegangen wird. Insbesondere zur Analyse von Füllstoffen und Füllstoffverteilungen wird die energiedispersive Röntgenspektroskopie (EDX) gepaart mit der Elektronenmikroskopie (REM) und Lichtmikroskopie (LIM) genutzt (s.u.). Gerade die LIM stellt die zentrale Methode zur Strukturanalyse dar, wobei die geeignete Präparation der Schlüssel zu aussagekräftigen Ergebnissen ist.

Die Strukturanalyse mit optischen Methoden bietet von der Lichtmikroskopie bis zur Elektronenmikroskopie eine weite Spanne an Auflösungen, mit deren Hilfe unterschiedliche Gefügemerkmale gemäß ihren Dimensionen dargestellt werden können. Nur selten wird bei der Strukturanalyse mit der großen Auflösung begonnen, vielmehr beginnt man mit moderaten Vergrößerungen der Lichtmikroskopie und erhöht schrittweise, um die Details dem Gesamtbild besser zuordnen zu können. Nicht zuletzt deswegen stellt die Lichtmikroskopie die wichtigste Methode zur Strukturanalyse dar. Neben der Mikroskopie selbst spielt vor allem die geeignete Präparation eine entscheidende Rolle.

5.4.1 Lichtmikroskopie

Methodik

Die Bilderzeugung erfolgt bei der Lichtmikroskopie durch den Einsatz lichtbrechender Glaslinsen, deren Kombination einen vergrößernden Abbildungseffekt der Probe erwirkt. Das Arbeitsprinzip entspricht Bild 5.24. Bei der **Auflichtmikroskopie** (z.B. Querschliffuntersuchung) wird das Licht auf das Objekt geworfen, dort reflektiert von der Probenoberfläche und gelangt anschließend in das Objektiv. Bei der **Durchlichtmikroskopie** durchstrahlt das Licht die Probe und gelangt dann ins Objektiv (Dünnschnitt- und Dünnschliffuntersuchung). Der Strahlengang umfasst eine Sammellinse (g), die den Lichtstrahl ausgehend von der Lichtquelle (h) bündelt. Die Leuchtblende (f) filtert das Streulicht, wohingegen die Aperturblende (e) zur Kontrastentstehung beiträgt. Der Kondensor (d) bündelt und fokussiert das Licht in der Probenebene. Von der Probe ausgehend (c) gelangt das Licht zunächst in das Objektiv (b), welches ein seitenverkehrtes vergrößertes Abbild der Probe erzeugt, und anschließend in das Okular (a). Zeitgemäße Mikroskope besitzen anstelle des Okulars einen CCD-Chip, der eine Betrachtung über einen Monitor ermöglicht.

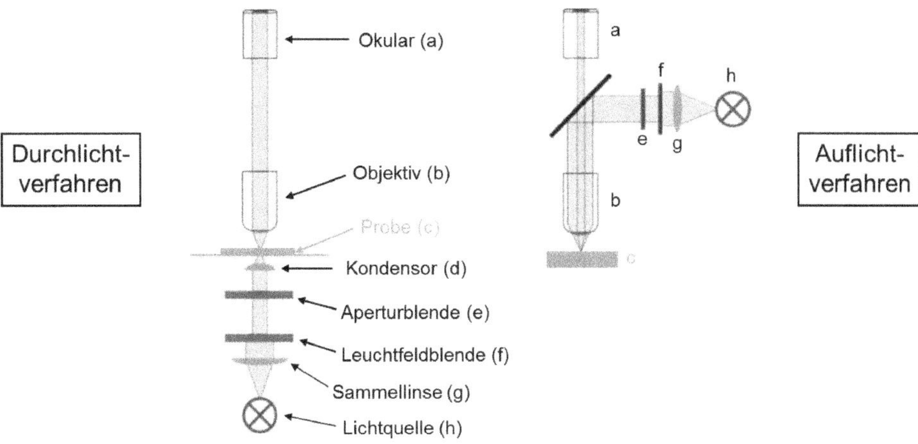

Bild 5.24 Schema der lichtmikroskopischen Verfahren

Zur Beurteilung von inneren **Bauteilspannungen und Orientierungen** benötigt man Polarisationsfilter (siehe unten). Bild 5.25 zeigt exemplarisch ein Spritzgießbauteil aus PMMA und dessen farblich sichtbare Spannungen und Orientierungen.

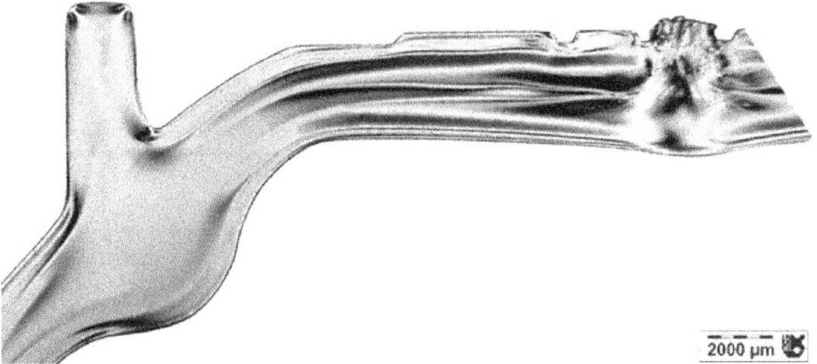

Bild 5.25 Spannungen/Orientierungen in einem Spritzgießbauteil aus PMMA (Dünnschliff)

Die Visualisierung dieser Eigenschaften erfolgt nach dem Prinzip der **Doppelbrechung**. Dabei gehen die Lichtgesetze davon aus, dass die Lichtgeschwindigkeit in den durchstrahlten Medien in allen Richtungen gleich ist, d. h. die Medien in erster Näherung optisch isotrop sind. Durch innere Strukturen und durch Molekülorientierungen und innere Spannungen wird diese Isotropie gestört. Dies wird maßgeblich - auch bei amorph erstarrten Kunststoffen - durch die Fertigung verursacht. Dadurch wird die Lichtgeschwindigkeit und damit der Brechungsindex im Werkstoff richtungsabhängig. Dies wiederum bewirkt durch Überlagerung Interferenzen, die unter Verwendung einer Anordnung von **Polfiltern** zu farblichen Erscheinungen führen (vgl. Bild 5.26).

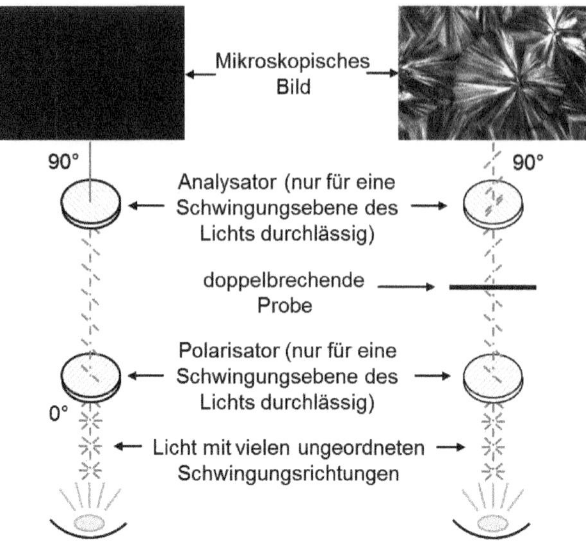

Bild 5.26 Strahlengang der Polarisationsmikroskopie

Man kann diese Anisotropien sichtbar machen, indem man den Kunststoff mit linear polarisiertem Licht durchstrahlt, welches nur in einer bestimmten Ebene schwingt (vgl. Bild 5.26). Die einfallende polarisierte Lichtwelle pflanzt sich somit unterschiedlich schnell in den Gefügebereichen verschiedenen Zustandes fort, sodass die austretenden Lichtstrahlen eine Phasenverschiebung aufweisen. Wird dann dieser Strahl durch einen weiteren Polarisationsfilter (Analysator) geleitet, dann kommt es zur Aufteilung des Lichtstrahls, sodass die Phasendifferenzen infolge Interferenz direkt sichtbar werden.

Bei der Lichtmikroskopie liegt eine Begrenzung des Auflösungsvermögens durch die Lichtwellenlänge bei ca. 500 nm vor. Lichtmikroskopische Methoden unterscheiden sich in ihrem Auflösungsvermögen und daraus resultierend im Einsatzbereich von elektronenmikroskopischen Methoden, wo eine Steigerung des Auflösungsvermögens um das 100- bis 1000-Fache erreicht werden kann.

Beispiele

Mithilfe der Lichtmikroskopie (LIM) können diverse Effekte und Eigenschaften von Kunststoffbauteilen analysiert werden.

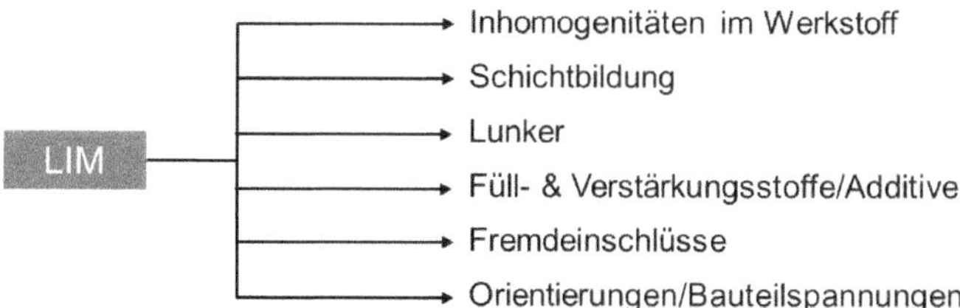

Der Darstellung der genannten Effekte und Eigenschaften im Gefüge geht zumeist eine zielgerichtete Probenpräparation voraus. Dazu wird häufig zunächst der zu untersuchende Bauteilbereich freigelegt, da über den Probenquerschnitt große Strukturunterschiede vorliegen können. Häufig werden zur lichtmikroskopischen Darstellung der inneren Strukturen durchstrahlbare Präparate mit in der Regel glatten Oberflächen erzeugt. Dazu dient die **Mikrotomtechnik**, mit der vorzugsweise von ungefüllten Kunststoffen Dünnschnitte (ca. 5 µm bis 300 µm, je nach Transluzenz des Werkstoffs) erzeugt werden. Schnitte eignen sich in der Regel für die Präparation ungefüllter und unverstärkter Kunststoffe. Diese Methode ermöglicht eine schnelle Beurteilung des Kunststoffgefüges.

Bei wenig elastischen oder verstärkten Kunststoffen sowie bei aufwändigen Probengeometrien empfiehlt sich die Erstellung von **Quer- oder Dünnschliffpräparaten**. Dazu wird der Kunststoff in ein kaltaushärtendes Harz eingebettet und mittels Schleif- und Polierpapier zunächst zu einem Querschliffpräparat verarbeitet. Aufgrund des niedrigen Schmelzpunktes und der geringen Wärmeleitfähigkeit der Probe muss der Wärmeentwicklung in der Schleifschicht besondere Aufmerksamkeit zukommen, damit die Struktur nicht verändert wird. Dazu wird auch die Kühlung mit Wasser genutzt.

Anschliffpräparate können zu Dünnschliffen mit einigen 10 µm Dicke weiterverarbeitet werden, um durchstrahlbare Präparate zu generieren. Diese Methode bietet den Vorteil, dass sie verformungsarm ist und im Vergleich zum Mikrotomschnitt relativ große Probenbereiche betrachtet werden können.

Häufig zeigen Kunststoffpräparate auch im polarisierten Licht wenig strukturbedingte Kontraste. Eine gängige Methode, um Strukturen hervorzuheben, ist die **Kontrasterzeugung**. Bei Dünnschnitten ist dies recht einfach durch das selektive Einfärben bestimmter Probenpartikel oder Schichten zu realisieren. Bild 5.27 zeigt ein Beispiel, bei dem eine Barriereschicht durch ein Kontrastmittel sichtbar wird. Kontrastmittel müssen so ausgewählt werden, dass nur bestimmte Komponenten selektiv verändert werden.

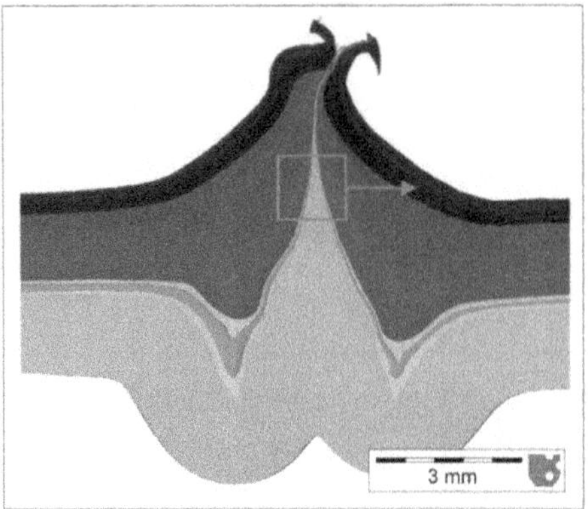

Bild 5.27 Lichtmikroskopische Aufnahme einer selektiv kontrastierten Phase (Mikrotomschnitt)

Eine andere Methodik zur Kontrasterzeugung ist eine nachgeschaltete **Oberflächenbehandlung** durch Ätzverfahren. Häufig werden dazu organische Lösemittel verwendet. Durch Wahl geeigneter Parameter (Temperatur, Zeit, Konzentration) wird die Polymeroberfläche selektiv abgebaut, was eine charakteristische Struktur bedingt. Bild 5.28 zeigt die nach einer Ätzung zurückgebliebenen kristallinen Strukturen eines PP. Die amorphen Bereiche wurden unter dem Lösemittel weggeätzt, weil die Lösemittelbeständigkeit amorpher Bereiche geringer ist als die der kristallinen Bereiche.

Bild 5.28 Lichtmikroskopische Aufnahme eines PP-Gefüges nach Quellung in n-Heptan (Querschliff)

Inhomogenitäten im Werkstoff durch unzureichende Schmelzeaufbereitung äußern sich in einem heterogenen Strukturbild der erstarrten Kunststoffschmelze. Häufig wird dies vor allem beim Zusatz von Färbemitteln oder mehrphasigen Systemen deutlich. **Schichtbildungen sind das Resultat zu hoher Scherungen im Schmelzezustand oder zu hoher Temperaturgradienten** im Erstarrungsprozess. Die lichtmikroskopischen Aufnahmen in Bild 5.29 zeigen Inhomogenitäten (links) und Schichtenbildung (rechts) exemplarisch anhand eines extrudierten

PE-Profils und eines verschweißten Behälters aus PP. Die Präparate sind zuvor mit Schnitt- oder Schlifftechniken für Transmissionsmessungen ausreichend dünn ausgeführt worden.

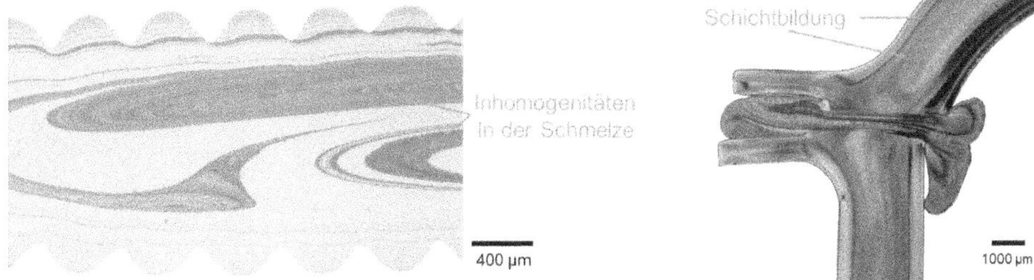

Bild 5.29 Lichtmikroskopische Aufnahme eines PE-Profils (links, Mikrotomschnitt) und PP-Behälters mit Schweißnaht (rechts, Dünnschliff)

Lunker treten häufig in Spritzgießbauteilen in Bereichen mit großen Masseanhäufungen auf. Die Kontraktion der abkühlenden Masse zerreißt den Werkstoff lokal. Lunker können negative Wirkungen auf Bauteileigenschaften haben, wenn sie in tragenden Bauteilbereichen auftreten und dort zu verminderten effektiven Querschnitten führen. Anhand des Präparates in Bild 5.30 können neben ausgeprägten Lunkern weiterhin **Verstärkungsstoffe** in Form von Glasfasern identifiziert und deren Verteilung bewertet werden.

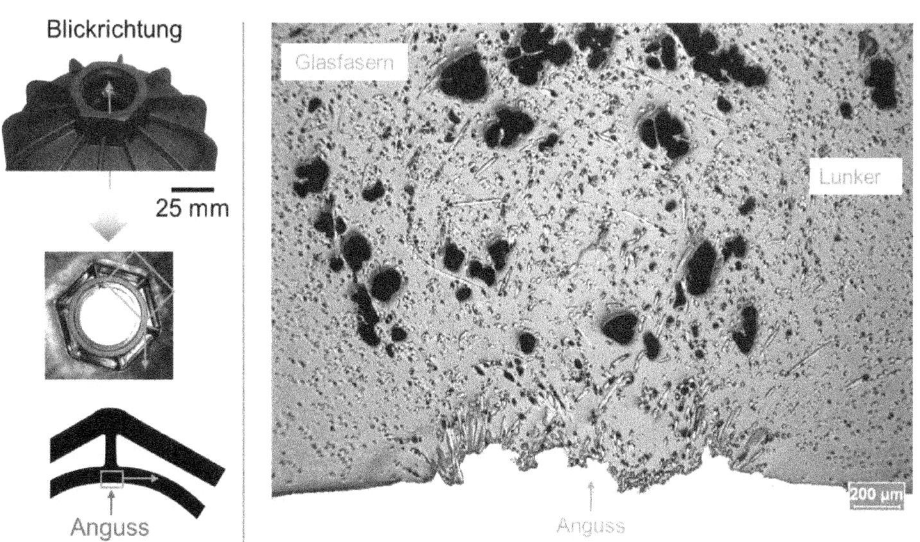

Bild 5.30 Lichtmikroskopische Aufnahme eines Ölfitergehäuses aus PP-GF (Querschliff)

Bauteilspannungen und Orientierungen können bei der Verarbeitung durch verschiedenste Einflüsse erzeugt und verstärkt werden. Beim Spritzgießen können die Effekte beispielsweise bevorzugt bei geringen Wanddicken durch zu niedrige Masse- und Werkzeugwandtemperaturen hervorgerufen werden. So können sich starke Molekülorientierungen ausbilden und erstarren und weitere Spannungen durch Abkühlung erzeugt werden. Dies kann die Werkstofffestigkeiten beeinträchtigen und unter bestimmten Bedingungen, z. B. Medienkontakt, zur Ausbildung von Spannungsrissen beitragen. Infolge einer suboptimalen Prozesstemperaturführung kann es zusätzlich beim Erstarren der Schmelze zu Schichtbildungen kommen, zwischen denen im Allgemeinen verminderte Materialfestigkeiten zu erwarten sind. Spannungen und Orientierungen können mithilfe der Polarisationsmikroskopie visualisiert werden. Bild 5.31 zeigt zwei Beispiele.

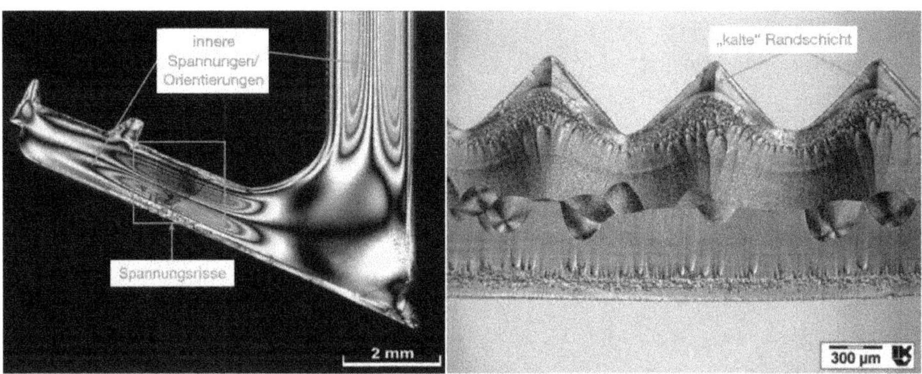

Bild 5.31 Darstellung von inneren Spannungen/Orientierungen (links) und kalten Randschichten (rechts)

5.4.2 Elektronenmikroskopie

Methodik

Zur Bilderzeugung in einem **Rasterelektronenmikroskop** wird im Vakuum ein Elektronenstrahl auf eine Probenoberfläche gelenkt (vgl. Bild 5.32). Die Elektronen dringen in Abhängigkeit von ihrer Energie bis zu 10 µm tief in das Probenmaterial ein. Daraus resultiert ein Wechselwirkungsbereich der Elektronen mit der Probe, welcher als Streubirne bezeichnet wird. Innerhalb der Streubirne kommt es durch elastische und inelastische Stöße zu verschiedenen Reaktionen, bei denen aus oberflächennahen Atomen Elektronen herausgelöst werden, welche mittels verschiedener Detektoren nachgewiesen werden können.

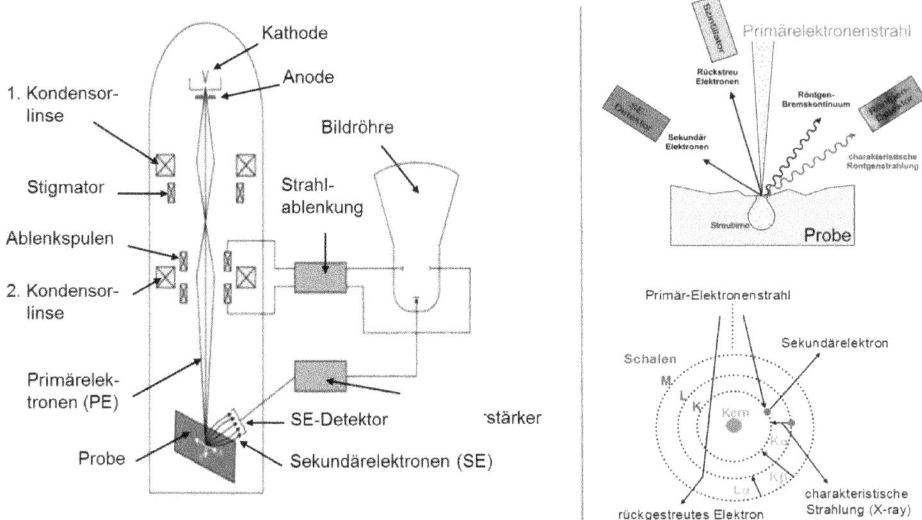

Bild 5.32 Schema des elektronenmikroskopischen Verfahrens

Bei der **Transmissionselektronenmikroskopie** erfolgt die Bilderzeugung durch die Durchstrahlung von **Ultradünnschnitten** (d < 100 nm) mit einem gebündelten Elektronenstrahl. An mit Kontrastmittel angereicherten Probenbereichen findet durch die höhere Dichte der Phase eine stärkere Streuung beziehungsweise Absorption statt. Die Energie von auftreffenden Elektronen am Leuchtschirm wird durch Fluoreszenz in sichtbares Licht umgewandelt (analog Bild 5.33).

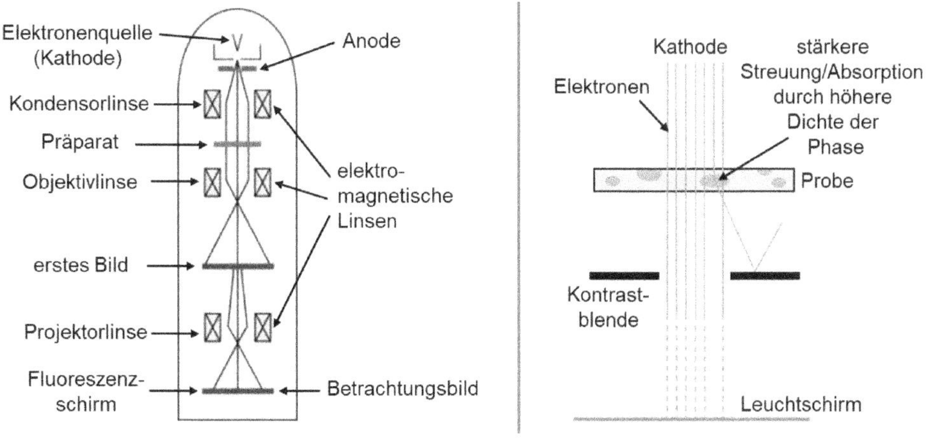

Bild 5.33 Schema des transelektronenmikroskopischen Verfahrens

Beispiele

Durch das hohe Auflösungsvermögen können mithilfe der Elektronenmikroskopie (REM) zusätzliche Eigenschaften und Effekte von Kunststoffbauteilen analysiert und identifiziert werden.

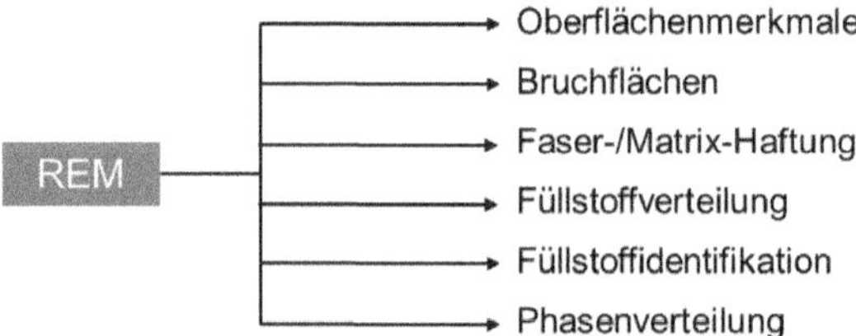

Eine Analyse von Bauteiloberflächen kann verschiedene **Oberflächenmerkmale** zu Tage bringen, was Bild 5.34 anhand zweier Bauteile aus PA6-GF30 zeigt. Links sind kalte Zusammenflussstellen zu beobachten, die auf eine ungenügende Formfüllung während des Verarbeitungsprozesses zurückzuführen sind. Rechts zeigen sich, bedingt durch eine alterungsbedingte Oberflächenzerrüttung, freiliegende Fasern an der Bauteiloberfläche.

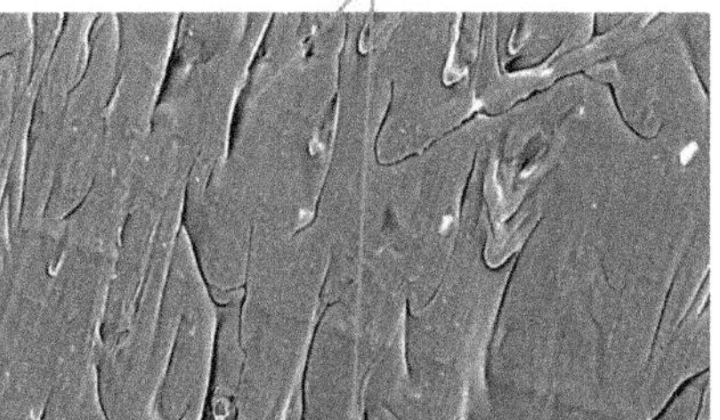

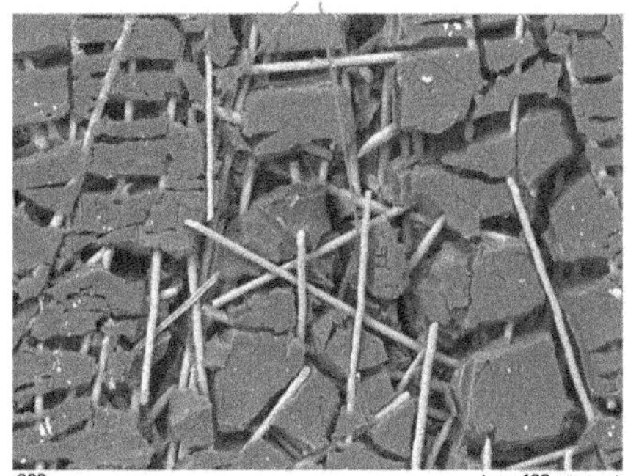

Bild 5.34 Elektronenmikroskopische Aufnahme von Bauteiloberflächen aus PA6-GF30

Neben Oberflächenmerkmalen können Untersuchungen von **Bruchflächen** beispielsweise Hinweise auf die Bruchart und Ausbreitungsrichtung bis hin zu Bruchursprungsbereichen geben (vgl. Bild 5.35).

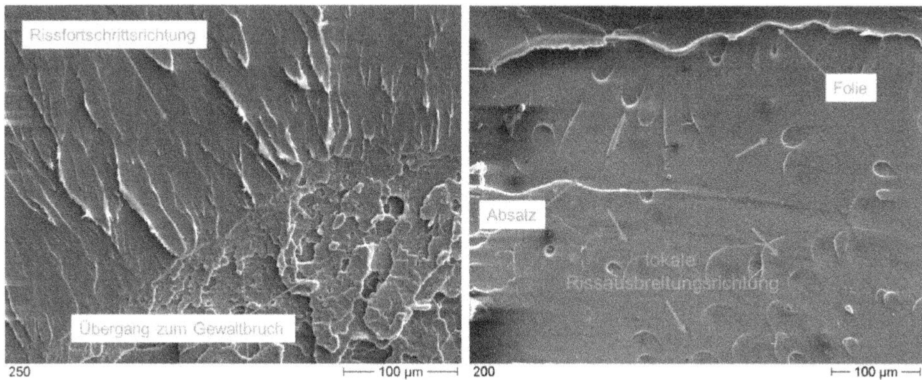

Bild 5.35 Elektronenmikroskopische Aufnahme von Bruchflächen

Um die bildliche Darstellung von Kunststoffbauteilen zu ermöglichen, müssen diese für elektronenmikroskopische Analysen mit einer **leitfähigen Schicht** (z.B. Gold, Kohlenstoff) besputtert werden. Auf diese Weise werden die auf der Probe auftreffenden Elektronen abgeleitet, was Aufladungen verhindert. Als Untersuchungsobjekte für elektronenmikroskopische Analysen können ganze Kunststoffbauteile oder herauspräparierte Bereiche verwendet werden. Ebenfalls eignen sich Schliffe oder Schnitte sowie unter Kryoatmosphäre gebrochene Bauteile. **Kryobrüche** dienen beispielsweise der Beurteilung von **Faser-/Matrixhaftungen**. Bild 5.36 zeigt dies exemplarisch. Links sind die Glasfasern deutlich mit Kunststoffmatrix bedeckt, was auf eine gute Haftung zwischen Faser und Matrix hindeutet. Dementgegen ist rechts kaum Matrixmaterial auf den Fasern vorhanden, was eine ungenügende Haftung zwischen den Komponenten belegt.

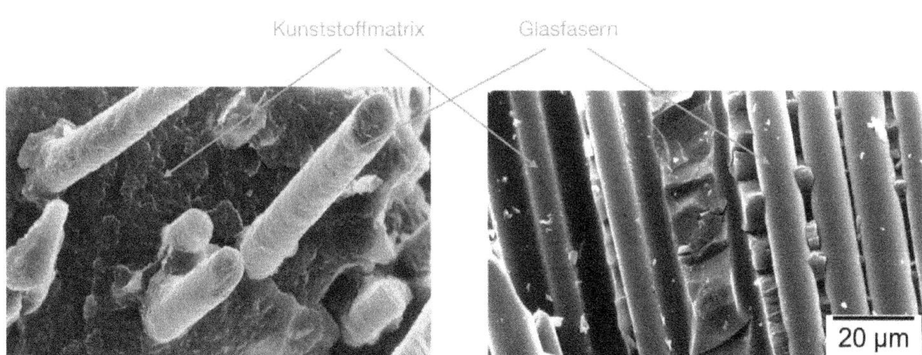

Bild 5.36 Elektronenmikroskopische Aufnahme der Faser-/Matrixhaftung

Mittels feldemissionsmikroskopischer Analysen können auch **Füllstoffverteilungen** in der Kunststoffmatrix analog Bild 5.37 visualisiert werden.

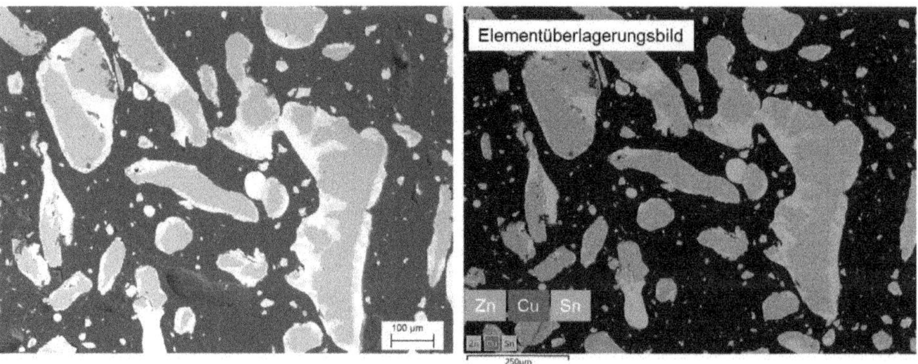

Bild 5.37 Elektronenmikroskopische Aufnahme eines Kunststoff-Metall-Gemisches und dessen Identifizierung (Querschliff)

In einem weiteren Schritt können die Füllstoffe über die **energiedispersive Röntgenspekroskopie (EDX)** identifiziert werden. Durch die Anregung mittels Elektronenstrahl wird eine für jedes Element charakteristische Strahlung freigesetzt, welche analog zum Elementüberlagerungsbild identifiziert und dargestellt werden kann.

Phasenverteilungen von mehrphasigen Systemen können anhand von ultradünnen Probenschnitten mithilfe der **Transmissionselektronenmikroskopie** analysiert werden (Bild 5.38).

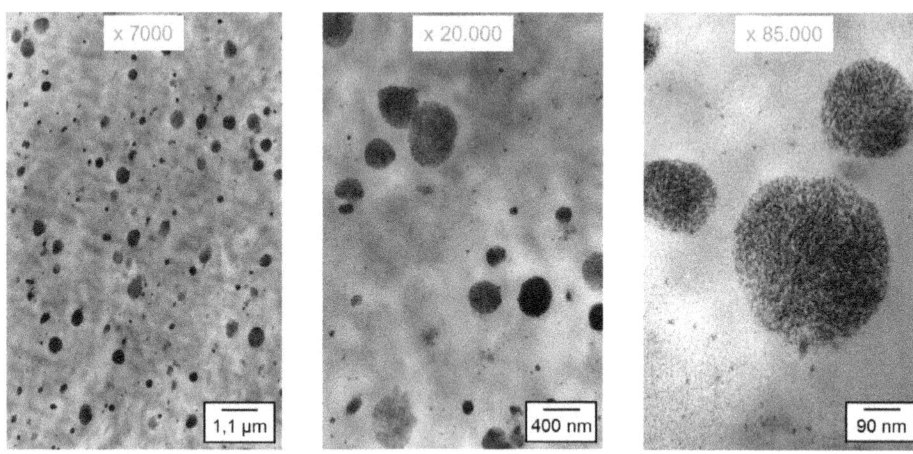

Bild 5.38 Phasenverteilung eines thermoplastischen Elastomers (Ultradünnschnitt)

5.4.3 Zerstörungsfreie Analyse

Weitere Möglichkeiten zur Gefügeanalyse bieten zerstörungsfreie Prüfverfahren, wie die Infrarot-Mikrospektroskopie oder die Computertomografie. Da hierbei keine Probenentnahme erfolgt, sind Einflüsse auf das Bauteilgefüge durch die Probenpräparation gänzlich ausgeschlossen. Mithilfe der Infrarot-Mikrospektroskopie erreicht man eine Materialcharakterisierung, aus der man theoretisch das Kunststoffgefüge ableiten kann. Durch computertomografische Analysen können beispielsweise innere Strukturabweichungen (Hohlräume, Risse, Fasern) detektiert und ausgewertet werden.

Literatur zu Kapitel 5

Chen, Q.; Fan, Y.; Zheng, Q.: Rheological scaling and modeling of shear-enhanced crystallization rate of polypropylene. *Rheologica Acta* 46 (2006) 2, S. 305 - 316

Dietz, W.: Sphärolithwachstum in Polymeren. *Colloid and Polymer Science* 259 (1981) 4, S. 413 - 429

Doi, M.; Edwards, S. F.: Dynamics of Concentrated Polymer Systems. Part 1. - Brownian Motion in the Equilibrium State. *Journal of the Chemical Society, Faraday Transactions 2: Molecular and Chemical Physics* 74 (1978) 1, S. 1789 - 1801

Doi, M.; Edwards, S. F.: *The Theory of Polymer Dynamics.* Oxford: Oxford University Press, 1988

Du, M.; Guo, B.; Wan, J. et al.: Effects of halloysite nanotubes on kinetics and activation energy of non-isothermal crystallization of polypropylene. *Journal of Polymer Research* 17 (2010) 1, S. 109 - 118

Ehrenstein, G. W.: Eigenverstärkung von Thermoplasten im Schmelze-Deformationsprozeß. *Die Angewandte Makromolekulare Chemie* 175 (1990) 1, S. 187 - 203

Fokker, A. D.: Die mittlere Energie rotierender elektrischer Dipole im Strahlungsfeld. *Annalen der Physik* 348 (1914) 5, S. 810 - 820

Hoffman, J. D.; Davis, G. T.; Lauritzen, J. I.: The Rate of Crystallization of Linear Polymers with Chain Folding. In: N. B. Hannay (Hrsg.): *Treatise on Solid State Chemistry.* New York: Springer US, 1976

Hoffman, J. D.; Miller, R. L.: Kinetic of crystallization from the melt and chain folding in polyethylene fractions revisited: theory and experiment. *Polymer* 38 (1997) 13, S. 3151 - 3212

Janeschitz-Kriegl, H.: *Crystallization Modalities in Polymer Melt Processing.* Wien: Springer Verlag, 2010

Jones, A. T.; Aizlewood, J. M.; Beckett, D. R.: Crystalline Forms of Isotactic Polypropylene. *Die Makromolekulare Chemie* 75 (1964) 1, S. 134 - 158

Lamberti, G.: A direct way to determine iPP density nucleation from DSC isothermal measurements. *Polymer Bulletin* 52 (2004) 6, S. 443 - 449

Lotz, B.: What can polymer crystal structure tell about polymer crystallization processes? *Physical Journal* E 3 (2000) 2, S. 185 - 194

Marrucci, G.; Grizzuti, N.: The Free Energy Function of the Doi-Edwards Theory: Analysis of the Instabilities in Stress Relaxation. *Journal of Rheology* 27 (1983) 5, S. 433 - 450

Michler, G. H.; Balta-Calleja, F. J.: *Nano- and Micromechanics of Polymers.* München: Carl Hanser Verlag, 2012

Pantani, R.; Sorrentino, A.; Speranza, V. et al.: Molecular orientation in injection molding: experiments and analysis. *Rheologica Acta* (2004) 43, S. 109 - 118

Pantani, R.; Speranza, V.; Sorrentino, A. et al.: Molecular Orientation and Strain in Injection Moulding of Thermoplastics. *Macromol. Symp.* 185 (2002), S. 293 - 307

Raabe, D.; Godara, A.: Mesoscale simulation of the kinetics and topology of spherulite growth during crystallization of isotactic polypropylene (iPP) by using a cellular automaton. *Modelling and Simulation in Materials Science and Engineering* 13 (2005) 5, S. 733 – 751

Spekowius, M.: *A New Microscale Model for the Description of Crystallization of Semi-Crystalline Thermoplastics.* Dissertation, RWTH Aachen, 2016

Wübken, G.: *Einfluss der Verarbeitungsbedingungen auf die innere Struktur thermoplastischer Spritzgussteile unter besonderer Berücksichtigung der Abkühlverhältnisse.* Dissertation, RWTH Aachen, 1974

Ziabicki, A.: Crystallization of polymers in variable external conditions. *Colloid and Polymer Science* 274 (1996) 8, S. 705 – 716

Ziabicki, A.: Generalized theory of nucleation kinetics. IV. Nucleation as diffusion in the space of cluster dimensions, positions, orientations, and internal structure. *The Journal of Chemical Physics* 85 (1986) 5, S. 3042 – 3057

Zinet, M.; El Otmani, R.; Boutaous, M. H. et al.: Numerical Modeling of Nonisothermal Polymer Crystallization Kinetics: Flow and Thermal Effects. *Polymer Engineering and Science* 50 (2010) 10, S. 2044 – 2059

6 Mechanisches Verhalten von Kunststoffen

Im vorherigen Kapitel wurden ausführlich das Verhalten eines Kunststoffs in der Schmelze, Prozesse des Erstarrens und die Entstehung von Strukturen erläutert. Dieses Kapitel widmet sich nun dem erstarrten Kunststoff als Festkörper.

In einer vereinfachenden Betrachtung kann ein Festkörper entweder rein elastisches oder rein plastisches Verhalten zeigen. Elastisch sind Festkörper, die sich beim Aufbringen einer Kraft verformen (Deformation) und anschließend wieder in ihren ursprünglichen Zustand übergehen. Man unterscheidet weiterhin linear-elastisches und nicht linear-elastisches Verhalten. Festkörper, die dem Hookeschen Gesetz folgen, verhalten sich linear-elastisch. Dieses Verhalten wird in den folgenden Kapiteln beschrieben. Nicht linear-elastische Festkörper wie Gummi werden in diesem Kapitel nur einführend erwähnt.

Im Gegensatz zu elastischen Werkstoffen sind plastische Werkstoffe solche, die sich bei Krafteinwirkung irreversibel verformen, d. h. nicht wieder ihre ursprüngliche Form einnehmen. Die irreversible Verformung findet statt, sobald eine sogenannte Fließgrenze erreicht bzw. überschritten wird. Unterhalb dieser Fließgrenze verhalten sich diese Materialien meist elastisch und es tritt keine bleibende Deformation auf.

Tatsächlich verhalten sich reale Werkstoffe, so auch Kunststoffe, nicht ideal-elastisch, ideal-plastisch oder ideal-viskos. Meist tritt ein hybrides Verhalten auf, z. B. viskoelastisches oder elastisch-plastisches Materialverhalten. Die Grundlagen hierzu werden ebenfalls in diesem Kapitel beschrieben.

6.1 Beschreibung der mechanischen Spannung – elastische Konstanten und Kennwerte

In diesem Abschnitt werden zunächst die wesentlichen mechanischen Größen und Kennwerte definiert und beschrieben. Die Ausführungen sind dabei zunächst werkstoffübergreifender Art und werden nur im Einzelfall kunststoffspezifisch. Im darauffolgenden Abschnitt werden diese Zusammenhänge konkret genutzt, um sie als Charakteristika zur Beschreibung von Zustandsbereichen von Kunststoffen heranzuziehen.

6.1.1 Der Elastizitätsmodul (Dehnungsbeanspruchung)

Zieht man an einem Stab mit der Länge l und dem Querschnitt A mit einer Kraft F, so wird der Stab um die Länge Δl gedehnt (vgl. Bild 6.1). Die Dehnung ε wird als das Verhältnis von $\Delta l/l$ definiert. Sie ist bei kleinen Belastungen proportional zu F und A und kann mit der folgenden Gleichung beschrieben werden:

$$\varepsilon = \frac{\Delta l}{l} = \frac{1}{E}\left(\frac{F}{A}\right) \tag{6.1}$$

Der Proportionalitätsfaktor E heißt Elastizitätsmodul bzw. E-Modul. Je größer der E-Modul, desto weniger reagiert der Werkstoff mit einer Dehnung auf eine äußere Kraft. Der E-Modul repräsentiert damit die Steifigkeit eines Werkstoffs. Das Verhältnis F/A bezeichnet die Spannung σ. Formel 6.1 kann somit umgeschrieben werden in

$$E \cdot \varepsilon = \sigma \tag{6.2}$$

Formel 6.2 bezeichnet dabei das Hookesche Gesetz, das besagt, dass Dehnung und Spannung zueinander proportional sind. Da die Dehnung einheitenlos ist, muss der Elastizitätsmodul die Einheit der Spannung besitzen. Materialien, deren Verhalten dem Hookeschen Gesetz folgt, heißen linear-elastisch.

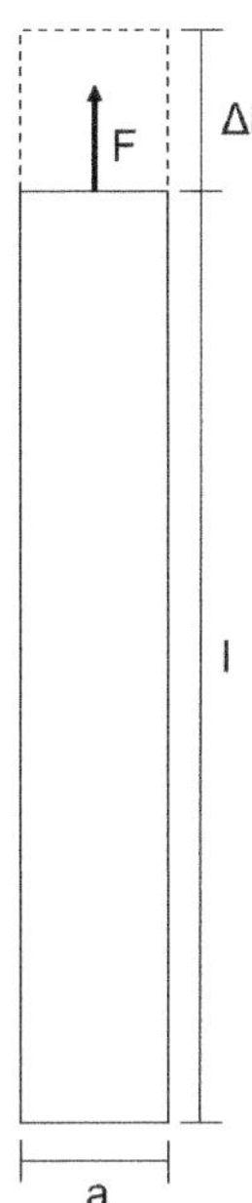

Bild 6.1 Dehnung eines elastischen Festkörpers

6.1.2 Die Querkontraktion

Betrachten wir den oben erwähnten Stab mit der Länge l und dem Querschnitt A, auf den eine Spannung σ wirkt, so wird dieser entlang des Kraftvektors F um die Strecke Δl gedehnt. Dies führt gleichzeitig dazu, dass der Stab senkrecht zur anliegenden Kraft an Dicke verliert. Dieses Verhalten wird als Querkontraktion bezeichnet. Bei einer elastischen Dehnung wird also nicht nur eine Längenänderung erzeugt, sondern auch eine Volumenänderung. Unter Annahme einer quadratischen Querschnittsfläche A mit einer Kantenlänge a kann die einheitenlose Querkontraktionszahl oder Poisson-Zahl μ definiert werden, als das Verhältnis der relativen Längenänderungen in und quer zur Belastungsrichtung:

$$\mu = \frac{\Delta a}{a} / \frac{\Delta l}{l} \tag{6.3}$$

Unter Berücksichtigung des Hookeschen Gesetzes kann mit der Querkontraktionszahl die relative Volumenänderung des betrachteten Stabes wie folgt berechnet werden:

$$\frac{\Delta V}{V} = \frac{1}{E}(1 - 2\mu)\sigma \tag{6.4}$$

Aus der obigen Gleichung ist zu erkennen, dass die Querkontraktionszahl den Wert 0,5 nicht überschreitet, da die minimale Volumenänderung nicht kleiner als 0 sein kann. Bei Raumtemperatur liegt die Querkontraktionszahl vieler Kunststoffe im Bereich um 0,3. Mit steigender Temperatur strebt die Querkontraktionszahl gegen die Grenze von 0,5. Bei Elastomeren liegt die Querkontraktionszahl stets nahe 0,5.

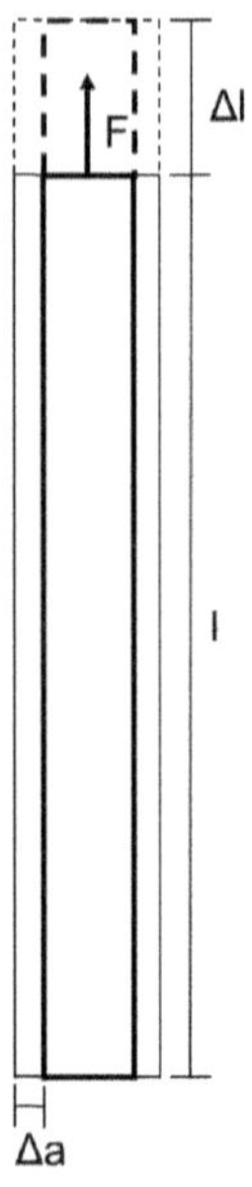

Bild 6.2 Querkontraktion eines elastischen Festkörpers

wahre und technische Spannung und Dehnung

Bei einem Zugversuch wird üblicherweise vor Beginn der Prüfung der Probenquerschnitt gemessen, um aus der von außen angelegten Kraft auf die Spannung im Prüfkörper schließen zu können. Durch die Querkontraktion ändert sich im Verlaufe einer Zugprüfung jedoch der Probenquerschnitt, sodass zur Berechnung des *wahren Spannungszustandes* stets der aktuelle Probenquerschnitt herangezogen werden müsste. Das ist grundsätzlich möglich, jedoch sehr aufwändig. Aus diesem Grunde hat man sich darauf verständigt, bei geringen Verformungen zur Berechnung der Spannung den anfänglichen Probenquerschnitt heranzuziehen. Die so berechnete Größe wird *technische Spannung* genannt.

Analog verhält es sich mit den Begrifflichkeiten bei der Dehnung: Die *technische Dehnung* bezieht die aktuelle Dehnung auf eine Anfangslänge, die *wahre Dehnung* bezieht die aktuelle Dehnung hingegen auf die aktuelle Länge, die gegenüber der Anfangslänge bereits gewachsen ist. Die wahren Größen weichen in aller Regel erst bei großen Verformungen von den technischen Größen ab, weswegen man sich bei kleinen Verformungen mit der Erfassung technischer Größen begnügt.

6.1.3 Der Schubmodul (Scherungsbeanspruchung)

Wenn eine anliegende Kraftkomponente senkrecht auf eine Ebene des Körpers wirkt, reagiert der Festkörper mit einer Scherung. Die Scherung γ kann durch einen Scherwinkel α beschrieben werden, der die Abweichung eines Volumenelementes von einer ursprünglichen Quaderform darstellt (vgl. Bild 6.3):

$$\gamma = \tan(\alpha) = \frac{\Delta x}{l} \qquad (6.5)$$

Für kleine Winkel gilt die Kleinwinkelnäherung $\tan(\alpha) = \alpha$. Erfährt ein Körper eine Scherung, so ist dazu die Schubspannung

$$\tau = \frac{F}{A} = \frac{F}{l^2} \qquad (6.6)$$

notwendig. Gemäß dem Hookeschen Gesetz ergibt sich ein proportionaler Zusammenhang zwischen der Schubspannung τ und dem Scherwinkel α:

$$\tau = \frac{F}{l^2} = G \cdot \alpha \qquad (6.7)$$

Der Proportionalitätsfaktor G wird als Schubmodul bezeichnet.

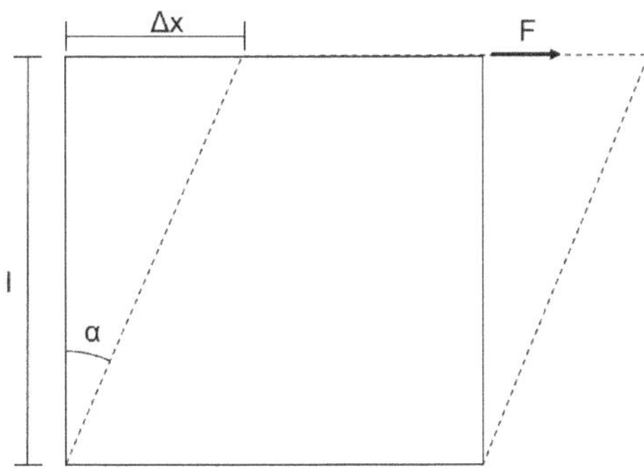

Bild 6.3 Scherung eines elastischen Festkörpers

Schubmodul von Kunststoffen über der reduzierten Glastemperatur

Das Schubmodul-Temperaturdiagramm gibt eine brauchbare Übersicht über das mechanische Verhalten von polymeren Werkstoffen. Wenn man durch Reduktion der Glastemperatur auf Raumtemperatur den Wert T_{red} für die Abszisse wählt:

$$T_{red} = \frac{293\,K}{T_G} \qquad (6.8)$$

und darüber den Schubmodulwert des betreffenden Polymerwerkstoffes bei Raumtemperatur aufträgt, kann man alle Polymerwerkstoffe in diesem Diagramm unterbringen. Dies erlaubt es, auf einen Blick zu erkennen, in welchem Zustand sich der jeweilige Werkstoff bei Raumtemperatur befindet (vgl. Bild 6.4). Im folgenden Abschnitt 6.2 dienen die temperaturabhängigen Schubmodulkurven dazu, die unterschiedlichen Zustandsbereiche und die darin vorkommenden Eigenschaften des Kunststoffs zu verstehen.

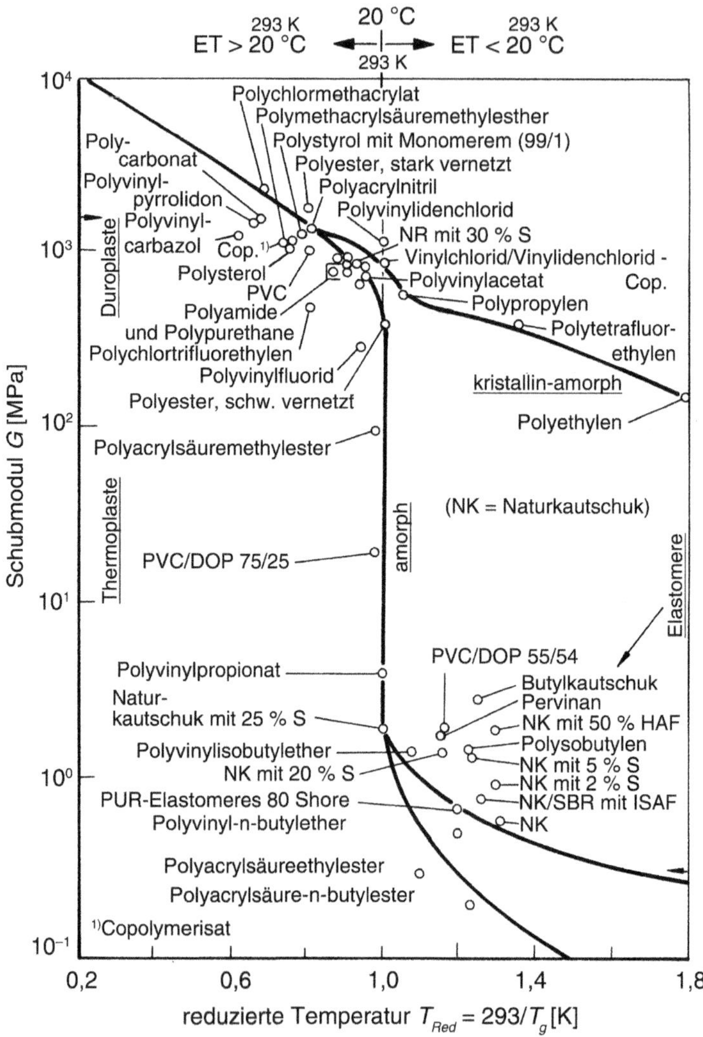

Bild 6.4 Schubmoduln verschiedener polymerer Werkstoffe als Funktion der reduzierten Temperatur $293/T_G$

Im linken oberen Bereich ordnen sich die hartspröden Thermoplaste und die hochvernetzten Duroplaste mit hoher Glastemperatur an. Rechts oben sind die teilkristallinen Thermoplaste verortet, bei denen die Glastemperatur der amorphen Phase unter Raumtemperatur liegt. Im Diagramm rechts unten befinden sich die Elastomere.

6.1.4 Der Kompressionsmodul (Kompressionsbeanspruchung)

Wirkt von allen Seiten ein Druck p auf einen Festkörper, wird dieser komprimiert. Die relative Volumenänderung $\Delta V/V$ kann mithilfe von Formel 6.4 beschrieben werden als

$$\frac{\Delta V}{V} = -\frac{3}{E}(1-2\mu)p = K \cdot p \qquad (6.9)$$

Dabei ist K der Kompressionsmodul. Wie die bisher erläuterten Moduln besitzt der Kompressionsmodul die Einheit der Spannung. Formel 6.9 unterscheidet sich nur geringfügig von der Beschreibung der relativen Volumenänderung durch die Querkontraktionszahl (vgl. Formel 6.4). Hier sei insbesondere auf das negative Vorzeichen sowie auf den Druck p hingewiesen, die hier anstelle der Spannung σ stehen. Somit lässt sich der Druck als negative Spannung interpretieren.

6.1.5 Korrelationen der Moduln und Spannungstensor

Die drei Moduln und die Querkontraktionszahl sind fundamental miteinander verknüpft. Dies deutete sich schon bei der Beschreibung des Kompressionsmoduls an. Kennt man zwei der beschriebenen Parameter, ist man immer in der Lage, auch die anderen Größen zu berechnen. Die Abhängigkeiten lassen sich einfach aus den obigen Gleichungen ableiten und sind in Tabelle 6.1 dargestellt.

Tabelle 6.1 Werkstoffmoduln und deren Korrelation über die Querkontraktion

Kompressionsmodul K	$\frac{E}{3(1-2\mu)}$	$\frac{2}{3}G\frac{1+\mu}{1-2\mu}$	$\frac{1}{3}\frac{E}{3-E/G}$
Schubmodul G	$\frac{E}{2(1+\mu)}$	$\frac{3}{2}K\frac{1-2\mu}{1+\mu}$	$\frac{E}{3-(1/3)E/G}$
Elastizitätsmodul E	$2G(1+\mu)$	$3K(1-2\mu)$	$\frac{3G}{1+(1/3)G/K}$
Querkontraktionszahl μ	$\frac{1}{2}-\frac{E}{6K}$	$\frac{E}{2G}-1$	$\frac{1-(1/2)G/K}{2(1+(1/3)G/K)}$

Spannungstensor

In den vorangegangenen Abschnitten wurden die einzelnen Deformationstypen (Zug, Scherung und Druck) unabhängig voneinander betrachtet. Es stellt sich nun die Frage, wie diese Größen zusammengefasst werden können, um letztendlich eine beliebige Deformation eines Festkörpers beschreiben zu können. Hierzu betrachten wir einen Elementarwürfel (Kantenlänge = 1) (vgl. Bild 6.5). Weiterhin nutzen wir die Einschränkung, dass der Elementarwürfel homogen ist und isotropes sowie elastisches Verhalten aufweist. Der Würfel liegt weiterhin in einem Koordinatensystem (x_1, x_2, x_3). Wir können nun auf jeder der Ebenen sowohl Druck- und Zugspannungen als auch Scherspannungen anlegen. Druck und Zug wirken per Definition immer in Richtung der Normalen der Ebene, weswegen sie auch als Normalspannungen bezeichnet werden. Die Scherung kann prinzipiell in beliebige Richtungen erfolgen. Für ein grundlegendes Verständnis ist es aber hilfreich, zunächst anzunehmen, dass die Scherung senkrecht zu Druck und Zug erfolgt.

Die Normalspannungen und die Scherspannungen können nun in einer einzigen Matrix zusammengefasst werden: dem Spannungstensor. Dabei bezeichnet der erste Index die aktuell betrachtete Ebene (1 = vorne, 2 = rechts, 3 = oben). Der zweite Index gibt an, in welche Richtung in dieser Ebene die Spannungen wirken. Der Spannungstensor ist eine elementare Größe in der Mechanik und spielt bei der Simulation von Kunststoffbauteileigenschaften eine entscheidende Rolle.

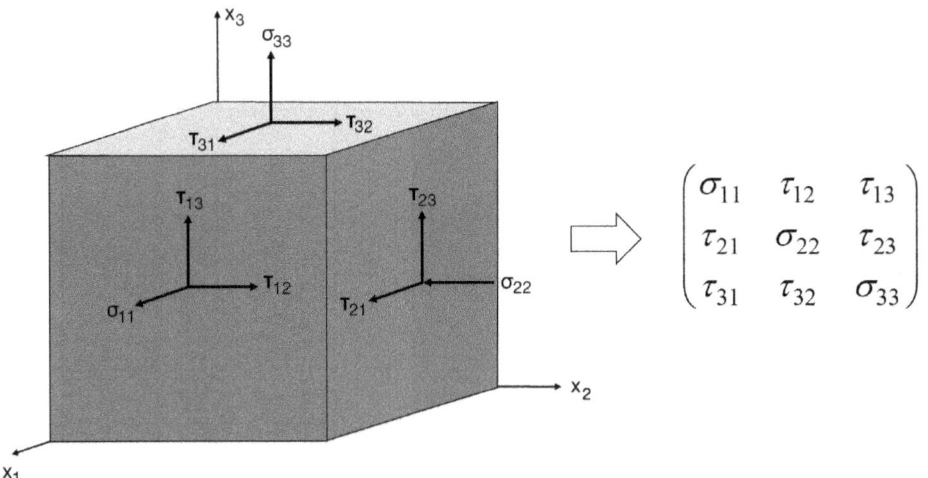

Bild 6.5 Darstellung des Spannungstensors

6.2 Die Zustandsbereiche der Kunststoffe

Die elastischen Konstanten (vgl. Abschnitt 6.1) helfen, das Verhalten eines Kunststoffs besser zu verstehen und zu charakterisieren. So werden beispielsweise auch die Bruchfestigkeiten (als Sammelbegriff für Zugfestigkeit, Druckfestigkeit, Scherfestigkeit, Kompressionsfestigkeit, aber auch Biege-, Biegezug- und Torsionsfestigkeit) über die in Abschnitt 6.1 beschriebenen Größen ermittelt.

Um hiermit ein besseres Materialverständnis aufbauen zu können, muss berücksichtigt werden, dass alle elastischen Konstanten temperaturabhängig sind. Kunststoffe weisen demnach temperaturabhängig unterschiedliche Eigenschaften auf; sie besitzen sogenannte Zustandsbereiche, die in diesem Kapitel für die jeweilige Kunststoffgruppe beschrieben werden sollen. Kennt man das Verhalten des Kunststoffs innerhalb der unterschiedlichen Zustandsbereiche, erhält man ein sehr gutes Verständnis über die Eignung eines Kunststoffs für z. B. eine bestimmte Anwendung.

6.2.1 Amorphe Thermoplaste

In Bild 6.6 ist der prinzipielle Verlauf von Bruchdehnung und Zugfestigkeit in Abhängigkeit von der Temperatur beispielhaft für den amorphen Thermoplasten Polyvinylchlorid, hart (PVC-U, wobei U = engl.: unplasticised) eingetragen. Bei hohen Temperaturen tritt Zersetzung ein (T_Z). Sobald bei niedrigeren Temperaturen das Abgleiten von Molekülketten nur noch unter zunehmendem Kraftaufwand erfolgt, wird die Urformung durch Spritzgießen oder Extrudieren unmöglich. Dies wird durch den „Fließtemperaturbereich" (T_f) repräsentiert. Es folgt mit weiter abnehmender Temperatur im Gebiet hoher Dehnungsfähigkeit (in Bild 6.6 *„Dehnung"*) eine große Formänderungsfähigkeit unter geringem Kraftaufwand (thermoplastische Verarbeitung). Sobald jedoch bei Unterschreiten der Einfriertemperatur (T_g) die Beweglichkeit der Makromoleküle weitgehend einfriert, nimmt die Möglichkeit einer Formänderung rapide ab und der erforderliche Kraftaufwand für eine Deformation steigt drastisch. In diesem Zustandsbereich wird der amorphe Thermoplast praktisch eingesetzt.

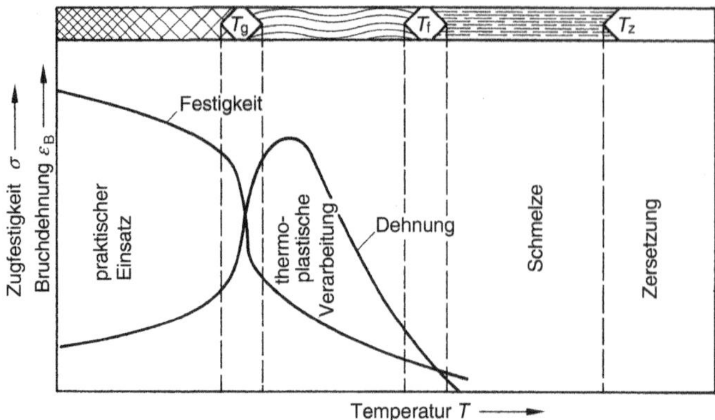

Bild 6.6 Zugfestigkeit und Bruchdehnung eines amorphen Thermoplasten (PVC-U)

6.2.2 Teilkristalline Thermoplaste

ataktisches und isotaktisches Polystyrol

Um die Zustandsbereiche teilkristalliner Thermoplaste zu verstehen, soll zunächst grundsätzlich das mechanische Verhalten amorpher und teilkristalliner Thermoplaste unterschieden werden. Betrachten wir hierzu die in Bild 6.7 dargestellte Schubmodulkurve eines ataktischen und eines isotaktischen Polystyrols. Bei den Kurven A und B handelt es sich um ein ataktisches Polystyrol (Standard-Polystyrol), das durch unregelmäßigen Aufbau seiner molekularen Kettenbausteine amorph erstarrt (Kurve A niedrige Molekülmasse, d. h. niedrigviskos, Kurve B hohe Molekülmasse, d. h. hochviskos). Ein Polystyrol kann aber, wenn es einen regelmäßigen Kettenaufbau wie das isotaktisch erzeugte Polystyrol (Kurve C) besitzt, auch teilkristallin erstarren. Bei Abkühlung dieser Schmelze kommt es unterhalb von 235 °C zur Bildung von Kristalliten und zur Erstarrung (Kurve C). Das Gerüst aus kristallinem Werkstoff verleiht dem Werkstoff unterhalb von etwa 230 °C eine beachtliche Steifigkeit. Die unregelmäßig gebauten, ebenfalls vorhandenen ataktischen Ketten und amorphen Anteile verleihen dem Polymer dabei gleichzeitig eine hohe Zähigkeit. Sobald jedoch bei Erreichen der Glastemperatur (T_G) der ataktische Anteil amorph einfriert, verliert der Werkstoff seine Zähigkeit und geht vom hartzähen Zustand zum hartspröden über.

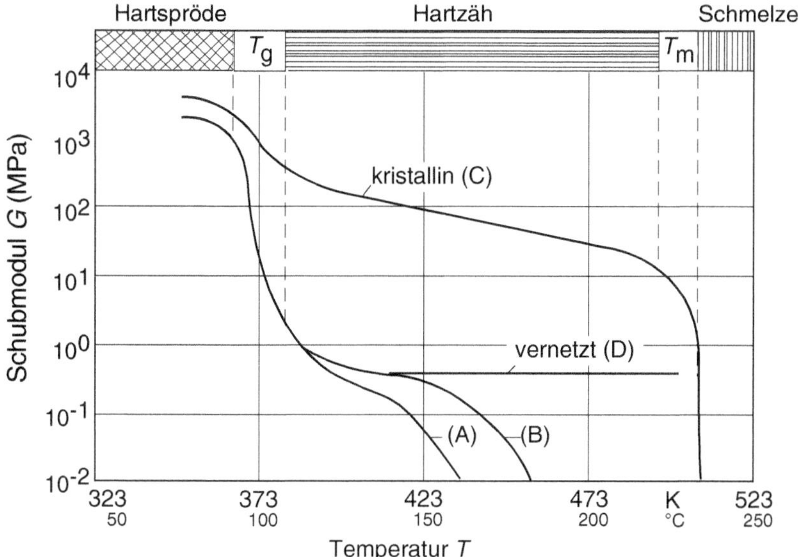

Bild 6.7 Schubmodulkurven von Polystyrol in amorpher, teilkristalliner und in vernetzter Form

Teilkristallines Polystyrol hat allerdings bisher keine praktische Bedeutung erlangt, weil es bei Raumtemperatur infolge der bei 100 °C liegenden Glastemperatur schon sehr spröde ist. Die wichtigen teilkristallinen Thermoplaste haben bei Raumtemperatur und darüber – also im praktischen Einsatzbereich – hartzähen Werkstoffcharakter. Als Beispiel dient das Polypropylen (Bild 6.8).

spröde – zäh

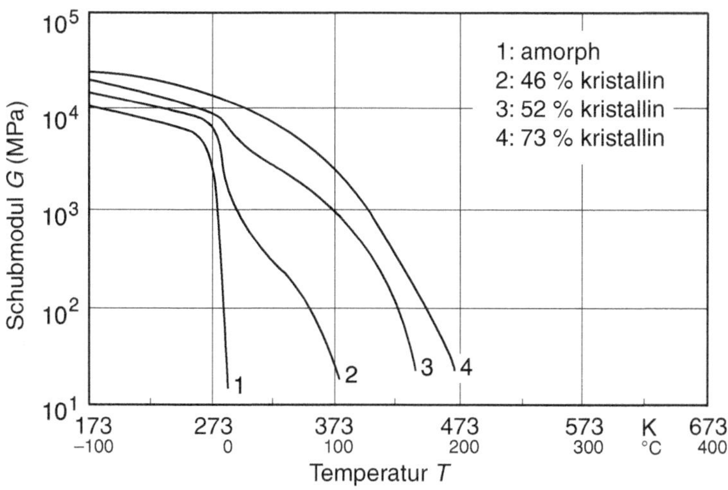

Bild 6.8 Schubmodulkurven von Polypropylen mit verschiedenem Kristallisationsgrad

Die ataktischen Anteile von PP erstarren bei ca. 0 °C amorph, d. h. für $T > 0$ °C ist der Werkstoff zäh. Die Schubmodulkurven in Bild 6.8 für Polypropylen mit verschiedenen Kristallisationsgraden zeigen den Einfluss des Kristallisationsgrades auf die Steifigkeit oberhalb von T_G. Gebräuchliche Polypropylene besitzen einen kristallinen Gefügeanteil von ca. 50 %, wodurch sich die Gebrauchstemperatur von Raumtemperatur bis über 100 °C erstreckt; der Schmelzbereich beginnt bei ca. 120 °C und erstreckt sich bis ca. 170 °C.

Kaltversprödung

Da die bei Gebrauchstemperaturen unterhalb von 0 °C auftretende Versprödung bei Polypropylen von Nachteil ist, wird die Glastemperatur durch Copolymerisieren mit Ethylen in niedrigen Anteilen weiter abgesenkt (vgl. Abschnitt 3.6.1). Da bei geringen Comonomer-Anteilen die Fähigkeit zur Kristallisation nicht eingeschränkt wird, ändert sich die obere Dauergebrauchstemperatur nicht; die zulässigen Spannungen bei Raumtemperatur sind nur unwesentlich niedriger, die Versprödung tritt erst bei niedrigeren Temperaturen auf.

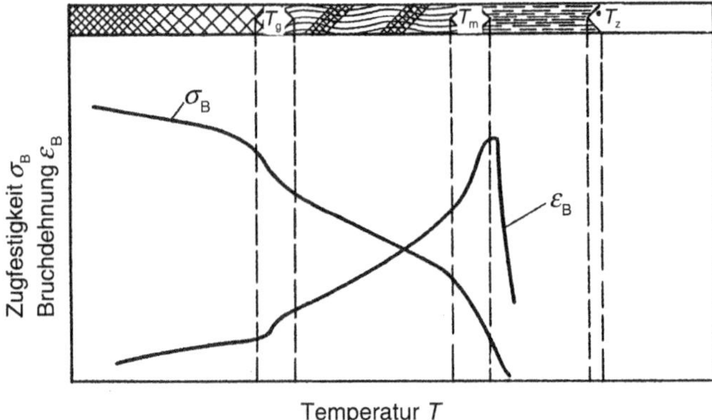

Bild 6.9 Temperaturabhängigkeit der Zugfestigkeit und Bruchdehnung bei teilkristallinen Thermoplasten (schematisch)

Das Verhalten von Zugfestigkeit und Bruchdehnung von teilkristallinen Thermoplasten in Abhängigkeit von der Temperatur entnimmt man Bild 6.9. Der Anstieg der Bruchdehnung oberhalb von T_G kennzeichnet die hohe Schlagzähigkeit dieser Gruppe von Werkstoffen.

6.2.3 Vernetzte Polymere (Duroplaste und Elastomere)

Auch im Fall vernetzter Polymere lässt sich der Zustandsbereich durch die Schubmodulkurve über der Temperatur beschreiben. Als Beispiel wurde ein Polymerwerkstoff gewählt, der unterschiedlich stark vernetzt ist (Bild 6.10). Man erkennt, dass bei schwacher Vernetzung oberhalb der Glastemperatur nur eine geringe Steifigkeit vorliegt, wie wir sie bei Elastomeren kennen. Die Vernetzung verhindert allerdings ein Abgleiten der Makromoleküle, wie es bei langen Belastungszeiten bei Thermoplasten - besonders im gummielastischen Bereich - eintritt. Oberhalb der Glastemperatur muss man mit stärkerem Kriechen unter langzeitigen hohen Belastungen rechnen. Temperaturbeständige Harze, z. B. auf Epoxidbasis, verdanken ihre Wärmeformbeständigkeit der hohen Vernetzungsdichte.

Das Niveau der Glastemperatur ist ebenso wie bei anderen Polymeren vom Aufbau der Kettenmoleküle abhängig, d. h. von den Nebenvalenzkräften und der sterischen Behinderung der Ketten. Wenn ein Polymer erst einmal vernetzt ist, dann ist dies nicht mehr rückgängig zu machen, dies zeigt Bild 6.11. Der Werkstoff wird mit zunehmender Wiedererwärmung nach der Vernetzung zwar etwas weicher und zäher, aber nicht mehr verformbar. Er wird durch Zersetzung zerstört, wenn man die Temperatur weiter steigert.

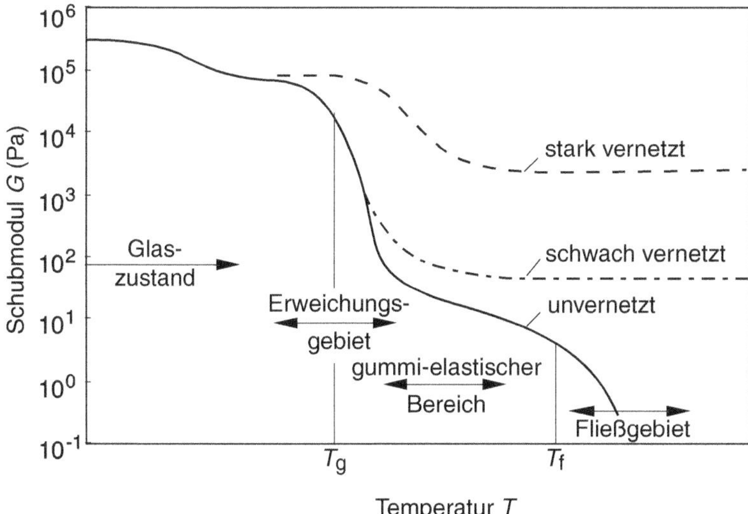

Bild 6.10 Schubmodulkurven und Deutung der Aggregatzustände von vernetzten und unvernetzten polymeren Werkstoffen

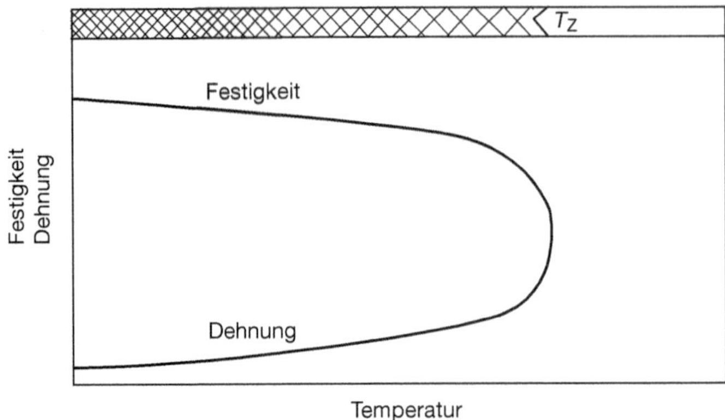

Bild 6.11 Temperaturabhängigkeit von Zugfestigkeit und Bruchdehnung bei Duroplasten

6.3 Das Verformungsverhalten fester Kunststoffe

6.3.1 Viskoelastische Eigenschaften und ihre Beschreibung

Viskoelastizität

Während bei metallischen bzw. keramischen Werkstoffen von einem rein elastischen Werkstoffverhalten ausgegangen werden kann, reicht eine einfache Linearisierung des Zusammenhangs zwischen Spannung und Deformation für polymere Werkstoffe nicht aus. Das Verständnis der rein elastischen Verformung muss um viskose Fließvorgänge erweitert werden, welche sich je nach Belastungsart, -dauer sowie -höhe auf unterschiedliche Weise bemerkbar machen. Eine komplexere Beschreibung des mechanischen Verhaltens ist unvermeidlich.

Werkstoffe, die sowohl einen elastischen als auch einen viskosen Anteil besitzen, werden als viskoelastisch bezeichnet. Viskoelastische Werkstoffmodelle sind grundsätzlich in der Lage, sowohl Flüssigkeiten als auch Festkörper zu beschreiben. Je nach Zustand überwiegen dann entweder die viskosen oder aber die elastischen Effekte. In diesem Kapitel sollen ausschließlich viskoelastische Festkörper betrachtet werden, bei denen der elastische Anteil dominiert und der viskose Anteil nur als sekundäres Phänomen behandelt wird. Wesentlich für das Verständnis viskoelastischer Werkstoffe ist die Betrachtung der Einflussgrößen Zeit und Temperatur.

Zeiteinfluss

Im Einsatztemperaturbereich, der bei Kunststoffen im Gegensatz zu Metallen und Keramiken nur eine geringe Temperaturspanne umfasst, verformt sich der Werkstoff sowohl zeit- als auch temperaturabhängig. Die viskosen Verformungsanteile hängen dabei zudem von der Dauer der Belastung ab. Bei viskoelastischen Werkstoffen wie Kunststoffen steigt bei konstanter äußerer Last daher die Dehnung mit der Belastungszeit an. Kunststoffe geben bei einer auferlegten Beanspruchung durch Kriechen nach. Dieses Kriechen ist dabei nicht nur auf lange Zeiten beschränkt, sondern muss auch schon bei sehr kurzen Belastungszeiten berücksichtigt werden. Je höher die Belastung ist und je länger die Belastung wirkt, desto größer ist auch der Effekt des Kriechens.

Diese Dehnungszunahme erklärt sich durch innere Fließvorgänge im Werkstoff. Wird hingegen eine konstante Dehnung im Probekörper induziert, so bewirken die Fließvorgänge eine zeitliche Abnahme der Spannungen im Werkstoff. In diesem Fall spricht man von Relaxation. Die Zeitabhängigkeit des Werkstoffverhaltens äußert sich ebenfalls bei unterschiedlicher Belastungsgeschwindigkeit. Wird eine Belastung innerhalb kurzer Zeit aufgebracht (hohe Dehngeschwindigkeit), reagiert der Werkstoff verhältnismäßig steif. Bei langsamer Belastung (niedrige Dehngeschwindigkeit) treten verstärkt Fließvorgänge auf, was sich in einer geringeren Steigung der Spannungs-Dehnungs-Kurven bemerkbar macht.

Temperatureinfluss

Neben dem Zeiteinfluss ist als weiterer Aspekt der Einfluss der Temperatur zu nennen. Dies wird anhand der Betrachtung der Spannungs-Dehnungs-Verläufe in Bild 6.12 erläutert. Bei den dazugehörigen mechanischen Untersuchungen wurden alle Randbedingungen wie z. B. die Belastungsgeschwindigkeit oder auch die Probekörpergeometrie konstant gehalten. Als einzige Variable wurde die Temperatur verändert.

Zunächst einmal kann festgehalten werden, dass eine höhere Temperatur im Werkstoff zu einem niedrigeren Steifigkeitsverhalten führt. Dies resultiert in einer geringeren Steigung der Kurven bereits nahe dem Ursprung. Darüber hinaus verhält sich der Werkstoff bei höheren Temperaturen analog zu einer Belastung bei langsamer Dehngeschwindigkeit.

Erst bei relativ tiefen Temperaturen werden die Fließvorgänge in den Kunststoffen vollständig unterdrückt. Die Werkstoffe verhalten sich dann ideal elastisch, zugleich nimmt die Bruchdehnung stark ab und das Material neigt zu sprödem Verhalten.

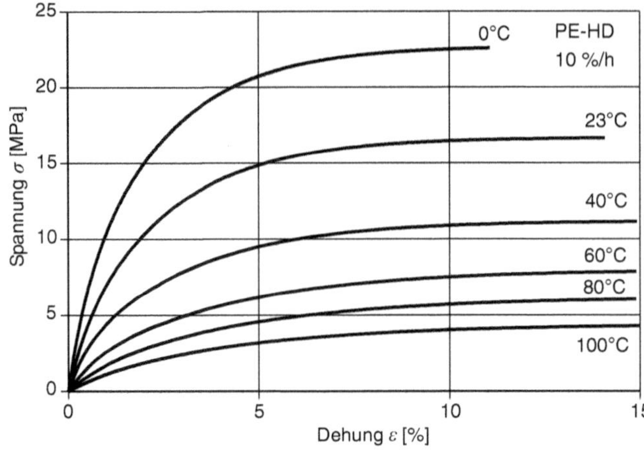

Bild 6.12 Dehnungsgeregelte Zugversuche an PE-HD bei verschiedenen Temperaturen

Es ist von besonderem Interesse zu klären, welche Mechanismen bei Temperaturbeanspruchung im Werkstoff wirksam sind. Der Zeiteinfluss wurde bereits durch die Fließvorgänge im Werkstoff erklärt. Übertragen auf den Temperatureinfluss kann beobachtet werden: Mit höherer Temperatur dehnt sich der Werkstoff aus. Dadurch werden die Molekülsegmente im Werkstoff beweglicher. Da die Versuche bis auf die Temperatur bei den gleichen Randbedingungen durchgeführt wurden, zeigt sich, dass bei gleicher Spannung eine erhöhte Temperatur eine stärkere Fließbewegung und damit eine erhöhte Dehnung verursacht. Oder invers argumentiert: Bei gleichen Dehnungszuständen kann in derjenigen Probe, die einer höheren Versuchstemperatur ausgesetzt ist, die Spannung durch Fließvorgänge stärker relaxieren.

Trotz der umfangreichen Literatur zum viskoelastischen Werkstoffverhalten war lange Zeit nicht bekannt, ob es sich bei der Temperaturabhängigkeit der Eigenschaften ausschließlich um Fließeinflüsse handelt, oder ob auch die elastischen Anteile der Werkstoffeigenschaften durch die Temperatur verändert werden. Erst Schöche hat 1997 einen indirekten Nachweis liefern können, dass die viskosen Vorgänge und nicht die elastischen Eigenschaften die Änderung der mechanischen Eigenschaften in Abhängigkeit von der Temperatur bestimmen.

Ursache für das temperaturabhängige Verhalten

Der Nachweis gelingt durch eine indirekte Beweisführung: Wenn die elastischen Eigenschaften im viskoelastischen Werkstoff durch die Temperatur beeinflusst würden, dann müsste mit steigender Temperatur die Elastizität abnehmen, mit fallender Temperatur ansteigen. Entsprechend müsste bei einer verformten und dadurch vorgespannten Probe durch Abkühlung eine Spannungserhöhung zu beobachten sein. Bei der Durchführung von Versuchen zum Nachweis dieser Eigenschaft muss allerdings auch beachtet werden, dass sich der Werkstoff durch eine Temperaturabsenkung zusammenzieht. Somit wäre in einem auf Zug beanspruchten

Probekörper nicht zu unterscheiden, ob die Spannungserhöhung durch die Zunahme der elastischen Eigenschaften im Werkstoff oder durch die Volumenänderung bei Abkühlung verursacht wird. Dazu ist ein Biegeversuch aussagefähiger.

Hierbei wird eine Streifenprobe auf Biegung beansprucht. Um Einflüsse der thermischen Ausdehnung der Prüfmittel zu eliminieren, wird die Probenkrümmung durch zwei Drehgeber gemessen und die Traversenposition der Prüfmaschine so geregelt, dass die Probenkrümmung und damit der zu der jeweiligen Prüfkraft gehörende Verformungszustand im Werkstoff über die ganze Versuchszeit konstant bleiben. Der Versuch findet in einer Temperierkammer statt. Zunächst wird die Probe in die Prüfvorrichtung eingebracht, der Temperaturausgleich zwischen Probe und Kammer abgewartet und schließlich die Probe auf eine konstante Biegeverformung gebracht. Danach wird die Temperatur der Kammer abgesenkt. Biegekräfte und Temperatur werden gemessen. Das Ergebnis eines solchen Abkühlversuchs zeigt Bild 6.13. Man erkennt zunächst den abfallenden Verlauf der Biegekraft, der durch Fließvorgänge hervorgerufen wird und für viskoelastische Werkstoffe typisch ist. In dem Zeitraum zwischen 5 und 25 Minuten wird dann die Temperatur von ca. 50 °C auf 0 °C heruntergekühlt. Ein Anstieg der Kraft und damit der Spannung in der gebogenen Probe ist hierbei nicht zu erkennen. Im Gegenteil zeigt das weitere, mäßige Abfallen der Kraft, dass die Temperatur ausschließlich Einfluss auf die Fließeigenschaften, nicht aber auf die elastischen Eigenschaften des viskoelastischen Werkstoffes nimmt.

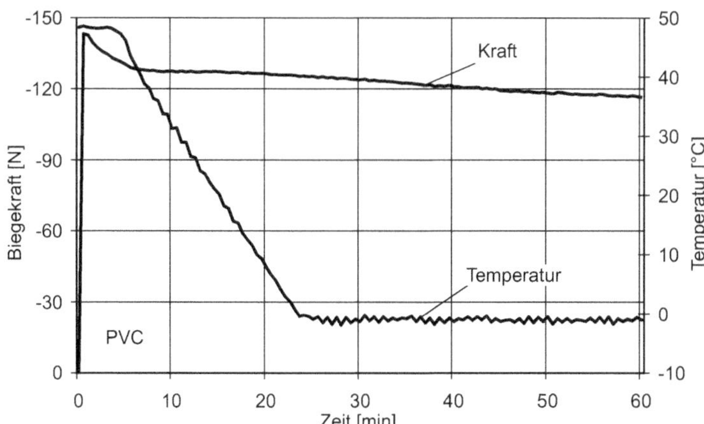

Bild 6.13 Verlauf der Biegekraft bei Abkühlung zum Nachweis, dass die Fließvorgänge unter Belastung, die bei höheren Temperaturen verstärkt einsetzen, rein viskoser Natur sind [Schöche]

Zeit-Temperatur-Verschiebung

Für das grundsätzliche Verständnis viskoelastischer Werkstoffe ist also festzuhalten, dass die erkennbare Temperaturabhängigkeit auf die gleichen inneren Mechanismen zurückzuführen ist wie die Zeitabhängigkeit. Die Erhöhung der Temperatur hat auch einen zeitraffenden Effekt. Somit kann das „Zeit-Temperatur-Verschiebungsprinzip" angewendet werden. Voraussetzung ist, dass sich die Einflüsse von Zeit und Temperatur eindeutig separieren lassen, wie es im Zugversuch mit konstanter Dehngeschwindigkeit (vgl. Bild 6.12) der Fall ist. Zur Quantifizierung wird die Arrhenius-Gleichung verwendet:

$$\frac{t}{t_0} = e^{-\frac{E_A}{RT}} \tag{6.10}$$

Arrhenius-Funktion

Dabei bedeutet:
t/t_0 die Zeitraffung einer Reaktion durch Änderung der absoluten Temperatur T.

In der ursprünglichen Interpretation des Arrhenius wird E_A der Wert der Aktivierungsenergie für die betrachtete Reaktion und R der Wert der allgemeinen Gaskonstanten zugewiesen. Zur Betrachtung der Zeit-Temperatur-Verschiebung hat sich in der Werkstofftechnik folgende Schreibweise der Arrhenius-Funktion durchgesetzt:

$$\log\left(\frac{t}{t_{ref}}\right) = k\left(\frac{1}{T} - \frac{1}{T_{ref}}\right) \tag{6.11}$$

Dabei beschreiben:
t/t_{ref} die Zeitraffung einer Reaktion durch die Änderung der Temperatur von der absoluten Bezugstemperatur, wobei t die angestrebte Zeit und t_{ref} die tatsächliche Zeit darstellt
T_{ref} auf die absolute Temperatur T bezogene Bezugstemperatur

Formal kann Formel 6.10 in Formel 6.11 überführt werden, indem Formel 6.10 jeweils für die absolute Temperatur T und die absolute Bezugstemperatur T_{ref} angeschrieben und anschließend so aufgelöst wird, dass die Unbekannte t_0 eliminiert wird. Die „Arrhenius-Konstante" k hat die Dimension einer Temperatur (in K). Sie kann für einen weiten Temperaturbereich als konstant angesehen werden und repräsentiert dann einen Werkstoffkennwert, der sich aus der allgemeinen Gaskonstanten, der Aktivierungsenergie für den betrachteten Prozess und einem Faktor aus der Umrechnung vom natürlichen auf den Zehner-Logarithmus zusammensetzt.

Der Vorteil dieser Schreibweise zeigt sich bei der experimentellen Ermittlung der „Arrhenius-Konstanten" k. Dazu führt man Versuche bei zwei unterschiedlichen Temperaturen durch und ermittelt die Zeit, die zum Erreichen des gleichen Verhaltens notwendig ist. Im dehnungsgeregelten Zugversuch erhält man bei unterschiedlichen Versuchstemperaturen dann zwei identische Spannungs-Dehnungs-

Diagramme, wenn die Dehngeschwindigkeit entsprechend angepasst wurde. (Aus der Dehngeschwindigkeit bestimmt sich die Versuchszeit bzw. umgekehrt.)

Grenzen der Zeit-Temperatur-Verschiebung

Das Zeit-Temperatur-Verschiebungsprinzip ist ein elegantes Mittel, das Langzeitverhalten von Kunststoffbauteilen vorherzusagen, da es eine Zeit raffende Simulation der Produkterprobung vor der Markteinführung erlaubt. Man muss allerdings ausschließen, dass andere Mechanismen, wie etwa Diffusion, Oxidation oder Hydrolyse, auftreten, die ebenfalls auf die Fließvorgänge im Werkstoff Einfluss nehmen können und die Temperatureinflüsse daher überlagern. Sie würden das Ergebnis der Verschiebung verfälschen.

Werden die mechanischen Eigenschaften nicht zeit-, sondern dehngeschwindigkeitsabhängig ermittelt, so kann Formel 6.10 wie folgt umgewandelt werden:

$$\log\left(\frac{\dot{\varepsilon}_{ref}}{\dot{\varepsilon}}\right) = k\left(\frac{1}{T} - \frac{1}{T_{ref}}\right) \tag{6.12}$$

In Abschnitt 6.4.1 wird die Anwendung des Zeit-Temperatur-Verschiebungsprinzips bei der Ermittlung der mechanischen Eigenschaften an einem praktischen Beispiel näher erläutert.

6.3.1.1 Mechanische Ersatzmodelle für die lineare Viskoelastizität

Feder-Dämpfer-Modelle

Viskoelastische Eigenschaften, also das Auftreten von gleichzeitig elastischem sowie viskosem Verhalten, kann unter Verwendung der mathematisch einfach zu beschreibenden Elemente Feder, Dämpfer und Reibungskörper abgebildet werden. Durch geeignete Kombination dieser Grundelemente, die die rheologischen Grundphänomene Elastizität, Viskosität und Plastizität repräsentieren, lässt sich nahezu jedes empirisch beschriebene, dynamisch-mechanische Verhalten einer Flüssigkeit oder eines Festkörpers in Form eines Analogiemodells modellieren. Damit werden gleichzeitig die Gleichungen zur Beschreibung des Zusammenhangs zwischen Spannung, Deformation, Deformationsgeschwindigkeit und Zeit, also die rheologischen Materialmodelle formuliert. Die wichtigsten Kombinationen von Federn und Dämpfern sind in Bild 6.14 dargestellt.

Modellierung der Viskoelastizität

Alle nachfolgenden Modelle verwenden als Dehnungsmaß die technische Dehnung (siehe Abschnitt 6.1.2). Daher bleiben die Ergebnisse solcher Berechnungen auf Bereiche kleiner Dehnungen beschränkt. Soll auch der Bereich großer Dehnungen in Modellen beschrieben werden, müssen die wahren bzw. natürlichen Spannungen und Dehnungen zugrunde gelegt werden, da sich durch die große Verformung die Veränderung der Querschnitte erheblich auswirkt. Die Modelle dienen sowohl dem einfachen Verständnis der Viskoelastizität, finden aber ebenso Anwendung als Grundlage numerischer Simulationsmethoden zur Beschreibung des Werkstoffverhaltens.

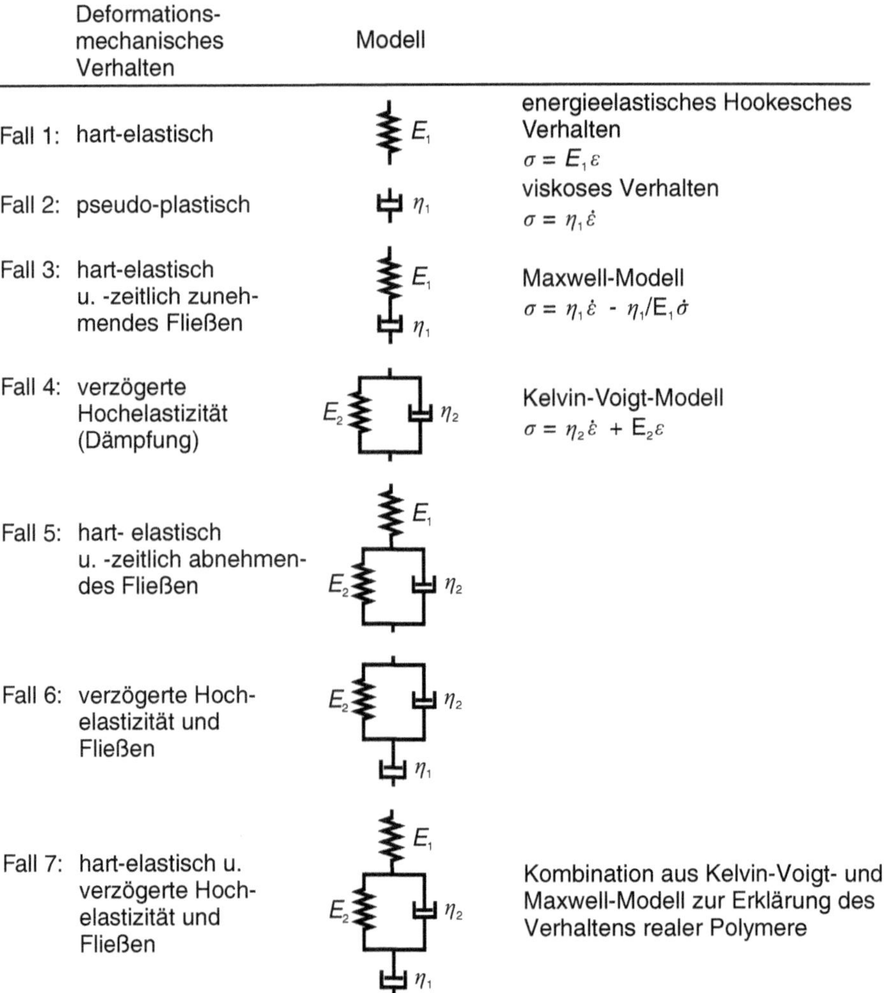

Bild 6.14 Feder-Dämpfer-Modelle zur Beschreibung des Deformationsverhaltens von Polymeren

Maxwell-Modell

Das *Maxwell*-Modell (Fall 3) ist das meistgenutzte Modell. Daher soll im Folgenden an diesem die mathematische Beschreibung des viskoelastischen Materialverhaltens erläutert werden: Infolge einer äußeren Belastung und der dadurch anliegenden flächenbezogenen Spannung σ entsteht eine Verformung ε im Werkstoff, die sich infolge der Viskoelastizität in einen elastischen ε_{el} und einen viskosen Anteil ε_{vis} zerlegen lässt. Wie schon erläutert, verändert sich das mechanische Verhalten von Kunststoffen mit der Belastungszeit und somit auch mit der Belastungsgeschwindigkeit. Die Belastungsgeschwindigkeit $\dot{\varepsilon}$ erhält man durch die zeitliche Ableitung der Dehnung:

$$\dot{\varepsilon} = \dot{\varepsilon}_{el} + \dot{\varepsilon}_{vis} \tag{6.13}$$

Diese setzt sich aus dem Hookeschen Gesetz der Feder

$$\dot{\varepsilon}_{el} = \frac{\sigma}{E} \tag{6.14}$$

sowie dem Newtonschen Fließen des Dämpfers zusammen:

$$\dot{\varepsilon}_{vis} = \frac{\sigma}{\eta} \tag{6.15}$$

Durch Einsetzen ergibt sich die allgemeine Differentialgleichung des Maxwell-Modells zu:

$$\dot{\sigma} + \frac{E}{\eta} \cdot \sigma - E \cdot \dot{\varepsilon} = 0 \tag{6.16}$$

Diese Überlegungen lassen sich analog auch für Schubspannungen und Schergeschwindigkeiten durchführen. Aus der allgemeinen Funktion des Maxwell-Elements (Formel 6.16) lassen sich schließlich die Spannungs- bzw. Dehnungsverläufe bestimmen. Für definierte Randbedingungen wie z. B. den Relaxationsversuch (Dehnung konstant, Dehnungsgeschwindigkeit $\dot{\varepsilon} = 0$) vereinfacht sich Formel 6.16 zu:

$$\dot{\sigma} + \frac{E}{\eta} \cdot \sigma = 0 \tag{6.17}$$

Eine Lösung für diese Differentialgleichung lautet:

$$\sigma = \sigma_0 \cdot e^{-\frac{t \cdot E}{\eta}} \left(= \sigma_0 \cdot e^{-\frac{t}{\lambda}} \right) \tag{6.18}$$

Relaxationszeit

Diese Funktion beschreibt das Abklingverhalten der Spannung über der Zeit bei gleichbleibender Verformung, wie in Bild 6.15 zu erkennen ist. Dabei wird $t = t_0 = 0$ gesetzt. Damit der Exponent $-\frac{t \cdot E}{\eta} = -1$ wird, muss $t = \frac{\eta}{E} = \lambda$ werden. Man bezeichnet diese Zeit λ auch als *Relaxationszeit:*

$$\lambda = \frac{\eta}{E} \left(\frac{N \cdot s / m^2}{N / m^2} \right) \tag{6.19}$$

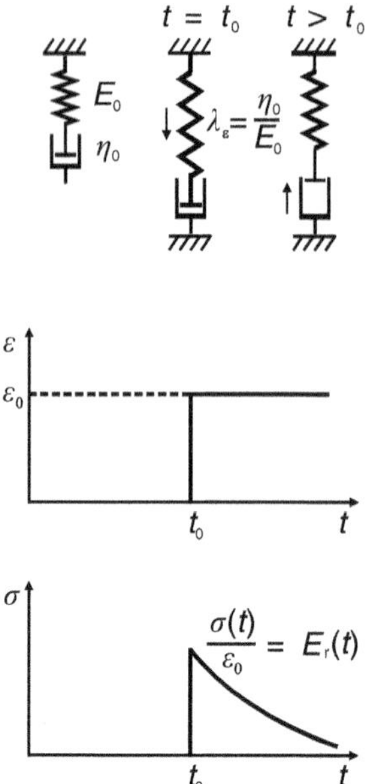

Bild 6.15 Spannungsrelaxation (Maxwell-Modell), $E_r(t)$ Relaxationsmodul, λ Relaxationszeit

Die Relaxationszeit ist also als die Zeit definiert, bei der $\sigma/\sigma_{t=0} = e^{-1} = 0{,}37$ wird, in welcher also bei diesem Körper unter einer gegebenen Verformung die Spannung auf 37 % des Anfangswertes abgeklungen ist. Zur Abschätzung genügt es zu wissen, dass nach Ablauf der vierfachen Relaxationszeit die Spannung auf 1,8 % des Ausgangswertes abgeklungen ist.

Theorie der linearen Viskoelastizität

Die Herausforderung bei der Verwendung solch einfacher Modelle wie des Maxwell-Modells ist, dass sich diese Modelle bei der quantitativen Beschreibung des Werkstoffverhaltens nur in einem kleinen Bereich durch die Wahl von geeigneten Parametern E für den Federmodul und für die Viskosität anpassen lassen. Dies wird im Folgenden anhand von Bild 6.16 diskutiert.

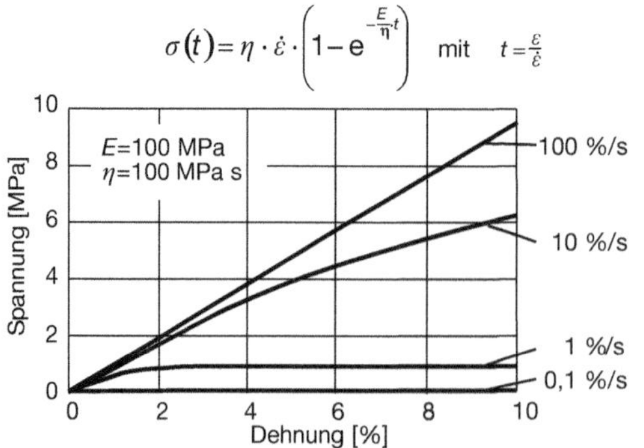

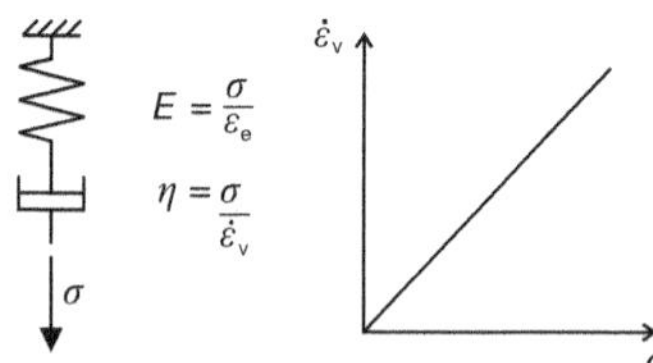

Zwischen der plastischen Dehngeschwindigkeit und der Spannung gilt eine lineare Abhängigkeit.

Bild 6.16 Maxwell-Modell

Ausgehend von Formel 6.17 lässt sich für den Fall konstanter Dehngeschwindigkeit die Zeitachse auch in die Dehnungsachse umrechnen. Dadurch lässt sich die Spannungs-Dehnungs-Funktion des Maxwell-Elementes analytisch bestimmen:

$$\sigma = \eta \dot{\varepsilon}_0 \left(1 - e^{-\frac{E}{\eta \dot{\varepsilon}_0} \varepsilon} \right) \tag{6.20}$$

Zur weiteren Diskussion dieser Beschreibungsform ist die Spannungs-Dehnungs-Kurve mit fiktiven Werten für die Viskosität und den Federmodul für verschiedene konstante Dehngeschwindigkeiten in Bild 6.17 (oberes Teilbild) eingetragen.

Merkmale von Feder-Dämpfer-Modellen

Hieran lassen sich einige wichtige Merkmale der Modellierung mit Feder-Dämpfer-Elementen erläutern. Die Relaxationszeit λ ergibt sich wie bereits erläutert als der Quotient von Viskosität zu Federmodul. Bei schnellen Einwirkungen, bei denen die Dehngeschwindigkeit größer als der Kehrwert der Relaxationszeit ist, verhält sich das Maxwell-Element elastisch wie eine ideale Feder. Die Spannung steigt nahezu linear mit der Dehnung an. Bei einer langsamen Dehngeschwindigkeit hingegen, also bei einem Wert, der wesentlich kleiner als der Kehrwert der Relaxationszeit ist, zeigt das Modell ein starkes Fließen. Die errechnete Fließspannung bestimmt sich immer direkt aus dem Produkt von Viskosität η und der Dehngeschwindigkeit (z. B. berechnet sich die Fließspannung σ_S bei einer Dehngeschwindigkeit von 1 %/s und einer Viskosität von 100 MPa zu 1 MPa. Beachte: Dehnungen und Dehngeschwindigkeiten müssen stets als Absolutwerte in die Gleichungen eingesetzt werden). Es wird ersichtlich, dass dieses einfache Modell lediglich das allgemeine Funktionsprinzip richtig wiedergeben kann.

Vergleich von Burgers- und Maxwell-Modell

Die Beschreibungsgüte des Modells lässt sich nun dadurch verbessern, dass mehrere Feder-Dämpfer-Elemente miteinander kombiniert werden. In der Literatur wird dazu oft das *Burgers*-Modell zur Beschreibung der Kunststoffe zitiert (Bild 6.17, links). Die Parallelschaltung von mehreren Maxwell-Modellen erweist sich jedoch nicht nur als praktikabler [Wübken], sondern lässt auch einen deutlich komplexeren Verlauf zu. Die Parallelschaltung von Maxwell-Elementen wird dann als erweitertes oder verallgemeinertes Maxwell-Modell bezeichnet. Es zeigt sich, dass bei entsprechender Wahl der Federsteifigkeiten und der Viskositäten der Dämpfer beide Modelle das gleiche Verhalten zeigen können (Bild 6.17, rechts).

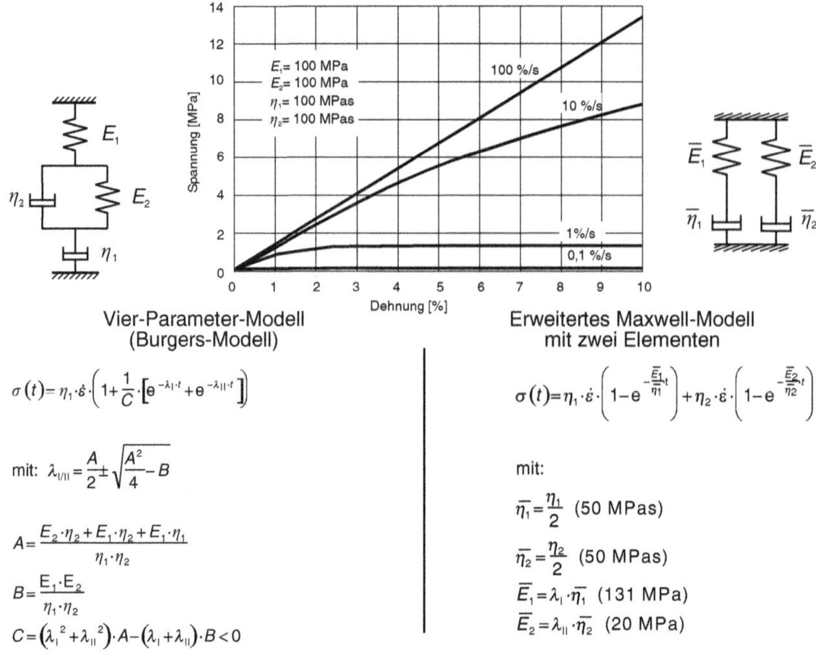

Bild 6.17 Simulation gleichen Werkstoffverhaltens mit erweitertem Maxwell- und Burgers-Modell

erweitertes Maxwell-Modell

Die Spannung in einem verallgemeinerten Maxwell-Modell ergibt sich aus der Summe der Einzelspannungen aus jedem Maxwell-Element:

$$\sigma(t) = \sum_{i=1}^{n} \sigma_i \tag{6.21}$$

Zudem sind die Dehnung sowie die Dehngeschwindigkeit in jedem Maxwell-Element gleich, da alle zusammen angeregt werden:

$$\varepsilon_i(t) = \varepsilon(t) \tag{6.22}$$

$$\dot{\varepsilon}_i(t) = \dot{\varepsilon}(t) \tag{6.23}$$

Beispielhaft lässt sich für die Beschreibung des Spannungs-Dehnungs-Zusammenhangs eines verallgemeinerten Maxwell-Modells bei konstanter Dehngeschwindigkeit und 4-fachem Maxwell-Element folgender Zusammenhang darstellen:

$$\sigma = \dot{\varepsilon} \sum_{i=1}^{4} \eta_i \left(1 - e^{-\frac{E_i}{\eta_i} t} \right) \tag{6.24}$$

Die berechnete Spannungs-Dehnungs-Funktion zeigt Bild 6.18. Um die Wirkung der Modellerweiterung darstellen zu können, wurden die Federmoduln und die Dämpferviskositäten so gewählt, dass sich eine gleiche Ausgangssteifigkeit wie im einfachen Maxwell-Modell aus Bild 6.16 ergibt. Zugleich sind aber die Relaxationszeiten über das Zeitspektrum der hier auftretenden Beanspruchungsfunktionen gespreizt.

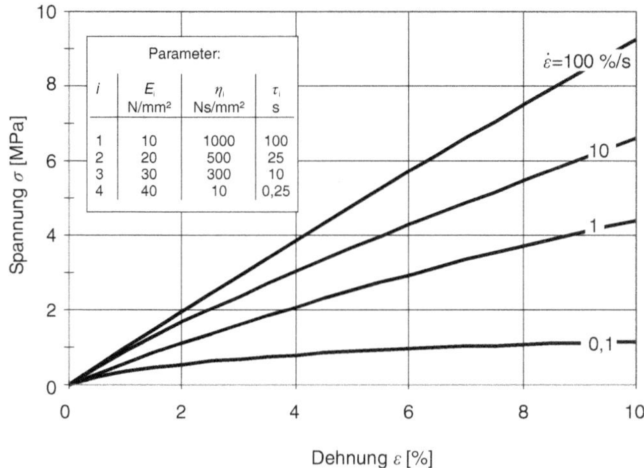

Bild 6.18 Modellierung des Zugversuches mit 4-fachem Maxwell-Element

Die gängigste Variante zur Approximation des Relaxationsverhaltens ist die Parallelschaltung mehrerer Maxwell-Elemente zu einer Prony-Reihe, worüber sich das mechanische Verhalten auch über vergleichsweise große Zeitspannen sehr gut abbilden lässt. In einer solchen Prony-Reihe werden die Modulverläufe über die Summe mehrerer Exponentialfunktionen approximiert:

Prony-Reihe

$$E(t) = E_\infty + \sum_{i=1}^{n} E_i e^{-\frac{t}{\tau_i}} \tag{6.25}$$

Bild 6.19 zeigt beispielhaft, wie sich der resultierende Relaxationsmodul E_{gesamt} aus den jeweiligen Einzelmoduln E_i zusammensetzen lässt. Jedes der Maxwell-Elemente leistet somit nur innerhalb seiner eigenen spezifischen Aktivierungszeit einen Beitrag zum resultierenden Verhalten des Gesamtsystems.

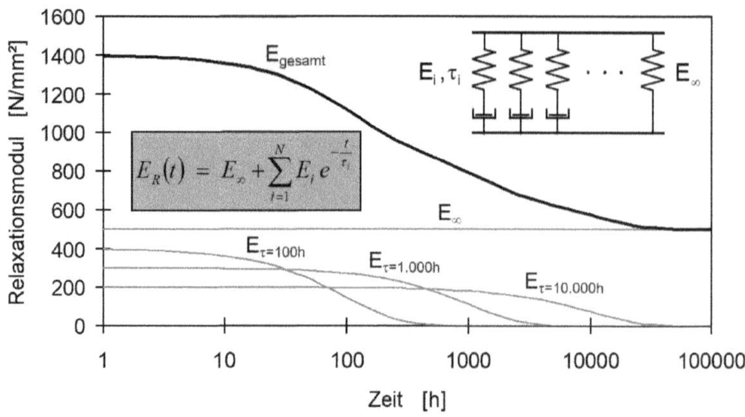

Bild 6.19 Beschreibung der linearen Viskoelastizität über Prony-Reihen

HINWEIS: Bei allen bisher vorgestellten Modellen stellt sich grundsätzlich eine lineare Abhängigkeit zwischen Spannung und Dehnung ein, sofern die Randbedingung eingehalten wird: „gleiche Beanspruchungsform und Beanspruchungszeit“.

Boltzmannsches Superpositionsprinzip

Hieraus wird das *Boltzmannsche Superpositionsprinzip* abgeleitet: Ein komplexer Beanspruchungsverlauf, wie etwa eine stufenweise Lastaufbringung in Bild 6.20, kann demnach in Teilfunktionen zerlegt werden. Diese Teilfunktionen stellen einfach beschreibbare Beanspruchungszustände dar, etwa wie in diesem Beispiel drei Kriechbeanspruchungen, die lediglich jeweils um einen Zeitraum verzögert auf den Probekörper einwirken. Die Dehnungsantwort des Werkstoffs bestimmt sich dann aus der Summe der Dehnungsantworten der einzelnen Teilfunktionen. Diese Theorie erlaubt eine einfache grafische Näherungslösung für linear viskoelastisches Werkstoffverhalten.

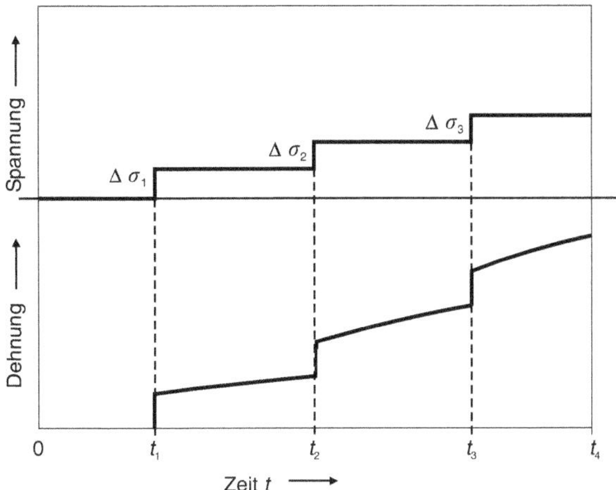

Bild 6.20 Das Boltzmannsche Superpositionsprinzip

Für näherungsweise Berechnungen im Bereich der linearen Viskoelastizität ergibt sich so schließlich das *Korrespondenzprinzip*. Es besagt, dass zur Lösung mechanischer Aufgabenstellungen die aus der Elastizitätslehre abgeleiteten Gleichungen allgemein verwendbar sind. Dafür werden lediglich anstelle der Spannungen die zeitabhängige Spannungsfunktion $\sigma(t)$, anstelle der Dehnung die zeitabhängige Dehnungsfunktion $\varepsilon(t)$ und die zeitabhängige Kennwertfunktion des E-Moduls $E(t)$ eingesetzt (bei mehrachsigen Beanspruchungen wird auch die zeitabhängige Kennwertfunktion der Querkontraktionszahl wν (t) benötigt).

Korrespondenzprinzip

6.3.1.2 Modellierung der nichtlinearen Viskoelastizität

Alle bisher vorgestellten Ersatzmodelle beschreiben ein linear-viskoelastisches Materialverhalten, da die Viskositäten der verwendeten Dämpferelemente konstant sind. Um ein nichtlinear-viskoelastisches Verhalten zu modellieren, wie es Kunststoffe zeigen, müsste zusätzlich für jedes Dämpferelement ein funktionaler, nichtlinearer Zusammenhang zwischen Spannung und Dehngeschwindigkeit definiert werden.

Analysiert man das mechanische Verhalten der Kunststoffe insbesondere bei höheren Belastungen genauer, so stellt man eine über den Zeit- und Temperatureinfluss hinausgehende Nichtlinearität des Spannungs-Dehnungs-Verlaufes fest. So ist das Werkstoffverhalten zusätzlich abhängig von der Höhe der wirkenden Beanspruchung. Der Werkstoff verhält sich nicht mehr linear-viskoelastisch, sondern *nichtlinear-viskoelastisch*. Der Einfluss der Beanspruchungshöhe lässt sich anschaulich anhand von Kriechversuchen darstellen.

nichtlineare Viskoelastizität

Es ist deutlich zu erkennen, dass bei hohen Beanspruchungen die Kriechdehnung überproportional stark zunimmt. Eine Verdoppelung der Spannung führt bei gleicher Einwirkzeit nicht mehr zu einer doppelten, sondern einer größeren Dehnung. Das bedeutet, dass für gleiche Zeiten das Verhältnis aus Spannung und Dehnung nicht mehr konstant ist. Stattdessen wird die Dehnungszunahme durch die wirkende Spannung beeinflusst.

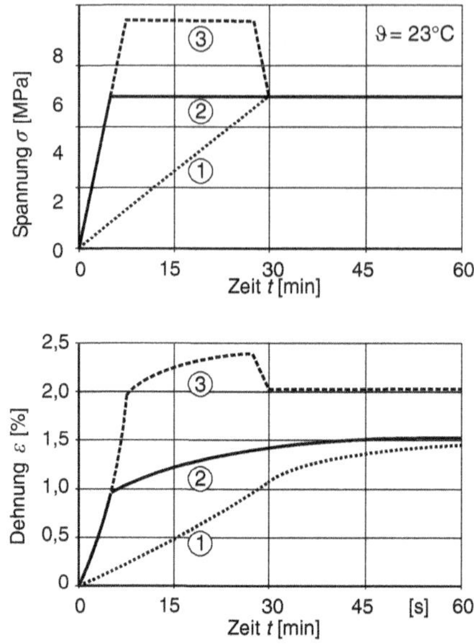

Bild 6.21 Einfluss der Beanspruchungsgeschichte auf das Kriechverhalten von PE-HD

Grundsätzlich zeigen alle realen Kunststoffe dieses nicht-linear-viskoelastische Verhalten. Lediglich für kleine Dehnungen kann von einem linearen Verhalten ausgegangen werden.

Memory-Effekt

Zusätzlich zu der aktuell wirkenden Beanspruchung wirkt sich auch noch die in der Vergangenheit erfahrene Beanspruchung auf das Verformungsverhalten viskoelastischer Werkstoffe aus. Das in Bild 6.21 dargestellte Beispiel ist gut geeignet, den Einfluss der Beanspruchungsgeschichte zu erkennen. Für die drei hier gezeigten Versuchsbelastungen ergibt sich einheitlich nach 45 min eine konstante Spannung von 5 MPa. Jedoch ist aufgrund der wesentlich höheren Vorbelastung Probe 3 stärker gedehnt als etwa Probe 2.

Wesentlich für die Höhe der sich einstellenden Dehnung ist also nicht nur die Dauer und Höhe der Beanspruchung, sondern auch deren zeitlicher Verlauf (Memory-Effekt, Einfluss der Beanspruchungsgeschichte).

Modellbildung der nichtlinearen Viskoelastizität

Nachfolgend wird aufgezeigt, in welcher Weise die Modellierung für die nicht-lineare Viskoelastizität mithilfe von Feder-Dämpfer-Modellen erweitert werden muss, um das Verhalten der polymeren Werkstoffe besser beschreiben zu können.

Wie oben bei der Betrachtung der Temperaturabhängigkeit werden auch hier zur Modellierung der nichtlinearen Viskoelastizität Hypothesen gebildet, mit deren Hilfe die Verortung der Nichtlinearität auf das Feder- bzw. Dämpferelement gelingen kann:

- *Die Elastizität sei nicht-linear.* Hierzu wird die in Bild 6.22 (oberes Teilbild) dargestellte Modellrechnung durchgeführt. Dazu wurde vorgegeben, dass mit steigender Federspannung die Federdehnung überproportional anwächst (siehe Federkennlinie in Bild 6.22 oben rechts). Das Diagramm links oben zeigt die Dehnungs-Zeit-Funktion als vorgegebene Beanspruchung, das Diagramm unten links die berechnete Spannungs-Zeit-Funktion, d. h. die Antwort des Modells. Zwar zeigt dieses Modell in der Phase der Dehnungszunahme grundsätzlich richtiges Verhalten, jedoch weicht nach Überschreiten des Dehnungsmaximums der Kurvenverlauf von dem real beobachteten Verhalten stark ab.

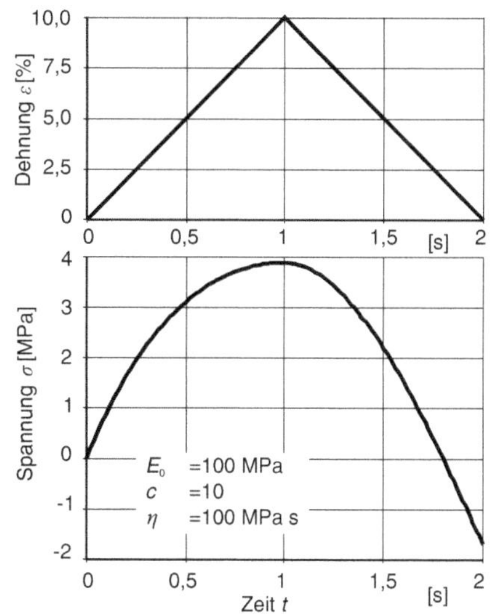

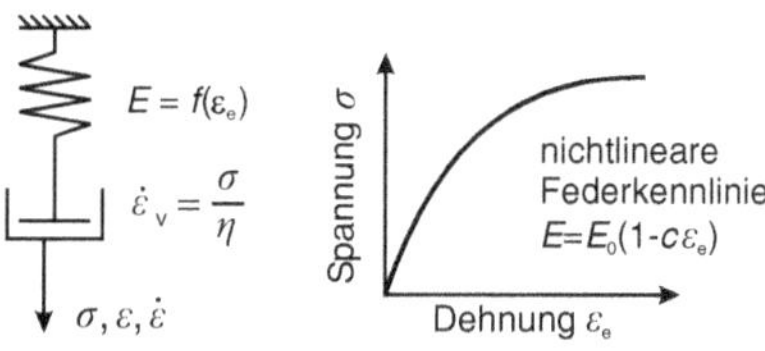

Bild 6.22 Maxwell-Element mit nicht-linearer Feder

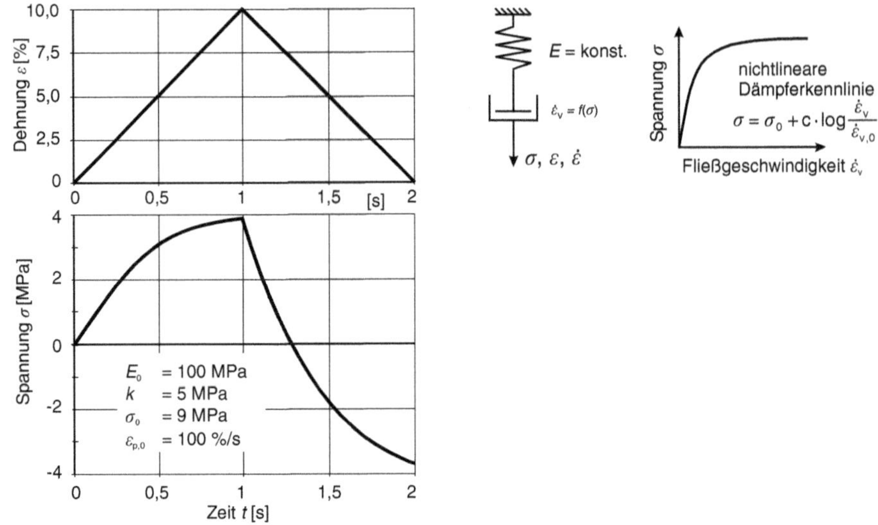

Bild 6.23 Maxwell-Element mit nicht-linearem Dämpfer

- *Die Viskosität des Dämpfers sei nicht-linear* (Bild 6.23 oben rechts). Die Ergebnisse der entsprechenden Modellrechnung zeigen Bild 6.23 links oben und unten. Hier wurde angenommen, dass die Fließgeschwindigkeit des Dämpfers mit steigender Spannung überproportional anwächst. Das obere Diagramm zeigt wiederum die identische Dehnungs-Zeit-Funktion als vorgegebene Beanspruchung, das untere Diagramm die berechnete Spannungs-Zeit-Funktion. Der Vergleich mit real beobachtetem Werkstoffverhalten zeigt, dass mit dieser Modellvorstellung das Spannungs-Dehnungs-Verhalten sowohl bei Probenbelastung wie auch bei Probenentlastung grundsätzlich richtig beschrieben werden kann.

Der große Nachteil solcher nicht-linearen Modelle liegt darin, dass die mathematisch geschlossene Lösung der nicht-linearen Differentialgleichungen höherer Ordnung nur unter hohem Aufwand möglich ist, wenn die Funktion der Viskosität im Voraus und explizit bekannt ist. Tatsächlich ergibt sich dieser funktionale Zusammenhang jedoch in Abhängigkeit von den Werkstoffeigenschaften, weshalb eine allgemein gültige geschlossene, mathematische Lösung nicht abgeleitet werden kann.

Daher wurden alternative Berechnungsansätze erarbeitet, die auf numerischen Algorithmen aufbauen. Vorteil dieser Herangehensweise ist, dass für die Werkstoffeigenschaften nicht schon zu Beginn der Modellbildung funktionale Zusammenhänge hergestellt werden müssen. Diese Lösungsalgorithmen werden unter dem Namen *„Deformationsmodell“* zusammengefasst [Schmachtenberg].

6.4 Richtungsabhängige Werkstoffeigenschaften

anisotrope Eigenschaften

Im vorherigen Kapitel wurde zum einen gezeigt, dass die mechanischen Eigenschaften von Kunststoffen einer großen Anzahl von Einflüssen unterliegen, die es erforderlich machen, dass bei einer modellhaften Beschreibung sowohl der Zeit- als auch der Temperatureinfluss mitberücksichtigt werden muss. Darüber hinaus kann eine ausgeprägte Richtungsabhängigkeit (Anisotropie) in den Werkstoffen registriert werden. Vornehmlich lassen sich dabei zwei Mechanismen unterscheiden:

- Anisotropie aufgrund der inneren, molekularen Struktur
- Anisotropie, welche durch Zuschlagstoffe hervorgerufen wird

6.4.1 Orientierung der Makromoleküle

richtungsabhängige Eigenschaften

Orientierung

In jedem makromolekularen Werkstoff stellt sich in der Form und Anordnung der Molekülketten stets ein Zustand maximaler Unordnung ein, soweit die Bedingungen es zulassen. Damit wird die Entropie maximiert. In den unterschiedlichen Herstellungsprozessen steht mehr oder weniger Zeit bei ausreichend hohem Temperaturniveau zur Verfügung, um nach einer z. B. durch Fließprozesse erzwungenen höheren Ordnung wieder einen Zustand höherer Entropie zu erreichen. Die höhere Ordnung und damit ggf. auch Anisotropie der Eigenschaften wird erzwungen z. B. durch Dehn- und Scherströmungen beim Fließen einer Schmelze oder durch Kristallisation bei der Abkühlung. Sie kann auch gezielt eingebracht werden. Nachfolgend soll die gezielt eingebrachte Anisotropie durch Verstreckung diskutiert werden, die z. B. bei Folien oder in der Polymerfaserherstellung eingesetzt wird.

Werden Thermoplaste bei Temperaturen verstreckt, bei denen die Moleküle noch aneinander abgleiten können, jedoch die Relaxationszeiten bereits sehr viel größer sind als die Zeit, während der sie für den Verstreckprozess auf höherer Temperatur gehalten werden, dann bleibt diese Orientierung der Moleküle erhalten. Dies hat bedeutende Eigenschaftsveränderungen zur Folge, sowohl bei amorphen als auch bei teilkristallinen Thermoplasten. Am stärksten sind erwartungsgemäß die Wirkungen bei teilkristallinen Thermoplasten dann, wenn es durch die Prozessführung gelingt, die Kristallite in Orientierungsrichtung ausgerichtet zu erhalten. In den amorphen Bereichen zwischen den Kristalliten stellen sich ausgeprägte Molekülorientierungen ein.

Verstreckt wird bei amorphen Thermoplasten bei Temperaturen von

T_G + (20 K bis 40 K)

bei teilkristallinen Thermoplasten bei

T_{KT} - (10 K bis 20 K)

Tempern mit anschließendem Fixieren, d.h. Tempern unter Festhalten der erhaltenen Verstreckung, sodass die amorphen Anteile relaxieren und die Kristallstrukturen verändert werden. Dabei bleiben die Lamellen in den kristallinen Strukturen jedoch erhalten. Ganze Blöcke der Lamellen gleiten dabei gegeneinander ab. (vgl. Bild 6.24). Lamellen können dabei auch gedreht werden, sodass bei genügend hoher Verstreckung alle Ketten vorzugsweise in Verstreckrichtung orientiert sind. Die Blöcke sind nun durch eine hohe Zahl von sogenannten „Tie-Molekülen“ miteinander verbunden, worunter man Makromoleküle versteht, die Bestandteil verschiedener Lamellen sind.

Wenn man dieses verstreckte Material dann tempert - industriell nennt man diese Prozessstufe „Fixieren“, d.h. in der Länge dabei festhalten -, entsteht eine sehr gleichmäßige Lamellenstruktur. Dabei sind die Lamellen senkrecht zur Fixierrichtung ausgerichtet. Da die rückstellenden Kräfte aus dem amorphen Anteil nach dessen Relaxation beim Fixieren fehlen, ist ein solches Produkt auch bei höheren Temperaturen bis unter Fixiertemperatur dimensionsstabil. Würde man aber stattdessen das verstreckte Material ohne Festhalten (Fixieren) tempern, dann würde sich wieder das alte ungeordnete Gefüge vor der Verstreckung zurückbilden. Die Ursache sind die Tie-Moleküle. Hosemann hat darauf die anschauliche Theorie der *„affinen Verzerrung“* entwickelt. In Bild 6.25 ist dies grafisch aufbereitet. Dabei wird davon ausgegangen, dass die einzelnen Kristallstrukturen an sich zusammenhängend deformiert werden und dabei mit höherem Verstreckgrad eine höhere Orientierung aufweisen, insgesamt aber als Zellen zusammenbleiben.

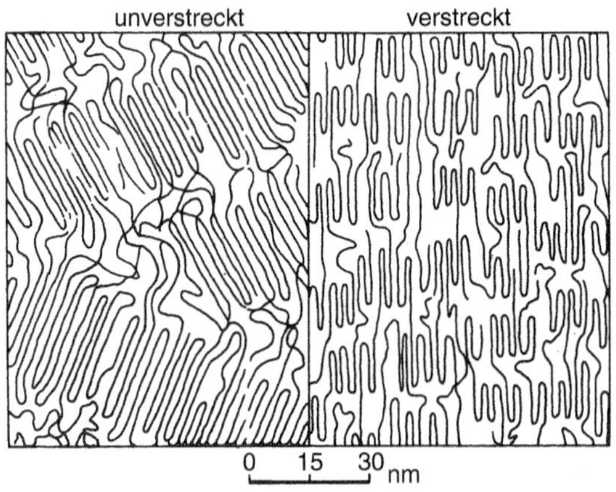

Bild 6.24 Abrutschen und Umlagern von Lamellenblöcken beim Verstrecken von teilkristallinen Thermoplasten

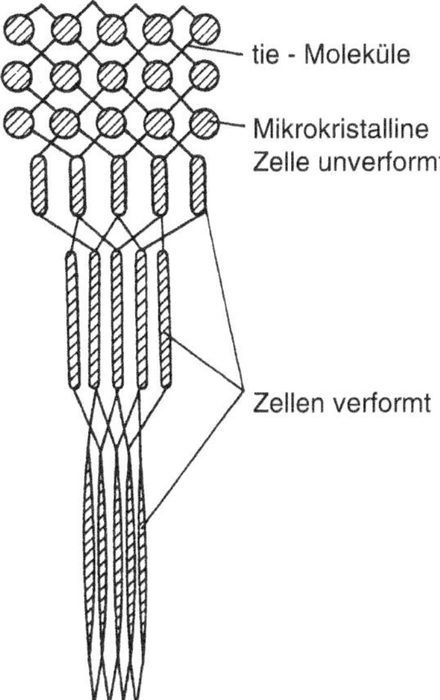

Bild 6.25 Affine Verzerrung als Modell des „Memory"-Effektes

Verstreckgrad

Beim Verstrecken einer abkühlenden Schmelze knapp unter der Kristallitschmelztemperatur können bei nicht zu hohen Polymerisationsgraden, z.B. bei Polyethylen, beachtliche Verstreckgrade erreicht werden (vgl. Bild 6.26). Die Verstreckung muss dazu ausreichend langsam – bei niedrigen Temperaturen und allseitigem hydrostatischem Druck – oder aus einer vollständigen Lösung heraus erfolgen.

Verschlaufungen

Dieser Unterschied zwischen theoretisch erwarteten und praktisch erreichbaren Verstreckgraden lässt sich durch die während des Kristallisationsprozesses eingefangenen Verschlaufungen erklären. Sie wirken beim Verstrecken wie Vernetzungen. Langsames Kristallisieren ergibt bei relativ niedermolekularem PE-HD Kristallite mit gefalteten Molekülen. Der Faltungsprozess reduziert die Anzahl der eingefangenen Verschlaufungen. Bei hoher Molmasse von PE kann man die Verschlaufungsdichte pro Molekül nur verringern, wenn aus der Lösung kristallisiert wird. Auch bei sehr hochmolekularem PE ($M_w > 10^6$) können so Verstreckgrade über 100 erreicht werden.

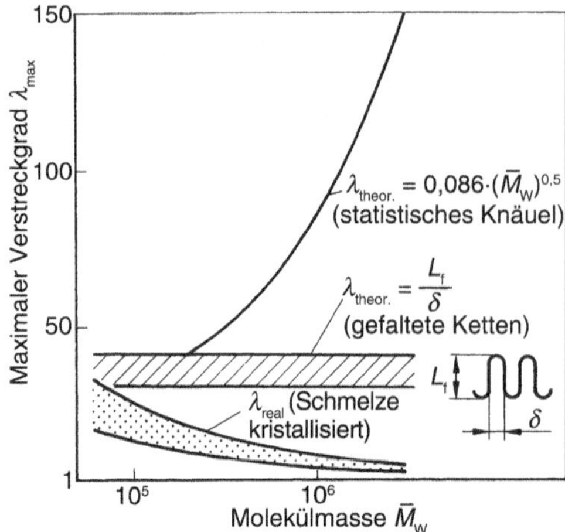

Bild 6.26 Maximal erreichbarer Verstreckgrad in Abhängigkeit von der Molmasse

Verstreckungsgefüge

Die Eigenschaften derartig entstandener Werkstoffmodifikationen sind somit stark von der Art der eingelagerten Kristallite abhängig. Das übliche beim Erstarren aus der Schmelze entstehende Gussgefüge ist durch die Sphärolithe geprägt. Es bestimmt auch die Eigenschaften. Gelingt es durch besondere Behandlungen, wie oben besprochen, ein Verstreckungsgefüge – gestapelte Einkristallplättchen oder gar Nadelkristalle – zu erhalten, so entstehen sehr steife Werkstoffe, wie sich dies für einige Fasern – unter anderem aus einigen thermoplastischen Kunststoffen – zeigt. Allerdings liegt der praktisch erreichte E-Modul zumeist noch weit unter den theoretisch möglichen Werten.

6.4.2 Gefüllte und verstärkte Kunststoffe

Füll- und Zuschlagstoffe

In Kapitel 3 wurde bereits erarbeitet, dass Kunststoffe in ihrer technischen Anwendung stets mit einer großen Anzahl an Füllstoffen modifiziert werden. Während viele dieser Zuschlagstoffe einen isotropen Charakter aufweisen und somit auch die mechanischen Eigenschaften in alle Raumrichtungen gleichermaßen beeinflusst werden, erzeugt die Modifikation mit festigkeits- bzw. steifigkeitserhöhenden Zusatzstoffen eine stark ausgeprägte Anisotropie in den mechanischen Eigenschaften resultierender Bauteile.

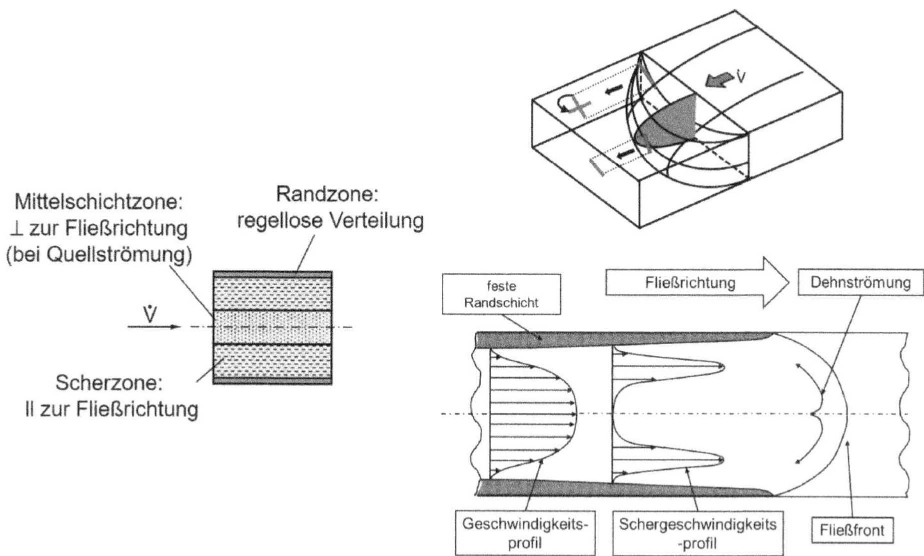

Bild 6.27 Ausbildung von Faserorientierung während der Formfüllung

Faserorientierung

Veranschaulichen lässt sich dies anhand von Bild 6.27. Darauf ist zu erkennen, wie sich die Fasern während des Spritzgießprozesses aufgrund von Geschwindigkeitsgradienten in der Kunststoffschmelze während des Füllvorgangs in unterschiedlichen Bereichen des Bauteils unterschiedlich orientieren. Dabei lassen sich charakteristische Phänomene beobachten:

Faserverstärkung

- Dehnströmungen führen zu einer Querorientierung der Fasern (z. B. Quellströmung um einen Punktanguss)
- Scherströmungen führen zu einer Orientierung der Fasern in Fließrichtung (Scherung durch Haftung der Schmelze an den Kavitätswänden)
- Es entsteht eine charakteristische Schichtstruktur aus 5 Schichten
- An der Werkzeugwand entsteht eine regellose Verteilung durch Wandhaftung der Schmelze sowie das schnelle Einfrieren an der kalten Werkzeugwand
- Orientierung findet in der Scherzone in Fließrichtung statt
- In der Mittelschicht tritt Orientierung quer zur Fließrichtung auf

Bild 6.28 gibt einen Überblick (2 bis 7), wie sich die mechanischen Eigenschaften des Matrixwerkstoffs qualitativ in Abhängigkeit vom Zuschlagstoffgehalt bei unterschiedlicher Partikelform verändern. Fall 0 entspricht einem geschäumten Werkstoff. Fall 1 ist eine Sonderform der Verstärkung, da die Steifigkeit des Zuschlagstoffes hier unterhalb der des Matrixmaterials liegt.

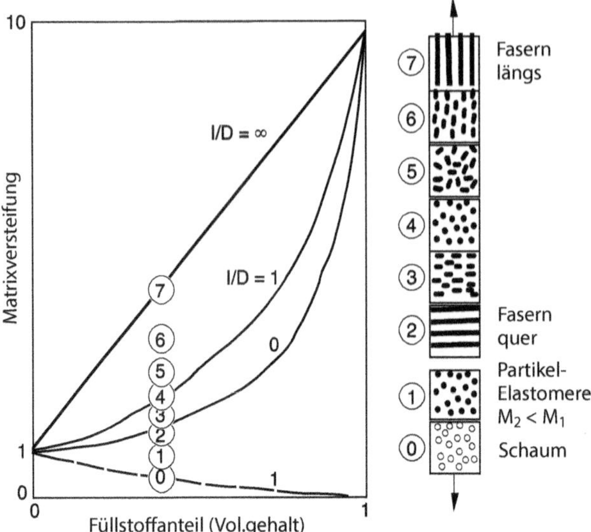

Bild 6.28 Beziehung zwischen der Morphologie und der Steifigkeit eines Werkstoffs bei gleicher Füllung mit verschiedenen Zuschlagstoffgeometrien, Stoffen, Moduln und Ausrichtungen von faserigen Verstärkungsstoffen

Da Fasern hauptsichtlich entlang ihrer Faserachse ihre eigenschaftsverändernde Wirkung entfalten können, sind die resultierenden Verbundeigenschaften je nach Geometrie des Bauteils und den Prozessbedingungen bei der Herstellung lokal mehr oder weniger stark ausgeprägt. Bild 6.29 zeigt beispielhaft den Unterschied im Spannungs-Dehnungs-Verhalten eines glasfaserverstärkten PP, bei dem Probekörper in unterschiedlichen Richtungen zur Hauptfließrichtung der Schmelze entnommen und getestet wurden.

Steifigkeitserhöhung-Festigkeitserhöhung

Deutlich zu erkennen ist die Erhöhung der Steifigkeit sowie der Festigkeit bei einer Belastung in der Hauptfließrichtung.

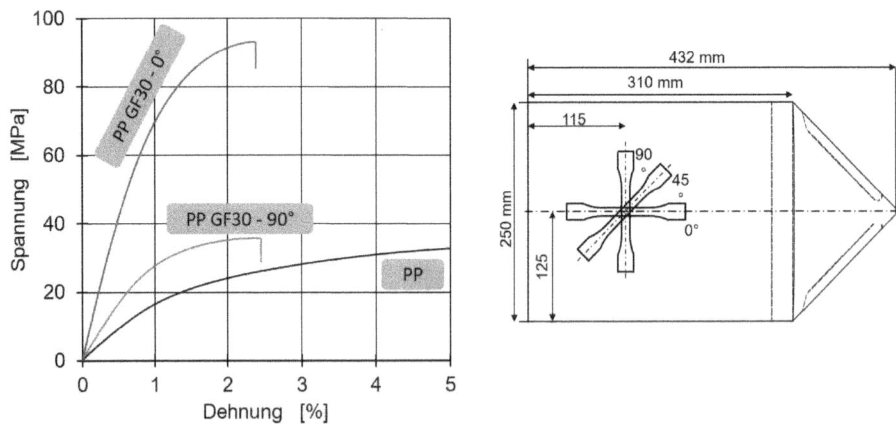

Bild 6.29 Abhängigkeit der mechanischen Eigenschaften von der Faserorientierung

6.5 Bestimmung der mechanischen Eigenschaften viskoelastischer Kunststoffe

Zur Auslegung von Kunststoffbauteilen werden Werkstoffkennwerte benötigt. Dabei lassen sich grundsätzlich zwei Zielrichtungen unterscheiden: Kennwertermittlung

- Ermittlung des zeit- und temperaturabhängigen Spannungs-Dehnungs-Verhaltens,
- Ermittlung der Versagensgrenzen durch Rissbildung und Bruch.

Letztendlich bedingt das komplexe Verhalten der Kunststoffe sehr spezifische Methoden der Werkstoffprüfung. Oft liefern die dabei gewonnenen Kennwerte jedoch nur eine vergleichende Aussage, etwa beim Schlagbiegeversuch über die Schlagzähigkeit, wobei eine Übertragung auf andere Geometrien oder Werkstoffe bereits problematisch ist. Zur Dimensionierung von Kunststoffprodukten eignen sich viele der in der Kunststoffprüfung ermittelten Kennwerte nicht. In der nachfolgenden Übersicht über die Prüfmethoden wird daher verstärkt auf solche Verfahren eingegangen, die Kennwerte für den Auslegungsprozess liefern.

6.5.1 Die dynamisch-mechanische Analyse

Die Prüfmethodik der dynamisch-mechanischen Analyse (DMA) wurde ursprünglich aus der Rheologie übernommen und auf die Charakterisierung von viskoelastischen Festkörpern übertragen. Das Verfahren ist inzwischen als Standard etabliert. Das Funktionsprinzip der DMA ist in Bild 6.30 dargestellt. DMA

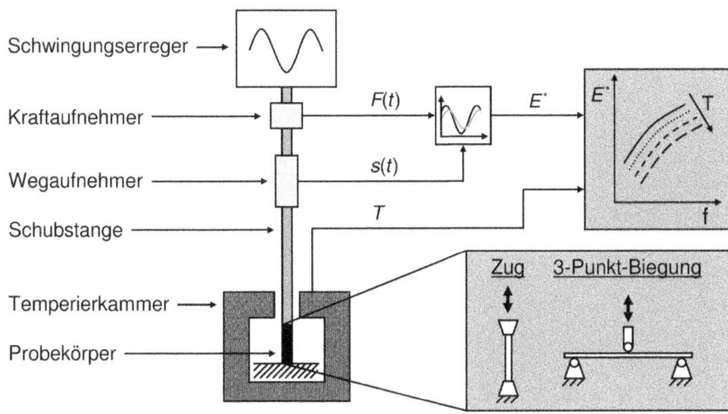

Bild 6.30 Funktionsprinzip der dynamisch-mechanischen Analyse

Der gelagerte bzw. eingespannte Probekörper wird über eine Schubstange, die an einen elektrodynamischen Schwingungserreger gekoppelt ist, mit einer sinusförmigen Last beaufschlagt. Üblicherweise wird das Lastniveau so gering gewählt, dass keine Werkstoffschädigungen hervorgerufen werden und näherungsweise von linear-viskoelastischem Verhalten ausgegangen werden kann. Hochauflösende Weg- und Kraftaufnehmer zeichnen den zeitabhängigen Kraft-Weg-Verlauf auf, der über Geometriefaktoren in einen Spannungs-Dehnungs-Verlauf umgerechnet wird. Damit lässt sich der E-Modul bestimmen. Aus der Verschiebung des Nulldurchgangs von Spannung und Dehnung bei sinusförmiger Beanspruchung wird zudem der mechanische Verlustfaktor tan δ bestimmt, ein Maß für die Werkstoffdämpfung. Während der Versuchsdurchführung können die Anregungsfrequenz und die Temperatur der Prüfkammer variiert werden, sodass die Kennwerte als Funktion beider Größen ermittelt werden. Mit einer einzigen Probe können so der Schubmodul und die Dämpfung von tiefen Temperaturen (z. B. –180 °C) bei amorphen Kunststoffen bis nahe an die Fließtemperatur und bei teilkristallinen Kunststoffen bis nahe an die Kristallitschmelztemperatur bzw. bei vernetzten Kunststoffen bis nahe an die Zersetzungstemperatur gemessen werden. Ein wesentlicher Vorteil des Verfahrens ist, dass sich das elastische Verhalten bei geringem Zeit- und Probenaufwand über einen weiten Temperaturbereich erfassen lässt. Bei der DMA können die Probekörper auf verschiedene Arten mechanisch beansprucht werden. Abhängig von der Probekörpergeometrie und den zu ermittelnden Kennwerten stehen die genormten Deformationsmodi Zug, Biegung, Schub und Torsion zur Verfügung. In Bild 6.31 sind die Ergebnisse eines Torsionsschwingversuchs nach DIN 53545 dargestellt.

„thermisch-mechanischer Fingerprint“

Aus dem Verlauf dieser Kurven lassen sich die Glasübergangstemperatur T_G und bei teilkristallinen Kunststoffen der Beginn des Erweichungsbereichs der kristallinen Strukturen ermitteln. Damit wird die dynamisch-mechanische Analyse zu einer interessanten Messmethode, um den „thermisch-mechanischen Fingerprint“ eines Werkstoffs zu ermitteln.

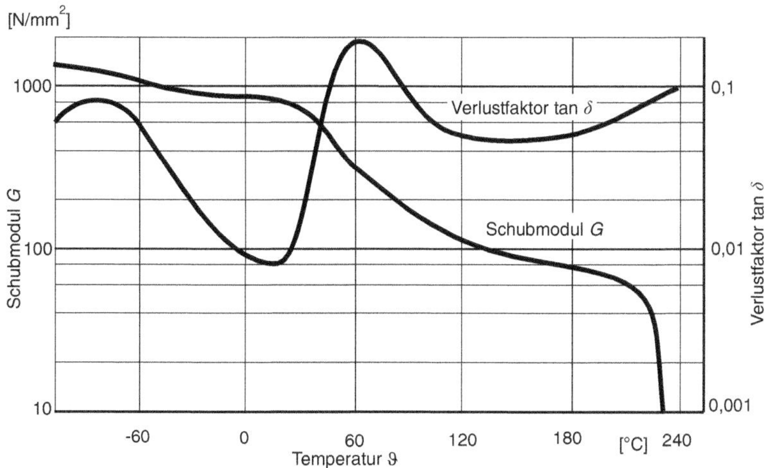

Bild 6.31 Schubmodul und Verlustfaktor für Polybutylenterephthalat (PBT)

6.5.2 Der Zugversuch

Die üblichste Methode zur Bestimmung mechanischer Eigenschaften von Werkstoffen, und so auch übernommen für Kunststoffe, ist der Zugversuch entsprechend ISO 527. Das dabei ermittelte Spannungs-Dehnungs-Diagramm und die Ableitung von mechanischen Kennwerten zeigt Bild 6.32.

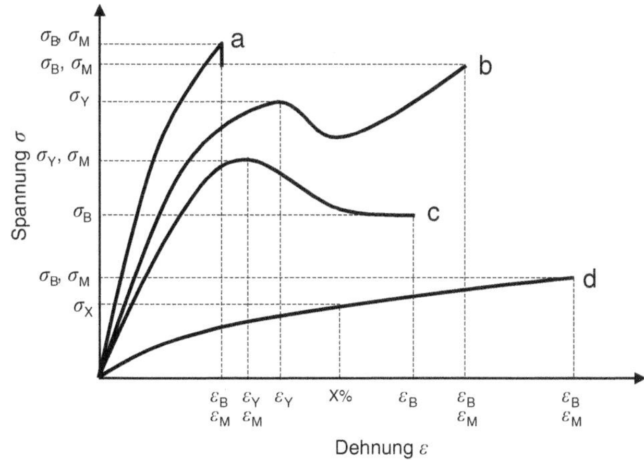

Bild 6.32 Ergebnisse des Kurzzeitzugversuchs nach ISO 527

Kennwerte des Kurzzeitzugversuches

Entsteht der Probenbruch erst nach Verstrecken der Probe durch starkes Fließen, so unterscheidet man als Kennwerte die Streckspannung und Streckdehnung (indiziert mit Y für engl. Yield) von der Bruchspannung und Bruchdehnung (indiziert mit B). Je nach Werkstoff kann die Maximalspannung (indiziert mit M) die Streck- oder die Bruchspannung sein. Zur Messung des Elastizitätsmoduls sieht die Norm vor, dass die Probe einer Dehnung ausgesetzt wird, deren Dehnrate so nah wie möglich bei 1 % der Messlänge je Minute liegt. Bei gängigen Probengeometrien der ISO 527 entspricht dies einer niedrigen Traversengeschwindigkeit von 1 mm/min.

Die Steigung der Spannungs-Dehnungs-Kurve zwischen 0,05 und 0,25 % Dehnung wird als Maß für den E-Modul bestimmt. Zur Bestimmung der Streckgrenze und des Bruchverhaltens ist es sinnvoll, die Abzugsgeschwindigkeit der Prüfmaschine auf 50 mm/min einzustellen, um in genügend kurzer Zeit den Versuch abschließen zu können, jedoch muss gemäß der ISO 527 für jede Prüfgeschwindigkeit ein anderer Prüfkörper eingesetzt werden.

Da die Kennwerte üblicherweise an Schulterproben mit einer Probenlänge von 100 mm (zwischen den Schultern) ermittelt werden, kann in erster Näherung für den E-Modul eine Dehngeschwindigkeit von 1 %/min, für die Streckspannung und Streckdehnung eine Dehngeschwindigkeit von ca. 10 bis 100 %/min angewandt werden. Zu beachten ist jedoch, dass die tatsächlich im Probekörper vorliegende Dehngeschwindigkeit keineswegs konstant bzw. über der Messlänge homogen ist. Ebenso zu beachten ist die Abhängigkeit aller Eigenschaften von Temperatur und Dehngeschwindigkeit. Diese Messmethode ist daher nur für vergleichende Betrachtungen geeignet. Der dehnungsgeregelte Zugversuch dagegen weist alle diese Nachteile nicht auf.

6.5.3 Der dehnungsgeregelte Zugversuch

dehnungsgeregelter Kurzzeitzugversuch

Die Grundlagen zum dehnungsgeregelten Zugversuch wurden von [Knausenberger] gelegt. Kern seiner Überlegung war es, dass bei einem Kurzzeitzugversuch unter idealen Bedingungen die Dehnung linear mit der Zeit ansteigen sollte und in jedem Bereich der Messlänge der Probe gleich sein muss. Die in der Norm ISO 527 für die Bestimmung der Kurzzeitzugfestigkeit vorgesehene Regelung der Traversengeschwindigkeit wirkt sich jedoch bei ausgeprägtem viskoelastischen Verhalten nachteilig auf die Ergebnisse aus. Fehler im Prüfaufbau beeinflussen das Messergebnis zusätzlich. [Knausenberger] modifizierte den Kurzzeitzugversuch deshalb zum „dehnungsgeregelten Kurzzeitzugversuch“. Hier wird die Dehnung über die gleichmäßig gedehnte Länge der Probe zur „Leitgröße“. Die über dem mittleren parallelen Bereich am Probekörper (Messlänge) gemessene Dehnung wird mit einer rampenförmigen Sollvorgabe verglichen und die Abweichung dieser beiden Signale zur Regelung der Traversengeschwindigkeit der Zugprüfmaschine verwendet. Ergebnisse, die Aussagen für langzeitiges Verhalten ermöglichen sollen, werden mit entsprechend abgesenkten Dehngeschwindigkeiten ausgeführt. Die Ergebnisse aus dem Kurzzeitzugversuch mit konstanter Traversengeschwindigkeit sehen zwar ähnlich aus, sie weichen jedoch umso mehr von den Ergebnissen der dehnungsgeregelten Versuche ab, je weiter die Eigenschaften der Probe vom ideal elastischen Materialverhalten abweichen. Zudem besteht bei ungeregelten Versuchen immer die Gefahr, dass rutschende Einspannungen das Ergebnis verfälschen.

Bild 6.33 ist zu entnehmen, dass jedem Kurvenzug eine konstante Dehngeschwindigkeit zugeordnet ist.

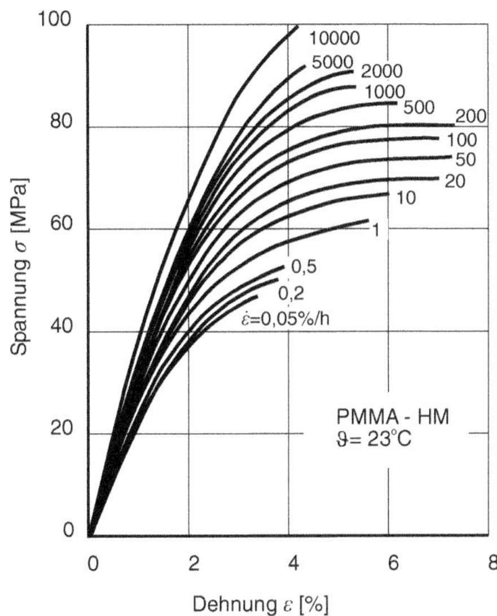

Bild 6.33 Dehnungsgeregelte Zugversuche bei verschiedenen Dehngeschwindigkeiten am Beispiel des hochmolekularen Polymethylmethacrylates (PMMA-HM) [nach Knausenberger]

Eine konstante Dehngeschwindigkeit $\dot{\varepsilon}$ = konst bedeutet, dass die Zeit zum Erreichen einer bestimmten Dehnung bei jeder dieser Kurven sich zu:

$$t = \frac{\varepsilon}{\dot{\varepsilon}} \tag{6.26}$$

ergibt. Der Zeiteinfluss auf das viskoelastische Verhalten lässt sich also gut interpretieren als die Abnahme der Spannung bei gleicher Dehnung mit geringerer Dehngeschwindigkeit. Auch kann die Krümmung der Spannungs-Dehnungs-Kurven, also der jeweils degressive Verlauf dieser Kurven, mit dem Zeiteinfluss in Zusammenhang gebracht werden. Zusätzlich ist auch die Nichtlinearität des viskosen Werkstoffverhaltens für die Krümmung der Kurven verantwortlich. Diese Art der Versuche ist sehr gut geeignet, um den Zeit- und Temperatureinfluss zu charakterisieren. Daher werden mit dehnungsgeregelten Zugversuchen heute häufig Kennwerte für Auslegungsrechnungen von Kunststoffbauteilen gewonnen.

6.5.4 Dehnungsmessung

Voraussetzung zur dehnungsgeregelten Versuchsdurchführung ist die lokale Dehnungsmessung. Dafür stehen verschiedene Methoden zur Verfügung die je nach Werkstoff ihre spezifischen Vor- bzw. Nachteile aufweisen. Die wichtigsten Systeme zur Dehnungsmessung sind in Bild 6.34 zusammengefasst. Das taktile Dehnungsmesssystem eignet sich besonders für viele wiederholende Prüfungen und wird bei den meisten nach Norm ISO 527 durchgeführten Prüfungen verwendet. Die Messfühler legen sich hierbei vor Beginn der Prüfung an den Probekörper an und registrieren schließlich die relative Positionsänderung, wodurch sich die Dehnung über dem Messbereich bestimmen lässt. Nach dem gleichen Prinzip funktioniert auch die Vermessung mittels Laser-Sensor, bei welchem zwei linienförmige Laserprojektionen verfolgt werden. Dehnmessstreifen (DMS) registrieren die Dehnung der Probe über eine Widerstandsänderung des eingearbeiteten Metalldrahtes.

Bild 6.34 Systeme zur Dehnungsmessung

Die vorgestellten Systeme eignen sich lediglich zur eindimensionalen Dehnungsmessung und somit nicht zur Bestimmung der Querdehnung. Durch Kombination mehrerer Dehnmessstreifen (DMS) lässt sich die Dehnung bereits zweidimensional messen. Da die DMS auf die Probe geklebt werden müssen, eignen sich diese jedoch nur für Werkstoffe, bei denen keine Beeinflussung durch das zusätzlich eingebrachte Material (DMS und Klebstoff) zu erwarten ist und auf denen eine entsprechend gute Haftung erzielt werden kann, damit die gemessene Dehnung im DMS auch der tatsächlichen Probendehnung entspricht. Zudem ist der Messbereich auf sehr kleine Dehnungen beschränkt. Die vielfältigste Messmethode zur Dehnungsbestimmung ist sicherlich die optische Dehnungsmessung. Durch Einsatz mehrerer Kameras, lässt sich die Dehnung sowohl zweidimensional messen als auch die Verschiebung der Probe in der Tiefenrichtung bestimmen. Da dies über eine Grauwertkorrelation erfolgt, müssen die Proben mit einem unregelmäßigen Speckle-Muster versehen werden.

Bild 6.35 stellt einen Versuch dar, die unterschiedlichen Messprinzipien qualitativ hinsichtlich ihrer Stärken und Schwächen miteinander zu vergleichen, und kann somit als Ausgangspunkt zur Auswahl des geeigneten Messprinzips dienen.

Dehnungsmessung

Methodik	Beispiel	Probenpräparation	Einfluss auf die Probe	Genauigkeit	Notwendiges Know-How	Kosten	Großer Probenumfang	2D	3D
Mechanisch	Messuhr Traversenposition	+	+	-	+	+	+	-	-
Induktiv	Wegtaster	+	+	-	+	+	+	-	-
Taktil	Langarmaufnehmer	+	0	+	+	+	+	-	-
Elektrisch resistiv	Dehnmessstreifen (DMS)	-	-	+	-	0	-	+	-
Optisch	Laser-Sensor Video-Kamera	0	+	+	-	-	0	-/+	-/+

Bild 6.35 Vor- und Nachteile einzelner Messprinzipien zur Dehnungsmessung

6.5.5 Der Zeitstandzugversuch (Kriechversuch)

Nach wie vor stellt der Zeitstandzugversuch nach DIN 53444 die einzige derzeit genormte Methode zur Ermittlung der mechanischen Eigenschaften von Kunststoffen in Abhängigkeit von der Temperatur, Zeit und Beanspruchungshöhe dar. Die grundsätzliche Vorgehensweise beim Zeitstandzugversuch ist in Bild 6.36 dargestellt. Zum Zeitpunkt t_0 wird dem Probekörper eine konstante Last angehängt. Zunächst stellt sich eine spontane elastische Dehnung ein.

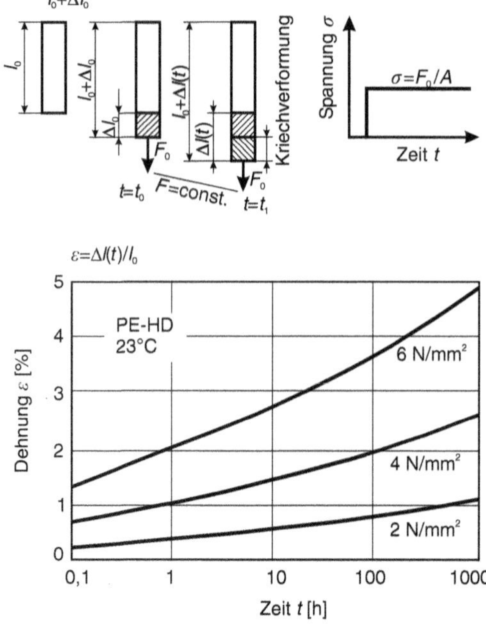

Bild 6.36 Viskoelastisches Werkstoffverhalten am Beispiel von Kriechversuchen mit PE-HD

Anschließend wächst die Dehnung mit der Belastungszeit. Üblicherweise werden die Versuche nach 1000 h (ca. 42 Tagen) oder nach 10 000 h (ca. 14 Monaten) abgebrochen. Die Temperaturniveaus werden typischerweise in Abständen von 20 °C gewählt. Die Vermessung eines Werkstoffs im Zeitstandzugversuch belegt also mehrere dutzend Prüfplätze und dauert länger als ein Jahr. Der hohe Kostenaufwand für diese Prüfung ist die Ursache dafür, dass in Werkstoffdokumentationen, etwa in der Datenbank CAMPUS, bisher nur für wenige ausgewählte Werkstoffe die entsprechenden Informationen verfügbar sind.

Im Rahmen der Bauteilauslegung wird die zeitabhängige Kennwertfunktion des E-Moduls als Kriechmodul definiert:

$$E_c(t)=\frac{\sigma_0}{\varepsilon(t)} \tag{6.27}$$

Kriechen

Dadurch lässt sich das Verhalten eines Bauteils nach einer gewissen Zeit in einer reduzierten Steifigkeit z. B. innerhalb einer Bauteilauslegung annehmen. Da beim Kriechversuch die Spannung konstant ist und die Dehnung monoton steigend verläuft, hat der Kriechmodul einen monoton fallenden Funktionsverlauf.

Die Ergebnisse des Kriechversuches sind in der Darstellung der Dehnung als Funktion der Belastungszeit ($\varepsilon = f(t)$) als Werkzeug in der Bauteilauslegung unpraktikabel. Es haben sich deswegen andere Darstellungen eingebürgert, die in Bild 6.39 aufgeführt sind.

6.5.6 Der Relaxationsversuch

Relaxieren

Oft unterliegen Bauteile dem Zustand konstanter Verformung. Beispiele hierfür sind Schraub- oder Pressverbindungen. Diese Beanspruchungsform wird mit dem Relaxationsversuch abgebildet (Bild 6.37). Zum Zeitpunkt t_0 wird der Probekörper auf ein konstantes Dehnungsmaß deformiert. Die Spannung nimmt mit der Zeit ab, der Werkstoff relaxiert. Hierzu definiert sich der Relaxationsmodul als:

$$E_R(t) = \frac{\sigma(t)}{\varepsilon_0} \tag{6.28}$$

Hier gilt, dass die Spannung bei konstanter Dehnung monoton fallend verläuft. Also zeigt der Relaxationsmodul ähnlich wie der Kriechmodul einen monoton fallenden Funktionsverlauf. Da häufig die Funktion des Relaxationsmoduls nicht zur Verfügung steht und dessen Messung aufwändiger als die des Retardationsmoduls ist, stellt sich die Frage, ob nicht auch die Relaxation mit der Funktion des Kriechmoduls berechnet werden darf. Bild 6.38 zeigt die jeweiligen Beanspruchungszustände im Vergleich. Bei gleicher Spannung und gleicher Zeit zeigt der Relaxationsversuch eine größere Dehnung auf. Denn da im zurückliegenden Zeitraum die Spannung stets größer war, hat sich im Werkstoff eine höhere Dehnung als im Retardationsversuch eingestellt. Bei gleicher Dehnung und gleicher Zeit weist der Relaxationsversuch hingegen geringere Spannungswerte auf. Daraus lässt sich ableiten, dass der Relaxationsmodul stets kleiner ist als der Retardationsmodul.

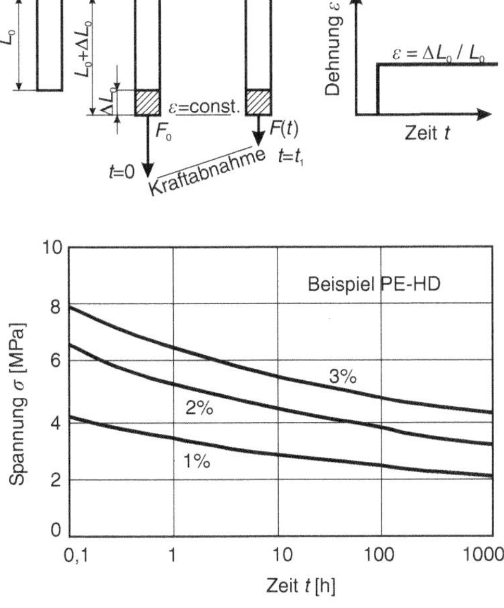

Bild 6.37 Relaxationsversuch PE-HD

Vergleich Kriechmodul zu Relaxationsmodul

Entsprechend gilt:

$$E_R(t) \le E_C(t) \tag{6.29}$$

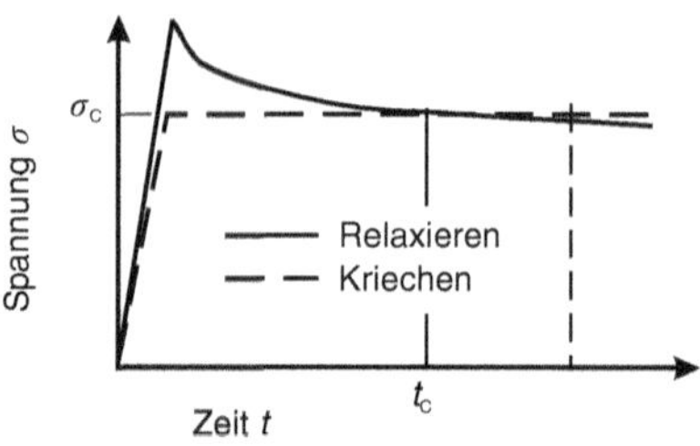

t_C: für gleiche Spannung und Zeit weist der Kriechversuch geringere Dehnungswerte auf: $E_R < E_C$

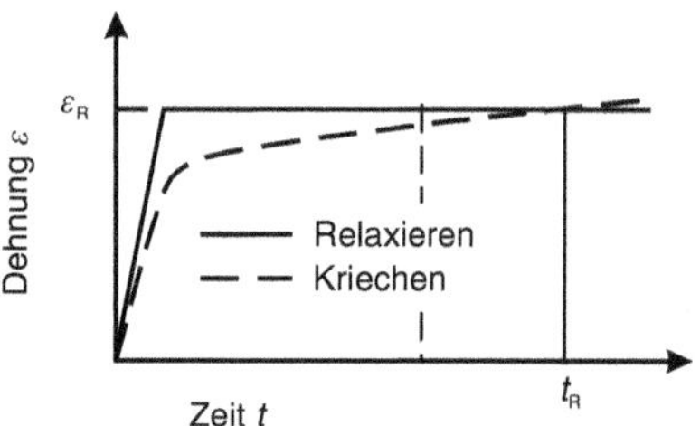

t_R: für gleiche Dehnung und Zeit weist der Relaxationsversuch geringere Spannungswerte auf: $E_R < E_C$

Bild 6.38 Vergleich Kriechen-Relaxieren

HINWEIS: Da die Unterschiede durch die unterschiedliche Beanspruchungsform „Kriechen" oder „Relaxieren" klein bleiben, können statische Beanspruchungszustände für linear viskoelastische Werkstoffe in erster Näherung mit dem Kriechmodul gerechnet werden.

Da Kriechkurven während eines Konstruktionsprozesses im Allgemeinen nicht aussagekräftig genug sind, werden diese häufig in andere Darstellungen überführt. Als besonders aussagekräftige Variante hat sich hierbei das isochrone Spannungs-Dehnungs-Diagramm herausgestellt. Ergänzt wird dieses häufig durch die dazugehörigen Kriechmodulkurven und Zeitstandschaubilder. Eine schematische Darstellung, wie die entsprechenden Diagramme ineinander überführt werden können, zeigt Bild 6.39.

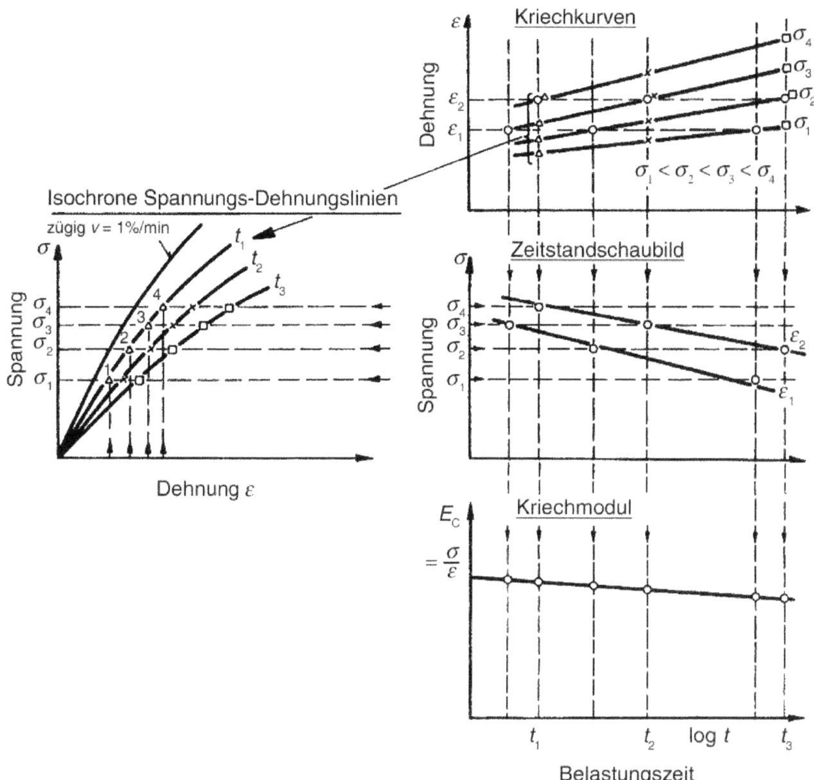

Bild 6.39 Entstehung von Spannungsdehnungskurven, Kriechkurven und Zeitstandschaubildern durch Umzeichnen der gemessenen Kriechdehnungen

isochrones Spannungs-Dehnungs-Diagramm

In dieser Darstellungsform erweist sich die Darstellung als Spannungs-Dehnungs-Diagramm als am übersichtlichsten. Ergänzt wird dies jedoch mit dem zusätzlichen Parameter der Zeit bzw. durch einfache Umrechnung mit dem Parameter Dehngeschwindigkeit. Dazu sei hier zunächst erläutert, wie das isochrone Spannungs-Dehnungs-Diagramm aus den Ergebnissen von Kriechversuchen entwickelt wird. Zu gleichen Zeiten werden die Dehnungen verschiedener Probekörper, die unterschiedlich hohen Kriechspannungen ausgesetzt sind, abgelesen. In einem Spannungs-Dehnungs-Diagramm werden die Wertepaare von Spannung und Dehnung jedes Probekörpers für den betrachteten Zeitpunkt eingetragen und durch einen interpolierenden Kurvenzug miteinander verbunden. Die so erzeugte „Isochrone" verbindet also die Spannungs-Dehnungs-Punkte bei gleicher Zeit für verschiedene Kriechbeanspruchungen. Typischerweise werden die Isochronen in logarithmisch wachsenden Zeitabständen ermittelt.

6.6 Zeitraffende Prüfung

zeitraffende Ermittlung des Werkstoffverhaltens

Die oben aufgeführten Kriech- und Relaxationsversuche sind aufgrund der langen Versuchszeiten sehr kostenintensiv. Daher wird versucht, die benötigten Kennwerte durch zeitraffende Prüfungen zu ermitteln. Unter Zuhilfenahme des funktionellen Zusammenhangs von Zeit und Temperatur während der Werkstoffprüfung lässt sich die Versuchsdauer erheblich reduzieren. Notwendige Voraussetzung hierfür ist jedoch die eindeutige Zuordnung der Beanspruchungsparameter Spannung, Dehnung, Zeit und Temperatur. Eine Werkstoffprüfung, bei der dieser Zusammenhang eindeutig ist, stellt der dehngeregelte Zugversuch dar. Mit Hilfe der Zeit-Temperatur-Verschiebung kann aus den dabei gewonnen Spannungs-Dehnungs-Kurven das Werkstoffverhalten über einen großen Zeitbereich bzw. Temperaturbereich berechnet werden. Dazu werden Versuche bei verschiedenen Dehngeschwindigkeiten und unterschiedlichen Temperaturen durchgeführt.

Die so gemessenen Spannungs-Dehnungs-Kurven werden in einem ersten Schritt durch geeignete mathematische Funktionsansätze approximiert. Für homogene, amorphe Thermoplaste kann bereits mit dem einfachen Ansatz nach Formel 6.30 approximiert werden:

$$\sigma = E_0 \cdot \varepsilon \left(1 - D_1 \cdot \varepsilon\right) \tag{6.30}$$

Werkstoffkennwerte

Dabei werden durch die Approximation die Kennwerte E_0 und D_1 in Abhängigkeit von der jeweils im Versuch verwendeten Dehngeschwindigkeit und Temperatur bestimmt. Dieser Ansatz hat große Ähnlichkeit mit dem Hookeschen Gesetz, lediglich der Kennwert D_1 beschreibt die Nichtlinearität. Die Zeit- und Temperatureinflüsse zeigen sich in der Abhängigkeit der Kennwerte E_0 und D_1 von der Dehngeschwindigkeit und der Temperatur.

Teilkristalline Kunststoffe zeigen im Vergleich zu amorphen Thermoplasten eine anders ausgeprägte Nichtlinearität, die sich mit Formel 6.30 nur unzureichend approximieren lässt. Daher wird für diese Werkstoffgruppe die Approximationsgleichung auf

$$\sigma = E_0 \cdot \varepsilon \frac{\left(1 - D_1 \cdot \varepsilon\right)}{\left(1 + D_2 \cdot \varepsilon\right)} \tag{6.31}$$

erweitert. Mit dieser allgemeinen Approximationsfunktion lässt sich das Verhalten – vom weich-viskosen bis zum hart-elastischen Zustand – gut beschreiben.

Ein alternativer Ansatz ist der 2-Parameter-Ansatz nach [Schöche] (Formel 6.32).

$$\sigma\left(\varepsilon\right) = E_0 \cdot \varepsilon_\tau \left(1 - e^{\frac{\varepsilon}{\varepsilon_\tau}}\right) \tag{6.32}$$

Darin beschreibt E_0 den Ursprungsmodul und ε_τ die sogenannte Relaxationsdehnung. Dieser 2-Parameter-Ansatz bildet die Spannungs-Dehnungs-Verläufe ebenfalls hinreichend genau ab. Darüber hinaus erlaubt er aufgrund des streng monoton steigenden Verlaufs auch eine sinnvolle Extrapolation der Werte.

Kennwertfunktion

Als zweiter Schritt werden die Kennwerte der Ansatzfunktion in Abhängigkeit von der Dehngeschwindigkeit und Temperatur ermittelt und in ein Diagramm eingetragen. Bild 6.40 zeigt beispielhaft den Verlauf der Kennwertfunktion von E_0 für den Werkstoff PVC-hart (PVC-U).

Zeit-Temperatur-Verschiebungsprinzip

Auf die so ermittelten Funktionen kann das Zeit-Temperatur-Verschiebungsprinzip angewendet werden. Es ist aus Bild 6.40 ersichtlich, dass etwa ein dehnungsgeregelter Zugversuch bei 60 °C und einer Dehngeschwindigkeit von 30 %/h den gleichen Kennwert E_0 aufweist wie ein Versuch bei 0,36 %/h und 40 °C. Die Verschiebung der Kurvenzüge in Bild 6.40 ist ein unmittelbares Maß für den Aktivierungsfaktor (*k*-Wert) der Arrhenius-Funktion.

Durch Umstellung der Formel 6.11 in Formel 6.33 lässt sich der *k*-Wert unmittelbar aus den abgelesenen Werten bestimmen:

$$k = \frac{\log\left(\frac{\dot{\varepsilon}_{ref}}{\dot{\varepsilon}}\right)}{\frac{1}{T} - \frac{1}{T_{ref}}} \quad (6.33)$$

Für das vorliegende Beispiel bestimmte sich der *k*-Wert zu 10 000 K. Es sei darauf hingewiesen, dass dieser Wert nur in den Bereichen gültig ist, in denen die Struktur unverändert bleibt. Er darf daher nicht als Werkstoffkonstante angesehen werden. Insbesondere im Bereich der Übergangstemperaturen, also etwa im Bereich der Glastemperatur, muss mit einer Änderung der Verschiebungskorrelation gerechnet werden. Daher sollte die Extrapolation von Kennwerten mithilfe des Zeit-Temperatur-Verschiebungsprinzips auf zwei Dekaden beschränkt bleiben.

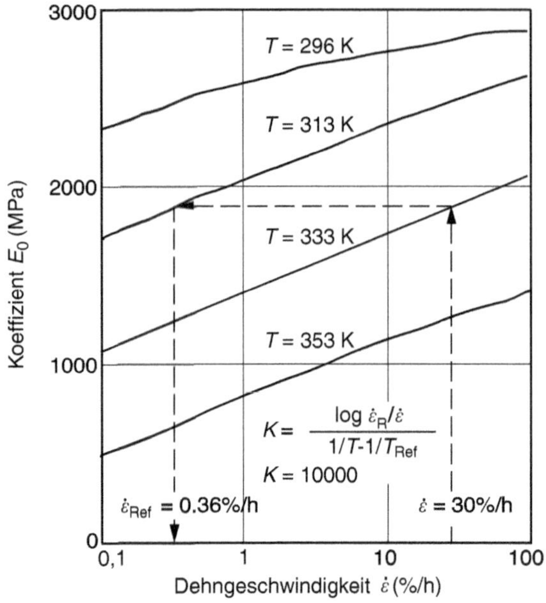

Bild 6.40 Kennwert E0 als Funktion von Dehngeschwindigkeit und Temperatur für den Werkstoff PVC-U

Masterkurve für die Kennwertfunktionen

Durch die Verschiebung der Kurven bei erhöhter Temperatur in Richtung niedriger Dehngeschwindigkeiten kann eine sogenannte Masterkurve für die Kennwertfunktionen erstellt werden. In Bild 6.41 ist die Abhängigkeit der Kennwerte E_0, D_1 und D_2 über einen großen Dehngeschwindigkeitsbereich bei Referenztemperatur eingetragen.

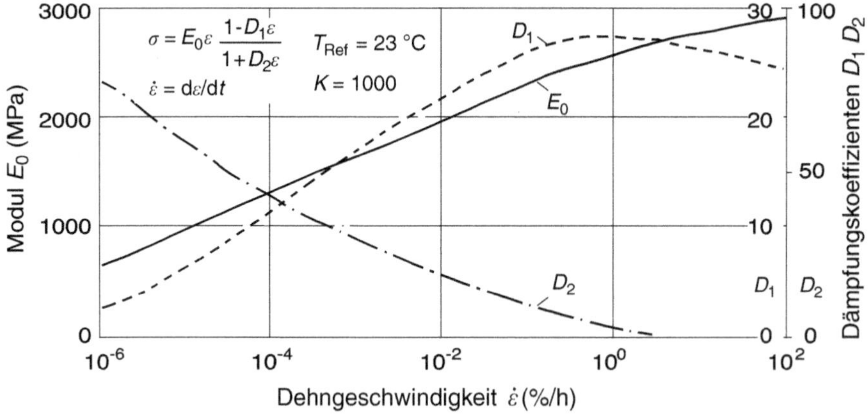

Bild 6.41 Masterkurve mit den Kennwerten E_0, D_1 und D_2 für den Werkstoff PVC-U

Der große Vorteil dieser Vorgehensweise liegt darin, dass unter Kenntnis dieser Masterkurven und mit dem *k*-Wert der Arrhenius-Funktion ein Spannungs-Dehnungs-Diagramm für beliebige Zeiten – innerhalb der oben genannten Grenzen – und Temperaturen berechenbar wird. So lassen sich einfach isochrone Spannungs-Dehnungs-Diagramme erzeugen.

Ein solcherart berechnetes, isochrones Spannungs-Dehnungs-Diagramm zeigt Bild 6.42. Einschränkend muss bemerkt werden, dass hierbei Werkstoffversuche zugrunde liegen, die unter konstanter Dehngeschwindigkeit ermittelt wurden und nicht wie üblich bei konstanter Spannung. Da jedoch nach dem Einfluss von Temperatur, Zeit und Nichtlinearität dem Einfluss der Belastungsgeschichte eine nachrangige Bedeutung zukommt, kann der hierbei entstehende Fehler aus der unterschiedlichen Belastungsgeschichte häufig vernachlässigt werden.

isochrones Spannungs-Dehnungs-Diagramm

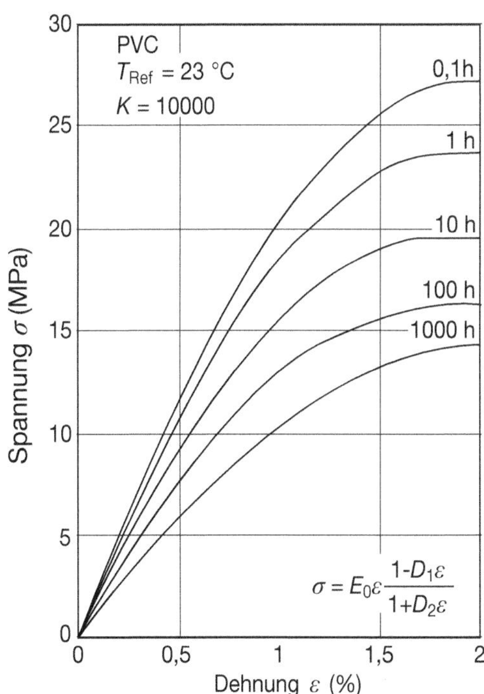

Bild 6.42 Berechnete isochrone Spannungs-Dehnungs-Diagramme für den Werkstoff PVC-U

Literatur zu Kapitel 6

Betten, J.: *Kontinuumsmechanik: Elastisches und inelastisches Verhalten isotroper und anisotroper Stoffe* (Vol. 2). Heidelberg, Berlin, New York: Springer, 2013

Bierögel, C.; Grellmann, W.: Ermittlung des lokalen Deformationsverhaltens von Kunststoffen mittels Laserextensometrie. In: Grellmann, W.; Seidler, S. (Hrsg.): *Deformation und Bruchverhalten von Kunststoffen*. Heidelberg, Berlin, New York: Springer, 1998, S. 331 – 344

Brandt, M. A. G.: *CAE-Methoden für die verbesserte Auslegung thermoplastischer Spritzgussbauteile.* Aachen: Verlag Mainz, 2006

Brylka, B.: *Charakterisierung und Modellierung der Steifigkeit von langfaserverstärktem Polypropylen.* (Vol. 10). Karlsruhe: KIT Scientific Publishing, 2017

Ehrenstein, G. W.: *Mit Kunststoffen konstruieren.* München: Carl Hanser Verlag, 2007

Eyerer, P.: Prüfung von Kunststoffen und Bauteilen. In: *Polymer Engineering 3.* Heidelberg, Berlin, New York: Springer, 2020, S. 1 – 87

Fliegener, S.; Luke, M.; Elmer, D. et al.: *Modellierung des Kriechverhaltens langfaserverstärkter Thermoplaste unter Berücksichtigung der prozessabhängigen Faserausrichtung.* Wanner, A. Deutsche Gesellschaft für Materialkunde e. V. -DGM-, Oberursel: 19. Symposium Verbundwerkstoffe und Werkstoffverbunde 2013: 03. 07. 2013 – 05. 07. 2013. Karlsruhe, Frankfurt: DGM, 2013

Flore, D.: *Experimentelle Untersuchung und Modellierung des Schädigungsverhaltens faserverstärkter Kunststoffe unter thermomechanischer Langzeitbeanspruchung.* Zürich: ETH, 2017

Guo, Q.: *Polymer morphology: principles, characterization, and processing.* Hoboken: John Wiley & Sons, 2016

Henkhaus, R.: *Das Verformungsverhalten ausgewählter Thermoplaste in Abhängigkeit von der Dehngeschwindigkeit.* Dissertation Rheinisch-Westfälische Technische Hochschule Aachen, 1980

Hopmann, C.; Michaeli, W.: *Einführung in die Kunststoffverarbeitung.* München: Carl Hanser Verlag, 2017

Hosemann, R.; Loboda-Čačković, J.; Čačković, H.: Affine Deformation von linearem Polyäthylen. *Zeitung für Naturforschung* 27 a, 478 (1972)

Humer, M.: *Charakterisierung von Verbundwerkstoffen mit thermoplastischer Matrix.* Diplomarbeit, Charakterisierung von Verbundwerkstoffen mit thermoplastischer Matrix. Wien: 2016

Johnke, K.-D.: *Erkenntnisse aus dynamischer Prüfung glasfaserverstärkter Kunststoffe zur konstruktiven Auslegung von Karosserieteilen im Automobilbau.* Dissertation RWTH Aachen, 1987

Kämpf, G.: *Industrielle Methoden der Kunststoff-Charakterisierung: Eigenschaften polymerer Werkstoffe; physikalische Analysenverfahren; mit 35 Tabellen.* München: Carl Hanser Verlag, 1996

Kanidarapu, N. R.: Property Estimation of Polymers: A Review. *Journal of Polymer & Composites,* 6(3), 2018, S. 14 – 24

Keuerleber, M.; Eyerer, P.: Gestalten, Design, Fügen, Auslegung, Berechnungsansätze, Simulation, EDV-unterstützte Konstruktion und Kosten von Kunststoffbauteilen. In: *Polymer Engineering 2,* Heidelberg, Berlin, New York: Springer, 2020, S. 455 – 578

Krämer, S.: *Ein Beitrag zur rechnerischen Beschreibung des feuchteabhängigen Werkstoffverhaltens.* Dissertation RWTH Aachen, 1987

Krebs, M.: *Rheologische Untersuchungen zur Temperatur-und Druckabhängigkeit von ein-und zweiphasigen Thermoplasten.* (Vol. 1). Kassel: Kassel University Press, 2011

Leung, Y.; Chan, L.; Tang, C. et al.: An effective process of strain measurement for severe and localized plastic deformation. *International Journal of Machine Tools and Manufacture,* 44 (7-8), 2004, S. 669 – 676

Melan, E.; Parkus, H.: *Wärmespannungen: infolge stationärer Temperaturfelder.* Heidelberg, Berlin, New York: Springer, 2013

Menges, G.; Schmachtenberg, E.: Beschreibung des mechanischen Verhaltens viskoelastischer Werkstoffe mit Hilfe von Kurzzeitzugversuchen, *Kunststoffe* 73 (1983) 9, S. 543 – 546

Michler, G. H.: *Kunststoff-Mikromechanik: Morphologie, Deformations-und Bruchmechanismen; mit 22 Tabellen.* München: Carl Hanser Verlag, 1992

Osswald, T. A.; Menges, G.: *Materials science of polymers for engineers.* München: Carl Hanser Verlag, 2012

Pöllet, P.: Automatisierte Zeitstandprüfung-Verfahren mit berührungsloser Dehnungsmessung. *Kunststoffe*, 75 (1985) 11, S. 829 - 833

Ries, H.: *Veränderung von Werkstoff-und Formteilstruktur beim Spritzgießen von Thermoplasten*. Dissertation RWTH Aachen, 1988

Schmachtenberg, E.: *Die mechanischen Eigenschaften nichtlinear-viskoelastischer Werkstoffe*. RWTH Aachen, 1985

Schmachtenberg, E.; Schoeche, N.: Advances in calculating thermally induced stresses in nonlinear viscoelastic materials. *Polymer Engineering & Science*, 39 (1999) 4, S. 767 - 777

Schmack, T.: *Entwicklung einer ganzheitlichen Methode zur Bestimmung des dehnratenabhängigen Verhaltens faserverstärkter Kunststoffe*. Heidelberg, Berlin, New York: Springer, 2019

Schmauch, C.: Werkstoffspezifische Grundlagen zum Konstruieren mit Kunststoffen. *Materialwissenschaft und Werkstofftechnik*, 21 (1990) 8, S. 314 - 320

Stommel, M.; Stojek, M.; Korte, W.: *FEM zur Berechnung von Kunststoff-und Elastomerbauteilen*. München: Carl Hanser Verlag, 2018

Van, K. D.: *Properties of polymers*. New York: Elsevier, 1976

Walsh, D.; Zoller, P.: *Standard pressure volume temperature data for polymers*. Boca Raton: CRC Press, 1995

Weng, M.: *Werkstoffgerechte Bestimmung und Beschreibung des Mechanischen Verhaltens von Thermoplasten*. Dissertation RWTH Aachen, 1988

7 Die mechanische Tragfähigkeit von Kunststoffprodukten

Bauteilgestaltung

Verglichen mit anderen Konstruktionswerkstoffen, wie Stahl und Aluminium, haben Kunststoffe in der Regel nur mäßige mechanische Eigenschaften, wie ein Vergleich der Bruchspannung oder des Elastizitätsmoduls zeigt. Erst die guten Verarbeitungs- und Gebrauchseigenschaften machen diese Werkstoffgruppe attraktiv.

HINWEIS: Die Kunst des Ingenieurs besteht darin, durch eine geeignete Bauteilgestaltung trotz einiger schlechter mechanischer Eigenschaften des Werkstoffs dennoch gute Gebrauchseigenschaften des Produkts zu erreichen. ■

Versagensformen

Bei der Bauteilauslegung muss abgeschätzt werden, inwieweit die einwirkenden Beanspruchungen zu einem Versagen führen können und inwieweit das Bauteil innerhalb der gewünschten Betriebsdauer den zu erwartenden Lasten standhalten kann. Dazu ist eine differenziertere Betrachtungsweise erforderlich. Dies betrifft in erster Linie das Tragverhalten der Kunststoffe unter langzeitig einwirkenden Lasten.

Um sinnvolle Prüfmethoden auswählen und die Belastbarkeit realistisch abschätzen zu können, soll zunächst das Verformungsverhalten bei der Einwirkung von rein mechanischen Belastungen betrachtet werden. Gefährlich sind in erster Linie Zugspannungen. Grundsätzlich zeigen Kunststoffe neben einer in erster Näherung elastischen Verformung Kriecherscheinungen. Bauteilversagen kann durch unzulässige Verformung oder durch Rissbildung und Bruch auftreten. Beide Versagensmechanismen sind bei Kunststoffen zeitabhängig.

Zug- und Druckspannungen

Streng zu unterscheiden ist zwischen Zugspannungen und Druckspannungen, denn nur unter Zugspannungen entstehen Risse, die schließlich zum Bruchversagen führen. Unter Druckspannungen versagen dünnwandige Baukörper in der Regel durch Instabilität, d. h. Knicken oder Beulen. Dickwandige Bauteile können unter Druckspannungen kriechen, wobei die Kriechverformungen unter Zug stets höher als unter Druckspannung ausfallen. Hier ist also unzulässige Verformung als Versagenskriterium zu betrachten.

7.1 Das mikromechanische Verhalten von Kunststoffen unter Zugbeanspruchung

7.1.1 Kunststoffe im Dehnbereich bis zur kritischen Dehnung

kritische Dehnung

Thermoplaste unter Zugbeanspruchung können, wie bereits in Kapitel 6.5.2 und Bild 6.32 dargestellt, sowohl sehr spröde als auch fließend versagen. Dabei ist allen Kunststoffen gemein, dass sie sich zunächst bei kleinen Dehnungen linearelastisch, bei höheren Dehnungen nichtlinearelastisch verhalten und oberhalb einer bestimmten Dehnung schließlich plastisch verformt werden (Bild 7.1, links). Bei genügend kleinen Dehnungen kann auch nach sehr langen Zeiten keine plastische Deformation mehr beobachtet werden, sondern ausschließlich eine elastische Deformation.

Die Dehnung, bis zu der keine plastische Deformation beobachtet werden kann, wird als kritische Dehnung ε_F bezeichnet. Die kritische Dehnung ist von der Belastungsdauer abhängig und strebt bei lang andauernden Belastungen dem Grenzwert $\varepsilon_{F\infty}$ zu. Da oberhalb der kritischen Dehnung das Bauteil irreversibel deformiert wird, wird die kritische Dehnung häufig als Grenzwert in der Bauteilauslegung verwendet.

Für die mikromechanischen Vorgänge bei Erreichen dieser Grenze und für das Auftreten der kritischen Dehnung gibt es je nach Kunststofftyp verschiedene Erklärungsansätze, auf die im Folgenden eingegangen wird.

Abgleiten von Polymerketten

Bei amorphen Thermoplasten kann davon ausgegangen werden, dass die Makromoleküle im Kunststoff verknäuelt bzw. verschlauft vorliegen (Bild 7.1, rechts). Bei Aufbringung einer mechanischen Belastung werden diese Knäuel deformiert, wobei sie danach streben, nach Abklingen der Belastung in ihre ursprüngliche Konfiguration zurückzukehren. Bei Erreichen der kritischen Dehnung fangen die Ketten an, sich zu entschlaufen bzw. aneinander abzugleiten; der Kunststoff deformiert sich plastisch. Werden die Ketten vollständig voneinander gelöst, kann ein Riss erfolgen. Dabei ist zu beachten, dass die Polymerketten bei steigenden Temperaturen leichter aneinander abgleiten, wodurch Steifigkeit und Festigkeit des Werkstoffs abnehmen.

In amorphen Thermoplasten treten auch Bereiche geringerer Dichte bzw. mit einem höheren freien Volumen auf, in denen die Polymerketten schwächer verschlauft sind, sich viele Kettenenden befinden oder sich kürzere Polymerketten ansammeln. Diese Bereiche sind dadurch weniger steif als das umgebende Material, wodurch dort Spannungskonzentrationen entstehen, welche als Orte der Rissinitiierung fungieren.

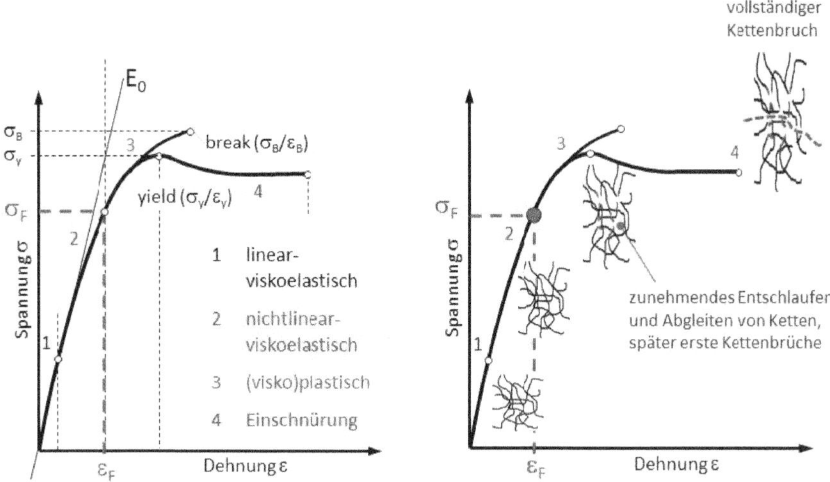

Bild 7.1 Verhalten von Kunststoffen unter Zugbeanspruchung [nach Stommel, Stojek und Korte]

Der Erklärungsansatz für das Auftreten einer kritischen Dehnung durch das Abgleiten von Makromolekülen kann nicht vollständig auf teilkristalline Thermoplaste übertragen werden. Wie bereits in Kapitel 5 beschrieben wurde, entstehen bei der Erstarrung von Kunststoffen aus der Schmelze verschiedene Ordnungsstrukturen. Dies sind bei teilkristallinen Thermoplasten kristalline Sphärolite und bei amorphen Thermoplasten übermolekulare Strukturen wie beispielsweise globuläre Bereiche, also Bereiche kugelförmiger Struktur. Diese globulären Bereiche bestehen überwiegend aus verknäuelten Makromolekülen oder fibrillären Bereichen, also Makromolekülbündeln. innere Grenzflächen

Bei Strukturen mit Sphärolithen stellen deren Ränder oft ausgesprochene Schwachstellen dar. Dies ist deutlich in Bild 7.2 oben zu erkennen, wo an der Grenze zwischen zwei Sphärolithen der Werkstoff unter Belastung aufgebrochen ist. Dabei sind auch die Lamellen der benachbarten Sphärolithe senkrecht zur Dehnungsrichtung aufgebrochen, wie in Bild 7.2 unten zur Verdeutlichung in einer Schema-Darstellung gezeigt wird.

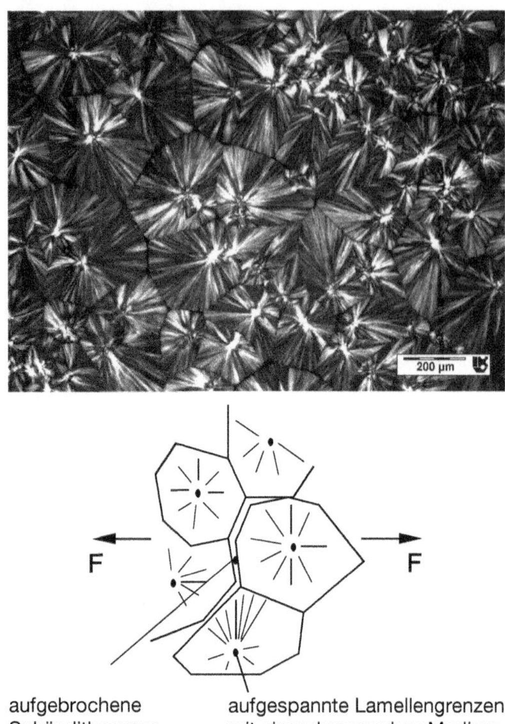

Bild 7.2 Mikrorissbildung im Sphärolithgefüge von Polypropylen; Nachweis durch Farbeindringmittel; Dünnschnitt nach Langzeitbeanspruchung nach Menges und [Alf]

Gefügeeinfluss

Die Bereiche geringerer Dichte bei amorphen Thermoplasten und die Strukturgrenzen bei teilkristallinen Thermoplasten sind, wie bereits beschrieben, potenzielle Schwachstellen. Zum einen erzeugen sie aufgrund der unterschiedlichen mechanischen Eigenschaften Spannungskonzentrationen im Bauteil, zum anderen können sie bei Einwirkung von Zugspannungen durch Aufbrechen nachgeben. Infolge des Fugencharakters solcher an den Grenzen von mehr als zwei Sphäroliten aufeinandertreffender Schwachzonen laufen sich die Risse jedoch oft sofort tot. Dies ist umso ausgeprägter, je „feinkörniger" der Gefügeaufbau ist. Infolgedessen entstehen bei feiner Strukturierung sehr viel mehr solcher Mikrorisse und der Werkstoff erweist sich als zäher im Vergleich zu Werkstoffen mit grober Strukturierung. Die größere Anzahl von Mikrorissen verbraucht eine größere Bruchenergie zur Bildung dieser Grenzflächen gegenüber nur wenigen oder einem einzigen Riss.

Mikrorisse

Anhand des Abgleitens von Makromolekülen aneinander kann auch die Entstehung der für viele Thermoplaste typischen Mikrorisse, auch Fließzonen oder im Englischen Crazes genannt, erklärt werden. Bild 7.3 zeigt solche Crazes in einem Bauteil. Links im Bild ist das makroskopische Erscheinungsbild von Crazes zu sehen, das rechte Teilbild deutet mittels elektronenmikroskopischer Aufnahmen an, dass die Risse von verstreckten Molekülbündeln überspannt werden.

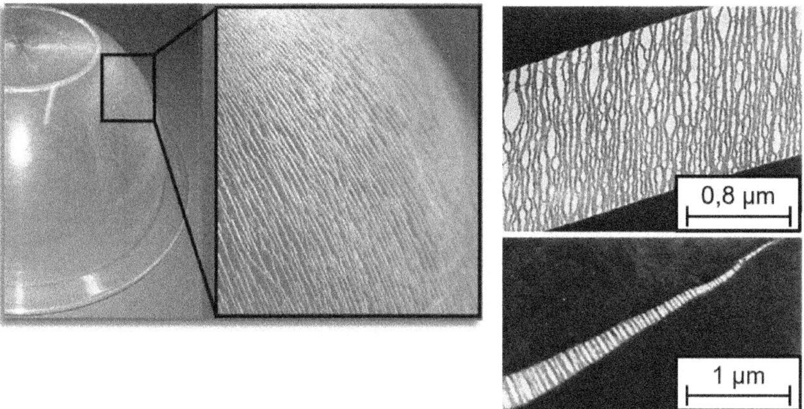

Bild 7.3 Bauteil mit Mikrorissen (IKV) und elektronenmikroskopische Aufnahmen von Crazes [nach Hull u. a.]

Mit dem bloßen Auge sind die Mikrorisse bei transparenten, amorphen Kunststoffen aufgrund der Lichtstreuung gut zu erkennen, wenn sie unter niedriger Belastung und mit geringer Kriechgeschwindigkeit (vgl. Bild 7.4) gewachsen sind. Mit höherer Spannung ergibt sich eine größere Kriechdehngeschwindigkeit. Hier beobachtet man kleinere Mikrorisse, die erst bei größeren Dehnungen auch visuell gut erkennbar werden. Bei teilkristallinen oder gefüllten Kunststoffen, die in der Regel nicht transparent sind, sind die Mikrorisse nicht sofort als solche optisch zu erkennen. Sie entstehen bei der Überschreitung gewisser Dehngrenzen, für das menschliche Auge wird lediglich eine durch Lichtstreuung verursachte „milchige" Weißfärbung erkennbar, die auch „Weißbruch" genannt wird. Diese Erscheinung findet man auch bei Überschreiten gewisser Dehngrenzen bei gefüllten amorphen Kunststoffen (z. B. PVC).

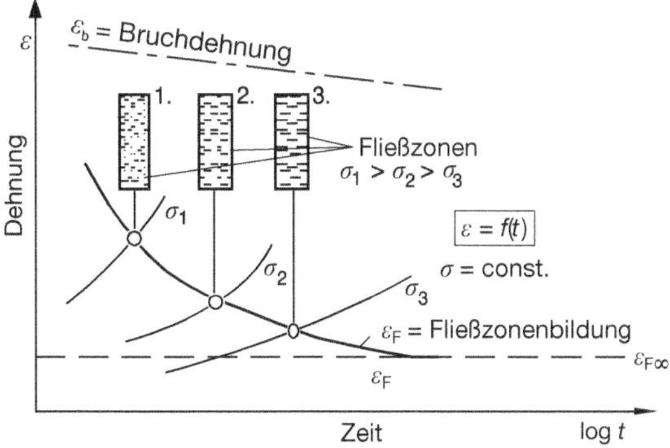

Bild 7.4 Fließzonenentstehung bei unterschiedlichen Kriechspannungen nach Menges und [Schmidt]

Belastungsgrenze

Die Bildung von Mikrorissen führt in der Regel, d. h. bei statisch einwirkender Last in Luft, nicht zum Bruchversagen und ist oft auch nur bei sehr genauer Beobachtung erkennbar. Trotzdem hat sie insofern Bedeutung, als sie eine erste irreversible Veränderung des Werkstoffs darstellt. Dieser ist fortan kein Kontinuum mehr und weicht daher vom ursprünglichen viskoelastischen Verhalten ab. Es ist daher bedeutsam, auch bei rein statischer Belastung diese Dehngrenze zu kennen und je nach Beanspruchung auch zu berücksichtigen; dies ist für einige kritische Belastungsarten relevant, z. B. bei durch Medieneinfluss ausgelösten Spannungsrissen (Abschnitt 13.3.4) und bei Zugwechselbeanspruchung (Abschnitt 7.3.1).

7.1.1.1 Erklärungsansätze für die Bildung von Crazes

Für ein vertieftes Werkstoffverständnis und die daraus resultierende Fähigkeit zur erfolgreichen Bauteilauslegung ist es notwendig, Crazing erklären und vorhersagen zu können. Daher existieren für das spontane Auftreten vieler Mikrorisse beim Überschreiten einer Dehnungsschwelle zwei Theorien, welche dieses Phänomen auf unterschiedliche Art und Weise erklären. Dabei handelt es sich um die Partikeltheorie und die These einer lokalen Herabsetzung der Glasübergangstemperatur. Im Folgenden werden diese beiden Theorien erläutert.

Partikeltheorie

Partikeltheorie

Das Partikelmodell folgt der Annahme, dass ein Werkstoff aus Partikeln zusammengesetzt ist, etwa wie ein Beton, nur um einige Größenordnungen feiner. Diese Partikel, auch Domänen genannt, haften über Adhäsionskräfte aneinander, deren Stärke ihrer Grenzflächenspannung entspricht. Wenn der Werkstoff gedehnt wird, werden solche Grenzflächen aufbrechen, welche zu den im Werkstoff verlaufenden Zugspannungen genau senkrecht liegen und etwas schwächer sind als die Grenzflächen der benachbarten Domänen. Eine solche Mikrorissstelle bedeutet eine Entlastung der in Zugrichtung vor und hinter dem Mikroriss liegenden Domänen, jedoch eine Mehrbelastung für die neben den Rissspitzen liegenden Domänen. Je nachdem, wie diese in den Domänenverbund eingebettet sind, werden sie entweder auch von ihren Nachbarn wegbrechen oder sich über Einschnürung verstrecken. Ist eine Ebene einmal geschwächt, so wird sich der Mikroriss auch auf der anderen Seite der verstreckten Domäne weiter fortsetzen, sobald diese durch die auftretenden Kräfte ausreichend verstreckt wurde. Der Mikroriss wird dabei nach wie vor durch verstreckte Domänen überbrückt, weswegen diese Fließzonen nicht zwingend an Festigkeit, jedoch an Dehnbarkeit verlieren. Das Wachstum des Mikrorisses wird gehemmt bzw. gestoppt, sobald er in weniger hoch gedehnte oder bereits durch benachbarte Fließzonen entlastete Bereiche kommt. Tatsächlich wachsen Fließzonen selten zusammen.

Crazes

Das Modell erlaubt auch die Erklärung des Phänomens, dass umso mehr und kleinere Fließzonen (Crazes) entstehen, je größer die Spannung bzw. je höher die Dehngeschwindigkeit ist (siehe Bild 7.4). Dies ist darin begründet, dass bei niedrigen Spannungen nur die besonders kritischen Fehlstellen aktiviert werden. Unter diesen Bedingungen wachsen wenige Fließzonen, diese werden aber immer länger. Des Weiteren hat der Werkstoff bei kleinen Dehngeschwindigkeiten mehr Zeit, innere Spannungszustände auf bereits vorhandene Fließzonen umzulagern, was die Anzahl der Crazes weiter reduziert. Das bestätigen die Beobachtungen, dass bei sehr niedrigen Dehngeschwindigkeiten nur noch eine einzige Fließzone in einem so beanspruchten Zugstab wächst.

Einfluss der Domänengröße

Die kritische Dehnung kann anhand des Verhältnisses der zur Bildung einer neuen Oberfläche notwendigen Energie und der elastischen Energie, die dabei frei wird, abgeschätzt werden. Erfordert die Bildung einer neuen Oberfläche im Material weniger Energie, als dabei an elastischer Energie frei wird, bildet sich ein Mikroriss. Es gilt näherungsweise nach [Menges]:

$$\varepsilon_{F\infty} \sim \sqrt{\frac{\gamma}{L \cdot E_0}} \tag{7.1}$$

mit:
L = Maß für die Länge der Schwächezonen/Durchmesser der Domänen/maximale Schwachstellenlänge,
γ = Grenzflächenenergie,
E_0 = Kurzzeitmodul der spröden Domänen ≈ Kurzzeitmodul des Werkstoffs.

Anhand von Formel 7.1 wird deutlich, dass die kritische Dehnung mit wachsender Grenzflächenenergie und sinkendem Domänendurchmesser steigt, woraus folgt, dass kleine Domänen und ein guter Zusammenhalt der Domänen erwartungsgemäß das Niveau der kritischen Dehnung begünstigen. In der Tat kann beobachtet werden, dass bei dickwandigen Bauteilen aus teilkristallinen Stoffen, die aus Gründen der in der Bauteilmitte langsameren Abkühlung dort oft sehr grobe Sphärolithe besitzen, stets dort die ersten Risse entstehen.

Für einen Einfluss des Moduls spricht auch Bild 7.5. Bei Erweichungsvorgängen, etwa bei Überschreiten der Glastemperatur, entsteht infolge der Änderungen des Elastizitätsmoduls jeweils sprungartig ein verändertes Niveau für die kritische Dehnung.

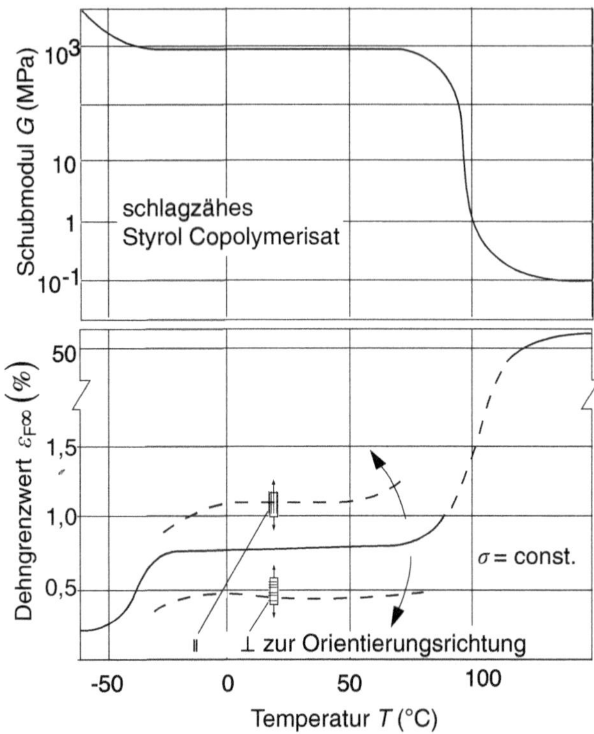

Bild 7.5 Einfluss der Temperatur und der Orientierung auf die Dehnung bei schlagzähem Polystyrol [nach Menges und Riess]

Ein weiteres mechanisches Phänomen, welches bei Kunststoffen auftritt, ist die sogenannte Quersprödigkeit. Als Quersprödigkeit wird die Eigenschaft stark orientierter Teile bezeichnet, sich quer zur Orientierungsrichtung deutlich spröder als entlang der Orientierungen zu verhalten. Dieses Verhalten lässt sich mit der hier vorgestellten Theorie gut erklären, denn entlang der verstreckten Domänen existieren lange Grenzflächen und damit Schwächezonen. Das hat zur Folge, dass die ersten Risse frühzeitig entstehen und da keine Domänen vorhanden sind, die noch verstreckt werden könnten, nicht gestoppt werden. Zudem erklärt sich so die große elastische Dehnbarkeit in Streckrichtung, denn hier sind die kritischen Grenzflächen sehr klein. Die Versuchsergebnisse in Bild 7.5 bestätigen diese Behauptung.

Grenzflächenenergie

Die Fließzonenbildung wird, neben den bisher genannten Faktoren, auch von der Grenzflächenenergie γ beeinflusst. So ist bei Zusatz von Gleitmitteln, z. B. bei Polystyrol, aus empirischen Untersuchungen bekannt, dass die Fließzonen bei niedrigeren Dehnungen auftreten.

Veränderung der Glasübergangstemperatur

Ein weiterer bekannter Erklärungsansatz zur Entstehung von Crazes ist eine lokale Herabsetzung der Glasübergangstemperatur aufgrund von Spannungen im Material. Durch die Herabsetzung bzw. die Unterschreitung der Glasübergangstemperatur verändert sich die Steifigkeit des Materials lokal deutlich, wodurch es „auseinandergezogen“ wird und sich an dieser Stelle Mikrorisse bilden können.

lokale Veränderung der Glasübergangstemperatur

7.1.2 Kunststoffe im Dehnbereich oberhalb der kritischen Dehnung bis zum Bruch

Die Entstehung von Mikrorissen ist keineswegs immer negativ zu sehen. Im Gegenteil: Ihr Entstehen ist mit der Schlagzähigkeit von Kunststoffen eng verknüpft. Die Bildung von Mikrorissen verbraucht Energie. Wird diese Energie nicht durch die Generierung von Mikrorissen verbraucht, kann sie zu einem spröden Splittern des Kunststoffs führen. Dieser Effekt ist zu beobachten, wenn die Temperatur von Kunststoffen weit genug herabsetzt bzw. die Belastungsgeschwindigkeit gesteigert wird. Bei niedrigen Temperaturen und hohen Belastungsgeschwindigkeiten verspröden alle Kunststoffe früher oder später, weil keine verstreckbaren Domänen mehr vorhanden sind, sondern alle eingefroren sind oder nicht schnell genug verstreckt werden können. Dies zeigen Bild 7.6 und Bild 7.7 in zwei Beispielen, einem PMMA (Bild 7.6) und einem kurzglasfasergefüllten Polyamid 6 (Bild 7.7), bei Kriechversuchen mit ultraschneller Lastaufgabe (10 ms) und verschiedenen Temperaturen. Je tiefer die Temperatur, desto niedriger ist die Bruchdehnung. Sie läuft asymptotisch in allen Fällen bei hohen Geschwindigkeiten bzw. kurzen Zeiten einem Grenzwert von ca. 2 % zu. Allerdings ist das Polyamid trotz der Glasfaserfüllung zäher; es erreicht den Grenzwert erst, wenn die Geschwindigkeit um mehrere Dekaden gesteigert wird.

Kaltversprödung

Bei kürzeren Belastungszeiten (= hohen Belastungsgeschwindigkeiten) bzw. tiefen Temperaturen verhält sich der Kunststoff zunehmend idealelastisch. Linearitätsgrenze und Bruchdehnung fallen praktisch zusammen. Der erste entstehende Mikroriss führt sofort zum totalen Versagen. Bei diesen kurzen Zeiten bzw. hohen Geschwindigkeiten sind alle Domänen noch eingefroren. Der Riss kann nicht durch innere Fließvorgänge gestoppt werden. Wie in Kapitel 6 gezeigt, gilt bei Zugversuchen das Zeit-Temperatur-Verschiebungsprinzip, d. h. die Ergebnisse aus Bild 7.6 könnten ebenfalls bei stoßartiger Belastung des Werkstoffs gelten.

Rissstoppung

Wird die Zeit länger (= niedrige Belastungsgeschwindigkeit) bzw. die Temperatur höher, dann liegen im Gefüge bereits erweichte Domänen vor, deren Relaxationszeit kürzer ist als die Beanspruchungszeit. Diese weichen Domänen stoppen die Mikrorisse und zehren die eingeleitete Energie durch ihre Verstreckung auf. Damit

Shear Yielding

sind die ersten Fließzonen entstanden, die aber im Allgemeinen noch so klein sind, dass sie sich einer visuellen Beobachtung entziehen. Die Bruchdehnung jedoch steigt auf ein Maximum, weil die in den Werkstoff eingeleitete Energie für die Mikrorisse verbraucht wird. Aus diesen Beobachtungen lassen sich auch das häufig bei Zugbeanspruchungen beobachtete Einschnüren dünner Proben aus zähen Werkstoffen und die dann sehr hohen Bruchdehnungen erklären. Bekannt sind diese Deformationserscheinungen auch als „Shear Yielding“.

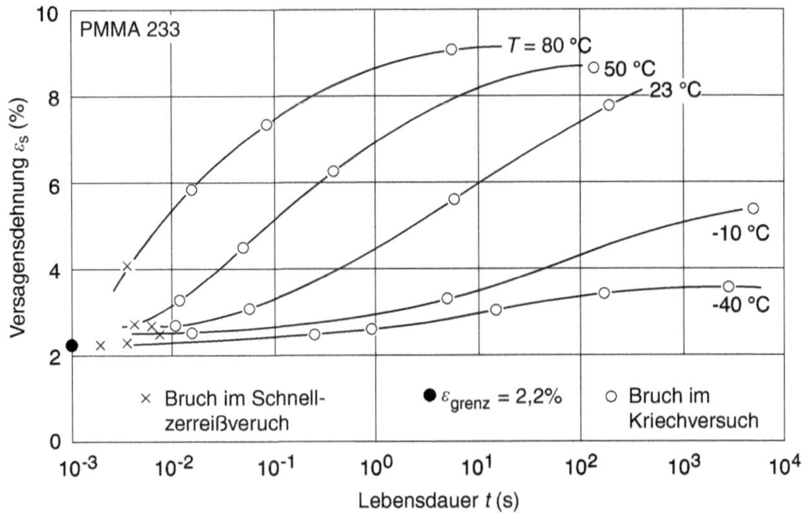

Bild 7.6 Versagensdehnung als Funktion der Lebensdauer im Kriechversuch

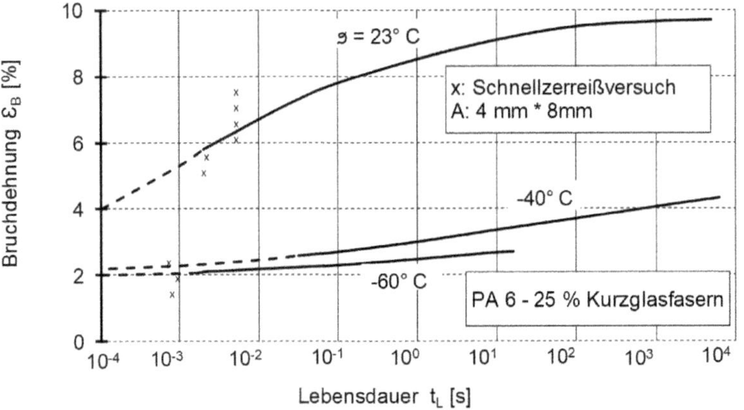

Bild 7.7 Bruchverhalten von PA 6 mit 25 % Kurzglasfasern bei Stoßbelastungen und verschiedenen Temperaturen

7.1.3 Veränderung des mikromechanischen Verhaltens von Kunststoffen durch Additive und Füllstoffe

Wie bereits beschrieben, kann das mikromechanische Verhalten von Kunststoffen auf die Modellvorstellung oder das reale Vorhandensein von Domänen im Kunststoff zurückgeführt werden. Daher kann das mechanische Verhalten von Kunststoffen gezielt durch eine Additivierung oder die Hinzugabe von Füllstoffen eingestellt werden, die das Wechselspiel zwischen den Domänen beeinflussen.

7.1.3.1 Niedermolekulare Additive

Weichmacher

Eine Methode, die mechanischen Eigenschaften von Kunststoffen zu beeinflussen, ist die Hinzugabe von Weichmachern. Bei Weichmachern wird zwischen inneren und äußeren Weichmachern unterschieden (vgl. Kapitel 3).

Innere Weichmachung entsteht dadurch, dass in ein gegebenes Makromolekül andersartige Moleküle eingebaut werden. Innere Weichmacher sind dadurch kovalent gebunden. Das entstehende Copolymer hat größere freie Volumina in seiner Struktur, wodurch das Abgleiten der Makromoleküle aneinander (vgl. Bild 7.1) erleichtert wird. Als Nebenresultat werden Steifigkeit, Festigkeit und Viskosität herabgesetzt.

Dies erreicht man auch durch Zugabe von äußeren Weichmachern. Ein wesentlicher Unterschied besteht darin, dass diese nicht in das Makromolekül des Polymers einpolymerisiert werden, sondern als Monomere oder Oligomere in den Kunststoff eincompoundiert werden. Dadurch sind äußere Weichmacher nur über Nebenvalenzkräfte (z.B. Dipol/Dipolwechselwirkungen) im Polymer gebunden und zeigen entsprechend eine deutlichere Tendenz, aus dem Kunststoff auszudiffundieren.

7.1.3.2 Weiche Füllstoffe

weiche Füllstoffe

Das Einbringen von Füllstoffen mit einer geringeren Steifigkeit in eine steifere Matrix wird als Schlagzähmodifikation bezeichnet. Ein bekanntes Beispiel dafür sind Styrol/Acrylnitril/Butadien-Copolymerisate (ABS). Diese Werkstoffgruppe besitzt eine Mehrphasenstruktur und ist besonders schlagzäh, obwohl die Matrix Acrylnitril/Styrol sehr spröde ist (vgl. Kapitel 4).

Bei der Modifizierung der Schlagzähigkeit bedient man sich im Wesentlichen des gleichen Mechanismus, der für die Fließzonenbildung (Formel 7.1) verantwortlich ist. Ein gleichmäßiges frühes Einsetzen der Verstreckungen erreicht man durch einen hohen Gehalt (15 bis 25 Vol.-%) gleichmäßig verteilter vernetzter Kautschukpartikel. Die Kautschukpartikel sind meist mittels aufgepfropfter Molekül-Seitenketten an die Matrix angebunden. Dadurch geraten diese Partikel nach dem Einfrieren der Matrix bei der weiteren Abkühlung unter mehrachsige Zugspannung

(Bild 7.8) und es können sich viele Mikrorisse bilden (vgl. Bild 7.3). Die gedehnten Partikel, die durch die Pfropfung in der Matrix eingebunden sind, übertragen die Kraft weiter. Sie werden hierdurch verstreckt, bis durch ihre Verformung benachbarte Schwachstellen in der Matrix aufbrechen. Infolge der hohen Anzahl solcher verformungsfreudiger Stellen wird eine große Oberfläche neu erzeugt, sobald der kritische Wert der Dehnung überschritten ist. Hierdurch werden große Energiemengen umgesetzt, wodurch der Werkstoff schlagzäher wird.

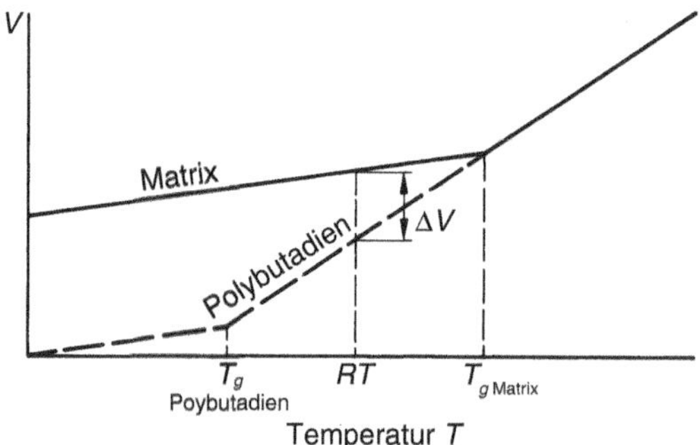

Bild 7.8 Schlagzähverhalten von ABS, ΔV ist ein Maß für Zug-Vorspannung in der Umgebung der Polybutadienpartikel

Eine Schlagzähmodifizierung kann nicht nur durch die Copolymerisation erreicht werden, sondern auch durch das Einmischen einer weichen Phase in eine steifere Matrix. Ein typisches Beispiel dafür ist die Schlagzähmodifizierung von Polypropylen (PP) mit einem Ethylen-Propylen-Dien-Kautschuk (EPDM) (Bild 7.9).

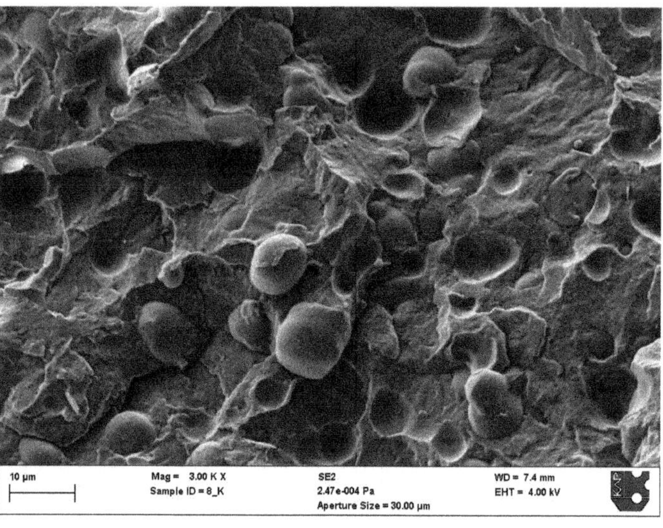

Bild 7.9 Rasterelektronenmikroskopische Aufnahme eines mit EPDM schlagzähmodifizierten PP

7.1.3.3 Harte Füllstoffe

Häufig werden Kunststoffen harte Füllstoffe wie Fasern, Glaskugeln oder ähnliches zugegeben, um eine Steifigkeitserhöhung zu erzielen (vgl. Abschnitt 3.6.3). Allerdings sind wie bei den Sphärolithen bei gefüllten Kunststoffen auch die Grenzschichten mit Füllstoffpartikeln stets Schwachstellen; sie brechen ebenso leicht wie Sphärolith-Grenzschichten. Ein Beispiel zeigt Bild 7.10. Dort ist ein Adhäsionsbruch zwischen Füllstoffpartikeln (hell) und Kunststoffmatrix (dunkel) gezeigt. Es ist an den herausgelösten Partikeln deutlich zu erkennen, dass das Versagen an den Grenzschichten zwischen Partikeln und Matrix stattfindet. Ähnlich verhält es sich mit Fasern. Auf diese wird in Abschnitt 7.5 genauer eingegangen.

harte Füllstoffe

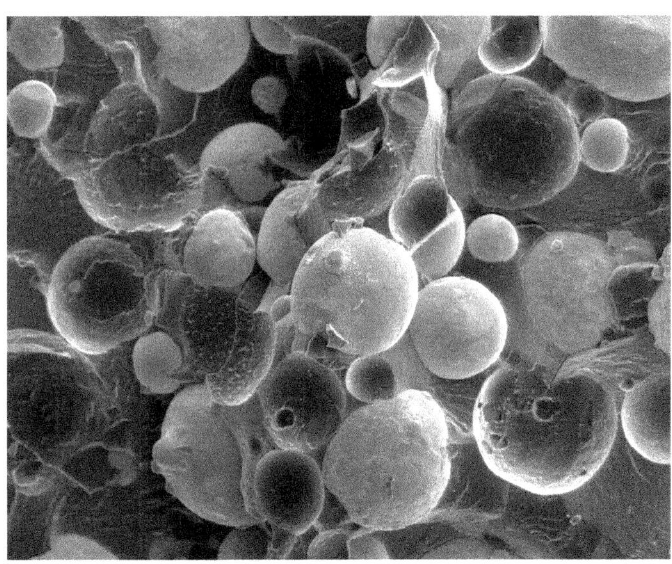

Bild 7.10 Rasterelektronenmikroskopische Aufnahme eines Adhäsionsbruchs zwischen einer Polyamid-Matrix und eingelagerten Eisenkugeln

7.2 Auslegung und Bemessung von Bauteilen aus unverstärkten Kunststoffen unter statischer Last

Die Auslegung und Bemessung von Bauteilen aus unverstärkten Kunststoffen kann auf Basis von spannungsbezogenen, dehnungsbezogenen oder eigenschaftsbezogenen Konzepten erbracht werden. Die Wahl des Auslegungskonzeptes ist abhängig von dem zu beurteilenden Lastfall, dem Einsatzzweck des Bauteils und den zu berücksichtigenden klimatischen und sicherheitstechnischen Randbedingungen. Überschlägige (analytische) Rechnungen sind im Allgemeinen schnell durchzuführen und hilfreich zur Abschätzung von Größenordnungen der ertragbaren Lasten. Anwendbar sind diese Methoden bei Geometrien, die sich in einfache, statisch bestimmte Strukturen (Balken, Stäbe, Schalen, Platten, ...) zerlegen lassen (Superpositionsprinzip). Für das nötige Formelwerk zur Berechnung von bspw. Flächen- und Widerstandsmomenten sowie der Schnittlasten sei an dieser Stelle auf *Dubbel - Taschenbuch für den Maschinenbau* oder *Gross und Seelig - Bruchmechanik* verwiesen. Bei geometrisch komplexen Bauteilen ist es sinnvoll, auf numerische Lösungsverfahren wie die Finite Elemente Methode (FEM) zurückzugreifen. Dies ist im Allgemeinen mit einem höheren zeitlichen (und finanziellen) Aufwand verbunden. Hier sei auf einschlägige Fachliteratur, wie bspw. *Stommel, Stojek und Korte - FEM zur Berechnung von Kunststoff- und Elastomerbauteilen*, oder *Nasdala - FEM-Formelsammlung Statik und Dynamik* verwiesen.

7.2.1 Grundsätzliches Vorgehen

Das grundsätzliche Vorgehen bei einer spannungsbezogenen Bemessung ist in Bild 7.11 dargestellt. Über eine Spannungsanalyse wird die Höhe und Art der im betrachteten Querschnitt wirkenden Spannung berechnet. Bei mehrachsigen Spannungszuständen sind die wirkenden Spannungen in eine Vergleichsspannung umzurechnen. Auf die zugrundeliegenden Versagenshypothesen wird in Abschnitt 7.2.5 näher eingegangen.

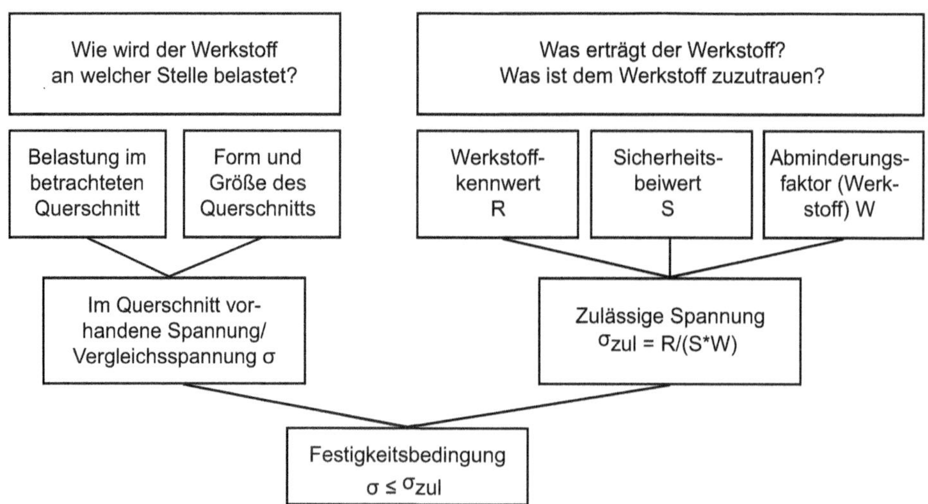

Bild 7.11 Vorgehen bei einer spannungsbezogenen Bauteilbemessung

Die Grundgleichung für den Festigkeitsnachweis ist definiert als:

$$\sigma_{max} \leq \sigma_{zul} = \frac{R}{S_{\sigma} \cdot W_{n\sigma}} \tag{7.2}$$

mit:
R = Dimensionierungskennwert
S_{σ} = Sicherheitsbeiwert
$W_{n\sigma}$ = Werkstoffabminderungsfaktor
σ_{max} = maximal auftretende Spannung
σ_{zul} = zulässige Spannung

Die maximal auftretende Spannung wird mit der zulässigen Spannung verglichen. Die zulässige Spannung errechnet sich aus dem Dimensionierungskennwert (Festigkeit, gegen die ausgelegt werden soll), dem Sicherheitsbeiwert, der anwendungs- und werkstoffabhängig ist, sowie dem Werkstoffabminderungsfaktor, der sich multiplikativ aus Teilabminderungsfaktoren der berücksichtigten Einzeleinflüsse (Medien, Temperatur, Zeit, ...) zusammensetzt.

Die Steifigkeit unverstärkter polymerer Werkstoffe ist wesentlich geringer als die Steifigkeit von Stahl (~1/100). Die Festigkeiten hingegen stehen etwa in einem Verhältnis von 1/10. Somit spielen die auftretenden Deformationen bei vielen Bauteilen aus Kunststoff eine wesentlich größere Rolle für die Bauteilbemessung als bei vergleichbaren metallischen Strukturen. Es hat sich daher im Speziellen für Kunststoffe die dehnungsbezogene Bauteilbemessung etabliert. Das grundsätzliche Vorgehen ist in Bild 7.12 dargestellt.

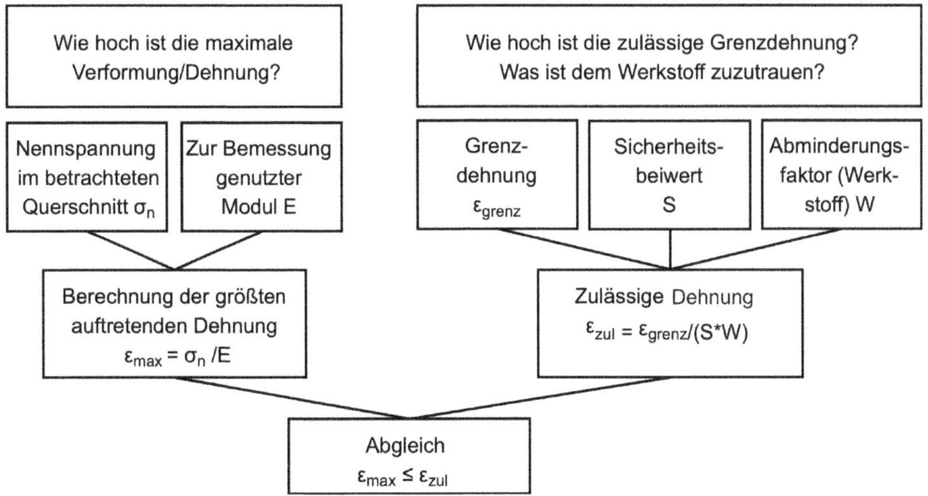

Bild 7.12 Vorgehen bei einer dehnungsbezogenen Bauteilbemessung

Die Grundgleichung für eine dehnungsbezogene Bauteilbemessung ist definiert als:

$$\varepsilon_{max} < \varepsilon_{zul} \tag{7.3}$$

$$\varepsilon_{max} = \frac{\sigma_n}{E} \tag{7.4}$$

$$\varepsilon_{zul} = \frac{\varepsilon_{grenz}}{S_\varepsilon \cdot W_{n\varepsilon}} \tag{7.5}$$

mit:

E = Dimensionierungskennwert (Kriechmodul, Sekantenmodul, ...). Die Wahl ist unter anderem abhängig von der Belastungsdauer

S_ε = Sicherheitsbeiwert

σ_n = Größte auftretende Spannung

$W_{n\varepsilon}$ = Werkstoffabminderungsfaktor

ε_{grenz} = Grenzdehnung

ε_{max} = Größte auftretende Dehnung

ε_{zul} = Zulässige Dehnung

Die maximal auftretende Dehnung wird mit der zulässigen Dehnung verglichen. Die zulässige Dehnung errechnet sich aus dem Dimensionierungskennwert (Grenzdehnung, gegen die ausgelegt werden soll), dem Sicherheitsbeiwert, der anwendungs- und werkstoffabhängig ist, sowie dem Werkstoffabminderungsfaktor, der sich multiplikativ aus Teilabminderungsfaktoren der berücksichtigten Einzeleinflüsse (Bindenähte, Versprödung durch UV-Strahlung, ...) zusammensetzt. Die maximal auftretende Dehnung errechnet sich aus der Nennspannung sowie dem gewählten Dimensionierungskennwert.

7.2.2 Werkstoffabminderungsfaktoren

Werkstoffabminderungsfaktoren werden eingeführt, da sich die Randbedingungen im Bauteileinsatz in der Regel von den Prüfbedingungen unterscheiden. Sofern der zur Bemessung genutzte Kennwert unter praxisrelevanten Randbedingungen ermittelt wurde, kann der Werkstoffabminderungsfaktor zu eins gesetzt werden.

Zeiteinfluss $W_{1\sigma}$

spannungsbezogene Bauteilbemessung

Sofern isochrone Spannungs-Dehnungs-Diagramme zur Verfügung stehen, kann der Werkstoffabminderungsfaktor $W_{1\sigma}$ direkt bestimmt werden. In Bild 7.13 sind beispielhaft isochrone Spannungs-Dehnungs-Diagramme eines unverstärkten PA 6 (Durethan B30S, Lanxess) dargestellt.

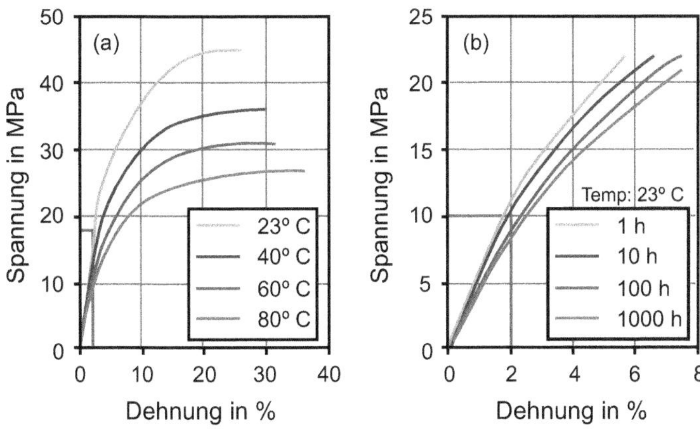

Bild 7.13 Spannungs-Dehnungs-Diagramme eines PA 6, luftfeucht (Durethan B30S, Lanxess), (a) Kurzzeitig und (b) isochron [Multipoint Daten aus CampusPlastics]

Der Zeiteinfluss berechnet sich über

$$W_{1\sigma} = \frac{\sigma_0}{\sigma_t} \tag{7.6}$$

mit:
σ_0 = Referenzspannung zum Zeitpunkt t=0
σ_t = Spannung zum Bemessungszeitpunkt

Nach Bild 7.13 berechnet sich der Abminderungsfaktor beispielsweise für eine Umgebungstemperatur von 23 °C und den Bemessungszeitpunkt von 10 h für eine Dehnung von 2 % zu:

$$W_{1\sigma} = \frac{17\ MPa}{10\ MPa} = 1{,}7$$

Alternativ kann der Abminderungsfaktor $W_{1\sigma}$ von thermoplastischen Kunststoffen in Abhängigkeit von ihrer Struktur und der Art der Beanspruchung (dynamisch oder statisch) wie folgt abgeschätzt werden.

Tabelle 7.1 Abminderungsfaktoren $W_{1\sigma}$ des Zeiteinflusses [Oberbach, Ehrenstein]

Thermoplast	statisch			dynamisch	
	kurzzeitig		langzeitig	$n \leq 10^7$	
	einmalig	mehrmalig		teilkristallin	amorph
teilkristallin (duktil)	1,00 - 1,25	1,25 - 1,70	1,70 - 2,00	3,30 - 5,00	-
amorph (spröde)	1,25 - 1,50	1,50 - 2,00	2,00 - 2,50	-	5,00 - 6,20

Temperatureinfluss $W_{2\sigma}$

Bei Vorhandensein temperaturabhängiger Spannungs-Dehnungs-Diagramme, wie bspw. in Bild 7.13a, lässt sich der Temperaturabminderungsfaktor wie folgt berechnen:

$$W_{2\sigma} = \frac{\sigma_0}{\sigma_T} \tag{7.7}$$

mit:

σ_0 = Referenzspannung bei Referenztemperatur

σ_T = Spannung bei Bemessungstemperatur

Nach Bild 7.13a berechnet sich der Temperaturabminderungsfaktor beispielsweise für eine Referenztemperatur von 23 °C und eine Bemessungstemperatur von 40 °C für einen quasistatischen Belastungszustand zu:

$$W_{2\sigma} = \frac{17\ MPa}{10\ MPa} = 1{,}7$$

Nach Ehrenstein kann der Temperatureinflussfaktor ebenfalls über folgenden formalen Zusammenhang abgeschätzt werden:

$$W_{2\sigma} = \frac{1}{1 - k \cdot (T - 20)} \tag{7.8}$$

mit:

k = werkstoffspezifischer Koeffizient (k-Wert)

T = Bemessungstemperatur in °C

Die zur Berechnung des Temperaturabminderungsfaktors notwendigen Kennwerte für k sind nach [Ehrenstein] in Tabelle 7.2 aufgeführt.

Tabelle 7.2 Werkstoffabhängige k-Werte zur Berechnung des Temperaturabminderungsfaktors nach [Ehrenstein]

Werkstoff	k-Wert	Werkstoff	k-Wert	Werkstoff	k-Wert
PA 6	0,0125	PA-GF	0,0071	PC	0,0095
PA 66	0,0112	POM	0,0082	PP	0,0116
PBT	0,0095	ABS/PVC	0,0117	PE-HD	0,0113

Branchenspezifisch werden die Abminderungsfaktoren jedoch auch bauteilbezogen angegeben. Diese Kennwerte sind beispielsweise in DVS-Richtlinien wie der DVS-2205-1 aufgeführt.

Medieneinfluss $W_{3\sigma}$

Die Werkstoffeigenschaften können sich unter Medieneinfluss teilweise stark ändern. Verdeutlicht ist dies in Bild 7.14 am Beispiel eines PA 6 (Durethan B30S, Lanxess) unter Wassereinfluss. Die beiden horizontalen Linien kennzeichnen die Streckgrenze des Werkstoffs.

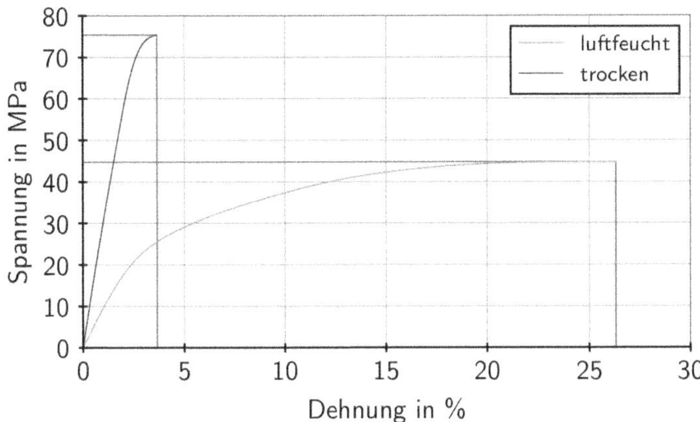

Bild 7.14 Quasistatisches Spannungs-Dehnungs-Diagramm eines PA 6, luftfeucht und trocken bei einer Umgebungstemperatur von 23 °C (Durethan B30S, Lanxess) [Multipoint Daten aus CampusPlastics]

Auf Basis dieser Daten lässt sich der Abminderungsfaktor unter Medieneinfluss $W_{3\sigma}$ wie folgt berechnen:

$$W_{3\sigma} = \frac{\sigma_{m1}}{\sigma_{m2}} \tag{7.9}$$

mit:

σ_{m1} = Streckspannung eines Werkstoffs bei Medienkonzentration 1 (bspw. trocken)

σ_{m2} = Streckspannung eines Werkstoffs bei Medienkonzentration 2 (bspw. luftfeucht)

Nach Bild 7.14 berechnet sich der Medienabminderungsfaktor bezogen auf die Streckspannung beispielsweise für ein luftfeuchtes und trockenes PA 6 bei einer Prüftemperatur von 23 °C für einen quasistatischen Belastungszustand zu:

$$W_{3\sigma} = \frac{75\ MPa}{45\ MPa} = 1{,}67.$$

Sofern keine experimentell ermittelten Messwerte bei einer bestimmten Medienkonzentration vorliegen, kann bspw. auf die Medienlisten 40 des *Deutschen Instituts für Bautechnik* zurückgegriffen werden. Für eine spannungsbezogene Auslegung sind die A_{2B}-Werte (hier mit $W_{3\sigma}$ bezeichnet) zu nutzen.

Weitere Einflüsse $W_{4\sigma}$, $W_{5\sigma}$, $W_{6\sigma}$, $W_{7\sigma}$, $W_{n\sigma}$

Neben den genannten Einflüssen können folgende Werkstoffabminderungsfaktoren bei der Auslegung berücksichtigt werden:

$W_{4\sigma}$ **Fertigungseinfluss**: Typische Werte liegen bei 1,1 ... 1,4. Der gewählte Wert ist abhängig von der Werkstoffstruktur (isotrop, anisotrop, ...) sowie seiner Beschaffenheit (homogen, inhomogen).

$W_{5\sigma}$ **Kerbeinfluss:** Dieser ist abhängig von der Belastungsart (statisch, dynamisch), der Art der Kerbe (bspw. eine Bohrung, Bindenaht,...), sowie dem Werkstoff. Typische Werte für eine statische Belastung liegen zwischen 1,0, ... 1,75 und für eine dynamische Belastung zwischen 1,7, ... 8,8.

$W_{6\sigma}$ **Unsicherheit bei der Ermittlung der Kennwerte:** Ein typischer Wert ist 1,1.

$W_{7\sigma}$ **Werkstoffalterung:** Dieser Wert ist abhängig von den Alterungsbedingungen und der Alterungsdauer. Abhängig von dem jeweiligen Anwendungsfall sind weitere spezifische Abminderungsfaktoren zu nutzen.

HINWEIS: Die Bezeichnung sowie Indizierung der Werkstoffabminderungsfaktoren variiert in der Literatur. An manchen Stellen wird stattdessen ein *A* verwendet.

dehnungsbezogene Bauteilbemessung

Die Werkstoffabminderungsfaktoren sind bei Vorhandensein von Spannungs-Dehnungs-Diagrammen dehnungsbezogen zu berechnen. Bei Literaturquellen wie bspw. der Medienliste 40 des *Deutschen Instituts für Bautechnik* ist der für Stabilitätsnachweise und Verformungsberechnungen gültige Abminderungsfaktor zu wählen. Im Fall von Medieneinfluss ist der Faktor A_{2I} zu wählen, was hier $W_{3\varepsilon}$ entspricht.

7.2.3 Dimensionierungskennwerte

spannungsbezogene Bauteilbemessung

Die Wahl des herangezogenen Dimensionierungskennwertes ist abhängig von Werkstoff, Lastart und Lastdauer. Die folgenden Dimensionierungskennwerte werden bei kurzzeitiger Beanspruchung herangezogen [Erhard, Ehrenstein und Kunze]:

σ_B: Bruchfestigkeit. Anwendbar bei spröden Werkstoffen (bspw. PMMA, PS, SAN, ...)

σ_S: Streckgrenze. Für duktile Werkstoffe mit ausgeprägter Streckgrenze (bspw. PA, PBT, PP, ...)

σ_{Sch}: Schadensspannung. Amorphe (transparente) Thermoplaste (bspw. PC, PMMA, PS, ...). Bei Überschreiten bilden sich Fließzonen (sog. Crazes). Hinweis: auch bei teilkristallinen Thermoplasten treten strukturbedingt Mikrorisse an Sphärolith- oder Lamellengrenzen auf. Auch hier kann die Schadensspannung, errechnet aus der kritischen Dehnungsgrenze, als Dimensionierungskennwert herangezogen werden.

σ_X: Ersatzstreckgrenze. Für duktile Werkstoffe ohne ausgeprägte Streckgrenze (bspw. lin. PU, PE-LD, ...). Es wird eine Spannung gewählt, die einen bestimmten, nichtlinearen Dehnungsanteil hervorruft. Ein etablierter Wert ist beispielsweise 0,5% nichtlinearer Dehnungsanteil. Bei statischer Langzeitbeanspruchung wird die Zeitstandfestigkeit zur Dimensionierung gewählt.

dehnungsbezogene Bauteilbemessung

Bei der dehnungsbezogenen Bauteilbemessung wird gegen die sogenannte Grenzdehnung ausgelegt. Dieser Wert stellt keine Materialkonstante dar, es ist vielmehr eine festgelegte Grenze, die abhängig vom konkreten Anwendungsfall ist. Spezifische Werte für die Grenzdehnung können beispielsweise DVS-Richtlinien entnommen werden.

Im einachsigen zugbeanspruchten Belastungsfall sind die Dehnungen unter langzeitiger Belastung, bei welchen die ersten Risse auftreten, beispielsweise an relativ feste Werte gebunden. Sie betragen für

- amorphe, ungefüllte Thermoplaste (mit Ausnahme Polystyrol) <0,9%
- Polystyrol (Standard-Polystyrol) <0,2%
- glasartige spröde Duroplaste <0,2%
- teilkristalline, ungefüllte harte Thermoplaste <0,5%
- teilkristalline, ungefüllte weiche Thermoplaste <2,0%

HINWEIS: Bei nichtlinearem Verformungsverhalten ist zu beachten, dass ein Unterschied besteht, ob man sich auf einen Dimensionierungswert bezogen auf einen Spannungs- oder Dehnungswert bezieht.

Für ein weiterführendes Literaturstudium sei an dieser Stelle auf die Werke von [Ehrenstein, Erhard und Domininghaus] verwiesen.

7.2.4 Sicherheitsbeiwerte

Die Wahl des Sicherheitsbeiwertes erfolgt unter einer Vielzahl von Gesichtspunkten, die anwendungs- und branchenorientiert sind und abhängig von der Höhe der zu berücksichtigenden Unsicherheiten sind. Unsicherheiten rühren beispielsweise aus getroffenen Lastannahmen, der geometrischen Vereinfachung der Problemstellung sowie der Verarbeitungsvorgeschichte und der Kennwertermittlung, wie bspw. der Spannungsermittlung, her. Die Wahl des genutzten Sicherheitsbeiwertes basiert in vielen Fällen auf Erfahrungswissen. Für technisch relevante Bauteile sind Sicherheitsbeiwerte in Normen, Richtlinien oder firmeninternen Vorschriften festgeschrieben. Bei einer Gefährdung von Mensch und Umwelt im Schadensfall sind Mindestsicherheiten behördlich vorgeschrieben. Für die spannungsbezogene Auslegung von Anlagen und Behältern aus thermoplastischen Werkstoffen gelten nach Richtlinie *DVS 2205* bspw. folgende Sicherheitsbeiwerte:

Ruhende Belastung bei Raumtemperatur und konstanten Bedingungen. Im Schadensfall keine Gefährdung von Personen, Sachen und Umwelt möglich	Sicherheitsbeiwert $S_\sigma = 1{,}3$
Belastung unter wechselnden Bedingungen (z. B. Temperatur, Füllhöhe). Im Schadensfall Gefährdung von Personen, Sachen und Umwelt möglich; überwachungs- und prüfpflichtige Anlagen oder Anlagenteile	Sicherheitsbeiwert $S_\sigma = 2{,}0$

Abhängig von der Art der Belastung gelten bspw. folgende Mindestsicherheiten für tragende Bauteile, sofern eine Gefährdung von Personen, Sachen und Umwelt möglich ist [Erhard]:

Berechnung gegen Bruch	Sicherheitsbeiwert $S_{\sigma min} \geq 2{,}0$
Berechnung gegen Knicken und Beulen	Sicherheitsbeiwert $S_{\sigma min} \geq 3{,}0$
Berechnung gegen Schadensspannung durch Rissbildung	Sicherheitsbeiwert $S_{\sigma min} \geq 1{,}2$

Es sei gesagt, dass über Sicherheitsbeiwerte die ausreichend geringe Eintrittswahrscheinlichkeit des Versagens eines Bauteils über die Bauteillebensdauer sichergestellt werden muss. Es liegt in der Verantwortung des Konstrukteurs, neben vorgeschriebenen Mindestsicherheiten die Unsicherheiten, welche aus den getroffenen Lastannahmen und Vereinfachungen herrühren, sinnvoll zu berücksichtigen und jede Annahme kritisch zu hinterfragen.

7.2.5 Spannungsbezogene Vergleichshypothesen

Eine einachsige Belastung herrscht in den meisten Anwendungen nicht vor. Im Einsatz werden die Bauteile meist mehrachsig beansprucht. Um die Bauteile dennoch auszulegen, können Versagenshypothesen genutzt werden, um den mehrachsigen Beanspruchungszustand in eine Vergleichsspannung σ_V umzurechnen. Den meisten Hypothesen liegt die Annahme eines isotropen Kontinuums des betrachteten Werkstoffes zugrunde. Dies trifft abhängig von den Verarbeitungsbedingungen in der Praxis nicht immer zu, jedoch kann eine herstellungsbedingte Anisotropie bei unverstärkten Kunststoffen in erster Näherung vernachlässigt werden. Der

Werkstoff muss bis zum Erreichen der Versagensgrenze als Kontinuum betrachtet werden können, das heißt, dass keine makroskopischen Defekte auftreten, vgl. [Gross und Seelig]. Des Weiteren wird eine Unabhängigkeit der Werkstoffeigenschaften von der Deformationsgeschichte vorausgesetzt, was bei duktilen Werkstoffen bis zum erstmaligen plastischen Fließen und bei spröden Werkstoffen bei Bruch mit hinreichender Genauigkeit zutrifft, vgl. [Gross und Seelig]. Abhängig vom Werkstoffversagensverhalten (duktil, spröde, ...) ist die Wahl der geeigneten Vergleichshypothese. Hiervon abhängig ist auch die Wahl des Dimensionierungskennwertes (vgl. Abschnitt 7.2.3). Im Folgenden werden die gängigsten Versagenshypothesen und ihr Einsatzbereich erläutert.

Hauptnormalspannungshypothese

Diese Hypothese geht davon aus, dass das Versagen als Trennbruch senkrecht zur größten Normalspannung auftritt. Sie geht auf die Arbeiten von [Rankine, Lamé und Navier] zurück und kann für spröde Werkstoffe, Lastfälle (z. B. stoßartige Belastung) oder gestalterische Gegebenheiten (z. B. Kerben), die sprödes Versagen bedingen, angewendet werden. Nach ihr wird das Werkstoffverhalten durch die beiden Kennwerte Druckfestigkeit σ_{dB} und Zugfestigkeit σ_{zB} bestimmt. Versagen tritt ein, wenn eine der folgenden Bedingungen erfüllt ist:

$$\sigma_1 = \begin{cases} \sigma_{zB}, \\ -\sigma_{dB}, \end{cases} \vee \quad \sigma_2 = \begin{cases} \sigma_{zB}, \\ -\sigma_{dB}, \end{cases} \vee \quad \sigma_3 = \begin{cases} \sigma_{zB}, \\ -\sigma_{dB}. \end{cases} \tag{7.10}$$

Die Versagensfläche entspricht im dreidimensionalen Raum dem Flächeninhalt der Oberfläche eines Würfels, siehe Bild 7.15.

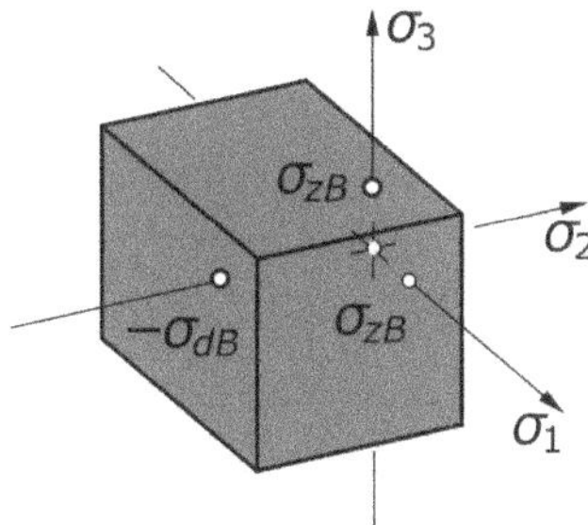

Bild 7.15 Versagenskörper nach der Normalspannungshypothese [nach Gross und Seelig]

In der Darstellung ist der Tatsache Rechnung getragen, dass für unverstärkte Kunststoffe eine höhere Druckfestigkeit σ_{dB} als Zugfestigkeit σ_{zB} vorherrscht.

Schubspannungskriterium nach Tresca

Dieses Kriterium gilt für Werkstoffe, bei denen die Schubspannung maßgebend für das Versagen ist. Dies trifft bspw. für zähe Werkstoffe zu. Das Schubspannungskriterium ist definiert als:

$$\sigma_V = \sigma_1 - \sigma_3 \,, \tag{7.11}$$

woraus sich für die Schubfestigkeit

$$\tau_B = 0{,}5 \cdot \sigma_{zB} \tag{7.12}$$

ergibt. Für Werkstoffe, bei denen sich die Druckfestigkeit σ_{dB}von der Zugfestigkeit σ_{zB} unterscheidet, wird die Verhältniszahl m eingeführt:

$$m = \frac{\sigma_{dB}}{\sigma_{zB}} \tag{7.13}$$

Hieraus ergibt sich für die Schubfestigkeit:

$$\tau_B = \frac{m}{m+1} \cdot \sigma_{zB} \tag{7.14}$$

konische und parabolische Versagenshypothese

Für die meisten unverstärkten Kunststoffe ist $\sigma_{dB} \neq \sigma_{zB}$, daher muss dieser Umstand auch in den Versagenshypothesen berücksichtigt werden. Die konische Versagenshypothese ist im Dreidimensionalen definiert mit [Ehrenstein, Erhard]:

$$\sigma_{Vm} = \frac{m-1}{2m}\left(\sigma_1 + \sigma_2 + \sigma_3\right) \pm \frac{m+1}{2\sqrt{2m}} \sqrt{\left(\sigma_1 - \sigma_2\right)^2 + \left(\sigma_2 - \sigma_3\right)^2 + \left(\sigma_3 - \sigma_1\right)^2}$$

$$\sigma_{Vt} = \frac{\sqrt{3}t-1}{\sqrt{3}t}\left(\sigma_1 + \sigma_2 + \sigma_3\right) \pm \frac{1}{\sqrt{6}t} \sqrt{\left(\sigma_1 - \sigma_2\right)^2 + \left(\sigma_2 - \sigma_3\right)^2 + \left(\sigma_3 - \sigma_1\right)^2} \tag{7.15}$$

$$_{Vp} = \frac{2-\sqrt{3}p}{\sqrt{3}p\left(\sqrt{3}-1\right)}\left(\sigma_1 + \sigma_2 + \sigma_3\right) \pm \frac{3p-2}{\sqrt{6}p\left(\sqrt{3}-1\right)} \sqrt{\left(\sigma_1 - \sigma_2\right)^2 + \left(\sigma_2 - \sigma_3\right)^2 + \left(\sigma_3 - \sigma_1\right)^2}$$

mit:

$$m = \frac{\sigma_{dB}}{\sigma_{zB}};\ t = \frac{\tau_B}{\sigma_{zB}};\ p = \frac{\sigma_{\bar{p}}}{\sigma_{zB}};\ \sigma_{\bar{p}} = \sigma_{tan} = \frac{p_i \cdot d_m}{2 \times s} \tag{7.16}$$

wo p_i dem Innendruck, d_m dem mittleren Durchmesser und s der Wanddicke eines Innendruck-beaufschlagten Rohres entspricht. Die Nutzung der Verhältniszahl p empfiehlt sich für eine biaxiale Zugbeanspruchung, wohingegen für kombinierte Zug/Druck-Hauptnormalspannungsbeanspruchung nur die Verhältniszahlen m oder t genutzt werden sollten [Erhard].

Die parabolische Versagenshypothese ist im Dreidimensionalen definiert mit [Ehrenstein, Erhard]:

$$\sigma_{Vm} = \frac{m-1}{2m}\left(\sigma_1+\sigma_2+\sigma_3\right)$$
$$\pm\sqrt{\left(\frac{m+1}{2m}\right)^2\left(\sigma_1+\sigma_2+\sigma_3\right)^2+\frac{1}{2m}\left[\left(\sigma_1-\sigma_2\right)^2+\left(\sigma_2-\sigma_3\right)^2+\left(\sigma_3-\sigma_1\right)^2\right]}$$

$$\sigma_{Vt} = \frac{3t^2-1}{6t^2}\left(\sigma_1+\sigma_2+\sigma_3\right)$$
$$\pm\sqrt{\left(\frac{3t^2-1}{6t^2}\right)^2\left(\sigma_1+\sigma_2+\sigma_3\right)^2+\frac{1}{6t^2}\left[\left(\sigma_1-\sigma_2\right)^2+\left(\sigma_2-\sigma_3\right)^2+\left(\sigma_3-\sigma_1\right)^2\right]} \qquad (7.17)$$

$$\sigma_{Vp} = \frac{4-3p^2}{6p(2-p)}\left(\sigma_1+\sigma_2+\sigma_3\right)\pm\frac{3p-2}{\sqrt{6}p\left(\sqrt{3}-1\right)}$$
$$\sqrt{\left(\frac{4-3p^2}{6p(2-p)}\right)^2\left(\sigma_1+\sigma_2+\sigma_3\right)^2+\frac{3p-2}{3p(2-p)}\left[\left(\sigma_1-\sigma_2\right)^2+\left(\sigma_2-\sigma_3\right)^2+\left(\sigma_3-\sigma_1\right)^2\right]}$$

In Bild 7.16 sind die konische und parabolische Versagenshypothese in der normierten Hauptnormalspannungsebene für unterschiedliche Verhältniszahlen dargestellt. Für $m = 1$ entsprechen beide Versagenshypothesen dem Huber, von Mises, Hencky (HMH)-Kriterium. Es ist zu erkennen, dass sowohl für die konische als auch die parabolische Versagenshypothese die ertragbaren Spannungen im Druckbereich höher als im Zugbereich bewertet werden.

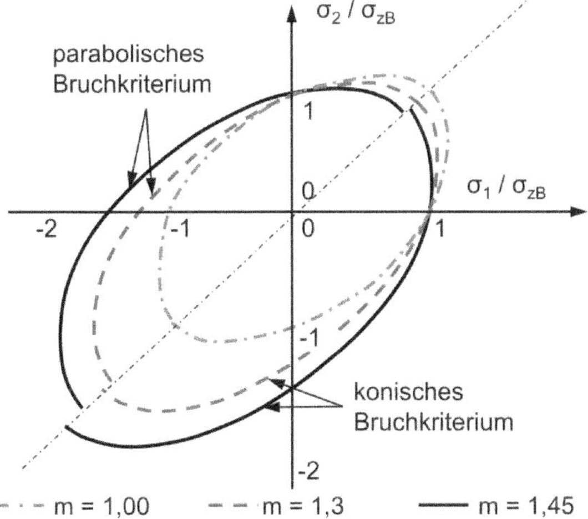

Bild 7.16 Darstellung des Bruchversagens unter ebener Beanspruchung in der normierten Hauptnormalspannungsebene bei RT (m = 1 entspricht dem HMH-Kriterium) [Erhard; Stommel, Stojek, Korte]

In Tabelle 7.3 sind beispielhaft die Verhältniszahlen *m* und *t* (siehe Formel 7.16) für ausgewählte Kunststoffe aufgeführt.

Tabelle 7.3 Verhältniszahlen *m* und t ausgewählter duktiler und spröder Kunststoffe [Müller, Erhard]

Kunststoff	*m*	*t*
Duktile Kunststoffe		
CAB	1,00	0,58
PC	1,20 - 1,22	0,61 - 0,65
PE	1,34	0,86
PP	1,32	0,83
Spröde Kunststoffe		
CA	1,23	0,98
EP	1,33 - 1,45	0,65 - 0,69
PMMA	1,40 - 1,50	0,67 - 0,69
PS	4,00 - 4,10	1,64 - 1,57
PVCA	1,29	1,04
UP	3,00	1,00

Anzumerken ist, dass für die oben genannten Versagenshypothesen abhängig von der Verhältniszahl zwei Werkstoffkennwerte zu ermitteln sind. Im Speziellen für die Verhältniszahl *m* werden die Druck- und Zugfestigkeit (σ_{dB}, σ_{zB}) benötigt. Die experimentelle Ermittlung der Druckfestigkeit ist messtechnisch herausfordernd, da bspw. Reibungseinflüsse berücksichtigt werden müssen. Die oben genannten Verhältniszahlen sind als Richtwerte zu interpretieren, da sie für unterschiedliche Werkstofftypen durchaus variieren können. Dies bedeutet im Umkehrschluss einen erhöhten messtechnischen Aufwand zur Ermittlung der Verhältniszahlen für spezielle Typen. Für ein weiterführendes Literaturstudium sei an dieser Stelle auf die Werke von [Gross] oder [Stommel] verwiesen.

Dehnungsbezogene Vergleichshypothesen

Im Fall der Dimensionierung gegen eine zulässige Dehnung (bspw. kritische Grenzdehnung) ist aufgrund der Querkontraktion der vorherrschende multiaxiale Dehnungszustand in eine Vergleichsdehnung umzurechnen. Abhängig davon, ob aufgrund von geometrischen Begrenzungen nur eine bestimmte Verformung zugelassen ist, muss gegen eine funktionsrelevante Verformung oder gegen eine werkstoffabhängige Verformungsgrenze dimensioniert werden. Die funktionsrelevante Verformung kann daher auch weit unter der werkstoffabhängigen Verformungsgrenze liegen. Als Vergleichsdehnung wird in diesem Zusammenhang eine einer einachsigen Spannung gleichgerichtete Dehnung verstanden. Hierbei treten Querdehnungen ungehindert auf [Stommel]. Wichtig ist, dass es sich hierbei um eine Spezialform eines mehrachsigen Dehnungszustandes handelt und nicht um eine einachsige Dehnung [Radaj].

Größtdehnungshypothese

Bei der Größtdehnungshypothese wird ein Versagen aufgrund der höchsten wirkenden Dehnung in Richtung ebendieser angenommen. Dies beruht auf der Beobachtung, dass sowohl amorphe wie auch teilkristalline Thermoplaste nach Überschreiten einer kritischen Dehnung immer senkrecht zur größten wirkenden Normalspannung versagen [Taprogge]. Somit lässt sich die Vergleichsdehnung direkt mit der in einem uniaxialen Zugversuch ermittelten Dehnung in Zugrichtung vergleichen, da diese im Vergleich zu den vorherrschenden Querdehnungen immer den höchsten Wert hat. Die Vergleichsdehnung ist wie folgt definiert:

$$\varepsilon_V = \max\left(\varepsilon_1, \varepsilon_2, \varepsilon_3\right) \tag{7.18}$$

Die Größtdehnungshypothese ist bei Kunststoffen anzuwenden, die durch einen spröden Trennbruch versagen. Dies ist bei Kunststoffen der Fall, die im Einsatztemperaturbereich ein sprödes Werkstoffverhalten aufweisen. Neben dem Temperaturbereich müssen versprödende Einflüsse auf den Werkstoff wie bspw. UV-Strahlung oder gewisse Medien berücksichtigt werden.

Normaldehnungshypothese

Die Normaldehnungshypothese leitet sich unter Nutzung des allgemeinen Hookeschen Gesetzes aus der Hauptspannungshypothese ab und ist wie folgt definiert:

$$\varepsilon_{V,N} = \frac{1}{1+\nu}\left[\varepsilon_1 \frac{\nu}{1-2\nu}\left(\varepsilon_1 + \varepsilon_2 + \varepsilon_3\right)\right] \tag{7.19}$$

mit:
$\varepsilon_{V,N}$ = Vergleichsdehnung nach Normaldehnungshypothese
ε_i = Hauptdehnungen $i \in 1,2,3$
ν = Querkontraktionszahl

Anzumerken ist, dass immer noch die Annahme zugrunde liegt, dass die größte wirkende Normalspannung Ursache für das Versagen ist [Stommel].

Das Hookesche Gesetz stellt jedoch nur einen Zusammenhang aus Spannung zu Dehnung im linearelastischen Bereich her. Dieser ist für Kunststoffe im Allgemeinen jedoch auf nur sehr geringe Dehnungen beschränkt. Bereits ab vergleichsweise geringen Beanspruchungen treten erste plastische Verformungen ein. Dies muss bei der Umrechnung von Vergleichsspannungshypothesen in die Normalspannungshypothese berücksichtigt werden, da sich mit zunehmendem plastischen Anteil die Querkontraktion von etwa 0,3 im linearelastischen Bereich dem Wert von 0,5 im rein plastischen Bereich annähert. Die effektive Querkontraktion errechnet sich unter Berücksichtigung der Temperatur, Zeit und Spannung über:

$$\nu_{eff}\left(\vartheta,t,\sigma\right)=0{,}5-\left(0{,}5-\nu_0\right)\frac{E_T\left(\vartheta,t,\sigma\right)}{E_0} \tag{7.20}$$

mit:

ν_{eff} = effektive Querkontraktionszahl
ν_0 = elastische Querkontraktionszahl bei RT
E_0 = Tangentenmodul
E_T = Ursprungsmodul bei RT

Der Tangentenmodul ist lastfallabhängig im Kurzzeitzugversuch oder aus isochronen Spannungs-Dehnungs-Diagrammen (wahre Spannungs-Dehnungs-Kurven) abzuleiten (Stommel).

In Tabelle 7.4 sind Orientierungswerte für die elastische Querkontraktion für einige ausgewählte Kunststoffe aufgeführt.

Tabelle 7.4 Orientierungswerte für die Querkontraktionszahl im linear-elastischen Bereich ausgewählter Kunststoffe bei 20 °C [Ehrenstein]

PS	0,33
PMMA	0,33
PA 6.6, PA 6 (trocken)	0,33
PC	0,42
PP	0,40
PE-LD	0,45
PE-HD	0,38
PTFE	0,40
PBI	0,34

Oktaederscherdehnungshypothese

Die Oktaederscherdehnungshypothese leitet sich aus der Oktaederschubspannungshypothese ab und ist wie folgt definiert [Issler]:

$$\varepsilon_{V,OS}=\frac{1}{\sqrt{2}\left(1+\nu\right)}\sqrt{\left(\varepsilon_1-\varepsilon_2\right)^2++\left(\varepsilon_2-\varepsilon_3\right)^2+\left(\varepsilon_3-\varepsilon_1\right)^2} \tag{7.21}$$

mit:

$\varepsilon_{V,OS}$ = Vergleichsdehnung nach Oktaederscherdehnungshypothese
ε_i = Hauptdehnungen $i \in 1,2,3$
ν = Querkontraktionszahl

Die Oktaederscherdehnungshypothese lässt sich für den Fall anwenden, dass ein Versagen infolge von Fließen erwartet wird. Dies ist bei Kunststoffen der Fall, die im Einsatztemperaturbereich ein duktiles Werkstoffverhalten aufweisen. Bei einem Vergleich der Oktaedervergleichsdehnung mit Daten aus dem uniaxialen Zugversuch sind die Querdehnungen zu ermitteln und die Dehnungen ebenfalls über die Oktaederscherdehnungshypothese umzurechnen [Stommel].

In der Praxis wird zur Bewertung des Versagens von duktilen Werkstoffen häufig eine plastische Dehngrenze definiert. Diese kann mit der plastischen Vergleichsdehnung ins Verhältnis gesetzt werden. Die plastische Vergleichsdehnung $\overline{\varepsilon}_V$ errechnet sich über [Brocks]:

plastische Vergleichsdehnung

$$\overline{\varepsilon}_V^{pl} = \int_0^t \dot{\overline{\varepsilon}}^{pl} d\tau \tag{7.22}$$

mit der plastischen Vergleichsdehnrate:

$$\dot{\overline{\varepsilon}}^{pl} = \sqrt{\frac{2}{3}\dot{\varepsilon}_{ij}^{pl}\dot{\varepsilon}_{ij}^{pl}} \tag{7.23}$$

Der akkumulierten plastischen Vergleichsdehnung ist somit die Belastungsgeschichte und insbesondere die Verfestigung $R\left(\varepsilon^{pl}\right)$ inhärent. Die plastischen Dehnungsinkremente sind deviatorisch [Brocks].

Für Beispielrechnungen sei auf weiterführende Literatur, wie [Dubbel, Erhard, Gross oder Selke] verwiesen.

7.3 Auslegung und Bemessung von Bauteilen aus unverstärkten Kunststoffen unter dynamischer Last

Die meisten Kunststoffbauteile werden im Produktlebenszyklus nicht nur statisch belastet. Oft sind sie zyklischen oder stoßartigen Beanspruchungen ausgesetzt. Im Folgenden wird daher auf beide Belastungsarten näher eingegangen.

7.3.1 Zyklische Belastung

In den meisten Fällen führen zyklische Belastungen zum Versagen der Bauteile, daher muss diesen eine gesonderte Aufmerksamkeit zuteilwerden. Abhängig vom Vorzeichen der Last können nach DIN 50100 (Dauerschwingversuch) zyklische Belastungen in Druckschwell-, Wechsel- oder Zugschwelllast eingeteilt werden, dargestellt in Bild 7.17. Lastgrößen können bspw. Kräfte, Biege- oder Torsionsmomente, der Schwingweg oder Verdrehwinkel sein. Aus dem Verhältnis des Minimums der Last L_{min} zu dem Maximum der Last L_{max} lässt sich das Lastverhältnis R wie folgt berechnen:

$$R = \frac{L_{min}}{L_{max}} \tag{7.24}$$

Sofern das Maximum oder Minimum der Last null ist, kann eine Bereichszuordnung der Last in Druck-, Wechsel- oder Zugschwelllast jedoch nicht eindeutig erfolgen (siehe Bild 7.17). Eine eindeutige Zuordnung kann über das Mittellastverhältnis erfolgen. Dieses ist definiert über:

$$A = \frac{|L_a|}{L_m} \tag{7.25}$$

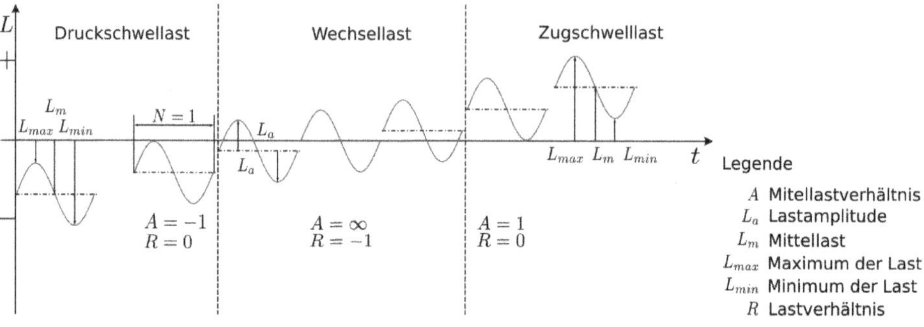

Bild 7.17 Last-Zeit-Verlauf gemäß DIN 50100

Zyklische Belastungen können eine sog. Ermüdung des Werkstoffes bedingen. Als Ermüdung bezeichnet man „die werkstoffschädigende Folgeerscheinung unter zyklischen Belastungen in Form von Rissbildung und langsamem, stabilem Risswachstum“ [Bürgel]. Neben der mechanischen Belastung kann eine zyklische Temperaturänderung zu thermischer Ermüdung führen. Die Frequenz bei thermischer Belastung ist i. A. viel geringer als bei einer zyklischen mechanischen Belastung. Bei Kunststoffbauteilen kann es abhängig von der Höhe der Frequenz aufgrund des viskoelastischen Werkstoffverhaltens und der hohen Dämpfungseigenschaften über dem Belastungszeitraum zu einer Eigenerwärmung kommen. Der Effekt ist in Bild 7.18 dargestellt. Bei einer spannungsgesteuerten Schwingungsbelastung wird der Werkstoff mit einer zeitlich konstanten Mittelspannung und konstanter Lastamplitude beansprucht. Hierbei wirkt die Mittelspannung wie eine langzeitige (statische) Belastung. Bei entsprechender Höhe der Mittelspannung nimmt die mittlere Dehnung stetig zu. Ebenso vergrößert sich die Dehnungsamplitude aufgrund der Eigenerwärmung und damit der Abnahme der Bauteilsteifigkeit. Bei dehnungsgesteuerten Versuchen hingegen ist eine stetige Abnahme der Mittelspannung aufgrund von Relaxationseffekten im Werkstoff und der Spannungsamplitude aufgrund der Steifigkeitsabnahme zu beobachten. Somit ist der Eigenerwärmung von polymeren Werkstoffen eine gesonderte Beachtung zu schenken und sie ist bei der Auslegung sowie der Versuchsdurchführung zu berücksichtigen.

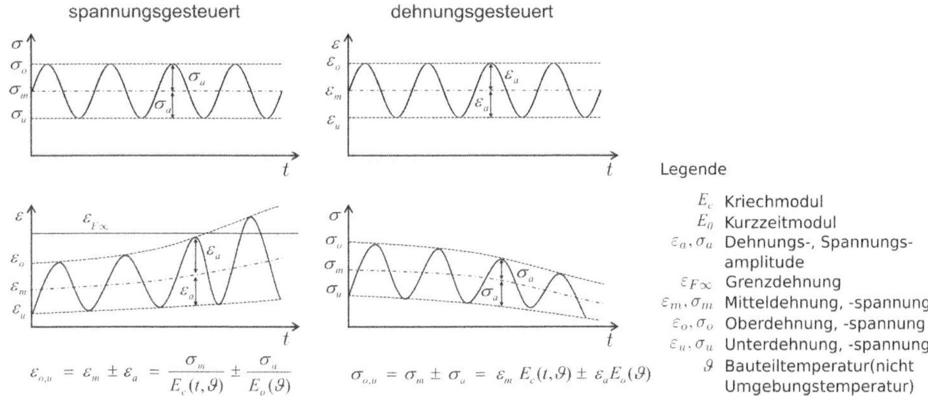

Bild 7.18 Schematische Darstellung der dehnungs- und spannungsgesteuerten Schwingungsbelastung bei thermoplastischen Werkstoffen [nach Stommel]

Bestimmung dynamisch-mechanischer Kennwerte

Dynamisch-mechanische Analysen (DMA) werden unter Einsatz einer Temperierkammer zur Bestimmung von Speicher- und Verlustmoduln von Kunststoffen bei unterschiedlichen Temperaturen und Frequenzen genutzt. Des Weiteren kann über die Temperatur- und Frequenzabhängigkeit des Verlustmoduls auf die Schall- oder Schwingungsdämpfung des polymeren Werkstoffs geschlossen werden. In den Teilen 1 bis 12 der DIN EN ISO 6721 sind die unterschiedlichen Verfahren zur Bestimmung dynamisch-mechanischer Materialkennwerte dargestellt.

Bei einer zyklisch-dynamisch-harmonischen Belastung lässt sich, mit Ausnahme von rein elastischen Werkstoffen, eine Phasenverschiebung zwischen Spannung σ(t) und Dehnung ε(t) feststellen, siehe Bild 7.19. Der Phasenwinkel δ bei Werkstoffen mit rein elastischen Eigenschaften entspricht 0, bei rein viskosem Verhalten $\frac{\pi}{2}$ und bei viskoelastischen Eigenschaften $0 < \delta < \frac{\pi}{2}$. Die dynamische Verformung $\varepsilon(t)$ sowie die dynamische Spannung $\sigma(t)$ sind gegeben durch:

$$\varepsilon(t) = \varepsilon_a \sin(2\pi f t) \quad (7.26)$$

$$\sigma(t) = \sigma_a sin(2\pi f t + \delta) \quad (7.27)$$

mit:

ε_a, σ_a = Dehnungs- bzw. Spannungsamplitude

δ = Phasenwinkel in rad

f = Frequenz in Hz

t = Zeit in s

Neben dem Spannungs-Dehnungs-Verlauf lassen sich unter der Voraussetzung sinusförmiger Schwingungen mit konstanter Amplitude und konstanter Frequenz für einen homogenen Werkstoff komplexe Moduln ableiten. Abhängig von der Verformungsart kann der komplexe Modul M^* von unterschiedlichem Typ sein:

E^*, G^*, K^* *oder* L^* (*DIN EN ISO 6721-1*). Hierbei ist E^* der komplexe Elastizitätsmodul (Zug, Biegung), G^* der komplexe Schubmodul (Schub, Torsion), K^* der komplexe Kompressionsmodul und L^* der komplexe Dehnmodul (einachsige Stauchung oder Longitudinalwellen).

Der komplexe Modul M^* ist wie folgt definiert:

$$M^* = M' + iM'' \tag{7.28}$$

mit:
i = imaginäre Zahl $i^2 = -1$
M' = Speichermodul (Realteil des komplexen Moduls) in Pa
M'' = Verlustmodul (Imaginärteil des komplexen Moduls) in Pa

Der Betrag des komplexen Moduls stellt den Mittelwert aus Speicher- und Verlustmodul dar und ist wie folgt definiert:

$$\left|M^*\right| = \sqrt{M'^2 + M''^2} \tag{7.29}$$

Die Beziehung zwischen Speicher- M', Verlustmodul M'', dem Phasenwinkel δ und dem Betrag $\left|M^*\right|$ des komplexen Moduls M^* ist in Bild 7.19 in der rechten Bildhälfte dargestellt.

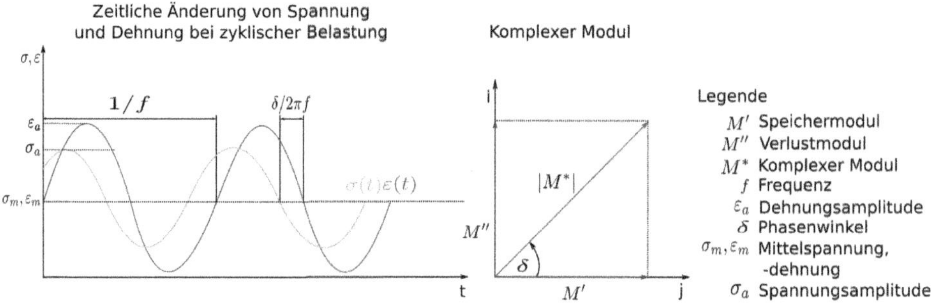

Bild 7.19 Dynamisches Verhalten eines viskoelastischen polymeren Werkstoffs (schematisch)

Der Verlustfaktor $\tan(\delta) = M'' / M'$ gibt das Verhältnis zwischen Verlust- und Speichermodul an und wird als Maß für die Dämpfung eines viskoelastischen Systems angewendet (*DIN EN ISO 6721-1*).

Der Speichermodul ist proportional zur maximal während eines Schwingspiels gespeicherten Arbeit und stellt somit die Steifigkeit eines viskoelastischen Werkstoffs dar. Der Verlustmodul ist proportional zur Arbeit, die während eines Lastspiels dissipiert. Wird die Spannung über der Dehnung aufgetragen, so stellt die entstehende Hysteresefläche ein Maß für die pro Schwingspiel in Wärme dissipierte Energie, die sog. volumenspezifische Verlustarbeit W'', dar (siehe Bild 7.20).

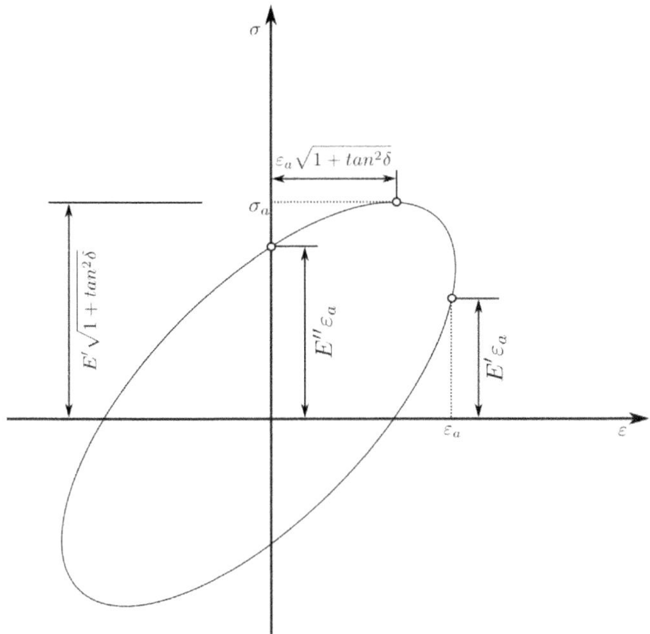

Bild 7.20 Hystereseschleife (schematisch nach DIN EN ISO 6721-1)

Diese ist definiert über [Frick]:

$$W'' = \pi\sigma_a\varepsilon_a sin\delta = \pi E''\varepsilon_a^2 \tag{7.30}$$

Die volumenspezifische Speicherarbeit W' je Schwingspiel errechnet sich über:

$$W' = \sigma_a\varepsilon_a cos\delta = E'\varepsilon_a^2 \tag{7.31}$$

Die volumenspezifische Verlustleistung (Verlustarbeit je Zeiteinheit), welche zur Eigenerwärmung einer zyklisch beanspruchten viskoelastischen Probe führt, errechnet sich über:

$$\dot{W}'' = \frac{dW''}{dt} = \pi f \sigma_a\varepsilon_a sin\delta \tag{7.32}$$

Die Temperaturanstiegsgeschwindigkeit $\dot{T}$ errechnet sich unter der Annahme, dass die volumenspezifische Verlustleistung vollständig in Wärme umgewandelt wird, über:

$$\dot{T} = \frac{1}{pc}\dot{W}'' \tag{7.33}$$

mit:

c = Spezifische Wärmekapazität in J/(kg · K)

ρ = Dichte in kg/m³

Für ein weiterführendes Literaturstudium hinsichtlich dynamisch-mechanischer Analysen sei an dieser Stelle auf die *DIN EN ISO 6721* oder [Frick] verwiesen.

Bestimmung der Dauerschwingfestigkeit

Charakteristisch für Bauteile unter zyklischer Belastung ist, dass das Versagen schon bei Lastniveaus deutlich unterhalb der Zugfestigkeit oder dem Erreichen der Streckgrenze eintritt. Aus diesem Grund sind für die Ermittlung der Dauerschwingfestigkeit σ_D zyklische Versuche, nach August Wöhler benannte Wöhlerversuche, notwendig. σ_D charakterisiert dabei die Spannungsamplitude σ_a, die von dem Werkstoff ohne Überschreiten einer zulässigen Verformung theoretisch „unendlich" oft erträgt. In der Praxis wird eine ertragbare Grenzspielzahl angesetzt, ab der die Dauerfestigkeit des Werkstoffs angenommen wird. Bei allen Spannungsamplituden oberhalb der Dauerschwingfestigkeit treten Werkstoffschädigungen ein, die abhängig von der Höhe der Spannungsamplitude zu einem Ermüden des Werkstoffs und schließlich zum Bruch des Werkstoffs, dem sogenannten Ermüdungsbruch, führen.

In Abbildung Bild 7.21 ist schematisch die Wöhlerkurve eines Kunststoffs in einfach logarithmischer Darstellung gezeigt. Der Werkstoff wird hierbei in einem Einstufenversuch mit konstanter Spannungsamplitude und gleichbleibender Mittelspannung zyklisch belastet. Bei Kunststoffen wird eine auf $7 \cdot 10^7$ Schwingspiele bezogene Schwingfestigkeit ermittelt. Im Gegensatz zu metallischen Werkstoffen ist auch nach Erreichen der Dauerfestigkeitsgrenze noch ein geringer Abfall der Spannungsamplitude zu erkennen.

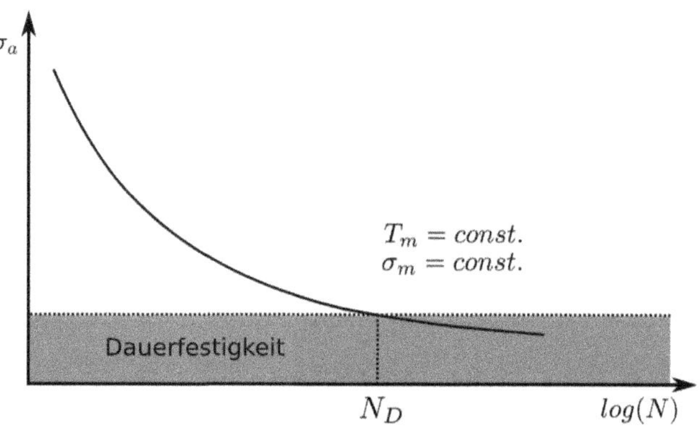

Bild 7.21 Schematische Darstellung einer Wöhlerkurve

Für ein weiterführendes Literaturstudium hinsichtlich zyklischer Versuche sei an dieser Stelle bspw. auf [Bürgel] verwiesen.

7.3.2 Stoßartige Belastung

Formteile aus polymeren Werkstoffen sind in der Praxis häufig beabsichtigten oder auch unbeabsichtigten Stoßbelastungen ausgesetzt. Geeignet für diese Belastungsart sind insbesondere schlagzähmodifizierte amorphe und teilkristalline Thermoplaste, da sie eine relativ hohe mechanische Dämpfung, Verformbarkeit und Zähigkeit aufweisen.

Unter extremen Randbedingungen (sehr hohe Verformungsgeschwindigkeiten, tiefe Temperaturen) können aber selbst Werkstoffe, die sich unter Raumtemperatur duktil verhalten, ein glasartig sprödes Versagensverhalten aufweisen. Der Bruch tritt in diesem Fall nahezu ohne vorherige plastische Verformung und damit praktisch ohne Vorwarnung ein. Um Kunststoffbauteile für hohe Belastungsgeschwindigkeiten und/oder niedrige Einsatztemperaturen sinnvoll dimensionieren zu können, ist es notwendig, das mechanische Werkstoffverhalten bei stoß- bzw. schlagartiger Belastung mit geeigneten Prüfmethoden zu charakterisieren.

Schlagbiegeversuch

Beim Schlagbiegeversuch nach ISO 179 wird die zum Zerbrechen eines Probekörpers notwendige Energie gemessen. Der auf den Querschnitt bezogene Wert ist die „Schlagzähigkeit a_n“ Da zähe Werkstoffe beim Schlagbiegeversuch nicht zwingend brechen, wurde ein Kerbschlagbiegeversuch etabliert, bei dem der Probekörper vor der Prüfung gekerbt wird. Die Kerbe erhöht die Empfindlichkeit des Prüfkörpers gegen Schlagbeanspruchung maßgeblich. Den so ermittelten Kennwert nennt man die „Kerbschlagzähigkeit a_k“. Beide Werte geben einen Hinweis auf die Widerstandsfähigkeit eines Materials gegenüber einer einmaligen schlagartigen Beanspruchung (Bild 7.22).

Eine umfassende Aussage über das Verhalten eines Kunststoffs bei schlagartiger Beanspruchung ist nur möglich, wenn Versuche in großer Zahl über einen weiten Temperaturbereich, insbesondere auch bei tiefen Temperaturen, durchgeführt werden. Bei Schlagbiegeversuchen sind die Ergebnisse darüber hinaus stark von der Probenform und der Prüfanordnung abhängig. Die Schlagzähigkeitswerte sind daher nicht als quantitative Berechnungsgrundlage anzusehen, geben aber ein wertvolles Bild des temperaturabhängigen Zähigkeitsverhaltens und können somit zur Auswahl des Werkstoffs dienen. Als Prüfgerät ist ein Pendelschlagwerk mit Schleppzeiger gemäß DIN 51222 einzusetzen. Nach der Art und Weise der Probenlagerung unterscheidet man zwei Arbeitsweisen (Bild 7.23).

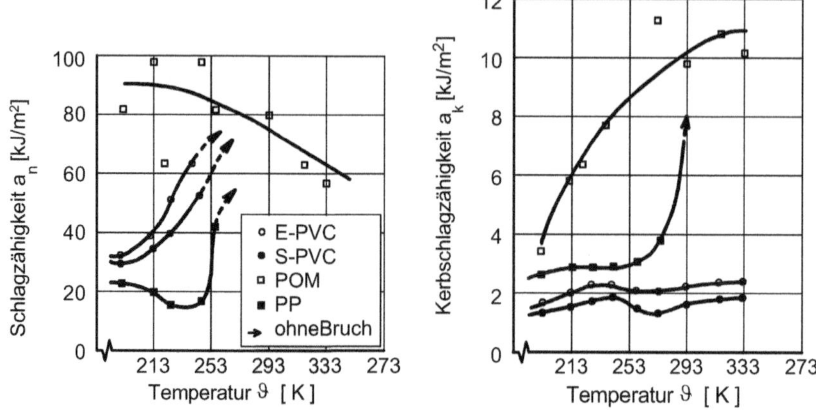

Bild 7.22 Schlagzähigkeit und Kerbschlagzähigkeit einiger Thermoplaste (E- bzw. S-PVC sind über Emulsion bzw. Suspension hergestellte Werkstoffe)

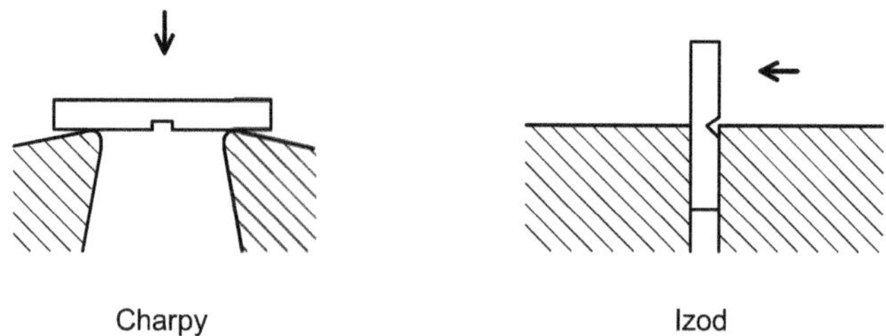

Bild 7.23 Anordnung der Probekörper und Kerben bei den Schlagbiegeversuchen nach Charpy und Izod

Die beim Schlagbiegeversuch verbrauchte und vom Gerät angezeigte Schlagarbeit setzt sich aus mehreren Anteilen zusammen:

a) Bruchenergie:

   Biegeenergie des Probekörpers

   Rissbildungsenergie am Probekörper

   Durchreißenergie des Probekörpers

b) restliche Energieanteile:

   Fortschleuderenergie des gebrochenen Probekörpers

   Reibungsverlust des Pendels

Bei einwandfrei arbeitenden Pendelschlagwerken sind bei der Verwendung von Normkleinstäben (50 × 6 × 4 mm^3) die beiden letzten Energieanteile gering und können vernachlässigt werden, sofern die verbrauchten Schlagarbeiten größer als 200 Nmm sind.

Aus dieser Schlagarbeit wird die Schlagzähigkeit durch Division durch den Probenquerschnitt ermittelt:

Schlagzähigkeit Kerbschlagzähigkeit

$$a_n = \frac{A_n}{b \cdot h} \qquad a_k = \frac{A_k}{b \cdot h} \tag{7.34}$$

Infolge der starken Streuung der Einzelwerte soll der Messwert als Mittelwert mindestens aus 10, vorzugsweise 20 gültigen Einzelmessungen errechnet und nur auf eine Dezimale genau angegeben werden. Werte von „durchgezogenen“, nur angebrochenen oder noch mit einer Haut zusammenhängenden Stäben sind zu verwerfen. Ein Zusammenhängen der Probekörper nach dem Schlag zeigt, dass die Festigkeit der Probekörper auf jeden Fall größer als der angezeigte Wert ist.

Die Schlagzähigkeit berechnet sich als Quotient aus Schlagarbeit und Probenquerschnitt. Sie ist vom Querschnitt des Probekörpers abhängig, weil die in der Regel durch Spritzgießen hergestellten Probekörper unterschiedliche Orientierungen und Eigenspannungen aufweisen, welche die Werkstoffeigenschaften stark beeinflussen. Diese Werte sind daher bei den verwendeten „Normkleinstäben“ genauer als bei den in der Regel dickeren Formteilen. Bei der Kerbschlagzähigkeit nach Izod - senkrecht stehender Probekörper mit V-Kerbe - wird die Schlagarbeit nicht auf den Probekörperquerschnitt, sondern auf die Kerblänge bezogen, sodass die Dimension der Izod-Kerbschlagzähigkeit in J/mm angegeben wird. Es sind daher nur Schlagzähigkeitswerte von geometriegleichen und unter gleichen Bedingungen hergestellten Probekörpern vergleichbar.

Zug- und Durchstoßversuche auf servohydraulischen Prüfmaschinen

In vielen Fällen reicht der Schlagbiegeversuch nicht mehr aus, um aussagekräftige Kennwerte zu bestimmen. Dies ist zum einen der Fall, wenn die Energie des Schlagpendels nicht mehr ausreichend ist, den Probekörper zu zerreißen, also etwa bei sehr zähen oder hochfesten Materialien, oder zum anderen, wenn andere Beanspruchungsszenarien realisiert werden müssen. In beiden Fällen können servohydraulische Prüfmaschinen zum Einsatz kommen, auf denen neben Biegeversuchen üblicherweise auch Durchstoß- und Schnellzerreißversuche durchgeführt werden.

Der Aufbau der hierzu verwendeten Prüfvorrichtung ist schematisch in Bild 7.24 für den Schnellzerreißversuch dargestellt. Im Gegensatz zu spindelgetriebenen Universalprüfmaschinen werden die erforderlichen Verfahrbewegungen bei servohydraulischen Prüfmaschinen durch einen Ölstrom realisiert. Durch einen Öldruckspeicher wird dabei gewährleistet, dass ein großes Ölvolumen unter hohem Druck in einer sehr kurzen Zeit zur Verfügung gestellt werden kann.

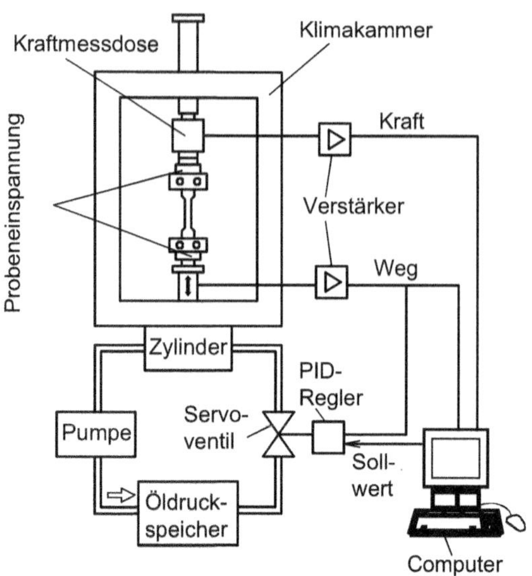

Bild 7.24 Prinzipskizze des Prüfstandaufbaus

Aufgrund ihrer Konzeption bietet die verwendete Prüfvorrichtung eine Reihe von Vorteilen:

- Die Verformungsgeschwindigkeit lässt sich in einem weiten Bereich variieren (Kolbengeschwindigkeit: 0 bis ca. 30 m/s).
- Kraft, Weg oder Dehnung können geregelt werden, sodass durch Vorgabe elektrischer Sollwerte praktisch beliebige Verformungs- bzw. Belastungsverläufe realisierbar sind
- Durch die Verwendung der Temperierkammer um Proben und Einspannung kann die Versuchstemperatur einfach variiert werden.
- Die Möglichkeit der Prüfung verschiedener Probekörper und (Modell-) Bauteile im Zug-, Biege- oder Durchstoßversuch ist gegeben.

Durchstoßversuch

Ein in der Realität sehr häufiger Belastungsfall ist das stoßartige Auftreffen eines harten Gegenstandes auf ein flächiges Formteil, wie z. B. Steinschlag bei Außenverkleidungen an Fahrzeugen. Um für einen solchen Fall eine qualitative Einschätzung des Werkstoffverhaltens vornehmen zu können, werden Durchstoßversuche auf servohydraulischen Prüfmaschinen nach ISO 6603 durchgeführt.

Hierzu werden ebene kreisförmige oder quadratische Probekörper mit einem Durchmesser bzw. einer typischen Kantenlänge von 60 mm und einer Dicke von typischerweise 2 mm eingespannt und von einem Durchstoßdorn, an dessen halbkugelförmiger Spitze sich eine Kraftmessdose befindet, durchstoßen. Während des Versuchs wird die Durchstoßkraft als Funktion des Durchstoßwegs aufgenommen. Die Durchstoßgeschwindigkeit beim Versuch ist konstant und beträgt üblicherweise einige m/s. Einen typischen Durchstoßkraft-Durchstoßweg-Verlauf zeigt Bild 7.25.

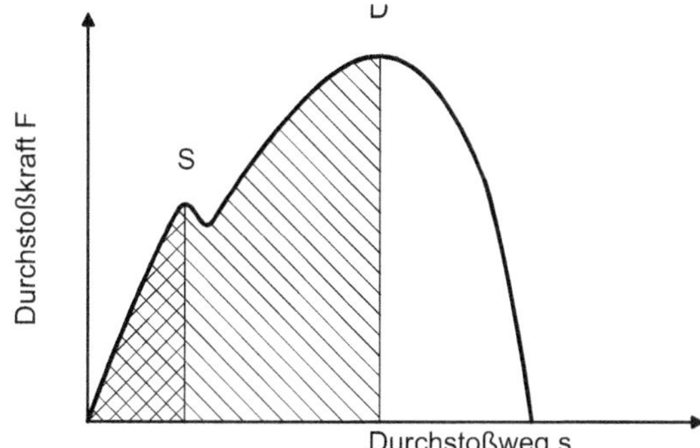

Bild 7.25 Kraft-Weg-Verlauf beim Durchstoßversuch

Erste Schädigungen führen zu einem schlagartigen Kraftabfall (Punkt S). Dieses Verhalten wird insbesondere bei spröden Thermoplasten und Faserverbundkunststoffen beobachtet. Da der Dorn die Platte weiter verformt, steigt die Kraft weiter an. Als Durchstoß wird das Maximum (Punkt D) der Kraft-Weg-Kurve bezeichnet. Die zugehörigen Schädigungs- und Durchstoßarbeiten lassen sich als die jeweiligen Flächen unter der Kraft-Verformungs-Kurve bestimmen. Je größer die Energie ist, die vom Kunststoff im Durchstoßversuch aufgenommen werden kann, desto geeigneter ist er für den Einsatz in einem entsprechend beanspruchten Bauteil.

Schnellzerreißzugversuch

Weder mit dem Schlagbiegeversuch noch mit dem Durchstoßversuch ist es möglich, quantitative Werkstoffkennwerte zu ermitteln, also Materialkennwerte, die zur rechnerischen Bauteildimensionierung herangezogen werden können. Sie dienen lediglich zur qualitativen Bewertung der Stoßeigenschaften verschiedener Kunststoffe (Werkstoffvorauswahl). Echte Dimensionierungskennwerte für Stoßbeanspruchungen können wegen der einfachen, gut überschaubaren Spannungsverteilung im Prüfkörperquerschnitt nur mit einachsigen Zugversuchen (Schnellzerreißversuche) an Normprüfkörpern nach ISO 8256 gewonnen werden. Typische Spannungs-Dehnungs-Verläufe von Kunststoffen im Schnellzerreißversuch sind in Bild 7.26 schematisch dargestellt.

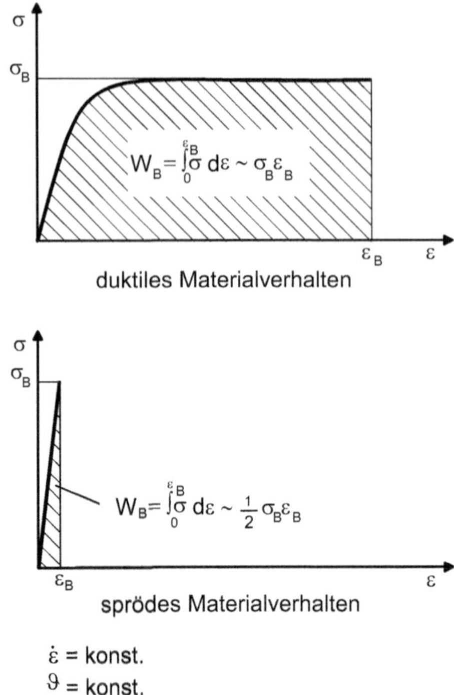

Bild 7.26 Spannungs-Dehnungs-Verhalten beim Schnellzerreißversuch (schematisch)

Wie im Kurzzeitzugversuch können auch im Schnellzerreißversuch Unterschiede im Materialverhalten verschiedener Kunststofftypen beobachtet werden. So zeigen insbesondere amorphe Thermoplaste ein nahezu linear-elastisches Verformungsverhalten in Verbindung mit einem spröden Versagen, das durch eine geringe Bruchdehnung gekennzeichnet ist (Bild 7.26 unten), wohingegen teilkristalline Thermoplaste ein ausgeprägt viskoelastisches, duktiles Materialverhalten aufweisen (Bild 7.26 oben).

Die Eigenschaften polymerer Werkstoffe sind in hohem Maße abhängig von Zeit und Temperatur. Bei Stoßbelastung äußert sich diese Abhängigkeit in einem Übergang vom linear-viskoelastischen zum linear-elastischen Verformungsverhalten mit zunehmender Beanspruchungsgeschwindigkeit bzw. abnehmender Temperatur. Gleichzeitig fällt die Bruchdehnung ε_B ab und strebt einem unteren Grenzwert zu (Bild 7.27). Diese minimale Bruchdehnung ε_{min} wird auch bei höchsten Dehngeschwindigkeiten nicht unterschritten, sodass sich dieser Wert als Kenngröße anbietet.

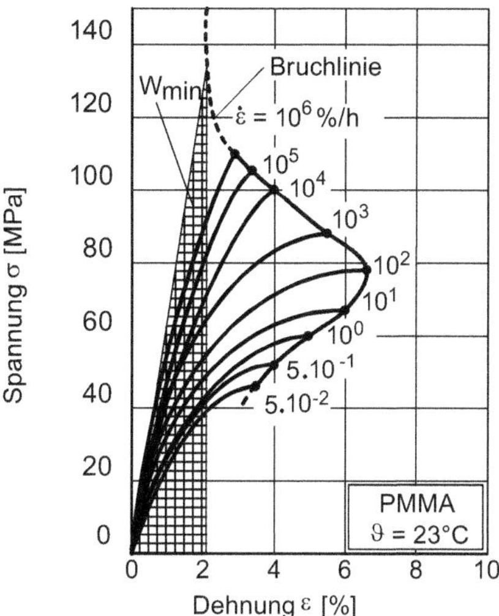

Bild 7.27 Spannungs-Dehnungs-Verhalten von PMMA für ϑ = const.

Viele praktische Fälle beinhalten Formteile mit Kerben, an denen bei schlagartiger Beanspruchung bevorzugt eine Verformung stattfindet. Da im Kerbgrund jedoch eine Dehnung kaum anzugeben ist, kann mit einem Dehnungsgrenzwert nicht gerechnet werden. Ein geeigneter Kennwert zur Auslegung bei schlagartiger Beanspruchung ist hingegen eine kritische Energie.

Betrachtet man für verschiedene Verformungsgeschwindigkeiten die Flächen unter der Spannungs-Dehnungs-Kurve, wird deutlich, dass auch die volumenspezifische Arbeitsaufnahme zunächst mit steigender Geschwindigkeit abnimmt und schließlich bei Erreichen der minimalen Bruchdehnung ebenfalls einen Minimalwert w_{min} annimmt (Bild 7.27). Wie man erkennt, ist dies die kleinste Energie, die bei einem Werkstoff zum Bruch führen kann. Man kann hiermit für die Dimensionierung von Bauteilen aus polymeren Werkstoffen gegen Stoßbelastung die folgende, einfache Regel aufstellen:

Ein Bauteil versagt erst dann, wenn die minimale Bruchdehnung oder die minimale volumenspezifische Arbeitsaufnahme im höchstbeanspruchten Bauteilbereich überschritten wird.

Man berücksichtigt mit diesen Kennwerten den ungünstigsten Fall und liegt damit immer „auf der sicheren Seite“ (ausgewählte Kennwerte siehe Tabelle 7.5).

Tabelle 7.5 Minimale Bruchdehnung und volumenspezifische Arbeitsaufnahme einiger Thermoplaste

Werkstoff	ε_{min} [%]	w_{min} [Nmm/mm³]
PMMA-HM	2,2	1,5
PVC-hart	2,8	2,1
PC	5,0	5,7
ABS	2,2	1,3
POM	1,7	1,4

Die Geometrie des Formteils bei einem vorliegenden Lastfall kann für den höchstbeanspruchten Querschnitt mit einem Faktor „K" experimentell oder rechnerisch erfasst werden. Dieser Faktor verknüpft die Gesamtarbeitsaufnahme W mit dem volumenspezifischen Wert w: $W = K \cdot w$.

Durch Vergleich mit dem zulässigen Minimalwert w_{min} kann festgestellt werden, ob eine Über- bzw. Unterdimensionierung vorliegt. Ist dies der Fall, muss durch Änderung des Formteils oder durch Wahl eines anderen Werkstoffs eine Verbesserung erzielt werden.

Anwendung des Zeit-Temperatur-Verschiebungsprinzips

Mit zunehmender Verformungsgeschwindigkeit nehmen bei Stoßversuchen die messtechnischen Probleme zu. Bei zähen Werkstoffen reicht zudem die maximale Geschwindigkeit der Prüfmaschinen nicht aus, um in den Versprödungsbereich des Werkstoffs vorzudringen. Hier kann man das Zeit-Temperatur-Verschiebungsprinzip zu Hilfe nehmen:

Eine Absenkung der Temperatur bewirkt die gleiche Änderung des Werkstoffverhaltens wie eine Erhöhung der Beanspruchungsgeschwindigkeit. Das Verschiebungsmaß kann mithilfe der Dynamisch-Mechanischen Analyse (DMA) (Abschnitt 7.3.1) ermittelt werden.

Tabelle 7.6 Zeit-Temperatur-Verschiebungsprinzip einiger Thermoplaste

Werkstoff	Verschiebungsfaktor [°C/Dekade]
PMMA-HM	21,4
PVC-hart	15,5
PC	11,6
POM (Copolymer)	9,6
PA 6	10,1
PP	11,65

7.4 Verhalten von Kunststoffprodukten bei Druckbelastung (Schalen, Platten, Stäbe)

instabiles Verhalten

Bei Formteilen, die zur Mittelachse des Querschnitts symmetrisch aufgebaut sind, und in denen Querschnitte durch Druckspannungen beansprucht werden, hängt die Versagensform von ihrer jeweiligen Schlankheit im beanspruchten Querschnitt ab. Schlankheit bedeutet, dass eine zur Richtung der Beanspruchung senkrecht liegende Ausdehnung dünn (schlank) ist, gegenüber der Länge, in welcher die Kraft wirkt. Die Schlankheit wird über den Schlankheitsgrad λ charakterisiert:

$$\lambda = L \cdot \sqrt{\frac{A}{I}} = \frac{L}{i} \tag{7.35}$$

Hierbei bezeichnet L die Länge des Bauteils, A ist der Querschnitt und I das Trägheitsmoment der Geometrie. Der sogenannte Trägheitsradius i ermittelt sich aus dem Querschnitt A und dem Trägheitsmoment I.

Bei Belastung des Bauteils ist mit zwei möglichen Versagensformen zu rechnen:

- überelastische Verformung
- Instabilität

Überelastische Verformung tritt nur bei nicht schlanken Bauteilen ein, das bedeutet, dass solche Bauteile eine gedrungene Gestalt besitzen. Sie kann zum Versagen führen durch:

- Fließen (Stauchen genannt) bei zähen Kunststoffen oder
- Schubbruch bei spröden Kunststoffen.

Da Kunststoffe jedoch in der Regel dünnwandig gegenüber den Längsausrichtungen sind, also oft zu schalenartigen Bauteilen verarbeitet werden, ist die instabile Versagensform eher zu erwarten. Solche Teile versagen dabei unter Druckspannungen instabil, d. h.:

- in der Achse eines Stabes durch Knicken
- in einer Schale (in Rohren, die radial oder axial gedrückt werden) durch Beulen
- einer Längsrichtung eines Sandwiches gedrückt durch Knittern der Deckschichten.

Knicken von Stäben

Bild 7.28 zeigt das Versagensverhalten von Stäben mit unterschiedlicher Länge, jedoch identischem Aufbau und gleicher Gestalt. Sie sind aus einem Mattenlaminat mit ungesättigtem Polyesterharz hergestellt worden und wurden in Richtung der Stabachse gedrückt. Aufgetragen ist die Druckspannung gegen den Schlankheitsgrad. Zu beachten ist die logarithmische Achsenskalierung. Ebenfalls ist der Zusammenhang aus Knickspannung (nach Euler) sowie kritischer Stauchung über den Schlankheitsgrad aufgetragen. Diese Gesetzmäßigkeiten werden später erläutert.

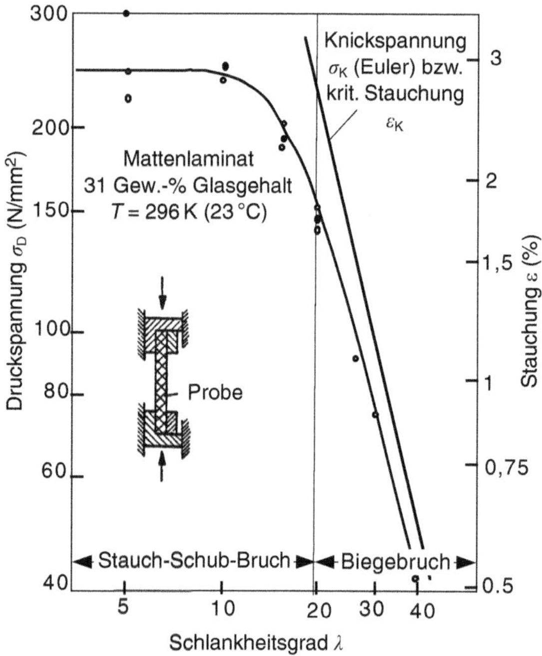

Bild 7.28 Stäbe aus GFK-Mattenlaminat unter axialen Druckspannungen

Man entnimmt dem Bild, dass bei niedrigen Schlankheitsgraden ($\lambda < 20.$) die Stäbe durch Delaminieren, d. h. Schubbruch, versagen. Unter $\lambda < 10$ sind die Spannungen, die zum Versagen durch Delaminieren führen, konstant.

Stäbe mit Schlankheitsgraden $\lambda > 20$ knicken nach einer elastischen Stauchung (negative Dehnung) aus und versagen durch Biegebruch. Dabei folgt die Versagensgrenze der „Euler-Hyperbel“, wie dies bei schlanken Teilen (Prüflingen) aus anderen Werkstoffen (z. B. Metallen) in identischer Weise geschieht.

Es ist ersichtlich, dass Kunststoffe gegen instabiles Versagen mit den klassischen, hierfür geltenden Formeln berechnet werden müssen. Berücksichtigt werden muss allerdings das spezifische Verhalten der sich viskoelastisch verhaltenden Kunststoffe, das heißt, die Veränderung der Eigenschaften vor allem unter Langzeitbelastung muss durch die Wahl des passenden Elastizitätsmoduls (Kriechmodul) berücksichtigt werden. Hierauf wird nachfolgend noch eingegangen.

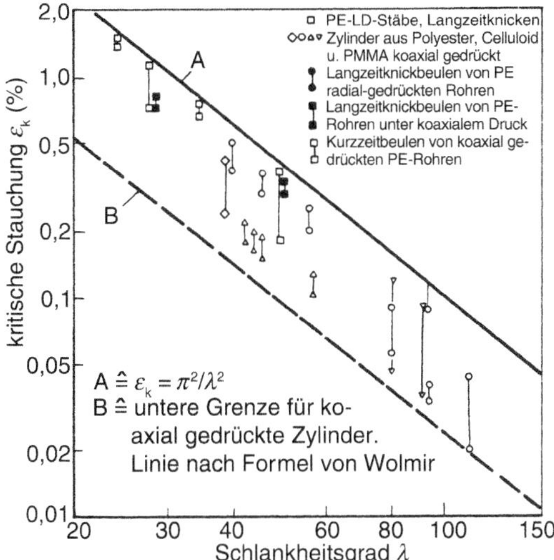

Bild 7.29 Beulen von Schalen

Knicken und Beulen

Bild 7.29 zeigt die Zusammenstellung einer größeren Anzahl von Ergebnissen aus Prüfungen mit verschiedensten Stäben und Schalen aus verschiedenen Werkstoffen. Abweichend von dem üblichen Vorgehen wurde hier für die Ordinate jedoch anstelle der Spannungen die Stauchung aufgetragen, bei der das erste Ausbeulen oder Knicken zu beobachten ist, die „kritische Stauchung" genannt wird. Die hohe Streuung ist nicht weiter überraschend, da diese kleinen Stauchungen nur schwer zu messen sind, und es ist bekannt, dass axial gedrückte Zylinder generell nicht der Euler-Hyperbel folgen, sondern bei etwa einem Fünftel des nach Euler errechneten Wertes durch Beulen versagen.

HINWEIS: Die *kritische Stauchung* hängt nur vom Schlankheitsgrad, d. h. nur von der Geometrie des beanspruchten Bauteils ab.

7.4.1 Mathematische Herleitung der kritischen Stauchung

„kritische Stauchung"

Man kann aus diesem Diagramm sofort ersehen, bei welcher Stauchung bei einer gegebenen Geometrie instabiles Verhalten zu erwarten ist. Hierzu muss man nur die unter der Belastung eintretende Verformung, d. h. die Stauchung ε_k berechnen. Dies soll nun am in seiner Achse gedrückten Stab mit der kritischen Länge l_k, dem Querschnitt A, dem Elastizitätsmodul E und dem Flächenträgheitsmoment I abgeleitet werden. Nach Euler definiert sich die kritische Druckkraft durch:

$$F_k = \frac{\pi^2 \cdot E \cdot I}{l_k^2} \tag{7.36}$$

Anhand dieser Formel und Formel 7.35 lässt sich die kritischen Knickspannung berechnen:

$$\sigma_k = \frac{F_k}{A} = \frac{\pi^2 \cdot E \cdot I}{l_k^2 \cdot A} = \frac{\pi^2 \cdot E}{\lambda^2} \tag{7.37}$$

Da instabiles Versagen bereits bei sehr kleinen Stauchungen eintritt, erwartet man nach der gängigen Lehre auch für Kunststoffe Hookesches Verhalten und kann daher die Formel 7.37 umformen in:

$$\varepsilon_k = \frac{\sigma_k}{E} = \left(\frac{\pi}{\lambda}\right)^2 \tag{7.38}$$

„einfache“ Berechnung

Man erkennt durch diese einfache Umformung aber nun sofort, dass die „kritische Stauchung ε_k“ nur von der Geometrie abhängt. Das bedeutet somit auch, dass bei langzeitiger Belastung durch eine Druckspannung σ_t infolge des kleineren Kriechmoduls

$$E_t < E \tag{7.39}$$

die kritische Spannung

$$\sigma_{kt} < \sigma_k \tag{7.40}$$

werden muss, weil sonst die kritische Dehnung ε_k überschritten wird, denn es gilt ebenso wie bei kurzzeitiger Belastung:

$$\varepsilon_k = \left(\frac{\pi}{\lambda}\right)^2 = \frac{\sigma_{kt}}{E_t} \tag{7.41}$$

Beulen

Die praktische Konsequenz ist, dass ein derart beanspruchtes Bauteil somit kurzzeitig eine Belastung gut aushalten wird, unter langzeitiger Belastung der gleichen Art und Höhe hingegen instabil versagen wird.

HINWEIS: Die kritische Stauchung ε_k, bei der das instabile Verhalten eintritt, ist bei kurzzeitiger Belastung unter Annahme des Hookeschen Gesetzes unabhängig

- vom Werkstoff,
- von der Belastungszeit,
- von der Temperatur.

Instabilität hängt nur von der Geometrie - ausgedrückt durch den Schlankheitsgrad - ab. Mit welcher Kraft gedrückt werden muss, bis Instabilität eintritt, ist eine Frage des Elastizitätsmoduls bzw. bei langzeitiger Belastung des Kriechmoduls des gewählten Werkstoffes.

Hierfür gibt es bekannte Beispiele mit teuren Folgen aus der jüngeren Zeit. Eingeerdete Kanalrohre aus Kunststoffen versagten nach längeren Betriebszeiten durch Einbeulen katastrophal. Dabei hatte man diese Lastfälle mittels Kurzzeit-Prüfungen vorher gewissenhaft untersucht und die Beanspruchung für ungefährlich befunden. Es handelt sich hier um ein typisches Instabilitätsversagen, denn derartige Rohre stehen unter radialem Druck durch das umgebende Erdreich, dem sie dann nach längerem Betrieb durch Einbeulen nachgaben.

Für die schnelle Berechnung ist es eine gute Hilfe, wenn man eine Abszisse mit dem Schlankheitsgrad λ in das isochrone Spannungs-Dehnungs-Diagramm für einen gegebenen Werkstoff einzeichnet. Man kann so die kritische Druckspannung direkt auf der Ordinate für die zu berücksichtigende Zeit ablesen.

HINWEIS: Man muss somit lediglich den Schlankheitsgrad des zu betrachtenden Bauteiles kennen, um die zu der anzunehmenden längsten Belastungszeit *und Temperatur* gehörende kritische Druckbelastung zu bestimmen.

7.4.2 Schlankheitsgrade verschiedener Standardlastfälle

Die Schlankheitsgrade wichtiger Schalen sind in Bild 7.30 zusammengestellt. Sie gelten für alle Werkstoffe, wenn diese homogen und isotrop sind.

Lastfall	Bild	Kritische Knickspannung	Vergleichs-schlankheitsgrad	Autor
Knicken eines Stabes	$a = l$	$\sigma_{kr} = \frac{E\pi^2}{12}\frac{s^2}{l_e^2}$	$\lambda = \frac{l_e}{s}\sqrt{12}$	Euler
Beulen einer Platte		$\sigma_{kr} = \frac{E\pi^2}{12(1-\mu^2)}\frac{s^2}{l^2}k_i$	$\lambda_v = \frac{l_e}{s}\sqrt{\frac{12(1-\mu^2)}{k_i}}$	Pflüger
Beulen einer Kugelschale unter radialem Druck		$\sigma_{kr} = \frac{E}{\sqrt{3(1-\mu^2)}}\left(\frac{s}{r}\right)$	$\lambda_v = \pi\sqrt{\frac{r}{s}}\sqrt[4]{3(1-\mu^2)}$	Zoelly und Karman
Beulen kurzer Zylinderschalen unter radialem Druck	$L < 2r$	$\sigma_{kr} = 0{,}92E\frac{r}{l}\sqrt{\left(\frac{s}{r}\right)^3}$	$\lambda_v = \frac{\pi}{0{,}92}\sqrt{\left(\frac{r}{s}\right)^3}$	Ebner
Beulen von Kegelschalen unter axialem Druck		$\sigma_{kr} = (0{,}8)(0{,}92)E\frac{s}{l}\sqrt{\left(\frac{s}{\rho}\right)^3}$	$\lambda_v = \frac{\pi}{(0{,}8)(0{,}92)}\sqrt{\frac{l}{\rho}}\sqrt[4]{\left(\frac{\rho}{s}\right)^3}$ $\rho = \frac{r_1+r_2}{2\cos\alpha}$	Pflüger
Beulen eines Ringzylinders unter radialem Druck	$l = a$	$\sigma_{kr} = \frac{E}{4(1-\mu^2)}\left(\frac{s}{r}\right)^2$	$\lambda_v = 2\pi\frac{r}{s}\sqrt{1-\mu^2}$	v. Mises
Beulen eines Ringzylinders unter axialem Druck		$\sigma_{kr} = \frac{sE}{r\sqrt{3(1-\mu^2)}}$	$\lambda_v = \pi\sqrt{\frac{r}{s}}\sqrt[4]{3(1-\mu^2)}$	Bresse
Beulen eines versteiften Ringzylinders unter radialem Druck	$l > 3{,}34r\sqrt{r/3}$	———	$\lambda_v = \frac{\pi}{0{,}92}\sqrt{\frac{l}{r}}\sqrt[4]{\left(\frac{r}{s}\right)^3}$	v. Windenburg

Bild 7.30 Beulformen und Schlankheitsgrad bekannter Schalen

Beulen von Schichtlaminaten aus Faserverbundwerkstoffen

Man kann diese einfache Abschätzmethode für den Beginn des „Übergangs zur Instabilität einer Konstruktion“ auch für anisotrop aufgebaute Faserverbundwerkstoffe, z. B. Schichtlaminate, benutzen, wenn sie symmetrisch zur „neutralen Faser“ des Laminats aufgebaut sind (was in der Regel auch so sein wird). Man muss jedoch einen „Schalenmodul“ durch Mitteln aus den unterschiedlich ausgerichteten und armierten Schichten bilden, wie dies Bild 7.31 zeigt.

HINWEIS: Bauteile aus Kunststoffen – auch solche mit Verstärkung durch eingelagerte Fasern – werden gegen Versagen durch Instabilität mit den gleichen Regeln wie andere Werkstoffe ausgelegt. Der einzige Unterschied ist, dass Zeit und Umgebungseinflüsse durch Heranziehen des von Zeit, Temperatur (und Umgebungseinfluss) abhängigen Moduls (Kriechmodul) berücksichtigt werden müssen.

Schale + Belastungsform	Wickelmuster	Anistropieverhältnis + Harz	gemittelter Schalenmodul *M*	Quelle
	$t_1 = t_2 = ½$	0°, 90° weiches Harz $T > ET$	$\lambda_v = \frac{\pi}{0{,}92}\sqrt{\frac{l}{r}}\sqrt[4]{\left(\frac{r}{s}\right)^3}$	A. Puck u. CH. Rueg
	$t_1 = t_2 = ½$	0°, 90° hartes Harz $T < ET$	$\sqrt{\frac{\hat{E}_x \cdot \hat{E}_y}{1-\hat{V}_{xy} \cdot \hat{V}_{yx}}}$	A. Puck u. CH. Rueg
	$t_1 \neq t_2$	0°, 90° hartes Harz	$\sqrt{\hat{E}_x \cdot \hat{E}_y}$	C. S. Wang V. Schulz B. Schlehöfer
	$t_1 = t_2 = t_3 = ⅓$	± 30°, 90° beliebiges Harz	$\sqrt{\frac{\hat{E}_x \cdot \hat{E}_y}{1-\hat{V}_{xy} \cdot V_{yx}}}$	A. Puck u. CH. Rueg
	$t_1 = t_2 = t_3 = ⅓$	± 45°, 90°	$\sqrt{\frac{\hat{E}_x \cdot \hat{E}_y}{1-\hat{V}_{xy} \cdot V_{yx}}}$	A. Puck u. CH. Rueg
	$t_1 \neq t_2$	0°, 90°	$\sqrt{\hat{E}_x \cdot \hat{E}_y}$	C. S. Wang
	$t_1 \neq t_2$	0°, 90°	$\left(\frac{E_B^{U\cdot}}{E_Z^U}\right)\frac{{}^3/_4 \cdot E_Z^U}{1-0{,}1\left(\frac{E_Z^A}{E_Z^U}\right)} \cdot \sqrt{\frac{E_Z^A}{E_Z^U}}$	G. Nonhoff

Bild 7.31 Mittelwerte für den Modul *M* bei der Beulberechnung von anisotrop aufgebauten Zylinderschalen [Derek und Menges]

Informationen zur experimentellen Bestimmung von Druckeigenschaften mithilfe der Standardprüfverfahren sind in der DIN-Norm DIN EN ISO 604 „Bestimmung von Druckeigenschaften“ gegeben.

7.5 Die Tragfähigkeit von faserverstärkten Kunststoffen

Dem Einsatz von faserverstärkten Kunststoffen (FVK) liegt das Prinzip zugrunde, durch Kombination von mindestens zwei unterschiedlichen Werkstoffkomponenten neue Gebrauchseigenschaften zu erzielen bzw. existierende zu optimieren. Zu den besonderen Eigenschaften, die faserverstärkte Kunststoffe von den metallischen Werkstoffen abgrenzen, gehören ihr geringeres Gewicht sowie eine in weiten Grenzen einstellbare Steifigkeit, Dämpfung und Wärmedehnung. Gegenüber thermoplastischen Formteilen oder Pressteilen aus Duroplasten unterscheiden sich faserverstärkte Kunststoffe vor allem durch die größere Steifigkeit und höhere Kriechfestigkeit (höherer E-Modul).

Grundsätzlich wird zwischen kurz-, lang- und endlosfaserverstärkten Materialen unterschieden. Die Richtungsabhängigkeit der Werkstoffeigenschaften ist hauptsächlich abhängig von der Art der Fasern, und deren Ausrichtung. Bei endlosfaserverstärkten Kunststoffen kommt noch die Art der Aufmachung (Gelege, Gewebe) als einflussnehmender Faktor hinzu. Dabei werden die vorliegenden Fasern anhand ihrer Länge l unterteilt:

- Kurzfasern: 0,1 mm $\leq l \leq$ 1 mm
- Langfasern: 1 mm $< l \leq$ 50 mm
- Endlosfaser: 50 mm $< l$

Kurzfaserverstärkte Kunststoffe werden primär im Spritzgießverfahren verarbeitet. Aus diesem Grund werden vor allem Thermoplaste als Matrix bei kurzfaserverstärkten Kunststoffen verwendet. Langfasern liegen häufig als Formmassen bei duroplastischen Matrices und in Granulaten bei thermoplastischen Matrices vor. Diese Halbzeuge werden im Pressverfahren zum gewünschten Bauteil verarbeitet. Im Bereich der Endlosfaser werden duroplastische Matrices verwendet. Zunehmend werden thermoplastische Matrices in UD-Tapes verwendet. Hier besteht die Herausforderung darin, dass die Endlosfaser imprägniert werden muss. Dies ist wesentlich einfacher für den Fall einer niedrigviskosen duroplastischen Matrix. Thermoplaste haben eine wesentlich höhere Viskosität, und daher sind Endlosfasern schwieriger mit einer thermoplastischen Matrix zu imprägnieren.

Im Folgenden wird zunächst auf die endlosfaserverstärkten Kunststoffe eingegangen, da diese Werkstoffe für Strukturbauteile die größte Rolle spielen. Abschnitt 7.5.4 geht im Speziellen auf kurzfaserverstärkte Werkstoffe ein. Für die Auslegung langfaserverstärkter Kunststoffe wird auf die einschlägige Literatur verwiesen, z. B. [Ehrenstein].

In faserverstärkten Kunststoffen werden Fasern in einer Polymermatrix eingebettet, die sie fixiert und vor Umwelteinflüssen schützt. Es entsteht ein zusammenhängendes Bauteil, dessen mechanische Eigenschaften nachhaltig von der Orientierung und der Länge der eingebrachten Fasern geprägt werden. Aus dem Harz werden die Spannungen über Schubspannungen auf die Fasern übertragen. Demzufolge bilden die Fasern die Verstärkungskomponente eines FVK und bestimmen in hohem Maße die mechanischen Eigenschaften des Werkstoffes. In Bild 7.32 sind die Eigenschaften gebräuchlicher Verstärkungsfasern denen von Metallen gegenübergestellt.

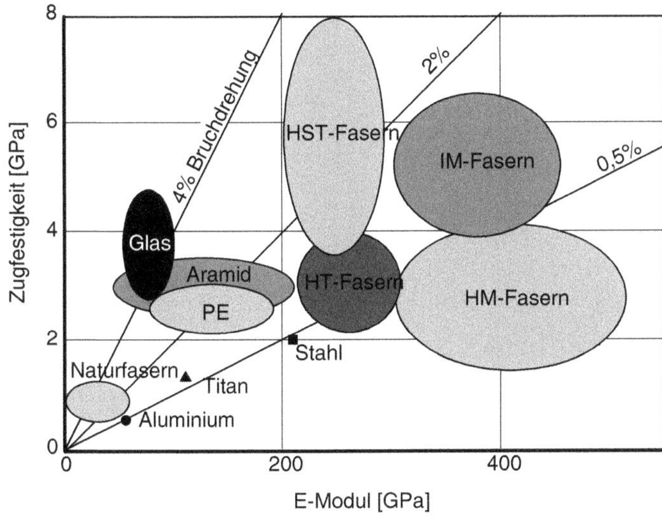

Bild 7.32 Vergleich der Eigenschaften von Verstärkungsfasern und Metallen

Aus Bild 7.32 kann man ablesen, dass die reinen Fasern deutlich höhere Festigkeiten als Metalle aufweisen. Der E-Modul von Glas- und Polymer-Fasern liegt im Bereich von Aluminium und Titan, während der E-Modul von Kohlenstofffasern sogar denjenigen von Stahl weit übertreffen kann. Berücksichtigt man zusätzlich noch die wesentlich geringere Dichte der Fasern, so treten ihre Vorteile noch deutlicher hervor. Einen objektiven Vergleich ermöglichen die spezifischen Kennwerte, die die mechanischen Eigenschaften mit der Dichte in Beziehung setzen. In Bild 7.37 zeigen sich diese Unterschiede deutlich.

7.5.1 Faserarten

Glasfasern

Bei der Herstellung von **Glasfasern**, die als Erste zur Verstärkung von Kunststoffen eingesetzt wurden, wird das Glas aus der Schmelze durch Düsen gezogen, kontrolliert abgekühlt und anschließend zu Filamentsträngen (Rovings) zusammengefasst. Alle Glasarten bestehen zum größten Teil aus Siliziumoxid, jedoch entstehen durch unterschiedliche Gehalte an Metalloxiden, wie z. B. Aluminium- oder Magnesiumoxid, sowie andere Zuschlagstoffe Glasarten mit zum Teil sehr unterschiedlichen Eigenschaften.

Man unterscheidet vorrangig drei Typen von Glasfasern, die mit den Kürzeln E, R und C gekennzeichnet werden. Die ursprünglich für den Einsatz in elektrischen Anwendungen entwickelten E-Glasfasern sind vielseitig einsetzbar und zeichnen sich vor allem durch ihren geringen Preis aus (6 €/kg). R-Glas (französisch: résistance) besitzt höhere Festigkeiten als E-Glas, während C-Glas sich vor allem durch besonders gute chemische Beständigkeit auszeichnet.

Kohlenstofffasern (C-Fasern)

Für Anwendungen, bei denen die Steifigkeit oder die Festigkeit von Glasfasern nicht ausreicht bzw. die Dichte der Glasfasern zu hoch ist, bietet sich der Einsatz von **Kohlenstofffasern** (C-Fasern) oder **Aramidfasern** (Kevlar) an. C-Fasern bestehen aus Graphit und werden aus sog. Precursor-Fasern durch eine kontrollierte Pyrolyse bei Temperaturen von 1200 bis 3000 °C hergestellt. Als Precursor werden entweder Fasern aus Polyacrylnitril (PAN) oder preisgünstiger aus Petroleum- oder Steinkohlenpech verwendet. In mehreren Schritten erfolgen Wärmebehandlungen, im Laufe derer der Kohlenstoffanteil der Fasern zunimmt. Je nach Kohlenstoffanteil und Art der Herstellung weisen C-Fasern sehr unterschiedliche Eigenschaften auf, sodass vier Typen unterschieden werden:

- High Tenacy-Fasern (HT-Fasern)

  Wie in Bild 7.32 zu erkennen ist, liegen Festigkeit und Steifigkeit dieser Fasern etwas oberhalb von Stahl. Sie werden aufgrund ihres relativ günstigen Preises (ab ca. 30 €/kg) häufig verwendet. Diese Fasern zeigen jedoch die geringsten Werte für Steifigkeit und Festigkeit.

- High Strain and Tenacy-Fasern (HST-Fasern)

  Bei Stoßbelastungen müssen hohe Spannungen bei zugleich hohen Dehnungen ertragen werden. Diese Forderung wird von HST-Fasern erfüllt, die einen ähnlichen *E*-Modul wie HT-Fasern, aber eine wesentlich höhere Festigkeit und Bruchdehnung aufweisen. Ihr Preis liegt bei ca. 40 €/kg.

- High Modulus-Fasern (HM-Fasern)

  Die Forderung nach hohen Steifigkeiten in der Luft- und Raumfahrttechnik erfüllen HM-Kohlenstofffasern. Diese können einen mehr als doppelt so hohen E-Modul als Stahl aufweisen. Sie sind jedoch mit einem Preis von ca. 150 €/kg die teuersten C-Fasern. Ein Nachteil der HM-Fasern ist ihre geringe Bruchdehnung.

- Intermediate Modulus-Fasern (IM-Fasern)

  Die IM-Kohlenstofffaser, stellt in Bezug auf Festigkeit und Steifigkeit einen Kompromiss zwischen HST- und HM-Fasern dar. Der Richtpreis liegt bei ca. 60 €/kg.

Durch Schwankungen von Rohstoff- und Energiekosten und Nachfrage variieren die Kosten für Kohlenstofffasern. Daher sind die oben angegebenen Preise als Richtpreise zu verstehen (Stand 02/2019). Die Kohlenstofffaserpreise werden auch durch die Qualitätssicherung während des Herstellungsprozesses bestimmt. Ein weiterer Kostenpunkt entsteht durch die Sicherstellung der Chargen-Nachverfolgbarkeit.

Neben ihrer elektrischen Leitfähigkeit zeichnen sich C-Fasern durch einen negativen Wärmeausdehnungskoeffizienten aus, der zusammen mit dem positiven Wärmeausdehnungskoeffizienten des Matrixwerkstoffs durch entsprechende Laminatauslegung einen Werkstoff ohne Wärmedehnung in einer Vorzugsrichtung entstehen lassen kann.

Polymerfasern

Aufgrund ihres sehr guten Energieabsorptionsvermögens bei gleichzeitig geringer Dichte eignen sich hochfeste Polymerfasern (v.a. Aramidfasern, z.B. Kevlar®, und Polyethylenfasern, z.B. Dyneema®) zum Einsatz in sehr leichten, stoßbeanspruchten Bauteilen. Aramid- und Polyethylen-Vliese bzw. Fasern werden deshalb häufig für den ballistischen Schutz - z.B. für splitter- und schusssichere Westen - verwendet. Diese Polymerfasern besitzen einen negativen Wärmeausdehnungskoeffizienten, der betragsmäßig sogar größer als der von C-Fasern ist.

7.5.2 Aufmachung von Verstärkungsfasern

Unabhängig von der Materialart der Faser gibt es verschiedene Aufmachungen bzw. Lieferformen von Verstärkungsfasern. Die wichtigsten sind im Folgenden kurz dargestellt.

Rovings

Rovings sind die einfachste Aufmachung von Verstärkungsfasern. Sie werden vorrangig in der Wickel- und Flechttechnik sowie beim Strangziehverfahren eingesetzt. Ein Roving ist ein Filamentstrang, der aus mehreren tausend Einzelfilamenten bestehen kann. Die einzelnen Filamente sind durch eine Schlichte, die die Haftung der Fasern an der Matrix verbessern soll, verbunden und häufig zusätzlich leicht verdrillt. Darüber hinaus schützt die Schlichte die Faser vor äußeren Einflüssen vor dem Weiterverarbeitungsprozess. Eine wichtige Größe zur Charakterisierung von Rovings ist die sogenannte Garnfeinheit T, welche die Masse m einer Faser pro Längeneinheit L angibt:

$$T = \frac{m}{L} \tag{7.42}$$

Nach ISO 1144 und DIN 60905 wird die Garnfeinheit T in *Tex* als Gramm pro 1000 Meter angegeben.

Matten und Vliese

Matten und Vliese sind Flächengebilde aus ungeordnet übereinander liegenden Fasern, deren Zusammenhalt im ungetränkten Zustand durch einen speziellen Binder hergestellt wird. Als Fasern werden hauptsächlich preiswerte Glasfasern mit einer Länge von ca. 5 cm verwendet. Matten und Vliese sind, da sie keine bevorzugte Faserrichtung aufweisen, zweidimensional isotrop und besitzen nur geringe Steifigkeiten und Festigkeiten. Während Matten als preisgünstige Möglichkeit zur Verbesserung der mechanischen Bauteileigenschaften Verwendung finden, dienen die dünneren Vliese vorrangig zur Verbesserung der Oberflächenqualität von mit Endlosfasern verstärkten Kunststoffbauteilen.

Gewebe

Gewebe sind textile Flächengebilde, welche aus zwei Fadensystemen bestehen. Die beiden Fadensysteme heißen Kette und Schuss. Dabei kreuzen sich die beiden Fadensysteme unter einem Winkel von ca. 90° (Bild 7.33) und verlaufen jeweils senkrecht zur Warenkante. Kette und Schuss können aus Filamenten oder Rovings gleicher oder unterschiedlicher Werkstoffe bestehen. Für den Fall, dass das Fadensystem aus unterschiedlichen Werkstoffen besteht, spricht man von einem Hybridgewebe. Die Art und Verkreuzung der Fadensysteme heißt Bindung. Bedingt durch die Bindungsart weist die Faser eine Krümmung auf. Diese Krümmung führt dazu, dass die mechanischen Eigenschaften des Gewebes im Vergleich zur UD-Schicht verändert werden. So führt die Krümmung der Fasern zu einer Herabsetzung der Steifigkeit und Festigkeit der Einzelschicht, allerdings auch zu einer höheren Dehnbarkeit. Gewebe werden aus allen üblichen Faserarten in verschiedenen Ausführungen hergestellt und haben große Bedeutung, vor allem bei der Fertigung großflächiger Bauteile, z. B. im Handlaminier-, Injektions- und Infusionsverfahren.

Werden Flächengebilde benötigt, bei denen sich die Fasern nicht im rechten Winkel überkreuzen, so können auch schlauchförmige Rundgeflechte oder bandförmige Litzengeflechte bezogen werden. Textile Flächengebilde werden im Allgemeinen durch ihr Flächengewicht (Einheit: kg/m^2 bzw. g/m^2) charakterisiert. Ein Geflecht unterscheidet sich vom Gewebe im Winkel zwischen den beiden Fadensystemen. Bei einem Geflecht verlaufen die beiden Fadensysteme nicht mehr senkrecht zur Warenkante, sondern unter von 90° verschiedenen Winkeln.

Gelege

Im Gegensatz zu Geweben und Geflechten sind *Gelege* textile Halbzeuge, in denen sich die Fasern nicht überkreuzen, sondern parallel zueinander vorliegen. Häufig werden mehrere solcher Schichten in unterschiedlicher Orientierung aufeinandergelegt und miteinander vernäht oder verwirkt (sogenannte verwirkte multiaxiale Gelege). Aufgrund der gestreckten Lage der Fasern in einem Gelege ist vor allem die mechanische Festigkeit höher als im Vergleich zu einem Gewebe. Jedoch gibt es Anwendungen, bei denen die veränderten mechanischen Eigenschaften von Geweben von Vorteil sind. Ein Beispiel ist hier die Durchdringung des faserverstärkten Bauteils in Dickenrichtung durch einen Fremdkörper.

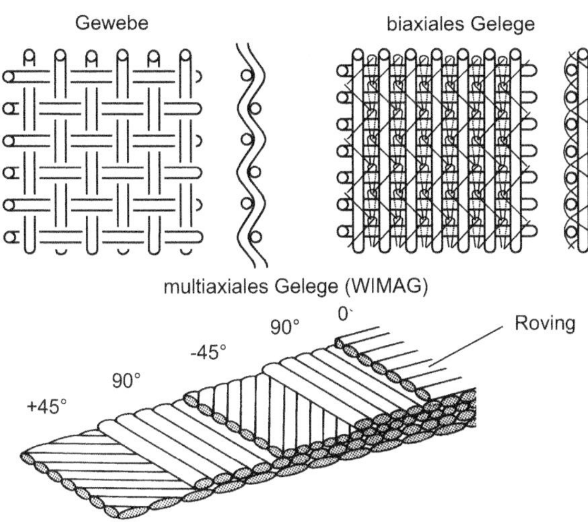

Bild 7.33 Gewebe und Gelege

7.5.3 Eigenschaften des Verbundes aus Matrix und Fasern

Die mechanischen Eigenschaften von Verstärkungsfasern werden erst durch die Einbettung der Fasern in eine Matrix wirksam. Die Matrix übernimmt folgende Aufgaben:

- Fixierung der Fasern in der gewünschten geometrischen Anordnung,
- Übertragung der Kräfte auf die Fasern,
- Stützung der einzelnen Fasern bei Druckbeanspruchung (Stabilität gegen Knicken),
- Schutz der Fasern vor der Einwirkung von Umgebungsmedien (Feuchtigkeit, Chemikalien usw.).

Prinzipiell besteht die Möglichkeit, aus der Vielzahl von duroplastischen und thermoplastischen Kunststoffen ein für den jeweiligen Anwendungsfall optimales Matrixsystem zu wählen.

Man unterscheidet zwischen endlosfaserverstärkten und kurz- bzw. langfaserverstärkten Kunststoffen. Kurz- und langfaserverstärke Kunststoffe werden zumeist im Spritzgießprozess verarbeitet. Die verwendete Matrix ist zumeist ein Thermoplast. Bei Handlaminier- und Pressverfahren werden meistens endlosfaserverstärkte Kunststoffe eingesetzt. Es werden vor allem Reaktionsharze auf Basis ungesättigter Polyesterharze und Epoxidharze verwendet, da diese eine geringe Viskosität besitzen. Die geringe Viskosität führt zu einer besseren Imprägnierung der Fasern. Wegen der schlechten Schlagzähigkeit und aus Gründen der Rezyklierbarkeit kommen heute allerdings vermehrt Thermoplaste zum Einsatz; sie sind als

Matrix-Material hochdehnbar und verfügen gleichzeitig über eine gute Wärmeformbeständigkeit.

Neben den oben vorgestellten Matrices kommen elastomere Matrices in Laminaten zum Einsatz; bekannte Anwendungen sind Antriebsriemen, Schläuche oder Kraftfahrzeug-Reifen. Aus dieser Materialkombination resultiert ein hoher E-Modul sowie eine hohe Festigkeit in Faserrichtung bei gleichzeitig geringer Biegesteifigkeit.

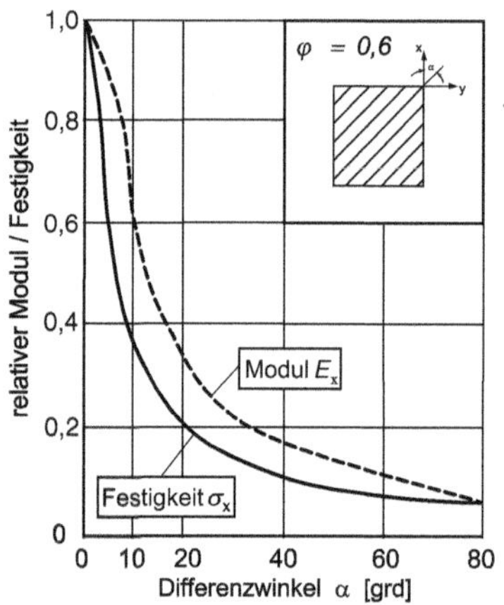

Bild 7.34 Richtungsabhängigkeit der mechanischen Eigenschaften einer UD-ES (unidirektionale Einzelschicht)

Faserverbund-Kunststoff

Ein faserverstärkter Kunststoff kombiniert somit die Eigenschaften der Faser mit denen der Matrix. Dabei sind die Eigenschaften des Verbundes nicht durch die alleinige Auswahl der Konstituenten festgelegt: Einen direkten Einfluss auf die Eigenschaften des Verbundes hat auch der Faservolumengehalt, der im Wesentlichen vom Fertigungsverfahren abhängig ist. Weiterhin kommt der Ausrichtung der Fasern bezogen auf die Lastrichtung eine ganz entscheidende Bedeutung zu. Für den einfachsten Fall einer sog. unidirektionalen Einzelschicht (UD-ES), die durch parallele Faseranordnung in nur einer Richtung gekennzeichnet ist, liegen in Faserrichtung die sehr guten faserdominierten Eigenschaften vor. Senkrecht zur Faserrichtung sind die Eigenschaften der UD-ES allerdings deutlich geringer und matrixdominiert (Bild 7.34). Dieses Verhalten zeigt sich auch bei kurz- und langfaserverstärkten Kunststoffen.

Grenzen der Belastbarkeit

Die beiden begrenzenden Belastungsfälle senkrecht und parallel zur Faserorientierung sind in Bild 7.35 dargestellt. Für die optimale Belastung einer UD-ES gilt entsprechend der in Bild 7.35, links aufgezeigte Spannungs-Dehnungs-Verlauf. Die Steifigkeit des Verbundes in Faserrichtung liegt unterhalb der reinen Fasersteifigkeit. Die Bruchdehnung ist in der Regel identisch mit derjenigen der reinen Faser-Bruchdehnung, während die Bruchspannung etwa proportional zum Faservolumengehalt ϕ abnimmt.

Faservolumengehalt

Der Faservolumengehalt stellt das Mengenverhältnis von Faser zum reinen Matrixmaterial dar und lässt sich in Volumen- bzw. Querschnittsflächenanteilen V bzw. A beschreiben. In der Regel ist nur der Fasergewichtsgehalt ψ bekannt. Dieser kann leicht vor der Herstellung aus den Gewichten der Komponenten bestimmt werden. Man kann ihn bei FVK-Bauteilen im Falle eingesetzter Glasfasern durch Veraschen der Matrix bei ca. 400 bis 500 °C, beim Einsatz von Kohlefasern durch Kochen in Säuren oder Laugen bestimmen. Die Umrechnung von Gewichts- auf Volumengehalt erfolgt mit der Dichte der Fasern ρ_F und der Dichte der Matrix ρ_M nach

$$\psi = \frac{m_F}{m_V} = \frac{V_F \rho_F}{V_V \rho_V}; \rho_V = \frac{1}{\left(\frac{\psi}{\rho_F} + \frac{(1-\psi)}{\rho_M}\right)} \tag{7.43}$$

$$\varphi = \frac{V_F}{V_V} = \frac{\rho_V}{\rho_F}\psi = \frac{\psi}{\rho_F}\frac{1}{\left(\frac{\psi}{\rho_F} + (1-\psi)\cdot\frac{1}{\rho_M}\right)} = \frac{1}{1+\frac{1-\psi}{\psi}\cdot\frac{\rho_F}{\rho_M}} \tag{7.44}$$

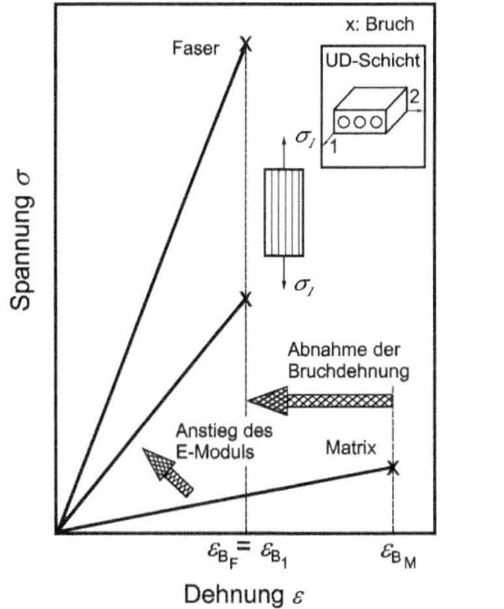

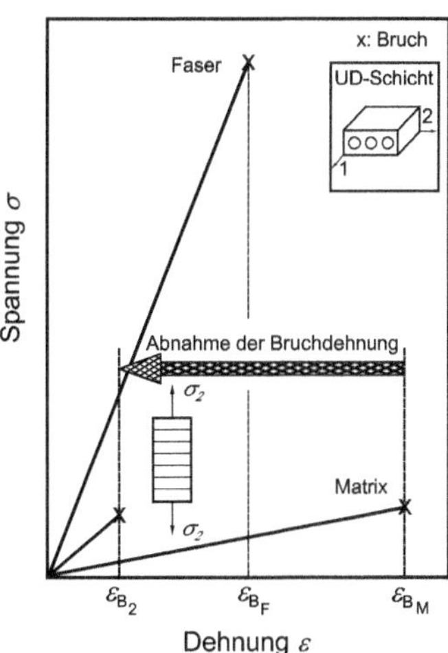

Bild 7.35 Qualitative Darstellung der Spannungs-Dehnungs-Kurven von UD-ES

Querfestigkeit

Bei der Belastung einer UD-ES senkrecht zur Faserrichtung sinken die mechanischen Eigenschaften auf Matrixniveau (Bild 7.35, rechts), bzw. liegen in der Regel sogar unterhalb derer einer reinen Matrix. Die starke Abnahme der Bruchdehnung ist darin begründet, dass die Fasern kaum an der Querverformung teilnehmen, da sie gegenüber der Matrix einen vielfach höheren Elastizitätsmodul besitzen. Es kommt daher zu einer überhöhten Dehnung des zwischen den Fasern liegenden Matrixsystems. Das Maß der sog. Dehnungs-Überhöhung ist umso höher, je größer der Unterschied in den Moduln und je höher der Faservolumengehalt ist. Eine Last abtragende Wirkung kann man daher von solchen Schichten mit Querzugspannungen zur Faserausrichtung nicht erwarten; hier treten häufig in den betreffenden Schichten, die so in einem Verbund beansprucht werden, Risse auf. Das Wachsen dieser sog. Zwischenfaserbrüche wird durch die umliegenden Laminatschichten begrenzt und wird bei vielen Anwendungsfällen toleriert.

Eigenschaft der Einzelschicht

Um die mechanischen Eigenschaften einer UD-ES hinreichend genau beschreiben zu können, werden die Steifigkeit parallel zur Faserrichtung E_1 und die Steifigkeit senkrecht zur Faserrichtung E_2 sowie der Schubmodul G_{21} und die Querkontraktionszahl v_{21} in der Laminatebene benötigt. Um diese Kennwerte auf recht einfache Weise abzuschätzen, kann man sich einer Mischungsregel bedienen, die davon ausgeht, dass die Wirkung jedes der beiden Verbundpartner seinem Volumenanteil im Verbundwerkstoff in der betrachteten Richtung entspricht. Grundlage der Betrachtungen bilden dabei Parallel- und Reihenschaltung der Verbundpartner Bild 7.36.

Wird der Verbundwerkstoff (V) genau in Faserrichtung belastet, so erfolgt der Kraftfluss durch Matrix (M) und Faser (F) parallel. Dies bedeutet, dass die Dehnung der Konstituenten identisch ist. Das Modell zur Abschätzung des E_1-Moduls basiert daher auf einer Addition der Kräfte bei identischer Verformung (Bild 7.36, links). Liegen die Fasern hingegen quer zur Kraftrichtung in der Matrix eingebettet, stellt sich in Fasern und Matrix die gleiche Spannung ein, während die Gesamtverformung aus der Summe der Komponentenverformungen resultiert (Bild 7.36, rechts). Mit diesem Modell lassen sich die mechanischen Eigenschaften E_2, G_{21} und v_{21} ermitteln.

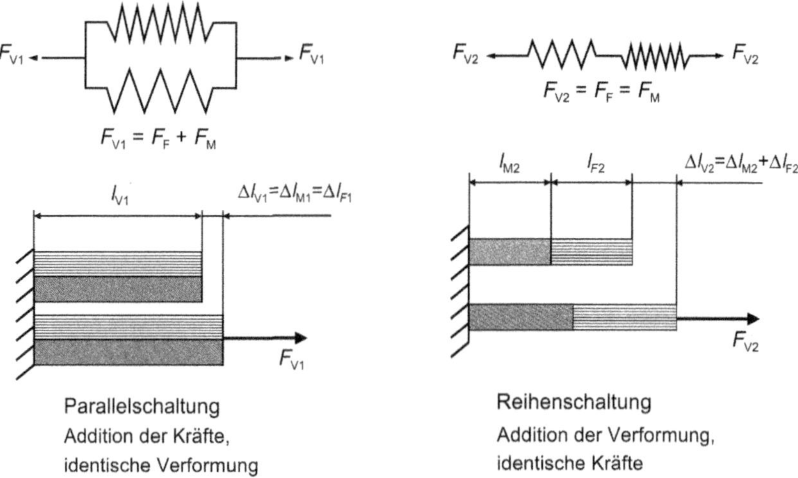

Bild 7.36 Mehrkomponentensysteme unter Belastung

Damit ergeben sich die als Mischungsregeln bekannten Gleichungen [vgl. Schürmann]:

$$E_1 = \varphi E_{F_1} + (1-\varphi) E_M \qquad \nu_{21} = \varphi \nu_F + (1-\varphi) \nu_M \tag{7.45}$$
$$E_2 = \frac{E_M E_{F_2}}{\varphi E_M + (1-\varphi) E_{F_2}} \qquad G_{21} = \frac{G_M G_F}{\varphi G_M + (1-\varphi) G_F}$$

Mikromechanik

In Formel 7.45 wurde bereits der Umstand berücksichtigt, dass auch der Fasermodul selbst anisotrop sein kann. Bei Kohlenstofffasern ergibt sich – im Gegensatz zu den isotropen Glasfasern – in Faserrichtung ein sehr viel höherer E-Modul als quer zur Faserrichtung. Bei diesem Spezialfall der Anisotropie spricht man von einem transversalisotropen Werkstoff. Die Herleitung der Mischungsregeln und weitere Details zu den Möglichkeiten der Mikromechanik – insbesondere auch zur Abschätzung der Festigkeitseigenschaften der UD-ES und der mechanischen Eigenschaften von Matten- und Gewebeschichten – werden hier nicht weiter ausgeführt; Näheres dazu findet sich z. B. bei [Schürmann].

Laminateigenschaft

Üblicherweise ist bei der Auslegung von FVK-Bauteilen anzustreben, dass die Fasern ausschließlich in Längsrichtung belastet werden und lediglich eine Faserorientierung vorherrscht (UD-ES) (Beispiele: Rotorblätter von Windkraftanlagen, Zug/Druck-Stangen, Zugschlaufen und Biegebalken, z. B. Pkw-Blattfedern). Für den Fall einer UD-ES werden die Eigenschaften des FVK optimal ausgenutzt und die höchsten spezifischen Zugfestigkeiten und E-Moduln erreicht. In den weitaus meisten Fällen unterliegen Bauteile allerdings einem komplexeren Beanspruchungszustand. Die Konstruktion eines Laminats für einen ebenen, also nur zweidimensionalen Spannungszustand bewirkt bereits eine erhebliche Reduzierung der auf das Laminatgewicht bezogenen mechanischen Eigenschaften. Man benötigt für diesen Fall bereits mindestens zwei Faserrichtungen im Laminat, von denen jede nur in ihrer Verstärkungsrichtung zu den mechanischen Eigenschaften des Laminats beiträgt. Der ungünstigste Fall einer Laminatkonstruktion ist das sog. quasi-isotrope Laminat, das durch Einbringung sehr vieler Faserrichtungen nahezu gleiche mechanische Eigenschaften in jeder Richtung der Laminatebene aufweist. Mit einem solchen Schichtaufbau ist nur noch CFK hochwertigen, metallischen Konstruktionswerkstoffen überlegen. Bild 7.37 verdeutlicht, dass die spezifischen Eigenschaften des Bauteils stark von der Ausrichtung der Fasern im Bauteil abhängen. Aufgrund dessen ist es essentiell, den Belastungszustand des Bauteils zu kennen, um das Bauteil werkstoffgerecht konstruieren zu können.

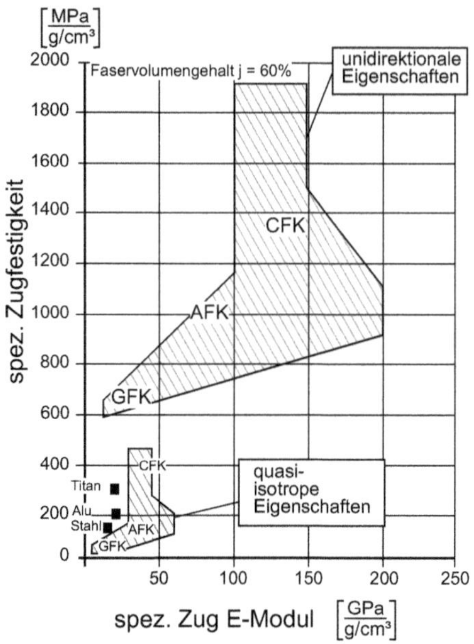

Bild 7.37 Auf die Dichte bezogene mechanische Eigenschaften von FVK-Laminaten

Um die mechanischen Eigenschaften eines Laminats mit mehreren Faserrichtungen aus den Eigenschaften der UD-ES ableiten zu können, wurden verschiedene Berechnungstheorien entwickelt, von denen die Netztheorie und die klassische Laminattheorie die breiteste Anwendung gefunden haben. Ihre Anwendung lässt auf einfache Weise auch eine Abschätzung der mechanischen Eigenschaften von gelege-, gewebe- und geflechtverstärkten Einzelschichten zu. Weiterführende Thematiken können der Fachliteratur entnommen werden [z. B. Talreja und Singh oder Schürmann].

Zeiteinfluss

Bei zeitlich gleichbleibender Belastung nimmt bei Kunststoffmatrices die Verformung stetig zu (Bild 7.38, links). Bei Kohlenstofffasern ist dieses Verhalten hingegen überhaupt nicht festzustellen, bei Glas- und Polymerfasern ist es sehr viel weniger ausgeprägt als bei unverstärkten Kunststoffen.

In Bild 7.38, rechts wird die Zeitstandfestigkeit des Materials gezeigt. Unter einer konstanten Verformung wird die Festigkeit in Abhängigkeit von der Zeit dargestellt (Zeitstandfestigkeit). Für Kohlenstofffasern zeigt sich, dass diese Fasern keiner großen Veränderung über der Zeit unterliegen. Bei Polymer- und Glasfasern zeigt sich eine Abhängigkeit von der Zeit. Diese Degradation der Materialien lässt sich durch das Wirken äußerer Beanspruchungen auf die Faser erklären. Durch das Einwirken dieser Einflüsse wachsen vorhandene Risse, welche in den Fasern vorhanden sind, und führen zum Versagen.

schwingende Beanspruchung

Werden FVK schwingenden Belastungen ausgesetzt, so nimmt bei Aramid- und Kohlenstofffaserverstärkung die Festigkeit gegenüber ruhender Belastung nur geringfügig ab, bei Glasfaserverstärkung zeigt sich hingegen eine ähnlich starke Abnahme wie bei unverstärktem Epoxidharz (Bild 7.39). Aramid- und Kohlenstofffaserverstärkung bieten also einen höheren Widerstand gegenüber schwingender Belastung als GFK. Des Weiteren lässt sich erkennen, dass die Verläufe gegen einen Endwert streben, die sog. Dauerfestigkeitsgrenze. Die im Bild angeführten Beispiele beziehen sich auf UD-ES, deren Festigkeit in Abhängigkeit von der Belastungshöhe um rund 10 % abnimmt.

Die Entwicklung handhabbarer Methoden zur Berechnung der Lebensdauer (Schädigungshypothesen) von Laminaten mit mehreren Faserrichtungen sind derzeit Gegenstand von Forschungsarbeiten. Dabei sind die vorhandenen Methoden zur Abschätzung der Lebensdauer aus dem Bereich der metallischen Werkstoffe nur begrenzt übertragbar. Dies resultiert aus der Anisotropie des faserverstärkten Werkstoffs und der komplexen Schädigungsmechanismen von FVK.

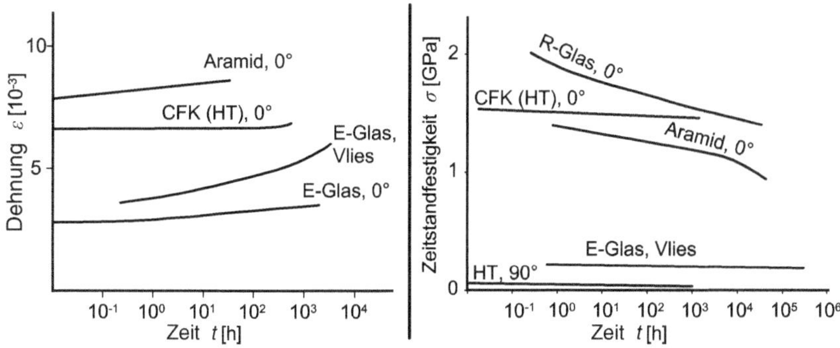

Bild 7.38 Kriechkurven und Zeitstandfestigkeit von faserverstärktem Epoxidharz bei Raumtemperatur [nach Moser]

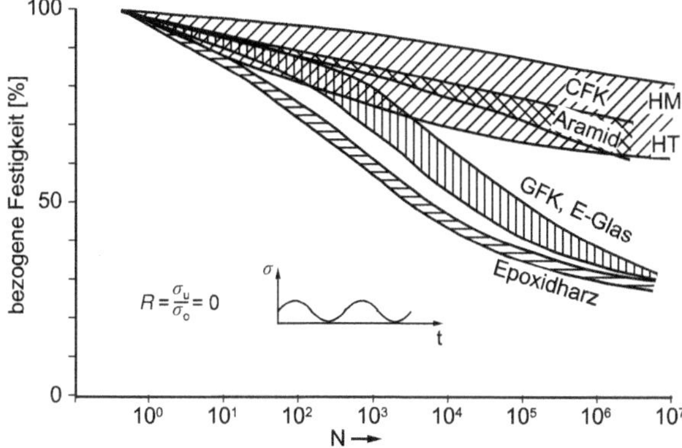

Bild 7.39 Ermüdungsfestigkeit bei Schwellbeanspruchung in Abhängigkeit von der Lastspielzahl N ohne und mit verschiedenen Faserverstärkungen bei Raumtemperatur [nach Moser]

7.5.4 Tragfähigkeit kurzfaserverstärkter Kunststoffe

Faser-Matrix-Haftung

Bei kurzfaserverstärkten Kunststoffen bedingt die geringe Länge der Fasern, dass der Matrix im Vergleich zu den endlosfaserverstärkten Kunststoffen eine hohe Bedeutung zukommt. Resultierend aus der Länge der Faser wird der Kraftfluss durch Matrix und Faser geleitet und nicht wie bei endlosfaserverstärkten Kunststoffen nahezu ausschließlich durch die Faser. Dadurch liegen die erreichbaren Festigkeiten unter denen der endlosfaserverstärkten Kunststoffe.

Die Tragfähigkeit von kurzfaserverstärkten Kunststoffen wird dadurch weitgehend durch die Haftung des Kunststoffes an den Fasern bestimmt. Die Kraftübertragung zwischen einer entlang der Hauptbelastungsrichtung ausgerichteten Faser und der Matrix ist durch die wirkenden Schubspannungen charakterisiert. In Bild 7.40 ist schematisch das Verhalten des Harzes bei Zugbeanspruchung in Richtung einer eingelagerten Faser dargestellt. Bedingt durch den großen Unterschied in den Steifigkeiten der Konstituenten kommt es zu einer großen Verformung der Matrix an den Enden der Faser. Bei spröden Matrixwerkstoffen führt diese Verformung zur lokalen Rissbildung in der Matrix. Die entstehenden Spannungsüberhöhungen im Bereich der Rissspitze können bei spröden Matrixwerkstoffen nicht durch Fließen abgebaut werden. Bei duktileren Materialien kommt es zum Fließen der Matrix, sodass die Wahrscheinlichkeit der Rissbildung mit der Zunahme der Duktilität der Matrix abnimmt. Daher sind in Verbindung mit Kurzfasern schlagzähe thermoplastische Polymere die bevorzugten Werkstoffe. Die übertragbaren Schubspannungen sind an den Enden der Faser durch die Fließspannung der Matrix begrenzt und gegen Mitte der Faser erreichen sie das Minimum.

kritische Faserlänge

Resultierend aus den Lastannahmen und den Werkstoffeigenschaften der Konstituenten muss die Faser, wie Bild 7.40 zeigt, eine bestimmte Mindestlänge besitzen. Erst beim Überschreiten der Mindestlänge der Faser kann die volle Tragfähigkeit der Faser ausgenutzt werden. Die Mindestlänge l_c kann man aus dem Kräftegleichgewicht errechnen, das aus dem Gleichgewicht der an einer Faser mit dem Durchmesser d_F angreifenden Schubspannung τ_M und der Faserfestigkeit σ_F herrührt. Das Kräftegleichgewicht resultiert unter der Bedingung, dass die Festigkeit der Faser nach einer Länge von $l_c/2$ erreicht wird und die maximal auftretenden Schubspannungen durch das Fließen der Matrix begrenzt sind. Die Koordinate x zeigt in Faserrichtung:

$$\frac{\pi d_F^2}{4} \cdot \frac{d\sigma}{dx} = \pi d_F \cdot \tau_M \tag{7.46}$$

$$\frac{d_F}{4}\left[\sigma(x)\right]_0^{\sigma_F} = \tau_M \left[x\right]_0^{\frac{l_c}{2}}$$

$$l_c = \frac{d_F \sigma_F}{2\tau_M}$$

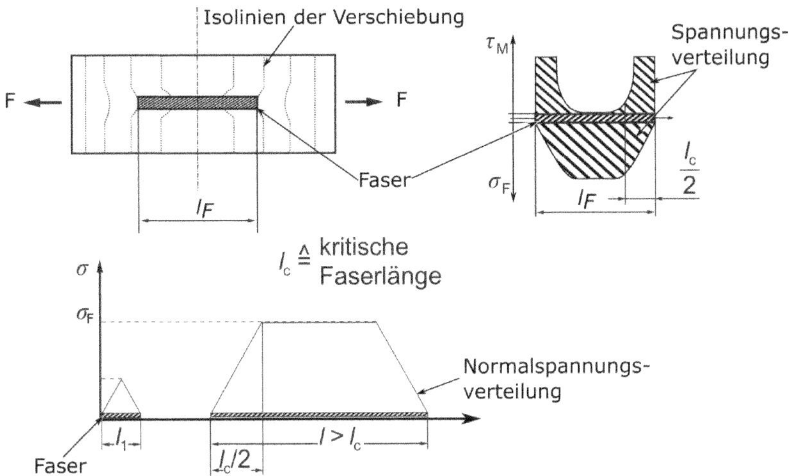

Bild 7.40 Spannungen in der Grenzfläche Faser/Matrix und in der Faser bei Kurzfaser-Verstärkung [nach Osswald und Menges]

In Bild 7.40 sieht man, dass die Normalspannung der Fasern mit der Länge $l < l_c$ nicht die Faserfestigkeit erreicht und somit die Faser nicht bis zur Belastungsgrenze ausgenutzt wird. Auf der strukturellen Ebene sind die mechanischen Eigenschaften des Verbundes nicht nur durch die Tragfähigkeit der einzelnen Faser bestimmt, sondern auch durch die Interaktion der Konstituenten untereinander. Dies bedeutet, dass Fasern in naher Umgebung zueinander sich gegenseitig beeinflussen. Daher muss die Bedeutung der Faserlänge im Verbund betrachtet werden.

Bild 7.41 zeigt die normierten mechanischen Eigenschaften des Verbundes in Abhängigkeit von der Faserlänge. Der Einsatz von Kurz- und Langfasern erhöht die Steifigkeit, die Festigkeit sowie die Schlagzähigkeit des Verbundes. Dabei ist die Größe der Erhöhung der Kennwerte von der Faserlänge abhängig. Die mechanischen Eigenschaften werden auf die Eigenschaften der UD-ES normiert. Es ist erkennbar, dass die Eigenschaften des Verbundes erst im Bereich der Langfaserverstärkung ($l_F/d_F \approx 1000$) mit denen der UD-ES (Endlosfaser) vergleichbar sind. Wie eingangs erwähnt sind diese Faserlängen in Spritzgießbauteilen schwer zu realisieren.

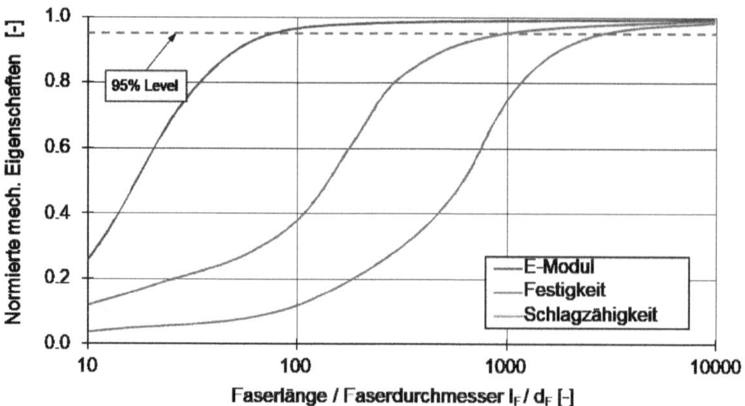

Bild 7.41 Einfluss der Faserlänge auf die mechanischen Eigenschaften des Verbundes [nach Thomason und Vlug]

Um die Werkstoffeigenschaften optimal ausnutzen zu können, muss die Faserlänge immer in Bezug zur verwendeten Matrix gewählt werden. Die im Bauteil vorliegende Faserlänge ist abhängig vom Verarbeitungsprozess. So haben z. B. beim Spritzgießen der Einspritzdruck und die Durchmischung einen Einfluss auf die Faserlänge. Bedingt durch die resultierenden Scherkräfte in der Strömung des noch flüssigen Kunststoffs kommt es zum Brechen der einzelnen Fasern. Daraus resultiert, dass die gewählten Prozessparameter abgestimmt werden müssen, um die optimale Tragfähigkeit des Verbunds sicherstellen zu können.

Die Eigenschaften spritzgegossener kurzfaserverstärkter Bauteile werden stark durch die Orientierung der Fasern beeinflusst. Mithilfe geeigneter Materialmodelle lassen sich Faserorientierungen aus der Simulation des Schmelzeflusses darstellen und die daraus resultierenden anisotropen mechanischen Eigenschaften berechnen.

7.6 Reibung und Verschleiß

7.6.1 Reibung

physikalische Grundlagen

Bei der Gleitbewegung zweier Körper, die aufeinanderliegen, muss eine Kraft R_F in Gleitrichtung aufgebracht werden, um das Gleiten aufrecht zu erhalten

$$R_F = \mu \cdot N_F \tag{7.47}$$

Coulombsches Reibungsgesetz

Die Reibungskraft R_F verhält sich um den Reibungskoeffizient μ zu der Kraft N_F proportional, mit der die beiden reibenden Körper aufeinander lasten. Dieses von *Coulomb* aufgestellte Reibungsgesetz gilt prinzipiell auch für Kunststoffe, die einen oder auch beide Reibpartner bilden. Allerdings bestehen erhebliche Schwierigkeiten in der Analyse des Reibungsverhaltens, da Wärme, und andere Einflüsse aus der Umgebung, wie Feuchte, Oxidation usw. in nur schwer entkoppelbarer Weise den Reibungsprozess beeinflussen. Bei Kunststoffen als Reibungspartner sind diese Verhältnisse besonders schwierig zu analysieren, da die genannten Einflüsse noch durch das viskoelastische Verhalten weiterhin erschwert werden. Die Ergebnisse aus Reibungsuntersuchungen an Laborprüflingen liefern daher nur Anhaltswerte. Es gibt jedoch die Möglichkeit einer Abschätzung, wozu ein gewisses Verständnis des Prozessgeschehens hilfreich ist.

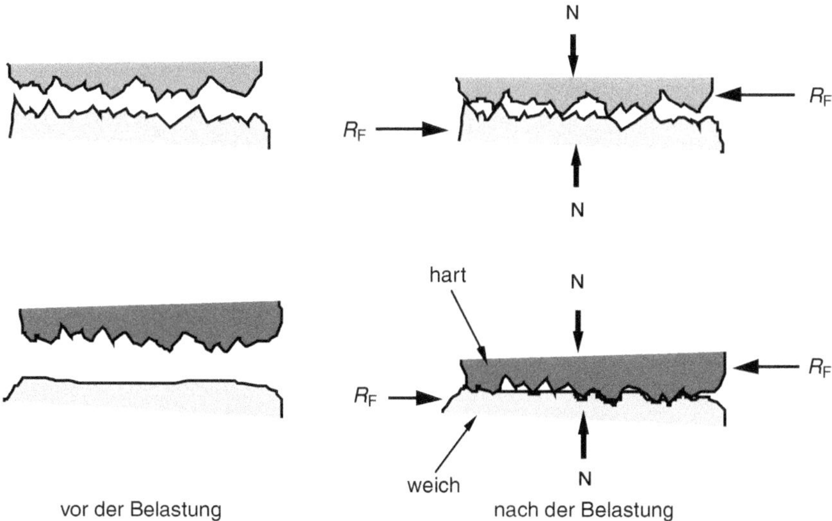

Bild 7.42 Entstehung der Reibungskraft

Modellvorstellung

Die Ursachen der Reibungskraft kann man an einer anschaulichen Modellvorstellung erklären. Dazu muss man die realen Oberflächen in ihren mikroskopischen Größenordnungen betrachten. Sie sind nicht eben, sondern haben ein „gebirgiges" Oberflächenprofil. Liegen zwei Oberflächen aufeinander, dann werden die Oberflächenspitzen der gegeneinander drückenden Körper sich mit zunehmender Normalkraft stärker verhaken bzw. verformen oder die Spitzen des härteren Partners dringen in den weicheren ein (vgl. Bild 7.42). Die Eigenschaften der Kunststoffe lassen generell erwarten, dass für Kunststoffe als Reibungspartner gilt:

qualitative Abschätzung

- Da Festigkeiten und Modulwerte von Polymerwerkstoffen niedrig sind, dürfen die Normalbelastungen, die ein Kunststofflager zu übertragen hat, nicht groß sein, weil sonst schnell Schäden entstehen, sei es durch unzulässige Verformungen oder zu starker Erwärmung.

- Da durch Reibung immer Wärme entsteht und diese in Polymerwerkstoffen nur sehr schlecht abgeleitet wird, sich aber erheblich auf das viskoelastische Verhalten von Polymerwerkstoffen bzw. auf die Festigkeit und den Elastizitätsmodul auswirkt (Bild 7.43 und Bild 7.44), müssen hieraus umfangreiche Konsequenzen erwartet werden.
- Feuchte und Öle (ausgeschwitzte Additive) usw. können in manche Polymerwerkstoffe ein- bzw. ausdiffundieren und damit die Reibungsbedingungen erheblich und abweichend gegenüber denjenigen beeinflussen, die man von anderen Werkstoffen kennt.

rechnerische Abschätzung

Bild 7.42 entwickelt eine einfache Modellvorstellung dafür, was sich bei diesem Prozess abspielt. Zunächst muss die Adhäsion überwunden werden, die an den Stellen entsteht, wo die Spitzen der stets mehr oder weniger rauen Oberflächen aufeinander drücken. Die Spitzen werden sich dabei verformen und platt drücken, denn die spezifischen Drücke sind sehr groß (die Spitzen umfassen nur einen kleinen Querschnitt gegenüber der gesamten aufeinander liegenden Fläche, Bild 7.42 oben). Da man die Fließgrenzen σ_F der Reibpartner kennt und auch die belastende Normalkraft N bekannt ist, kann man daraus die wahre Berührungsfläche A errechnen.

$$A = N / \sigma_F \tag{7.48}$$

Die gemessene Reibungskraft entsteht nun dadurch, dass die verformten Rauigkeitsspitzen des weicheren Partners abgeschert werden. Das bedeutet:

$$R_F = A \cdot \tau_B \tag{7.49a}$$

Die Scherfestigkeit τ_B kann aus gängigen Werkstofftabellen dadurch gewonnen werden, dass eine für alle Werkstoffe geltende Abschätzung bekannt ist, wonach sie zur Zugspannung σ_B proportional ist:

$$\tau_B = 0{,}58 \cdot \sigma_B \cong 0{,}5 \cdot \sigma_B \tag{7.49b}$$

Setzt man für die unbekannte effektive Oberfläche A die oben gefundene Beziehung ein, dann ergibt sich:

$$R_F = (N \cdot \tau_B) / \sigma_B \tag{7.49c}$$

und da

$$R_F / N = \mu \tag{7.50}$$

ist, ergibt sich aus der Proportionalität der Scherfestigkeit zur Zugfestigkeit (Formel 7.49b) für den Reibungskoeffizienten:

$$\mu = \tau_B / \sigma_F \approx \sigma_B / 2\sigma_F \tag{7.51}$$

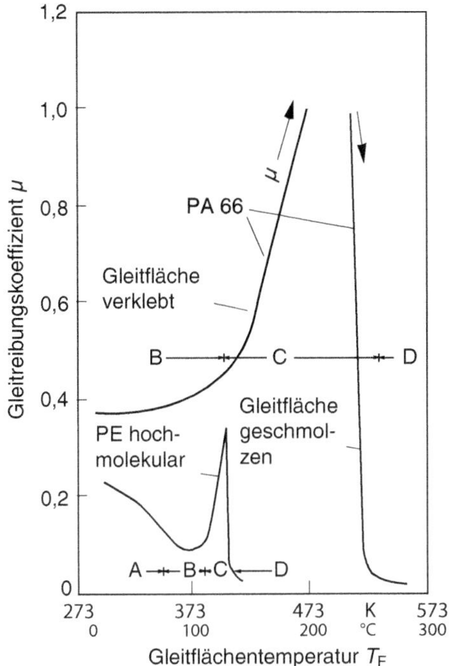

Bild 7.43 Gleitreibungskoeffizient als Funktion der Gleitflächentemperatur (BASF)

Einfluss der Form der Belastung

Da sich Kunststoffe unter einer langfristig einwirkenden Spannung $\sigma^{(T,\,t)}$ bzw. $\tau^{(T,\,t)}$ viskoelastisch verhalten, beobachtet man erhebliche Unterschiede, je nachdem, ob die Reibbeanspruchung stetig, intermittierend oder über längere Zeit einwirkt. Besonders kritisch ist somit auch eine langfristige Reibbeanspruchung, durch die sich eine so hohe Erwärmung aufbauen kann, die den Werkstoff örtlich schmilzt, was zu befürchten ist, weil die Wärme in den Kunststoffen nur langsam abfließt. Dies bestätigen, wie Bild 7.43 zeigt, auch Versuche. Die Gleitreibungswerte steigen dann spontan auf hohe Werte, wenn die Schmelztemperatur des Polymerwerkstoffes erreicht wird. Man kann die örtliche Erwärmung, die sich in der Reibebene einstellt, abschätzen:

$$T = T_0 + \frac{2\dot{q}\sqrt{t}}{\sqrt{\pi} \cdot \sqrt{\lambda \cdot \rho \cdot c}} \tag{7.52}$$

Darin bedeuten:

T Temperatur in der Grenzschicht

T_0 Umgebungstemperatur

$\dot{q}$ Wärmefluss, bezogen auf Zeit und Flächeneinheit (auf jeder zur Kontaktfläche parallelen Ebene, er ist aus der in Wärme umgesetzten Reibungsarbeit zu errechnen)

t Zeit

$\sqrt{\lambda \cdot \rho \cdot c}$ Wärmeeindringzahl

λ Wärmeleitfähigkeit

ρ Dichte und

c spezifische Wärme.

Paarung Kunststoff-Metall

Die in Bild 7.42 entwickelte Modellvorstellung erleichtert insbesondere dann das Verständnis, wenn zwischen den Reibpartnern ein erheblicher Unterschied der Härte bzw. der Festigkeit und der Elastizitätsmoduln besteht. Gleitet z. B. Stahl auf Kunststoff, dann werden sich die Rauigkeitsspitzen des Stahls, dank seiner sehr viel größeren Festigkeit, in den Kunststoff eindrücken. Die Reibungskraft wird sich in diesem Falle aus der Kraft ergeben, welche zum „Durchpflügen" der Kunststoffoberfläche erforderlich ist (Bild 7.42 unten).

Überraschenderweise beobachtet man jedoch, wenn in solchen Fällen die Normalkräfte nicht zu hoch sind, dass die Reibungskraft im stationären Betrieb schnell von anfänglich hohen Werten auf ein niedrigeres Niveau absinkt. Besichtigt man danach die Reibflächen, so findet man, dass abgetragener Kunststoff auf die Metalloberfläche übertragen worden ist, so dass nun Kunststoff auf Kunststoff gleitet. Dabei erweist es sich als vorteilhaft, dass die mit abgetragenem Kunststoff aufgefüllte Metalloberfläche die Reibungswärme gut abzuführen vermag, weshalb hier der abgeriebene Kunststoff erstarrt, Wärmestau verhindert wird und die Reibeigenschaften deutlich verbessert worden sind.

Durch den Ab- und Übertrag des Kunststoffs auf die reibende Metalloberfläche können die Reibungskoeffizienten zwischen Metallen und Kunststoffen von $\mu = 0{,}3$ bis 0,6 auf etwa $\mu = 0{,}1$ bis 0,2 sinken. Dieser Effekt ist allerdings nur dann festzustellen, wenn dank ausreichend niedriger Normalbelastung die Kunststoffreibfläche noch nicht aufgeschmolzen wird. Wenn diese jedoch den Schmelzbereich erreicht, nimmt der Reibungskoeffizient (vgl. Bild 7.43) sehr stark zu und es entsteht so starker Verschleiß, dass das Lager zerstört wird (vgl. Bild 7.44).

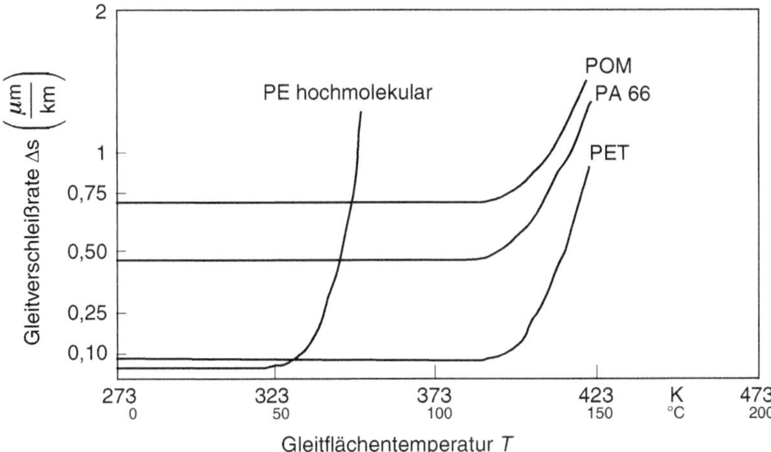

Bild 7.44 Gleitflächenverschleißrate als Funktion der Gleitflächentemperatur (BASF)

Unter den Kunststoffen zeichnet sich Polytetrafluorethylen (PTFE) durch seinen sehr niedrigen Reibungskoeffizienten gegenüber Metallen als Reibpartner aus (m = 0,05 bis 0,1).

warum PTFE so gut ist

Man kann die Gründe hierfür wie folgt ableiten:

- PTFE schmilzt erst über 300 °C.
- Es hat eine niedrige Oberflächenspannung, d.h. auch einen niedrigen Reibungskoeffizienten.
- Die gute Wärmeleitung des metallischen Reibungspartners verhindert einen Wärmestau in der Reibschicht, d.h. das PTFE schmilzt nicht und bleibt kristallin.
- PTFE hat eine abnormal niedrige Scherfestigkeit, aber eine hohe Streck- bzw. Reißfestigkeit in Molekül-Kettenrichtung. Das verursacht eine starke Orientierung der PTFE-Moleküle in Gleitrichtung durch die mit der Reibung verbundene Verformung in der Oberfläche. Zudem sind die Moleküle sehr lang, denn die Molmassen von PTFE Halbzeugen, aus welchen solche Lager hergestellt werden, sind groß. Es ist bekannt, dass hohe Orientierungen in Gleitrichtung einen niedrigen Reibungskoeffizienten zur Folge haben.

Dass die Molmasse einen Einfluss hat, ist auch von anderen Anwendungen, z.B. von Gleitkörpern aus hochmolekularem Polyethylen, bekannt. Tatsächlich besteht für den Verschleiß-(Abrasions-)widerstand eine exponentielle Abhängigkeit von der Molmasse, was man Bild 7.45 entnehmen kann. Bild 7.45 zeigt auch, dass sich erst oberhalb eines bestimmten Mindestwertes der Molmasse eine ausreichende Abriebbeständigkeit ein stellt. Tatsächlich erweisen sich niedermolekulare Polyethylene weit weniger gegen Verschleiß beständig.

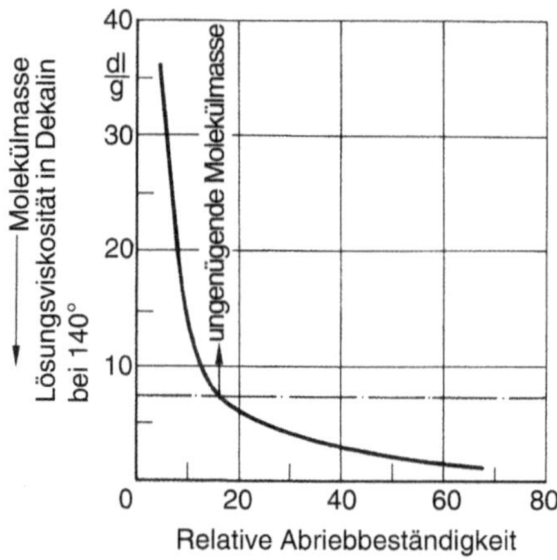

Bild 7.45 Zusammenhang zwischen Abriebbeständigkeit und Molmasse von hochmolekularen Polyethylenen (gemessen durch Lösungsviskosimetrie)

Anwendungen

Diese verschiedenen Effekte von Festigkeit, Orientierung und guter Wärmeableitung von dünnen Kunststoffschichten auf Metallkörpern für das Reibungsverhalten u. a. werden in vielen Anwendungen genutzt. Nachfolgend werden einige erfolgreiche Anwendungen aufgelistet.

- Wartungsfreie Lager für Lenkhebel in modernen Automobilen, die aus verstreckten PTFE-Fasern hergestellt werden.
- Lagerschalen mit guten Notlaufeigenschaften werden heute oft als Zwei-Komponenten-Systeme von Metall mit eingelagerten PTFE-Partikeln hergestellt. Hiermit schaltet man den Wärmestau in der reibenden Kunststoffoberfläche und deren frühzeitiges Aufschmelzen aus (Metall leitet die Wärme ca. 100-mal schneller als Kunststoffe).
- Gleitlager bestehend aus dünnen, verstreckten Folien, z. B. aus Polyamid u. a., werden auf die Welle aufgeklebt.
- Kugellagerkäfige haben sich sehr bewährt, weil sie niedrige Reibbeiwerte mit der den Kunststoffen eigenen Flexibilität verbinden und so die Montage der Kugeln erleichtern und den Lagern eine lange Lebensdauer vermitteln.
- Gleitsteine für Autotüren haben sich bewährt, weil sie nur intermittierend und selten bewegt und damit durch Reibung belastet werden, sich also auch nicht erwärmen.
- Scheiben aus POM dienen als Drucklager auf den Lagerzapfen von Wohnungstüren. Sie haben sich bewährt, weil sie nur kurzzeitig durch Reibung belastet werden.

HINWEIS: Kunststoffe als Reibungspartner bewähren sich vor allem dort, wo diese Lager nur gelegentlich bewegt werden, sodass sie sich nicht oder nur gering erwärmen.

Tabelle 7.7 Reibungskoeffizienten einiger Gleitpaarungen verschiedener Kunststoffe gegen die gleichen Kunststoffe und Stahl

Proben		Gleitgeschwindigkeit [mm/s]					
Gleitwerkstoff	Gleitpartner	0,03	0,1	0,4	0,8	3,0	10,6
		Reibungskoeffizient μ					
a) ohne Schmierung							
PP (gespritzt)	PP (gesandstrahlt)	0,54	0,65	0,71	0,77	0,77	0,71
PA (gespritzt)	PA (gespritzt)	0,63	-	0,69	0,70	0,70	0,65
PP (gesandstrahlt)	PP (gesandstrahlt)	0,26	0,29	0,22	0,21	0,31	0,27
PA (gedreht)	PA (gedreht)	0,42	-	0,44	0,46	0,46	0,47
Stahl ungehärtet	PP (gesandstrahlt)	0,24	0,26	0,27	0,29	0,30	0,31
Stahl ungehärtet	PA (gedreht)	0,33	-	0,33	0,33	0,30	0,30
PP (gesandstrahlt)	Stahl ungehärtet	0,33	0,34	0,37	0,37	0,38	0,38
PA (gedreht)	Stahl ungehärtet	0,39	-	0,41	0,41	0,40	0,40
b) Wasserschmierung							
PP (gesandstrahlt)	PP (gesandstrahlt)	0,25	0,26	0,29	0,30	0,28	0,31
PA (gedreht)	PA (gedreht)	0,27	-	0,24	0,22	0,21	0,19
Stahl ungehärtet	PP (gesandstrahlt)	0,23	0,25	0,26	0,26	0,26	0,22
PP (gesandstrahlt)	Stahl ungehärtet	0,25	0,25	0,26	0,26	0,25	0,25
PA (gedreht)	Stahl ungehärtet	0,20	-	0,23	0,23	0,22	0,18
c) Ölschmierung							
PP (gesandstrahlt)	PP (gesandstrahlt)	0,29	0,26	0,24	0,25	0,22	0,21
PA (gedreht)	PA (gedreht)	0,22	-	0,15	0,13	0,11	0,08
Stahl ungehärtet	PP (gesandstrahlt)	0,17	0,17	0,16	0,16	0,14	0,14
Stahl ungehärtet	PA (gedreht)	0,16	-	0,11	0,09	0,08	0,08
PP (gesandstrahlt)	Stahl ungehärtet	0,31	0,30	0,30	0,29	0,27	0,25
PA (gedreht)	Stahl ungehärtet	0,26	-	0,15	0,12	0,07	0,04

Für die Dimensionierung von Gleitpaarungen sind in Tabelle 7.7 Erfahrungswerte des Reibungskoeffizienten μ in Abhängigkeit von der Gleitgeschwindigkeit v, angegeben. Die besten Gleitpaarungen ergeben interessanterweise Polyamide mit gedrehter Oberfläche gegen ungehärteten Stahl; auch mit Öl- oder Wasserschmierung; wobei die Ölschmierung wesentlich niedrigere Reibungskoeffizienten ergibt. Schmierungsfreie (trockene) Lager haben die höchsten Reibungskoeffizienten.

Einfluss von Schmiermitteln

Ein wichtiger Hinweis erscheint angebracht. Da Polymerwerkstoffe oft umgebende Medien in sich aufnehmen, muss man beim Einsatz von Schmiermitteln sorgfältig prüfen, ob diese nicht in den Kunststoff eindiffundieren, ihn damit erweichen oder anquellen, sodass es zu einem Festsetzen des Lagers kommen kann. Solches kann z.B. bei Polyamid in Wasser oder bei Polyethylen in Öl eintreten.

Anwendungen, in denen man mit ständiger Reibbeanspruchung zu rechnen hat, kann man nicht immer umgehen. In diesen Fällen gibt es eine Reihe von inzwischen erprobten Möglichkeiten, die im Bild 7.46 zusammengestellt sind.

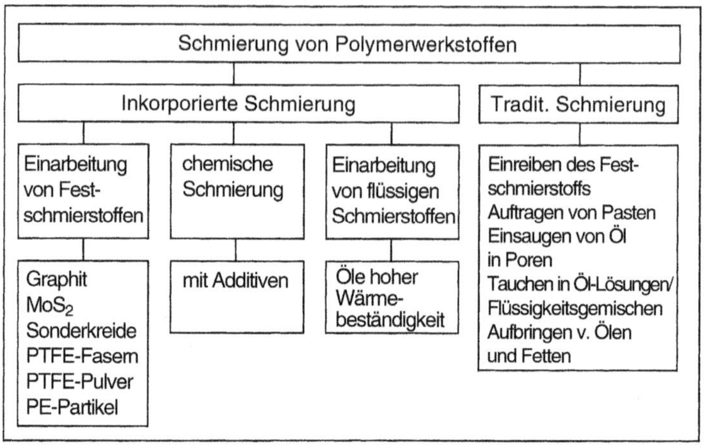

Bild 7.46 Varianten der Polymer-Werkstoff-Schmierung (Saechtling)

7.6.2 Verschleiß

Verschleiß kann entstehen durch

- trockene Reibung,
- abrasive Partikel,
- Korrosion,
- Ermüdung der Oberfläche.

Verschleiß tritt erst auf, wenn die Temperaturen in der Reibfläche die Schmelzpunkte erreichen

Die trockene Reibung ist bei vielen Kunststoffen so lange ungefährlich, als keine übermäßige Erwärmung zu erwarten ist. Das schließt auch abrasiven Verschleiß ein. Die meisten Kunststoffe sind widerstandsfähiger als Metalle. Vielfach hat es sich sogar als günstig erwiesen, dass in Lager eingedrungene Partikel so tief in das Lagermaterial eingedrückt werden, dass sie ungefährlich werden.

Transparente Scheiben aus organischen Gläsern, wie PMMA oder PC, sind durch Strahlverschleiß gefährdet, weil sie blind werden, wenn Staub und Sandpartikel ständig auf die Oberfläche mit hoher Geschwindigkeit auftreffen. So war es auch erst dann möglich, Glasscheiben z. B. in Frontlampen von Pkws zu ersetzen, als glasharte Oberflächenbeschichtungen (Lacke, die aus Verbindungen von Silikaten und Polymeren hergestellt werden) gefunden wurden und auf die Kunststoffoberflächen aufgetragen werden konnten. Für den gleichen Zweck werden auch im Plasma polymerisierte, harte Schichten zum Verschleißschutz auf polymere Scheiben aufgetragen.

Strahlverschleiß durch Partikel

Korrosiver Verschleiß, der bei Metallen durch gleichzeitigen Angriff von aggressiven Medien und Reibung recht häufig zu beobachten ist, gibt es in vergleichbarer Weise bei Kunststoffen nicht, weil sie gegen Säuren und Laugen hinreichend beständig sind.

kein korrosiver Verschleiß

Ein besonderes Verschleiß-Problem hingegen sind Ausbrüche in der Oberfläche, die sich z. B. bei Zahnrädern aus Polyamiden zeigen und die von Rissen ausgehen, welche durch die Dauerwechselbeanspruchung, denen die Zähne unterworfen sind, entstanden sind.

Es gibt für Teile aus Kunststoffen bisher keine sicheren, allgemein gültigen Voraussagen über Verschleiß. Nur ein den praktischen Bedingungen entsprechender Versuch unter realen Bedingungen kann Aufschluss geben, ob Gefahren dieser Art bestehen. Mit Sicherheit kann man nur eines voraussagen: Erwärmung an der Oberfläche der Kunststoffteile in Reibpaarungen, welche diese zum Schmelzen bringen, führen zu schnellem Verschleiß (Bild 7.44).

Für den Verschleiß von Kunststoffteilen, die in Reibpaarung mit Stahl stehen, wurde die in Bild 7.47 dargestellte Beziehung entwickelt. Sie gestattet, den volumetrischen Verschleiß W_v aus Normalkraft und Gleitweg zu errechnen.

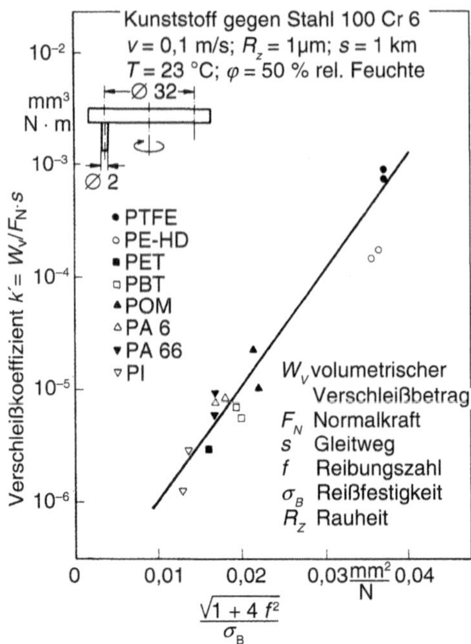

Bild 7.47 Abschätzung des Gleitverschleißes von Kunststoffen in Paarung mit Stahl nach einer Empfehlung der BAM (Bundesanstalt für Materialforschung und -prüfung)

Nach einem nicht genormten Verfahren nach Bauer und Kriegel wird diese Art von Verschleiß durch ein Sandstrahl-Luftgemisch erzeugt. Gemessen wird die erzeugte Verschleißmulde nach einer Stunde Prüfzeit. Die Ergebnisse sind über dem Logarithmus des Elastizitätsmoduls für verschiedene Kunststoffe und andere Werkstoffe in Bild 7.48 aufgetragen. Es ergibt sich, dass sich sowohl sehr harte Stoffe als auch weiche und zähe Werkstoffe gegen diese Art der Beanspruchung als verschleißfest erweisen können. Eine erfolgreiche Anwendung gegen eine derartige Beanspruchung findet sich in Form von Abdeckungen der Frontkanten von Flugzeugtragflächen mit einem Elastomerstreifen. Hiermit wird die Erosionswirkung durch Regentropfen auf das Metall verhindert.

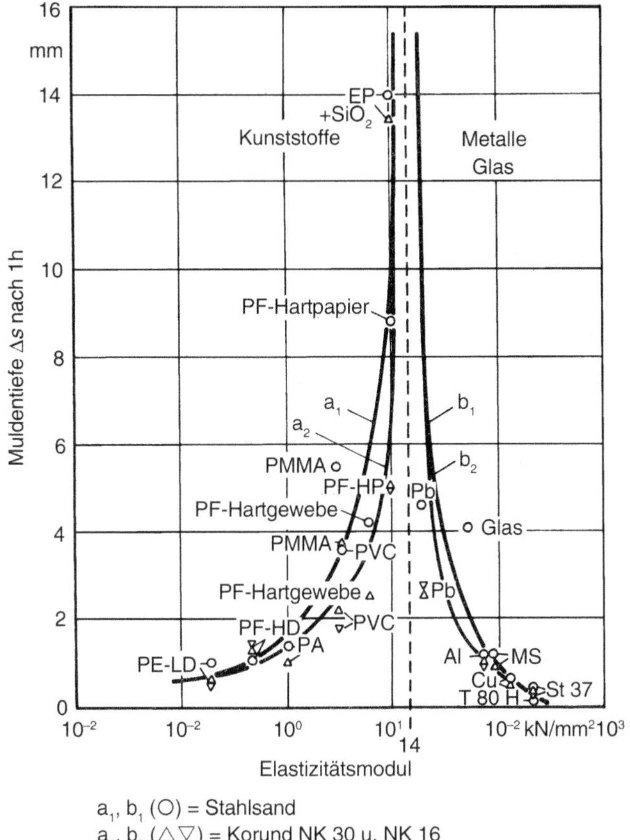

Bild 7.48 Abhängigkeit des Strahlverschleißes unterschiedlicher Werkstoffe als Funktion des Elastizitätsmoduls

Prüfung

Für den Verschleiß gibt es einige Normprüfmethoden. Am weitesten verbreitet ist die Bestimmung des Abriebs mit dem Taber-Reibrad nach DIN 52347 und 53754, ISO 9352 durch Schmirgel und DIN 53516 zur Bestimmung des Verschleißes von Kautschuk und Elastomeren gegen Schmirgel.

HINWEIS: Verschleiß ist bei aufeinander gleitenden Flächen vor allem dann zu erwarten, wenn die Oberfläche des Kunststoffs so warm wird, dass sie schmilzt.

Literatur zu Kapitel 7

Alf, E.: *Untersuchungen zum Verhalten ausgewählter Kunststoffe unter schwingender Beanspruchung unter besonderer Berücksichtigung der Eigenerwärmung, von Kriechvorgängen und Verformungsgrenzen erster Schädigung.* RWTH Aachen, Dissertation, 1972

Bardenheier, R.: *Das mechanische Versagen von Polymerwerkstoffen.* München: Carl Hanser Verlag, 1982

Behrenbeck, U.-P.: *Fertigungs- und werkstoffgerechtes Konstruieren von Faserverbundbauteilen.* RWTH Aachen, Dissertation, 1987

Betten, J.: *Elementare Tensorrechnung für Ingenieure.* Braunschweig: Vieweg Verlag, 1977

Bodden, H.-E.: *Das mechanische Verhalten von Thermoplasten bei stoßartiger Belastung.* RWTH Aachen, Dissertation, 1983

Brand, N.: *Dimensionierungshilfe für dynamisch beanspruchte Kunststoffbauteile.* RWTH Aachen, Dissertation, 1977

Brandt, M.: *CAE-Methoden für die verbesserte Auslegung thermoplastischer Spritzgussbauteile.* RWTH Aachen, Dissertation, 2006 – ISBN 3-86130-850-9

Brintrup, H.: *Beitrag zum zeitabhängigen Verformungsverhalten und zur Rissbildung orthotrop glasfaserverstärkter, ungesättigter Polyesterharze.* RWTH Aachen, Dissertation, 1975

Brocks, W.: *FEM-Analysen von Rissproblemen bei nichtlinearem Materialverhalten – technischer Bericht.* Geesthacht: Institut für Werkstoffforschung GKKS, 2002

Brüller, O. S.: *Theoretische Untersuchungen zum Kriechverhalten und Kriechversagen von Kunststoffen.* RWTH Aachen, Dissertation, 1978

Bürgel, R; Richard, H. A.; Riemer, A.: *Werkstoffmechanik. Bauteile sicher beurteilen und Werkstoffe richtig einsetzen.* Wiesbaden: Springer Vieweg, 2. Aufl., 2014

Carlowitz, B.: *Untersuchungen zum Bruchverhalten ausgewählter thermoplastischer Kunststoffe bei Schlagbeanspruchung.* RWTH Aachen, Dissertation, 1978

Dolfen, E.: *Bemessungsgrundlagen für tragende Bauelemente aus GFK.* RWTH Aachen, Dissertation, 1978

Domininghaus, H.: *Die Kunststoffe und ihre Eigenschaften.* Heidelberg, Berlin, New York: Springer, 6., neu bearbeitete und erweiterte Auflage, 2005

Domininghaus, H.; Elsner, P.; Eyerer, P. et al.: *Kunststoffe: Eigenschaften und Anwendungen; mit 275 Tabellen.* Heidelberg, Berlin, New York: Springer, 2012

Dürkop, J.: *Beitrag zur Stabilität gebetteter Zylinderschalen aus glasfaserverstärkten ungesättigten Polyesterharzen.* RWTH Aachen, Dissertation, 1974

Grote, K.-H.; Feldhusen, J.: *Dubbel. Taschenbuch für den Maschinenbau.* Heidelberg, Berlin, New York: Springer, 2018

Effing, M.: *Rechnerunterstützte Auslegung und Fertigung von Faserverbundteilen.* RWTH Aachen, Dissertation, 1988

Ehrenstein, G. W.: *Faserverbund-Kunststoffe.* München: Carl Hanser Verlag, 2. Aufl., 2006

Ehrenstein, G. W.: *Polymerwerkstoffe.* München: Carl Hanser Verlag, 3. Aufl., 2011

Erhard, G.: *Konstruieren mit Kunststoffen.* München: Carl Hanser Verlag, 4. Aufl., 2008

Fischer, O. W.: *Faserbruchgeschehen in kohlenstofffaserverstärktem Kunststoff.* RWTH Aachen, Dissertation, 2003

Flemming, M.; Ziegmann, G.; Roth, S.: *Faserverbundbauweisen.* Heidelberg, Berlin, New York: Springer Verlag, 1996

Frick, A.; Stern, C.: *Einführung in die Kunststoffprüfung: Prüfmethoden und Anwendung.* München: Carl Hanser Verlag, 2017

Grellmann, W.: *Kunststoffprüfung.* München: Carl Hanser Verlag, 2015

Gross, D.; Seelig, T.: *Bruchmechanik mit einer Einführung in die Mikromechanik.* Wiesbaden: Springer Vieweg, 6. Aufl., 2015

Gutberlet, D.: *Ansätze zur verbesserten Werkstoffbeschreibung für die Dimensionierung von thermoplastischen Kunststoffen.* RWTH Aachen, Dissertation, 2000

Haldenwanger, H.-G.: *Hochleistungs-Faserverbund-Werkstoffe im Automobilbau.* Düsseldorf: VDI-Verlag, 1993

Harris, B.: *Fatigue in Composites: Science and technology of fatigue response of fibre-reinforced plastics.* Cambridge: Woodhead Publishing Limited, 2003

Harnier, A. v.: *Über Herstellung und Eigenschaften einiger Verbundwerkstoffe besonderer Fasern und Matrices.* RWTH Aachen, Dissertation, 1975

Henkhaus, R.: *Das Verformungsverhalten ausgewählter Thermoplaste in Abhängigkeit von der Dehngeschwindigkeit.* RWTH Aachen, Dissertation, 1980

Hesselt, F.: *Untersuchungen über den Einfluss der Werkstoffkomponenten auf die Gebrauchseigenschaften von glasfaserverstärkten Kunststoffen.* RWTH Aachen, Dissertation, 1969

Hull, D.: *Introduction to composite materials.* Cambridge Solid State Science Series. Cambridge, London, New York, Sydney: Cambridge University Press, 1981

Issler, L.; Ruoß, H.; Häfele, P.: *Festigkeitslehre, Grundlagen.* Berlin: Springer-Verlag, 2. Aufl., 1997

Kleinholz, R.: *Beitrag zum Verstärken von Kunststoffen unter besonderer Berücksichtigung der Verstärkungs- und Matrixwerkstoffe.* RWTH Aachen, Dissertation, 1969

Knipschild, F.: *Beitrag zur Abschätzung und Ermittlung mechanischer Eigenschaften von Kunststoffhartschäumen.* RWTH Aachen, Dissertation, 1975

Knops, M.: *Sukzessives Bruchgeschehen in Faserverbundlaminaten.* RWTH Aachen, Dissertation, 2003

Kuhnel, E.: *Anwendung von Zwischenfaserbruch-Kriterien auf endlosfaserverstärkte Thermoplaste.* RWTH Aachen, Dissertation, 2010

Kunz, J.: Ein Plädoyer für die dehnungsbezogene Auslegung. Versagen berechnen. *Kunststoffe* 101 (2011) 4, S. 50 - 54

Maier, R.-D.; Schiller, M.: *Kunststoff Additive Handbuch.* München: Carl Hanser Verlag, 2016

Mannigel, M.: *Einfluss von Schubspannungen auf das Faserbruchgeschehen in kohlenstofffaserverstärkten Kunststoffen (CFK).* RWTH Aachen, Dissertation, 2007

Menges, G.: Das Verhalten von Kunststoffen unter Dehnung: Teil 2. Deutung der kritischen Dehnung und Verhalten der Kunststoffe bei überkritischer Dehnung. *Kunststoffe* 63 (1973) 3, S. 173 - 177

Menges, G.: *Erleichtertes Verständnis des Werkstoffverhaltens bei verformungsbezogener Betrachtungsweise. Fortschrittsberichte der VDI-Zeitschriften.* Reihe: Grund- und Werkstoffe; Reihe 5; Nr. 12; 1971

Menges, G.; Taprogge, R.: *Kunststoffkonstruktionen; Rechenbeispiele.* VDI-Taschenbücher T38, Düsseldorf: VDI-Verlag, 1974

Menges, G.: Dimensionierung von Kunststoffteilen auf Basis von kritischen Deformationen. *Kunststoffe-Plastics* 24 (1977) 8, S. 15 - 25

Menges, G; Wiegand, G.; Pütz, D. et al.: Ermittlung der kritischen Dehnung teilkristalliner Thermoplaste. *Kunststoffe* 65 (1975) 6, S. 368 - 371

Menning, G.: *Wear in Plastics Processing.* München: Carl Hanser Verlag, 1995

Michaeli, W.; Huybrechts, D.; Wegener, M.: *Dimensionieren mit Faserverbundkunststoffen.* München: Carl Hanser Verlag, 1995

Michler, G. H.; Baltá-Calleja, F. J.: *Nano- and micromechanics of polymers: Structure modification and improvement of properties.* München: Carl Hanser Verlag, 2012

Müller, F. H.: *Kaltverstrecken von Kunststoffen.* Z. Materialprüfung 5 (1963) 9, S. 336/44

N. N: E DIN EN ISO 6721-1:2018-03

Nonhoff, G.: *Ein Beitrag zur Stabilitätsberechnung und Prüfung von Zylinderschalen aus glasfaserverstärktem Kunststoff unter gleichmäßigem Außendruck.* RWTH Aachen, Dissertation, 1972

Oberbach, K.; Schmachtenberg, E.: Konstruktionsgerechte Kennwerte. Voraussetzung für werkstoffgerechte Konstruktion von Präzisionsteilen aus Kunststoff. *Plaste und Kautschuk* 38 (1991) 4, S. 109 - 116

Opfermann, J.: *Untersuchungen zur Fließzonenbildung und zum Bruch von amorphen Plastomeren.* RWTH Aachen, Dissertation, 1978

Overath, F.: *Das Verhalten von Thermoplasten im Bereich kleiner Verformungen.* RWTH Aachen, Dissertation, 1979

Peuker-Holtermann, M.: *Zum Festigkeits- und Verformungsverhalten unidirektional cordverstärkter Elastomere am Beispiel armierter Schlauchleitungen unter innerem Überdruck.* RWTH-Aachen, Dissertation, 1981.

Pflamm-Jonas, T.: *Auslegung und Dimensionierung von kurzfaserverstärkten Spritzgussbauteilen.* TU Darmstadt, Dissertation, 2001

Osswald, T. A.; Menges, G.: *Materials Science of Polymers for Engineers.* München: Carl Hanser Verlag, 2nd ed., 2003

Popov, V. L.: *Kontaktmechanik und Reibung.* Heidelberg, Berlin, New York: Springer, 2011

Racké, H. H.: Verhalten von Kunststoffoberflächen bei berührender mechanischer Beanspruchung. In Schreyer, G. (Hrsg): *Konstruieren mit Kunststoffen.* Teil 2 Abschnitt 4.1.7. München: Carl Hanser Verlag, 1972

Radaj, D.; Vormwald, M.: *Ermüdungsfestigkeit: Grundlagen für Ingenieure.* Heidelberg, Berlin, New York: Springer-Verlag, 3. Aufl., 2009

Rest, H.: *Die Berechnung der Mindeststoßfestigkeit von Kunststoffen.* RWTH Aachen, Dissertation, 1984

Roskothen, H. J.: *Untersuchungen zur Dimensionierung von Bauteilen aus Kunststoffen.* RWTH Aachen, Dissertation, 1974

Schleede, K.: *Rechnerunterstützte Auslegung von Spritzgießteilen.* RWTH Aachen, Dissertation, 1988

Schmidt, H.: *Untersuchungen der Fließzonenbildung und des mechanischen Langzeitverhaltens bei thermoplastischen Kunststoffen bei ein- und zweiachsig wirkenden Zugspannungen.* RWTH Aachen, Dissertation, 1971

Schürmann, H.: *Konstruieren mit Faser-Kunststoffverbunden.* Berlin, Heidelberg, New York: Springer Verlag, 2007

Schwalbe, H. J.: *Risszähigkeit glasfaserverstärkter Kunststoffe.* RWTH Aachen, Dissertation, 1981

Schwarz, O.: *Beitrag zum statischen Langzeitverhalten glasfaserverstärkter Kunststoffe.* RWTH Aachen, Dissertation, 1968

Seiler, U.: *Zur Auslegung statisch und dynamisch belasteter Bauteile aus Verbundwerkstoffen am Beispiel von GFK-Blattfedern.* RWTH-Aachen, Dissertation, 1987

Seiler, U.: *Zur Auslegung statisch und dynamisch belasteter Bauteile aus Verbundwerkstoffen am Beispiel von GFK-Blattfedern.* RWTH Aachen, Dissertation, 1987

Selke, P.: *Höhere Festigkeitslehre – Grundlagen und Anwendung.* München: Oldenbourg, 2013

Stellbrink, K.: *Micromechanics of Composites.* München: Carl Hanser Verlag, 1996

Stommel, M.; Stojek, M.; Korte, W.: *FEM zur Berechnung von Kunststoff- und Elastomerbauteilen.* München: Carl Hanser Verlag, 2018

Taprogge, R.: *Untersuchungen zur Ermittlung zulässiger mechanischer Beanspruchungen thermoplastischer Kunststoffe bei statischer und schwingender Zug- und Biegebelastung.* RWTH Aachen, Dissertation, 1966

Taprogge, R.; Menges, R.: *Kunststoff-Konstruktionen – Rechenbeispiele.* Düsseldorf: Springer-VDI-Verlag, 1974

Thebing, U.: *Beitrag zur Dimensionierung von GF-UP unter wechselnder Beanspruchung.* RWTH Aachen, Dissertation, 1979

Wölfel U.: *Verarbeitung faserverstärkter Formmassen im Spritzgießprozeß.* RWTH Aachen, Dissertation, 1987

8 Thermische Eigenschaften und Analyse

Kunststoffe unterscheiden sich in ihren thermischen Eigenschaften sehr stark von den meisten anderen Werkstoffen. Die Tatsache, dass sie für die Wärmedämmung eine besondere Bedeutung haben, liegt nicht nur in ihrer ohnehin niedrigen Wärmeleitfähigkeit begründet, sondern auch darin, dass sie sich sehr gut in vielfältiger Weise zu Schaumstoffen mit besonders guten Isolationseigenschaften verarbeiten lassen.

Unter dem Gesichtspunkt des Energieverbrauchs für die Herstellung der Endprodukte sind Kunststoffe ebenfalls interessant, was an der niedrigen Enthalpiedifferenz zwischen Raumtemperatur und Verarbeitungstemperatur liegt.

Typisch für Kunststoffe ist die Tatsache der starken Temperaturabhängigkeit ihrer thermischen Eigenschaften, die eine spezifische analytische Methodik zu deren quantitativer Charakterisierung benötigt. Die aus der Analytik gewonnenen Eigenschaftsverläufe über der Temperatur werden im Besonderen auch als Eingangswerte für Simulationen benötigt. Spezielle Herausforderungen stellen dabei die typischerweise wärmegetönten Phasenübergänge dar. Werden die thermischen Materialdaten für die Simulation von Teilaspekten von Verarbeitungsprozessen gebraucht, ist besondere Sorgfalt gefordert. Die Güte der Simulationsergebnisse bei Aufheiz- und Abkühlprozessen hängt oft wesentlich von der Güte der Beschreibung der thermischen Eigenschaften als Funktion der Temperatur ab.

■ 8.1 Thermische Eigenschaften

In den folgenden Unterpunkten von Abschnitt 8.1 werden wichtige thermische Stoffwerte und Eigenschaften erläutert, um das Materialverständnis zu erweitern und die Grundlage für die anschließend erläuterten thermoanalytischen Messmethoden zu legen (siehe Abschnitt 8.2).

8.1.1 Einsatztemperatur und Wärmeformbeständigkeit

Duroplaste und Elastomere

Die verschiedenen Kunststofftypen werden in unterschiedlichen Zustandsbereichen eingesetzt: Während Elastomere ausschließlich oberhalb ihrer Glasübergangstemperatur T_g eingesetzt werden (gummielastischer Bereich), da sie unterhalb dieser stark verspröden, können Duroplaste sowohl unter- als auch oberhalb der T_g verwendet werden. Durch ihre starke Vernetzung sind diese in beiden Bereichen fest und eher spröde. Mit dem Vernetzungsgrad des Kunststoffs steigt auch die Glasübergangstemperatur, sodass diese für Elastomere meist weit unterhalb der Raumtemperatur liegt und für Duroplaste meist deutlich darüber. Die obere Einsatzgrenze dieser beiden Polymertypen wird durch ihre jeweilige Zersetzungstemperatur festgelegt, also die Temperatur, bei der die molekulare Struktur in niedermolekulare Unterstrukturen aufgespalten wird. Bei elastomeren Werkstoffen definieren jedoch die Füllstoffe und Additive in aller Regel die oberste Einsatztemperatur, die deutlich unterhalb der Zersetzungstemperatur liegen kann.

Thermoplaste

Bei den Thermoplasten muss zwischen amorphen und teilkristallinen unterschieden werden. Teilkristalline Thermoplaste haben verglichen mit amorphen eine deutliche tendenziell niedrigere Glasübergangstemperatur und können über und teilweise auch unterhalb dieser Temperatur verwendet werden. Je nach Polymerart und verwendetem Temperaturbereich verhalten sie sich zäh oder eher steif. Sie können bis nahe an den Schmelzbereich eingesetzt werden. Amorphe Thermoplaste dagegen werden ausschließlich im unterhalb von T_g liegenden Bereich genutzt. In Bild 8.1 sind typische Einsatztemperaturen verschiedener Thermoplaste beispielhaft dargestellt.

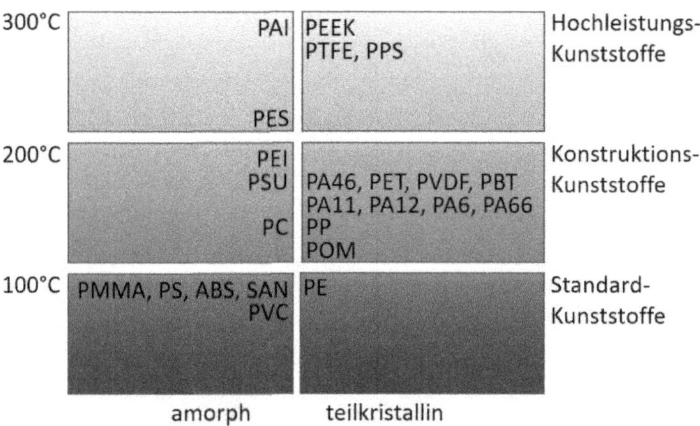

Bild 8.1 Beispielhafte Einsatztemperaturen von amorphen und teilkristallinen Thermoplasten (Daten nach [Ehrenstein])

Da es aufgrund ihrer Struktur für Kunststoffe keine klar definierte thermische Einsatzgrenze gibt, wird aus anwendungstechnischen Gesichtspunkten als Maß für die Belastbarkeit unter Temperatur die Wärmeformbeständigkeit bestimmt. Durch diese wird beschrieben, wie formstabil der Kunststoff unter bestimmten Belastungsbedingungen und Wärmeeintrag ist. Zur Quantifizierung werden vorwiegend im Rahmen von genormten Prüfverfahren die VICAT-Erweichungstemperatur sowie die Heat-Distortion-Temperature (HDT) bestimmt, deren Ermittlung in Abschnitt 8.2.1 näher beschrieben wird. Bei amorphen Kunststoffen korrelieren diese Temperaturen meist mit der Glasübergangstemperatur, bei teilkristallinen mit dem Beginn der kristallinen Schmelze, also der Onsettemperatur T_{onset}. Hier sinkt die Formbeständigkeit je nach Kristallinität jedoch auch schon mit Erweichen der amorphen Bereiche mit steigender Temperatur.

Wärmeformbeständigkeit

Die Kenntnis der Wärmeformbeständigkeit ist vor allem bei der Konstruktion bzw. der Werkstoffauswahl wichtig für Produkte, die unter einer mechanischen Last stehen. Abhängig ist sie insbesondere vom chemischen Aufbau der Makromoleküle, der das Wechselspiel der Makromoleküle im Polymerverbund maßgeblich bestimmt.

8.1.2 Enthalpie und Wärmekapazität

(Spezifische) Enthalpie

Wird bei einem Stoff unter konstantem Druck p Wärmeenergie zu bzw. abgeführt, so dehnt er sich aus bzw. zieht sich zusammen unter der Volumenarbeit $dW = p \cdot dV$. Gleichzeitig führt die Wärmemenge dQ zur einer Veränderung der inneren Energie dU. Die Summe dieser beiden Änderungen wird als Enthalpie H bezeichnet und setzt sich wie beschrieben zusammen:

$$dQ = dU + dW = dU + p \cdot dV = dH \tag{8.1}$$

In einem Prozess unter konstantem Druck ändert sich der Enthalpieinhalt demnach genau um die zu- oder abgeführte Wärmemenge aus endothermen bzw. exothermen Vorgängen. Enthalpiewerte von Kunststoffen werden insbesondere dann benötigt, wenn der Leistungs- bzw. der Zeitbedarf für die Fertigung, das heißt das Aufheizen oder das Abkühlen von Thermoplasten sowie bei Duroplasten und Elastomeren auch für das Vernetzen, ermittelt werden muss.

Bezieht man nun Formel 8.1 auf eine zeitliche Änderungsrate, ergibt sich:

spezifische Enthalpie

$$\frac{dQ}{dt} = \dot{Q} = \frac{dH}{dt} = \dot{m} \cdot \Delta h \tag{8.2}$$

mit $\dot{Q}$ = Wärmestrom, $\dot{m}$ = Massestrom, Δh = spezifische Enthalpie.

Als Kennwert für die Enthalpie wird zumeist die spezifische Enthalpie herangezogen. Unter der spezifischen Enthalpie h versteht man den Wärmeinhalt einer Masseneinheit eines Stoffes bei einer bestimmten Temperatur und einem bestimmten Druck. Dieser Wärmeinhalt ist nicht absolut, sondern nur von einer Bezugsbedingung aus messbar, die meist zu 0 °C oder 20 °C bei Atmosphärendruck gewählt wird. Mit Δh ist in Formel 8.2 ein endlich großer Enthalpieunterschied gemeint, d. h. die Überführung von einem Zustand 1 zu einem Zustand 2.

Bild 8.2 zeigt die Enthalpiewerte einiger wichtiger amorpher Thermoplaste in Abhängigkeit von der Temperatur, gemessen bei Atmosphärendruck; Bild 8.3 enthält die entsprechenden Werte für wichtige teilkristalline Thermoplaste.

HINWEIS: Teilkristalline Formmassen besitzen infolge der notwendigen Energie zum Schmelzen der Kristallite einen erheblich höheren Wärmebedarf als amorphe Werkstoffe. Das bedeutet, dass man bei Plastifizier- und Kühleinrichtungen für teilkristalline Formmassen im Durchschnitt etwa die doppelte Leistung aufwenden muss, um gleiche Durchsätze zu erreichen.

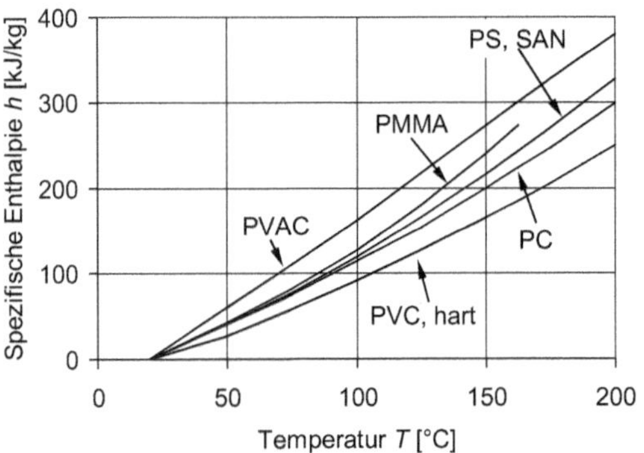

Bild 8.2 Spezifische Enthalpie als Funktion der Temperatur für amorphe Thermoplaste

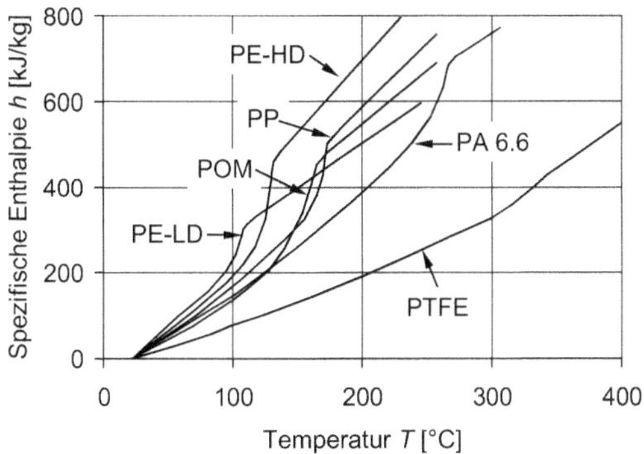

Bild 8.3 Spezifische Enthalpie als Funktion der Temperatur für teilkristalline Thermoplaste

Spezifische Wärmekapazität

spezifische Wärmekapazität

Um den Zusammenhang zwischen der Enthalpieänderung unter konstantem Druck und der damit verbundenen Temperaturänderung zu beschreiben, wird die spezifische Wärmekapazität herangezogen. Sie gibt an, um welchen Betrag die spezifische Enthalphie dh ansteigt, wenn ein Stoff bei konstantem Druck um die Temperaturänderung dT um 1 Kelvin erwärmt wird. Entsprechend kann die Enthalpieänderung über einem bestimmten Temperaturintervall nach Formel 8.3:

$$\Delta h = \int_{T_1}^{T_2} c_p(T)\,dT \tag{8.3}$$

mit Δh = spezifische Enthalpie und T_1, T_2 = Start-, Endtemperatur, c_P = spezifische Wärmekapazität bei konstantem Druck.

Die bei Raumtemperatur bestimmten spezifischen Wärmekapazitäten von Kunststoffen liegen zwischen 1 und 2 kJ/(kg · K) und sind damit wesentlich größer als diejenigen der metallischen Werkstoffe [Saechtling]. Der große Unterschied beruht auf dem erheblichen Unterschied in der Masse. Bezieht man die Werte stattdessen auf das Volumen, dann liegen die Werte in der gleichen Größenordnung.

Temperaturabhängigkeit der Wärmekapazität

Die spezifische Wärmekapazität c_p (siehe Bild 8.4) ändert sich im Gebrauchstemperaturbereich der Kunststoffe nur mäßig, besitzt jedoch bei teilkristallinen Thermoplasten ein ausgeprägtes Maximum am Kristallitschmelzpunkt. Dieser Bereich im Kurvenverlauf kennzeichnet den Wärmebedarf zum Aufschmelzen der Kristallite. Die spezifische Wärme ist daher bei teilkristallinen Thermoplasten erheblich von der Phasenumwandlung und damit vom Kristallinitätsgrad beeinflusst.

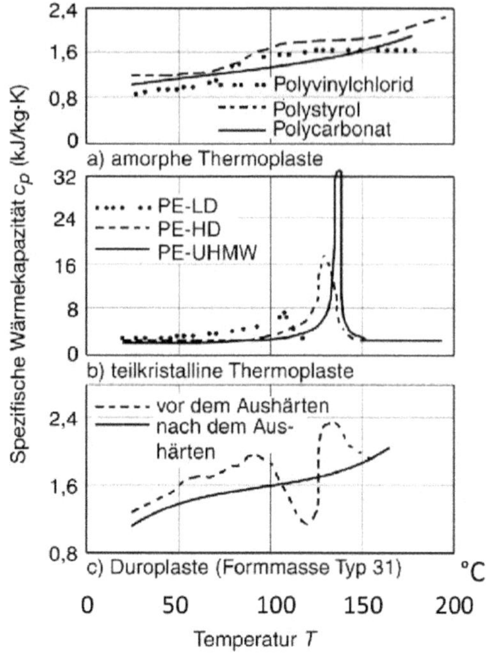

Bild 8.4 Spezifische Wärmekapazität von Kunststoffen als Funktion der Temperatur [nach Knappe]

Duroplaste zeigen im ausgehärteten Zustand einen ähnlichen Verlauf der spezifischen Wärme wie amorphe Thermoplaste (Bild 8.4). Noch nicht ausgehärtete Duroplaste hingegen zeigen beim erstmaligen Aufheizen eine starke Änderung im Kurvenverlauf, die durch die mit der ablaufenden Vernetzung verbundene Wärmetönung verursacht wird und formal nicht der Wärmekapazität zuzuordnen ist.

8.1.3 Wärmeausdehnung

Temperaturänderungen führen bei Feststoffen und Flüssigkeiten zur Änderung der Dichte und damit auch des Volumens, sodass auch Kunststoffe bei Schwankungen der Temperatur ihre geometrischen Abmessungen ändern. Die temperaturabhängige Volumenänderung ist die Summe aus:

- der reversiblen thermischen Volumenänderung,
- der Volumenänderung aus reversiblen Umwandlungen (bspw. beim Schmelzen kristalliner Bereiche in teilkristallinen Thermoplasten),
- reversiblen Übergängen (bspw. Glasübergängen),
- irreversiblen Volumenänderungen durch physikalische und chemische Alterungsvorgänge (bspw. Relaxation, Nachkondensation).

Ausdehnungskoeffizient

Als Maß für die Wärmeausdehnung können sowohl der Volumenausdehnungskoeffizient γ als auch der Längenausdehnungskoeffizient α (auch linearer Wärmeausdehnungskoeffizient genannt) verwendet werden. Für jedes Material sind diese Größen spezifisch. Der Volumenausdehnungskoeffizient γ verknüpft gemäß Formel 8.4 die partielle Volumenänderung mit der partiellen Temperaturzunahme:

$$\gamma = \frac{1}{V_0} \cdot \left(\frac{\partial V}{\partial T} \right) \tag{8.4}$$

Hierbei bezeichnet γ den Volumenausdehnungskoeffizienten, V_0 das Ausgangsvolumen, ∂V die partielle Volumenänderung und ∂T die partielle Temperaturänderung.

In hinreichend kleinen Temperaturintervallen lässt sich dieser Zusammenhang auch durch den mittleren Volumenausdehnungskoeffizienten $\bar{\gamma}$ beschreiben:

$$\bar{\gamma} = \frac{1}{V_0} \cdot \frac{\Delta V}{\Delta T} \text{ mit } \Delta V = V - V_0 \text{ und } \Delta T = T - T_0 \tag{8.5}$$

Hierbei bezeichnet $\bar{\gamma}$ den mittleren Volumenausdehnungskoeffizienten, V_0 das Ausgangsvolumen, T_0 die Ausgangstemperatur.

Für Festkörper wird in der Regel der Längenausdehnungskoeffizient α genutzt, der die Längenänderung mit der Temperaturerhöhung verknüpft:

$$\alpha = \frac{1}{L_0} \cdot \left(\frac{\partial L}{\partial T} \right) \tag{8.6}$$

Hierbei bezeichnet α den Längenausdehnungskoeffizienten, L_0 die Ausgangslänge, ∂L die partielle Längenänderung und ∂T die partielle Temperaturänderung.

Auch der Längenausdehnungskoeffizient wird im Allgemeinen als mittlerer Wert über einem Temperaturintervall nach Formel 8.7 angegeben. In Bild 8.5 ist die Bestimmung von $\bar{\alpha}$ grafisch dargestellt.

$$\bar{\alpha} = \frac{1}{L_0} \cdot \frac{\Delta L}{\Delta T} \text{ mit } \Delta L = L - L_0 \text{ und } \Delta T = T - T_0 \tag{8.7}$$

Hierbei bezeichnet $\bar{\alpha}$ den mittleren Längenausdehungskoeffizienten, L_0 die Ausgangslänge, T_0 die Ausgangstemperatur.

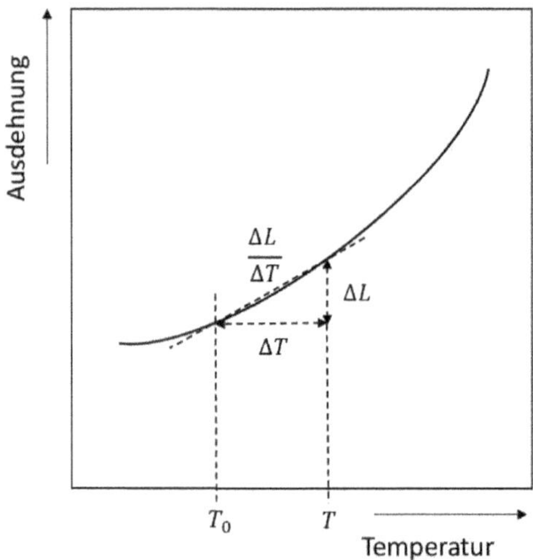

Bild 8.5 Bestimmung des mittleren thermischen Ausdehnungskoeffizienten

Im Vergleich mit anderen Materialien wie Eisen oder Aluminium weisen Kunststoffe einen deutlich höheren Wärmeausdehnungskoeffizienten auf. Insbesondere Thermoplaste dehnen sich bei Erwärmung stark aus. So liegt der Wärmeausdehnungskoeffizient von Polyolefinen mit $150 \cdot 10^{-6}\,K^{-1}$ bis$200 \cdot 10^{-6}\,K^{-1}$ gegenüber Eisen um mehr als eine Größenordnung höher [Heine]. Polymere, die durch komplexe oder vernetzte Makromoleküle gekennzeichnet sind, wie Duroplaste und Elastomere, zeigen eine geringere Ausdehnung durch Wärme als Thermoplaste.

Die hohe Wärmeausdehnung der Kunststoffe kann durch die Zugabe von Füll- und Verstärkungsstoffen, wie Fasern, auf die Größenordnung von Metallen reduziert werden.

HINWEIS: Mit Carbonfasern, die einen negativen Wärmeausdehnungskoeffizienten aufweisen, können sogar Verbunde erzeugt werden, die sich bei einer Temperaturänderung überhaupt nicht dehnen.

Die unterdrückte Wärmedehnung des Kunststoffs resultiert jedoch in Eigenspannungen im Material. Die sehr unterschiedlichen Wärmeausdehnungen müssen in jedem Fall bei der konstruktiven Auslegung von Kunststoffen, insbesondere aber auch im Verbund mit Metallen oder ähnlichem berücksichtigt werden.

Der Verlauf der Wärmeausdehnung über der Temperatur gibt unter anderem Auskunft über wichtige Phasenumwandlungen. Nichtlinearitäten mit steigender Temperatur können anzeigen, dass Relaxationen im Material stattfinden. Unterscheiden lassen sich zum einen Nebenrelaxationen, bei denen sich lokal kleine Molekülgruppen bewegen, sowie Hauptrelaxationen, die Folge der danach einsetzenden kooperativen Bewegung ganzer Moleküldomänen sind. Weiterhin kann sich der Ausdehnungskoeffizient bei Phasenumwandlungen auch sprunghaft ändern, wie beispielsweise bei Glasübergängen. Durch das Einfrieren der Molekularbewegung unterhalb von T_g gilt folgender Zusammenhang:

$$\alpha(T)_{T<T_g} < \alpha(T)_{T>T_g} \tag{8.8}$$

8.1.4 Wärme- und Temperaturleitfähigkeit

Wärmeleitfähigkeit

Liegt in einem Körper ein Temperaturgefälle vor, wird Wärme in Richtung des Gefälles durch den Körper geleitet. Nach dem Fourierschen Gesetz ist der resultierende, auf die Fläche bezogene Wärmestrom proportional zu dem Temperaturgradienten, wobei der stoffspezifische Proportionalitätsfaktor als Wärmeleitfähigkeit λ bezeichnet wird:

$$\frac{\dot{Q}}{A} = -\lambda \frac{dT}{dx} \tag{8.9}$$

mit $\dot{Q}$ = Wärmestrom, A = Querschnittsfläche des Festkörpers, T = Temperatur, x = Weg entlang des Temperaturgradienten.

λ wird in der Einheit [W/(m · K)] angegeben und ist definiert als der Wärmestrom, der bei einem Temperaturunterschied von 1 Kelvin durch einen 1 m^2 großen und 1 m dicken Körper fließt. Die Wärmeleitfähigkeit ist dementsprechend zur Bewertung der Wärmedämm- bzw. leiteigenschaften eines Werkstoffes geeignet. Das negative Vorzeichen zeigt an, dass der Wärmestrom in Richtung des Temperaturgefälles fließt.

Kunststoffe weisen vergleichsweise geringe Wärmeleitfähigkeiten auf. So liegen die Wärmeleitfähigkeiten gängiger Polymere wie PP, PE und PC im Bereich von 0,15 bis 0,5 W/(m · K). Ein stark wärmeleitfähiger Werkstoff wie Aluminium weist dagegen eine Wärmeleitfähigkeit von 200 bis 230 W/(m · K) auf [Abts]. Als Isolationsmaterial sind Kunststoffe daher gut geeignet. Insbesondere werden sie aufgeschäumt auch als Wärmedämmmaterial eingesetzt, da durch die Lufteinschlüsse die Leitfähigkeit nochmals herabgesetzt wird.

Schwingungen von Kettenmolekülen

Die hohe Wärmeleitfähigkeit der Metalle ist auf die Wanderung der freien Elektronen durch das Metallgitter zurückzuführen. In Polymeren, in denen in der Regel keine freien Elektronen vorliegen, erfolgt der Wärmetransport über die Fortpflanzung elastischer Wellen, die sogenannten Phononen. Diese elastischen Wellen können sowohl über die kovalenten Bindungen innerhalb einer Molekülkette als auch über Nebenvalenzkräfte von Makromolekül zu Makromolekül übertragen werden.

Energieübertrag zwischen kovalent gebundenen Nachbarn (intramolekular) findet dabei mit geringerem Widerstand statt als über die Van-der-Waals-Bindungen nicht-kovalenter Bindungen (intermolekular). Das hat beispielsweise zur Folge, dass mit steigender Molekülmasse die Wärmeleitfähigkeit eines Polymers zunimmt, da der Anteil intramolekularer Nachbarn höher ist als in einem Polymer niedrigerer Molekülmasse.

Einfluss der Temperatur

In Bild 8.6 ist der qualitative Verlauf der Wärmeleitfähigkeit amorpher und teilkristalliner Thermoplaste sowie der Einflussgrößen Wärmekapazität $c_p c_p$, Dichte ρ und Geschwindigkeit der Phononen u jeweils in Abhängigkeit von der Temperatur dargestellt.

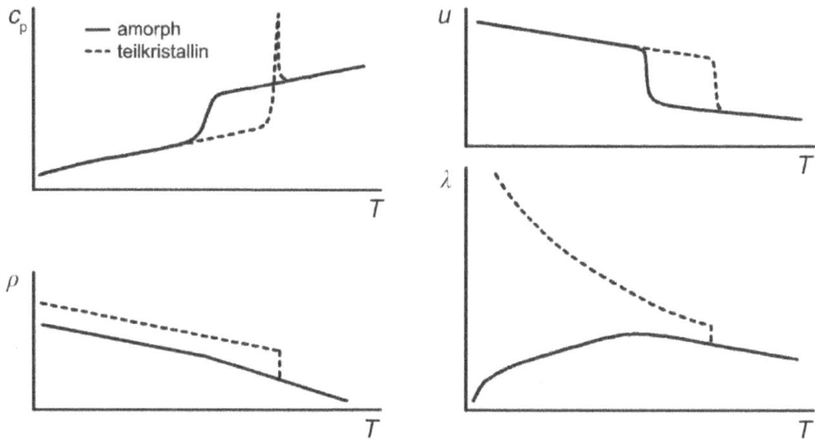

Bild 8.6 Qualitative Verläufe von c_p, ρ, u und λ in Abhängigkeit von der Temperatur

Da die Einflussgrößen Wärmekapazität, Dichte und Geschwindigkeit der elastischen Wellen von der Temperatur abhängen, weist auch die Wärmeleitfähigkeit eine ausgeprägte Temperaturabhängigkeit auf.

Die Temperaturabhängigkeit der Wärmekapazität wurde bereits in Abschnitt 8.1.2 diskutiert. Die Dichte eines reinen Polymers kann abhängig von der Temperatur durch Formel 8.10 beschrieben werden:

$$\rho(T) = \rho(T_0) \cdot \frac{1}{1 + 3 \cdot \gamma \cdot (T - T_0)} \tag{8.10}$$

mit $\rho(T)$ = Dichte bei Temperatur T, $\rho(T_0)$ = Dichte bei Referenztemperatur T_0, γ = Volumenausdehnungskoeffizient, T = Temperatur, T_0 = Referenztemperatur.

HINWEIS: Der Gültigkeitsbereich vonFehler! Verweisquelle konnte nicht gefunden werden. erstreckt sich nur auf die linearen Abschnitte, d. h. bei amorphen Kunststoffen abschnittsweise für die Bereiche unter oder über der Erweichungstemperatur, bei teilkristallinen für den Bereich bis in die Nähe der Kristallisationstemperatur bzw. oberhalb der Kristallitschmelztemperatur.

Insgesamt wird die Wärmeleitfähigkeit λ von Polymeren durch einen Anstieg der Temperatur auf zwei gegensätzliche Arten beeinflusst. Um zu bewerten, wie sich eine Temperaturänderung auf λ auswirkt, müssen die folgenden Effekte gegeneinander abgewogen bzw. überlagert werden:

Temperaturabhängigkeit der Dichte

1. Die zunehmende Temperatur erhöht die Beweglichkeit der Makromoleküle. Die gesteigerte Mobilität der Makromoleküle erleichtert die Fortpflanzung der Phononen und führt so zu einer Zunahme der Wärmeleitfähigkeit.
2. Ein Anstieg der Temperatur führt gemäßFehler! Verweisquelle konnte nicht gefunden werden. zu einer Abnahme der Dichte. Die Dichte fließt zum einen direkt in die Gleichung der Wärmeleitfähigkeit ein und reduziert so λ. Zum anderen steigt das spezifische Volumen als Kehrwert der Dichte mit zunehmender Temperatur an. Ein größeres spezifisches Volumen führt aufgrund reduzierter Bindungskräfte zu einer reduzierten Ausbreitung der elastischen Wellen, die „Stoßwahrscheinlichkeit“ und damit die Fortpflanzungsgeschwindigkeit u sinken. Dies führt zur Abnahme der Wärmeleitfähigkeit.

In Bild 8.7 sind die Wärmeleitfähigkeiten der wichtigsten thermoplastischen Polymerwerkstoffe in Abhängigkeit von der Temperatur dargestellt:

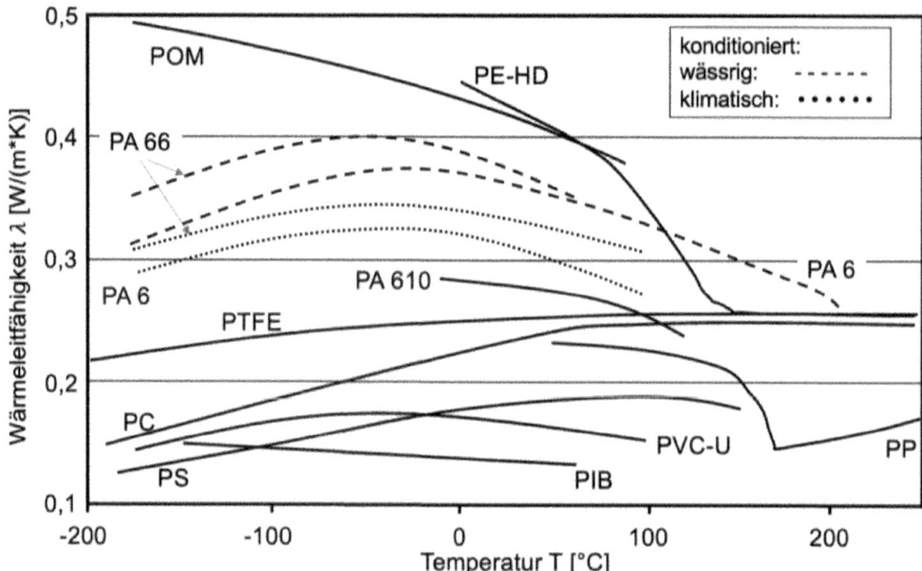

Bild 8.7 Wärmeleitfähigkeit verschiedener Thermoplaste abhängig von der Temperatur [nach Saechtling]

In teilkristallinen Polymeren kann ein erheblicher Anteil der Wärme über größere Strecken hinweg nahezu verlustlos über kovalente Bindungen weitergeleitet werden. In amorphen Polymerwerkstoffen ist die Packungsdichte geringer als in teilkristallinen Werkstoffen, sodass die Moleküle durch schwächere Bindungen miteinander verknüpft sind. Das hat zur Folge, dass die Gitterschwingungen weniger effektiv transportiert werden können, sodass Wärmeleitung durch teilkristalline Werkstoffe im Vergleich zu amorphen Thermoplasten weniger effektiv ist. Duroplaste unterscheiden sich in ihrer Wärmeleitfähigkeit nicht nennenswert von amorphen Thermoplasten. Mit zunehmender Anzahl der Vernetzungsstellen im Molekülnetzwerk der Duroplaste verbessert sich das Wärmeleitungsvermögen.

Weitere Einflussgrößen

Neben der Temperatur üben eine Reihe weiterer Größen einen Einfluss auf die Wärmeleitfähigkeit aus:

1. Druck: Ein erhöhter Druck resultiert in einer höheren Dichte und führt so zu einer stärkeren Ausbreitung der elastischen Wellen aufgrund gesteigerter Bindungskräfte. Dementsprechend steigt die Wärmeleitfähigkeit eines Polymers mit dem Druck an (Bild 8.8).

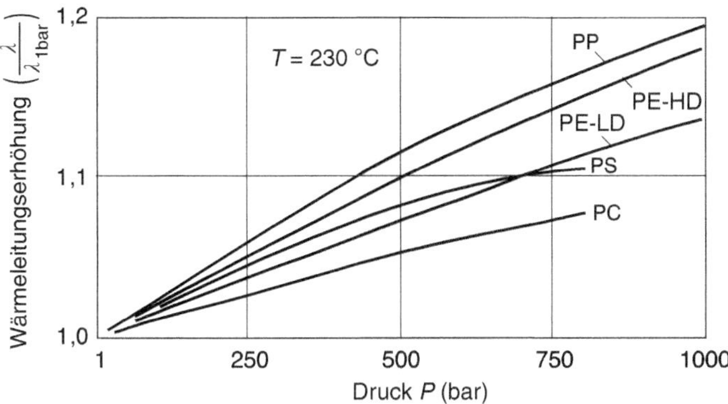

Bild 8.8 Änderungen der Wärmeleitfähigkeit verschiedener Polymere bei steigendem Druck [nach Dietz]

2. Kristallinitätsgrad: Ein hoher Kristallinitätsgrad erzeugt über größere Bereiche eine hohe Packungsdichte der Makromoleküle. Die fördert den intermolekularen Anteil der Wärmeleitfähigkeit.
3. Orientierung: Aufgrund der unterschiedlichen Wärmeleitfähigkeiten von kovalenten und VanderWaals-Bindungen weisen Makromoleküle, wie in Bild 8.9 dargestellt, in Verstreckrichtung eine erhöhte und senkrecht dazu eine reduzierte Wärmeleitfähigkeit auf. Nach [Eiermann] können die Wärmeleitfähigkeiten der beiden Hauptorientierungsrichtungen mit Formel 8.11 zur Wärmeleitfähigkeit des unorientierten Polymers verknüpft werden:

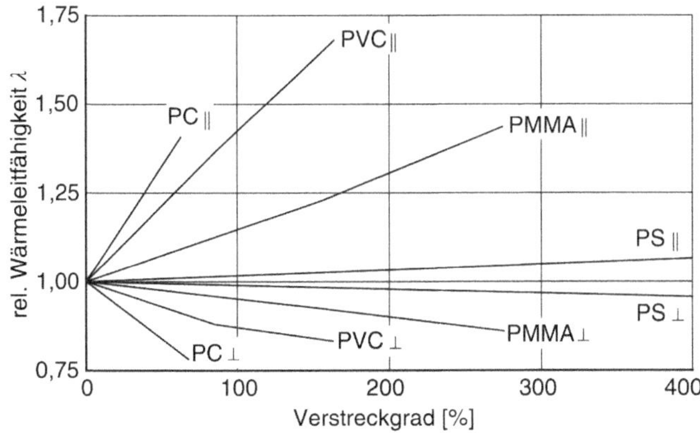

Bild 8.9 Anisotropie der Wärmeleitfähigkeit in Abhängigkeit vom Verstreckgrad

$$\frac{1}{\lambda_{\parallel}}+\frac{2}{\lambda_{\perp}}=\frac{3}{\lambda_{iso}} \tag{8.11}$$

mit $\lambda_{\parallel}$ = Wärmeleitfähigkeit in Hauptorientierungsrichtung 1, $\lambda_{\perp}$ = Wärmeleitfähigkeit in Hauptorientierungsrichtung 2, λ_{iso} = Wärmeleitfähigkeit des unorientierten Polymers.

4. Molmasse: Nach [Hansen et al.] steigt die Wärmeleitfähigkeit phasenweise weitgehend linear mit der Quadratwurzel der mittleren Molmasse an (vgl. Bild 8.10). Polymere mit kurzkettigen Makromolekülen übertragen weniger Wärme als langkettige Polymere, da die elastische Schwingung häufiger über die schwachen Nebenvalenzkräfte zwischen den Molekülen übertragen werden muss.

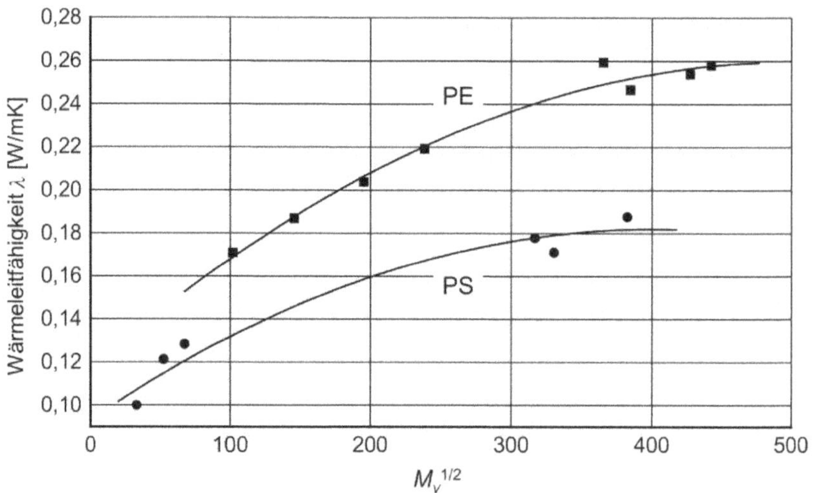

Bild 8.10 Wärmeleitfähigkeit in Abhängigkeit von der Molmasse

5. Füllstoffe: Die Wärmeleitfähigkeit anorganischer und metallischer Füllstoffe ist in aller Regel höher als die Wärmeleitfähigkeit der Polymere. Dadurch nimmt die Wärmeleitfähigkeit mit steigendem Füllstoffanteil zu (vgl. Bild 8.11). Gas als Füllstoff hat erwartungsgemäß einen umgekehrten Einfluss auf λ (siehe Bild 8.12):

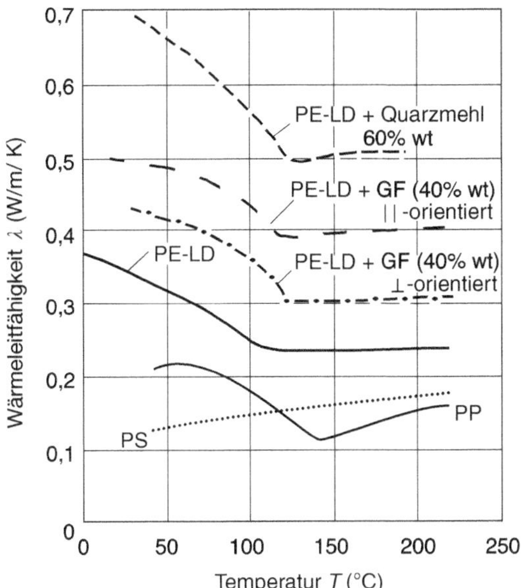

Bild 8.11 Füllstoffeinfluss auf die Wärmeleitfähigkeit [nach Fischer]

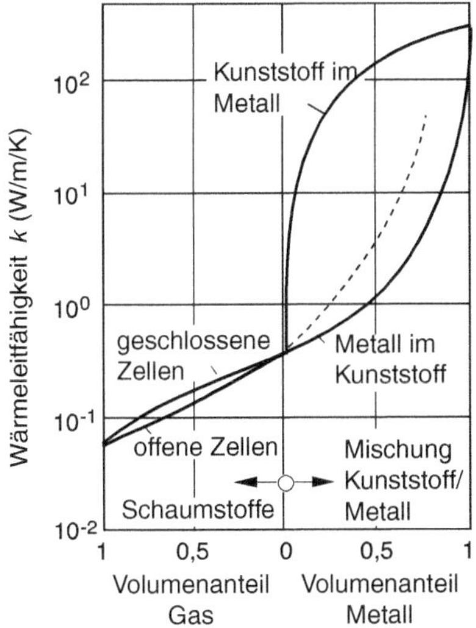

Bild 8.12 Wärmeleitfähigkeit von Kunststoffen, gefüllt mit Gas (Schaumstoff) oder Metallpartikeln [nach Knappe]

Durch geeignete Füllstoffe kann eine Erhöhung der Wärmeleitfähigkeit von Thermoplasten erreicht werden. Diese können allerdings durch zum Beispiel Orientierung der Füllstoffe oder starke Änderung der rheologischen Eigenschaften das Verarbeitungsverhalten des Materials stark verändern, was bei hohen Füllstoffanteilen besonders beachtet werden muss.

instationäre Wärmeleitung

Formel 8.9 beschreibt den stationären Wärmetransport bei konstanten Temperaturen. In der Praxis sind die meisten Wärmetransporte keine stationären Vorgänge. Instationäre Wärmeleitung ist charakterisiert durch eine zeitliche Änderung der Temperatur, die bei eindimensional angenommener Wärmeleitung nach der *Fourier*schen Differentialgleichung der instationären Wärmeleitung (siehe Formel 8.12) beschrieben werden kann:

$$\frac{\partial T}{\partial t} = \frac{\lambda}{\rho \cdot c_p} \frac{\partial^2 T}{\partial x^2} \tag{8.12}$$

Hierbei bezeichnet c_p die spezifische Wärmekapazität, ρ die Dichte, λ die Wärmeleitfähigkeit, T die Temperatur und x die Richtung des Temperaturgradienten (bei Wärmeleitung durch eine Platte senkrecht zur Querschnittsfläche).

Die Temperaturänderungsrate hängt hierbei von der Wärmeleitfähigkeit λ, der spezifischen Wärmekapazität c_p, der Dichte ρ und der zweifachen partiellen Ableitung der Temperatur nach dem Ort ab.

Temperaturleitfähigkeit

In Formel 8.12 ergibt sich eine weitere Materialgröße: Der Quotient aus der Wärmeleitfähigkeit und dem Produkt aus spezifischer Wärmekapazität und Dichte kann zur Temperaturleitfähigkeit a zusammengefasst werden (Formel 8.13):

$$a(T) = \frac{\lambda(T)}{\rho(T) \cdot c_p(T)} \tag{8.13}$$

Hierbei bezeichnet c_p die spezifische Wärmekapazität, ρ die Dichte, λ die Wärmeleitfähigkeit.

Während die Wärmeleitfähigkeit Information über das Vermögen eines Materials gibt, Wärmeenergie entlang eines Temperaturgefälles zu leiten, gibt die Temperaturleitfähigkeit an, wie schnell sich eine Temperaturveränderung durch ein Material ausbreitet. Die Temperaturleitfähigkeit ist so wie die enthaltenen Parameter insbesondere abhängig von der Temperatur (siehe vorherigen Abschnitt). Die Abbildungen Bild 8.13 und Bild 8.14 zeigen die Temperaturleitfähigkeiten ausgewählter amorpher und teilkristalliner Thermoplaste in Abhängigkeit von der Temperatur.

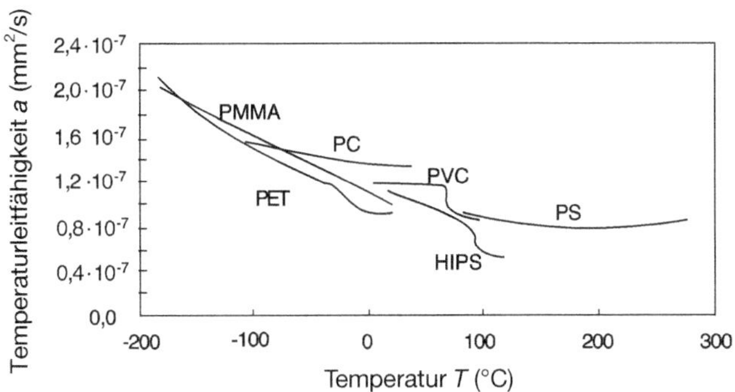

Bild 8.13 Temperaturleitfähigkeit in Abhängigkeit von der Temperatur für amorphe Thermoplaste

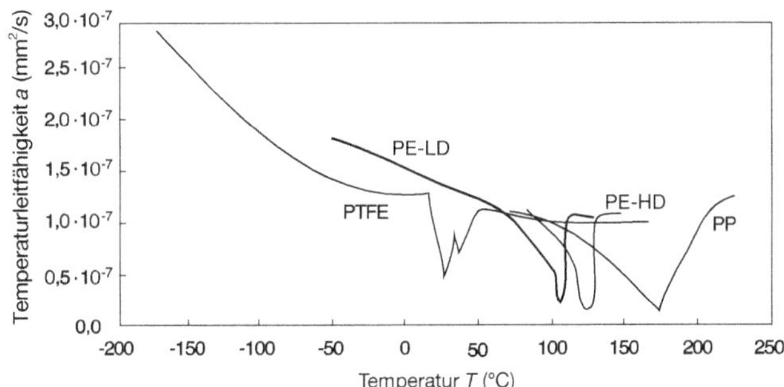

Bild 8.14 Temperaturleitfähigkeit in Abhängigkeit von der Temperatur für teilkristalline Thermoplaste

Die Kurvenverläufe in Bild 8.14 zeigen bei den Schmelztemperaturen der kristallinen Strukturen ein Minimum. Ähnlich wie in Bild 8.4 bei der spezifischen Wärmekapazität ist auch dies keine Eigenschaft der Temperaturleitfähigkeit, sondern eine Überlagerung mit der wärmegetönten Phasenumwandlung beim Aufschmelzen der kristallinen Strukturen. Dieses Extremum ist also auf die Schmelzwärme der Kristallite zurückzuführen und hängt u. a. vom Kristallisationsgrad und damit von der Abkühlgeschwindigkeit ab.

Für Abkühlberechnungen beim Spritzgießen werden bei teilkristallinen Kunststoffen die Werte über den gesamten Bereich von Schmelze bis Festkörper interpoliert. Dadurch erhält man eine geschlossene mathematische Darstellung, die die Berechnung vereinfacht; der Fehler ist vernachlässigbar (vgl. [Wübken], der dies als „Effektive Temperaturleitfähigkeit“ bezeichnet). In Bild 8.15 ist diese sogenannte effektive Temperaturleitfähigkeit für einige Kunststoffe beispielhaft dargestellt. Sie eignet sich für solche Berechnungen, stellt aber nicht den einen wahren Werkstoffkennwert dar.

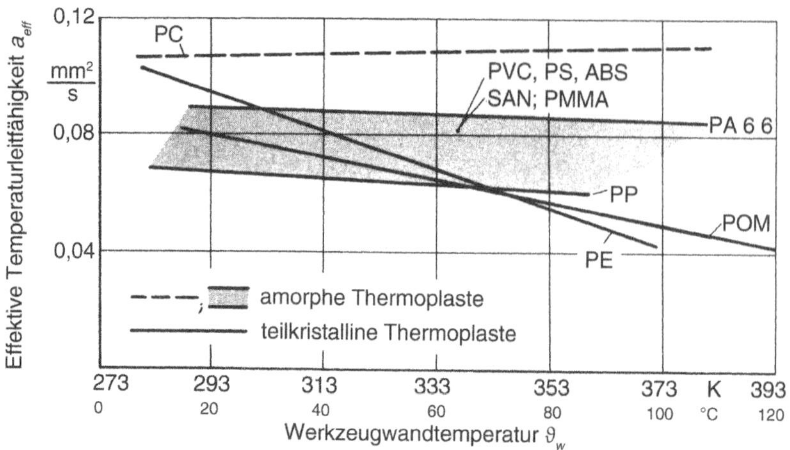

Bild 8.15 Effektive Temperaturleitfähigkeit verschiedener Thermoplaste [nach Wübken]

8.1.5 Wärmeeindringzahl

Als Maß dafür, wie schnell Wärme bei Kontakt zweier Körper in einen Stoff eindringt, wird ein weiterer materialspezifischer Kennwert herangezogen - die Wärmeeindringzahl *b*. Er ist von erheblichem praktischem Interesse, um beispielsweise die Temperaturaustauschvorgänge beim Kontakt zweier Körper unterschiedlicher Wärmekapazität, Dichte und Temperatur zu beschreiben. Bei der Kunststoffverarbeitung lässt sich mithilfe der Wärmeeindringzahl berechnen, welche Kontakttemperatur sich einstellt, wenn heiße Schmelze auf gekühlte Werkzeugoberflächen trifft. Abhängig von der Wärmeleitfähigkeit, der Dichte sowie der Wärmekapazität wird die Wärmeeindringzahl wie folgt beschrieben:

$$b = \sqrt{\lambda \cdot \rho \cdot c_p} \tag{8.14}$$

mit λ = Wärmeleitfähigkeit, ρ = Dichte und c_p= spezifische Wärmekapazität.

HINWEIS: Phänomenologisch kann durch den Wert der Wärmeeindringzahl ausgedrückt werden, ob sich ein Material bei gleicher Temperatur unter Berührung eher kalt anfühlt (bspw. Metalle - hoher Wert) oder eher warm (bspw. Kunststoffe - niedriger Wert).

Mit der Kenntnis der Wärmeeindringzahl wird die Kontakttemperatur T_K bei Berührung zweier Körper *A* und *B* berechnet. Zur Berechnung der Kontakttemperatur geht man davon aus, dass beide Körper *A* und *B* an ihrer Oberfläche die gleiche Temperatur haben sowie die gleiche Fläche zum Wärmetransfer teilen. Hieraus ergibt sich, dass auch der Betrag des Wärmestroms in der Kontaktfläche für beide Körper identisch ist. Für die momentane Wärmestromdichte an der Kontaktfläche zweier Körper lässt sich folgende Gleichgewichtsbeziehung für den Fall unterschiedlicher Stoffeigenschaften der beiden Körper aufstellen:

$$b_A \cdot (T_A - T_K) = b_B \cdot (T_K - T_B) \tag{8.15}$$

Darin bedeuten T_A, T_B die Temperaturen der sich berührenden Körper sowie b_A, b_B die Wärmeeindringzahlen der beiden Werkstoffe. Nach Umformung ergibt sich Formel 8.16 zur Bestimmung der Kontakttemperatur zweier Körper A und B:

$$T_K = \frac{b_A T_A + b_B T_B}{b_A + b_B} \tag{8.16}$$

Die Kontakttemperatur gilt für die Berührung von sog. halbunendlichen Körpern. Bei praktischen Aufgabenstellungen ist sie verwendbar für eine erste kurze Zeit unmittelbar nach Beginn des thermischen Kontakts. Später können Einflüsse wie z.B. die Zu- oder Abfuhr von Wärme im Inneren von Werkzeugen durch Temperierkanäle oder auch der Wärmetransport durch das Temperiersystem im Inneren von Walzen ins Spiel kommen.

Im Konzept der Kontakttemperatur wird allerdings nicht berücksichtigt, dass bei der Berührung von Kunststoff und Metalloberflächen von unterschiedlicher Temperatur im Wärmetransport über diese Grenzfläche ein Wärmekontakt-Widerstand auftritt (z.B. bei extrudierten Folien auf Kühlwalzen). Zur Beschreibung dient der sog. Kontakt-Wärmeübergangskoeffizient. Siehe dazu die weiterführende Literatur [Hannoschöck; VDI-Wärmeatlas].

8.2 Thermische Analyse

Aufbauend auf Abschnitt 8.1, in dem wichtige thermische Kenngrößen und Eigenschaften der Kunststoffe erläutert werden, beschäftigt sich Abschnitt 8.2 mit deren Bestimmung, also der thermischen Analyse von Kunststoffen. Es werden unterschiedliche Messgeräte vorgestellt, mit deren Hilfe Stoffwerte eines Probekörpers innerhalb einer Absolut- oder einer Differenzmessung in Abhängigkeit von der Temperatur gemessen werden können. Bei den thermoanalytischen Methoden stehen insbesondere die Dynamische Differenzkalorimetrie (DSC), die Thermomechanische Analyse (TMA), die Thermogravimetrische Analyse (TGA) sowie die Dynamisch-Mechanische Analyse (DMA) im Vordergrund. Letztere wurde aufgrund der Erläuterungen zur Messung des viskoelastischen Verhaltens von Kunststoffen anhand der Methode der Zeit-Temperatur-Verschiebung bereits in Kapitel 6 beschrieben. Ergänzend finden sich im folgenden Kapitel Informationen zur Messung von Wärmeformbeständigkeit und Temperatur- bzw. Wärmeleitfähigkeit.

8.2.1 Messung der Wärmeformbeständigkeit

Vicat-Temperatur Heat-Distortion-Temperatur

In Abschnitt 8.1.1 wurden die thermischen Einsatzgrenzen der verschiedenen Kunststofftypen erläutert. Zur Quantifizierung der Belastbarkeit unter Temperatur kann neben physikalischen, kalorischen und mechanischen Kennwerten die technologische Größe der Wärmeformbeständigkeit nach zwei Methoden bestimmt werden: der Bestimmung der Wärmeformbeständigkeitstemperatur HDT (Heat-Distortion-Temperature) sowie der Wärmeformbeständigkeit nach Vicat.

Wärmeformbeständigkeit nach Vicat (DIN EN ISO 306)

Zur quantitativen Charakterisierung der Wärmeformbeständigkeit nach Vicat wird ein Aufbau gemäß Bild 8.16 verwendet. Bei diesem drückt eine mit einem Gewicht belastete Norm-Eindringspitze (Querschnittsfläche von 1 mm^2) auf die Oberfläche eines in einem Wärmeübertragungsmedium liegenden Kunststoffprobekörpers. Als gleichmäßig zu beheizendes Medium eignen sich beispielsweise flüssiges Paraffin, Transformatorenöl, Glycerol oder Silikon. Die Norm-Eindringspitze hat ein flaches, kreisrundes Ende und sitzt in einer Aufnahmevorrichtung, die über einen Stab mit dem Auflageteller für das Prüfgewicht sowie mit einer kalibrierten Messuhr verbunden ist. Mithilfe dieser lässt sich die Eindringtiefe in den Kunststoff messen. Das Flüssigkeitsbad wird während der Prüfung mit einer definierten Heizrate erwärmt. Folgende vier Verfahren werden laut Norm unterschieden:

- A 50: mit einer Kraft von 10 N und einer Heizrate von 50 °C/h
- A 120: mit einer Kraft von 10 N und einer Heizrate von 120 °C/h
- B 50: mit einer Kraft von 50 N und einer Heizrate von 50 °C/h
- B 120: mit einer Kraft von 50 N und einer Heizrate von 120 °C/h

Als Vicat-Zahl bzw. Vicat-Temperatur (engl.: Vicat softening temperature, VST) wird diejenige Temperatur festgehalten, bei der die Nadel 1 mm tief in den Kunststoff eingedrungen ist. Die praktische Dauereinsatzgrenze von Thermoplasten, bei der sich Formteile noch nicht unter ihrem Eigengewicht unzulässig verformen, liegt ca. 15 °C unter der Vicat-Temperatur.

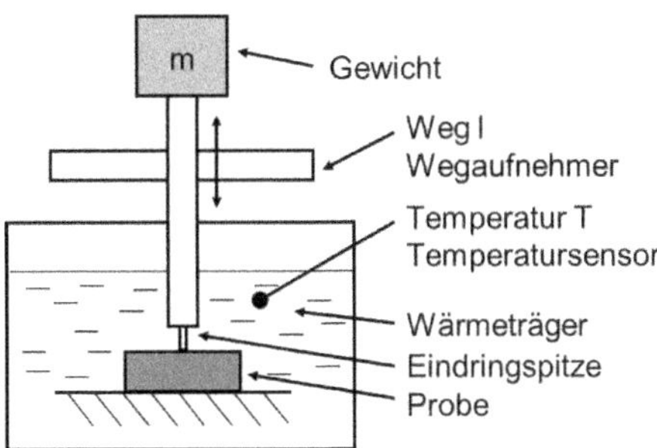

Bild 8.16 Schematische Skizze des Messprinzips zur Bestimmung der Wärmeformbeständigkeit nach Vicat

Wärmeformbeständigkeitstemperatur HDT (DIN EN ISO 751/2)

Bei der Messung der Wärmeformbeständigkeitstemperatur HDT wird ein Probekörper einer Dreipunktbiegung unter konstanter Last ausgesetzt und dabei eine Biegespannung erzeugt, die je nach Verfahren bei 1,80 MPa (Verfahren A), 0,45 MPa (Verfahren B) oder bei 8,00 MPa (Verfahren C) liegt. Die entsprechende aufzubringende Last wird nach einer in der Norm hinterlegten Formel zuvor berechnet und ist vor allem abhängig von den geometrischen Ausmaßen des Probekörpers sowie der zu erzielenden Biegespannung.

Der Aufbau ist schematisch in Bild 8.17 gezeigt. Wie auch bei der Messung nach Vicat befindet sich der Prüfkörper in einem Wärmeübertragungsmedium (Luft oder einem Bad aus einer geeigneten Flüssigkeit), um eine gleichmäßige Temperaturverteilung zu gewährleisten. Der Aufbau wird unter einer Heizrate von 120 °C/h erwärmt. Als Wärmeformbeständigkeitstemperatur HDT wird diejenige Temperatur bezeichnet, bei der sich die Anfangsbiegedehnung des Probekörpers um den Wert einer vorgeschriebenen Standarddurchbiegung erhöht hat. Diese Standarddurchbiegung ist nach folgender Formel zu bestimmen:

$$\Delta s = \frac{L^2 \cdot \Delta\varepsilon_f}{600 \cdot h} \qquad (8.17)$$

mit Δs= Standarddurchbiegung, L =Stützweite zwischen den Berührungspunkten des Probekörpers mit den Auflagern, $\Delta\varepsilon_f$= Biegedehnungserhöhung in Prozent und h = Dicke des Probekörpers.

Für die Berechnung der Standarddurchbiegung ist ein Wert für die Randfaserdehnung von $\Delta\varepsilon_f$ = 0,2 % einzusetzen.

Bei hochbeständigen härtbaren Schichtstoffen und langfaserverstärkten Kunststoffen (DIN EN ISO 753) ist im Gegensatz zu den Kunststoffen und Hartgummi (DIN EN ISO 752) die Last nicht fest vorgegeben, sondern ist als ein Teil des Anfangs-(Raumtemperatur-)Biegemoduls des Werkstoffes festgelegt (1/1000). Dies hat den Vorteil, dass Werkstoffe eines breiten Bereichs von Biegemoduln gemessen werden können.

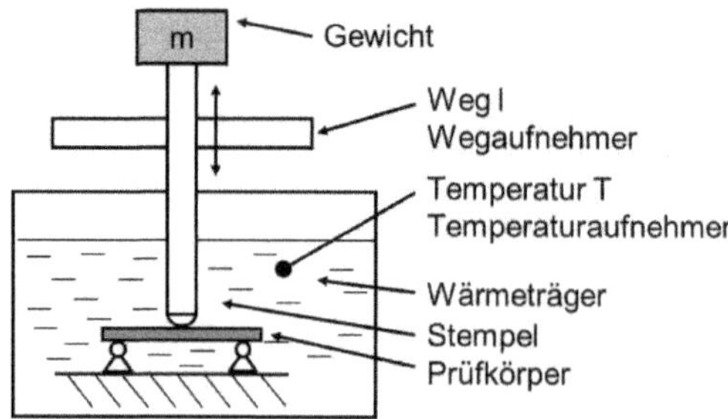

Bild 8.17 Schematische Skizze des Messprinzips zur Bestimmung der Wärmeformbeständigkeitstemperatur HDT

Beiden Methoden ist gemein, dass eine in einem Wärmebad befindliche, definiert belastete Probe unter konstanter Aufheizgeschwindigkeit erwärmt wird und bei einer spezifischen Verformung eine Temperatur gemessen wird, die als Wärmeformbeständigkeitstemperatur genutzt wird. Trotz dieser Parallelen stimmen HDT- und Vicat-Temperaturen methodisch bedingt quantitativ nicht überein. Zusätzlich handelt es sich bei der Wärmeformbeständigkeit nicht um eine allgemeingültige Stoffeigenschaft und die Ergebnisse unterliegen Schwankungen durch Verarbeitungseinflüsse. Tabelle 8.1 zeigt vergleichend VST- bzw. HDT-Werte, die nach verschiedenen Verfahren für unterschiedliche Kunststoffe bestimmt wurden. Aus den Tabellenwerten wird ersichtlich, dass die Unterschiede zwischen VST und HDT nicht gleichläufig sind (vgl. bspw. PP und PP + Talkum) und sich damit die Werte einer Methode nicht aus der anderen Methode ableiten lassen, sondern jeweils in separaten Messungen bestimmt werden müssen. Die Angabe der Messmethode ist bei der Darstellung der Wärmeformbeständigkeit daher unerlässlich.

Tabelle 8.1 Vergleich von HDT und Vicat-Temperatur an verschiedenen Kunststoffen [nach Grellmann]

Werkstoff	VST (°C)		HDT (°C)		
	A50	B50	A	B	C
PE-HD		75	45		
PP	150	90	55	85	
PP + 40 M.-% Talkum	153	98	75	125	
PA 6		200	70	170	65
PET			70	75	
PET + 30 M.-% GF			210	240	
PMMA		103	95	100	
Melaminharz			160	200	125

8.2.2 Dynamische Differenzkalorimetrie (DSC)

Die Ermittlung von kalorischen Daten wie beispielsweise Umwandlungstemperaturen, Umwandlungswärmen, Reaktionswärmen oder auch Wärmekapazitäten ist dank moderner Analysegeräte mit großer Genauigkeit möglich. Die dabei ermittelten Daten erlauben eine gute Einsicht in chemische, physikalische und strukturelle Vorgänge. Dafür werden zudem meist nur minimale Mengen von einigen Milligramm an Probenmaterial benötigt. Die Kenntnis exakter kalorischer Materialwerte in Abhängigkeit von den verschiedenen Einflussgrößen (wie sie z. B. in Abschnitt 8.1.2 beschrieben wurden) ist in einer ganzen Reihe von Einsatzfeldern gefordert, die hier aufgrund der Vielzahl nicht in ihrer Gesamtheit aufgelistet werden. Beispielhaft sei aber die Unerlässlichkeit der Kenntnis der kalorischen Daten bei der Identifizierung von Werkstoffen sowie der Bewertung des Werkstoffzustandes infolge beispielsweise thermischer äußerer Einflüsse genannt. Weiterhin steht und fällt die Genauigkeit von Simulationsrechnungen (z. B. beim Füllverlauf einer Kavität im Spritzgießwerkzeug) mit der akkuraten Erfassung kalorischer Stoffdaten.

Simulation

In der thermischen Analyse wird die Dynamische Differenzkalorimetrie (engl.: Differential Scanning Calorimetry, DSC) genutzt, um die beschriebenen verschiedenen kalorischen Eigenschaften zu messen. Das Messprinzip ist schematisch in Bild 8.18 gezeigt und wird in DIN EN ISO 11357 beschrieben.

Dynamische Differenzkalorimetrie

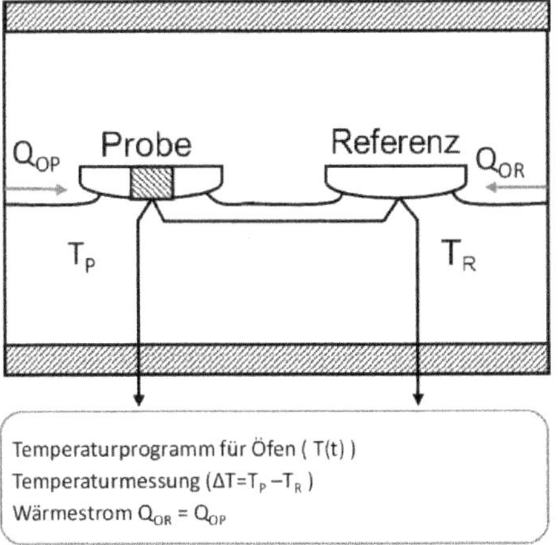

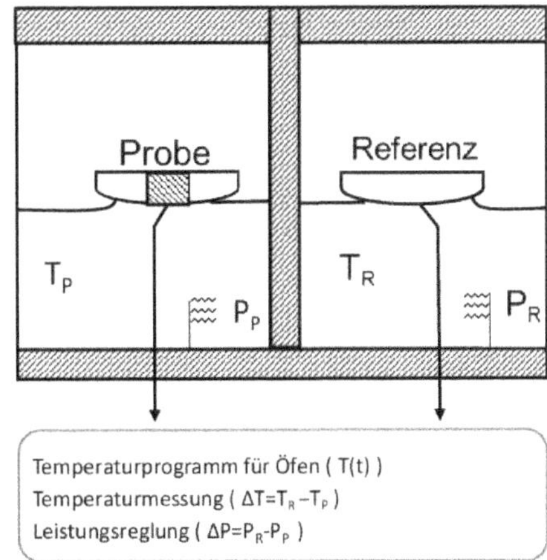

Bild 8.18 Schematische Darstellung des DSC-Messprinzips nach Wärmestromprinzip (links) und dem Leistungskompensationsprinzip (rechts)

Zur Vorbereitung der Messung werden die Kunststoffproben in linsengroße Tiegel (zumeist aus Aluminium) gegeben. Anschließend werden die Tiegel mit einem Deckel verschlossen. Da die Differenzkalorimetrie eine vergleichende Analysemethode ist, wird eine sogenannte Referenzprobe aus inertem Referenzmaterial benötigt. Als Referenzmaterial wird häufig Luft verwendet, die in den betrachteten Temperaturbereichen keine nennenswerten Eigenschaftsveränderungen aufweist. Es wird also ein insoweit leerer, mit Deckel versehener Tiegel verwendet. Der Ofenraum wird konstant mit Gas gespült, um eine definierte Atmosphäre (inert z. B. Stickstoff oder reaktiv z. B. Sauerstoff) zu gewährleisten. Beide Tiegel werden simultan nach einem gewählten linearen Temperaturprogramm erhitzt. DSC-Geräte werden nach zwei grundsätzlichen Messprinzipien gebaut, dem Wärmestromprinzip und dem Leistungskompensationsprinzip.

Wärmestromprinzip

Probe und Vergleichsprobe befinden sich beim Wärmestromverfahren in dem gleichen Ofen. Dabei wird eine Kontakttemperatur, die sich zwischen Probe bzw. Probentiegel und Ofen einstellt, über ein Flächenthermoelement gemessen. Der zeitliche Verlauf dieser Kontakttemperatur ist ein Maß für den der Probe zugeführten Wärmestrom. Im Vergleich zu der Referenzprobe (leerer Tiegel) lässt sich die einer bekannten Substanzmenge zugeführte Wärmemenge quantitativ bestimmen. Bei thermischer Symmetrie der Anordnung tritt beim Heizen des Ofens keine Temperaturdifferenz zwischen den Tiegeln auf, allerdings erwirkt die Wärmekapazität der Probe eine Temperaturdifferenz. Dies ist insbesondere der Fall, wenn Phasenübergänge stattfinden. Solange also Probe und Referenz dem Temperaturprogramm folgen können, sind die beiden Wärmeströme $\dot{Q}_{OP}$ (Ofen → Probe) und $\dot{Q}_{OR}$ (Ofen → Referenz) konstant und gleich und damit auch die beiden Kontakttemperaturen. Wenn jedoch in einem charakteristischen Temperaturbereich eine wärmegetönte physikalische oder chemische Phasenumwandlung in der Probe stattfindet, wird der Wärmestrom durch diesen Vorgang überlagert, wodurch die Temperaturen im Probentiegel T_P und im Referenztiegel T_R voneinander abweichen können (siehe Bild 8.19).

HINWEIS: Am Beispiel von Eis wird dies deutlich: Startet man bei negativen Temperaturen mit einem linearen Temperaturanstieg, so wird bei 0 °C die Umwandlungstemperatur von Eis in Wasser erreicht. Bei dieser Temperatur wird die durch den Ofen zugeführte Wärme für die Phasenumwandlung Eis zu Wasser genutzt. Während die Ofentemperatur kontinuierlich weiter steigt, hängt die Temperatur der Probe nun der Temperatur der Referenz hinterher. Diese detektierte Temperaturdifferenz kann also direkt der Schmelzwärme des Eises zugeordnet werden.

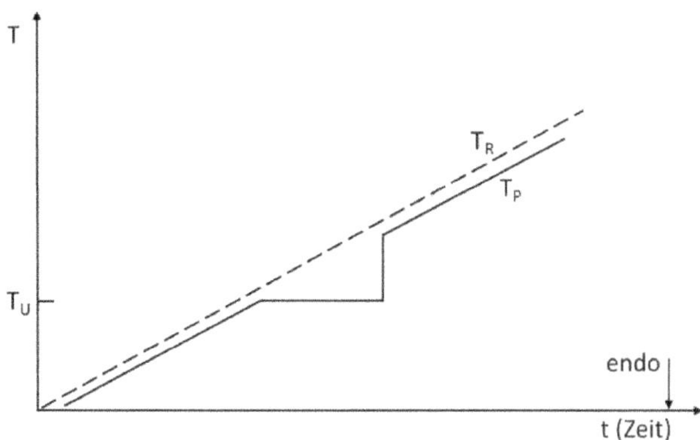

Bild 8.19 Verlauf von Proben- und Referenztemperatur bei einer Phasenumwandlung (Schmelzen)

Das ermittelte Messsignal bei der DSC-Analyse ist die Temperaturdifferenz zwischen der Probe und einer Referenz, die mittels des Flächenthermoelements als Thermospannung aufgenommen wird. Mithilfe der im Gerät hinterlegten Daten der Messungen von Kalibriersubstanzen bekannter Eigenschaften lässt sich schließlich die gemessene Temperaturdifferenz in einen Wärmestrom umrechnen, der üblicherweise aufgetragen über der Referenztemperatur zum typischen DSC-Diagramm führt.

Erfolgt die DSC-Messung unter konstantem Druck, so entspricht ΔQ der Enthalpieänderung Δh, und aus Formel 8.3 ergibt sich der Zusammenhang:

$$c_p = \frac{1}{m} \cdot \left(\frac{dQ}{dT} \right)_{p=konst.} \tag{8.18}$$

mit $\frac{dQ}{dt}$ = Wärmestrom, m = Masse und T = Temperatur, c_p = spezifische Wärmekapazität.

Beispielhaft ist in Bild 8.20 das schematische DSC-Diagramm eines teilkristallinen Polymers beim Aufheizen im Bereich von Glasübergang und Schmelze gezeigt.

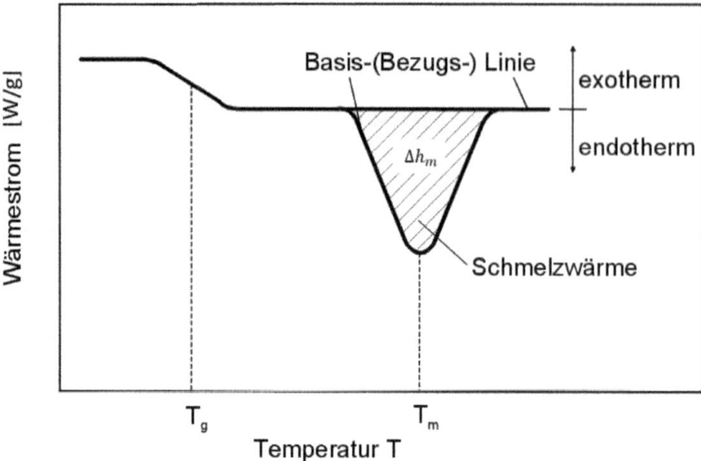

Bild 8.20 Schematische Darstellung eines typischen DSC-Verlaufs für einen teilkristallinen Kunststoff im Schmelzbereich

Leistungskompensationsprinzip

Bei der Leistungskompensations-DSC befinden sich Probe und Referenz in vollständig getrennten Öfen (siehe Bild 8.18). Proben- und Vergleichstiegel haben ein eigenes Heizelement und einen eigenen Temperaturfühler. Mithilfe einer Regeleinrichtung werden Probe und Vergleichssubstanz mit gleicher Geschwindigkeit aufgeheizt, und zwar so, dass zwischen beiden keine Temperaturdifferenz entsteht. Bei Änderungen der Wärmekapazität der Probe wird mehr (bei endothermen Vorgängen) oder weniger (bei exothermen Vorgängen) Probenheizleistung zugeführt, um eine Temperaturdifferenz zu vermeiden.

Mithilfe der Auswertung von DSC-Diagrammen, die aus der Aufheizung, Abkühlung oder isothermen Messung einer Probe entstanden sind, lassen sich also

- endotherme und exotherme Effekte detektieren,
- Peak-Flächen vermessen, um Umwandlungs- oder Reaktionsenthalpien zu bestimmen,
- charakteristische Temperaturen bestimmen
- und zudem der Verlauf der spezifischen Wärmekapazität messen.

Im Folgenden wird aufgelistet, zu welchen Fragestellungen die Dynamische Differenzkalorimetrie genutzt wird bzw. welche kalorischen Größen, thermischen Eigenschaften und Effekte mithilfe der DSC-Analyse gemessen werden können. Die Liste erhebt keinen Anspruch auf Vollständigkeit, sondern soll eine Idee davon geben, auf welche Weise die DSC-Analyse eingesetzt werden kann:

- Materialidentifizierung/Identifizierung von Verunreinigungen/Vergleich verschiedener Batches

- Kristallinität, Schmelztemperatur und Schmelzenthalpie sowie Kristallisationstemperatur und Kristallisationsenthalpie
- Glasübergänge, insbesondere von amorphen Materialien
- Vernetzungsprozesse/Reaktionsenthalpien/Aushärtung
- Physikalische Alterung, Oxidative Zersetzung bzw. Stabilität (engl.: OIT - Oxidation Induction Time)
- Chemische Reaktionen wie thermische Zersetzung oder Polymerisation
- Verdampfen flüchtiger Stoffe (z. B. Wasser)

Bild 8.21 zeigt beispielhaft ein typisches DSC-Messdiagramm eines teilkristallinen Polyethylenterephthalats (PET). Bei der Messung wurde das Material zunächst von Raumtemperatur aufgeheizt bis etwa 300 °C (unterer Kurventeil) und anschließend kontrolliert abgekühlt (oberer Kurventeil). Im Diagramm wurden unterschiedliche Effekte gekennzeichnet und ausgewertet. Die Kurvenverläufe werden in der Literatur teilweise unterschiedlich dargestellt. Es sollte daher stets beachtet werden, ob exotherme Vorgänge mit einer Veränderung des Verlaufs in positive oder negative y-Richtung gezeigt sind. In Bild 8.21 beispielsweise ist dies durch die Information „Exo up“ gekennzeichnet.

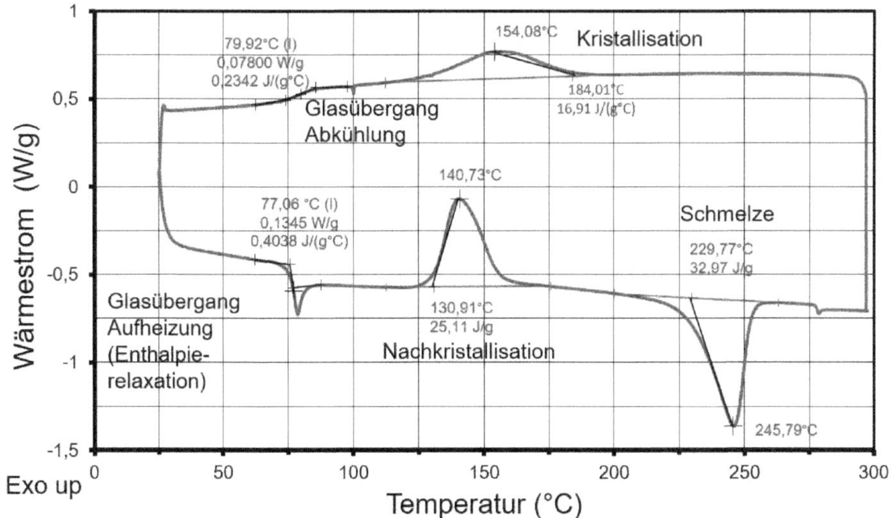

Bild 8.21 Typisches DSC-Messdiagramm beispielhaft für PET mit der Auswertung verschiedener Effekte

Im Folgenden werden typische Verläufe sowie ausgesuchte Auswertungen beispielhaft erläutert:

Schmelztemperatur/Schmelzenthalpie sowie Kristallisationstemperatur/ Kristallisationsenthalpie

Wie bereits Bild 8.21 zu entnehmen, zeigt sich Schmelzen bzw. Kristallisieren eines teilkristallinen Materials als breites Extremum, dem eine Peaktemperatur zuzuordnen ist. Beim Schmelzen handelt es sich um einen endothermen Vorgang, bei dem umgekehrten Vorgang, also der Kristallisation, um einen exothermen Vorgang. Die jeweilige Form des Extremums ist stark abhängig von der Vorgeschichte des Materials sowie den Messbedingungen, wie zum Beispiel der Heizrate.

Obwohl das Material im gesamten Temperaturbereich des Extremums kristallisiert bzw. schmilzt, wird in der Regel die Temperatur im Peakminimum bzw. Peakmaximum als Schmelz- bzw. Kristallisationstemperatur ausgewertet. Diese Temperaturen sind charakteristisch für jeden teilkristallinen Werkstoff, sodass anhand dieser in den meisten Fällen eine Materialidentifizierung durchgeführt werden kann. In Bild 8.22 sind die Schmelzbereiche und -temperaturen von verschiedenen Polyolefinen vergleichend dargestellt.

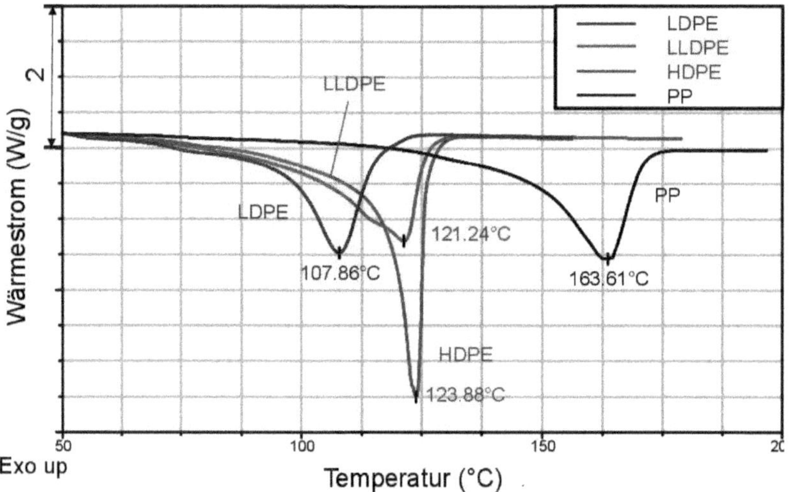

Bild 8.22 Vergleich der Schmelzbereiche verschiedener Polyolefine

Durch die Bestimmung der Fläche zwischen Basislinie und Peakbereich kann die Enthalpieänderung Δh während der Phasenumwandlung berechnet werden (Integration). Für den Schmelzbereich wird dabei die Energie ermittelt, die notwendig ist, um den kristallinen Anteil des Probenmaterials aufzuschmelzen (Schmelzenthalpie Δh_m). Umgekehrt wird durch Berechnung der Kristallisationsenthalpie Δh_c gezeigt, welche Energie bei Bildung der Kristallite dem Material abgeführt werden muss. In Bild 8.21 tritt zudem eine Nachkristallisation in der Aufheizphase auf. Diese zeigt sich vor allem, wenn das Material zuvor zu schnell abgekühlt wurde und daher nicht vollständig kristallisieren konnte.

Kristallinität

Der Kristallisationsgrad K wird bestimmt durch das Verhältnis der Schmelzwärme der Polymerprobe ΔH_m und eines Referenzwertes für die Schmelzwärme einer 100 % kristallinen Probe ΔH_m^0:

Kristallisationsgrad

$$K = \frac{\Delta H_m}{\Delta H_m^0} \cdot 100 [\%] \qquad (8.19)$$

Je nach Aufgabenstellung kann dieser Referenzwert aus der Literatur entnommen werden oder durch Messung einer besonders langsam abgekühlten Referenzprobe erzeugt werden. In Tabelle 8.2 sind einige ΔH_m^0-Werte für wichtige Polymere zusammengestellt; weitere Werte findet man bei [van Krevelen].

Tabelle 8.2 Literaturwert für 100 % kristallines Material und Schmelztemperatur T_{pm} einiger Kunststoffe

Kunststoff	ΔH_m^0 (kJ/mol)	T_{pm} (°C)
Polyethylen-LD	293	105 bis 120
Polyethylen-HD	293	130 bis 140
Polypropylen (PP)	207	160 bis 165
Polyamid 6 (PA 6)	230	220
Polyamid 66 (PA 66)	300	260
Polyethylenterephthalat (PET)	60	223

Glasübergang

Amorphe Polymere zeigen am Glaspunkt T_g einen Sprung in ihrer spezifischen Wärme, der mithilfe der DSC nachgewiesen werden kann (vgl. Bild 8.21 Glasübergangstemperatur). Eine solche Substanz zeigt im DSC-Diagramm nur eine Verschiebung der Basislinie, die Höhe der Verschiebung ist proportional dem Sprung in der spezifischen Wärme zwischen den beiden Zuständen. Die Glastemperatur T_g wird durch den Wendepunkt in der Kurve festgelegt. So wie die Lage der Schmelztemperatur bei teilkristallinen Thermoplasten ist auch die Lage der Glasübergangstemperatur charakteristisch für einen Werkstoff und kann daher zur Materialidentifizierung herangezogen werden. Bild 8.23 zeigt vergleichend die ermittelten Glasübergänge für verschiedene amorphe Polymere.

Glasübergangstemperatur

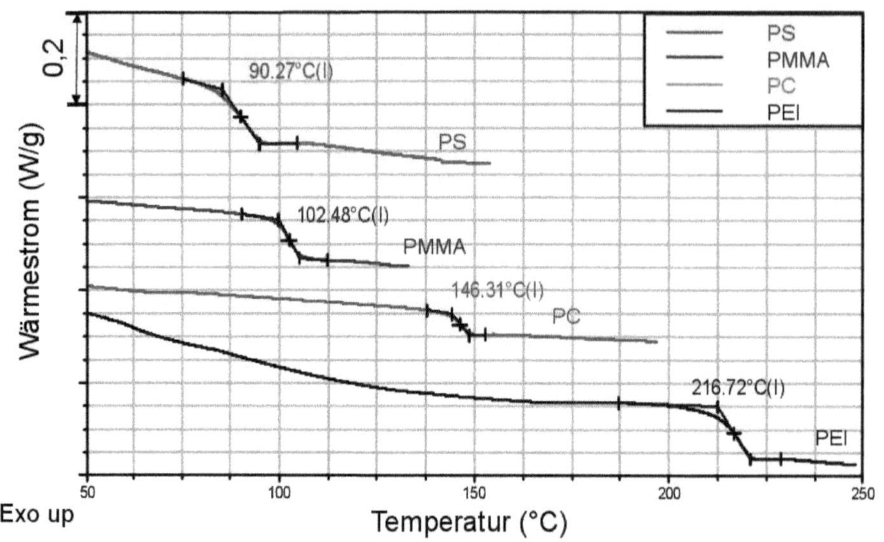

Bild 8.23 Vergleich der Glasübergänge verschiedener amorpher Werkstoffe

Wärmekapazität

spezifische Wärmekapazität

Die für die Kunststoffanalytik sehr wichtige Messung der spezifischen Wärmekapazität erfolgt typischerweise in einem speziellen Verfahren, welches sich aus drei Messungen zusammensetzt:

- der Blindwertmessung: zwei leere Tiegel,
- der Kalibriermessung: ein leerer Tiegel, ein mit einer Kalibriersubstanz bekannter Wärmekapazität gefüllter (meist Saphir),
- sowie der Messung am Probekörper: ein leerer Tiegel, ein Probentiegel.

Das Verfahren wird in der DIN EN ISO 11357-4 beschrieben. Für die spezifische Wärmekapazität gilt der in Formel 8.18 beschriebene Zusammenhang. Aus diesem ergibt sich die wie folgt beschriebene Berechnung der spezifischen Wärmekapazität der Probe aus den drei Messungen:

$$c_p = \frac{1}{m} \cdot \left(\frac{dQ}{dT} \right)_{p=konst.} \tag{8.20}$$

Hieraus wird schließlich die Wärmekapazität der Probe bestimmt:

$$c_p^{Probe} = c_p^{Kal} \cdot \frac{m^{Kal}}{m^{Probe}} \cdot \frac{\Delta Q^{Probe} - \Delta Q^{Blind}}{\Delta Q^{Kal} - \Delta Q^{Blind}} \tag{8.21}$$

Vernetzungsreaktionen

Mithilfe der DSC-Analyse lassen sich über die Bestimmung von Reaktionsenthalpien und Glastemperaturen auch Aushärte- und Vernetzungsprozesse charakterisieren, wie sie beispielsweise bei Duroplasten (z. B. Epoxidharzen) auftreten. Dazu wird bei zum Beispiel exothermen Vernetzungsreaktionen die bei der Reaktion freigesetzte Wärmetönung in dem exothermen Peak erfasst, dessen Fläche der Reaktionsenthalpie ΔH_R entspricht. Mithilfe der Vernetzungsenthalpie und des zeitlichen Verlaufs der Wärmeentwicklung können mittels eines geeigneten Auswerteprogramms reaktionskinetische Angaben wie Aktivierungsenergie und Reaktionsordnung berechnet werden. Nimmt man die Enthalpie eines frisch angesetzten Harz-Härter-Gemisches als Grundlage, können durch Messung der Enthalpie bei unterschiedlichen Nachhärtebedingungen Aussagen über das Aushärteverhalten getroffen werden.

Weitere Informationen zur DSC-Analyse, die beispielsweise die Kalibrierung und normgerechte Probenpräparation etc. betreffen, können in der DIN EN ISO 11357-1 recherchiert werden.

8.2.3 Thermomechanische Analyse (TMA)

Wärmeausdehnungskoeffizient

Wie in Abschnitt 8.1.3 beschrieben, tritt bei Kunststoffen eine Ausdehnung in Abhängigkeit von der Temperatur auf, die über den linearen Wärmeausdehnungskoeffizienten α ausgedrückt werden kann. Ein Verfahren zur Bestimmung von α ist die Thermomechanische Analyse (TMA), die in der ISO 11359-1/2 hinterlegt ist. Hierbei wird gemäß Formel 8.7 die eindimensionale Längenänderung in Abhängigkeit von der Temperatur bei konstantem Druck aufgezeichnet. Mithilfe der TMA, die auch als Dilatometrie bezeichnet wird, lassen sich damit verschiedene strukturelle Veränderungen im Material nachweisen, wie beispielsweise Glasübergänge, Relaxationen, Tempereffekte etc. (siehe auch Abschnitt 8.1.3).

HINWEIS: Dilatometer sind Geräte zur Messung der Ausdehnung einer Probe. Der am meisten genutzte Typ Dilatometer sind thermische Dilatometer, bei denen die Elongation als Funktion der Temperatur aufgezeichnet wird.

Ein schematischer Messaufbau der TMA ist in Bild 8.24 gegeben. Die Probe wird in einem Temperierofen auf einer geschliffenen Quarzglasfläche platziert und über einen Messstempel mit einer konstanten Last beaufschlagt. Der Messstempel wird in der Regel auch aus Quarzglas gefertigt, da dieses im betrachteten Temperaturbereich annähernd ausdehnungsfrei ist. Im Ofen wird die Probe anschließend mit einem Temperaturprogramm beaufschlagt bei häufig konstanter Heiz- bzw. Kühlrate. Die entsprechende Längenänderung wird über den Stempel durch einen Wegaufnehmer quantitativ aufgezeichnet und hieraus nach Formel 8.7 der zu ermittelnde Ausdehnungskoeffizient berechnet.

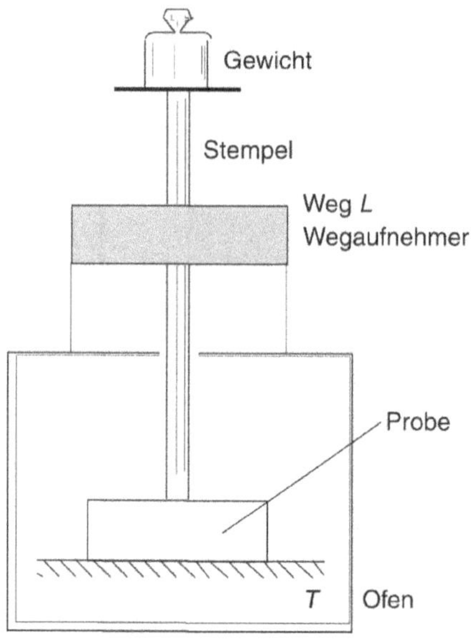

Bild 8.24 Thermomechanische Analyse TMA (Schema)

Für die Messung existieren verschiedene Messstempelgeometrien, die je nach Material und Probenbeschaffenheit eingesetzt werden.

Für ein isotropes Material kann nach Formel 8.22 aus einer einzelnen Messung des linearen Wärmeausdehnungskoeffizienten α näherungsweise der kubische Ausdehnungskoeffizient γ bestimmt werden:

$$\gamma = 3 \cdot \alpha \tag{8.22}$$

In Bild 8.25 sind typische TMA-Messkurven von glasfaserverstärktem PA 66 dargestellt. Hierbei ist die Längenänderung bezogen auf die Ausgangslänge der Probe in Mikrometern pro Meter über der Temperatur aufgetragen, und es wurde sowohl in Faserrichtung als auch senkrecht zu dieser gemessen. In dieser Darstellung entspricht der Wärmeausdehnungskoeffizient der Geradensteigung. Dementsprechend kann ein Wärmeausdehnungskoeffizient α nur für einen Temperaturbereich mit konstanter Steigung angegeben werden. Beim Vergleich dieser Messungen zeigt sich, dass die Ausdehnung in Faserrichtung deutlich von der geringen Ausdehnung der Glasfaser geprägt ist, wobei senkrecht zur Faser das Ausdehnungsverhalten der polymeren Matrix vorherrschend ist. Hier kann bei einer Temperatur von etwa 52 °C eine Erhöhung der Steigung des Kurvenverlaufs nachgewiesen werden, es befindet sich hier daher wie gekennzeichnet ein Glasübergang.

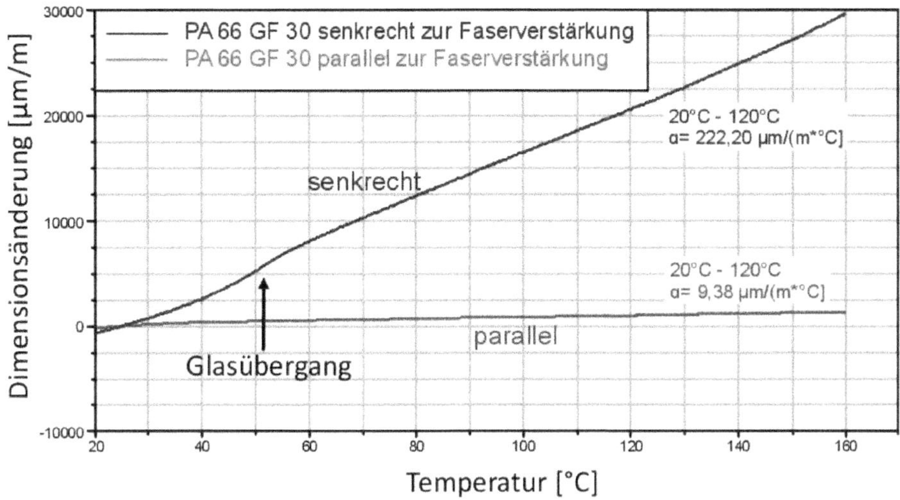

Bild 8.25 Thermomechanische Analyse eines glasfaserverstärkten PA 66

Über TMA-Messungen in zueinander senkrechten Richtungen können mit der TMA Orientierungen in Kunststoffprodukten nachgewiesen werden. Bild 8.26 zeigt das Ergebnis einer Messung am Beispiel eines Bauteils aus einem ABS, bei dem der Schmelzefluss beim Füllvorgang vorzugsweise in x-Richtung erfolgte. Dem Bauteil wurden für Messungen in allen drei kartesischen Koordinatenrichtungen Probekörper entnommen. Das Ergebnis zeigt, dass sich die Dimensionen der Prüfkörper bis zu einer Temperatur von ca. 90 °C in alle Richtungen gleichförmig ändern. Oberhalb von 90 °C trennen sich die Kurvenverläufe: In den Richtungen y und z senkrecht zum Schmelzefluss nimmt die Ausdehnung weiter zu, und zwar mit einer höheren Steigung, während in Schmelzefließrichtung die Ausdehnung mit wachsender Temperatur sogar deutlich zurückgeht. Der Prüfkörper zieht sich in x-Richtung zusammen. Ursache für dieses Phänomen ist, dass sich die in den Prüfkörper beim Spritzgießen eingebrachten Orientierungen im Bereich der Glasübergangstemperatur zurückzustellen beginnen. In einem zweiten Messverlauf würde dieser Prüfkörper ein völlig isotropes Ausdehnungsverhalten zeigen.

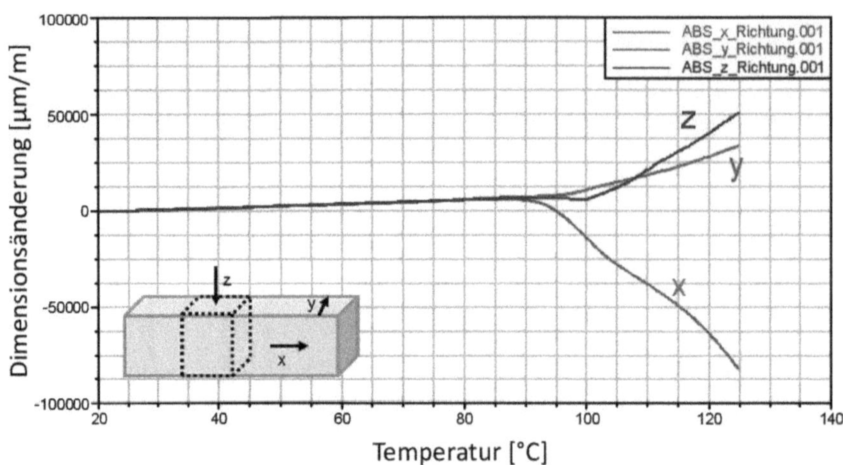

Bild 8.26 Anisotropes Ausdehnungsverhalten eines gespritzten ABS-Zugstabes

8.2.4 Messung von Wärme- und Temperaturleitfähigkeit

Die Wärmeleitfähigkeit λ wird meist nach DIN 52612 gemessen. Für die Bestimmung der Wärme- und der Temperaturleitfähigkeit von Kunststoffen kann zusätzlich die DIN EN ISO 22007-1 herangezogen werden, die verschiedene transiente und stationäre Messmethoden beschreibt.

HINWEIS: Transiente Messmethoden zeichnen sich dadurch aus, dass ein System im thermischen Gleichgewicht einer schrittweisen oder pulsartigen Wärmezufuhr ausgesetzt wird und die resultierende Temperaturantwort aufgezeichnet wird.

Hierbei muss ein zum Kunststoff passendes Verfahren gewählt werden. Bei Thermoplasten, bei denen die Wärmeleitfähigkeit im Festkörper- wie im Schmelzezustand von Interesse ist, muss ein Verfahren wie das Linienquellverfahren gewählt werden, das auch flüssige Proben aufnehmen kann. Für vernetzte Polymere ist in der Regel die Messung im Gebrauchstemperaturbereich und dementsprechend am Festkörper gefordert. Hierbei kommt häufig das Plattenmessverfahren zum Einsatz.

Verfahren mit linearen Wärmequellen

Beim Heizdrahtverfahren (Bild 8.27) wird ein Draht als lineare Wärmequelle in einem Probekörper oder zwischen zwei Probekörpern angeordnet. Der Draht führt der Probe schrittweise Wärme zu. Die resultierende Temperaturantwort wird entweder am Draht selbst oder an einem unmittelbar in der Nähe angebrachten Thermoelement gemessen. In einem Polymer mit hoher Wärmeleitfähigkeit wird nur ein geringer Anstieg der Temperatur verzeichnet, da die Wärme schnell abgeleitet wird. Umgekehrt verursacht der gleiche Wärmestrom in einem geringfügig leitfähigen Material einen hohen Temperaturanstieg.

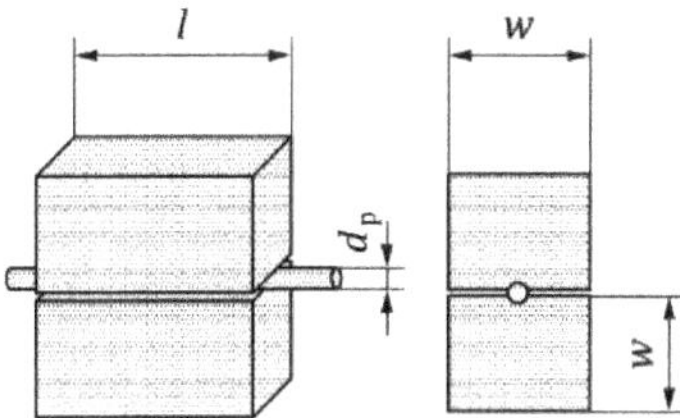

Bild 8.27 Messaufbau zur Bestimmung der Wärmeleitfähigkeit nach dem Heizdrahtverfahren

Das Heizdrahtverfahren ist für alle isotropen Polymere im Festzustand geeignet. Flüssige Polymere werden mit diesem Verfahren selten gemessen, da der Temperaturmessfühler in flüssigem Polymer beschädigt werden kann.

Die mathematische Beschreibung leitet sich aus der Fourier-Differentialgleichung für eine unendlich lange Wärmequelle ab. Detaillierte Informationen zur Herleitung des mathematischen Zusammenhangs finden sich in der oben genannten Norm (DIN 52612) und werden hier nicht weiter erläutert. Unter Einhaltung der in der Norm gegebenen geometrischen Randbedingungen kann die Wärmeleitfähigkeit nach Formel 8.23:

$$\lambda = \frac{\Phi}{4\pi LK} \qquad (8.23)$$

mit λ = Wärmeleitfähigkeit, L = Heizdrahtlänge, Φ = Wärmestromrate, K = Steigung im linearen Kurvenabschnitt.

Eine Variation des Heizdrahtverfahrens stellt das Linienquellenverfahren dar (Bild 8.28). Hierbei wird eine Nadel, die Thermoelement und Messfühler enthält, in die mit Polymer gefüllte temperierte Messkammer eingetaucht. Das Thermoelement gibt einen definierten Wärmestrom annähernd eindimensional in das Polymer ab. Der Messfühler misst analog zum Heizdrahtverfahren die Temperaturantwort des Systems. Über einen Stempel kann die Messkammer mit einem hydrostatischen Druck beaufschlagt werden, um druckabhängige Messungen durchzuführen. Zusätzlich kann über den Druck der Kontakt zwischen Nadel und Polymer verbessert werden.

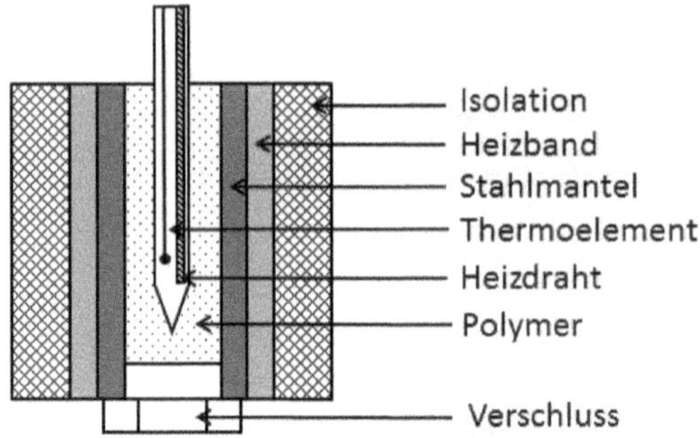

Bild 8.28 Messaufbau zur Bestimmung der Wärmeleitfähigkeit nach der „Line-Source-Method“

Der mathematische Zusammenhang folgt aus Formel 8.23 unter Berücksichtigung einer PrüfkopfKonstante *C*. Hierbei muss berücksichtigt werden, dass Formel 8.24 wieder eine Vereinfachung des Fourierschen Gesetzes darstellt, die nur unter Berücksichtigung der in der Norm gegebenen geometrischen Randbedingungen anwendbar ist.

$$\lambda = \frac{C\Phi}{4\pi LK} \tag{8.24}$$

mit λ = Wärmeleitfähigkeit, L = Heizdrahtlänge, Φ = Wärmestromrate, K = Steigung im linearen Kurvenabschnitt, C = Prüfkopf-Konstante.

Verfahren mit flächigen Wärmequellen

Im Plattenverfahren wird einer Probe permanent Wärme zugeführt und der zum Erhalt eines konstanten Temperaturgradienten notwendige elektrische Strom gemessen. Die Plattenmessverfahren können anhand des Versuchsaufbaus in 1- und 2-Platten-Verfahren eingeteilt werden (Bild 8.29). Beim 1-Platten-Verfahren wird ein Prüfkörper zwischen einem Heizelement und einer Kühlplatte angeordnet. Hierbei muss sichergestellt werden, dass die vom Heizelement abgegebene Wärme möglichst vollständig durch den Prüfkörper abgeleitet wird. Zu diesem Zweck wird auf der Rückseite der Heizung eine Gegenheizung eingesetzt, die eine Abfuhr von Wärme auf der Rückseite unterbindet. Im 2-Platten-Verfahren kann auf eine Gegenheizung verzichtet werden, da die Heizung beidseitig durch Prüfkörper eingefasst wird.

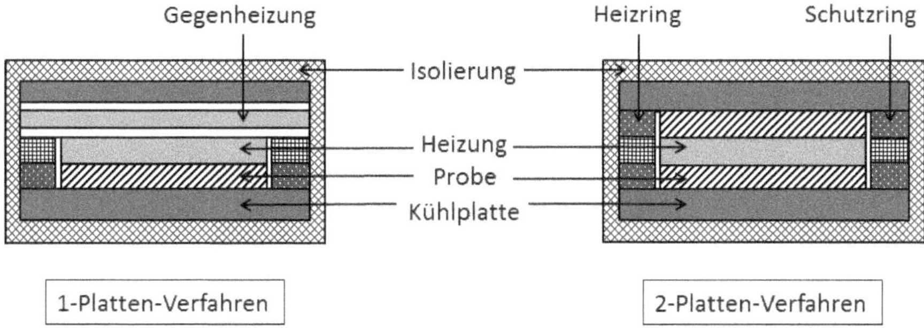

Bild 8.29 Messaufbau zur Bestimmung der Wärmeleitfähigkeit nach dem 1- und 2-Platten-Verfahren

Beim transienten Flächenquellenverfahren, auch Hot-Disk-Verfahren genannt, wird zwei Prüfkörpern über ein ebenes, elektrisch isoliertes Widerstandselement Wärme zugeführt (Bild 8.30). Die Temperaturantwort des Systems wird indirekt über die Widerstandsänderung über der Zeit aufgezeichnet. Die Auswertung der entsprechenden Wärmeleitungsgleichungen findet unter der Annahme unendlich ausgedehnter Probekörper statt. Um mit dieser Vereinfachung sinnvolle Ergebnisse zu erzielen, muss die Messung abgebrochen werden, sobald die ausgestrahlte Wärme den Probenrand erreicht.

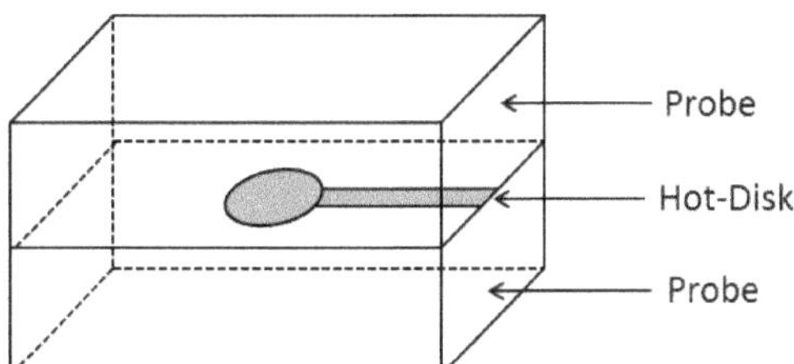

Bild 8.30 Messaufbau im Hot-Disk-Verfahren

Lichtblitzverfahren (LFA)

Sollen Proben berührungslos gemessen werden, kann das Lichtblitzverfahren verwendet werden. Hierbei ist zu beachten, dass im Gegensatz zu den zuvor in diesem Abschnitt erläuterten Messverfahren nicht die Wärmeleitfähigkeit gemessen wird, sondern die Temperaturleitfähigkeit. Durch Kenntnis der beiden Größen spezifische Wärmekapazität und Dichte kann diese nach Formel 8.13 in die Wärmeleitfähigkeit umgerechnet werden.

Bei der Messung wird eine Probe in einem Ofen auf eine konstante Temperatur gebracht und anschließend einseitig mit einem kurzen ($t < 500\ \mu s$) Lichtpuls bestrahlt. Die Temperaturantwort auf der Rückseite des Probenkörpers wird ebenfalls berührungslos über einen Infrarot-Sensor aufgezeichnet. Das Verfahren eignet sich für alle homogenen, isotropen und lichtundurchlässigen Probekörper. Transparente Materialien können vorab beschichtet werden, um sie in diesem Verfahren vermessen zu können.

8.2.5 Thermogravimetrische Analyse (TGA)

TGA Erhöhte Temperaturen induzieren in organischen Werkstoffen eine thermische Zersetzung. So resultiert eine anhaltend hohe Temperatur in Kunststoffen unter anderem in Kettenbruch, Abspaltung von Substituenten und Oxidation. Diese Vorgänge laufen in der Regel in einem Temperaturbereich zwischen 250 °C und 500 °C ab und können mit der Thermogravimetrischen Analyse (TGA) untersucht werden. Hierbei wird die Masse bzw. Massenänderung einer Polymerprobe in Abhängigkeit von Temperatur und/oder Zeit gemessen, wodurch sich Zersetzungstemperaturen, -raten und die Menge nichtflüchtiger Anteile im Polymer detektieren lassen. Zu diesem Zweck wird die Probe in einem Ofen unter Anwesenheit eines konstanten Spülgasstroms einer dynamischen oder konstanten Temperatur ausgesetzt und über eine elektromagnetisch oder -mechanisch kompensierte Waage die Masse der Probe gemessen.

Große Bedeutung kommt dabei der Wahl des Spülgases zu. Hierbei wird üblicherweise zwischen Stickstoff und Sauerstoff bzw. Luft gewählt. Stickstoff verhält sich inert, während der (Luft-)Sauerstoff sich bei hohen Temperaturen an Zersetzungsprozessen durch Oxidation beteiligt. Dies spielt beispielsweise eine Rolle, wenn in Kunststoffproben Ruß nachgewiesen werden soll. Ruß zersetzt sich bis zu ca. 1000 °C in reiner Stickstoffatmosphäre nicht, in einer Sauerstoffatmosphäre wird er jedoch oxidiert (Bild 8.31). So kann durch Umschalten zwischen inerten und reaktiven Gasen bei der Versuchsführung Einfluss auf das Messergebnis genommen werden.

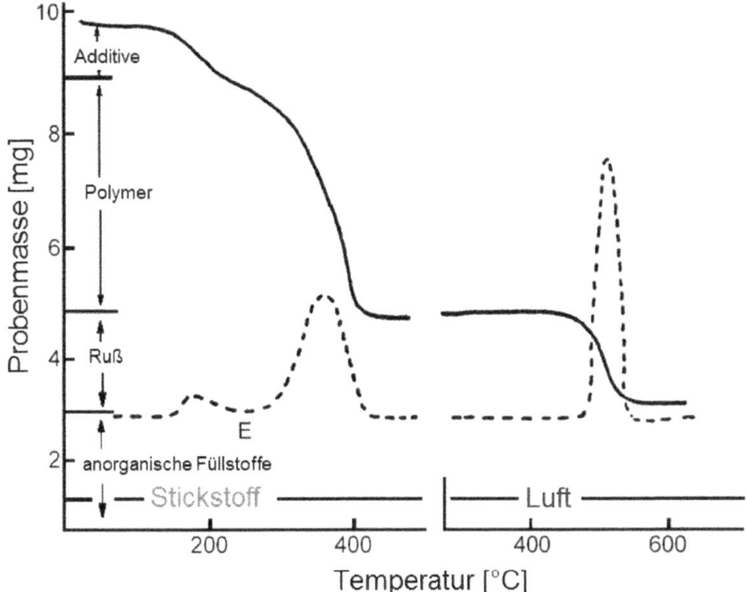

Bild 8.31 Typisches Messergebnis einer TG-Analyse: TG-Kurve (durchgezogen), DTG-Kurve (gestrichelt)

Eine TGA-Messung kann dynamisch oder isotherm erfolgen. Im dynamischen Verfahren wird eine Temperaturkurve vorgegeben und die entsprechende Massenänderung aufgezeichnet. Beim isothermen Messverfahren wird der Massenverlauf bei konstanter Temperatur aufgezeichnet. Das isotherme Verfahren eignet sich, um die Dauertemperaturbeständigkeit zu testen.

Es existieren verschiedene Bauformen thermogravimetrischer Waagen; Bild 8.32 zeigt schematisch eine horizontale Thermowaage. Hauptbauelemente sind der Ofen, welcher konstante Heiz- und Kühlraten und einen konstanten Durchfluss an Spülgas liefert, sowie die Waage, die den aus der Zersetzung folgenden Gewichtsunterschied erfasst.

HINWEIS: Neben reinen Thermowaagen existieren Kopplungen von Thermowaagen mit FTIR- oder Massenspektrometern. Hierbei werden die beim Aufheizen entstandenen gasförmigen Komponenten weitergeleitet und in separaten Messzellen untersucht. Der Einsatz von Kopplungen erlaubt die Identifizierung von Stoffen, die bei einer zugeordneten Zersetzungstemperatur freigesetzt wurden.

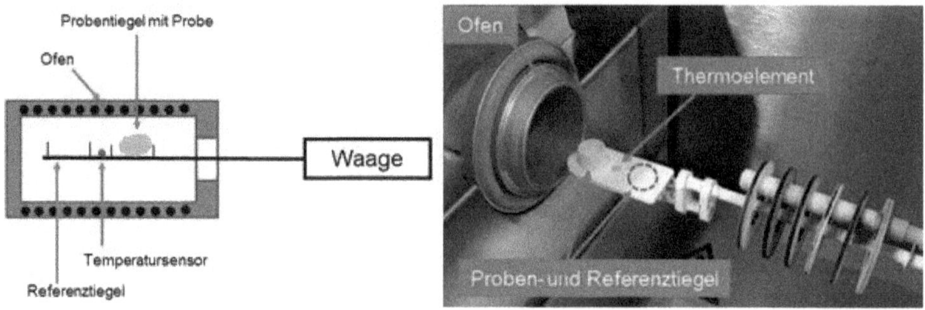

Bild 8.32 Schematischer Aufbau einer horizontalen Thermowaage

Ein typisches Messergebnis einer TG-Analyse ist in Bild 8.33 dargestellt. Die Masse wird in mg oder % bezogen auf die Ausgangsmasse über der Temperatur dargestellt. Die Massenänderung kann dabei ein- oder mehrstufig erfolgen, wobei die Stufen dem Abbau eines Stoffes zugeordnet werden können. Dabei liegt zwischen den Stufen im Idealfall ein Bereich gleichbleibender Masse. Aus den Stufen lassen sich die charakteristischen Anfangs-, Mittel-, und Endpunkte ableiten, die nach DIN EN ISO 11358 Kennwerte des Massenverlusts sind (Bild 8.33). Mit diesen Kennwerten kann der Massenverlust einer Stufe gemäß Formel 8.25 angegeben werden:

$$M_L = \frac{m_s - m_f}{m_s} \cdot 100\ \% \tag{8.25}$$

mit M_L = Massenverlust, m_s = Ausgangsmasse, m_f = Endmasse.

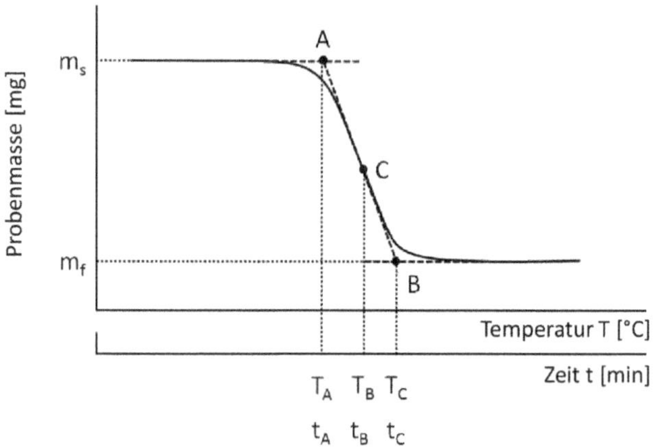

Bild 8.33 Schematischer Verlauf einer Abbaustufe mit charakteristischen Kennwerten

Häufig weisen mehrstufige TG-Kurven aufgrund dicht aufeinanderfolgender oder sich überlagernder Massenänderungen keinen Bereich konstanter Masse auf. In diesem Fall kann das Differential der Massenkurve, die sogenannte DTG-Kurve, herangezogen werden (Bild 8.31). Die Maxima der DTG-Kurve werden dabei als Vergleichstemperaturen verwendet und sind charakteristisch für den Abbau bestimmter Kunststoffe. So kann unter anderem Information zur Charakterisierung von in der Probe enthaltenen Kunststoffen generiert werden. Im Falle von Kautschukwerkstoffen dient die Thermische Analyse auch zur Werkstoffidentifizierung anhand der Zerfallstemperaturen.

Literatur zu Kapitel 8

Abts, G.: *Kunststoff-Wissen für Einsteiger.* München: Carl Hanser Verlag, 2016

Baur, E.; Brinkmann, S.; Osswald, T. et al.: *Saechtling Kunststoff-Taschenbuch.* München: Carl Hanser Verlag, 30. Aufl., 2013

Beitz, W., Grote, K.-H.: *Dubbel - Taschenbuch für den Maschinenbau.* Berlin, Heidelberg: Springer-Verlag, 2007

Bieling, U.: *Ermittlung mechanischer und thermischer Eigenschaften kohlenfaserverstärkter Kunststoffe.* Dissertation, RWTH Aachen, 1983

Bonnet, M.: *Kunststofftechnik - Grundlagen, Verarbeitung, Werkstoffauswahl und Fallbeispiele.* Wiesbaden: Springer Vieweg, 2016

Bonten, C.: *Kunststofftechnik - Einführung und Grundlagen.* München: Carl Hanser Verlag, 2016

Czichos, H., Hennecke, M.: *Hütte - Das Ingenieurwissen.* Berlin, Heidelberg: Springer-Verlag, 2007

Dietz, W.: Bestimmung der Wärme- und Temperaturleitfähigkeit von Kunststoffen bei hohen Drücken. *Kunststoffe* 66 (1976) 3, S. 161 - 167

DIN EN ISO 11357-1:2017-02, *Kunststoffe - Dynamische Differenz-Thermoanalyse (DSC) - Teil 1: Allgemeine Grundlagen* (ISO 11357-1:2016)

DIN EN ISO 306:2014-03, *Kunststoffe - Thermoplaste - Bestimmung der Vicat-Erweichungstemperatur (VST)* (ISO 306:2013)

DIN EN ISO 75-1:2013-08, *Kunststoffe - Bestimmung der Wärmeformbeständigkeitstemperatur - Teil 1: Allgemeines Prüfverfahren* (ISO 75-1:2013)

DIN EN ISO 75-3:2004, *Kunststoffe - Bestimmung der Wärmeformbeständigkeitstemperatur - Teil 3: Hochbeständige härtbare Schichtstoffe und langfaserverstärkte Kunststoffe* (ISO 75-3:2004)

Domininghaus, H.; Eyerer, P. et al.: *Die Kunststoffe und ihre Eigenschaften.* Berlin, Heidelberg: Springer Verlag, 2012

Ehrenstein, G., Riedel, G., Trawiel, P.: *Praxis der Thermischen Analyse von Kunststoffen.* München: Carl Hanser Verlag, 2003, S. 185 - 254

Eiermann, K.: Modellmäßige Deutung der Wärmeleitfähigkeit von Hochpolymeren - Teil 1: Amorphe Hochpolymere. *Kolloid-Zeitschrift und Zeitschrift für Polymere* 198 (1964) 1 - 2, S. 5 - 16

Eiermann, K.: Modellmäßige Deutung der Wärmeleitfähigkeit von Hochpolymeren - Teil 2: Verstreckte amorphe Hochpolymere. *Kolloid-Zeitschrift und Zeitschrift für Polymere* 199 (1964) 2, S. 125 - 128

Eiermann, K.: Modellmäßige Deutung der Wärmeleitfähigkeit von Hochpolymeren - Teil 3: Teilkristalline Hochpolymere. *Kolloid-Zeitschrift und Zeitschrift für Polymere* 201 (1964) 1, S. 3 - 15

Frick, A.; Stern, C.: *DSC-Prüfung in der Anwendung.* München: Carl Hanser Verlag, 2013

Grellmann, W., Seidler, S. (Hrsg.): *Kunststoffprüfung.* München: Carl Hanser Verlag, 2015

Haberstroh, E.: *Analyse von Kühlstrecken in Extrusionsanlagen*. Dissertation, RWTH Aachen, 1981

Hannoschöck, N.: *Wärmeleitung und -transport*. Berlin: Springer Vieweg, 2018

Hansen, D., Ho, C. C.: Thermal Conductivity of High Polymers. *Journal of Polymer Science* Part A (1965) 3, S. 659 - 670

Heine, B.: *Einführung in die Polymertechnik - Leitfaden für Studium und Praxis*. Renningen-Malmsheim: expert verlag, 1998

Henning, J.: Thermische Eigenschaften. In: Schreyer, G. (Hrsg.), *Konstruieren mit Kunststoffen*; Teil 2 Abschnitt 4.5. München: Carl Hanser Verlag, 1972.

Hering, E., Martin, R., Stohrer, M.: *Physik für Ingenieure*. Düsseldorf: VDI-Verlag, 1992

ISO 11359-1:2014(E) - *Plastics - Thermomechanical analysis (TMA) - Part 1: General principles*

ISO 11359-2:1999(E) - *Plastics - Thermomechanical analysis (TMA) -Part 2: Determination of coefficient of linear thermal expansion and glass transition temperature*

Knappe, W.: Wärmeleitung in Polymeren. *Advances in Polymer Science* 7 (1970), S. 477 - 535

Ku, C., Liepins, R.: *Electrical Properties of Polymers, Chemical Principles*. München: Carl Hanser Verlag, 1987

Lobo, H., Cohen, C.: *Measurement of Thermal Conductivity of Polymer Melts by the Line Source Method. Proceedings of the 46th Annual Technical Conference (ANTEC) of the Society of Plastics Engineers (SPE)*. Atlanta, Georgia, USA, 1988

Schreyer, G.: *Konstruieren mit Kunststoffen*. München: Carl Hanser Verlag, 1972

Seidel, W.W.; Hahn, F.: *Werkstofftechnik, Werkstoffe - Eigenschaften - Prüfung - Anwendung*. München: Carl Hanser Verlag, 2018

Übler, W.: *Erhöhung der thermischen Leitfähigkeit elektrisch isolierender Polymerwerkstoffe*. Dissertation, Universität Erlangen-Nürnberg, 2002

Van Krevelen, D. W.: *Properties of Polymers*. Amsterdam: Elsevier Science Publishers B.V., 1990

VDI-GVC (Hrsg.): *VDI-Wärmeatlas*. Heidelberg, Berlin, New York: Springer, 2019

Von Böckh, P.; Wetzel, T.: *Wärmeübertragung - Grundlagen und Praxis*. Heidelberg, Berlin, New York: Springer, 2011

Weinand, D.: *Modellbildung zum Aufheizen und Verstrecken beim Thermoformen*. Dissertation, RWTH Aachen, 1987

Wortberg J.: *Qualitätssicherung in der Kunststoffverarbeitung*. München: Carl Hanser Verlag, 1996

Wübken, G.: *Einfluss der Verarbeitungsbedingungen auf die innere Struktur thermoplastischer Spritzgussteile unter besonderer Berücksichtigung der Abkühlverhältnisse*. Dissertation, RWTH Aachen, 1974

9 Elektrische Eigenschaften

In der Elektrotechnik ist es erforderlich, elektrische Energie mit minimalen Verlusten und geringem Risiko zu transportieren. Neben der Leitung des Stroms durch metallische Werkstoffe ist aber die Isolation dieser Leiter gegeneinander und gegenüber der Umgebung ebenso wichtig. Kunststoffe mit ihren in der Regel sehr geringen elektrischen Leitfähigkeiten sind als Isolationswerkstoffe für diese Aufgaben prädestiniert. So wurde bereits in der Mitte des neunzehnten Jahrhunderts Naturkautschuk zur Isolierung von Telegraphendrähten eingesetzt. Die Entwicklung immer leistungsfähigerer Kunststoffe trug dann in den letzten Jahrzehnten wesentlich zu den großen technischen Fortschritten in der Elektrotechnik und in der Elektronik bei. Hierbei kommen insbesondere die mechanische Flexibilität, die hochautomatisierte Formgebung, das hohe Integrationspotential von Kunststoffformgebungsprozessen und die leichte Modifizierbarkeit polymerer Werkstoffe zum Tragen.

Neben der geringen elektrischen Leitfähigkeit sind das damit verbundene hohe Potential für elektrostatische Aufladung und die geringe elektromagnetisch abschirmende Wirkung weitere charakteristische Eigenschaften, die beim Einsatz von Kunststoffen beachtet werden müssen. Um elektrostatische Aufladung und die elektromagnetische Abschirmung zu verhindern, sind mitunter auch elektrisch leitfähige Kunststoffe gefragt. Man erhält sie durch Zugabe von Füllstoffen (z.B. Ruß, Metall- oder Carbonfasern, Carbon-Nanotubes, niedrig schmelzende Metalle) (siehe Abschnitt 9.4) oder in Form spezieller Polymertypen.

Die Werkstoffgruppe der Kunststoffe umfasst äußerst unterschiedliche Polymertypen, dementsprechend kann sich auch die elektrische Leitfähigkeit zwischen verschiedenen Polymeren extrem unterscheiden, von hervorragender Isolation bis zu guter Leitfähigkeit. Hinzu kommt, dass auch Fertigungseinflüsse die elektrischen Eigenschaften beeinflussen.

9.1 Das elektrische Isolationsverhalten

Die elektrische Leitfähigkeit der meisten Kunststoffe ist sehr niedrig. Allgemein lässt sich der Ionentransport mit einer Diffusion innerhalb des Kunststoffes beschreiben. Dabei kann zwischen dem Transport durch Platzwechsel, bei dem jeweils freies Volumen vorhanden sein und ein Energielevel überschritten werden muss, und dem Transport entlang der Oberfläche unterschieden werden. Für den Transport entlang der Oberfläche muss ebenfalls ein Energielevel überwunden werden, was beispielsweise durch thermische Einflussnahme erfolgen kann. Der Mechanismus der Leitfähigkeit ist von vielen Faktoren (z. B. Füllstoffe, Umgebungsbedingungen) abhängig und kann dadurch sehr komplex sein. Tiefergehende Ausführungen zum Mechanismus der elektrischen Leitung von Strom durch Kunststoffe werden in Abschnitt 9.3.3 dargestellt.

9.1.1 Der elektrische Durchgangswiderstand

Die sehr niedrige elektrische Leitfähigkeit der Kunststoffe ist eine Folge der kovalenten Atombindung, da aufgrund fehlender freier Elektronen keine Elektronenwanderung stattfinden kann. Die Volumenleitfähigkeit bzw. die Isolierfähigkeit von Kunststoffen wird durch den elektrischen Widerstand R (in Ω) charakterisiert, der sich bei einer plattenförmigen Probe unter Gleichspannnung gemäß dem Ohmschen Gesetz wie folgt ergibt:

$$R = \frac{U}{I} = \frac{\rho \cdot d}{A} = \frac{1}{\sigma}\frac{d}{A} = \frac{1}{G} \tag{9.1}$$

mit U: Spannung, I: Strom, ρ: spezifischer Widerstand, d: Dicke, A: Fläche der Probe, $\sigma = 1/\rho$: Leitfähigkeit und $G = \frac{1}{R}$: Leitwert.

Zum Vergleich unterschiedlicher Kunststoffe wird in der Regel der Durchgangswiderstand (entspricht dem spezifischen Widerstand ρ) bzw. die Leitfähigkeit G angegeben, die nach IEC 93 gemessen werden. Bild 9.1 vergleicht den spezifischen elektrischen Durchgangswiderstand verschiedener Werkstoffe. Polymere weisen dabei eine sehr starke Temperaturabhängigkeit auf. Mit Temperaturerhöhung nimmt der spezifische Durchgangswiderstand ab. Dies liegt in der Zunahme der molekularen Beweglichkeit bei steigender Temperatur begründet. Ihre Widerstandswerte liegen aber in der gleichen Größenordnung.

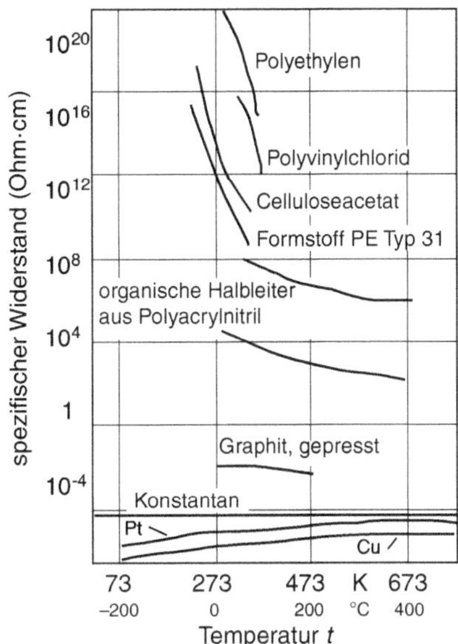

Bild 9.1 Spezifischer elektrischer Durchgangswiderstand von Kunststoffen, Metallen und Graphit in Abhängigkeit von der Temperatur

Perkolationsschwelle

Die elektrische Leitfähigkeit von Kunststoffen kann durch Füllstoffe in weiten Grenzen verändert werden. Zur Verbesserung der elektrischen Leitfähigkeit werden bisher im wesentlichen Leitruße und Graphit, aber auch leitfähige Fasern, Pulver und Plättchen aus Metall oder Kohlenstoff verwendet. Dazu kommen in neuer Zeit Carbonfasern, Carbon-Nanotubes und Pulver aus intrinsisch leitfähigen Polymeren, mit denen der spezifische Widerstand um einen Faktor 100 von 1 Ω · cm auf 0,01 Ω · cm vermindert werden kann. Bei allen pulver-, plättchen- und faserförmigen Füllstoffen muss die eingemischte Füllstoffmenge so groß sein, dass sich leitfähige Brücken bilden. Der Wert, bei dem sich derartige leitfähige Brücken zu bilden beginnen, wird *Perkolationsschwelle* genannt und ist abhängig von der Art des Füllstoffes und dem Füllstoffgehalt(vgl. Bild 9.2). Wie Bild 9.2 entnommen werden kann, wird die Perkolationsschwelle für Ruß bei wesentlich geringeren Füllstoffgehalten erreicht als beispielsweise für versilberte Glaskugeln.

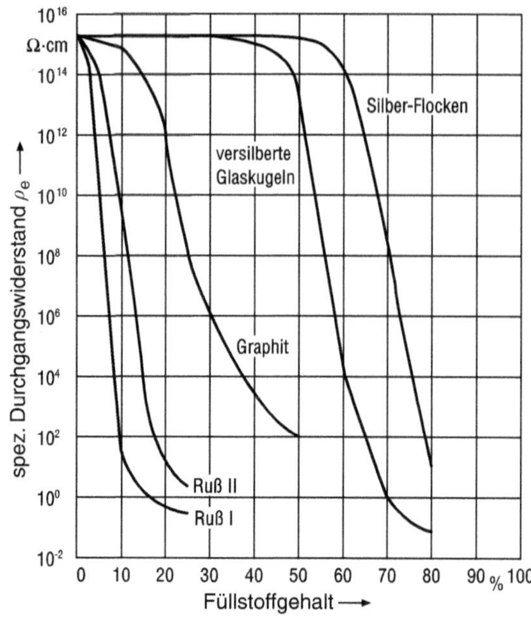

Bild 9.2 Einfluss verschiedener Füllstoffe auf den spezifischen Durchgangswiderstand bei einem Polymer

9.1.2 Der elektrische Oberflächenwiderstand

Der Oberflächenwiderstand R_0 ist der Widerstand, der sich unter einer Gleichstromspannung dem Strom zwischen zwei Elektroden entgegenstellt, die auf die Oberfläche eines Kunststoffprüfkörpers aufgesetzt sind. Der elektrische Oberflächenwiderstand kann in Anlehnung an die Technische Regel für Betriebssicherheit (TRBS) 2153 der Bundesanstalt für Arbeitsschutz und Arbeitsmedizin in die Bereiche leitfähig, ableitfähig und isolierend unterteilt werden (Bild 9.3).

Als isolierend gilt ein Material mit einem Oberflächenwiderstand oberhalb von 10^{12} Ω. Die meisten Kunststoffe zählen zu den Isolatoren und sind leicht durch Reibung elektrostatisch aufzuladen. Aufgrund der geringen elektrischen Leitfähigkeit bleiben die Ladungen auf der Oberfläche erhalten und neutralisieren sich erst, wenn sie mit einem leitfähigen Körper in Berührung kommen. Dies führt zu Spannungsschlägen und Lichtbögen, die gefährlich werden können.

Weisen Materialien einen Oberflächenwiderstand zwischen 10^6 und 10^{12} Ω auf, so gelten sie als elektrostatisch ableitfähig. Das bedeutet, dass diese Werkstoffe in der Lage sind, aufgebrachte Ladungen langsam abzuleiten. Diese Eigenschaft wird vor allem für antistatische Anwendungsbereiche genutzt, wie zum Beispiel in der Automobilindustrie, um den Staubanziehungseffekt von Oberflächen zu reduzieren, oder für Elektronik-Verpackungen, da die Elektronikbauteile durch elektrostatische Aufladung und durch Spannungsspitzen infolge zu schneller Entladung beschädigt werden können. Ein weiteres Anwendungsgebiet für ableitfähige Werkstoffe sind explosionsgeschützte Verpackungen.

Bei Oberflächenwiderständen unterhalb von $10^6\ \Omega$ spricht man von leitfähigen Materialien, welche im Stande sind, sich schnell elektrostatisch zu entladen. ESD steht für engl.: „electrostatic discharge“ und beschreibt diesen Bereich, in dem elektrostatische Entladungen vorkommen. Notwendig ist eine schnelle Entladung bei Werkstoffen für Erdungs-Kontaktierungen, z. B. bei elektrostatischen Oberflächenverfahren, oder um elektromagnetische Wellen hoher Frequenzen abzuschirmen.

Neben der molekular bedingten Zugehörigkeit eines Werkstoffes zu einer der oben beschriebenen Gruppen haben die verschiedenen Füllstoffarten den größten Einfluss auf den elektrischen Oberflächenwiderstand (vgl. Bild 9.3). So führt die stoffspezifische Eigenleitfähigkeit der verwendeten Füllstoffe zu signifikanten Unterschieden des Oberflächenwiderstandes. Auch beim Oberflächenwiderstand zeigt sich eine Perkolationsschwelle, allerdings liegt diese bei anderen Werten als beim Durchgangswiderstand. Die Oberflächenwiderstandswerte sind auch sehr stark vom Zustand der Oberfläche, wie Feuchtigkeit o. ä. und anderen Verunreinigungen, abhängig.

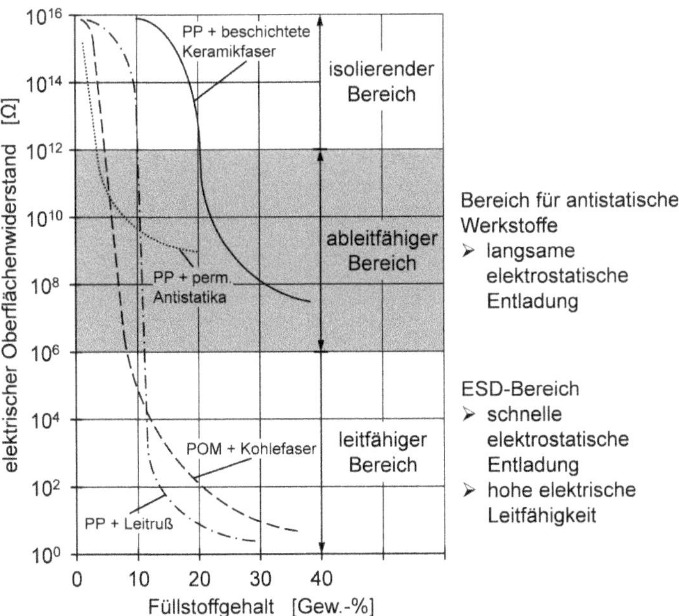

Bild 9.3 Elektrischer Oberflächenwiderstand in Abhängigkeit von Füllstoffart und -gehalt

9.1.3 Einfluss langzeitiger elektrischer Beanspruchung

Auch wenn der Durchgangswiderstand und der Oberflächenwiderstand durch die Zugabe von geeigneten Füllstoffen verringert werden können, ist die Leitfähigkeit der Kunststoffe trotzdem noch sehr gering. Die Wanderung von Eigen- und Fremdionen wirkt sich praktisch nur unter langzeitiger Belastung aus. Technische Kunststoffe besitzen stets eine gewisse Anzahl zugesetzter oder durch den Herstellungsprozess eingeschleppter niedermolekularer Bestandteile, die als bewegliche Ladungsträger fungieren können. Bei der Wanderung von Eigen- und Fremdionen handelt es sich um eine in Feldrichtung verlaufende und eine durch das elektrische Feld getriebene Diffusion. Die Ionen „hüpfen" dabei zwischen sogenannten Potentialmulden. Höhere Temperaturen aktivieren bzw. erleichtern diesen Vorgang durch ein größeres freies Volumen. Auch der durch Wassergehalt, z. B. in Polyamiden, bedingte starke Abfall des spezifischen Widerstandes hat seine Ursache in dieser Ionenleitfähigkeit.

Für eine Einsetzbarkeit als elektrischer Isolator ist es wichtig zu wissen, inwieweit der Kunststoff seinen hohen elektrischen Widerstand und damit die Isolierwirkung über den geforderten Gebrauchszeitraum und auch bei veränderter Isolationstemperatur aufrechterhalten kann. Dazu prüft man Prüfkörper – meist sind es Kabel, deren Langzeit-Durchschlagfestigkeit man sicherstellen muss – unter Bedingungen, die nach DIN EN 60243-1 festgelegt sind, um die Durchschlagfestigkeit E_d zu bestimmen. Da die Dicke einen entscheidenden Einfluss auf die Durchschlagfestigkeit hat, muss auch diese Abhängigkeit geprüft werden.

Bemerkenswert ist, dass die Durchschlagfestigkeit einer Folie, die in der Prüfung als Isolation dient, unter verschiedenen Zugdehnungen eine starke Abhängigkeit von der Dehnung aufweist, wie in Bild 9.4 dargestellt ist. Zu erkennen ist zunächst ein leichter Anstieg der Durchschlagfestigkeit bei geringer Dehnung, welcher auf die Oberflächenbeschaffenheit der Folie zurückzuführen ist. Zunächst werden die Unebenheiten auf der Oberfläche geglättet, wodurch die Durchschlagfestigkeit ansteigt. Bei weiter steigender Dehnung nimmt die Durchschlagfestigkeit ab. Hierfür sind, wie die Untersuchungen von Beyer und Berg zeigen, Mikrorisse (engl.: crazes) verantwortlich, die als Defekt in der Oberfläche die Durchschlagfestigkeit herabsetzen.

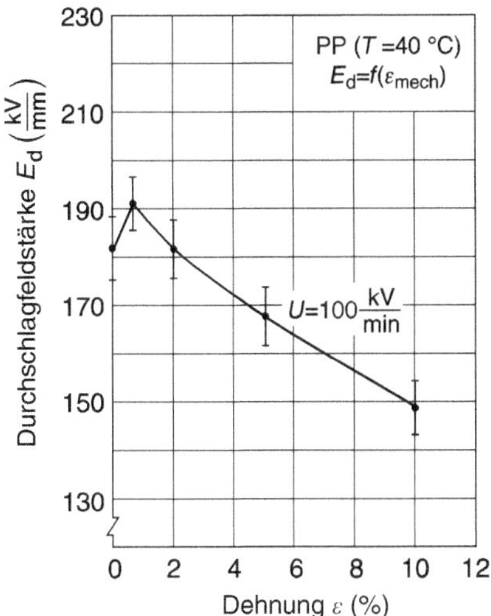

Bild 9.4 Abfall der Durchschlagfestigkeit einer PP-Folie mit zunehmender Dehnung [Berg]

Wie sich solche Durchschläge in der Mikrostruktur von z. B. Polypropylen entwickeln, kann man Bild 9.5 und Bild 9.6 entnehmen. In Bild 9.5 hat sich eine Sphärolitgrenze zu einem Durchschlagkanal entwickelt. Sphärolitgrenzen sind typische Schwachstellen im Gefüge, an denen es häufig zu Durchschlägen kommt (vgl. Bild 7.1). Bild 9.6 zeigt, dass ein nicht sphärolitisches Gefüge - hier eine feinstrukturierte PP-Folie - sich als widerstandsfähiger erweist. Man sieht in diesem Dünnschnitt, wie sich der Durchschlag verästelt und totgelaufen hat.

Durchschlag an Schwachstellen

Die Durchschlagfestigkeit ist gegenüber Gleichstrom höher als gegenüber Wechselstrom. Weil der Kunststoff sich - je nach Polymer und Füllstoffen - im elektrischen Feld erwärmen kann, kommt es bei einer Wechselbelastung infolge der höheren Temperaturen des Isolationswerkstoffes früher zum Durchschlag.

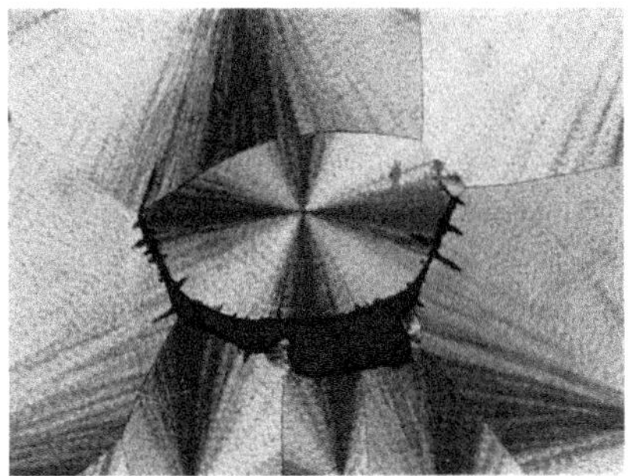

Bild 9.5 Durchschlagkanal in einem sphärolitischen Gefüge einer PP-Folie

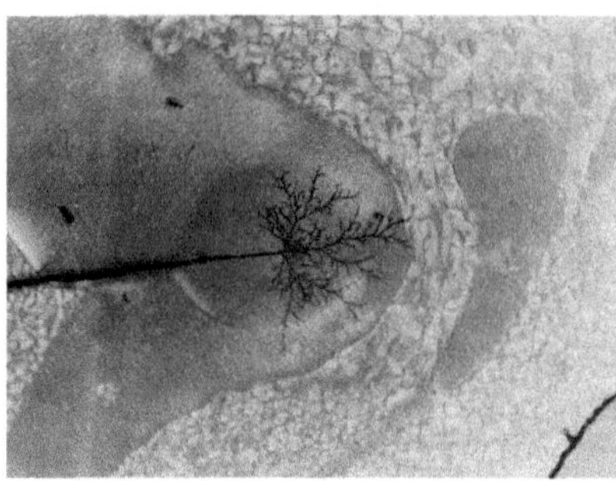

Bild 9.6 Durchschlagkanal in feinstrukturiertem Gefüge eines PP-Prüflings

Auch beim Oberflächenwiderstand kann eine Langzeitabhängigkeit beobachtet werden, denn hier kann sich ein Kriechstrom entwickeln, der mehr oder weniger schnell zum Kurzschluss führen kann. Der zugehörige Kennwert wird Kriechstromfestigkeit genannt und ist nach DIN EN 60112 definiert als die höchste Prüfspannung, die nach Auftropfen einer definierten leitfähigen Prüfflüssigkeit keinen Kriechstrom bildet.

Schließlich erweisen sich manche Kunststoffe in elektrischen Feldern bei langzeitiger Beanspruchung als aggressiv gegen Metalle, die korrodieren. Standardisierte Prüfungen gegen derartige Erscheinungen finden sich ebenfalls in DIN VDE 0303.

9.2 Kunststoffe in elektrischen Feldern

9.2.1 Dielektrisches Verhalten

Molekulare Strukturen werden generell in elektrischen Feldern beansprucht. Sie richten sich mehr oder weniger stark aus. Die Ausprägung ist einerseits vom Werkstoff, seiner Temperatur und dem Aufbau der Moleküle und andererseits von der Frequenz abhängig. Die bedeutendsten werkstofflichen Kennwerte sind die relative Permittivität (auch als Dielektrizitätskonstante oder Dielektrizitätszahl bezeichnet) ε_r und der Verlustfaktor tan δ.

9.2.1.1 Die relative Permittivität ε_r

Die relative Permittivität gibt an, um wieviel sich die Kapazität eines Kondensators ändert, wenn das Vakuum zwischen den Kondensatorplatten durch einen Kunststoff ersetzt wird. Die Kapazität eines Kondensators ist definiert als das Verhältnis zwischen Ladungsmenge und angelegter Spannung:

$$C = \frac{Q}{U} \tag{9.2}$$

mit C: Kapazität des Kondensators, Q: Ladungsmenge, U: Spannung am Kondensator.

Die relative Permittivität variiert für verschiedene Kunststoffe, sie hängt zudem von der Temperatur und von der Frequenz des elektrischen Wechselfeldes ab. Diese Veränderung der Ladungen auf den Platten bzw. der Kapazität des Kondensators kann man sich anhand von Bild 9.7 gut erklären. Im elektrischen Feld zwischen den Kondensatorplatten richten sich Atome oder Moleküle aus, sodass sich die Ladungen verschieben.

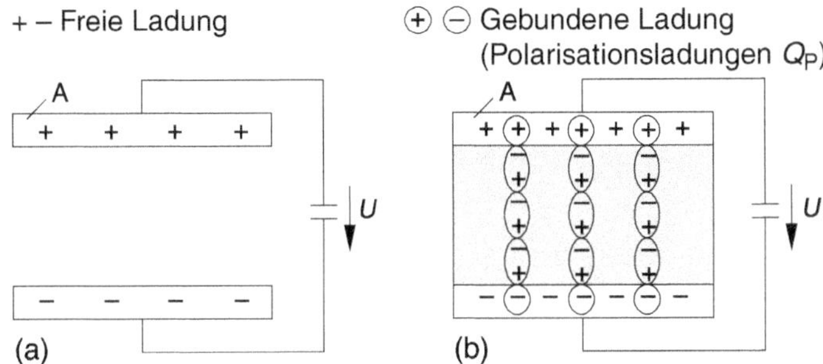

Bild 9.7 Kondensator ohne (a) und mit Dielektrikum (b)

Zwischen den beiden Platten eines Kondensators baut sich ein statisches elektrisches Feld auf, wenn eine ruhende Gleichspannung an den Kondensatorplatten anliegt. Wenn sich das Dielektrikum ändert, also z. B. eine Kunststoffplatte eingelegt wird, beobachtet man, dass sich die Kapazität des Kondensators von C_0 zu C_r ändert. Diese Änderung wird mit der relativen Permittivität ε_r bezeichnet.

$$C_r / C_0 = \varepsilon_r \tag{9.3}$$

mit C_r: Kapazität mit speziellem Dielektrikum (z. B. Kunststoffplatte) und C_0: Kapazität des Kondensators ohne Dielektrikum (Vakuum).

Das Dielektrikum wirkt beim Kondensator mit fest angelegter Spannung als Verstärkungsfaktor für die speicherbare Ladung.

Die Kapazitätsänderung eines Kondensators durch Einlegen eines Kunststoffs ist durch Polarisationsvorgänge, die im elektrischen Feld des Kondensators induziert werden, sowie durch im Kunststoff bereits vorhandene Dipole begründet. Als Polarisation werden hierbei Ladungsverschiebungen verstanden, die zur Ausbildung elektrischer Dipole führen. Je nach Aufbau des Kunststoffes ergeben sich verschiedene Polarisationsmechanismen – die Verschiebungspolarisation (molekulare Dipole) und die Orientierungspolarisation (permanente Dipole). Bild 9.8 stellt schematisch die unterschiedlichen Mechanismen dar.

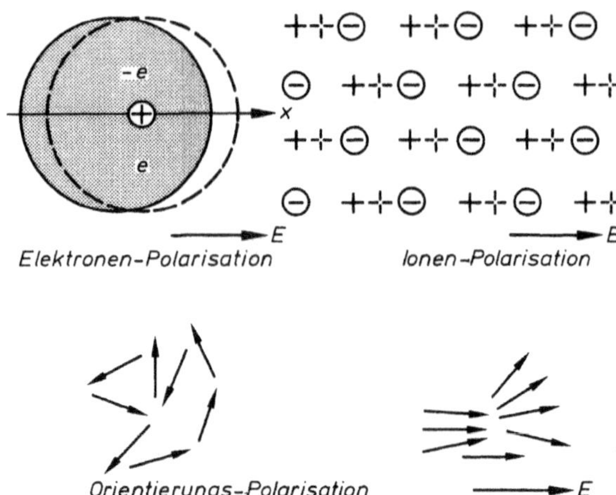

Bild 9.8 Unterschiedliche Polarisationsmechanismen

Verschiebungspolarisation

Die *Verschiebungspolarisation* tritt in Form der Elektronen- und Ionen-Polarisation auf. Elektronen-Polarisation entsteht durch die Verschiebung der Elektronenhülle durch das äußere elektrische Feld. Sie tritt bei unpolaren Kunststoffen wie beispielsweise Polyethylen oder Polytetrafluorethylen auf. Bei der Ionen-Polarisation verschiebt sich das Kationenuntergitter gegen das Anionenuntergitter. Da dieser Mechanismus lediglich bei Stoffen auftritt, die aus einem Ionengitter aufgebaut sind, findet er bei polymeren Werkstoffen höchstens in Füllstoffen statt.

Orientierungspolarisation

Bei der *Orientierungspolarisation* werden die Dipole, die schon vorhanden sind, im elektrischen Feld ausgerichtet. Befinden sich dipolhaltige Kunststoffe in einem elektrischen Wechselfeld, so folgen die Dipole dem ständigen Polaritätswechsel durch Rotation. Dieser Wirkung wird bei sehr hohen Frequenzen durch die beschränkte Beweglichkeit der Dipole immer schwächer. Es tritt zudem eine Phasenverschiebung zwischen dem anregenden Feld und der Bewegung der Dipole auf. Dadurch ändert sich die relative Permittivität. Kunststoffe, die keine polaren Gruppen enthalten, zeigen auch bei unterschiedlichen Frequenzen keine veränderten relativen Permittivitäten. Es entstehen somit keine Verluste und es kommt damit auch nicht zu einer Erwärmung, wenn sie in elektrischen Feldern mit Wechselspannungen belastet werden. In Tabelle 9.1 sind für verschiedene Kunststoffe die relativen Permittivitäten für zwei unterschiedliche Frequenzen zusammengestellt.

Tabelle 9.1 Relative Permittivität ε_r verschiedener Kunststoffe

Kunststoff	Relative Permittivität ε_r bei	
	800 Hz	10^6 Hz
Polystyrol-Schaumstoff	1,05	1,05
Polytetrafluorethylen	2,05	2,05
Polypropylen	2,3	2,3
Polyethylen (abhängig von Dichte)	2,3 - 2,4	2,3 - 2,4
Polystyrol	2,5	2,5
Epoxidharz (ungefüllt)	-	2,5 - 5,4
Polyphenylenether	2,7	2,7
Polycarbonat	3,0	3,0
Polyethylenterephthalat	3 - 4	3 - 4
Polyamid 66 (je nach Trocknung)	3,6 - 5,0	-
Polyamid 6 (je nach Trocknung)	3,7 - 7,0	-
ABS	4,6	3,4
Melaminmasse, Typ 154	5	10
Celluloseacetat, Typ 433	5,3	4,6
Harnstoffmasse, Typ 131.5	6 - 7	6 - 8
Phenolmasse, Typ 31.5	6 - 9	6
Phenolmasse, Typ 74	6 - 10	4 - 7

9.2.1.2 Dielektrische Verluste

Im elektrischen Wechselfeld werden Moleküle oder Atome des Polymers oder auch der Zusatzstoffe zu Schwingungen angeregt, wodurch Verluste durch innere Erwärmung des Dielektrikums entstehen. Die sogenannte komplexe relative Permittivität ist definiert durch den Zusammenhang:

$$\varepsilon_r = \varepsilon_r^{'} - i\varepsilon_r^{''} \tag{9.4}$$

mit $\varepsilon_r^{''}$ für die dielektrische Verlustzahl.

Der Realteil der relativen Permittivität verhält sich zum Imaginärteil wie

$$\tan\delta = \frac{\varepsilon_r^{''}}{\varepsilon_r^{'}} \tag{9.5}$$

mit δ: Verlustwinkel und tan δ: dielektrische Verlustzahl (bzw. „dielektrischer Verlustfaktor").

Für den Verlust an elektrischer Leistung, die im eingebrachten Dielektrikum an einem Kondensator durch die angeregten Molekül- oder Atomschwingungen in Wärme umgesetzt wird, gilt:

$$P_\delta \sim U^2 \cdot \omega \cdot \varepsilon_r'' \tag{9.6}$$

worin $\omega = 2\pi \cdot f$ die Kreisfrequenz, f die Frequenz, die am Kondensator anliegt, und U die angelegte Spannung ist.

dielektrische Verschweißbarkeit

Die Wärmeverlustleistung P_δ, das bedeutet die in Wärme dissipierte Energie, ist eine wichtige Größe, die Auskunft darüber gibt, ob ein Kunststoff mit einer bestimmten Frequenz elektrisch erwärmt und damit geschweißt werden kann (PVC z. B. wird dielektrisch verschweißt). Wie es zur Erwärmung kommt, zeigt das schematisierte Bild 9.9. Das Bild beruht auf der Vorstellung, dass bei niedrigen Frequenzen sich alle zu einer Polarisation fähigen Atome und Moleküle bzw. Molekülgruppen im elektrischen Feld ausrichten. Die relative Permittivität hat daher hier ihre Höchstwerte. Mit zunehmender Frequenz können jedoch die größeren Moleküle bzw. Molekülgruppen dem Feld nicht mehr folgen und es kommt in diesem Dispersionsgebiet zu einer Phasenverschiebung zwischen äußerem Feld und Dipolorientierung, was mit Verlusten verbunden ist, die sich in innerer Erwärmung des Kunststoffes im Wechselfeld äußern.

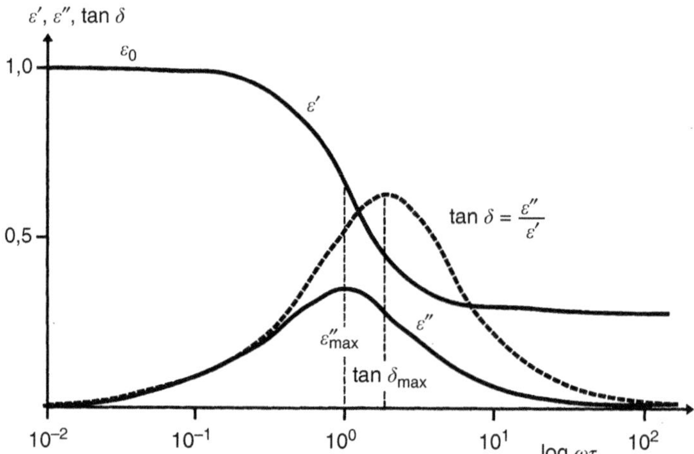

Bild 9.9 Schematische Darstellung der relativen Permittivität und des daraus resultierenden Verlustfaktors in Abhängigkeit von der Frequenz [Kämpf]

Die dielektrische Verlustzahl tan δ ist abhängig von der Polarität bzw. der Polarisierbarkeit von Molekülen im Dielektrikum. PVC ist bekanntlich stark polar, sodass in PVC als Dielektrikum bei entsprechender Frequenz eine starke Erwärmung erzeugt wird. Die dielektrischen Eigenschaften eines Werkstoffs sind sowohl von der Frequenz als auch von der Temperatur stark abhängig. Sie werden daher unter standardisierten Bedingungen bestimmt, wie sie in DIN IEC 62631-2-1 oder DIN VDE 0303 Teil 4 und 13 festgelegt sind.

Die starken Einflüsse von Temperatur und Frequenz auf den Verlustfaktor tan δ sind am Beispiel PMMA in Bild 9.10 dargestellt. Der Verlustfaktor durchläuft mit steigender Frequenz jeweils ein Maximum und fällt anschließend wieder bis etwa auf das Anfangsniveau ab. Mit höherer Temperatur steigt die Beweglichkeit der funktionellen Gruppen im Polymer, wodurch ihre Bewegung höheren Frequenzen noch folgen kann. Dadurch liegen die Maxima bei höherer Temperatur bei höheren Frequenzen. Zugleich steigt aber auch die Dämpfung der Schwingung.

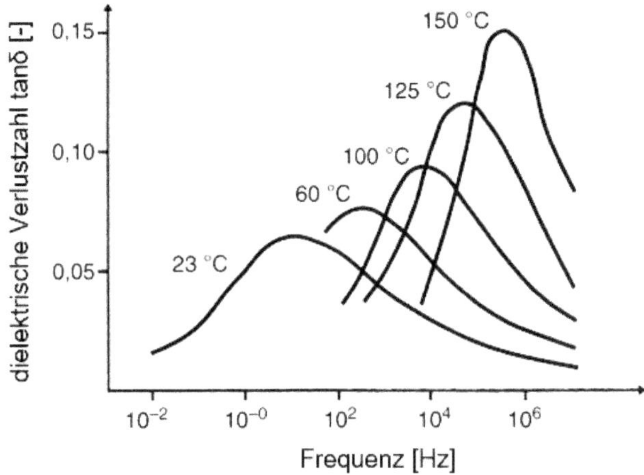

Bild 9.10 Dielektrische Verlustzahl tan δ von Polymethylmethacrylat (PMMA) als Funktion von Temperatur und Frequenz [nach Koppelmann]

Die Frequenzabhängigkeit des Verlustfaktors steht in Analogie zum mechanischen Schwingungsverhalten, bei dem sich ebenfalls Energie in Wärme im beanspruchten Stoff umsetzt (vgl. Abschnitt 7.3.1). Da sich die elektrischen Felder leichter als mechanische Anregungen manipulieren lassen, ist es vielfach gebräuchlich, das molekulare Verhalten dielektrisch zu messen und damit auf die Beweglichkeit der Strukturelemente des betreffenden Kunststoffes rückzuschließen.

Für den Einsatz von Kunststoffen in Hochfrequenzanwendungen erkennt man aus der Abhängigkeit der dielektrischen Verlustzahl von der Frequenz, dass sorgfältige Studien des dielektrischen Verhaltens erforderlich sind, um die bestgeeigneten Kunststoffe zu finden.

HINWEIS: Polare Kunststoffe mit hohen dielektrischen Verlustfaktoren können mithilfe von Hochfrequenzfeldern geschweißt werden. Kunststoffe für die Hochfrequenzisolation müssen geringe Verlustzahlen haben.

9.3 Weitere elektrische Eigenschaften von Kunststoffen

Neben dem elektrischen Isolationsverhalten bringt der molekulare Aufbau von Kunststoffen weitere hervorzuhebende Eigenschaften mit sich. Die geringe Leitfähigkeit führt mitunter zu unerwünschten elektrostatischen Aufladungen. Aus gleichem Grunde sind Kunststoffe für elektromagnetische Strahlung weitgehend transparent. Allerdings führt die Vielseitigkeit von Kunststoffen ebenfalls zu neuen Möglichkeiten, die genutzt werden können.

9.3.1 Elektrostatische Aufladung

Luftdurchschlag

Die elektrostatische Aufladung ist aufgrund der hohen Oberflächen- und Durchgangswiderstände eine unmittelbare Folge der sehr guten Isolationseigenschaften der Kunststoffe. Eine durch mechanische Reibung entstandene Ladungsverschiebung der sich reibenden Körper – Elektronenüberschuss auf der Oberfläche des einen Körpers und Elektronenmangel beim anderen Körper – kann sich bei den gut elektrisch isolierenden Kunststoffen nicht ausgleichen. Es können sich Oberflächenladungen mit Spannungen von einigen hundert Volt aufbauen, die sich erst bei Berührung mit einem anderen leitfähigen oder gegensinnig aufgeladenen Körper wieder abbauen. Bei entsprechend hohen Aufladungen kann es zu einem Luftdurchschlag mit entsprechender Funkenbildung kommen. Da bei diesen Entladungen nur geringe Ströme fließen, sind sie in der Regel für den Menschen ungefährlich, jedoch werden sie bei aufgeladenem Gewebe oder Kunstleder (Textilien und Schuhe) häufig als unangenehm empfunden. Bei Anwesenheit von zündfähigen Gemischen (z. B. im Untertagebergbau oder in Explosionsschutzbereichen) besteht aber die Gefahr von Explosionen. Da der Durchgangswiderstand der Luft im Allgemeinen etwa 10^9 Ω·cm beträgt, kommt es erst dann zu Aufladungen und Überschlägen, wenn der Kunststoff Durchgangswiderstände von > 10^9 bis 10^{10} Ω · cm besitzt.

Anziehen von Staub

Die elektrostatische Aufladung ist zudem verantwortlich für das Anziehen von Niederschlägen, z. B. Staubpartikeln auf Kunststoffoberflächen.

Die elektrostatische Aufladung kann durch folgende Maßnahmen verhindert bzw. vermindert werden:

- Herabsetzen des Durchgangswiderstandes durch Füllen mit leitfähigen Füllstoffen (wie z. B. Graphit, Ruß) auf Werte unter 10^9 Ω · cm.
- Antistatische Ausrüstung der Kunststoffoberflächen durch Einarbeitung von hygroskopischen, mit dem Kunststoff unverträglichen Füllstoffen, die nach der Verarbeitung aus dem Formteil an die Oberfläche „ausschwitzen“. Alternativ

können die Oberflächen mit hygroskopischen Mitteln (z.B. starken Seifenlösungen) eingerieben werden. In beiden Fällen wirkt das angezogene Wasser aus der Luft als Leitschicht. Die Behandlung verliert mit der Zeit ihre Wirkung und ist zudem vom Wassergehalt der Luft abhängig. Insbesondere das Einreiben muss von Zeit zu Zeit wiederholt werden.

- Herabsetzen des Widerstands der Luft durch Ionisieren der Umgebungsluft mittels Funkenentladung oder ionisierender Strahlung.
- Beschichtung der Kunststoffoberfläche mit dünnen metallischen Schichten mittels Galvanik, Bedampfung oder Sputtern.

Die Prüfung von Kunststoffen auf elektrostatische Aufladung erfolgt nach DIN 53486 oder VDE 0303 Teil 8, wobei die Kunststoffoberfläche mit definierten Geweben und einer speziellen Vorrichtung gerieben wird. Die Halbwertzeit für die Endladung der entstandenen Feldstärke ist ein Maß für die elektrostatische Aufladung.

9.3.2 Schirmdämpfung (engl.: Electro-Magnetic Interference (EMI))

Kunststoffe sind für elektromagnetische Strahlung durchlässig. Der massenhafte Einsatz von Kunststoffen als Gehäuse von elektrischen Geräten verlangt daher besondere Maßnahmen, um diese abzuschirmen, denn:

- kein elektronisches Gerät darf an seine Umwelt elektrische Störungen abgeben, die einen festgelegten Grenzwert überschreiten,
- jedes elektronische Gerät muss auch bei von außen kommenden elektrischen Störungen einwandfrei arbeiten.

Es bestehen folgende Möglichkeiten zur Abschirmung:

- Auskleiden der Gehäuse mit metallischen Folien
- Beschichten der inneren Kunststoffoberflächen mit Metallen durch:
  - Galvanische Überzüge (üblich bei Gehäusen aus ABS; diese eignen sich dafür besonders gut, da die ABS-Oberfläche durch Anätzen und Herauslösen von Kautschukpartikeln aus der Oberfläche für die Galvanoschicht gute Haftbedingungen liefert, ein wesentlicher Grund für die Beliebtheit von ABS für Anwendungen mit Abschirmung).
  - Bedampfen, z. B. mit Aluminium.
  - Lackieren mit gut leitfähigen Lacken, z. B. gefüllt mit Metallpartikeln oder Pulver von intrinsisch leitfähigen Kunststoffen.

Geprüft wird die elektromagnetische Abschirmung (engl.: *electromagnetic interference shielding (EMI shielding)*) nach ASTM D 4935-18.

elektromagnetische Abschirmung

HINWEIS: Metallische Beschichtungen von Kunststoffen ermöglichen eine ausreichend gute elektromagnetische Abschirmung (EMI shielding).

9.3.3 Polymere mit speziellen elektrischen Eigenschaften

Es gibt verschiedene Gruppen von Polymeren mit besonderen elektrischen Eigenschaften. Dazu gehören intrinsisch leitfähige Polymere, Elektrete und elektrooptische Polymere (OLED). Diese Gruppen werden in den folgenden Kapiteln vorgestellt, bevor abschließend elektrorheologische Flüssigkeiten beschrieben werden.

9.3.3.1 Intrinsisch leitfähige Polymere

Intrinsisch leitende Polymere sind Spezialkunststoffe mit hohen Leitfähigkeiten, die als elektrische Funktionselemente eingesetzt werden können. Zur Herstellung intrinsisch leitfähiger Polymere werden bestimmte Polymere durch eine Oxidation, Reduktion oder eine Säure-Base-Reaktion behandelt, sodass sich ein Polysalz bildet. So werden z. B. bei einer Oxidation dem Oxidationsmittel die Gegenionen entzogen. Das Polysalz besteht dann aus elektrisch geladenen Ketten mit eingelagerten Ionen. Die Elektronen können entlang der Ketten und von einer zur anderen mit großer Geschwindigkeit wandern, sodass hohe Leitfähigkeiten bis zu 100 000 S/cm entstehen. Die Leitfähigkeit ist vergleichbar mit der von Kupfer und wesentlich höher als Leitfähigkeiten, die man durch Einarbeiten von Ruß erhält. Solche Produkte sind heute als Pulver (z. B. Polypyrrol und Polyanilin) erhältlich, aber nur in Lösung verarbeitbar, da sie nicht thermoplastisch sind. Polyanilin in Form von Lösung wird als Lack eingesetzt, um die damit beschichteten Oberflächen leitfähig zu machen.

neue optoelektronische Anwendungen

Nachdem erste intrinsisch (= selbst-)leitende und halbleitende Kunststoffe bereits in den fünfziger Jahren hergestellt wurden, konnten erst Anfang der 2000er Jahre mit Weiterentwicklungen in der Verarbeitbarkeit dieser Kunststoffe marktfähige Produkte entwickelt werden. Diese Produkte werden mittlerweile bei polymeren Halbleiterelementen (polymere LEDs und Displays) angewendet. Die Leitungsvorgänge in Festkörpern können mithilfe des Bändermodells erläutert werden (Bild 9.11).

Bändermodell mit Energiebändern und Leitbändern

Grundlage dieses Modells ist die Vorstellung, dass sich Elektronen in Festkörpern, wie den Kunststoffen, nicht in diskreten Energieniveaus, sondern in mehr oder weniger breiten Energiebändern aufhalten. Unterschieden wird hierbei zwischen dem Valenz- und dem Leitungsband. Das Valenzband stellt das äußerste, vollständig mit Elektronen gesättigte Energieband dar. Das darüber liegende Leitungsband hingegen ist je nach Werkstoff leer oder nur teilweise gefüllt. Diese beiden Bänder werden energetisch durch die sogenannte verbotene Zone getrennt, in der sich keine Elektronen aufhalten können. Abhängig vom Werkstoff sind Überlappungen der Leitungs- und Valenzbänder möglich, sodass diese nicht von einer verbotenen Zone getrennt werden.

Eine Unterscheidung der Werkstoffe erfolgt nach der Besetzung des Leitungsbandes mit Elektronen, sowie nach der Breite der verbotenen Zone.

- Bei Leitern (z. B. Metallen) ist das Leitungsband nur unvollständig besetzt oder Valenz- und Leitungsband überlappen sich. Beim Anlegen einer Spannung verschieben sich die Elektronen im Leitungsband und ein Strom fließt.
- Bei Halbleitern (z. B. Silizium) ist das Leitungsband leer. Da die verbotene Zone jedoch relativ schmal ist (< 3 eV), können einzelne Elektronen (z. B. durch Temperaturzufuhr) aus dem Valenzband in das Leitungsband springen. Durch die Verschiebung der Elektronen oder die dabei im Valenzband entstandenen Löcher ist nun ein Stromfluss möglich.
- Bei Isolationswerkstoffen ist die verbotene Zone zwischen dem leeren Leitungsband und dem Valenzband so groß, dass keine Elektronen ins Leitungsband gelangen können. Ein Stromfluss ist daher in der Regel nicht möglich [Hofmann und Spindler].

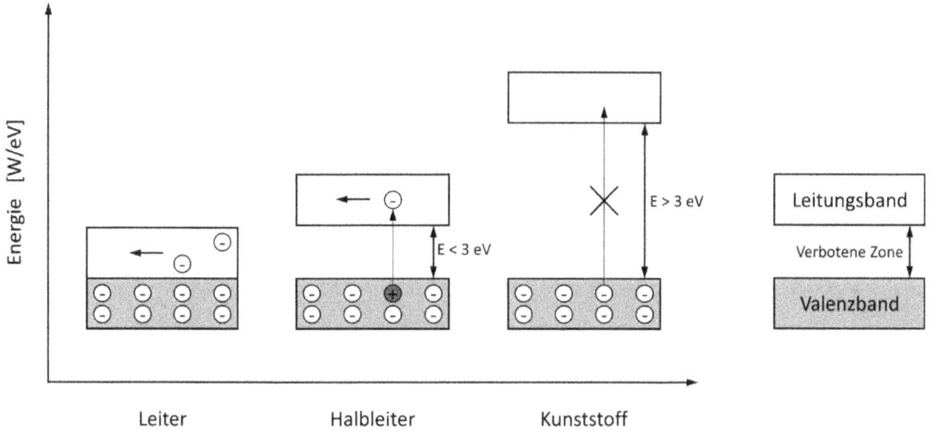

Bild 9.11 Das Bändermodell der Elektronenleitfähigkeit

Doppelbindungen begünstigen die Elektronenleitfähigkeit

Auch in nicht-leitfähigen Polymeren können Elektronen nicht das Leitungsband erreichen, da die Energiebänder sehr schmal und entweder vollständig gefüllt oder leer sind. Besitzt ein Polymer hingegen konjugierte Doppelbindungen (d. h. sich entlang der Molekülkette abwechselnde Einfach- und Doppelbindungen), so repräsentieren diese Doppelbindungen ein halb gefülltes Energieband und der Kunststoff könnte theoretisch Strom leiten. Der molekulare Aufbau der intrinsisch leitfähigen Polymere ähnelt dem Aufbau konventioneller Polymere. Bild 9.12 zeigt im Vergleich den Aufbau eines nicht leitfähigen Polyethylens und den Aufbau eines leitfähigen Polyacetylens. Der Unterschied liegt lediglich in den konjugierten Doppelbindungen, woraus die elektrische Leitfähigkeit resultiert.

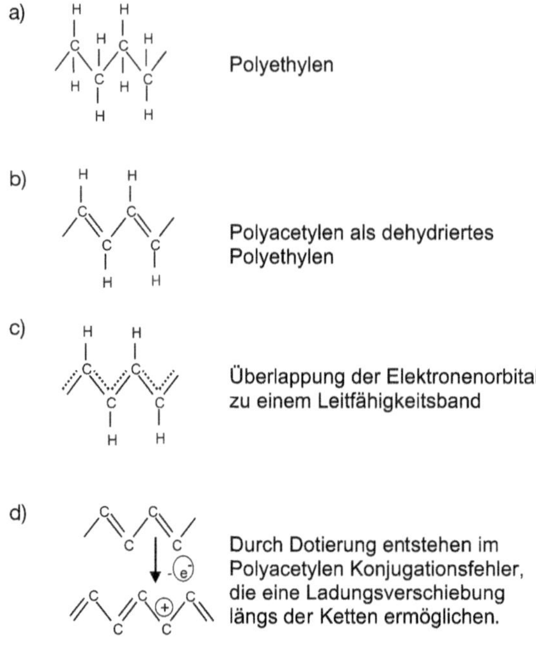

Bild 9.12 Leitfähigkeitsmechanismus beim Polyacetylen [nach Roth]

Dotierung steigert Leitfähigkeit

Aufgrund starker Wechselwirkungen zwischen den einzelnen Struktureinheiten (vgl. Bild 9.12) des Polyacetylens sind die Elektronen der Doppelbindungen nicht lokal gebunden, sondern können entlang der Molekülkette wandern (vgl. Bild 9.12 c). Es entsteht ein verschmiertes Band. Das Molekül ist damit prinzipiell mit einem eindimensionalen metallischen Leiter vergleichbar. Eine signifikante Leitfähigkeit ergibt sich theoretisch aber erst ab Temperaturen weit oberhalb der Zersetzungstemperatur der Polymere. Durch Dotierung mit geringen Mengen einer Fremdsubstanz (z. B. Jod) kann die Leitfähigkeit des Polyacetylens jedoch auch bei moderaten Temperaturen erheblich gesteigert werden. Mittels Redoxreaktionen werden hierbei dem Kunststoff einzelne Elektronen hinzugefügt oder entzogen. Es entstehen Konjugationsfehler, entlang derer nun eine Ladungswanderung und damit ein Stromfluss möglich sind (vgl. Bild 9.12 d). Durch die Art und die Intensität der Dotierung kann die elektrische Leitfähigkeit in weiten Grenzen variiert werden (Bild 9.13).

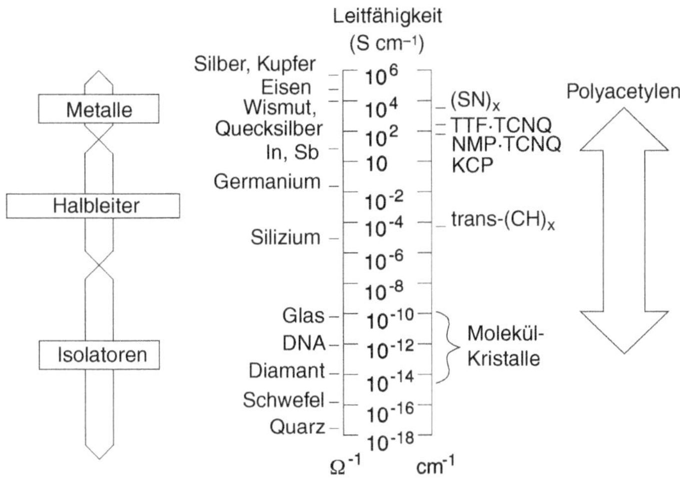

Bild 9.13 Elektrische Leitfähigkeit von Polyacetylen im Vergleich mit anderen Werkstoffen

Dotiertes Polyacetylen erreicht eine Leitfähigkeit von $1{,}5 \cdot 10^5$ S/cm, was einem Viertel der Leitfähigkeit von Kupfer entspricht. Allerdings ist Polyacetylen bei Anwesenheit von Luftsauerstoff nicht stabil und verliert sehr schnell seine Leitfähigkeit. Da dieser Kunststoff weder schmelzbar noch löslich ist, kann er zudem nur als Pulver verarbeitet werden. Andere intrinsisch leitende Kunststoffe wie Polypyrrol, Poly-*p*-phenylenvinylen, Polyanilin und Polyethylendioxythiophen weisen diese Nachteile nicht auf und haben bereits erste Anwendungen gefunden (polymere Leuchtdioden, elektrostatische Schutzschichten, Metallschutzlackierungen).

9.3.3.2 Elektrete

Elektrete sind Festkörper mit einem permanenten elektrischen Feld. Es gibt einige Polymere, die durch eine eingefrorene Polarisierung zu einem Elektreten gemacht werden können. Hierzu muss das Polymer unter gleichzeitiger Einwirkung eines elektrischen Feldes aus der Schmelze erstarren oder gegebenenfalls kalt mechanisch umgeformt werden.

Anwendung finden derartige Kunststoffe in Kondensatormikrophonen, bei denen so eine separate Fremdspannungsquelle ersetzt werden kann. Zum Einsatz kommen Folien aus Polyester, Polycarbonat oder Fluorpolymeren. Ein besonders geeigneter Kunststoff ist Polyvinylidenfluorid. Folien aus diesem Material zeigen nach einem mechanischen Umformungsprozess (z. B. Kaltwalzen) piezoelektrische Eigenschaften. Sie werden beispielsweise als Schallwandler in größerem Maß eingesetzt.

9.3.3.3 Elektrooptische Polymere (OLED)

Eine organische Leuchtdiode (engl.: *organic light emitting diode*, OLED) ist ein dünnfilmiges, leuchtendes Bauelement aus organischen Polymeren. Im Vergleich zu LEDs ist die Stromdichte und Leuchtdichte von OLEDs geringer. Sie bieten immense Vorteile sowohl lichttechnischer wie ökonomischer Art. OLEDs haben brillante Farben und weisen keine Farbänderung auf, wenn sie unter großen Winkeln betrachtet werden. Ökonomische Vorteile ergeben sich aus einem geringeren Stromverbrauch im Vergleich zu LEDs und der Möglichkeit, OLED auf flexiblen Substraten zu drucken. Um eine mit herkömmlichen Leuchtdioden vergleichbare Lebensdauer zu erreichen, werden OLEDs in ihren Kunststoffgehäusen mit PUR vergossen; so wird der Zutritt von Sauerstoff und Luftfeuchte verhindert.

Die OLED-Technologie ist vorrangig für Bildschirme (z.B. Fernseher, Monitore) und Displays geeignet. Ein weiteres zukunftsträchtiges Einsatzgebiet ist die großflächige Raumbeleuchtung aufgrund des Vorteils, dass auch unter großen Winkeln keine Farbänderung erkennbar ist. Aufgrund der Materialeigenschaften ist eine mögliche Verwendung der OLEDs als biegsamer Bildschirm und als elektronisches Papier besonders interessant, da sie flexibel, leicht und dünn ausgeführt werden können. Weiterhin gewinnen OLEDs an Bedeutung für automobile Anwendungen, z. B als OLED-Folien für die Heckleuchten.

9.3.3.4 Elektrorheologische Flüssigkeiten

Fließverhalten elektrorheologischer Flüssigkeiten

Unter dem Begriff „elektrorheologische Flüssigkeit“ (ERF) werden Substanzen zusammengefasst, deren rheologisches Verhalten durch den Einfluss eines starken elektrischen Feldes in großen Bereichen geändert werden kann. Diese ERF bestehen aus einer Trägerflüssigkeit, in die Polymerpartikel mit elektrorheologischen Eigenschaften dispergiert sind. Die elektrorheologischen Polymerpartikel sind zunächst unpolar, d.h. die Ladungen liegen in ihnen ungeordnet vor. Legt man nun ein elektrisches Feld an, so bilden sich Dipole aus und die Teilchen richten sich durch die gegenseitige Anziehung aus. Dadurch kommt es zur Ausbildung von kettenförmigen Strukturen. Verschiebt man nun eine der Elektroden, was einer Scherströmung entspricht, werden die Ketten deformiert und setzen damit dem Scherfließen einen Widerstand entgegen (Bild 9.14).

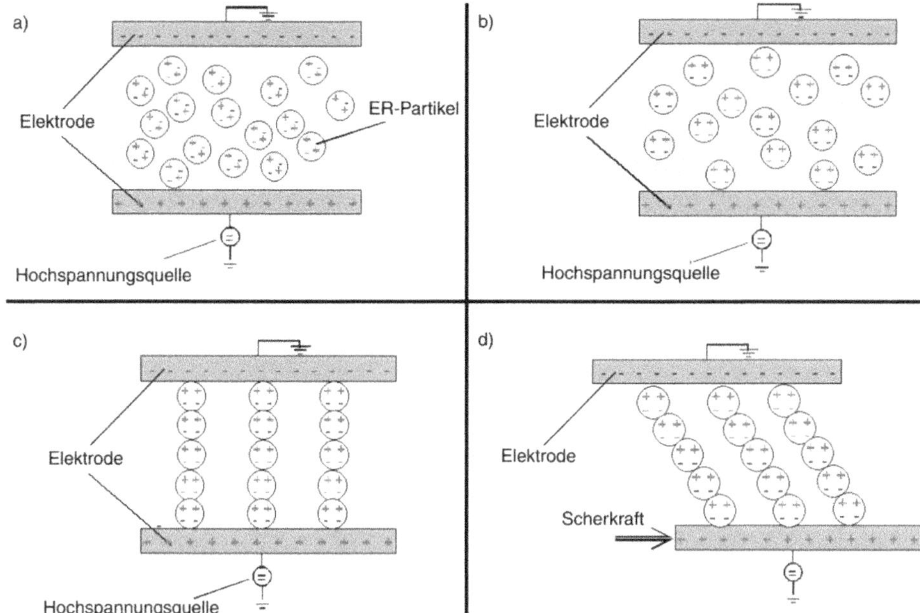

Bild 9.14 Wirkprinzip elektrorheologischer Flüssigkeiten [nach Wolff-Jesse]

Die ERF zeigen ohne ein elektrisches Feld zunächst Newtonsches Verhalten (Bild 9.15 links). Legt man ein elektrisches Feld an, so wird die Fließkurve nach oben zu einem höheren Fließwiderstand verschoben, und das rheologische Verhalten der ERF ähnelt dem eines Bingham-Fluids mit Fließgrenze. Die Fließgrenzspannung steigt mit zunehmendem elektrischen Feld an (Bild 9.15 rechts), sodass sich der Fließwiderstand stufenlos einstellen lässt.

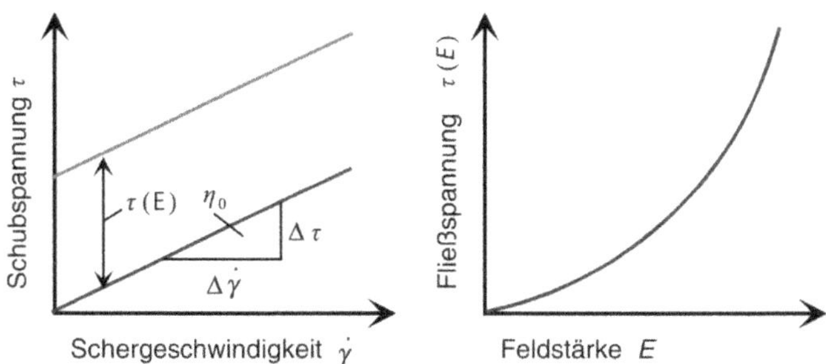

Bild 9.15 Steigerung der Fließgrenzspannung mit zunehmendem elektrischen Feld

Als elektrorheologische (ER) Partikel kann z. B. ein spezielles Polyurethan verwendet werden, das sich insbesondere durch seine geringe Abrasivität auszeichnet. Die für den ER-Effekt benötigte Polarisierbarkeit des Polyurethans wird durch Metallsalze (z. B. Lithium-Verbindungen) erreicht, die in die Polymermatrix eingebunden werden.

Wirkprinzipien elektrorheologischer Flüssigkeiten

Beim Einsatz von ERF kann nach drei verschiedenen Wirkprinzipien unterschieden werden (Bild 9.16). Im Schermodus werden die zwei Platten, zwischen denen sich die ERF befindet, relativ zueinander bewegt. Damit ist eine flexible Momentübertragung möglich (Anwendungen z. B. bei Bremsen und Kupplungen). Im Fließmodus fließt die ERF durch einen Kanal, in dem sich durch das Anlegen eines elektrischen Feldes der Fließwiderstand variabel einstellen lässt. Damit lassen sich Ventile realisieren, die ohne bewegte Teile auskommen. Im Quetschmodus befindet sich die ERF zwischen zwei Elektroden, wobei die obere nach oben und unten bewegt werden kann. Durch das Anlegen eines elektrischen Feldes lässt sich der Widerstand gegen die Bewegung der oberen Platte gezielt einstellen, sodass hier eine variable Dämpfung von Bewegungen erreicht werden kann. Auf diesem Prinzip basierende Prototypen von Schwingungsdämpfern sind bereits im Einsatz.

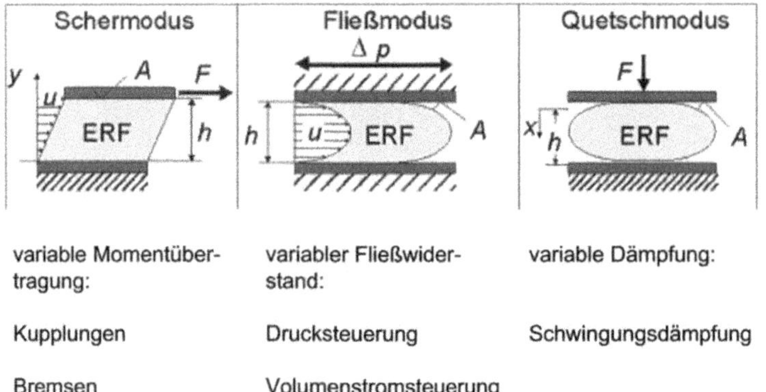

Bild 9.16 Prinzipielle Anwendungen elektrorheologischer Flüssigkeiten ERF [nach Wolff-Jesse]

■ 9.4 Magnetische Eigenschaften

Magnetische Felder beeinflussen Stoffe, indem das äußere Feld mit den inneren Feldern der Elektronen und der Atomkerne in Wechselwirkung tritt. Kunststoffe können durch ihre magnetischen Eigenschaften entweder zur Abschirmung oder Konzentration hochfrequenter elektromagnetischer Felder verwendet werden.

9.4.1 Magnetisierbarkeit

Diamagnetismus

Reine Kunststoffe sind diamagnetisch, das heißt, dass das äußere Magnetfeld magnetische Momente induzieren kann. Es sind jedoch keine permanenten magnetischen Momente im Stoff vorhanden, die wie bei den ferromagnetischen oder paramagnetischen Stoffen ausgerichtet werden könnten. In den Fällen, in denen magnetische Eigenschaften erwartet werden, wird durch Zugabe von (magnetischen) Füllstoffen der für die betreffende Anwendung erwünschte, magnetische Charakter des Kunststoffs geschaffen. Bekannte Anwendungen sind gespritzte oder extrudierte Magnete bzw. magnetische Profile als Verschlüsse von Schranktüren und andere. Die häufigsten Anwendungen sind jedoch elektronische Massenspeicher (Magnetspeicherplatten u. a.).

9.4.2 Magnetische Resonanz

NMR-Spektroskopie dient der Strukturaufklärung von Polymeren

Magnetische Resonanz tritt auf, wenn ein Stoff, der sich in einem statischen Magnetfeld befindet, Energie aus einem oszillierenden Magnetfeld absorbiert. Diese Absorption kommt dadurch zustande, dass kleine paramagnetische Elementarpartikel zu Resonanzschwingungen angeregt werden. Diese Möglichkeit wird zur Strukturaufklärung in der Physikalischen Chemie in Form der Elektronenspinresonanz (ESR)- und der Kernspinresonanz (NMR)-Spektroskopie genutzt und hat sich zu einer wichtigen Analysemethode in der Medizin entwickelt.

Die Elektronenspinresonanz macht sich in einer Absorption der Mikrowellen des hochfrequenten Wechselfelds bemerkbar, wenn die Feldstärke des statischen Magnetfelds plötzlich geändert wird. Dabei werden nur die ungepaarten Elektronen erfasst, was bedeutet, dass sich diese Messtechnik zur Bestimmung von radikalischen Molekülgruppen anbietet.

Der Effekt der Kernspinresonanz beruht darauf, dass Atomkerne, die eine ungerade Anzahl an Nukleonen (Protonen und Neutronen) haben und damit einen von Null verschiedenen Eigendrehimpuls (Spin) besitzen, ein nach außen wirkendes magnetisches Moment aufweisen. Dadurch reagieren solche Kerne auf äußere Magnetfelder, indem sich die Kernspinachse an dem äußeren Magnetfeld ausrichtet. Sie führt ähnlich einem Kreisel eine Präzessionsbewegung um die Richtung des äußeren Magnetfelds aus. Die in Polymeren vorherrschenden Atome wie Kohlenstoff (^{12}C) und Sauerstoff (^{16}O) zeigen eine solche Reaktion nicht, weil deren Kernspin Null ist. Isotope wie ^{13}C und ^{1}H hingegen reagieren durchaus.

Die Kernspins können in diesem äußeren Magnetfeld zwei Zustände einnehmen, nämlich parallel bzw. antiparallel. Die beiden Zustände der Kernspins einer Probe sind dabei nicht aneinander ausgerichtet, sondern sie ergeben sich zufällig. Durch ein zusätzliches äußeres oszillierendes Magnetfeld, das mit der Präzessionsfrequenz der Kernspins in Resonanz steht, lassen dann aber Übergänge zwischen den Kernspinzuständen erzwingen, die mit Energieabsorption oder -emission verbunden sind.

Bild 9.17 zeigt schematisch den apparativen Aufbau eines NMR-Spektrometers. Hierbei wird zumeist bei konstanter Magnetfeldstärke die Frequenz durchgestimmt und mithilfe des Radiofrequenzverstärkers über die um die Probe angebrachten Spulen die Kernspinreaktion erfasst. Über die Frequenz lässt sich dann eine Zuordnung zu den Atomtypen vollziehen. Bei der Variante der hochauflösenden NMR werden kurze Pulse eines breiten Frequenzspektrums in die Probe gestrahlt. Aus dem Spektrum absorbieren die Kernspins je nach Atom unterschiedliche Frequenzen und gehen dadurch in einen angeregten Zustand über, der allerdings metastabil ist. Fallen die Kernspins nach dem Puls in den Grundzustand zurück, senden sie eine charakteristische Strahlung aus, die hinsichtlich ihrer Energie und ihres Zeitverlaufs ausgewertet wird.

Diese Daten liefern wichtige Informationen zu Struktureigenschaften von Polymeren. Der wesentliche Effekt ist dabei, dass über die Relaxationszeit der Kernspins Rückschlüsse auf die Beweglichkeit der Atome gezogen werden können. Dies betrifft insbesondere die Beweglichkeit von Wasserstoffatomen. So lassen sich beispielsweise Taktizitäten in Makromolekülen, Aushärtereaktionen bei Polyesterharzen oder die Kristallisationsvorgänge in Thermoplasten beschreiben. Für die Polymerphysik ist die NMR daher ein wichtiges Werkzeug zur Strukturaufklärung geworden. Das Prinzip der Kernspinresonanz ist auch Grundlage für die Magnetresonanztomografie, die aufgrund der beschriebenen Effekte auch geeignet ist, Kontraste in biologischen Materialien darzustellen.

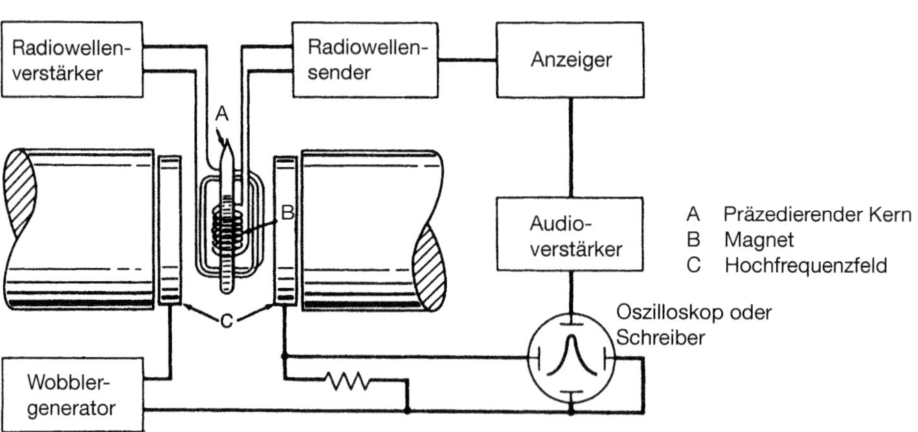

Bild 9.17 Schema des Aufbaus eines Kernspinspektrometers [Kämpf, nach Bovey]

HINWEIS: Die Kernspinresonanzmethode liefert Informationen zum Molekülaufbau und zur Strukturaufklärung bei Kunststoffen.

9.5 Messverfahren zur Bestimmung der elektrischen Eigenschaften

Die verschiedenen Messmethoden zur Bestimmung der in diesem Kapitel erläuterten elektrischen Eigenschaften sollen im Folgenden kurz vorgestellt werden. Da Fertigungseinflüsse die elektrischen Eigenschaften beeinflussen, beziehen sich die genormten Eigenschaftsprüfungen daher auf standardisierte Prüfkörper und Prüfmethoden. Sie sind im Single-Point Datenkatalog nach DIN EN ISO 10350 und in der Datenbank CAMPUS zu finden.

9.5.1 Bestimmung des Durchgangs- und Oberflächenwiderstandes

Durchgangswiderstand R_D

Die messtechnische Ermittlung des spezifischen Durchgangswiderstandes R_D erfolgt gemäß DIN EN 62631-3-1 oder DIN VDE 0307-3 Teil 1. Für dieses Prüfverfahren wird eine Quelle mit konstanter Gleichspannung benötigt. Die Messanordnung ist in Bild 9.18 dargestellt.

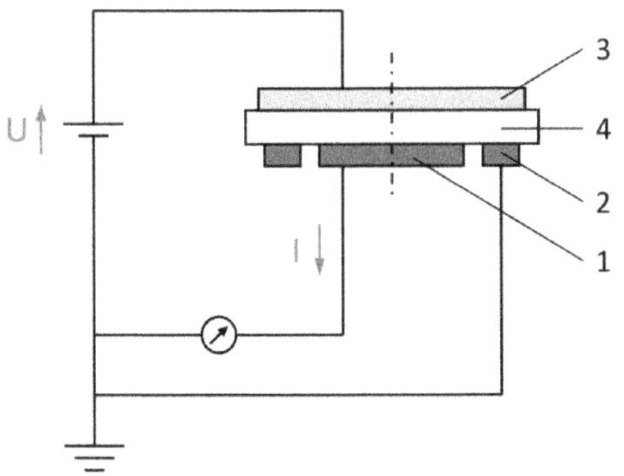

1: Messelektrode
2: Schutzelektrode
3: Gegenelektrode
4: Probe

Bild 9.18 Messanordnung zur Bestimmung des elektrischen Durchgangswiderstandes R_D

Für die Wahl der Elektroden ist darauf zu achten, dass das Material unter Prüfbedingungen korrosionsbeständig ist. Weiterhin muss ein guter Kontakt mit der Oberfläche des Probekörpers sichergestellt werden, um unerwünschte Fehler infolge des Widerstandes der Elektroden oder Verunreinigungen des Probekörpers zu vermeiden. Verbreitete Elektrodenmaterialien sind z.B. Leitsilber, Leitgummi, kolloidaler Graphit oder Metallfolie.

Es wird empfohlen, eine Probengeometrie von 100 mm × 100 mm zu verwenden und darüber hinaus eine anwendungsnahe Dicke des Probekörpers (ca. 1 mm). Bei der Durchführung muss bei jedem Probekörper die Dicke an unterschiedlichen Stellen ermittelt werden, da die Dicke der Probe in die Berechnung des Durchgangswiderstandes einfließt. Für die Messung wird eine vorgegebene Gleichspannung für eine definierte Zeit an den Probekörper angelegt und der Widerstand abgelesen.

Oberflächenwiderstand R_O

Die zugrunde liegende Norm zur Bestimmung des Oberflächenwiderstandes ist die DIN EN 62631-3-2 oder DIN VDE 0307-3 Teil 2. Die Messanordnung ist in Bild 9.19 abgebildet und ähnelt dem Aufbau zur Bestimmung des Durchgangswiderstandes. Die Gegenelektrode liegt allerdings nicht auf der gegenüberliegenden Seite der Probe, sondern auf derselben Seite wie die Messelektrode.

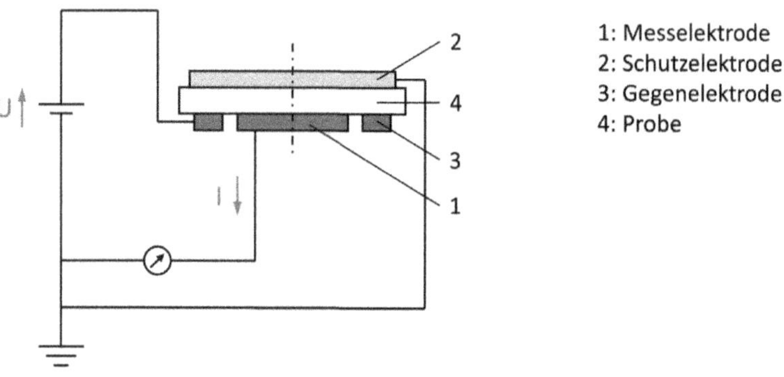

Bild 9.19 Messanordnung zur Bestimmung des Oberflächenwiderstandes

Die Durchführung der Prüfung erfolgt äquivalent zur Bestimmung des Durchgangswiderstandes. Es wird für eine definierte Zeit eine festgelegte Spannung angelegt und nach Ablauf der Zeit der Widerstand ermittelt.

9.5.2 Bestimmung der Durchschlag- und Kriechstromfestigkeit

Durchschlagfestigkeit E_d

Die Ermittlung der Durchschlagfestigkeit ist in der DIN EN 60243-1 bzw. DIN VDE 0303 Teil 21 genormt. Die verwendeten Elektroden und der getestete Probekörper müssen stets glatt, sauber und frei von jeglichen Beschädigungen sein, um das Messergebnis nicht zu verfälschen. Weiterhin muss bedacht werden, dass sich die Durchschlagfestigkeit mit der Temperatur und dem Feuchtegehalt ändert. Aus diesem Grund müssen die Proben für 24 Stunden bei 23 °C ± 2 °C und 50 % ± 5 % relativer Feuchte vorkonditioniert werden und im Anschluss unter denselben Bedingungen geprüft werden. Für die Ermittlung der Durchschlagfestigkeit wird während der Messung die Spannung kontinuierlich gesteigert, bis es zum Durchschlag kommt. Es gibt verschiedene Methoden, die Durchschlagfestigkeit zu bestimmen, die sich in der Art der Spannungssteigerung unterscheiden.

Eine Methode ist die Kurzzeitprüfung mit schneller Spannungssteigung. Es wird eine Spannung beginnend bei 0 V an den Probekörper angelegt und die Spannung mit gleichbleibender Anstiegsrate so weit erhöht, bis ein Durchschlag eintritt. Die Anstiegsrate in V/s sollte so gewählt werden, dass die Zeit bis zum Durchschlag zwischen 10 und 20 Sekunden liegt.

Eine weitere Messmethode ist die 20-Sekunden-Stufenspannungsprüfung. Hierbei wird als Anfangsspannung ein Wert gewählt, der bei ca. 40 % der zu erwartenden Kurzzeit-Durchschlagspannung liegt. Hält der Probekörper der Spannung 20 s stand, wird die Spannung stufenweise erhöht. Die Erhöhung der Spannung erfolgt unmittelbar und nacheinander.

Der elektrische Durchschlag ist gekennzeichnet durch einen raschen Anstieg des fließenden Stromes und ein Absinken der Spannung an den Klemmen des Probekörpers. Eine beispielhafte Elektrodenanordnung für Prüfungen plattenförmiger Werkstoffe senkrecht zur Oberfläche ist in Bild 9.20 abgebildet.

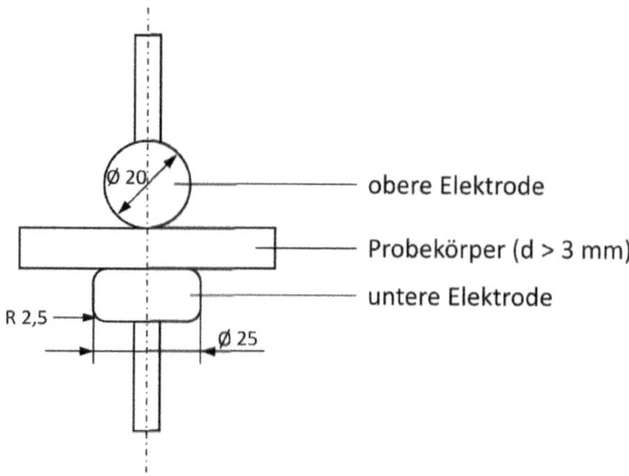

Bild 9.20 Kugel-Platte-Elektrodenanordnung zur Bestimmung der Durchschlagfestigkeit

Kriechstromfestigkeit CTI (engl.: *comparative tracking index*)

Unter Kriechströmen versteht man unerwünschte Ströme an der Oberfläche eines Isolators infolge einer angelegten elektrischen Spannung. In Bild 9.21 ist die Anordnung zur Messung der Kriechstromfestigkeit abgebildet. Die Oberfläche des Probekörpers wird zur Messung auf einer waagerechten Ebene gelagert. Mittels zweier Elektroden wird eine elektrische Spannung angelegt. Die aufgebrachte Spannung liegt zwischen 100 V und 600 V. Auf die Oberfläche des Probekörpers wird zwischen die beiden Elektroden im Laufe der Prüfung über den Tropfengeber eine elektrolytische Flüssigkeit tröpfchenweise aufgebracht (bis zu 50 oder 100 Tropfen). Über die Anzahl der Tropfen, die einen leitenden Kriechweg erzeugen, wird die Kriechstromfestigkeit bestimmt. Die Kriechstromfestigkeit charakterisiert den Widerstand gegenüber Kriechströmen, die sich an der Oberfläche von Kunststoffen ausbilden.

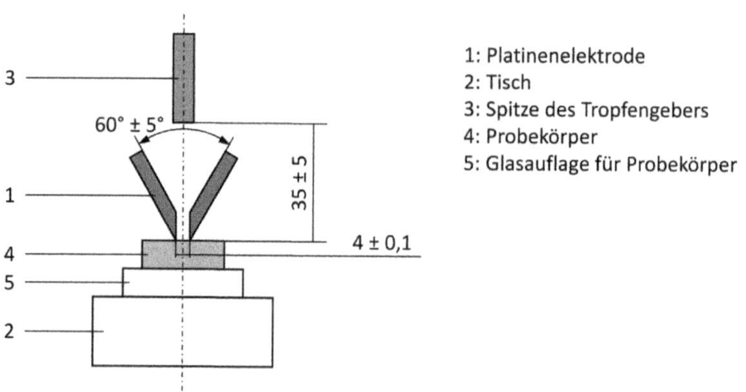

Bild 9.21 Anordnung der Elektroden und des Probekörpers zur Messung der Kriechstromfestigkeit

Zur Bestimmung der Kriechstromfestigkeit eignet sich nach DIN EN 60112 und DIN VDE 0303 Teil 11 jede annähernd flache Oberfläche, vorausgesetzt dass die Fläche ausreichend groß ist, um sicherzustellen, dass während der Prüfung die aufgetropfte Flüssigkeit nicht abfließt. Der schematische Messaufbau ist in Bild 9.21 dargestellt.

9.5.3 Bestimmung des dielektrischen Verhaltens

Relative Permittivität ε_r und dielektrischer Verlustfaktor tan δ

Die Methoden zur Errechnung der relativen Permittivität sowie des dielektrischen Verlustfaktors sind in DIN EN 62631-2-1 beschrieben. Die Schaltungsanordnung zur Durchführung der Messung ist in Bild 9.22 abgebildet. Es wird eine Schutzringelektrode verwendet, um Fehler in der Messung zu vermeiden bzw. zu korrigieren. Die benötigte Spannungsquelle muss in der Lage sein, eine stabile Sinusspannung zu erzeugen und für die Dauer der Messung die Spannung innerhalb einer gewissen Toleranz zu halten. Es gibt verschiedene Möglichkeiten, die relative Permittivität und den Verlustfaktor zu ermitteln; sie werden in drei Gruppen eingeteilt:

- Nullmethoden
- Impedanz-Analysemethoden
- Digitale Phasenverschiebungsmethoden
- Die meistverbreitete Methode ist die Nullmethode, bei der die Differenz zwischen dem gemessenen Wert und einem Vergleichswert zur Ermittlung des Messwerts genutzt wird. Für alle Messverfahren wird die unten abgebildete Zylinderplattenelektrode verwendet.

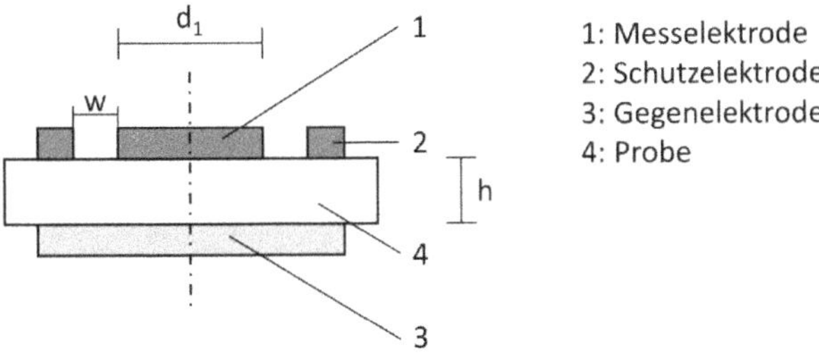

Bild 9.22 Zylinderplattenelektrode mit Schutzring für plattenförmige Prüflinge

- Die Bestimmung der relativen Permittivität erfolgt über die Messung der Kapazität gemäß der Formel 9.7:

$$C_r = \varepsilon_r \varepsilon_0 \cdot \frac{A}{h} \tag{9.7}$$

mit $A = \frac{\pi}{4} \cdot (d_1 + B \cdot w)^2$, wobei der Faktor B eine Funktion des Verhältnisses vom Spalt, Probendicke und der Dielektrizitätskonstante ist (siehe Bild 9.19).

Für die Ermittlung des Verlustfaktors wird das Ersatzschaltbild eines realen Kondensators aus Bild 9.23 verwendet. Durch Bestimmung des Widerstands kann der Verlustfaktor aus folgender Formel errechnet werden:

$$\tan\delta = \frac{1}{\omega \cdot C_P \cdot R_P} \tag{9.8}$$

mit der Kapazität C_P und dem Verlustwiderstand R_P der Probe.

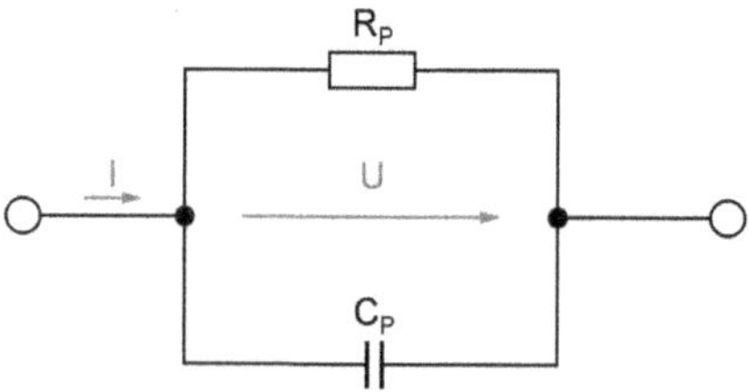

Bild 9.23 Ersatzschaltbild des realen Kondensators

9.5.4 Bestimmung der elektrostatischen Aufladung

Die Bestimmung der elektrostatischen Aufladung ist in DIN 53486 bzw. DIN VDE 0303 Teil 8 festgelegt. Die Probekörpergeometrie soll entweder quadratisch sein und Abmessungen von 120 × 120 mm haben oder kreisrund mit einem Durchmesser von 120 mm. Darüber hinaus wird eine Dicke ≤ 10 mm vorgeschrieben, wobei eine Dicke von 4 mm empfohlen wird. Die Messung gliedert sich in zwei Schritte. Im ersten Schritt wird der Probekörper mittels einer Reibeinrichtung elektrostatisch aufgeladen. Hierbei ist auf eine gleichförmige Geschwindigkeit bei gleichbleibendem Drehsinn und Druck (15 N) des Reibmittels zu achten. Die Mitte des Probekörpers soll eine Reibgeschwindigkeit von ca. 0,5 m/s erfahren. Die Aufladung dauert 2 bis 3 s. Unmittelbar nach dem Reibvorgang wird mit dem Elektrostatik-Messgerät (Feldstärkenmessgerät) das elektrische Feld der elektrostatischen Aufladung der Probekörperoberfläche gemessen. Die Messanordnung ist in Bild 9.24

dargestellt. Die Schutzplatte wird verwendet, um Fehler in der Messung zu vermeiden bzw. zu korrigieren.

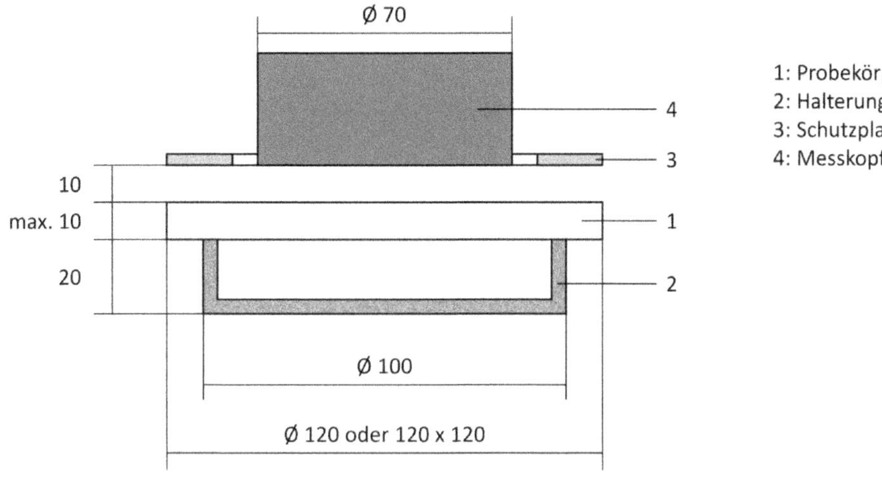

Bild 9.24 Schematische Darstellung einer Messanordnung zum Ermitteln der statischen Aufladung

Literatur zu Kapitel 9

ASTM D 4935-18: Standard Test Method for Measuring the Electromagnetic Shielding Effectiveness of Planar Materials. Pennsylvania, USA

Baur, E.; Brinkmann, S.; Osswald, T. A. et al.: *Saechtling Kunststoff-Taschenbuch*. München: Carl Hanser Verlag, 31. Aufl., 2013

Berg, H.: *Elektrische Hochspannungsuntersuchungen an teilkristallinen Kunststoffen in Abhängigkeit von Verarbeitung, mechanischer Beanspruchung und dem Einwirken flüssiger Medien*. RWTH Aachen, Dissertation, 1976

Beyer, C.: *Modifizierung von Kunststoffen durch Mischung, dargestellt am Beispiel von Polypropylen als Kabelisolierwerkstoff*. RWTH Aachen, Dissertation, 1979

Beyer, M.: *Elektrisches und dielektrisches Verhalten von Epoxidformstoffen*. Schering-Institut für Hochspannungstechnik und Hochspannungsanlagen, 1991

Bovey, F. A.: *High Resolution NMR of Macromolecules*. Academic Press: New York, London, 1972

DIN EN ISO 10350-1: Kunststoffe – Ermittlung und Darstellung vergleichbarer Einpunktkennwerte – Teil 1: Formmassen. 2018

DIN EN 60079-32-2 VDE 0170-32-2: Explosionsgefährdete Bereiche – Teil 32-2: Elektrostatische Gefährdung. 2015

DIN EN 60112 VDE 0303-11: Verfahren zur Bestimmung der Prüfzahl und der Vergleichszahl der Kriechwegbildung von festen, isolierenden Werkstoffen. 2016

DIN EN 60243-1 VDE 0303-21: Elektrische Durchschlagfestigkeit von isolierenden Werkstoffen – Prüfverfahren – Teil 1: Prüfungen bei technischen Frequenzen. 2014

DIN EN IEC 62631-2-1: Dielektrische und resistive Eigenschaften fester Elektroisolierstoffe – Teil 21: Relative Permittivität und Verlustfaktor – Technische Frequenzen. 2018

DIN EN 62631-3-1 VDE 0307-3-1: Dielektrische und resistive Eigenschaften fester Isolierstoffe – Teil 31: Bestimmung resistiver Eigenschaften (Gleichspannungsverfahren) – Durchgangswiderstand und spezifischer Durchgangswiderstand – Basisverfahren. 2017

DIN EN 62631-3-2 VDE 0307-3-2: Dielektrische und resistive Eigenschaften fester Isolierstoffe – Teil 32: Bestimmung resistiver Eigenschaften (Gleichspannungsverfahren) – Oberflächenwiderstand und spezifischer Oberflächenwiderstand. 2016

Drummer, D.: *Verarbeitung und Eigenschaften kunststoffgebundener Dauermagnete.* Universität Erlangen-Nürnberg, Dissertation, 2004

Erhard, G.: *Konstruieren mit Kunststoffen.* München: Carl Hanser Verlag, 4. Aufl., 2008

Feldmann, K.: *3D-MID Technologie. Räumliche elektronische Baugruppen. Herstellungsverfahren, Gebrauchsanforderungen, Materialkennwerte.* München, Wien: Carl Hanser Verlag, 2004

Grellmann, W.; Seidler, S.: *Kunststoffprüfung.* München: Carl Hanser Verlag, 3. Aufl., 2015

Hofmann, H.; Spindler, J.: *Werkstoffe in der Elektrotechnik.* München: Carl Hanser Verlag, 8. Aufl., 2018

Hopmann, C.; Fragner, J.: Integration von Elektronik. *Plastverarbeiter* 64 (2013) 06

Kämpf, G.: *Industrielle Methoden der Kunststoffcharakterisierung.* München, Wien: Carl Hanser Verlag, 1996

Koppelmann, F.: *Wechselstrommesstechnik unter besonderer Berücksichtigung des mechanischen Präzisionsgleichrichters.* Heidelberg, Berlin, New York: Springer, 1956

Küchler, A.: *Hochspannungstechnik.* Heidelberg, Berlin, New York: Springer, 3. Aufl., 2009

Michaeli, W.; Hopmann, C.; Fragner, J.: *Injection moulding of highly filled soft magnetic compounds for the production of complex electric/electronic (micro-) parts.* Macromolecular Symposia 338, 2014

Osswald, T. A., Menges, G.: *Materials Science of Polymers for Engineers.* München: Carl Hanser Verlag, 2nd ed., 2003

Pfefferkorn, T. G.: *Analyse der Verarbeitungs- und Materialeigenschaften elektrisch leitfähiger Kunststoffe auf Basis niedrig schmelzender Metalllegierungen.* RWTH Aachen, Dissertation, 2009

Roth, S.: *Spritzgegossene Abschirmgehäuse aus stahlfasergefüllten Thermoplasten – Materialeigenschaften, Verarbeitung und Gestaltung.* Technische Universität Chemnitz, Dissertation, 2006

Roth, S.; Mair, H. J.: *Elektrisch leitende Kunststoffe.* München: Carl Hanser Verlag, 1989

Wolf-Jesse, C.: *Untersuchung des Einsatzes elektrorheologischer Flüssigkeiten in der Hydraulik.* RWTH Aachen, Dissertation, 1997

10 Optische Eigenschaften

10.1 Die Grundgesetzmäßigkeiten

Licht als elektromagnetische Strahlung oder Welle

Licht ist elektromagnetische Strahlung, die mit Polymerwerkstoffen in Wechselwirkung treten kann. Elektronen, Moleküle oder Molekülgruppen können von den Wellen des Lichts in ihrem eigenen Schwingungsverhalten beeinflusst, d. h. angeregt werden. Bild 10.1 zeigt verschiedene Strahlenarten mit Frequenz und Wellenlänge sowie ihre Zuordnung zu Strahlengruppen. Die Strahlung von Licht umfasst den Wellenlängenbereich von 1×10^{-1} bis 8×10^{6} nm, d.h. von Ultraviolettstrahlung (UV-Strahlung) über sichtbares Licht (optischer Bereich), die Infrarotstrahlung (IR-Strahlung) bis zum fernen Infrarot (FIR). Der für das menschliche Auge sichtbare Anteil beschränkt sich, wie Bild 10.1 zu entnehmen ist, auf einen sehr eng begrenzten Bereich der Wellenlänge.

Die Infrarotstrahlung beeinflusst die Elektronenzustände in Polymeren, indem sie Moleküle und Molekülgruppen zu Schwingungen bzw. Rotationen anregt. Es kommt dabei sowohl zu einer Phasenverschiebung der durchlaufenden Welle als auch zu einer Absorption eines Teils ihrer Energie. Man kann dies durch die komplexe Brechzahl n^* ausdrücken:

$$n^* = n' - i \cdot n'' \qquad (10.1)$$

darin ist n' = der reale Teil der Brechzahl (normalerweise mit n bezeichnet), i = imaginäre Zahl ($i = \sqrt{-1}$) und n'' = der imaginäre Teil der Brechzahl, mit Extinktion (Abschwächung der Strahlung) bezeichnet.

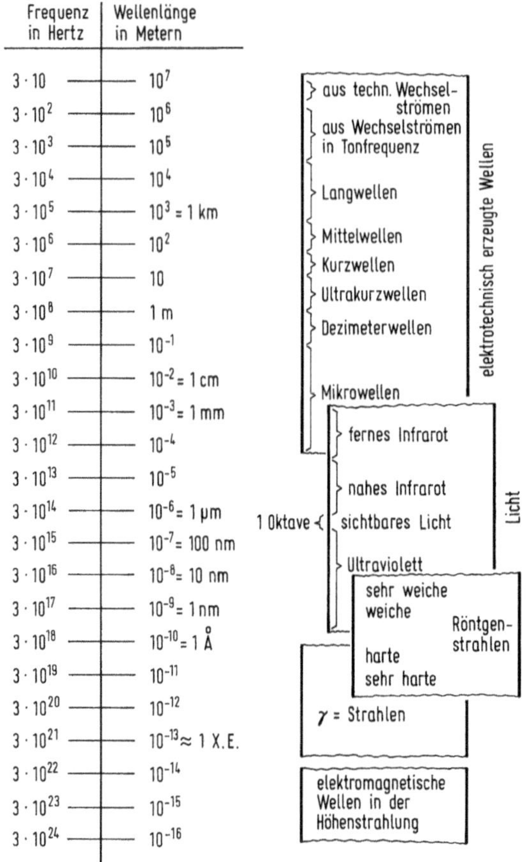

Bild 10.1 Einteilung der Strahlenarten in Bereiche nach der Wellenlänge und der Frequenz der elektromagnetischen Strahlung

10.1.1 Brechzahl

Die Brechzahl n beschreibt die optische Dichte des Mediums und ist definiert als das Verhältnis der Ausbreitungsgeschwindigkeit des Lichts c_0 im Vakuum gegenüber der Ausbreitungsgeschwindigkeit c in einem für das Licht durchlässigen Medium:

$$n = \frac{c_0}{c} \tag{10.2}$$

Beim Eintritt eines Lichtstrahls in ein anderes Medium ändern sich entsprechend der optischen Dichte des Mediums die Ausbreitungsgeschwindigkeit und damit die Richtung des Strahles. Dies drückt das von *Snellius* aufgestellte Brechungsgesetz für den Wechsel eines Lichtstrahls von einem Medium 1 in ein Medium 2 aus:

$$\frac{\sin\alpha}{\sin\beta} = \frac{n_2}{n_1} = \frac{c_1}{c_2} \tag{10.3}$$

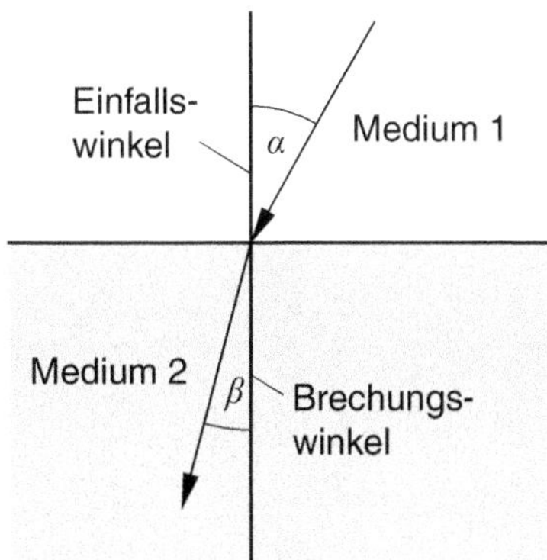

Bild 10.2 Brechungsgesetz nach *Snellius*

Temperatureinfluss auf die Brechzahl

Dabei wird der Strahl beim Eintritt in ein optisch dichteres Medium ($n_1 < n_2$, $c_1 > c_2$) zum Lot hin gebrochen; umgekehrt wird der Strahl vom Lot weggebrochen, wenn der Strahl vom optisch dichteren in ein dünneres Medium tritt. Transparente, amorphe Kunststoffe – auch als organische Gläser bezeichnet – haben bei Raumtemperatur Brechzahlen von 1,4 bis 1,65. Die Brech zahlen sind stark abhängig von der Temperatur, d. h. vom Zustand des Werkstoffs. Damit erklärt sich u. a. die mäßige Tauglichkeit der organischen Gläser für Präzisionsoptiken. Dies wird durch die *Lorentz-Lorenz*-Beziehung, nach der Brechzahl *n* aufgelöst, erkennbar:

$$n = \sqrt{\left(1 + \frac{3R}{M \cdot \upsilon - R}\right)} \tag{10.4}$$

mit R = temperaturabhängige Refraktionskonstante ($R(T)$), M = Molmasse des Grundbausteins des Polymers, υ = temperaturabhängiges spezifisches Volumen des Polymers ($\upsilon(T)$).

Die Brechzahl nimmt mit der Temperatur ab und hat bei den transparenten, amorphen Kunststoffen bei der Glasübergangstemperatur T_g einen Knick (vgl. Bild 10.3) hin zu stärkerer Neigung nach kleineren Brechzahlen. Dies liegt an dem *p-v-T*-Verhalten der amorphen Kunststoffe, die bei der Glasübergangstemperatur einen Knick im *p-v-T*-Diagramm besitzen (vgl. Bild 5.3).

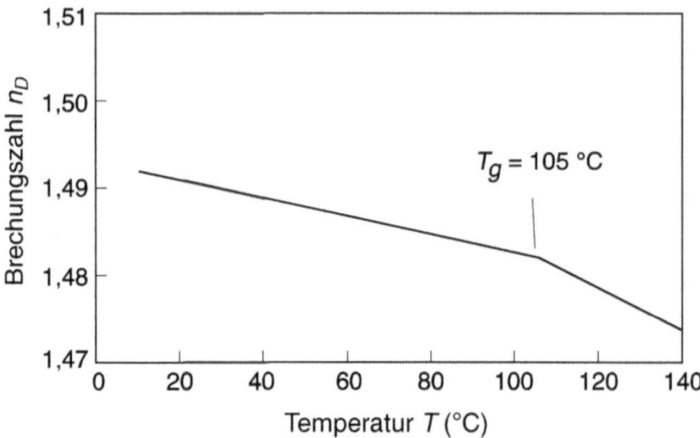

Bild 10.3 Brechzahl n_D von PMMA als Funktion der Temperatur

10.1.2 Wellenlängenabhängigkeit der Brechzahl (Dispersion des Lichts)

Dispersion als Ursache für Spektralfarben bzw. Naturfarbe des Polymers

Bei den organischen Gläsern nimmt die Brechzahl ebenso wie bei den anorganischen Gläsern mit steigender Wellenlänge (= abnehmende Frequenz) ab.

Es gilt hierfür allgemein:

$$n = \frac{c_0}{\lambda \cdot f} = c_0 \cdot \frac{\nu}{f} \tag{10.5}$$

mit λ = Wellenlänge, c_0 = Lichtgeschwindigkeit im Vakuum, n = Brechzahl, f = Frequenz, ν = Wellenzahl.

Die Brechzahl ist eine wichtige Größe für die Beurteilung der optischen Eigenschaften von Gläsern. Ihre Messung wird mit speziellen Geräten, z. B. dem Abbé-Refraktometer, bei diskreten Wellenlängen innerhalb des sichtbaren Spektralbereichs durchgeführt. Normalerweise wird eine Kalibrierung auf die Frequenz der Natrium-D-Linie vorgenommen, weshalb man diesen Messwert auch als n_D bezeichnet.

Bild 10.4 vergleicht die Brechzahlen n_D einiger organischer mit anorganischen Gläsern. Man erkennt, dass die organischen Gläser einen sehr ähnlichen Verlauf wie die anorganischen Gläser aufweisen. Dies wird noch deutlicher, wenn man die Steigung dieser Kurven in Form des Differentialquotienten $dn_D/d\lambda$ in Bild 10.5 vergleicht. Die Kurvenverläufe haben einen ähnlichen Charakter, wobei die Steigung bei den organischen Gläsern im Bereich kleiner Wellenlängen stärker ausfällt. Mit zunehmender Wellenlänge gleichen sich die entsprechenden Differentialquotienten an.

Der Differentialquotient $dn_D/d\lambda$ ist eine wichtige Maßzahl, die man als Dispersion bezeichnet. Die Kurven in Bild 10.5 zeigen, dass im UV-Bereich, ebenso wie im nahen sichtbaren (blauen) Lichtbereich, die Dispersion besonders bei Glas und Polystyrol sehr groß ist und dann beim Übergang zu größeren Wellenlängen schwächer wird.

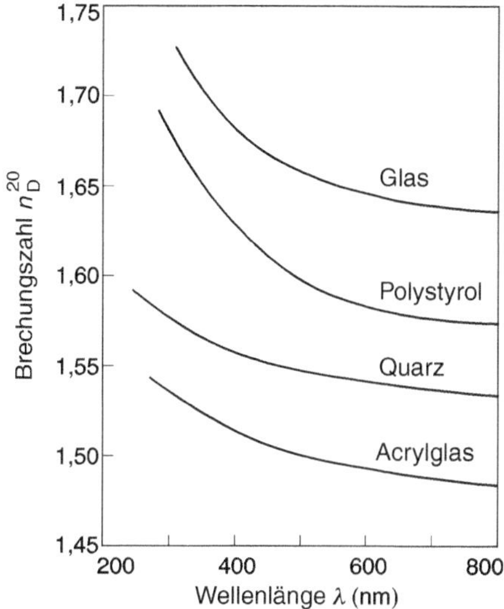

Bild 10.4 Brechzahl n_D von organischen und anorganischen Gläsern bei 20 °C als Funktion der Wellenlänge des Lichts

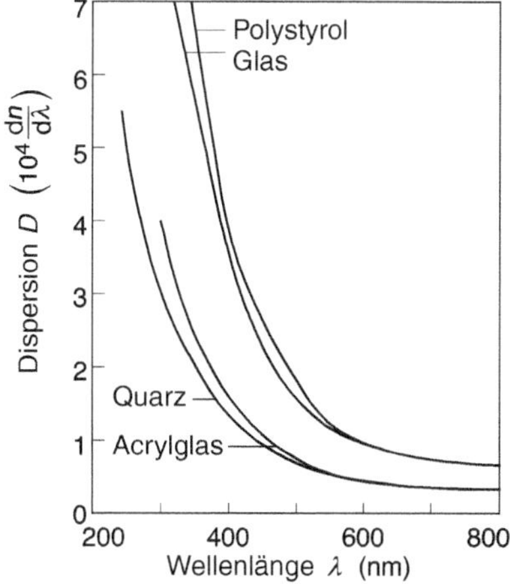

Bild 10.5 Dispersion $dn_D/d\lambda$ für organische und anorganische Gläser als Funktion der Wellenlänge

Messmethoden zur Bestimmung der Brechzahl

In der praktischen Optik werden noch einige andere Dispersionszahlen verwendet, häufig wird die Abbé-Zahl ν_D angegeben. Diese basiert auf den Wellenlängen der Fraunhofer-D1-Linie (589,2 nm), der F-Linie (486,1 nm) und der C-Linie (656,3 nm) und gibt eine Abhängigkeit des Brechungsindexes von der Wellenlänge an. Bei großer Abbé-Zahl ist der Brechungsindex des Materials gleichmäßiger über dem gesamten Wellenlängenbereich.

$$\nu_D = \frac{n_D - 1}{n_F - n_C} \tag{10.6}$$

Grundsätzlich kann für Kunststoffe eine lineare Abhängigkeit bei der Darstellung der Abbé-Zahl gegen den Brechungsindex beobachtet werden. In Bild 10.6 sind die Abbé-Zahlen gegen die Brechungszahlen verschiedener konventioneller Kunststoffe bei 25 °C aufgetragen.

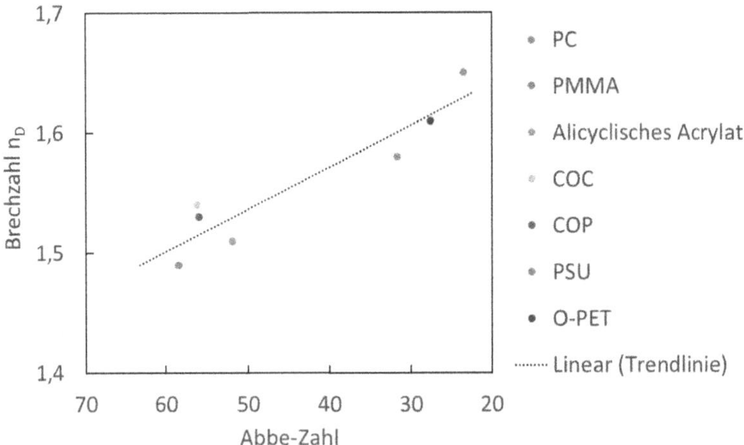

Bild 10.6 Zusammenhang zwischen Brechungszahl und Abbé-Zahl für verschiedene Kunststoffe

Die Bestimmung des Brechungsindexes erfolgt nach DIN EN ISO 489. Es gibt auch einfache Messmethoden, die mit einem Mikroskop ohne spezielle Ausrüstung ausgeführt werden können [vgl. Philipp].

Obwohl Kunststoffe zum Teil günstige optische Eigenschaften aufweisen, die denjenigen optischer Gläser nahekommen, lassen sie sich für hochwertige optische Geräte im Allgemeinen nicht einsetzen. Hier erweist sich außer der Temperaturabhängigkeit der Brechung die mangelnde Dimensionsstabilität als nachteilig. Sie wird durch die große thermische Ausdehnung verursacht. Die früher als sehr nachteilig angesehene hohe Kratzempfindlichkeit konnte durch spezielle Beschichtungen mit Siliziumverbindungen inzwischen beseitigt werden (spezielle Lacke, Plasmapolymerisation). Daher werden heute nicht nur Brillen, sondern sogar Frontscheiben von Autoscheinwerfern aus organischen Gläsern (Polycarbonat

(PC)) hergestellt. Kunststoffe sind auch für Sicherheitsverglasungen sehr beliebt, da sie gegen Schlag, und bei richtiger Dimensionierung und Gestaltung (Mehrschichtgläser und Verbundscheiben) auch gegen Beschuss (z. B. Polycarbonat), beständig und splittersicher sind.

10.1.3 Der imaginäre Teil der Brechzahl

Absorption und Streuung

Lambert-Beersches Gesetz

Wenn Licht durch ein Medium tritt, verliert es einen Teil seiner Intensität durch die Wechselwirkungen mit der Materie. Die zeitliche und räumliche Ausbreitung der Lichtwelle sowie deren Absorption kann mittels einer Gleichung beschrieben werden. Diese setzt sich aus der klassischen Brechzahl und der Dämpfung der Welle zur komplexen Größe n^* zusammen (siehe Formel 10.1) Die Abschwächung der Strahlung, auch *Extinktion* genannt, wird im *Lambert-Beerschen Gesetz* für die Intensität der Welle ausgedrückt:

$$I = I_0 \cdot e^{-E \cdot x} \qquad (10.7)$$

mit x = Lauflänge des Strahls in der Materie, E = Extinktionskoeffizient.

Der Extinktionskoeffizient setzt sich zusammen aus:

$$E = \sigma + k \qquad (10.8)$$

mit σ Streukoeffizient, k Absorptionskoeffizient.

Darin ist der Absorptionskoeffizient k eine für den Werkstoff typische Größe. Er ist von der Wellenlänge und vom Material abhängig und beschreibt das durch Absorption in einem Medium verursachte Abklingen der spektralen Strahlungsleistung mit zunehmender Eindringtiefe. Der Absorptionskoeffizient kann aus der optischen Eindringtiefe δ_{opt} bestimmt werden, deren Kehrwert er ist. Die optische Eindringtiefe δ_{opt} ist diejenige durchstrahlte Weglänge, bei der der Transmissionsgrad auf das $1/e$-Fache abgefallen ist.

Der Streukoeffizient σ hängt unter anderem von der Reinheit des Produkts ab. Bereits geringfügige Verunreinigungen können starke Änderungen verursachen. Streuzentren werden z. B. auch durch Inhomogenitäten im Werkstoff (z. B. Blendkomponenten oder Sphärolithe), d. h. durch Zonen mit einer von der Matrix abweichenden Brechzahl, gebildet (vgl. Abschnitt 0).

charakteristische Absorption

Eine sehr wichtige Anwendung der Absorption ist die „charakteristische Absorption“ bei ganz bestimmten Frequenzen, bei welchen Moleküle oder Molekülgruppen in den Kunststoffen im Bereich ihrer Eigenschwingungen in Resonanzschwingungen mit der einfallenden Welle treten. Hierbei wird ein merkbarer Anteil der eingestrahlten Energie absorbiert. Aus dem Maß an Verlustenergie einerseits und der anregenden Frequenz andererseits wird anhand der Infrarotspektroskopie auf die Art des Moleküls und im groben Maße auf seinen Anteil in dem Polymer geschlossen (vgl. Abschnitt 10.1.1).

Absorption, Reflexion und Transmission

Die Ermittlung des *Absorptionsgrades* kann nicht direkt, sondern nur über die Messung des *Transmissions-* und des *Reflexionsgrades* erfolgen. Diese drei Größen sind direkt miteinander verbunden. Es gilt nach dem ersten Hauptsatz der Thermodynamik:

$$\rho_v + \alpha_v + \tau_v = 1 \tag{10.9}$$

mit ρ = Reflexionsgrad, α = Absorptionsgrad, τ = Transmissionsgrad.

Das Lambert-Beersche Absorptionsgesetz ist in Bild 10.7 dargestellt. Aufgezeigt ist der Verlauf der Intensität eines Lichtstrahls unabhängig von der Wellenlänge beim Auftreffen auf und beim Durchtritt durch z. B. eine transparente oder transluzente Kunststoffplatte. Aus dem Bild wird auch ersichtlich, dass die Intensität nach der Weglänge $x = \delta_{opt} = 1/k$ auf den *e*-ten Teil der eingetretenen Intensität abgefallen ist. Die Streuung des Lichts wird dabei vernachlässigt.

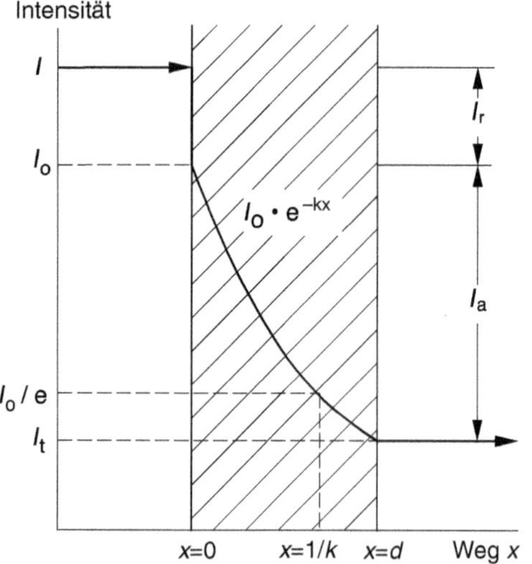

Bild 10.7 Lambert-Beersches Absorptionsgesetz

I	einfallende Intensität
I_0	eindringende Intensität
I_r	reflektierte Intensität
I_t	transmittierte Intensität
I_a	absorbierte Intensität
k	Absorptionskoeffizient
Weg x	optische Eindringtiefe

Ein von einem Lichtstrahl getroffener Körper wird einen Teil des Lichts reflektieren.

Der spektrale Reflexionsgrad wird ausgedrückt mit:

$$\rho_v = \frac{I_\rho}{I_v} \tag{10.10}$$

und beschreibt den bei der Wellenzahl v reflektierten Strahlungsfluss $I_{v\rho}$, bezogen auf den bei Wellenzahl v eingestrahlten Strahlungseinfluss I_v.

Der spektrale Absorptionsgrad

$$\alpha_v = \frac{I_\alpha}{I_v} \tag{10.11}$$

drückt den bei Wellenzahl v absorbierten Strahlungsfluss $I_{v\alpha}$, bezogen auf den bei Wellenzahl v eingestrahlten Strahlungsfluss I_v aus.

Der spektrale Transmissionsgrad

$$\tau_v = \frac{I_\tau}{I_v} \tag{10.12}$$

beschreibt den bei Wellenzahl v transmittierten Strahlungsfluss $I_{v\tau}$, bezogen auf den bei Wellenzahl v eingebrachten Strahlungsfluss I_v.

Bei hinreichend transparenten Platten treten Mehrfachreflexionen auf. Ein Teil der auftreffenden Strahlintensität an der Oberfläche wird immer reflektiert. Reflexionen treten an jeder Oberfläche auf, die der Strahl trifft. Dies kann man Bild 10.8 entnehmen, das diese Erscheinung an einer planparallelen Platte darstellt. Es wird deutlich, dass bei jeder Reflexion auch ein Teil der Strahlung transmittiert, wodurch die Mehrfachreflexion mit wachsender Häufigkeit an Intensität verliert.

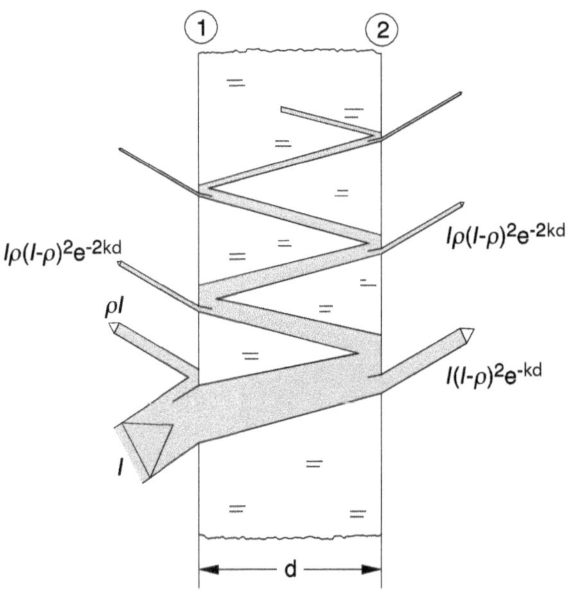

Bild 10.8 Reflexion und Transmission an einer planparallelen Platte

Reflexionsvermögen

Das Reflexionsvermögen ist eine reine Stoffgröße und beschreibt den reflektierten Anteil der Strahlung, der bei der Bestrahlung eines halbunendlichen Körpers entsteht (einmalige Reflexion). Das Reflexionsvermögen kann nach der Lambert-Beerschen Formel als Funktion der optischen Konstante n (Brechzahl) und κ (Absorptionsindex) berechnet werden:

$$\rho_0 = \frac{(n-1)^2 + \kappa^2}{(n+1)^2 + \kappa^2} \tag{10.13}$$

Darin ist $\kappa = k/(4\pi\nu)$ mit dem Absorptionskoeffizienten k und der Wellenzahl ν. Bei senkrecht einfallendem Licht entfällt der Absorptionsindex κ. Daraus ergibt sich der Reflexionsgrad:

$$\rho = \rho_0 \left(1 + \tau \cdot e^{-k \cdot d}\right) \tag{10.14}$$

Ein Aufsummieren aller transmittierten Anteile in Bild 10.8 führt zu einer Reihe, aus deren Näherung man den Transmissionsgrad τ für die Plattendicke d wie folgt entnehmen kann:

$$\tau = \frac{(1-\rho_0)^2 \cdot e^{-k \cdot d}}{1 - \rho_0^2 \cdot e^{-2k \cdot d}} \tag{10.15}$$

Der Absorptionsgrad ergibt sich dann in Übereinstimmung mit Formel 10.9 zu:

$$\alpha = 1 - \tau - \rho \tag{10.16}$$

In Bild 10.9 wird die Strahlung und deren Aufteilung in Transmission, Reflexion und Absorption als Funktion über die dimensionslose Dicke einer Probe aufgezeigt. Die Dicke wird mittels des Absorptionskoeffizienten dimensionslos gemacht.

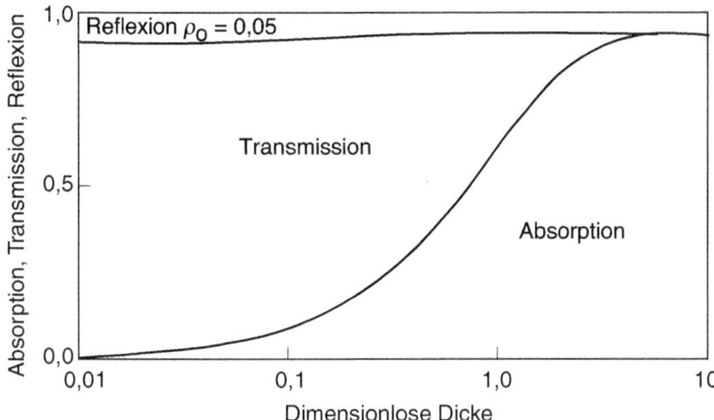

Bild 10.9 Aufteilung von Transmission, Reflexion und Absorption einer in eine Probe eingedrungenen Strahlung in Abhängigkeit von der dimensionslos gemachten Probendicke

Besonders hohe Lichttransmission wird von Lichtleitern, also z. B. Glasfasern und Fasern aus hochreinem Polymethylmethacrylat (PMMA), erwartet. Lichtleitfasern aus Glas absorbieren so wenig Licht, dass erst nach 3000 m ein Abfall der Intensität auf 50 % festzustellen ist. Die besten Polymer-Lichtleitfasern sind demgegenüber sehr viel schlechter, da Polymere eine Dämpfung von etwa 66 Dezibel aufweisen. Im Vergleich dazu hat Glas eine Leistungsdämpfung von 1 Dezibel. Eine merkliche Verbesserung für PMMA hat man durch die Substitution der Wasserstoffatome der Monomere durch Fluoratome erreicht, was Bild 10.11 an drei Polymeren zeigt, bei denen in zunehmendem Maß die H-Atome durch F-Atome substituiert wurden. Die Vorteile von polymeren Lichtleitfasern gegenüber denjenigen aus Glas sind die leichtere Verarbeitung und insbesondere die Verbindungstechnik, sowie niedrigere Herstellkosten und vor allem Unempfindlichkeit gegen mechanische Einflüsse (Vibration), unter denen Lichtleitfasern aus Glas brechen können.

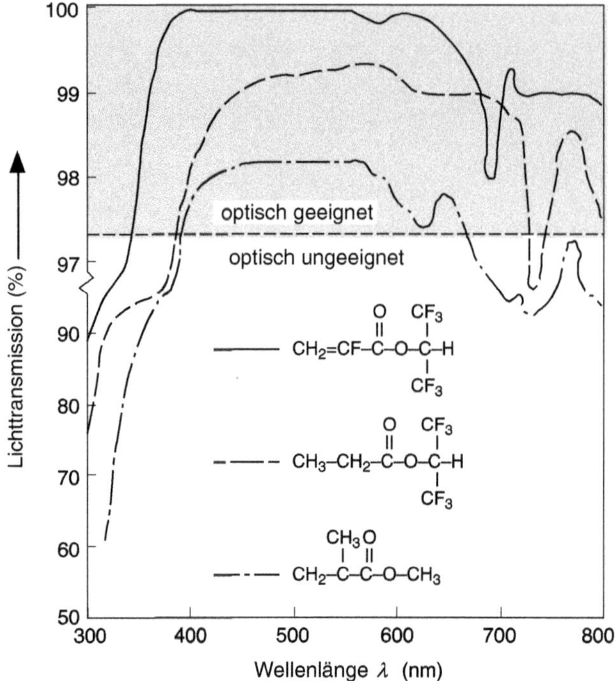

Bild 10.10 Einfluss der Substitution von H- durch F-Atome auf die Transmission des Lichts am Beispiel von PMMA

10.1.4 Die Totalreflexion

Unter hinreichend flachen Einfallswinkeln eines Strahles kommt es zur Totalreflexion, wenn der Strahl von einem optisch dichteren Medium auf die Grenzfläche zu einem optisch dünneren Medium trifft. Ursache hierfür ist, dass der Strahl beim Austritt aus einem optisch dichteren in ein dünneres Medium vom Lot weggebrochen wird.

Die Totalreflexion hängt ebenfalls von den Brechzahlen ab. Der Winkel, bei welchem Totalreflexion auftritt, beträgt:

$$\sin \alpha_g = \frac{n_2}{n_1} \tag{10.17}$$

mit n_1 = Brechzahl des weniger dichten Mediums, n_2 = Brechzahl des dichteren Mediums, α_g = Grenzwinkel zur Totalreflexion.

Totalreflexion tritt auf, wenn der Winkel des einfallenden Strahls α sich 90° nähert. Dies ist eine für die Anwendung, z. B. als Lichtleiter, sehr wichtige Gesetzmäßigkeit. Ein in einem Lichtleiter (Platte oder vor allem Lichtleitfasern) eingekoppelter Strahl erleidet dank dieser Erscheinung keine Verluste durch Reflexion, denn der Strahl kann den Leiter erst wieder durch die Endfläche verlassen.

10.1.5 Doppelbrechung

Ein weiterer Effekt, der bei der Ausbreitung von Licht in Medien auftritt, ist die Doppelbrechung. Die Gesetze zur Beschreibung der Lichtausbreitung gehen zunächst davon aus, dass die Lichtgeschwindigkeit in den durchstrahlten Medien in allen Richtungen gleich ist, d. h. die Medien optisch isotrop sind. Je nach Herstellung sind aber auch in den mit bloßem Auge optisch isotrop erscheinenden amorphen Kunststoffen die Moleküle durch die Fertigung mehr oder weniger ausgerichtet, sodass die Lichtgeschwindigkeit richtungsabhängig wird, die Brechzahl also richtungsabhängig variiert. Bei einigen amorphen Kunststoffen führen bereits kleine elastische Deformationen zur Anisotropie, ein Effekt, der bei der Methode zur Bestimmung von Orientierungen, der *„Spannungs-Doppelbrechung"*, benutzt wird. Auch Kristalle sind fast immer optisch anisotrop, so auch die in den teilkristallinen Kunststoffen (vgl. Abschnitt 5.3). Da weder das menschliche Auge noch photoaktive Emulsionsschichten auf die Polarisation reagieren, benötigt man zu deren Darstellung Polarisationsfilter.

polarisiertes Licht

Man kann diese Anisotropien sichtbar machen, indem man den Kunststoff mit linear polarisiertem Licht (d. h. Licht, das nur in einer Ebene schwingt) durchstrahlt. Die einfallende, polarisierte Lichtwelle pflanzt sich somit unterschiedlich schnell in den Stoffbereichen verschiedenen Zustands fort, sodass die austretenden Lichtstrahlen eine Phasenverschiebung aufweisen. Beim Austritt interferieren diese Teilstrahlen, und dies führt zu einer Änderung der Schwingungsebene des Lichts. Werden diese Strahlen durch einen weiteren, gekreuzt angeordneten Polarisationsfilter (genannt Analysator) geleitet, können nur die Anteile des Lichts passieren, deren Schwingungsebene senkrecht zum Analysator stehen. In Bild 10.11 ist eine optische Bank schematisch dargestellt, mit der solche Anisotropien sichtbar gemacht werden können.

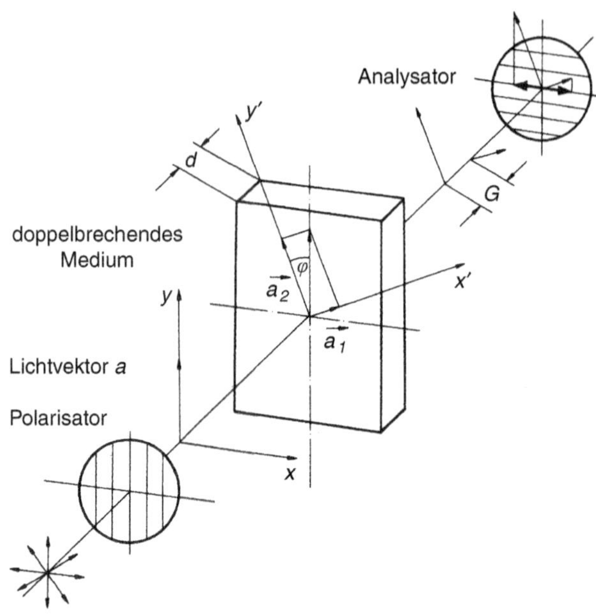

Bild 10.11 Strahlengang im Dunkelfeld (Linear-Polariskop oder optische Bank)

Spannungsdoppelbrechung

Die *Spannungsdoppelbrechung* wird häufig für die Spannungsanalyse benutzt. Unter innerer oder äußerer Spannung stehende Produkte entwickeln im obigen Sinne Anisotropien. In der optischen Bank zeigen sich Farbverschiebungen durch konstrukive und destruktive Interferenzen.

Für die Kunststofftechnik von größerer Bedeutung ist die Messung der Orientierungsdoppelbrechung, weil mit ihrer Hilfe auf die Füllvorgänge, z. B. bei Herstellung eines Spritzgussteiles, und die dabei entstandenen Orientierungen geschlossen werden kann (vgl. Bild 10.12). Hierfür wird das Kunststoffbauteil im Polariskop gedreht.

HINWEIS: Orientierungen und Spannungen sind Ursache für eine Doppelbrechung des Lichts.

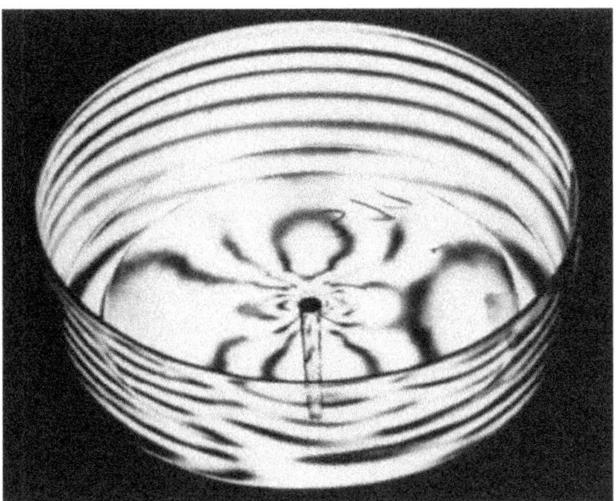

Bild 10.12 Sichtbarmachen von Spannungen und Orientierungen in einer gespritzten Schale aus transparentem Kunststoff mithilfe der Doppelbrechung

10.2 Farbe, Glanz und Trübung

Die im letzten Abschnitt behandelten Gesetzmäßigkeiten für die Reflexion von Lichtstrahlen gelten in dieser Form nur für absolut planparallele und ebene Oberflächen. Da technische Oberflächen nie ganz eben sind, entstehen unterschiedliche Reflexionen, die das menschliche Auge als Glanz oder Trübung wahrnimmt, die aber auch eine Wirkung auf die Wahrnehmung der Farbe haben. Diese Wahrnehmungen lassen sich mit Kenngrößen oft nur unzureichend beschreiben. Es wurden daher Messmethoden entwickelt, die den farblichen Eindruck, Glanz und Trübung quantitativ zu erfassen versuchen. Diese Methoden sind zum Teil auch genormt. Die Korrelation der erfassten Größen mit dem Gesamteindruck ist dabei nicht immer trivial.

Farbe

Die Farberscheinung ist keine eindeutig physikalisch definierte Größe, sondern eine durch das menschliche Auge, also subjektiv aufgenommene Erscheinung. Dies beruht darauf, dass eine eingefärbte Oberfläche vom einfallenden weißen Licht, das sich bekanntlich aus verschiedenen Wellenlängen zusammensetzt, einige absorbiert und einige reflektiert. Diese bilden dann die vom Beobachter wahrgenommene Farbe. Man ist jedoch bemüht, sie mit einer Reihe von unterschiedlichen Messmethoden für die jeweilige Anwendung so weit wie möglich beschreib- und vergleichbar zu machen. Das ist notwendig, da gerade über diese nicht präzise bestimmbaren Erscheinungen von Kunststoffoberflächen, z.B. bei Karosserieteilen, Definitionsschwierigkeiten zwischen Lieferanten und Abnehmern entstehen.

Der subjektive Farbeindruck eines Körpers, die sogenannte Körperfarbe, wird im Wesentlichen durch drei Einflussgrößen bestimmt:

- die optische Eigenschaft des betrachteten Körpers
- die Intensitätsverteilung des einfallenden Lichts
- die Empfindlichkeit des menschlichen Auges

Farbe ist nach DIN 5033 als „durch das Auge vermittelter Sinneseindruck, durch den sich zwei aneinandergrenzende, strukturlose Teile des Gesichtsfeldes bei einäugiger Beobachtung mit unbewegtem Auge allein unterscheiden lassen“ definiert. Der für das menschliche Auge sichtbare Wellenlängenbereich erstreckt sich auf den Bereich von ca. 380 nm bis 780 nm. Unpigmentierte und ungefüllte Kunststoffe erscheinen in diesem Wellenlängenbereich für den Menschen als transparent bis beige opak.

Wie bereits in Abschnitt 10.1.3 erläutert wurde, wird ein bestimmter Teil des Lichts beim Auftreffen auf eine Oberfläche reflektiert. Der übrige Anteil der Strahlung dringt in den Kunststoff ein und wird entweder im Inneren reflektiert, absorbiert oder transmittiert durch das Bauteil. Da beispielsweise die meisten amorphen Kunststoffe im Bereich des sichtbaren Lichts keine spezifische Absorption aufweisen, also keine Strahlung einer spezifischen Wellenlänge absorbiert wird, erscheinen sie, sofern sie nicht eingefärbt wurden, transparent.

Glanz

Glanz ist die Eigenschaft einer Oberfläche, Licht ganz oder teilweise spiegelnd zu reflektieren. Nicht oder kaum vorhandenen Glanz nennt man Mattheit. Ebenso wie die Wahrnehmung der Farbe ist der Glanz keine eindeutig physikalisch definierte Größe. Der Glanz ist abhängig von:

- der Richtung und Polarisation des einfallenden Lichts,
- der Richtung und Polarisation des reflektierten Lichts,
- den Wellenlängen des einfallenden Lichts,
- der Oberflächenstruktur des Körpers,
- dem Beobachtungswinkel.

Eine Oberfläche, die glänzend erscheint, besitzt ein hohes Reflexionsvermögen, eine geringe Rauheit und eine große Ebenheit. Im Idealfall wird der einfallende Lichtstrahl maximal reflektiert, wobei die Gesetzmäßigkeit Einfallswinkel = Ausfallswinkel gilt (gerichtete Rückstrahlung). Je größer die Rauheit einer Oberfläche ist, umso stärker wird das reflektierte Licht gestreut. Es weist eine breitere und flachere Intensitätsverteilung auf (Bild 10.13).

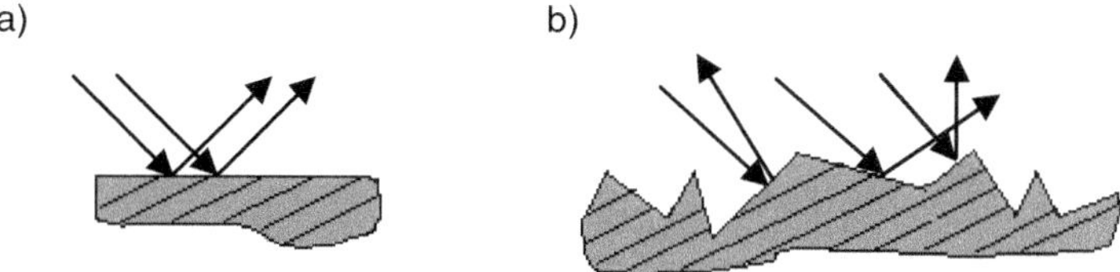

Bild 10.13 Reflexion an glatten und rauen Oberflächen; a) gerichtete Rückstrahlung, b) diffuse Rückstrahlung [nach Bastian]

Glanzmessung

Zur Messung des Glanzes stehen eine Reihe von Methoden zur Verfügung. Die bekannteste ist die in der US-Norm ASTM D 523-51 beschriebene Glanzmessung, bei der sogenannte *Goniophotometer (engl.: glossmeter)* genutzt werden. Die Richtung des einfallenden Lichts kann in beliebigen Winkeln zur Prüfkörperoberfläche eingestellt werden. Um die winkelabhängige Intensitätsverteilung des reflektierten Strahlenbündels zu erfassen, kann der Empfänger ebenfalls unterschiedliche Winkel überstreichen (vgl. Bild 10.14). Die Probe wird mit weißem Licht bestrahlt. Der Beleuchtungswinkel α ist zwischen 0° und 70° frei einstellbar, der Beobachtungswinkel β ebenfalls zwischen 0° und 70°. Zur Messung wird der Beleuchtungskollimator (Strahlenquelle) auf einen festen Wert (z. B. 45 °) eingestellt. Die Helligkeit des Beleuchtungsflecks ist durch eine Aperturblende variierbar, der kleinste Aperturwinkel beträgt 0,25°. Anschließend fährt der Messkollimator (Empfänger) motorisch den Bereich β = 0° bis 70° ab. Die dabei gemessenen Intensitäten am Detektor werden als Spannung ausgegeben und gemessen.

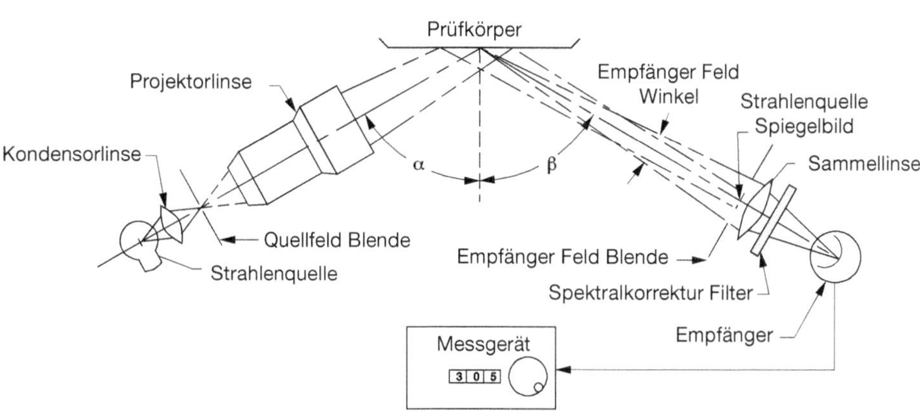

Bild 10.14 Goniophotometer (engl.: glossmeter)

Kalibriert wird das Goniophotometer mit einem Schwarzstandard. Dies ist ein schwarz eingefärbtes, auf Hochglanz poliertes Glas. Für diesen Standard wird die maximal reflektierte Lichtintensität gleich 100 % gesetzt, sodass der später gemessene Glanz durch die dimensionslose Größe

$$G = \frac{I_{\max Probe}}{I_{\max Standard}} \cdot 100 \tag{10.18}$$

ausgedrückt wird.

Trübung

Die Trübung ist vor allem für durchsichtige, transparente Folien und Platten ein wichtiges Qualitätskriterium. Als Trübung wird derjenige Teil eines Lichtstrahls angesehen, der von einer transparenten Probe durchgelassen wird, aber von der Richtung des auf die Probe einfallenden Strahls abweicht. Der Grund für die Richtungsabweichung ist eine im Material an Streuzentren stattfindende Vorwärtsstreuung. Die Messung der Trübung wird u. a. in der US-Norm ASTM D-1003-52 ausführlich beschrieben. Die deutsche Norm DIN 53490 wird für hoch transparente Platten und Folien angewendet. Die Genauigkeit der Messungen gilt als sehr empfindlich gegen Verunreinigungen oder Kratzer auf den Oberflächen.

■ 10.3 Einfärben von Kunststoffen

Wie bereits erwähnt, sind die meisten Kunststoffe im Naturzustand transparent oder transluzent. Aus funktionell-technischen oder design-technischen Gründen ist jedoch oftmals eine Einfärbung der Kunststoffe wünschenswert oder sogar zwingend erforderlich. Um dies zu realisieren, werden im Kunststoff Farbpigmente möglichst homogen verteilt. Hierbei handelt es sich um Partikel in Form von Kristallen, die Lichtstrahlen so brechen und reflektieren, dass aus weißem Licht ganz bestimmte Spektralfarben erzeugt werden. Diese Pigmentkörner haben eine Größe zwischen 100 nm und 1000 nm und liegen somit in der Größenordnung der Wellenlänge des sichtbaren Lichts (Pigmentremission, s. Bild 10.15 oberes Teilbild links).

Es können auch Farblösungen verwendet werden, was jedoch fast ausschließlich beim Einfärben von Fasern aus Polymeren (Synthesefasern) genutzt wird. Diese sind in der Lage, die Lösung aufzunehmen; eine Verwendung von Pigmenten wäre hier nachteilig, da diese die hohe Verstreckbarkeit der Fasern behindern würden.

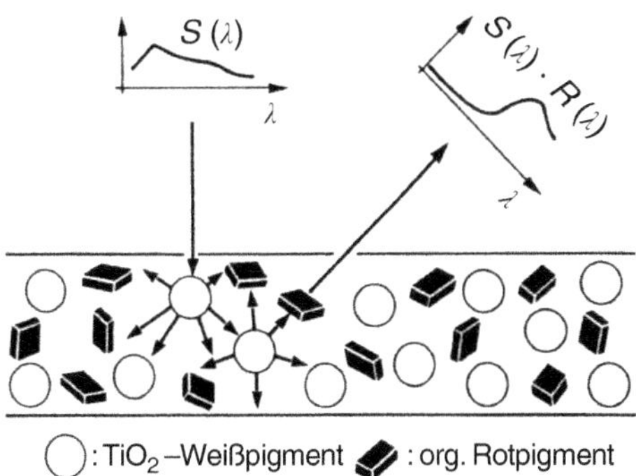

Bild 10.15 Remission an Pigmentpartikeln in eingefärbten Kunststoffen

Zusatz von Pigmenten

Die Pigmentremission hat ihre größte Intensität, wenn man die Fläche in Richtung ihrer Normalen betrachtet, unabhängig vom Einstrahlwinkel. Da die meisten Kunststoffe transparent bzw. transluzent sind und im Allgemeinen zu dünnwandigen Gegenständen verarbeitet werden, lassen sie sich mithilfe von Pigmenten, d. h. organischen oder anorganischen Partikeln, von transluzent über opak bis deckend einfärben. Dabei hängt die Farbe allerdings stark von der Dicke der Probe, der Größe der Pigmentpartikel und von der Pigmentorientierung und -verteilung ab, die wiederum durch die Scherung bei der Verarbeitung beeinflusst werden. Bei verschiedenen Dicken sind unterschiedliche Rezepturen notwendig, wenn die gleiche Farbtönung erreicht werden soll. Da Pigmente bei spezifischen Temperaturen ihre Reflexion verändern - meist durch Schmelzen der Partikel und damit Änderung der Gestalt -, muss bei der Verarbeitung besonders auf die Temperaturbeständigkeit der Pigmentpartikel geachtet werden. Zudem müssen die Pigmente sich mit dem Polymer als verträglich erweisen. Voraussetzung für gleiche Farbe sind dann noch gleiche Oberflächen, denn die vom menschlichen Auge erkannte Farbe ist nicht nur von den Partikeln abhängig, sondern wird in starkem Maß auch von der Rauheit der Oberfläche mitbestimmt. Daher bedeutet die Einstellung einer ganz bestimmten Farbe immer einen erheblichen Aufwand.

HINWEIS: Durch Zusätze können Lichtabsorption und -transmission eines Kunststoffs gezielt eingestellt werden. So lässt sich die Farbe des Kunststoffs durch Pigmente einstellen.

Auch durch langzeitige Lichteinwirkung und durch Alterung kann sich der molekulare Aufbau von Kunststoffen, aber auch der der dispergierten Pigmente, verändern, was zu einer Verminderung der Transparenz oder einer Änderung der Farbe führen kann.

UV-Filterung

Die gezielte Beimischung von Pigmenten wird aber nicht nur zur Einstellung der Farbe im sichtbaren Wellenlängenbereich genutzt. So lassen z. B. bestimmte handelsübliche PMMA-Sorten den gesamten im Sonnenspektrum vorhandenen UV-Strahlungsanteil durch. Zum Beispiel werden die für die Sterilisationen besonders aktiven Wellenlängen von 270 nm bis 315 nm von dünnen Filterscheiben nur gering absorbiert, was für spezielle Fenster von Sterilisationsanlagen erforderlich ist. Durch Zusatz von speziellen Absorbern wird der gewünschte Bereich eingeengt. Ein weiterer positiver Nebeneffekt dieser Absorber ist, dass der Kunststoff selbst gegen den Abbau durch energiereiche UV-Strahlung geschützt wird (sogenannte Lichtstabilisatoren) (vgl. Kap. 13).

Farbmessung

An das farbliche Erscheinungsbild werden in vielen Anwendungen hohe Anforderungen gestellt. Zu deren Überprüfung sind empfindliche Messgeräte erforderlich. Genauso wie bei einem Farbbildschirm jede Farbe aus Kombinationen der drei Farben Rot, Grün und Blau zusammengesetzt werden kann, lässt sich dieser Vorgang zum Zwecke einer Farbmessung umkehren. Hierzu wird die Farbe bzw. werden die Normfarbwerte X_λ (Rot), Y_λ (Grün), Z_λ (Blau), mittels handelsüblicher Spektralphotometer gemessen. Das Funktionsprinzip eines Spektralphotometers ist in Bild 10.16 dargestellt.

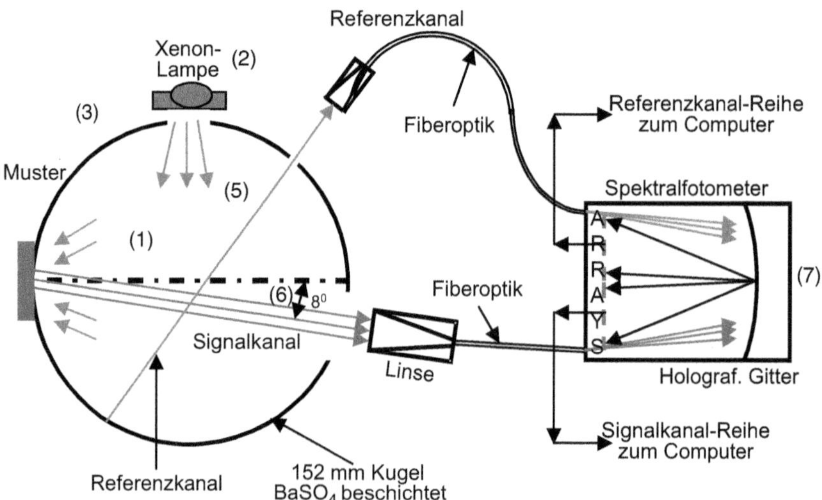

Bild 10.16 Spektralphotometer zur Farbmessung [nach Bastian]

Die sogenannte Ulbricht-Kugel (1) besitzt im Inneren eine diffus streuende, mattweiße Beschichtung. Die Xenon-Blitzlampe (2) mit einem Normtageslichtfilter (3) blitzt nur kurz in die Kugel, damit eine Erwärmung der Probe verhindert wird.

Zwei Strahlen werden aufgenommen, ein Referenzstrahl (5), der das Farbspektrum neben der Probe aufnimmt, und der Probenstrahl (6), dessen Spektrum mit dem des Referenzstrahls verglichen wird.

Zur Aufnahme der beiden Spektren werden Beugungsgitter als Monochromatoren (7) verwendet, um damit jede Wellenlänge des Spektrums einzeln zu vermessen. Das gesamte Spektrum wird während der Messung in einigen Sekunden durchfahren. Der Vergleich durch Differenzbildung sowie die Berechnung der X_λ-, Y_λ-, Z_λ-Werte erfolgen softwarebasiert nach dem in Bild 10.17 abgebildeten Schema.

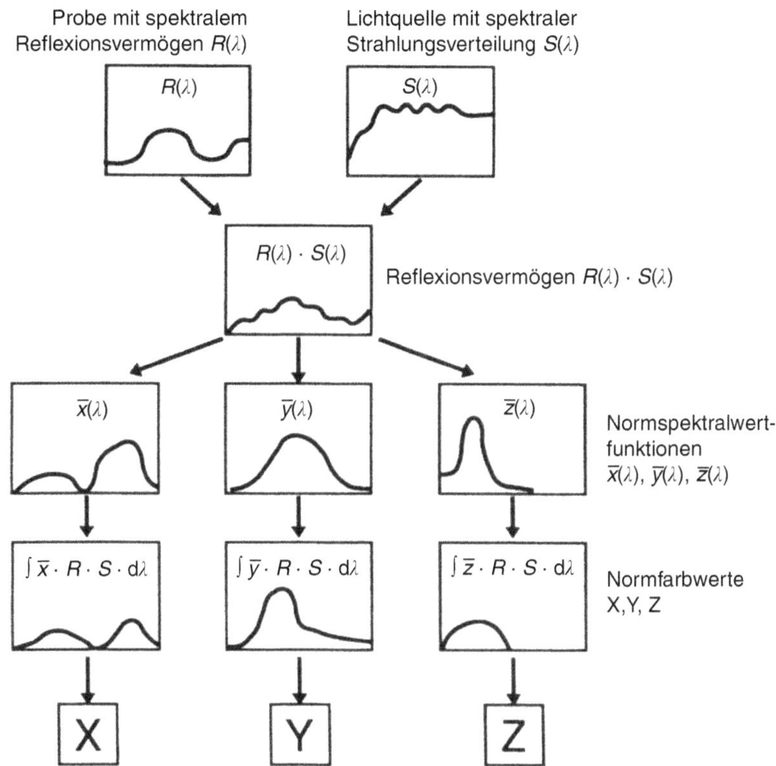

Bild 10.17 CIE-Farbmetrik – objektive Farbmessung nach Normbeobachter

Das Spektrum wird üblicherweise zwischen 380 und 780 nm, also im gesamten sichtbaren Bereich, mit einer Auflösung von 0,15 nm abgetastet, die höher als die des menschlichen Auges ist. Für eine Vergleichsmessung zweier Proben sollten beide die gleiche Oberflächentopografie aufweisen.

HINWEIS: Mit Spektralphotometern wird eine Farbmessung ermöglicht, die genauer ist, als das menschliche Auge wahrnehmen kann.

Zur grafischen Darstellung der Farbe der Probe könnte man die X_λ-, Y_λ-, Z_λ-Werte direkt in einen dreidimensionalen Farbraum eintragen. Übersichtlicher wird die Darstellung jedoch, wenn man zunächst Norm-Farbwerte x, y bestimmt:

$$x = \frac{X}{X+Y+Z} \tag{10.19}$$

$$y = \frac{Y}{X+Y+Z} \tag{10.20}$$

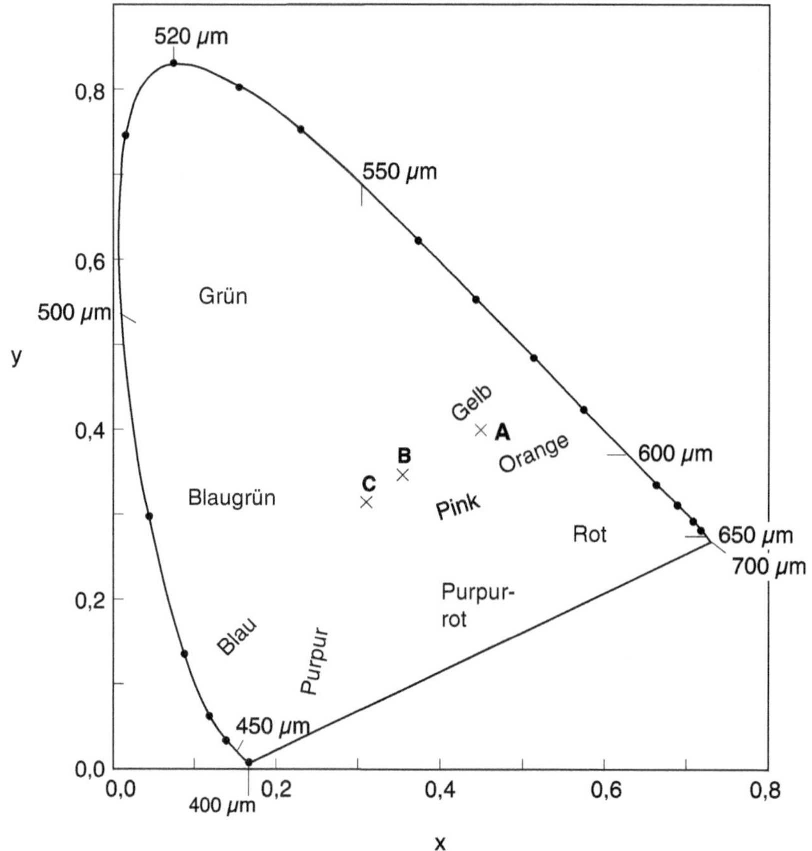

Bild 10.18 Die CIE-Farbtafel

Trägt man nun in einem rechtwinkligen Koordinatensystem dieser beiden „Norm-Farbwertanteile", x als Abszisse und y als Ordinate, alle Farbarten ein, so entsteht das zweidimensionale CIE-Farbdreieck (Norm-Farbtafel nach DIN 5033, Bild 10.18 bzw. ASTM E 308-90). Dies stellt eine Relation zwischen menschlicher Farbwahrnehmung und der sichtbaren elektromagnetischen Strahlung dar.

In die nicht dargestellte *z*-Achse müsste die Leuchtstärke (engl.: luminance) eingetragen werden. Sie wird in dem Diagramm jedoch vernachlässigt. Daher fallen die neutralen Farben Schwarz, Grau und Weiß in der Mitte des zweidimensionalen Diagramms zusammen, im sogenannten Unbuntpunkt. In dem Diagramm sind drei Fixpunkte die Standardwerte:

- die Strahlung des schwarzen Körpers bei 2448 K eines leuchtenden glühenden Wolframdrahtes (A),
- das Sonnenlicht (B),
- das Nordlicht, das mit dem *Unbuntpunkt* zusammenfällt (C).

Die Herstellung eines Farbrezeptes ist heute mit speziellen Computerprogrammen möglich. Trotzdem ist damit stets ein gewisser Aufwand in Form von Messungen, z. B. der Vorlage, von Probemischungen und Kontrollmessungen bis zur Übereinstimmung verbunden. Die Einstellung der Farbe erfolgt über „subtraktive Farbmischung", dabei werden ausgehend von Weißlicht durch Absorption und Filterung Farbeanteile nicht durchgelassen.

10.4 Die Anwendung der Infrarotstrahlung in der Kunststoffindustrie

10.4.1 Aufheizung durch Infrarotstrahlung

Aufheizung durch Infrarotstrahlung ist aufgrund der berührungslosen Energieeinbringung bei verschiedenen Verarbeitungsverfahren eine bevorzugte Erwärmungsmethode. Beispielsweise werden Tafeln und Folien vor dem Umformen beim Thermoformen vorerwärmt [vgl. Weinand]. Hierzu werden in der Regel IR-Strahler mit Arbeitstemperaturen zwischen 600 und 800 °C und einem Emissionsspektrum mit Wellenlängen von etwa 2,5 µm bis 8,0 µm verwendet. In diesem Wellenlängenbereich befindet sich der Eigenabsorptionsbereich der meisten Polymere. Sowohl die molekulare Struktur der Kunststoffe als auch ihre Einfärbung beeinflussen das Absorptionsverhalten. Bild 10.19 zeigt, in welchem Maße die Eindringtiefe durch die Sphärolithgröße beeinflusst wird. Vor allem im Bereich von Wellenzahlen oberhalb von 5000 cm^{-1} ($\lambda < 2$ µm) bewirken große Sphärolithe eine größere Eindringtiefe.

In Bild 10.20 wird der Einfluss der Einfärbung auf die Absorption im kurz- bis mittelwelligen Infrarotbereich dargestellt. Abhängig von der Pigmentierung kann die Strahlung tiefer (Volumenabsorption) oder weniger tief (Oberflächenabsorption) in den Körper eindringen.

Schließlich vergleicht Bild 10.21 die Gesamtabsorption aus verschiedenen Kunststoffen und Einfärbungen bei einer Probendicke von 1 mm. Man entnimmt dem Bild, dass sich offensichtlich bei einer Strahlertemperatur von 1200 K für alle Kunststoffe eine etwa gleiche Absorption einstellt.

Neben dem Thermoformen werden bei verschiedenen Kunststoffschweißverfahren die zu fügenden Bauteile durch Infrarotstrahlung vorplastifiziert oder vorerwärmt. Beim Ultraschallschweißen kann beispielsweise durch die Vermeidung der Feststoffreibphase mit

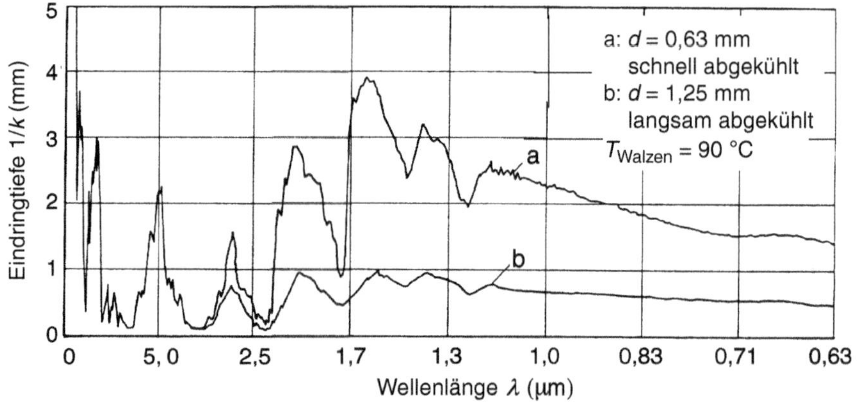

Bild 10.19 Eindringtiefe der Infrarotstrahlung beim Heizen von Tafeln aus Polypropylen mit unterschiedlichen Gefügen (d = Sphärolithdurchmesser)

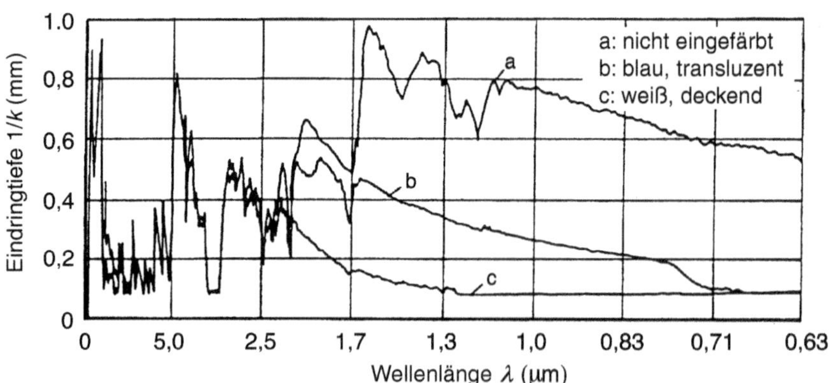

Bild 10.20 Eindringtiefe der Infrarotstrahlung beim Heizen von Tafeln aus Polystyrol mit unterschiedlicher Einfärbung

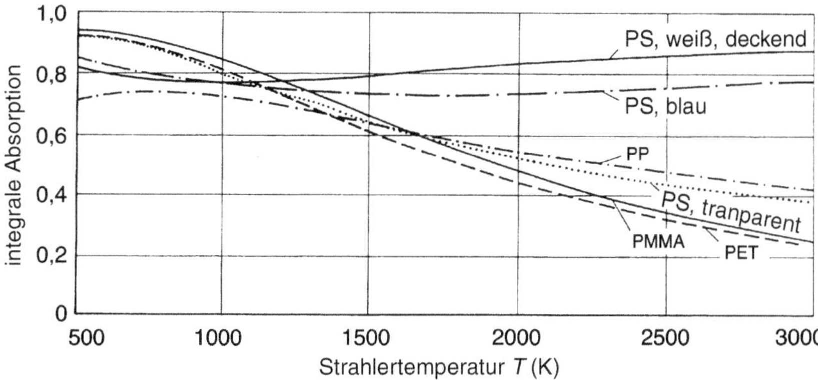

Bild 10.21 Integraler Absorptionsgrad bei unterschiedlichen Kunststoffen

tels einer Vorplastifizierung die unerwünschte Fusselbildung vermieden werden. Beim Laserdurchstrahlschweißen (siehe Abschnitt 10.4.2) kann durch eine Vorerwärmung die Bauteilsteifigkeit verringert werden, was beim Schweißen großer Bauteile vorteilhaft ist.

Die Aufheizung durch Infrarotstrahlung, beispielsweise durch Sonneneinstrahlung, führt aufgrund der Erwärmung des Kunststoffs zwangsläufig zu einer relativ starken Wärmedehnung. Diese für Konstruktionen wichtige Eigenschaft wird in Abschnitt 8.1.3 behandelt.

10.4.2 Kunststoffschweißen mittels Infrarotstrahlung

Die gezielte Umwandlung von elektromagnetischer Strahlung in Wärme wird seit vielen Jahren auch zum Schweißen von Thermoplasten in der Serienfertigung verwendet. Im Wesentlichen sind das Infrarotschweißen sowie das Laserdurchstrahlschweißen von Kunststoffen etablierte Verfahren, die sich jedoch prozess- und verfahrenstechnisch grundsätzlich unterscheiden.

Für die Erwärmung beim Infrarotschweißen gelten die in Abschnitt 10.4.1 erläuterten Mechanismen. Der Verfahrensablauf ähnelt dem sogenannten Heizelementschweißen. Zunächst wird der an die Schweißnahtkontur angepasste breitbandige IR-Strahler zwischen die zu fügenden Bauteile positioniert, um die Formteiloberflächen zu plastifizieren. Sobald eine ausreichende Schmelzeschicht gebildet worden ist, wird der Strahler aus der Fügezone herausgefahren. Anschließend werden die Bauteile unter Aufbringung des Fügedrucks zusammengefahren. Die Vorteile des IR-Schweißens im Gegensatz zum Heizelementschweißen sind u. a. die berührungslose Energieeinbringung, wodurch keine Materialrückstände an den Schweißwerkzeugen verbleiben, sowie kürzere Zykluszeiten.

Eine spezielle Variante des Infrarotschweißens ist das Laserdurchstrahlschweißen [vgl. Schulz, Lützeler]. Laserquellen (**L**ight **A**mplification by **S**timulated **E**mission of **R**adiation, dt.: „Lichtverstärkung durch stimulierte Emission von Strahlung") emittieren kohärentes, gerichtetes Licht ein einem engen Wellenlängenbereich (monochromatisch). Beim Laserdurchstrahlschweißen macht man sich die Eigenschaften der meisten naturfarbenen, ungefüllten Thermoplaste zunutze, im Bereich des nahen Infrarotbereichs (NIR; 800 nm bis 1100 nm) hohe Transmissionsgrade aufzuweisen. Vor dem Schweißprozess werden beide Bauteile in der gewünschten Endlage positioniert und der Fügedruck aufgebracht. Der transparente Fügepartner wird vom Laserstrahl ohne nennenswerte Erwärmung durchstrahlt. Erst im zweiten Fügepartner wird der Laserstrahl in einer oberflächennahen Schicht vollständig absorbiert, wobei die Laserenergie in Wärmeenergie umgewandelt und der Kunststoff aufgeschmolzen wird. Aufgrund von Wärmeleitungsprozessen wird auch das transparente Bauteil im Bereich der Fügezone plastifiziert. Um den hohen Absorptionsgrad des unteren Fügepartners zu erreichen, werden diesem absorbierende Pigmente zugesetzt, bei denen es sich meist um Rußpigmentierungen handelt.

Es existieren jedoch auch spezielle Pigmente, die im sichtbaren Wellenlängenbereich keine schwarze Farbe (wie es bei Ruß der Fall ist) aufweisen, im Bereich der verwendeten Laserquellen jedoch trotzdem Strahlung absorbieren. Auch der transparente Fügepartner kann mit lasertransparenten Pigmenten eingefärbt werden, die für das menschliche Auge bunt erscheinen. Sogar eine Schwarzfärbung des transparenten Fügepartners ist durch geeignete Pigmente möglich.

10.4.3 Infrarotspektroskopie

Infrarotspektroskopie misst Resonanzschwingungen

Infrarote Strahlung ist in der Lage, bei polymeren Werkstoffen Molekülschwingungen chemischer Gruppenelemente zu erzeugen. Jede chemische Gruppe (z. B. CH_3-, OH-, CO-, COO-) gerät dabei bei unterschiedlichen Wellenlängen der anregenden Strahlung in Resonanzschwingungen. Zudem kann jede dieser chemischen Gruppen verschiedene Schwingungstypen (rotatorisch, deformatorisch) ausführen. Die dafür genutzte Energie führt zur Intensitätsschwächung dieser Wellenlängenbereiche im austretenden Strahl, im Spektrum als „Bande" bezeichnet. Auf diese Weise hinterlassen polymere Werkstoffe im Infrarotspektrum einen typischen Fingerabdruck.

Bei der Infrarotspektroskopie erfolgt die Bestrahlung der Proben im mittleren Infrarotbereich bei Wellenlängen zwischen 2,5 µm und 25 µm (bzw. Wellenzahlen zwischen 4000 cm^{-1} und 400 cm^{-1}). Die heutzutage fast ausschließlich eingesetzte *Fourier-transformierte* Infrarotspektroskopie erlaubt eine sehr zügige Messung, weil mithilfe eines beweglichen Spiegels ein Michelson-Interferometer realisiert wird, das eine automatische Durchstimmung aller Wellenlängenbereiche erlaubt. Der Strahlteiler in Bild 10.22 teilt den Ausgangsstrahl, dessen einer Teilstrahl zu einem fixen Spiegel (oben) und dessen anderer Teilstrahl zum beweglichen Spiegel geleitet werden. Im Rücklauf überlagern sich beide Strahlen im Strahlteiler, wodurch es je nach Stellung des beweglichen Spiegels zu konstruktiven bzw. destruktiven Interferenzen bestimmter Wellenlängen kommt. So wird die Probe in einem Messdurchgang (mehrfach) mit Strahlung des gesamten Wellenlängenbereichs durchstrahlt (siehe Bild 10.22). Der Detektor erfasst in der gegebenen Anordnung die durch die Probe transmittierte Strahlung. Strahlung solcher Wellenlängenbereiche, die von der Probe wegen der Erzeugung von Molekülschwingungen absorbiert werden, erscheint im Detektorsignal geschwächt. Durch Vergleich mit Datenbanken lässt sich anhand der Lage der fehlenden Wellenlängen der Werkstoff bestimmen.

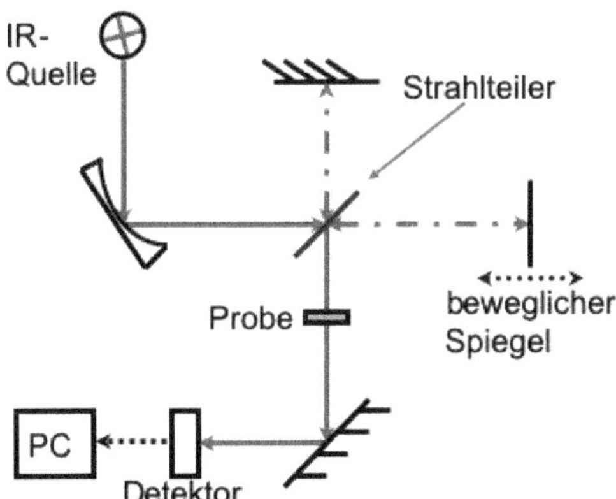

Bild 10.22 Prinzip der Fourier-transformierten Infrarotspektroskopie (FT-IR)

Bild 10.23 zeigt als Beispiel das IR-Spektrum eines Polypropylens. Auf der Abszisse wird aus historischen Gründen nicht die Wellenlänge, sondern deren Kehrwert, die Wellenzahl, aufgetragen. In dem Spektrum sind einige Peaks gekennzeichnet, die unterschiedliche Schwingungsformen der funktionellen Gruppen repräsentieren. Selbst strukturell einfache polymere Werkstoffe besitzen also Spektren mit mehreren Peaks.

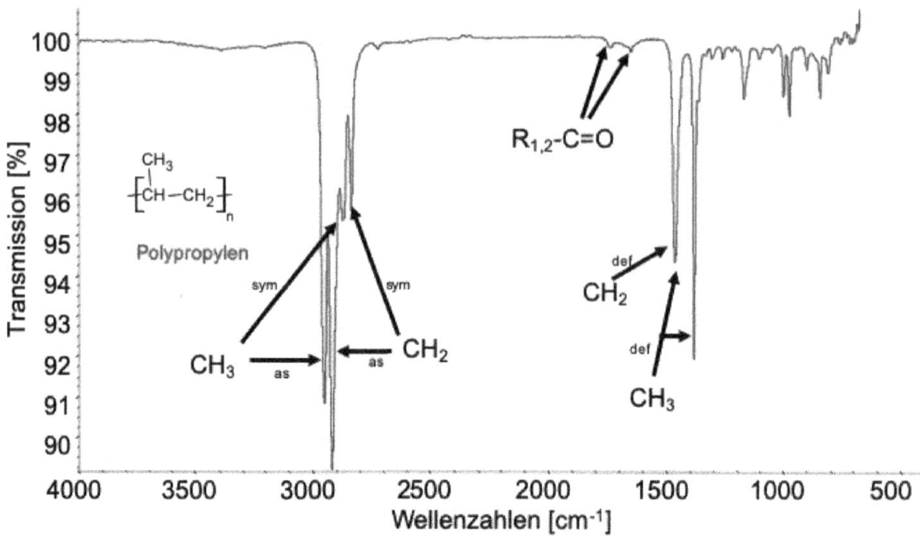

Bild 10.23 Transmissionsspektrum eines Polypropylens

Es gibt verschiedene Möglichkeiten der Versuchsdurchführung. Die am häufigsten bei Kunststoffen zum Einsatz kommenden sind die folgenden drei:

- Folien geringer Dicke (typ. $d < 1$ mm) können direkt in Transmission gemessen werden.
- Stark absorbierende Proben, beispielsweise aufgrund hoher Dicke oder aufgrund von Füllstoffen, werden pulverisiert, werden mit einem neutralen Stoff, meist Kaliumbromid, gemischt und zu einer Tablette gepresst. Die Messung erfolgt in Transmission.
- Alternativ kann die sogenannte ATR-Technik (engl.: attenuated total reflection) genutzt werden. Die Probe wird in optischen Kontakt mit einem Kristall gebracht, den eine mehrfach reflektierte Infrarotwelle durchläuft, die dabei auch oberflächlich in den Kunststoff eindringt.

Über die Werkstoffidentifizierung hinaus ist die FT-IR ein wichtiges Instrument zur Charakterisierung des Polymerabbaus durch Bewitterung über die Zunahme der Absorptionsbande der COOH-Gruppe oder die Wasseraufnahme durch Verfolgung der Wasserbande über der Zeit. Mit der ATR-Technik lassen sich Reaktionsvorgänge über der Reaktionszeit in Schmelzen usw. verfolgen.

HINWEIS: Die Infrarotspektroskopie ist eine der wichtigsten Methoden zur Bestimmung von Kunststoffen und zur Charakterisierung struktureller Veränderungen.

10.4.4 Berührungslose Temperaturmessung von Kunststoffoberflächen

Die berührungslose Messung der Temperatur eines erwärmten Körpers mithilfe von Infrarotkameras hat für die Fertigung von Kunststoffformteilen eine große Bedeutung; insbesondere wird sie benutzt, um die analytisch schwierig erfassbaren Temperaturunterschiede in komplex gestalteten Spritzgießkavitäten der Werkzeuge messtechnisch zu analysieren.

Die Strahlungsmessung beruht auf dem *Stefan-Boltzmann*schen Gesetz für das Gesamtemissionsvermögen:

$$L_{TS} \approx T^4 \tag{10.21}$$

für den absolut schwarzen Körper. Für einen nicht schwarzen Strahler ist:

$$L_{TS} \approx \varepsilon \cdot T^4 \tag{10.22}$$

Darin nimmt ε folgende Werte ein:

- $\varepsilon = 1$ für schwarze Strahler und
- $\varepsilon < 1$ für alle anderen Strahler.

Weiterhin gilt das *Kirchhoff*sche Gesetz, wonach sowohl für die Gesamtstrahlung als auch für die spektrale Strahlung Absorption α_{vT} und Emission $\varepsilon_{\mathrm{vT}}$ identisch sind:

$$\varepsilon_{vT} = \alpha_{vT} \tag{10.23}$$

sofern der Körper nicht transparent ist. Somit gilt mit der Formel 10.9:

$$\varepsilon_v = 1 - \tau_v - \rho_v \tag{10.24}$$

Strahlungsmessprinzip

Zur Bestimmung von ε ist also die Kenntnis oder die Eliminierung der Transmission τ_{v} und der Reflexion ρ_{v} erforderlich. Wenn der zu messende Gegenstand aus Kunststoff besteht, kann in der Regel die Transmission dadurch eliminiert werden, dass man die Temperatur bei einer Wellenlänge misst, bei welcher der Kunststoff stark absorbiert, d. h. in seinem Spektrum eine starke Absorptionsbande besitzt. Dazu setzt man in die Strahlungsmessgeräte, sogenannte Pyrometer, schmalbandige Filter ein, die eine der üblicherweise benutzten Banden herausfiltern. Es sind dies entweder $\lambda = 3{,}43\ \mu\mathrm{m}$ (die CH_2-Bande) oder $\lambda = 6{,}8\ \mu\mathrm{m} \pm 0{,}15\ \mu\mathrm{m}$ (CH_3-Bande) oder $\lambda = 8{,}05\ \mu\mathrm{m}$ (C-OC-Bande). Als Detektoren für Pyrometer werden z. B. thermische (Bolometer) oder photoelektrische Detektoren (ungekühlte oder gekühlte Fotodioden) verwendet.

10.5 Lichtstreuung in Mehrphasenkunststoffen

Lichtstreuung an Sphärolithen

Die Einlagerung von Kunststoffpartikeln anderer optischer Eigenschaften führt zur Verfärbung. So besitzen die mit Kautschukpartikeln schlagzäh gemachten ABS-Typen nichts mehr von der Transparenz des Polystyrols. Auch die teilkristallinen Thermoplaste, die Sphärolithe besitzen (vgl. Abschnitt 6.1.2), deren Durchmesser mit 50 µm bis 500 µm deutlich oberhalb der Wellenlänge des sichtbaren Lichts (380 nm bis 780 nm) liegt, sind allenfalls transluzent, bei größerer Dicke oder höherer Kristallinität opak. Die Beobachtung von Dünnschichten mit typischen Dicken 20 µm $< d <$ 80 µm unter dem Lichtmikroskop mit polarisiertem Licht gestattet die Beobachtung der Überstrukturgefüge, wenn die Sphärolithe ausreichend groß sind. Infolge der unterschiedlichen Brechungszahlen in verschiedenen Richtungen der durchschnittenen Sphärolithe kommen charakteristische Bilder zustande, die nicht nur über die Wachstumsbedingungen (Geschwindigkeit, Bildungstemperatur) Aufschluss geben, sondern auch über die Art der Fertigung, wie homogene Aufschmelzung u. a. mehr.

Die Gefügeuntersuchung mit dem Lichtmikroskop ist weiterhin aber auch sinnvoll bei gefüllten oder amorphen Kunststoffen, da hierbei die Verteilung und Zerteilung (Dispersion) von Füllstoffen kontrolliert, aber auch Orientierungen festgestellt werden können. Weiteres hierzu ist in Kapitel 5 ausgeführt.

Literatur zu Kapitel 10

Bäumer, S.: *Handbook of Plastic Optics.* Wiley-VCH Verlag, Weinheim, 2005

Bastian, M.: *Einfärben von Kunststoffen.* Carl Hanser Verlag, München, 2010

Behrens, M.: *Kontinuierliche Qualitätsprüfung bei der Kunststoffextrusion mittels optoelektronischer Verfahren.* RWTH Aachen, Dissertation, 1995

Bölinger, S.: *Spritzgießen und Spritzprägen von Kunststoffoptiken.* RWTH Aachen, Dissertation, 2001

Forster, J.: *Vergleich der optischen Leistungsfähigkeit spritzgegossener und spritzgeprägter Kunststofflinsen.* RWTH Aachen, Dissertation, 2006

Hauck, J., Michaeli, W.: *On-Line-Messung von Orientierungen an Blasfolien.* Abschlussbericht zum AIF-Forschungsvorhaben Nr.10050, IKV, Aachen 1997

Hecht, E.: *Optik.* München: Oldenbourg Wissenschaftsverlag, 2009

Hensel, H.: *Orientierungsdoppelbrechung - ein Mittel zur Beurteilung der Anisotropie von Kunststoffen.* RWTH Aachen, Dissertation, 1975

Hering, E., Martin, R., Stohrer, M.: *Physik für Ingenieure.* Heidelberg: Springer-Verlag, 2007

Kunze, R.: UV-angeregte Thermolumineszenz an Polymeren. *Materialprüfung* 35 (1993) 3, S. 68 - 71

Lützeler, R.: *Laserdurchstrahlschweißen von teilkristallinen Kunststoffen.* RWTH Aachen, Dissertation, 2005

Meeten, G. H.: *Optical Properties of Polymers.* London, New York: Elsevier Applied Science Publishers, 1986

Osswald, T. A.; Menges, G.: *Materials Science of Polymers for Engineers*. München, Wien: Carl Hanser Verlag, 2nd ed., 2003

Peukert, H.: Spannungsoptische Untersuchungen an warmgerecktem Plexiglas. *Kunststoffe* 41 (1951) 5, S. 154 - 160

Philipp, M.: *Entwicklung und Einsatz automatisierter optischer Inspektionssysteme in der Kunststofftechnik*. RWTH Aachen, Dissertation, 1994

Philipps, J.: *Methoden der schnellen Echtzeitbildverarbeitung zur Detektion von Oberflächenfehlern im Extrusionsprozess*. RWTH Aachen, Dissertation, 1999

Schreyer, G.: Optische Eigenschaften der Kunststoffe. In: Schreyer G. (Hrsg): *Konstruieren mit Kunststoffen*; Teil 2. München, Wien: Carl Hanser Verlag, 1985

Schulz, J. E.: *Werkstoff-, Prozess- und Bauteiluntersuchungen zum Laserdurchstrahlschweißen von Kunststoffen*. RWTH Aachen, Dissertation, 2003

Stein, A.: Strahler bringen Kunststoff zum Schmelzen. *Kunststoffe* 100 (2010) 8, S. 16 - 17

Steinko, W.: *Optimierung von Spritzgießprozessen*. München, Wien: Carl Hanser Verlag, 2008

Weinand, D.: *Modellbildung zum Aufheizen und Verstrecken beim Thermoformen*. RWTH Aachen, Dissertation, 1987

Wienke, D., Van den Broek, W., Melssen, W., Buydens, L., Feldhoff, R., Huth-Fehre, T., Kantimm, T., Winter, F., Cammann, T.: Near-infrared imaging spectroscopy (NIRIS) and image rank analysis for remote identification of plastics in mixed waste. *Fresenius' Journal of Analytical Chemistry* 354 (1996) 7 - 8, S. 823 - 828

11 Akustische Eigenschaften

Der Begriff „Akustik“ hat seinen Ursprung im altgriechischen Wort „akoustikós“, was übersetzt „das Gehör betreffend“ bedeutet. Im Allgemeinen wird unter der Akustik alles rund um das Thema „Hören“ verstanden. Aus der physikalischen Sicht jedoch befasst sich die Akustik mit einem viel umfassenderen Themengebiet, nämlich der Lehre von Schall. Dabei sind die wesentlichen Aspekte die Schallentstehung und die Schallausbreitung in unterschiedlichen Medien. Der Themenbereich der Akustik zeichnet sich durch eine hohe Interdisziplinarität aus, da Schall sehr viele Ursachen und Auswirkungen haben kann. In der Physiologie wird z. B. der Einfluss akustischer Reize auf das menschliche Wohlbefinden untersucht, wohingegen Materialwissenschaftler an neuen Werkstoffen und Methoden entwickeln, um das akustische Verhalten von Bauteilen in technischen Anwendungen zu optimieren.

In vielen Bereichen der technischen Akustik spielen Polymerwerkstoffe in kompakter oder geschäumte Form eine wichtige Rolle. So finden Kunststoffe z. B. in vielen Under-the-hood-Anwendungen in der Automobilindustrie Einsatz. Solche Bauteile sind Schwingungen von Motor, Anbauteilen und der Fahrbahn in sehr variierenden Frequenzbereichen ausgesetzt. Durch die Modifikation der Körperschalleigenschaften solcher Kunststoffstrukturen kann neben dem Fahrkomfort der Insassen auch die Sicherheit des Fahrzeugs erhöht werden, indem z. B. das Lösen von Bauteilen aufgrund von auftretenden Vibrationen verhindert wird.

aktive und passive Lärmminderung

Ein anderer wichtiger Bereich der technischen Akustik, wo Kunststoffe einen wesentlichen Beitrag leisten, ist der Lärmschutz. Der Hörbereich von erwachsenen Menschen liegt in dem Frequenzbereich von 16 Hz bis 16 kHz. Dabei wird zwischen der *aktiven und passiven Lärmminderung* unterschieden. Die aktive Lärmminderung umfasst alle Maßnahmen, die die Entstehung von Luftschall vermindern oder vollständig verhindern. Im Gegensatz dazu wird mit der passiven Lärmminderung die Ausbreitung von schon entstandenem Luftschall unterbunden.

Für Kunststoffe müssen somit zwei Schallerscheinungen besonders beachtet werden. Das ist einerseits der Körperschall, d. h. die Fortpflanzung von mechanischen

Wellen in Kunststoffen, und andererseits die Aufnahme oder Weitergabe von mechanischen Schwingungen aus angrenzenden Medien, vor allem aus Luft.

11.1 Grundlagen der Akustik

Longitudinal- und Transversalwellen

Schall beschreibt im Allgemeinen mechanische Schwingungen, die sich im Medium als fortschreitende Welle ausbreiten. *Longitudinal- und Transversalwellen* sind die beiden Grunderscheinungsformen von Schallwellen und können in Abhängigkeit vom Ausbreitungsmedium unterschiedlich auftreten. Daher muss für die akustische Betrachtung von technischen Problemstellungen zunächst festgestellt werden, in welchem Medium die Schallausbreitung stattfindet. Die Schallausbreitung in Gasen und Flüssigkeiten beruht physikalisch auf der Volumenelastizität und zeichnet sich dadurch aus, dass die Schwingungsenergie von Molekül zu Molekül weitergegeben wird und die Schwingungswelle sich räumlich fortpflanzt. Da in Gasen und Flüssigkeiten keine Schubspannungen zwischen den einzelnen Teilchen übertragen werden können, stimmt die Schwingungsrichtung der Teilchen immer mit der Ausbreitungsrichtung der Welle überein.

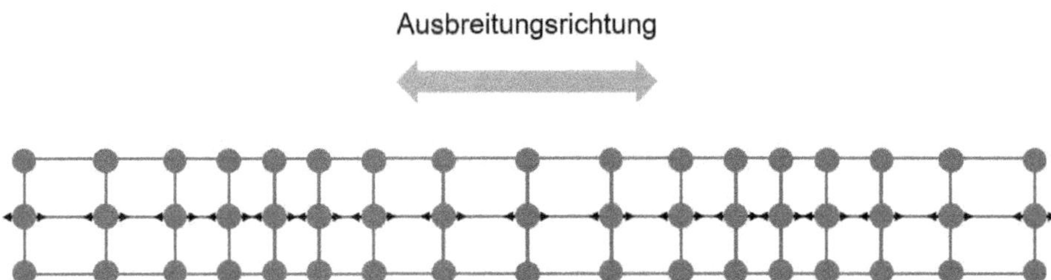

Bild 11.1 Reine Longitudinalwelle

Dahingegen herrscht in Festkörpern neben der reinen Volumenelastizität auch eine Formelastizität, wodurch der Feststoff auch Schubkräfte aufnehmen und übertragen kann. Daher treten in festen Medien sowohl Longitudinalwellen, wie in Gasen und Flüssigkeiten, als auch Transversalwellen auf. Bei einer Transversalwelle ist die Schwingrichtung der angeregten Teilchen orthogonal zur Ausbreitungsrichtung der Schallwelle.

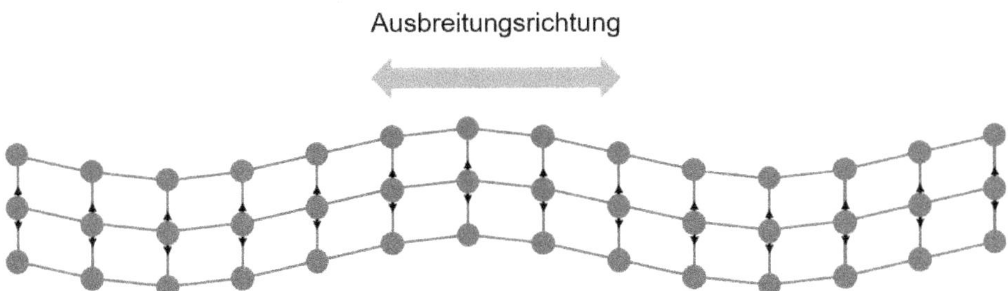

Bild 11.2 Reine Transversalwelle

Schallfeldgröße

Schallwellen werden durch Zustandsgrößen, die bezüglich ihrer statischen Ruhewerte oszillieren, beschrieben. Da Schallwellen in Abhängigkeit vom Medium unterschiedlich auftreten, ist die betrachtete Zustandsgröße der mathematischen Formulierung auch davon abhängig, ob es sich um eine Ausbreitung in Gasen und Flüssigkeiten oder in einem festem Medium handelt. Für Gase und Flüssigkeiten wird für die Beschreibung der Schwingung meist der Schalldruck p herangezogen. Zustandsgrößen, die orts- und zeitabhängig sind und den Schall beschreiben, werden auch als *Schallfeldgrößen* bezeichnet. Für die Betrachtung akustischer Wellen in Festkörpern wird als vektorielle Zustandsgröße die Schallschnelle $\vec{v}$, also die zeitliche Ableitung der Auslenkung $\vec{\xi}$ eines im Raum festgelegten Punktes, oder die Kraft $\vec{F}$ verwendet.

Im Allgemeinen können diese Schallfeldgrößen mit der Wellengleichung beschrieben werden. Beispielhaft wird hier die partielle Differentialgleichung für den Schalldruck p in Gasen angeführt.

$$\frac{\partial^2 p}{\partial x^2} + \frac{\partial^2 p}{\partial y^2} + \frac{\partial^2 p}{\partial z^2} = \frac{1}{c^2} \frac{\partial^2 p}{\partial t^2} \tag{11.1}$$

Schallgeschwindigkeit

Die Variable c in der partiellen Differentialgleichung beschreibt die *Schallgeschwindigkeit* und stellt die Ausbreitungsgeschwindigkeit dar, mit der sich die Schallwelle durch das Medium fortpflanzt. Die Schallgeschwindigkeit ist von der Masse des schallübertragenden Mediums und von der Stärke der Kopplung der Teilchen in diesem Medium abhängig. Unter Verwendung des idealen Gasgesetzes kann die Schallgeschwindigkeit für ideale Gase als

$$c = \sqrt{\kappa \frac{RT}{\mu}} \tag{11.2}$$

formuliert werden. Dabei ist R die Gaskonstante, μ das Molekulargewicht und T die Absoluttemperatur des Mediums. Da die Zustandsänderungen bei Schallausbreitung so schnell vonstattengehen, dass ein Wärmeausgleich mit der Umgebung ausgeschlossen werden kann, wird der Vorgang der Schallübertragung in idealen Gasen als adiabat angesehen. Dies drückt sich auch bei der Berechnung der Schallgeschwindigkeit aus, wo κ dem Adiabatenkoeffizient entspricht.

Analog zu der Schallgeschwindigkeit in Gasen kann auch die Schallgeschwindigkeit in Festkörpern berechnet werden. Es wird zwischen der Schallgeschwindigkeit für longitudinale und transversale Wellen unterschieden.

$$c_L = \sqrt{\frac{E}{\rho}} \tag{11.3}$$

$$c_T = \sqrt{\frac{G}{\rho}} \tag{11.4}$$

Bei Betrachtung der Zusammenhänge für die Schallgeschwindigkeit für Longitudinal- und Transversalwellen spiegelt sich die Volumen- und die Formelastizität als Kopplungsmaß der Teilchen in den Materialkennwerten Elastizitäts- und Schubmodul wider (vgl. Formel 11.3 und Formel 11.4). Die Werkstoffdichte ρ beschreibt den Masseneinfluss auf die Schallgeschwindigkeit. Die Schallgeschwindigkeit in Kunststoffen hängt somit direkt mit den Steifigkeitsgrößen zusammen, sodass man hieraus weiterhin ableiten kann, dass sie um Größenordnungen kleiner ist als bei Metallen, vor allem als bei Stahl (vgl. Fehler! Verweisquelle konnte nicht gefunden werden.).

Tabelle 11.1 Modul und Schallgeschwindigkeit in Abhängigkeit vom Phasenzustand

	Modul (N/mm²)	Wellengeschwindigkeit (m/s)
Glaszustand, μ = 0,3		
Elastizitätsmodul	$E \approx 10^3 \text{ bis } 10^4$	$C_L \approx 2.000$
Schubmodul	$G = \frac{E}{2(1+\mu)} \approx 3{,}8 \cdot (10^2 \text{ bis } 10^3)$	$C_T \approx 1.000$
Gummielastischer Zustand, μ = 0,5		
Elastizitätsmodul	$E \approx 1 \text{ bis } 10^2$	$C_L \approx 10\, bis\, 400$
Schubmodul	$G = \frac{E}{2(1+0{,}5)} \approx \frac{E}{3}$	$C_T \approx 6\, bis\, 200$

Biegewelle

In der technischen Praxis bestehen Spritzgießbauteile häufig aus dünnen Platten- und Balkenstrukturen, um die Abkühlzeit während der Fertigung klein zu halten, weshalb das Schwingungsverhalten dieser geometrischen Strukturen von großer Bedeutung ist. Dabei sind Platten- und Balkenstrukturen durch eine große Ausdehnung in eine oder zwei Raumrichtungen bei gleichzeitig geringer Bauteildicke charakterisiert. In solchen Bauteilen tritt die *Biegewelle* als eine Sonderform der Transversalwelle auf. Biegewellen zeichnen sich dadurch aus, dass den Schwingungen der Festkörperteilchen, die orthogonal zur Wellenausbreitungsrichtung gerichtet sind, eine zusätzliche Drehung der Querschnittsflächen überlagert wird.

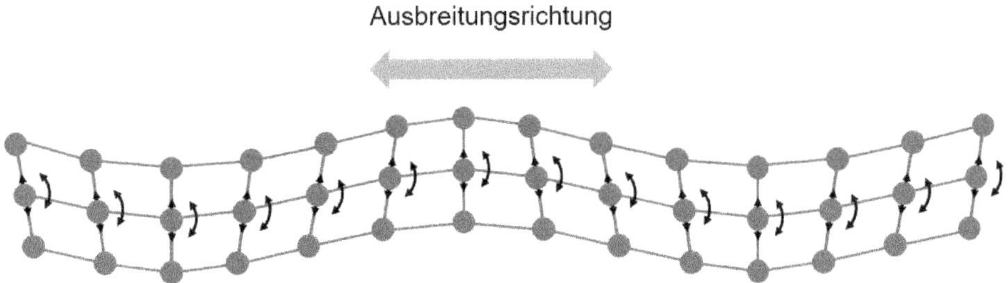

Bild 11.3 Biegewelle

Aufgrund der großen Interaktionsfläche der dünnen Platten- und Balkenstrukturen zur Umgebung hat das Körperschallverhalten dieser Strukturen einen großen Anteil an der Schallabstrahlung und somit auch an der Gesamtakustik von technischen Systemen.

Um den Schall weiter zu charakterisieren und damit auch messbar zu machen, stellt die Schallintensität $\vec{I}$ eine wichtige Größe dar. Die Schallintensität $\vec{I}$ beschreibt dabei die durch eine Flächeneinheit fließende Energie und wird als das Produkt von Schalldruck p und der Schallschnelle $\vec{v} = \dot{\vec{\xi}}$ gebildet. Sie ist dementsprechend auch eine vektorielle Größe.

$$\vec{I} = p \cdot \vec{v} \tag{11.5}$$

Weber-Fechner-Gesetz-Schalldruckpegel

Neben der Beschreibung von physikalischen Vorgängen während der Schallausbreitung ist es nötig, eine angemessene Bewertungsgrundlage im Umgang mit akustischen Sachverhalten zu schaffen. Da der subjektiv empfundene Höreindruck nicht linear mit den oben genannten Zustandsgrößen einhergeht, werden für die Bewertung von Schallereignissen Methoden der Psychoakustik herangezogen. Nach dem *Weber-Fechner-Gesetz* verhält sich die menschliche Wahrnehmung proportional zum Logarithmus des Reizes in Form einer Druckschwankung. Daher wird zur mathematischen Beschreibung von Schall und Schwingungen der *Schalldruckpegel* L_p gebildet, indem die Zustandsgrößen auf normierte Größen bezogen und logarithmisch dargestellt werden. Folgender Zusammenhang gilt für den Schalldruck p:

$$L_p = 20 \cdot \log\left(\frac{p}{p_0}\right) \mathrm{dB} \tag{11.6}$$

Dabei ist der Bezugswert p_0 über die Hörschwelle des menschlichen Gehörs bei 1000 Hz in Höhe von $p_0 = 2 \cdot 10^{-5}$ Pa definiert. Die Schmerzgrenze liegt bei einem Schalldruck von etwa 200 Pa. Mithilfe der Pegelrechnung wird der menschliche Hörbereich zwischen 0 dB bis 140 dB beschrieben. Die Pseudoeinheit dB weist auf das logarithmische Bildungsgesetz hin. Die Formel 11.6 kann analog zum Schalldruck p auch mit den anderen zuvor beschriebenen Schallfeldgrößen aufgestellt werden.

Der Lautstärkepegel unterscheidet sich von den vorherigen Größen dadurch, dass es sich um eine vom Menschen bewertete Größe handelt. Der Hintergrund ist, dass gleiche Schalldruckpegel bei unterschiedlichen Frequenzen vom Menschen nicht als gleich laut empfunden werden. Der Lautstärkepegel berücksichtigt dieses Lautstärkeempfinden und wird in Phon angegeben. In Bild 11.4 ist der Schalldruckpegel über der Frequenz aufgetragen, wobei die Linien gleich empfundener Lautstärke eingezeichnet sind. Tiefe und hohe Töne werden bei gleichem Schalldruckpegel leiser wahrgenommen, die maximale Empfindlichkeit liegt bei ca. 4 kHz vor. Beispielhaft wird ein Schalldruckpegel von 100 dB bei ca. 20 Hz mit einer Lautstärke von 70 Phon wahrgenommen, bei ca. 5 kHz hingegen mit 110 Phon.

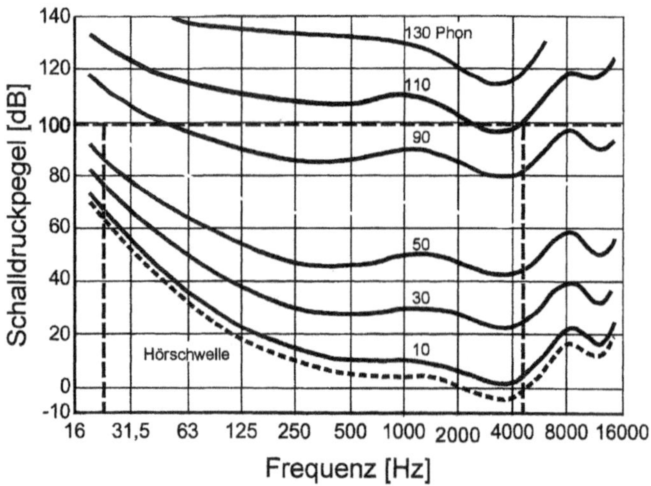

Bild 11.4 Schallpegel und Schalldruck in Abhängigkeit von der Frequenz im Vergleich zur Lautstärke

Geräusche sind ein Gemisch aus unterschiedlichen Frequenzen. Es gibt unterschiedliche Bewertungsmethoden, den Schalldruckpegel eines Geräusches in einem Wert zusammenzufassen. Die für eine akustische Auslegung bedeutendste ist der A-bewertete Schalldruckpegel. Das frequenzabhängige Lautstärkeempfinden wird im A-bewerteten Schalldruckpegel nachgebildet. Das bedeutet, die Schalldruckpegel gehen entsprechend ihrer empfundenen Lautstärke in den Gesamtpegel ein.

11.2 Schallausbreitung und -übertragung in polymeren Werkstoffen

Im Vergleich zu klassischen Materialen weisen Kunststoffe eine geringe Dichte und Steifigkeit auf, weshalb Kunststoffkomponenten ein ungünstiges Schwingungsverhalten zeigen. Daher nimmt die akustische Optimierung des Körperschallverhaltens von Kunststoffbauteilen immer weiter an Bedeutung zu.

Zur Veranschaulichung von mechanischen Körperschallaufnehmern wird ein vereinfachtes System aus einem gedämpften Einmassenschwinger, das eine erzwungene Kraftanregung erfährt, betrachtet. Dies ist der Fall, wenn ein Kunststoffbauteil, z. B. ein Pumpengehäuse, betrachtet wird.

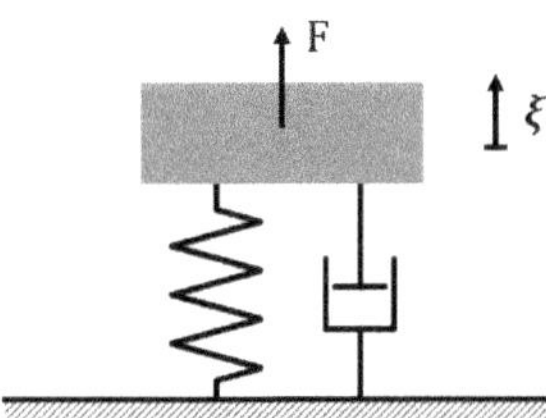

Bild 11.5 Schematische Darstellung der vereinfachten eindimensionalen Körperschalldämmung

Um das Schwingungsverhalten eines solchen Systems beschreiben zu können, wird die zeitabhängige Bewegungsgleichung vereinfachend eindimensional aufgestellt, wodurch die vektoriellen Größen zu Skalaren werden. Die wesentliche Zustandsgröße ist die Auslenkung ξ, die durch eine äußere Anregung durch die Kraft F hervorgerufen wird. Das Systemverhalten wird durch die Masse m, die Federsteifigkeit c und die Dämpfung D vollständig charakterisiert.

$$m\frac{\mathrm{d}^2\xi}{\mathrm{d}t^2}+D\frac{\mathrm{d}\xi}{\mathrm{d}t}+s\xi=F \qquad (11.7)$$

Das Lösen dieser Differentialgleichung zweiter Ordnung liefert die *Übertragungsfunktion* des Einmassenschwingers. Die Übertragungsfunktion beschreibt, wie das System auf eine äußere Erregung reagiert, und stellt somit den mathematischen Zusammenhang zwischen Eingangs- und Ausgangschwingung her. Daher wird diese Funktion für die Beurteilung der Schwingungseigenschaften von Bauteilen herangezogen. Somit kann die Übertragungsfunktion auch als akustischer Fingerabdruck des Schwingungssystems verstanden werden.

Übertragungsfunktion

Eine Schwingung lässt sich neben der zeitabhängigen Darstellung auch als Funktion über der Frequenz abbilden. Ebenso kann auch das Übertragungsverhalten

Eigen- oder Resonanzfrequenz

über der Frequenz aufgetragen werden. Bei bestimmten Frequenzen weist die Lösung der Formel 11.7 Singularitäten auf. Wird ein System mit diesen Frequenzen erregt, führt dies unter Vernachlässigung der Dämpfung zu einer unendlich großen Verstärkung der Schwingung. Diese Frequenzen werden als *Eigen- oder Resonanzfrequenzen* bezeichnet.

In Bild 11.6 ist das akustische Übertragungsverhalten des Einmassenschwingers in Abhängigkeit vom Frequenzverhältnis (Erregerfrequenz/Eigenfrequenz) für unterschiedliche Dämpfungen D aufgetragen.

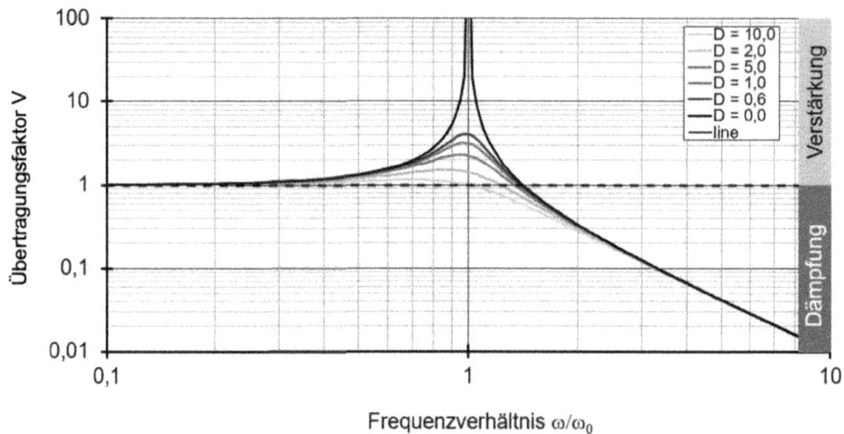

Bild 11.6 Übertragungsverhalten als Funktion des Frequenzverhältnisses

Man unterscheidet bei Körpern, die mechanischen Schwingungen ausgesetzt sind, die Bereiche Verstärkung und Isolation. Sobald der Übertragungsfaktor größer als eins ist, kommt es zu einer Verstärkung der Übertragung. Dies ist der Fall, wenn die Erregerfrequenz im Bereich der Eigenfrequenzen des Schwingungssystems liegt, wobei die Höhe der Übertragung im Wesentlichen von den Dämpfungseigenschaften des Schwingungssystems beeinflusst wird. Wird die Erregerfrequenz weiter erhöht, sodass der Resonanzbereich verlassen wird, kommt es zu einer Isolation. In diesem Bereich schwingt das System im Vergleich zur Erregerschwingung mit einer niedrigeren Amplitude.

viskoelastische Eigenschaften

Für Kunststoffbauteile sind die Steifigkeit und das Dämpfungsmaß insbesondere von den *viskoelastischen Eigenschaften* des Werkstoffs abhängig. Bei allen Polymerwerkstoffen ergeben sich die viskoelastischen Eigenschaften aus der Molekularstruktur. Da die Molekularstruktur sich bei Erwärmung verändert und auf zeitliche Belastungen unterschiedlich reagiert, weisen auch die viskoelastischen Eigenschaften Temperatur- und Zeitabhängigkeiten auf. Die Steifigkeit und Dämpfung können durch den komplexen Elastizitätsmodul E^* ausgedrückt werden. Mithilfe der Dynamisch-Mechanischen Analyse (DMA) lässt sich der komplexe Elastizitätsmodul E^* ermitteln, dessen Realteil (Speichermodul E′) die Steifigkeits- und dessen Imaginärteil (Verlustmodul E'') die Verlusteigenschaften beschreibt.

$$E^* = E' + iE'' \tag{11.8}$$

$$D = \tan(\delta) = \frac{E''}{E'} \tag{11.9}$$

Der Quotient aus Verlust- und Speichermodul bildet wiederum den mechanischen Verlustfaktor, der meist mit D oder $\tan(\delta)$ bezeichnet wird. Der Verlustfaktor ist gleichbedeutend mit dem Dämpfungsfaktor und kann über der Temperatur und Frequenz aufgetragen werden (vgl. Bild 11.7).

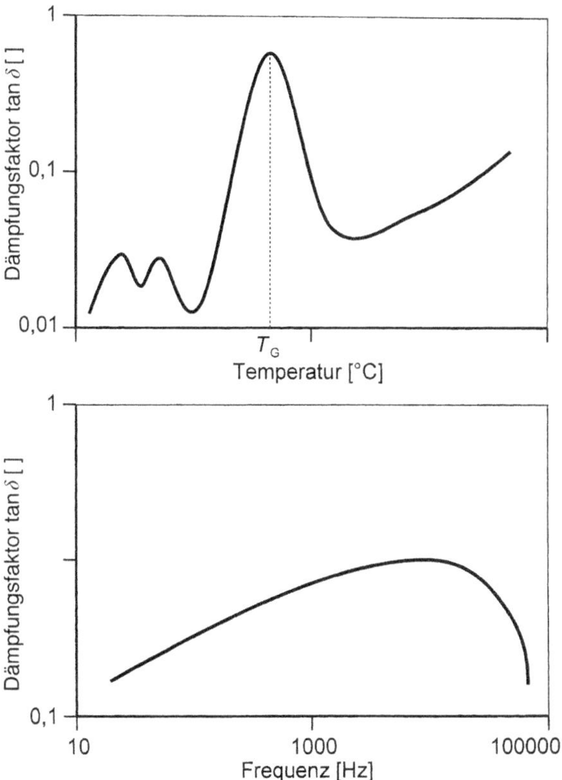

Bild 11.7 Abhängigkeit des Dämpfungs-(Verlust-)Faktors eines Polymerwerkstoffes von Temperatur und Frequenz (schematisch)

Bei niedrigen Temperaturen liegt der Kunststoff glasartig vor. Die Moleküle sind miteinander stark gekoppelt, die Dämpfung ist entsprechend niedrig. Der Dämpfungsfaktor wird im Glasübergangsbereich maximal, da hier die Kopplung der Molekülsegmente sehr viel schwächer wird. Sie können quasi ungedämpft in der Molekülkette schwingen. Mit weiter zunehmender Temperatur können die Ketten sich nun wieder durch die Fließfähigkeit stärker beeinflussen, sodass der Dämpfungsfaktor zunächst absinkt und dann nur noch schwach zunimmt. Bei niedrigen Frequenzen ist der Dämpfungsfaktor klein, da die innere Reibung der Moleküle vernachlässigbar ist. Mit zunehmender Frequenz nehmen die innere Reibung und somit der Dämpfungsfaktor zu. Bei sehr hohen Frequenzen können die Moleküle der Deformation nicht mehr folgen, sodass der Dämpfungsfaktor wieder abfällt.

In Bild 11.8 sind für einige Kunststoffe Dämpfungsfaktoren über der Temperatur dargestellt, die mit der DMA im Biegeschwingungsversuch (siehe Abschnitt 6.2.1.1) ermittelt wurden. Die Lage und die Höhe des Dämpfungsmaximums hängt von der Kunststoffart und den verwendeten Füllstoffen ab.

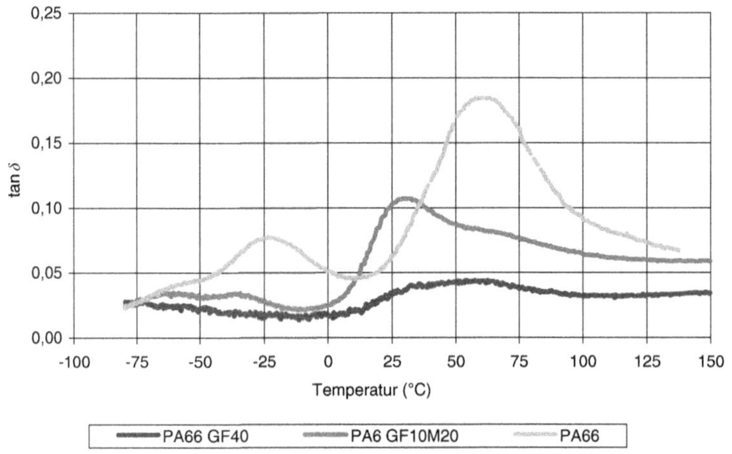

Bild 11.8 Dämpfungseigenschaft von verstärktem und unverstärktem PA

Für einen gegebenen Werkstoff kann der temperaturabhängige Verlauf der Dämpfung aussagen, ob der Werkstoff im gewünschten Temperaturbereich die erforderlichen Dämpfungseigenschaften aufweist. Neben der Temperatur- ist auch die Frequenzabhängigkeit der Dämpfung für die Feststellung der Eignung von Interesse. Wenn die Daten für die frequenzabhängige Dämpfung nicht in dem gewünschten Frequenzbereich vorliegen, können die Dämpfungseigenschaften mithilfe der Temperatur-Zeit-Verschiebung für die entsprechenden Frequenzen berechnet werden, wodurch eine Abschätzung bezüglich der Eignung des Werkstoffes getroffen werden kann.

Um den Einfluss der unterschiedlichen Werkstoffe insbesondere von Kunststoffen auf das Schwingungsverhalten von Bauteilen zu sehen, wird an dieser Stelle eine allseitig drehbar gelagerte Platte betrachtet. Die Plattendimensionen sind durch eine Breite b von 100 mm und eine Länge l von 200 mm gekennzeichnet. Die Plattendicke d beträgt 2 mm. Anhand der Formel 11.10 kann die erste Eigenfrequenz f_{11} dieser Platte berechnet werden.

$$f_{11} = \frac{\pi}{2} \cdot \sqrt{\frac{E}{12 \cdot \left(1-\upsilon^2\right)} \cdot \frac{d^2}{\rho}} \cdot \left[\frac{1}{l^2} + \frac{1}{b^2}\right] \tag{11.10}$$

Dieser Zusammenhang zeigt, dass bei geometrisch gleichbleibenden Plattenstrukturen die Eigenfrequenz im Wesentlichen von dem Elastizitätsmodul E und der Werkstoffdichte ρ abhängt. Da die Querkontraktionszahlen υ für die hier betrachteten Werkstoffe im ähnlichen Bereich liegen, ist der Einfluss auf die Verschiebung der Eigenfrequenzen als gering zu bewerten. Umso größer der Quotient aus Elastizitätsmodul E und Werkstoffdichte ρ ist, desto höher liegt die erste Eigenfrequenz der Platte. In Tabelle 11.2 werden unterschiedliche Konstruktionswerkstoffe mit Kunststoffen bezüglich der Werkstoffeigenschaften und der resultierenden Eigenfrequenz verglichen.

Tabelle 11.2 Eigenfrequenzen einer gelenkig gelagerten Platte für unterschiedliche Werkstoffe

Material	Elastizitätsmodul E	Dichte ρ	Eigenfrequenz f_{11}
	[N/mm²]	[g/cm³]	[Hz]
PE-LD	300	0,92	67,9
PE-HD	1000	0,96	121,3
PP	1550	0,92	154,7
PMMA	3200	1,19	194,9
POM	3150	1,42	177,0
PA6, kond	1000	1,14	178,1
PA6-GF30, kond	5500	1,37	238,1
PA6-CF30, kond	11500	1,29	574,4
Stahl	210000	7,85	614,6
Aluminium	70000	2,70	605,1
Holz, Buche	14000	0,69	535,3

Den im Vergleich zu anderen Werkstoffen geringeren Eigenfrequenzen von Kunststoffbauteilen kann jedoch konstruktiv entgegengewirkt werden, indem die Struktur beispielsweise mit Rippen geometrisch versteift wird. Trotzdem wird anhand dieses Beispiels deutlich, dass eine detaillierte Betrachtung von dynamisch belasteten Strukturen bezüglich des Schwingverhaltens von Nöten sein kann, da die Eigenfrequenzen meist auf einem niedrigeren Niveau liegen als bei der Verwendung metallischer Werkstoffe.

11.3 Dämmung und Dämpfung zur Reduktion von Vibration und Lärm

Das Ziel bei der Konstruktion von dynamisch beanspruchten Bauteilen liegt meistens darin, die Bauteildynamik bezüglich des Schwingverhaltens so auszulegen, dass so wenig Schwingungsenergie wie möglich entsteht oder weitergeben wird, um z. B. komfortmindernde Vibrations- oder Rüttelbewegungen im Fahrzeuginnenraum zu verhindern. Darüber hinaus kann durch die Bauteilschwingung die umgebende Luft angeregt werden, wodurch zusätzlich zu den Vibrationen unangenehme Geräusche für die Insassen auftreten können.

Dämmung und Dämpfung

Zur Reduzierung bzw. Abschirmung gegen den Weitertransport und das Eindringen von mechanischen Schwingungen gibt es grundsätzlich zwei physikalische Möglichkeiten: die *Dämmung* und die *Dämpfung*. Dies ist schematisch in Bild 11.9 dargestellt.

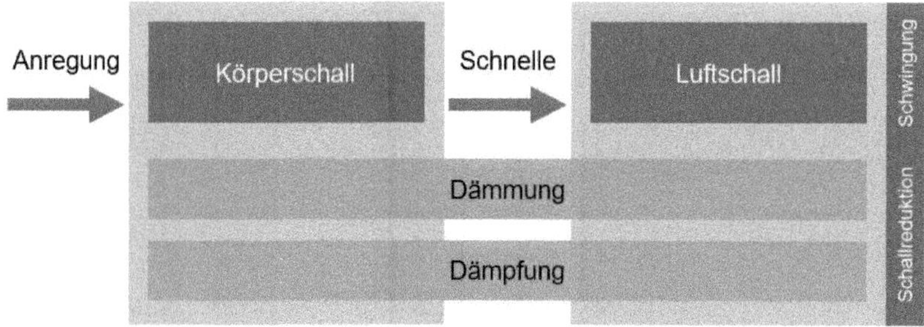

Bild 11.9 Möglichkeiten der Reduzierung von Schallfortpflanzung

Reflexion

Bei der Dämmung wird die Ausbreitung der Schwingung durch *Reflexionen* an Hindernissen eingeschränkt. Entscheidend für das Maß der Dämmung ist der Anteil der Energie, der an der Grenzfläche des Hindernisses reflektiert wird. Bei der Dämmung von Schall ist die Dichte ρ des dämmenden Körpers die entscheidende Größe. Die Schallübertragung erfolgt über eine Deformation der Molekularstruktur, und da schwere Moleküle mehr Widerstand gegen eine Verformung leisten, bedeutet das, dass eine größere Masse zu besseren Dämmeigenschaften führt.

Energieumwandlung

Der Dämpfung liegt das Prinzip der *Energieumwandlung* zugrunde. Hierfür maßgebend ist die Dissipation der einfallenden Schwingungsenergie in Wärme; eine passende Aufgabe für viskoelastische Polymerwerkstoffe in ihren verschiedenen – in erster Linie elastomeren – Erscheinungsformen. Für ein Bauteil, das mit einer Schwingung angeregt wird, bedeutet dies, dass die eingebrachte kinetische Energie nur in geringem Umfang auf andere Komponenten übertragen und die Energiedifferenz als Wärme an die Umgebung abgegeben wird.

An dieser Stelle soll der Fokus auf die Lärmreduktion gerichtet werden. Die als Lärm bezeichnete, als unangenehm empfundene Erscheinungsform von Geräuschen versucht man durch Schalldämmung und Schalldämpfung einzugrenzen. Bei der Luftschalldämmung (Bild 11.10) wird der Luftschall an einem Hindernis reflektiert und so die Schallübertragung vom Sende- in den Empfangsraum vermindert. Der Empfänger nimmt das Geräusch im Vergleich zum Senderaum entsprechend leiser wahr.

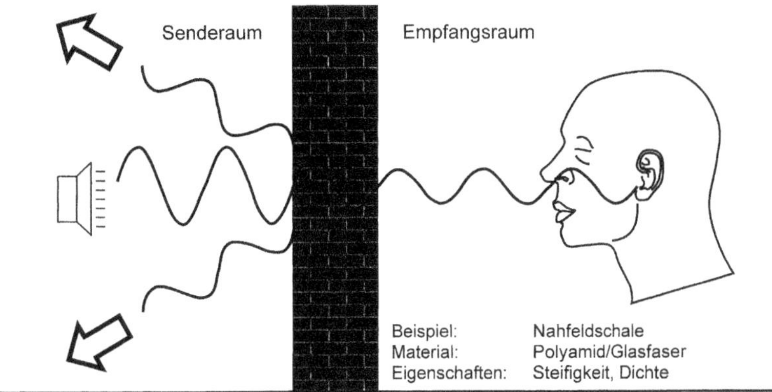

Bild 11.10 Luftschalldämmung

Damit die Schallreflexion möglichst groß ist, muss man dem Luftschall eine Wand mit großer Masse entgegenstellen (Bild 11.11 oben). Ein typisches Beispiel sind Tapeten aus Bleifolien, die man in den Räumen von Schalllaboratorien gelegentlich einsetzt.

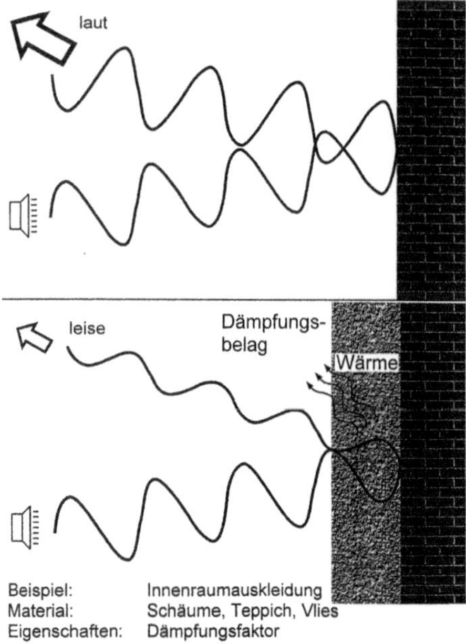

Bild 11.11 Luftschalldämmung durch steife Wand (oberes Teilbild), evtl. mit Bleifolie beklebt gegen die Richtung, aus welcher der Schall eintritt, aber auch in Kombination mit einem offenporigen Kunststoffschaum, der eine hohe Schallabsorption besitzt und so den Schall dämpft (unteres Teilbild)

Bild 11.11 unten zeigt, dass der reflektierte Schall noch weiter durch Dämpfen vermindert werden kann, wenn ein Dämpfungsbelag auf die reflektierende Wand aufgebracht wird. Dies ist oft ein Schaumstoff mit offenen Poren. Durch die pulsierende Bewegung der Luftteilchen in den Poren kommt es zu Reibungseffekten, sodass Schallenergie in Wärme umgesetzt wird und das Geräusch somit leiser wird. Luftschalldämpfung von porösen Schallabsorbern ist von der Zellstruktur und der Dicke der Schaummatte abhängig.

Zur Erzeugung solcher Reibungseffekte gibt es zwei Möglichkeiten:

- äußere Reibung zwischen den Molekülen der bewegten Luft (z. B. in offenporigen Schäumen, auf welche die Schallwelle auftrifft).
- innere Reibung durch Deformation der Wände des Dämpfermaterials (z. B. in beschichteten Blechen, die zu Biegeschwingungen angeregt werden, jedoch dank der Beschichtung einen Teil der eingestrahlten Energie in Wärme umsetzen). Man nennt dies dann Entdröhnung (vgl. Bild 11.12).

Beispiele für Entdröhnungsmaßnahmen finden sich in den Nahfeldschalen im Motorraum von Pkws. Diese bestehen üblicherweise aus glasfaserverstärktem Polyamid und werden durch Spritzgießen hergestellt. Zur Entdröhnung tragen sie beispielsweise in der Regel eine innen aufgeklebte Schaumschicht (auf der dem Motor zugewandten Seite). Die entscheidenden Eigenschaften des Bauteils sind die Steifigkeit des Trägers (gegen Biegeschwingungen) sowie die Dichte, der Dämpfungsfaktor und die Art des Schaumes. Ein anderes Beispiel ist die Innenraumauskleidung in Pkws, die üblicherweise aus Schäumen, Teppichen oder Vliesen bzw. Kombinationen aus solchen besteht.

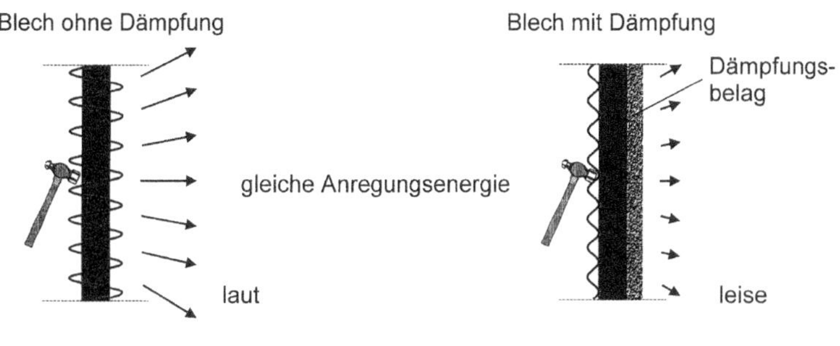

Bild 11.12 Schematische Darstellung der Wirkung von beschichteten Blechen zur Entdröhnung

11.4 Experimentelle und numerische Methoden der technischen Akustik

11.4.1 Messung akustischer Eigenschaften

Um das Körperschallverhalten eines Bauteils zu charakterisieren, ist einerseits eine Erzeugung einer definierten Schwingung im Bauteil notwendig. Andererseits müssen die erzeugten Schwingungen messtechnisch - häufig ortsaufgelöst - erfasst werden.

Methoden zur Anregung von Schwingungen

Impulshammer

elektrodynamischer Schwingungserreger

Zur Schwingungsanregung sind zwei Verfahren Stand der Technik. Zum einen kann der Schwingungsimpuls durch einen Schlag mit einem speziellen *Impulshammer* oder unter Verwendung eines *elektrodynamischen Schwingungserregers*, der auch als Shaker bezeichnet wird, eingebracht werden. Ein elektrodynamischer Schwingungsanreger wird mit einem sinusförmigen Signal gespeist, wobei die Frequenz stetig erhöht und so ein großes Frequenzband abgedeckt wird. Ein wesentlicher Nachteil eines Shakers ist die feste Kopplung an das zu messende Bauteil, wodurch Rückkopplungseffekte auftreten, die die Messung verfälschen können. Für Kunststoffbauteile, die durch eine geringe Masse gekennzeichnet sind, können aber mit einem solchen Anregungssystem reproduzierbarere Ergebnisse erzielt werden als mit Impulshammern. Bei der Charakterisierung des Schwingungsverhaltens des Bauteils wird die frequenzabhängige Verstärkung bestimmt. Da die aufgebrachte Kraft bei der Schwingungserzeugung über die Frequenz variieren kann, ist es notwendig, über die Kraft zu normieren. Zu diesem Zweck wird zwischen dem Prüfbauteil und Schwingungsanreger eine Kraftmessdose positioniert und im Nachhinein eine Kraftnormierung der Messergebnisse durchgeführt (vgl. auch Bild 11.13).

Methoden zur Erfassung von Schwingungen

Steht eine Schallquelle mit einem Gasmedium in Verbindung, so wird die Schwingungsenergie auf die angrenzenden Gasmoleküle übertragen, wodurch z. B. Luftschall entstehen kann. Zur Messung von Luftschall werden ausschließlich Mikrofone eingesetzt, die den Schalldruck p messen. Wegen der hohen Genauigkeit werden hierzu meist Kondensatormikrofone verwendet. Diese besitzen eine Messmembran, die den Schalldruck aufnimmt und die Bewegung in eine Kapazitätsänderung überführt. Mithilfe eines Messverstärkers wird dieses Signal weiterverarbeitet.

piezoelektrischer Beschleunigungssensor

Laser-Doppler-Vibrometrie

Soll das Übertragungsverhalten eines Bauteils ermittelt werden, finden andere Messmethoden Verwendung, die die Oszillation der Bauteiloberfläche aufzeichnen. Dies kann durch *piezoelektrische Beschleunigungssensoren* oder anhand der *Laser-Doppler-Vibrometrie* geschehen. Das Messprinzip bei piezoelektrischen Sensoren beruht auf der Grundlage der Massenträgheit. Dabei wird eine Ladungsverschiebung gemessen, die sich proportional zur Beschleunigung verhält. Nachteilig ist hierbei die Aufbringung von zusätzlichen Massen, wodurch das Schwingverhalten des Messobjekts verändert wird. Eine Messmethodik, die berührungslos und ohne Aufbringung von zusätzlichen Massen arbeitet, ist die Laser-Doppler-Vibrometrie. Zur Messung hochfrequenter Oberflächenbewegungen wird dazu sowohl der Dopplereffekt als auch die Interferometrie verwendet, was letztendlich zu einem modulierten Laserstrahl führt, der alle zeitlichen Bewegungsinformationen der Messpunkte enthält.

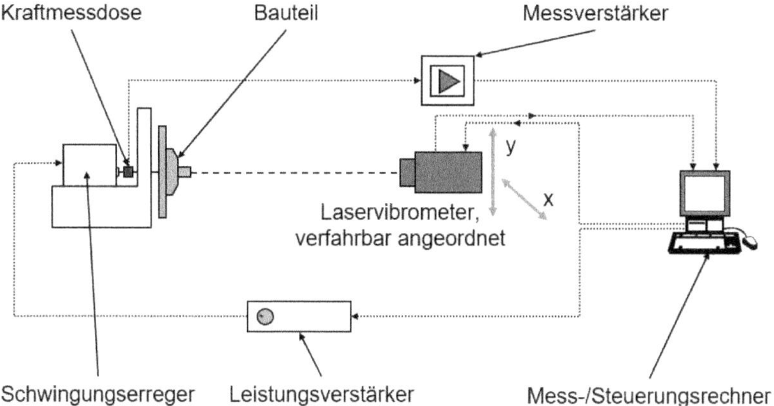

Bild 11.13 Schematischer Aufbau des Prüfstands für die Körperschallmessungen mittels Laser-Doppler-Vibrometrie

Transformation der Messwerte in den Frequenzbereich

Fourier-Transformation

Da die Messung nur auf der Zeitskala durchgeführt werden kann, aber das frequenzabhängige Schwingungsverhalten von Interesse ist, erfolgt eine Überführung der Messergebnisse auf die Frequenzskala. Zur mathematischen Umrechnung aus dem Zeit- in den Frequenzbereich wird die Fourier-Transformation angewendet, wodurch ein zeitlich kontinuierliches Signal in ein stetiges Frequenzspektrum überführt wird. Dies geschieht, indem der zeitliche Funktionsverlauf oder die Messdaten in ihre harmonischen Anteile zerlegt werden und über die Frequenz ausgegeben werden. Die Berechnungsvorschrift für die Fourier-Transformation lautet wie folgt:

$$F(\omega) = \int_{-\infty}^{\infty} f(t)\, e^{i\omega t} \mathrm{d}t \tag{11.11}$$

Als Eingangsfunktion geht die zeitabhängige Funktion $f(t)$ in die Gleichung ein und führt durch die Integration über der Zeit zu der Fourier-Transformierten $F(\omega)$ von $f(t)$ in Abhängigkeit von der Kreisfrequenz $\omega = 2\pi f$. Die zeitabhängige Funktion $f(t)$ entspricht im Falle der Übertragungsfunktion z. B. dem Beschleunigungs- oder dem Kraftsignal.

Die Herangehensweise der Ermittlung der Übertragungsfunktion aus einer Messung kann dem Bild 11.14 entnommen werden.

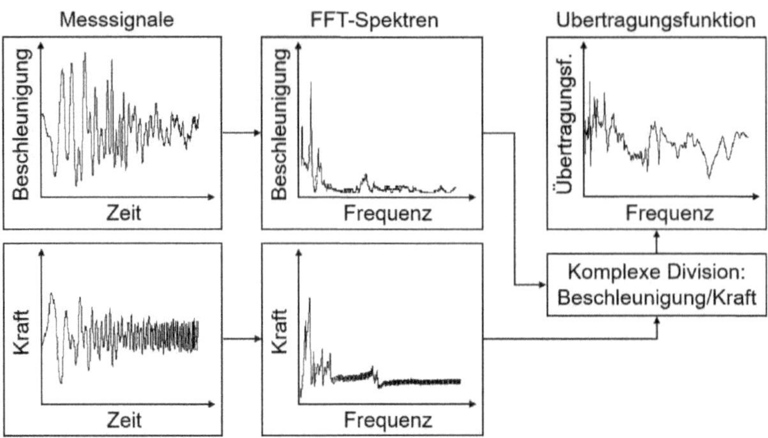

Bild 11.14 Berechnungsschema für die Ermittlung der Übertragungsfunktion

Zunächst werden die Messsignale über der Zeit erfasst und mithilfe der Fourier-Transformation in den Frequenzbereich überführt. Anschließend erfolgt eine frequenzweise komplexe Division beider Messgrößen, woraus dann die Übertragungsfunktion des gemessenen Objekts resultiert.

Anhand dieser ermittelten Übertragungsfunktion kann eine Bewertung der Schwingungseigenschaften eines Bauteils durchgeführt werden. Kritische Frequenzbereiche sind z.B. durch hohe Verstärkungen charakterisiert. Diese Bereiche sollten nicht mit den Frequenzen der externen Belastung übereinstimmen, um Resonanzen zu vermeiden. Ist das nicht möglich, sollte das Bauteil geometrisch oder unter Verwendung eines anderen Materials optimiert werden, sodass die kritischen Frequenzbereiche nicht mehr getroffen werden können.

11.4.2 Numerische Methoden zur Beschreibung akustischer Eigenschaften

Randelementmethode

Finite-Elemente-Methode

Heutzutage geht fast jede Bauteilentwicklung mit einer Dimensionierung mittels numerischer Berechnungen einher. Die wichtigsten Methoden für Akustikberechnungen sind die *Randelementmethode* (engl.: *boundary element method, BEM*) und die *Finite-Elemente-Methode* (FEM). Der Unterschied zwischen beiden Herangehensweisen beruht auf den verschiedenen Diskretisierungen der zu betrachtenden Objekte. Bei der BEM wird nur der Rand/die Oberfläche der Struktur vernetzt, wohingegen bei der FEM das gesamte Bauteilvolumen in finite Elemente zerlegt wird. Somit ist die resultierende mathematische Problemgröße in der BEM um eine Dimension kleiner als bei der FEM.

Modalanalyse

Mithilfe der numerischen Methoden kann eine *Modalanalyse* durchgeführt werden, wodurch die Eigenschwingungsformen und Eigenfrequenzen der Bauteile ermittelt werden können. Das Modalverhalten eines Bauteils ist unabhängig von der tatsächlich aufgebrachten äußeren Last und resultiert nur aus den mechanischen Werkstoffeigenschaften, der Werkstoffdichte und der Bauteilgeometrie. Zusätzlich geht die Einspannung des Bauteils als Rahmenbedingung in die Berechnung ein. Die aus der Berechnung erhaltenen Eigenschwingungsformen sind dabei qualitative Darstellungen der Eigenschwingungen, die Eigenfrequenzen geben einen Überblick über kritische Wechselwirkungen des Bauteils mit der Erregerfrequenz.

Abschließend soll hier ein Vergleich zwischen Messung und Simulation des Übertragungsverhaltens von kurzglasfaserverstärkten Prüfkörpern aus Polyamid angestellt werden. Prozessbedingt entsteht aufgrund der Faserverstärkung eine starke Vorzugsrichtung in den spritzgegossenen Platten, die sich auch in den mechanischen Eigenschaften widerspiegelt. Daher werden die Messungen und Simulationen für längs und quer entnommene Proben durchgeführt. Um eine hohe Abbildungsgüte bei der Simulation zu erhalten, ist es von großer Bedeutung, dass das verwendete Materialmodell in der Lage ist, die viskoelastischen Eigenschaften des Kunststoffes über einen großen Bereich abzubilden. Die Kalibrierung kann unter anderem mithilfe der DMA erfolgen. Zur Analyse ist der kraftnormierte Beschleunigungspegel über der Frequenz aufgetragen. Im gezeigten Frequenzbereich bis 4000 Hz besitzen diese Stäbe zwei Resonanzpeaks, die in der Messung wie in der Simulation wiedergegeben werden. Die Simulation der Stäbe des Polyamids zeigt bezogen auf die Wiedergabe der Steifigkeit eine sehr gute Übereinstimmung mit entsprechenden Versuchen. Das Dämpfungsverhalten, welches sich über die Peakhöhe beschreiben lässt, wird ebenfalls gut wiedergegeben.

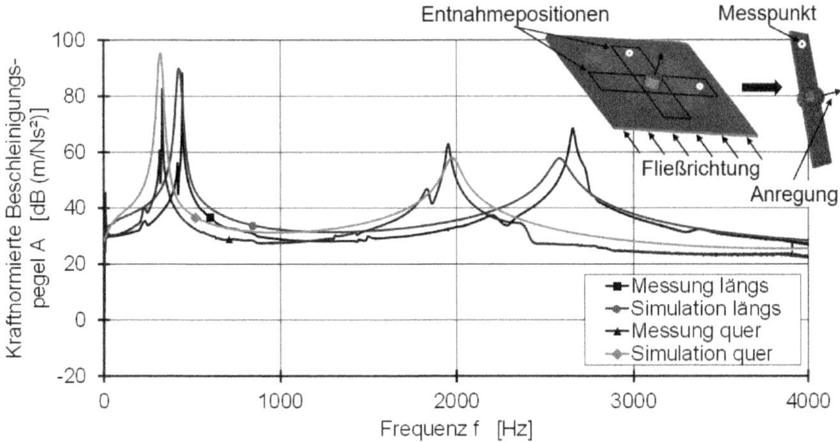

Bild 11.15 Vergleich zwischen Messung und Simulation des Übertragungsverhaltens von einer Stabprobe aus PA-GF30

Literatur zu Kapitel 11

Arping, T. W.: *Werkstoffgerechte Charakterisierung und Modellierung des akustischen Verhaltens thermoplastischer Kunststoffe für Körperschallsimulationen*. RWTH Aachen, Dissertation, 2010

El Barbari, N.: *Ultraschallschweißen von Thermoplasten*. RWTH Aachen, Dissertation, 1988

Brockhaus: Akustik. http://brockhaus.de/ecs/enzy/article/akustik (Online am 07.03.2019)

Cremer, L., Heckl, M.: *Körperschall*. Berlin, Heidelberg: Springer-Verlag, 1996

Cvjeticanin, N.: *Akustische Eigenschaften von technischen Kunststoffen und deren Produkte in Kraftfahrzeugen*. RWTH Aachen, Dissertation, 1999

Ewins, D.J.: *Modal Testing: Theory, Practice and Application*. Philadelphia: John Wiley & Sons, 2000

Fritzsche, C.; Höchli, B.; Moser, K.: Ein automatisch arbeitendes Gerät zur Messung und Auswertung freier Torsionsschwingungen an Kunststoffen. *Kunststoffe* 64 (1974) 11, S. 675 – 678

Heckl, M., Müller, H. A.: *Taschenbuch der technischen Akustik*. Berlin, Heidelberg: Springer-Verlag, 2001

Henn, H., Sinambari, G. R., Fallen, M.: *Ingenieurakustik*. Wiesbaden: Vieweg + Teubner Verlag, 2008

Kalivoda, M. T.; Steiner, J.W.: *Taschenbuch der angewandten Psychoakustik*. Wien: Springer-Verlag, 1998

Klug, J. L.: *Untersuchungen zum Dämpfungsverhalten von glasfaserverstärkten Kunststoffen*. RWTH Aachen, Dissertation, 1977

Kremer, H.: *Materialdatenermittlung thermoplastischer Kunststoffe für Körperschallsimulationen auf Basis von Reverse Engineering*. RWTH Aachen, Dissertation, 2013

Lerch, R.; Sessler, G.; Wolf, D.: *Technische Akustik: Grundlagen und Anwendungen*. Berlin, Heidelberg: Springer-Verlag, 2009

Lingk, O.: *Einsatz von Ultraschall zur Prozessanalyse beim Spritzgießen von Thermoplasten*. RWTH Aachen, Dissertation, 2010

Möser, M.: *Technische Akustik*. Berlin, Heidelberg: Springer-Verlag, 2015

Müller, G., Möser, M.: *Taschenbuch der Technischen Akustik*. Berlin Heidelberg: Springer, 2004

Müller, G.; Möser, M.: *Numerische Methoden der Technischen Akustik*. Berlin, Heidelberg: Springer-Verlag, 2017

Osswald, T. A., Menges, G.: *Materials Science of Polymers for Engineers*, München: Carl Hanser Verlag, 2nd ed., 2003

Potente, H.: *Fügen von Kunststoffen – Grundlagen, Verfahren, Anwendung*. München: Carl Hanser Verlag, 2004

Potente, H.: *Untersuchung der Schweißbarkeit thermoplastischer Kunststoffe mit Ultraschall*. RWTH Aachen, Dissertation, 1972

Oberst, H.: Akustisches Verhalten. In: G. Schreyer (Hrsg.): *Konstruieren mit Kunststoffen*; Teil 2, Abschnitt 4.1.9, München: Carl Hanser Verlag, 1972

Starke, C.: *Ultraschall-Analyse des Formteilbildungsprozesses beim Thermoplast-Spritzgießen*. RWTH Aachen, Dissertation, 2004

Stommel, M.; Stojek, M.; Korte, W.: *FEM zur Berechnung von Kunststoff- und Elastomerbauteilen*. München: Carl Hanser Verlag, 2018

Weber, H.; Urlich, H.: *Laplace-, Fourier- und z-Transformation: Grundlagen und Anwendungen für Ingenieure und Naturwissenschaftler*. Wiesbaden: Vieweg+Teubner Verlag, 2011

12 Stofftransportvorgänge

Stofftransportvorgänge durch Kunststoffe kommen im alltäglichen Umfeld häufig vor. Zumeist sind dies unerwünschte Vorgänge. Beispielsweise verlieren gefüllte Kraftstofftanks aus einschichtigem Polyethylen täglich einige Gramm Benzin, mit Kunststoffen versiegelte Metallteile beginnen in wässrigen Medien nach einiger Zeit zu korrodieren. Vor allem in der Verpackungsbranche gibt es viele Beispiele: So verlieren limonadenartige Getränke in PET-Flaschen innerhalb einiger Monate Teile ihres Kohlensäuregehalts und schmecken fade. Lebensmittel, welche mit Kunststofffolien unter Vakuum und quasi „luftdicht" verpackt sind, oxidieren dennoch nach wenigen Wochen. Für diese Anwendungen wurden Lösungen entwickelt, die derartige Erscheinungen auf ein erträgliches Maß reduzieren. Diese bestehen bislang vor allem darin, den oder die richtigen Werkstoffe auszuwählen oder aber den unerwünschten Stofftransport dadurch zu reduzieren, dass Mehrschichtverbünde aus verschiedenen undurchlässigen Polymeren verwendet oder nachträgliche Beschichtungen oder Bedampfungen vorgenommen werden.

Der Einsatz von Mehrschichtverbünden muss zukünftig allerdings stark reduziert werden, da mit Inkrafttreten der neuen EU-Verpackungsverordnung im Januar 2019 deutlich höhere werkstoffliche Recyclingquoten gefordert sind; diese sind mit den aufwändig oder auch gar nicht trennbaren Mehrschichtverbünden nicht erzielbar. Erstrebenswert sind daher sogenannte Monomateriallösungen, die ohne aufwändige Maßnahmen ein sortenreines Recycling erlauben. Um die gewünschten Barriere-Effekte zu erreichen, können die Materialien beschichtet oder bedampft werden. Hinsichtlich des Recyclings wirken Beschichtungen oder Bedampfungen nicht störend, solange die Schichtdicken im Vergleich zum Grundmaterial hinreichend gering sind.

Bild 12.1 gibt einen Überblick über die Durchlässigkeiten der wichtigsten Thermoplaste für Sauerstoff und Wasserdampf als Repräsentanten für typische Permeanten in Verpackungsanwendungen.

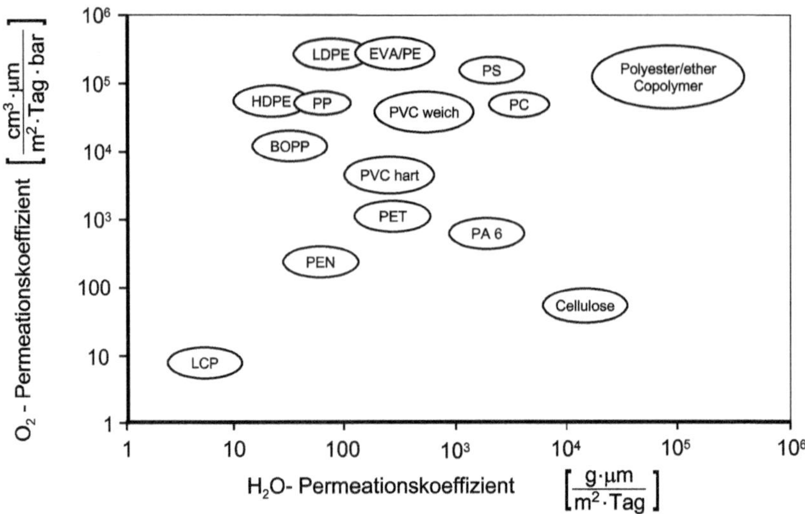

Bild 12.1 Medien- und polymerspezifische Permeationskoeffizienten [nach Langowski]

Die Sperrwirkungen von Polymeren bzw. Kunststoffen sind äußerst unterschiedlich und zudem abhängig vom Medium (Bild 12.1). So zeigt Polyethylen eine hohe Durchlässigkeit für Sauerstoff, sperrt aber den Durchgang von Wasserdampf vergleichsweise gut. PA 6 hat dagegen eine um zwei Größenordnungen geringere Sauerstoffdurchlässigkeit, lässt aber im Vergleich zu Polyethylen mehr als die zehnfache Menge an Wasserdampf passieren. Im Vergleich dazu würden Metalle in diesem Diagramm links unten zu finden sein. Um Kosten einzusparen lohnt es sich teilweise, kostengünstige Kunststoffe wie PP oder PET, welche eine höhere als die für eine Anwendung erforderliche Gasdurchlässigkeit besitzen, nachträglich zu beschichten oder zu bedampfen und damit die benötigte Barrierewirkung zu erzielen.

Die in Bild 12.1 angegebenen Daten sind Richtwerte, da die Verarbeitung und die daraus resultierenden Struktureigenschaften einen großen Einfluss auf die Permeationseigenschaften nehmen können. Die unterschiedlichen Einheiten für die Wasserdampf- und Sauerstoffpermeation werden weiter unten erläutert (siehe Formel 12.5b).

Permeation

Im Gegensatz zu Metallen, die beinahe undurchlässig für jegliche Stoffe sind, sind Kunststoffe aufgrund ihrer molekularen Struktur je nach Werkstoff(verbund) und Beschichtung in unterschiedlichem Maße durchlässig. Der Stofftransport ist allerdings nicht immer unerwünscht: Bei künstlichen Nieren, Mikrofiltern oder bei Folienverpackungen für einige Lebensmittelgruppen (z. B. frisches Obst oder Käse) werden Kunststoffe gezielt so abgestimmt, dass sie für bestimmte Gase eine selektive, hohe Durchlässigkeit aufweisen. Werden Kunststoffe richtig ausgewählt oder modifiziert, können diese somit auch als Membranen eingesetzt werden.

12.1 Physikalische Beschreibung

Der Transport von Gasen, Dämpfen und Flüssigkeiten durch polymere Festkörper ist ein komplexer Vorgang, der einer Vielzahl von Einflussfaktoren unterliegt. Der gesamte Prozess - bestehend aus Adsorption, Absorption, Diffusion und Desorption von Teilchen - wird mit dem Begriff Permeation beschrieben, die Begriffe Adsorption, Absorption und Desorption werden zusammenfassend auch als „Sorption" bezeichnet.

elementare Permeationsschritte

In einem vereinfachenden Permeationsmodell stellen sich die vier Teilschritte der Permeation folgendermaßen dar (siehe Bild 12.2):

1. Anlagerung von Teilchen an die Oberfläche einer Trennwand (*Adsorption*),
2. Aufnahme des Stoffes im oberflächennahen Volumenbereich (*Absorption*),
3. Transport der Teilchen durch den Kunststoff (*Diffusion*),
4. Abgabe permeierter Teilchen an der gegenüberliegenden Oberfläche an das umgebende Medium (*Desorption*).

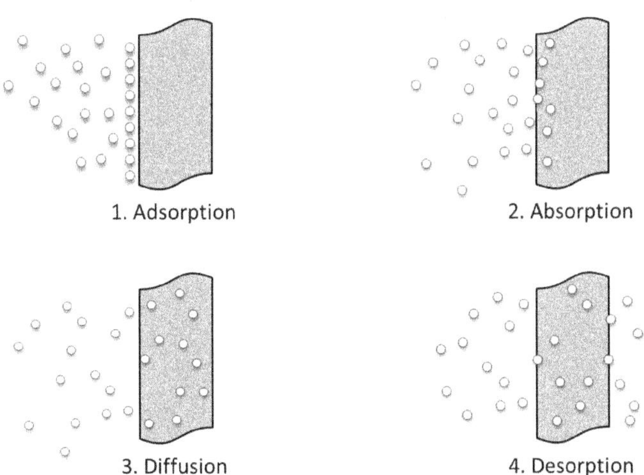

Bild 12.2 Teilschritte der Permeation (schematisch)

Die Vorgänge vollziehen sich bei Polymerwerkstoffen allerdings nur dann nach einfachen Gesetzmäßigkeiten, wenn es sich bei den permeierenden Stoffen um Moleküle handelt, die gegenüber dem Polymer inert sind. Ist dies nicht der Fall, werden die Gesetzmäßigkeiten weitaus komplexer. Die nachfolgend beschriebenen Gesetze des Stofftransports gelten folglich nur für inerte Moleküle und für den Fall, dass das Polymer keine Kapillaren, Risse und andere als Kanäle wirkende Durchlässe für den permeierenden Stoff besitzt.

In der Praxis sind diese Idealbedingungen meist nicht gegeben. Zum Verständnis der physikalischen Zusammenhänge ist es aber dennoch dienlich, diese Vereinfachungen anzunehmen, um ein grundlegendes Verständnis der Vorgänge zu erlangen. Zudem sind mithilfe dieser einfachen physikalischen Zusammenhänge häufig erste Abschätzungen möglich.

Bevor Diffusionsvorgänge in Polymeren stattfinden können, müssen die diffundierenden Teilchen zunächst im Polymer gelöst werden. Die Menge an Teilchen, die durch Diffusionsvorgänge transportiert werden kann, hängt von der Menge ab, die im Polymer gelöst wurde. Wird eine Polymerprobe in einer Atmosphäre - Gas oder Flüssigkeit - gelagert, so werden sich deren Atome oder Moleküle an der Oberfläche anlagern (Adsorption) und abhängig von der Verträglichkeit anschließend vom Polymervolumen absorbiert werden. Im weiteren Verlauf werden die Moleküle auch die oberflächenfernen Bereiche des Kunststoffteils erreichen, bis letztlich ein dynamischer Gleichgewichtszustand innerhalb des Polymers erreicht ist, der den Nettofluss der Gasmoleküle zum Erliegen bringt.

Bei der Anlagerung von Stoffen aus der Umgebung an eine Festkörperoberfläche wird von Adsorption gesprochen.

12.1.1 Adsorption

Die Adsorption kann auf verschiedene Weise erfolgen, man unterscheidet:

- physikalische Adsorption (über van-der-Waals-Kräfte),
- chemische Adsorption (Chemisorption) und
- Adsorption durch elektrostatische oder polare Kräfte.

Bei dem Adsorptionsvorgang spielt die Oberflächenspannung der Festkörperoberfläche eine wichtige Rolle. Oberflächenspannungen werden häufig dann betrachtet, wenn Aussagen über die Benetzungsfähigkeit eines Festkörpers oder die Adhäsionseigenschaften von Oberflächen oder in Werkstoffverbunden getroffen werden sollen. Kunststoffe sind typischerweise recht hydrophob, d. h. von wasserbasierten Flüssigkeiten schlecht benetzbar, und weisen im Vergleich zu anderen Werkstoffen niedrige Oberflächenspannungen auf.

12.1.2 Absorption

Gleichgewicht der Absorption

Dringen Gase, Flüssigkeiten oder Feststoffe in den Kunststoff ein und werden dort gelöst, so wird von *Absorption* gesprochen. Es entsteht ein Gleichgewichtszustand zwischen dem im Polymer gelösten und den in der Gasphase befindlichen Teilchen, sodass in der Bilanz keine weiteren Gasmoleküle vom Polymer absorbiert werden.

In diesem Gleichgewichtszustand wird die Menge eines Stoffes, die vom Polymer absorbiert wurde, durch das *Henrysche Gesetz* beschrieben:

Henrysches Gesetz

$$c = S \cdot p \tag{12.1}$$

mit c: Volumen des Stoffes pro Polymervolumeneinheit (Konzentration) unter Standardbedingungen, S: Löslichkeitskoeffizient, kurz auch: Löslichkeit, p: Partialdruck des Gases.

Die Löslichkeit S gibt das Volumen einer Substanz unter Standardbedingungen an, die bei einem äußeren Partialdruck des Stoffes von 1 bar in einer Volumeneinheit des Polymers gelöst ist. Die üblicherweise verwendete Einheit von S ist $cm^3/(cm^3 \cdot bar)$.

HINWEIS: Die Löslichkeit *S* hängt von der Materialkombination (Polymer und gelöstem Stoff) sowie deren Eigenschaften ab. Für verschiedene Polymere unterscheidet sich die Löslichkeit eines bestimmten inerten Gases nur geringfügig. Verschiedene Gase hingegen besitzen jedoch häufig grundverschiedene Löslichkeiten.

HINWEIS: Das Henrysche Gesetz gilt, solange die Löslichkeit *S* konzentrationsunabhängig ist. Dies ist für inerte Gase bei Normaldruck der Fall.

12.1.3 Diffusion

Der Transport von Teilchen innerhalb eines festen oder eines ruhenden fluiden Stoffes wird *Diffusion* genannt, wenn er allein durch das Konzentrationsgefälle bewirkt wird. Die Diffusion beruht auf der kinetischen Energie der einzelnen Fremdteilchen. Dadurch neigen sie zu einer gleichmäßigen Verteilung in einem gegebenen Raumvolumen. Dieser Verteilung steht zunächst das polymere Gefüge des Kunststoffs entgegen. Da dieses jedoch Zwischenräume hat, kann die Diffusion in polymeren Werkstoffen sehr viel höhere Größenordnungen einnehmen als zum Beispiel in Gläsern und Metallen. Die Moleküle „springen" im Gefüge der Makromoleküle von Freiraum zu Freiraum. Die Wahrscheinlichkeit der molekularen Wanderung hängt im Wesentlichen von der Größe der Zwischenräume sowie der Größe der diffundierenden Moleküle ab.

Der durch die molekulare Diffusion verursachte Volumenstrom wird in allgemeiner Form durch die *Fickschen Gesetze* beschrieben. Die allgemeinen Lösungen dieser Differentialgleichungen sind aber recht komplex, es werden daher im Folgenden einige Randbedingungen angenommen:

Ficksche Gesetze

- Die Diffusion ist stationär, d. h. die Konzentration des diffundierenden Mediums ändert sich an einem gegebenen Ort nicht mit der Zeit ($dc/dt = 0$).

- Das Medium, innerhalb dessen die Diffusion stattfindet, ist hinsichtlich der Diffusionseigenschaften homogen und isotrop ($\nabla D = 0$).
- Der Diffusionskoeffizient D hängt nicht von der Konzentration des gelösten Mediums ab ($D \neq f(c)$).
- Es wird lediglich die Diffusion einer Komponente betrachtet.

Diffusionskoeffizient

Unter diesen Voraussetzungen lässt sich das erste Ficksche Gesetz für den eindimensionalen Fall in einer gebräuchlichen und anschaulichen Form darstellen:

$$q = \frac{dq}{dt} = -D \cdot A \cdot \frac{dc}{dx} \qquad (12.2)$$

mit q: Volumen des diffundierenden Stoffes, t: Zeit, D: Diffusionskoeffizient [m^2/s], A: Flächenquerschnitt, durch den die Diffusion stattfindet [m^2], c: Konzentration des diffundierenden Stoffes im Festkörper [$cm^3_{(Medium)}/cm^3_{(Polymer)}$], x: Diffusionsrichtungskoordinate.

HINWEIS: Der Diffusionskoeffizient *D* ist eine Konstante, die nur für die betrachtete Kombination aus Polymer und gelöstem Stoff gültig ist (siehe auch Tabelle 12.1).

12.1.4 Desorption

Die Desorption kann als die Umkehrung der Absorption betrachtet werden. Im Polymer gelöste Teilchen werden desorbiert, d. h. wieder an die Umgebung abgegeben.

Wird der Raum um das Kunststoffteil auf der Gasaustrittsseite kontinuierlich evakuiert, sodass diese Umgebung permanent gasfrei ist, wird Gas aus dem Polymer herausgelöst: Es desorbiert. Dies ist die Umkehrung der Absorption und folgt ebenfalls dem Henryschen Gesetz.

12.1.5 Gesamter Permeationsvorgang

Betrachtet wird jetzt ein Zustand, bei dem eine Kunststoffbarriere zwei Raumbereiche mit unterschiedlichen Gaskonzentrationen trennt (Bild 12.3). Im Verlaufe einer ausreichend langen Zeit wird sich unter der Annahme homogener Materialeigenschaften innerhalb dieser Trennwand durch Diffusionsvorgänge ein konstanter Konzentrationsgradient

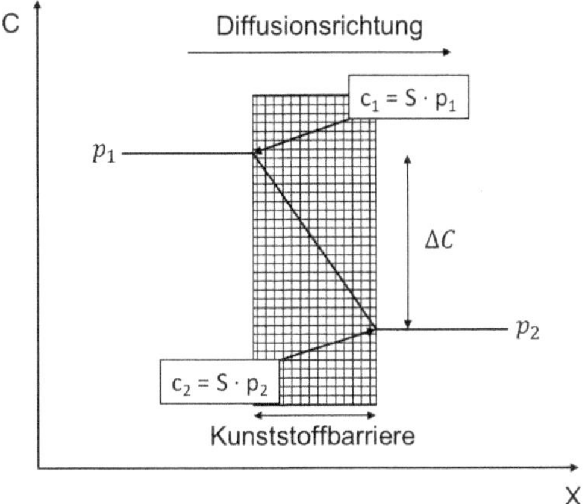

Bild 12.3 Konzentrationsverlauf in einer Kunststoffbarriere (c = Konzentration, x = Weg)

aufbauen, sodass folgende Vereinfachung zulässig ist:

$$\frac{dc}{dx} = \frac{\Delta c}{d} = konst. \rightarrow c(x) = c_1 + \frac{c_2 - c_1}{d} \cdot x \tag{12.3}$$

Die gewählten Randbedingungen sind in Bild 12.3 illustriert.

stationäre Permeation

Besteht entsprechend den hier getroffenen Annahmen ein Lösungsgleichgewicht, so stellen sich die Konzentrationen c_1 und c_2 jeweils entsprechend dem Henryschen Gesetz ein. Ein Gleichgewichtszustand ist erreicht, sobald die Zahl der absorbierten Gasmoleküle identisch mit der Zahl der desorbierten Moleküle ist. Bei konstanten äußeren Partialdrücken ändert sich dieser Zustand nicht mehr: Es ist ein *stationärer Permeationszustand* erreicht. Aus Formel 12.2 und Formel 12.3 folgt dann unmittelbar:

$$\dot{q} = P \cdot A \cdot \frac{\Delta p}{d} \tag{12.4}$$

mit $\Delta p = \Delta c/S$ und der Definition des Permeationskoeffizienten $P = D \cdot S$.

Permeationskoeffizient

Nach Messung des Volumenstromes eines Mediums durch die Barriere (bei definierter Druckdifferenz, bekannter Permeationsfläche A und Barrieredicke d) kann nun mittels Formel 12.4 der Permeationskoeffizient P bestimmt werden. Dabei ist zu beachten, dass P für homogene Barrieren eine von der Barrieredicke unabhängige Größe, also eine Materialeigenschaft ist. Die SI-Einheit des Permeationskoeffizienten ist:

$$[P] = \frac{\mathrm{m}^2}{\mathrm{s} \cdot \mathrm{Pa}} \tag{12.5a}$$

Sehr gebräuchlich sind auch abweichende Einheiten, die in ihren Größenordnungen praktikabler bzw. den Messbedingungen angepasst sind:

$$\textit{für Gase}: [P] = \frac{\text{cm}^3 \cdot \mu\text{m}}{\text{m}^2 \cdot \text{Tag} \cdot \text{bar}}; \quad \textit{für Wasserdampf}: [P] = \frac{\text{g} \cdot \mu\text{m}}{\text{m}^2 \cdot \text{Tag}} \tag{12.5b}$$

Die auf das Permeantenvolumen bezogene Durchlässigkeit von Kunststoffen ist für Wasserdampf um einige Größenordnungen höher als beispielsweise für Sauerstoff.

Permeabilität

Zur Beschreibung der Permeationseigenschaften wird auch die Durchlässigkeit oder *Permeabilität Π* einer Barriere verwendet:

$$\Pi = \frac{P}{d} \tag{12.6}$$

HINWEIS: Die Permeabilität *Π* ist die Größe, die unmittelbar Auskunft darüber gibt, welches Volumen eines Permeanten eine Barriere der Dicke d und der Fläche 1 m^2 pro Tag durchdringt, wenn an den beiden Grenzflächen der Barriere eine Partialdruckdifferenz von 1 bar besteht.

Beispiel: Permeationskoeffizient und Permeabilität von PE-LD und PET

Ein Beispiel soll die beschriebenen Zusammenhänge und ihre technische Bedeutung veranschaulichen: Nach Formel 12.4 permeiert durch eine Fläche von 1 m^2 einer 40 µm dicken PE-LD-Folie im Laufe eines Tages ein Sauerstoffvolumen von ca. 35 cm^3, wenn die Druckdifferenz zwischen den beiden Seiten der Folie konstant 0,5 bar beträgt. Dagegen entsteht unter Verwendung einer nur 12 µm dicken Folie aus PET ein Volumenstrom von nur 3,5 cm^3/Tag. Es wird also unter Einsparung eines Materialvolumens von 70 % gleichzeitig ein um den Faktor 10 besseres Ergebnis erreicht. Dies zeigt die große Bedeutung der richtigen Werkstoffauswahl.

12.2 Temperaturabhängigkeit des Stofftransports

wärmeaktivierte Prozesse

Diffusion und Sorption sind wärmeaktivierte Prozesse. Die Temperaturabhängigkeit der Diffusion basiert darauf, dass bei höherer Temperatur einerseits die Molekülkettensegmente des Polymers zu stärkeren Schwingungsbewegungen neigen, sodass das „Springen“ diffundierender Moleküle zwischen inter- und intramolekularen Bereichen des Polymers wahrscheinlicher wird. Das diffundierende Molekül benötigt dann weniger kinetische Energie, um ausreichend große Zwischenräume zu erzeugen und die Polymerketten zu passieren. Andererseits erhält natürlich auch das diffundierende Molekül selbst eine höhere thermische Energie, sodass dessen stärkere Eigenbewegungen ebenfalls den Ortswechsel beschleunigen.

Zur physikalischen Beschreibung dieser Abhängigkeiten wird eine *Aktivierungsenergie* E_D der Diffusion definiert, die den Energiebetrag beschreibt, den ein Mol Gasteilchen benötigt, um zwischen zwei Freiräumen der Polymerstruktur zu springen. E_D wird über einen bestimmten Bereich als temperaturunabhängig angenommen. Das temperaturabhängige Verhalten des *Diffusionskoeffizienten* kann dann durch einen Arrheniusansatz beschrieben werden:

Aktivierungsenergie

Diffusionskoeffizient

$$D(T) = D_0 \cdot e^{-\frac{E_D}{RT}} \tag{12.7}$$

mit E_D: Aktivierungsenergie der Diffusion [J/mol], R: allgemeine Gaskonstante = 8,314 J/(mol K), D_0: Diffusionskonstante (abh. von der Polymer-Gas-Kombination, aber temperaturunabhängig), T: Temperatur [K].

Da E_D grundsätzlich positiv ist, wächst der Diffusionskoeffizient $D(T)$ mit steigender Temperatur.

Für das Verhalten der Löslichkeit S ergibt sich eine ähnliche Beschreibung. Der Löslichkeitskoeffizient wird im Wesentlichen durch zwei Prozesse bestimmt: durch die exotherme Kondensation des Gases und den endothermen Mischungsprozess des Gases mit dem Polymer. Die Bilanz beider Prozesse wird in der Lösungsenthalpie ΔH_S zusammengefasst. ΔH_S kann abhängig von der Polymer-Gas-Kombination positiv oder negativ sein. Ähnlich der Beschreibung der Diffusion lässt sich das Verhalten des Löslichkeitskoeffizienten unter Temperaturvariation durch

Lösungsenthalpie

$$S(T) = S_0 \cdot e^{-\frac{\Delta H_S}{RT}} \tag{12.8}$$

beschreiben. Aus Formel 12.7 und Formel 12.8 folgt nun unter Berücksichtigung der Definition der Permeationskoeffizienten unmittelbar deren temperaturabhängiges Verhalten:

$$P(T) = P_0 \cdot e^{-\frac{E_P}{RT}} \tag{12.9}$$

mit $P_0 = D_0 \cdot S_0$ und der Aktivierungsenergie der Permeation $E_P = E_D + \Delta H_S$.

Bild 12.4 links zeigt das Verhalten des Permeationskoeffizienten über der Temperatur am Beispiel der Messergebnisse einer 12 µm dicken PET-Folie. Es ist ansatzweise ein exponentieller Verlauf erkennbar. Aufgrund ihrer großen Abhängigkeit von der Umgebungstemperatur sind Permeationsangaben ohne Temperaturangaben wenig sinnvoll. In diesem Beispiel verdoppelt sich der Permeationskoeffizient überschlägig bei einer Erhöhung der Temperatur um 20 °C. Das rechte Teilbild

Aktivierungsenergie der Permeation

Arrheniusauftragung

zeigt die gleiche Funktion in der häufig benutzten Arrheniusauftragung (logarithmische Auftragung über $1/T$). Der weitgehend lineare Verlauf in dieser Darstellung belegt den exponentiellen Verlauf von $P(T)$ und zeigt darüber hinaus, dass es in diesem Falle für den betrachteten Temperaturbereich zulässig ist, E_P als konstant anzusehen. Aus der Steigung der Geraden kann direkt auf die Energie E_P geschlossen werden. Zudem kann mit Formel 12.6 die erforderliche Dicke der Folie berechnet werden, um eine gewünschte Sauerstoffdurchlässigkeit zu erreichen.

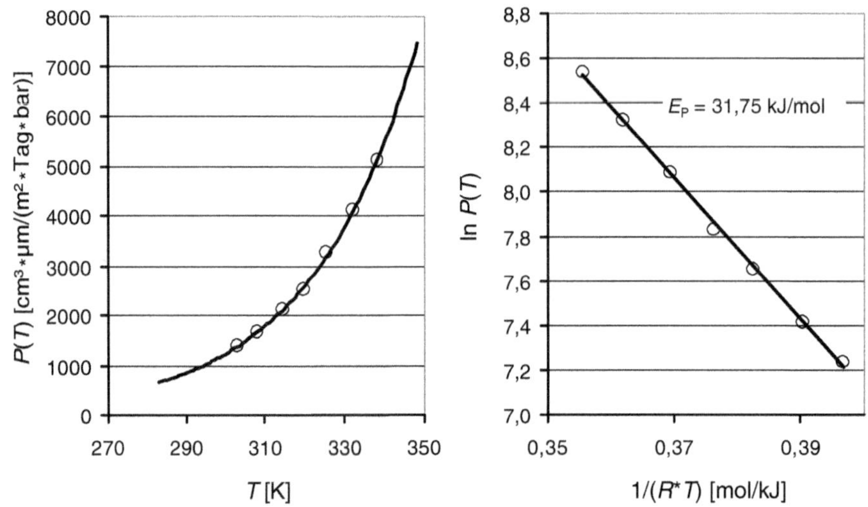

Bild 12.4 Temperaturabhängiger Verlauf der Permeation durch eine 12 µm-PET-Folie

In Bild 12.5 ist die Wasserdampfpermeation für verschiedene Polymere über der Temperatur aufgezeigt. Aus den unterschiedlichen Steigungen kann auf unterschiedliche Aktivierungsenergien geschlossen werden.

HINWEIS: Betrachtet man zwei Kunststoffe bei niedriger Temperatur, von denen der eine gute Barrierewirkung, der andere eine schlechtere Barrierewirkung aufweist, so kann sich dies bei hohen Temperaturen durchaus umkehren. Daher muss stets bereits bei der Werkstoffauswahl berücksichtigt werden, in welchem Temperaturbereich eine Permeationsbarriere erreicht werden soll.

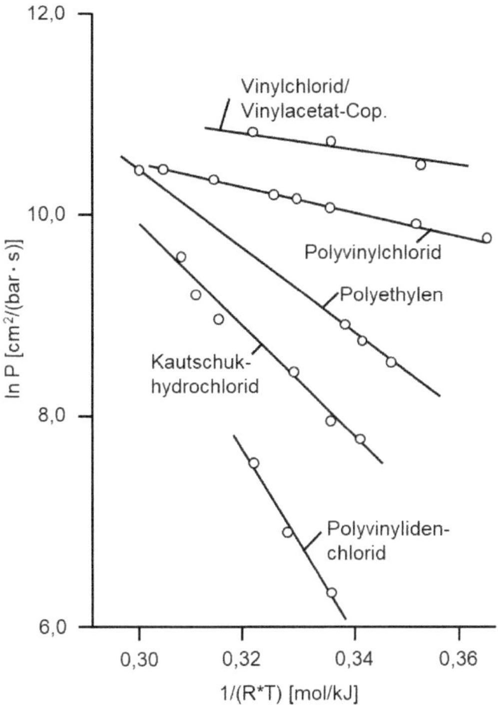

Bild 12.5 Arrheniusauftragung des Wasserdampf-Permeationskoeffizienten verschiedener Polymere [nach Knappe]

12.3 Permeationsbestimmende Eigenschaften der Polymere

Gültigkeitsbereich

Formel 12.7 bis Formel 12.9 dienen der Beschreibung eines idealisierten Permeationsmodells, in dem Wechselwirkungen des Permeanten mit dem Polymer nicht berücksichtigt werden. Betrachtet man aber z. B. die Permeation organischer Dämpfe durch polymere Membransysteme, so werden die Verhältnisse bedeutend komplexer. Hierzu sind beispielsweise eingehende Betrachtungen der Lösungsenthalpie unumgänglich. Diese Zusammenhänge können hier jedoch nicht behandelt werden: ausführliche Informationen sind in der Literatur zu finden (siehe z. B. [van Krevelen]). Bei Wasserdampf wird die Permeation beispielsweise durch Doppelbindungen im Polymer und durch eine zunehmende Polarität gesteigert.

Formel 12.7, Formel 12.8 und Formel 12.9 zeigen mit Ausnahme der Materialdicke lediglich die Abhängigkeit der Permeation von äußeren Parametern wie Partialdruck oder Temperatur. Die Polymer- und Permeanteneigenschaften gehen über die Aktivierungsenergien in die Gleichungen ein.

Die innere Struktur der Polymere, die großenteils auch durch den Verarbeitungsprozess beeinflusst ist, bestimmt maßgeblich die Permeationseigenschaften. Prinzipiell führt eine Erhöhung des kristallinen Strukturanteils, der Molekülorientierung und der Dichte zu einer zum Teil richtungsabhängigen Verringerung der Permeabilität. Weiterhin wird die Durchlässigkeit gegenüber Dämpfen und Gasen im Allgemeinen durch die Zugabe von Additiven, Füllstoffen und Weichmachern sowie durch den Vernetzungsgrad beeinflusst. Auch die Zugehörigkeit zu einer Polymergruppe bedingt bestimmte Eigenschaften: Thermoplaste, Elastomere und Duroplaste unterscheiden sich deutlich hinsichtlich ihrer molekularen Struktur, was auch Auswirkungen auf die jeweiligen Permeationseigenschaften hat.

12.3.1 Elastomere

geringer Vernetzungsgrad

Bei Elastomeren sind die verschlauften Molekülketten an einigen Stellen durch chemische Bindungen fixiert. Weiterhin besitzen Elastomere genügend große Zwischenräume, die die Permeation von Fremdmolekülen gestatten. Daher fällt die Barrierewirkung von Elastomeren im Vergleich zu Thermoplasten und Duroplasten in der Regel geringer aus. So verliert beispielsweise ein Luftballon bereits nach wenigen Tagen große Mengen Luft. Bei Innenschläuchen von Automobil- oder Fahrradreifen wird die Barrierewirkung durch höhere Wandstärken, einen mehrlagigen Aufbau und spezielle Füllstoffe gesteigert. Jedoch verlieren auch diese mit der Zeit Luft, weshalb sie häufig nachgefüllt werden müssen. Dieser Effekt wird durch hohe Drücke in den Reifen und eine erhöhte Temperatur durch Reibung oder in heißen Sommermonaten noch gesteigert.

12.3.2 Duroplaste

hoher Vernetzungsgrad

Bei den Duroplasten ist die Vernetzung gegenüber den Elastomeren so stark ausgebildet, dass auch unter Wärmeeinfluss nur sehr kleine molekulare Zwischenräume vorhanden sind. Die Permeationskoeffizienten dieser gehärteten Formmassen sind daher meist niedrig. Allerdings werden Duroplasten sehr häufig große Mengen an Füllstoffen (z. B. Verstärkungsfasern) zugegeben, die die Permeationseigenschaften stark verändern können. Dies liegt zum einen an den intrinsischen Eigenschaften der Füllstoffe, zum anderen an der Ausbildung von Phasengrenzen zur Duroplastmatrix. So besitzen z. B. Glasfasern zwar eine höhere Barrierewirkung als die sie umgebende Matrix, es können jedoch an der Grenzfläche zwischen Faser und Matrix Hohlräume in Form von Luftblasen oder Rissen entstehen, die in Summe wiederum die Permeabilität des gesamten Verbundes erhöhen. Verstärkungsfasern werden daher nicht zur Steigerung der Barrierewirkung, sondern meist zur Steigerung anderer Bauteileigenschaften, wie beispielsweise der Festigkeit, eingesetzt.

12.3.3 Thermoplaste

Permeation durch molekulare Zwischenräume

Thermoplaste bestehen aus Molekülketten, die ineinander verschlauft sind. Im Schmelzezustand führen die Molekülketten Bewegungen aus, die sich mit sinkender Temperatur verringern. Bei Erreichen der Einfriertemperatur kommen diese Bewegungen zum Erliegen und das Material wird formbeständig. Nach Unterschreiten der Einfriertemperatur schwingen lediglich die einzelnen Atome um ihre Ruhelage an der Molekülkette. Mit diesen Änderungen des Stoffzustandes ändert sich die Permeabilität in hohem Maße. Es ist daher notwendig, die Permeabilität von Thermoplasten in ihrer Abhängigkeit von der Kristallinität zu betrachten. Darüber hinaus ist bei Thermoplasten die Orientierung von Molekülketten bedeutsam für die Ausprägung ihrer Permeabilität.

12.3.3.1 Kristallinität

Die kristalline Phase in teilkristallinen Thermoplasten hat eine besonders große Bedeutung für die Permeationseigenschaften.

HINWEIS: In erster Näherung kann davon ausgegangen werden, dass durch die kristallinen Bereiche hoher Ordnung und enger molekularer Packung im Vergleich zu amorphen Bereichen kaum Permeation stattfindet.

Ein teilkristalliner Kunststoff kann demzufolge näherungsweise als Zweiphasensystem betrachtet werden, bei dem die Permeation lediglich durch die amorphe Phase stattfindet. Die Auswirkung des Kristallinitätsgrades α auf die Löslichkeit kann durch:

$$S = (1-\alpha) \cdot S^a \tag{12.10}$$

Kristallinität beeinflusst Löslichkeit und Diffusion

beschrieben werden, wobei α der kristalline Volumenanteil und S^a die Löslichkeit im vollkommen amorphen Polymer ist. Ein Gas wird somit in erster Näherung nur in den amorphen Anteilen gelöst. Dies ist der erste Faktor, der die Permeation mindert. Ähnliches gilt jedoch auch für den Diffusionskoeffizienten. Die gelösten Gasmoleküle müssen die kristallinen Phasen umgehen, da sie dort nicht gelöst werden können. Die Diffusionswege werden bedeutend länger.

In Analogie zu Formel 12.10 kann zur Abschätzung folgende Formel benutzt werden:

$$D = (1-\alpha) \cdot D^a \tag{12.11}$$

Bild 12.6 zeigt die Arrheniusauftragung des Permeationskoeffizienten für die Stickstoffpermeation durch Polyethylenfolien gleichen Typs, jedoch verschiedener Dichte. Die zunehmende Dichte korreliert mit einem zunehmenden Kristallisationsgrad. Dies wirkt sich deutlich auf die Permeation aus. Auffällig ist der lineare Verlauf der einzelnen Kurven, der auf eine gleichbleibende Aktivierungsenergie der Permeation hinweist. Es ändert sich jeweils nur der Schnittpunkt mit der Ordinate, der nach Formel 12.9 durch P_0 bestimmt wird.

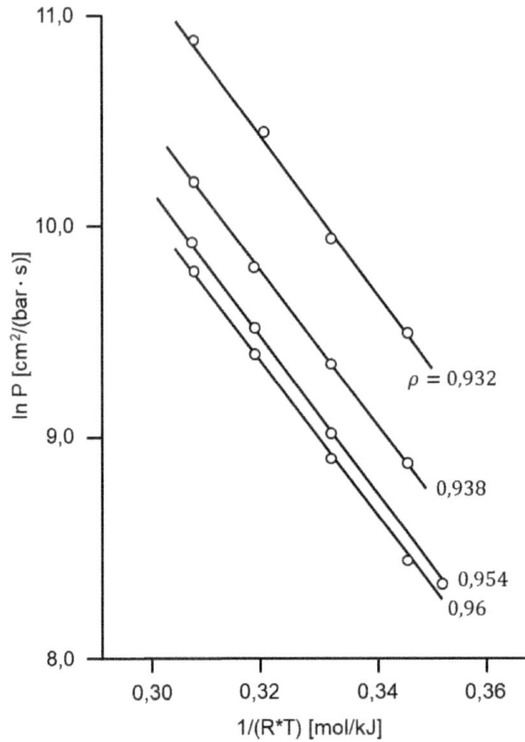

Bild 12.6 Permeation von Stickstoff durch Polyethylenfolien verschiedener Dichte in Abhängigkeit von der Temperatur [nach Knappe]

12.3.3.2 Orientierung der Polymerketten

Die im Normalzustand verschlauften Molekülketten eines Thermoplastes können durch Verstrecken teilweise orientiert werden. Dadurch entstehen in der Tendenz linear nebeneinanderliegende Molekülketten, deren Zwischenräume deutlich kleiner sind und gelöste Moleküle in ihrer Diffusionsbewegung einschränken. Entsprechend lassen sich Thermoplaste durch biaxiales Verstrecken hinsichtlich ihrer Permeationseigenschaften deutlich verbessern. Bei PET kommt hinzu, dass bei der Verstreckung die ebenen Phenolringe vorzugsweise senkrecht zur Diffusionsrichtung der permeierenden Gasmoleküle (also parallel zur Membranoberfläche) ausgerichtet werden, was die Barrierewirkung des Werkstoffs erhöht. PET ist auch dank dieser Eigenschaft unangefochten der wichtigste Werkstoff zur Herstellung von Getränkeflaschen.

12.4 Abschätzung permeationsbestimmender Koeffizienten

Bei manchen Anwendungsfällen kann es für die Werkstoffvorauswahl und die Formteilauslegung sehr nützlich sein, die Permeationseigenschaften im Voraus zu berechnen. Dem steht allerdings entgegen, dass eine große Anzahl an Werkstoff- und Verarbeitungseigenschaften Einfluss auf die molekulare Struktur und damit das Permeationsverhalten nehmen. Es ist praktisch nicht möglich, alle diese Eigenschaften in eine Vorausberechnung einzubeziehen, da insbesondere ihre Auswirkungen auf den Stofftransport nicht exakt bekannt und nicht geschlossen darstellbar sind. Es ist daher sinnvoll, zur Abschätzung der Permeationseigenschaften auf experimentelle Daten zurückzugreifen. Die im Folgenden dargestellte, rein empirische Methode erlaubt die Abschätzung der die Permeation bestimmenden Koeffizienten.

12.4.1 Löslichkeitskoeffizient

Siedetemperatur-kritische Temperatur

Bild 12.7 zeigt am Beispiel von Naturkautschuk, dass offenbar ein Zusammenhang zwischen den Löslichkeitskoeffizienten verschiedener Gase und Dämpfe und deren Siedetemperatur T_S oder wahlweise der kritischen Temperatur T_{kr} besteht. Aus den empirischen Daten des Diagramms liest man ab:

$$\log S(298\,\mathrm{K}) = -2{,}1 + 0{,}0123\,T_S \qquad (12.12a)$$

$$\log S(298\,\mathrm{K}) = -2{,}1 + 0{,}0074\,T_{kr} \qquad (12.12b)$$

Diese Gleichungen können für Elastomere mit geringer Polarität sowie allgemein für amorphe Thermoplaste als erste Abschätzung benutzt werden. Bei teilkristallinen Thermoplasten nutzt man zur weiteren Abschätzung zusätzlich Formel 12.10, da die Permeation ausschließlich durch die amorphen Bereiche stattfindet.

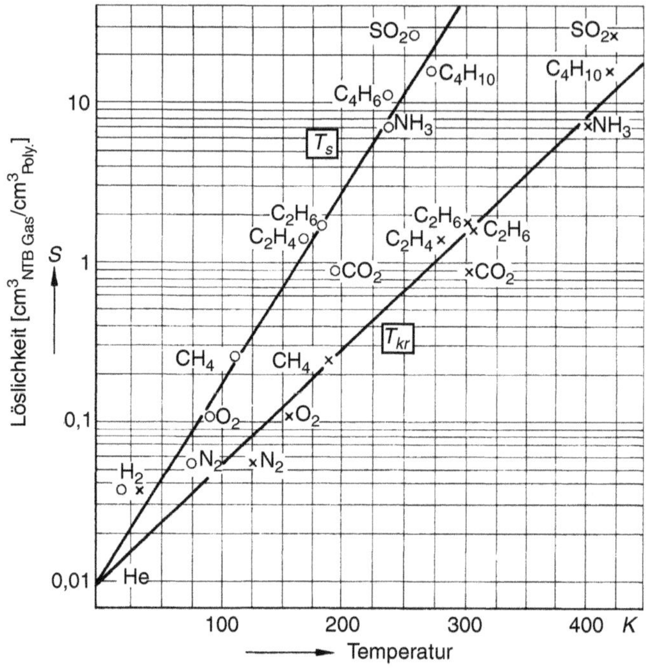

Bild 12.7 Löslichkeitskoeffizient S von Gasen in Naturkautschuk in Abhängigkeit von T_S und T_{kr} bei 25 °C [nach van Krevelen]

12.4.2 Diffusionskoeffizient

effektiver Moleküldurchmesser

Eine typische den Diffusionskoeffizienten bestimmende Eigenschaft eines diffundierenden Gases ist dessen Wirkungsquerschnitt, der im Wesentlichen durch den effektiven Moleküldurchmesser σ bestimmt wird. Es ist anschaulich nachvollziehbar, dass größere Gasmoleküle auch größere intermolekulare Zwischenräume im Polymer erzeugen müssen, um zwischen zwei „Löchern" weiterzuspringen. In Tabelle 12.1 sind Diffusionskoeffizienten einiger Gas-Polymer-Kombinationen dargestellt. Zur besseren Vergleichbarkeit sind zwei Messreihen mit jeweils gleichen Messbedingungen (Temperatur, Druck) und der effektive Moleküldurchmesser des permeierenden Stoffes gegeben. So ist beispielsweise bei der Diffusion von Helium (He) durch Polyethylen (PE) bei 40 °C eine deutliche Abhängigkeit von der Dichte (engl.: LD: low density, HD: high density) bzw. dem Kristallisationsgrad erkennbar. Dieselbe Tendenz mit geringerer Ausprägung ist bei der Kombination aus PE und Methan (CH_4) zu sehen.

In der zweiten Messreihe, in der die Diffusionskoeffizienten für Polyvinylidenfluorid (PVF_2) in Kombination mit unterschiedlichen Molekülen wiedergegeben sind, wird deutlich, dass der Diffusionskoeffizient in diesem Fall keine direkte Abhängigkeit von dem effektiven Moleküldurchmesser zeigt. Helium besitzt im Vergleich zu den anderen Gasen (Ar, CH_4, N_2) einen extrem hohen Diffusionskoeffizienten und den kleinsten Moleküldurchmesser. Jedoch ist die Diffusion von Argon und Stickstoff um den Faktor zwei größer als die von Methan, obwohl deren Moleküldurchmesser sehr ähnlich sind. Diese Ergebnisse verdeutlichen, dass die Permeation von Gasen durch Polymere von einer Vielzahl an Einflussfaktoren abhängt und nur schwierig abgeschätzt oder vorhergesagt werden kann. Eine Ähnlichkeitsbetrachtung von Gasen oder Mischgasen ist nur in den wenigsten Fällen möglich und sehr stark von Struktur und Additivierung des Polymers abhängig.

Tabelle 12.1 Diffusionskoeffizienten für ausgewählte Gas-Polymer-Kombinationen [nach van Krevelen und Flaconneche]

Polymer	Moleküle (Gas)	Moleküldurchmesser [nm]	Temperatur [°C]	Druck [MPa]	D [10^7 cm²/s]
PE-LD	He	0,255	40 ± 1	4	140,00
PE-HD		0,255	40 ± 1	4	76,00
PE-HD-R1*		0,255	40 ± 1	4	61,00
PE-LD	CH_4	0,376	40 ± 1	4	3,40
PE-HD-R1*		0,376	40 ± 1	4	1,30
PE-LD	CO_2	0,380	40 ± 1	4	3,30
PE-HD		0,380	40 ± 1	4	4,00
PE-HD-R1*		0,380	40 ± 1	4	2,80
PE-LD	N_2	0,380	70 ± 1	10	20,00
PE-HD		0,380	70 ± 1	10	12,00
PE-HD-R1*		0,380	70 ± 1	10	6,90
PVF_2	He	0,255	70 ± 1	10	46,00
PVF_2	Ar	0,354	70 ± 1	10	0,81
PVF_2	CH_4	0,376	70 ± 1	10	0,41
PVF_2	N_2	0,380	70 ± 1	10	0,77

* PE-HD-R1 ist ein besonders langsam abgekühltes PE-HD (1 °C/min) zur Steigerung der Kristallinität)

12.5 Permeation durch Kunststoffe

Permeant/Polymer-Wechselwirkung

Den bisherigen Betrachtungen lag die Annahme zugrunde, dass es sich um Permeation einfacher, inerter Gase handelt, deren kritische Temperatur T_{kr} unterhalb der im Allgemeinen relevanten Einsatztemperaturen (siehe Tabelle 12.1) liegt. Eine Kondensation der Gase ist in dem Temperaturbereich $T > T_{kr}$ auszuschließen.

Diese Gase werden daher auch „permanente Gase“ genannt und erlauben eine geschlossene mathematische Beschreibung. Für viele Gase und Dämpfe sind diese Annahmen jedoch nicht mehr zutreffend, weil diese mit dem Polymer in komplexere Wechselwirkungen treten, bis hin zur Quellung des Polymers. Solche Quellungseffekte sind auch bei Wasserdampf im Kontakt mit einigen Polymeren zu beobachten. Die entsprechende mathematische Beschreibung der Lösungs- und Diffusionsvorgänge wird dann schwierig, da die entsprechenden Koeffizienten konzentrationsabhängig werden: $S = S(c)$ und $D = D(c)$. Das Henrysche Gesetz gilt in diesen Fällen nicht mehr. Die Messung des Stoffdurchgangs von Dämpfen kann aber dennoch mit unterschiedlichen Messverfahren (siehe Abschnitt 12.7) geschehen, der Rückschluss auf die Werkstoffeigenschaften wie Permeations-, Diffusions- oder Sorptionskoeffizienten ist jedoch stark eingeschränkt. Dies soll an dem folgenden Beispiel deutlich werden:

konzentrationsabhängiger Diffusionskoeffizient

Der mathematischen Beschreibung des Werkstoffverhaltens liegen auch hier empirische Ansätze zugrunde. Für den Diffusionskoeffizienten ergibt sich aufgrund des phänomenologisch begründeten Ansatzes, welcher den Vorteil hat, dass $D^{c=0}$ mit dem konzentrationsunabhängigen Diffusionskoeffizienten $D(T)$ aus Formel 12.7 gleichgesetzt werden kann, folgende Formel 12.13:

$$D(c,T) = D_0 \cdot e^{\frac{-E_{D,c=0}}{RT}} \qquad (12.13)$$

Mit einer neuen Definition der Aktivierungsenergie E_D lässt sich Formel 12.13 wieder in die Struktur der Formel 12.7 überführen:

$$E_D = E_{D,c=0} - R \cdot T = E_D(c,T) \qquad (12.14)$$

Daraus folgt die Aussage:

Die Konzentrationsabhängigkeit des Diffusionskoeffizienten von Gasen in Polymeren, die miteinander stark wechselwirken, lässt sich auf eine Konzentrations- und Temperaturabhängigkeit der Aktivierungsenergie zurückführen.

Mit wachsender Konzentration des Permeanten sinkt die Aktivierungsenergie, die die Teilchen benötigen, um das molekulare Gefüge des Polymers zu durchdringen. Der Diffusionsstrom steigt also mit wachsender Konzentration. Zusätzlich existiert eine linear fallende Temperaturabhängigkeit von E_D.

Eine einfache Korrelation der Aktivierungsenergie mit dem Wirkungsquerschnitt der Permeantenmoleküle, wie sie für einfache Gase angegeben werden kann, ist hier nicht gegeben. Für sehr niedrige Konzentrationen existiert unterhalb der Glastemperatur ein weitgehend linearer Zusammenhang zwischen E_D und dem Molvolumen des Permeanten.

Diese Darstellungen gelten lediglich für kleine, im Polymer gelöste Molekülkonzentrationen. Die theoretische Beschreibung wird insbesondere dann äußerst aufwändig, wenn die Permeation von Gas- oder Dampfgemischen - wie z. B. Benzin - betrachtet wird. Handelsübliches Benzin besteht aus einer Fülle organischer Komponenten, die jeweils die Permeation der anderen Komponenten signifikant beeinflussen können. Allgemein ist der Diffusionskoeffizient von Gasgemischen nur in geringem Maße von der Zusammensetzung des Gasgemisches abhängig, kann aber für genaue Untersuchungen nicht vernachlässigt werden. Zur Bestimmung von Wechselwirkungsparametern zweier Gase können experimentelle Diffusionskoeffizienten dieser Gaskombination genutzt werden, mit denen dann andere Transporteigenschaften für Gasmischungen aus zwei Gasen abgeleitet werden können. Mithilfe solcher Daten können weiterhin Zusammenhänge für die komplexe Diffusion in Gasmischungen mit mehr als zwei Komponenten bestimmt werden.

Polymer-Permeant-Wechselwirkung

Die einfach zu beschreibende konzentrationsunabhängige Diffusion ist nur bei niedrigen Temperaturen unterhalb der Glastemperatur des Polymeren bzw. unabhängig von der Temperatur bei sehr niedriger Penetrationswirksamkeit vorhanden. Zu höheren Penetrationswirksamkeiten und Temperaturen sowie oberhalb der Glasübergangstemperatur wird der Diffusionsvorgang konzentrationsabhängig. Bei sehr hohen Penetrationswirksamkeiten entsteht eine stärkere Wechselwirkung zwischen Permeant und Polymer, die unterhalb der Glastemperatur auch zu Spannungsrissen führen kann. Dazwischen befindet sich ein Übergangsbereich, der durch Quellspannungen kontrolliert wird.

12.5.1 Sorption und Diffusion von Wasser durch Kunststoffe

Aufgrund der starken Polarität der Wassermoleküle und aufgrund ihrer Fähigkeit, Wasserstoffbrückenbindungen miteinander und mit Polymermolekülen einzugehen, weist die Permeation von Wasser einige Besonderheiten auf. In polaren Polymeren werden die Löslichkeit und die Diffusion im Gleichgewichtszustand von Wechselwirkungen der Wassermoleküle mit funktionellen Gruppen der Polymerketten bestimmt. In weniger polaren Polymeren tritt die Bildung von Wasseransammlungen an aktiven Zentren (Clustern) auf. In diesem Zusammenhang werden Polymere unterschieden, die

- wasserstoffbindende Gruppen enthalten, wie Cellulose, Polyvinylalkohol und Polyamide,
- polare Gruppen enthalten,
- hydrophob sind, wie Polyolefine.

Hydrophobe Kunststoffe absorbieren (gemäß ihrer Bezeichnung) nur sehr geringe Mengen Wasser. Hier gilt das Henrysche Gesetz.

Löslichkeit

Je mehr polare Gruppen im Polymer vorhanden sind, umso mehr Anknüpfungspunkte werden den Wassermolekülen geboten. Allerdings besteht kein einfacher Zusammenhang zwischen der Dichte polarer Gruppen und der tatsächlich absorbierten Wassermenge. Denn der Zugänglichkeit dieser polaren Gruppen wirken die starken Bindungen zwischen Wassermolekülen und beispielsweise auch die Kristallinität dieser Tendenz entgegen. Die Lösungsenthalpie der Wassermoleküle liegt im Bereich von 25 kJ/mol für unpolare und 40 kJ/mol für polare Polymere.

Diffusion

Neben den Lösungsvorgängen werden auch *Diffusionsvorgänge* von den Wechselwirkungen zwischen Wasser und Polymer geprägt. In Polymeren mit vielen wasserstoffbindenden Gruppen wächst die Diffusion mit dem Wassergehalt, da die lokalisierten Ankopplungspunkte für Wassermoleküle mehr und mehr gesättigt werden und dadurch der Anteil mobiler Wassermoleküle in der Polymermatrix steigt. Bei Polymeren geringerer Polarität nimmt die Diffusion mit steigendem Wassergehalt ab. Dies wird häufig durch die Bildung von Clustern erklärt, die die Beweglichkeit vieler Wassermoleküle in der Polymermatrix einschränken.

Die Diffusion von Wasser zeigt in hydrophoben Polymeren keine signifikante Abhängigkeit von dem ohnehin geringen Wassergehalt. Hier kann die Diffusion von Wasser mit den Gesetzmäßigkeiten beschrieben werden, die für ideale Gase gelten.

12.6 Maßnahmen zur Permeationsminderung

Barrieredicke
Kristallinität
Orientierungen

Die einfachste Methode, die Durchlässigkeit einer Kunststoffbarriere zu beeinflussen, ist nach Formel 12.6 die Variation der Wandstärke *d*. Weiterhin lassen sich, wie in Abschnitt 0 angesprochen wurde, grundsätzlich durch die geeignete Wahl der Verarbeitungsparameter orientierte oder kristalline Bereiche in den Kunststoff einbringen, durch die die Permeationseigenschaften beeinflusst werden können. Typische Beispiele sind orientiertes PP (OPP), biaxial orientiertes PA (BOPA) oder PET mit einer mechanisch induzierten Kristallinität. Häufig sind die Maßnahmen zur Permeationsminderung allerdings nicht ausreichend, um die gewünschte Funktionalität zu erreichen.

Werkstoffauswahl

Die dann nächstliegende Methode zur Minimierung von Permeationsraten ist, eine neue Werkstoffauswahl zu treffen. Besteht die vorrangige Forderung darin, die Sauerstoff- und Wasserdampfpermeabilität zu minimieren, so würde nach Bild 12.1 LCP der optimale Werkstoff sein. In der Praxis wird die Permeabilität jedoch sehr häufig als sekundäre Anforderung gestellt; im Vordergrund stehen mechanische Anforderungen wie Formbeständigkeit, Reißfestigkeit, Elastizität, Druckfestigkeit oder auch optische Eigenschaften wie Transparenz. Es bestehen weitere Einschränkungen für Nahrungsmittelverpackungen: Nur wenige Polymere sind für den Kontakt mit Lebensmitteln zugelassen. Zusätzlich kann durch die Applikation selbst ein bestimmtes Verarbeitungsverfahren von vornherein festgelegt sein. Nicht zuletzt spielen, vor allem bei Massenprodukten, auch die Rohstoffkosten eine entscheidende Rolle. Die Auswahl an für eine Anwendung infrage kommenden Polymeren ist durch diese Kriterien stark eingeschränkt.

Da sie den oben genannten Primärforderungen weitgehend genügen, gehören z. B. PE, PET, PP oder PS zu den am weitesten verbreiteten Kunststoffen. Je nach Anwendung kommt es aber zu Konflikten mit ihren Permeationseigenschaften.

Polymermodifikationen

Interessant sind in diesem Zusammenhang Modifikationen konventioneller Polymerwerkstoffe (z. B. PP, PET). So werden Polyamide mit Schichtsilikat versetzt, das senkrecht zur Diffusionsrichtung ausgerichtet wird. Durch die verlängerten Diffusionswege kann die Permeation deutlich gemindert werden (vgl. Bild 3.24). Mithilfe von Metallocen-Katalysatoren können Polymere wie PE, PP oder PS mit neuem Eigenschaftsprofil hergestellt werden. Sie enthalten gegenüber mit konventionellen Katalysatoren hergestellten Kunststoffen sehr viel geringere niedermolekulare Anteile. Für PP lässt sich so die Sauerstoffpermeabilität halbieren.

12.6.1 Mehrschichtige Verbundsysteme

Bei mehrkomponentigen Kunststoffsystemen werden auf die oben genannten konventionellen Polymere mithilfe verschiedener Verfahren vergleichbar dünne Schichten eines Hochbarrierewerkstoffs auf- bzw. eingebracht. Dadurch wird erreicht, dass viele der oben genannten Primärforderungen auch durch den Mehrschichtverbund erfüllt werden. Die Herstellung mehrschichtiger Verbunde kann durch verschiedenste Methoden erreicht werden, deren Anwendbarkeit teilweise vom Verarbeitungsverfahren bestimmt wird. Als Sperrschicht gegen die Wasserdampfpermeation wird häufig PE, gegen die Sauerstoffpermeation PA eingesetzt. PVDC sperrt gut gegen die Permeation von Wasserdampf, Sauerstoff und Aromastoffen.

Der Permeationskoeffizient P eines mehrschichtigen Polymerverbunds kann überschlägig wie folgt berechnet werden:

$$\frac{1}{P} = \frac{1}{d} \sum_{i=1}^{i=n} \frac{d_i}{p_i} \qquad (12.15)$$

mit d: Gesamtdicke des Laminats, d_i: Dicke der i-ten Schicht, P_i: Permeationskoeffizient der i-ten Schicht.

Bild 12.8 verdeutlicht diesen Zusammenhang.

Aus Formel 12.15 wird deutlich, dass der kleinste Permeationskoeffizient eines Schichtpartners die Permeationseigenschaften des gesamten Verbundes bestimmt.

HINWEIS: In ihrer Struktur zeigt Formel 12.15 eine Analogie zur Reihenschaltung elektrischer Widerstände. Die Kehrwerte der einzelnen Leitwerte summieren sich zum Kehrwert des Gesamtleitwerts.

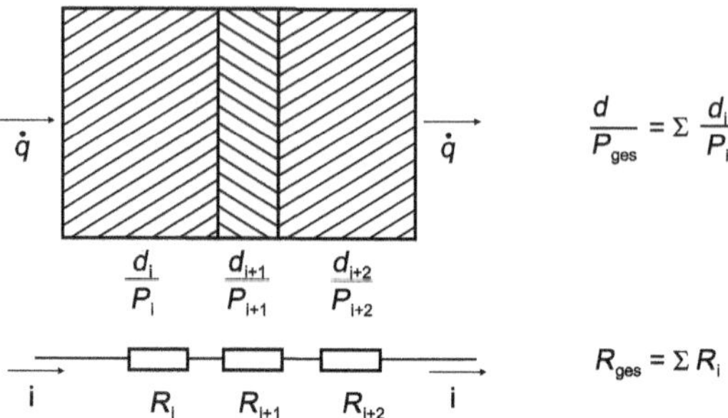

Bild 12.8 Permeation durch Schichtverbunde und Analogie zur Reihenschaltung elektrischer Widerstände

12.6.2 Kunststofffolien

Für die Optimierung der Sperreigenschaften kommt bei Kunststofffolien eine Reihe von Verfahren zur Anwendung.

Coextrusion

Bei der Coextrusion wird das (in der Regel teurere) Hochbarrierematerial in ein konventionelles Trägermaterial eingebettet. Für Folien zur Verpackung von Lebensmitteln bietet dieses Verfahren den weiteren Vorteil, dass das eigentliche Barrierematerial nicht in direkten Kontakt mit dem Füllgut kommt. Als kostengünstige Trägermaterialien kommen dabei z. B. PE, PP oder auch PET zum Einsatz, während z. B. EVOH (vielfach gebrauchte Bezeichnung für das Ethylen-Vinylalkohol-Copolymer EVAL), PA, PVDC oder LCP als Hochbarrierewerkstoffe verwendet werden. Bei der Kombination PE/EVOH/PE hat das Trägermaterial selbst bereits eine gute Sperrwirkung gegen Wasserdampf und schützt damit das gegen Wasser empfindliche EVOH (Bild 12.9, links). EVOH übernimmt dann die Permeationsbarriere gegen Sauerstoff. Die Permeationswerte lassen sich durch die Dicke der Einzelschichten einstellen (Formel 12.15). Häufig muss die mechanische Stabilität des Verbundes durch Haftvermittler gesichert werden, wodurch der Fertigungsaufwand und somit auch die Kosten steigen.

PVD-, CVD-Verfahren

Inzwischen weit verbreitet sind Verfahren zur Abscheidung dünner Schichten. Mithilfe von PVD- oder CVD-Verfahren (engl.: *P*hysical bzw. *C*hemical *V*apour *D*eposition) werden nur wenige 10 nm dünne organische, anorganische oder keramische Schichten auf handelsübliche Folien mittels Plasmapolymerisation aufgebracht. Ausgezeichnete Sperrwirkung zeigen SiO_x- und Al_2O_3-haltige Schichten

(Bild 12.9, rechts). Deren geringe Durchlässigkeit verbessert die Sauerstoffbarriere einer Folie um den Faktor 100 und mehr. Vorteil dieser Verfahren ist, dass handelsübliches Folienmaterial nachträglich hinsichtlich der Permeationseigenschaften optimiert werden kann. Der Auftrag erfolgt im Durchlauf der fertig extrudierten Folie, ein Eingriff in den Extrusionsprozess ist nicht erforderlich. Ein weiterer großer Vorteil dieser Verfahren liegt in der Rezyklierbarkeit des Produktes. Aufgrund der aktuellen Entwicklungen in der Verpackungsbranche und der eingangs erwähnten EU-Verpackungsverordnung, welche Anfang 2019 in Kraft getreten ist, wird unter anderem ein wesentlicher Anstieg der Recyclingquoten gefordert. Bei coextrudierten Mehrschichtsystemen können die eingesetzten Materialien kaum wieder getrennt werden, sodass die entsprechenden Abfälle häufig nicht recycelt werden können. Im Vergleich dazu sind Beschichtungen mittels PVD oder CVD nicht nur günstig und transparent, sondern vor allem auch umweltfreundlich, da sie aufgrund ihrer nanoskaligen Schichtdicke die Rezyklierbarkeit des Produktes nicht einschränken. Entsprechende Folien werden daher auch als Monomaterial bezeichnet.

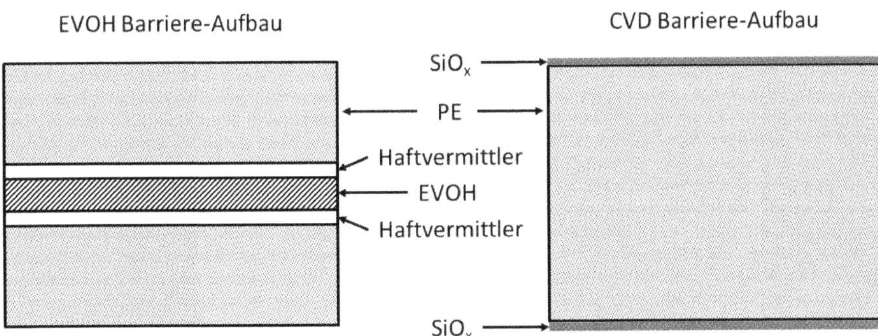

Bild 12.9 Unterschiedliche Möglichkeiten der Barriereerzeugung bei Folien. Links: EVOH (Ethylen-Vinylalkohol) Barriere-Aufbau, rechts: CVD Barriere-Aufbau

12.6.3 Kunststoff-Hohlkörper

Typische Beispiele von Hohlkörpern, bei denen Permeation eine wichtige Rolle spielt, sind Getränkeflaschen und Kraftstofftanks aus Kunststoffen, für die PET bzw. PE als etablierte Kunststoffe eingesetzt werden.

PET-Flaschen

PET-Flaschen werden aus spritzgegossenen Vorformlingen in einem zweiten Verarbeitungsschritt streckgeblasen. Die dadurch eingebrachten Orientierungen und Kristallinitäten verbessern zwar die Permeationseigenschaften, jedoch nicht in dem Maße, in dem die Anforderungen an sie gestellt werden. Speziell für Getränkeflaschen ergibt sich die Problematik der hohen CO_2-, O_2- und Aromastoff-Permeabilität.

Ein Lösungsansatz liegt auch in diesem Fall in Verbundsystemen. So werden einerseits die Vorformlinge verfahrenstechnisch per Sandwichspritzguss hergestellt, bei dem eine PA- oder EVOH-Schicht in zwei PET-Schichten eingebettet wird. Ebenso wären LCP (engl.: liquid crystal polymers) als Barriereschicht geeignet, jedoch sind sie aufgrund des trüben Erscheinungsbildes nur bedingt einsetzbar.

Innenbeschichtung

Eine Alternative sind Verfahren, die die fertig geblasene Flasche von innen mit einer Hochbarriereschicht aus SiO_x und/oder anderen keramischen Stoffen beschichten. Ein geeignetes Verfahren ist die Innenbeschichtung von Hohlkörpern. Hierfür wird ein Sonderverfahren des CVD-Prozesses verwendet – die Plasmapolymerisation oder auch „Plasma-Enhanced-Chemical-Vapour-Deposition" (PE-CVD). Das Prinzip dieses Verfahrens ist in Bild 12.10 dargestellt. In und um die Flasche wird ein Vakuum erzeugt, anschließend werden reaktive Gase und Monomere in die Flasche eingeleitet. Durch von außen eingebrachte Mikrowellenstrahlen wird das Gasgemisch in der Flasche zu einem Plasma angeregt, wodurch eine hauchdünne Barrierebeschichtung auf der Innenseite der Flasche abgeschieden wird. Mit diesem Verfahren aufgebrachte Beschichtungen können die Permeation einiger Stoffe durch den Hohlkörper um den Faktor 100 und mehr mindern. Mittlerweile sind solche Beschichtungssysteme in der Industrie etabliert; diese Anlagen wurden beispielsweise auf Rundläufersystemen mit bis zu 16 Vakuumkammern ausgestattet und können bis zu 46 000 PET-Flaschen in einer Stunde beschichten.

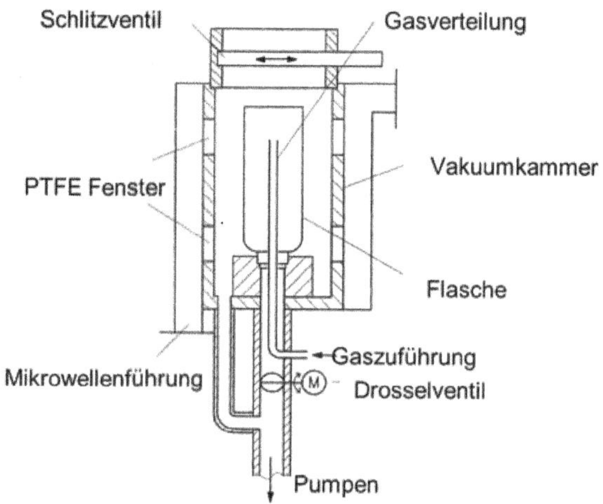

Bild 12.10 PE-CVD-Vakuumbeschichtungskammer zur Beschichtung von Flaschen

Sulfonieren, Fluorieren, Selar

Für Kunststoffkraftstoffbehälter (KKB) spielt die Vermeidung der Permeation von Benzinkomponenten eine wichtige Rolle. Zum einen ist es problematisch, dass die Benzinkomponenten verschieden schnell permeieren, da sich dadurch die Kraftstoffzusammensetzung nach und nach ändert, was sich auf die Verbrennung auswirkt. Zum anderen werden schnell Emissionsrichtwerte überschritten: Ein KKB aus Polyethylen kann bei hohen Außentemperaturen täglich einige Gramm seines Inhalts allein durch Permeationsvorgänge verlieren.

Üblich ist bei KKBs derzeit vor allem die mehrschichtige Coextrusion. Die Behälterwand besteht aus bis zu sechs Schichten. Bild 12.11 zeigt den Aufbau einer solchen Benzintankwand. Die eigentliche Sperrwirkung wird durch eine EVOH-Schicht erreicht, die mit Haftvermittlern an die PE-HD-Außenschichten eingebettet ist. Die Sperrwirkung gegen Benzin ist gegenüber einem reinen PE-Tank um den Faktor 200 besser. Bedingt durch die mitunter sehr komplexe Geometrie eines Pkw-Benzintanks werden die einzelnen Schichten des Vorformlings mit variabler Dicke coextrudiert, damit durch die lokal verschiedenen Dehnungen beim Blasvorgang eine weitgehend homogene Schichtdickenverteilung im fertigen Bauteil entsteht.

Dieser Abschnitt zeigt, dass Permeationseigenschaften in vielen Bereichen eine bedeutende Rolle spielen und dass teilweise großer Aufwand betrieben wird, um Permeationsvorgänge zu regulieren bzw. zu vermeiden. Für Ingenieure ist das Verständnis dieser grundlegenden Zusammenhänge daher grundlegend, um weitere Anwendungsbereiche von Kunststoffen erschließen zu können.

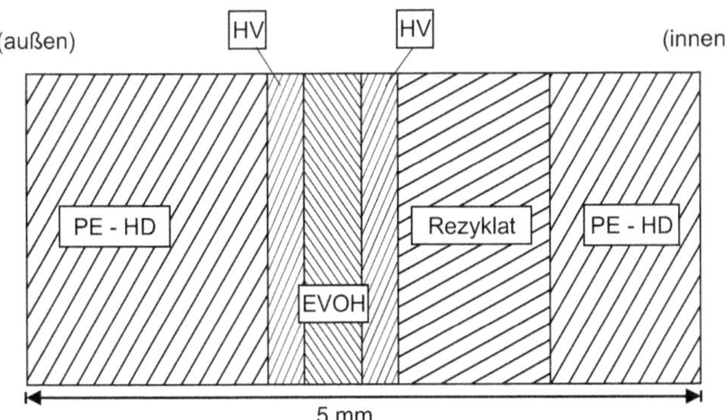

Bild 12.11 Sechsschichtiger Wandaufbau eines KKB (HV = Haftvermittler)

12.7 Verfahren zur Messung von Permeationsgrößen

HINWEIS: Wichtige Normvorschriften zur Erfassung von Permeationskoeffizienten sind für Wasserdampf DIN 53122, DIN EN ISO 15106, ASTM E 96/E 96M und ASTM F-1249. Für die Messung von Gasdurchlässigkeiten sind die Normen DIN 53380, ASTM 3985, ASTM D 1434 und ISO 2556 von Bedeutung.

Messprinzipien

Für die Entwicklung vieler Produkte ist es wichtig, Permeationsvorgänge messtechnisch erfassen zu können. Es stehen hierfür zahlreiche Messverfahren zur Verfügung, die im Einzelfall den Geometrien der Testkörper, wie z. B. Kunststoffflaschen, angepasst werden können. Bei diesen Verfahren werden Volumen-, Gasdruck- oder Massendifferenzen messtechnisch erfasst und es wird der physikalische Zusammenhang zu Sorptions- bzw. Diffusionskoeffizienten hergestellt. Weiterhin erweisen sich sog. Trägergasverfahren (siehe Abschnitt 14.7.2.1) insbesondere dann als sehr geeignet, wenn sehr geringe Permeationsraten nachgewiesen werden müssen.

Umgebungsbedingungen

Bei der Messung von Permeationsraten haben Umgebungsbedingungen einen wichtigen Einfluss auf das Ergebnis. Neben der Konzentration des Permeanten (bzw. dessen Partialdruck) und der Umgebungstemperatur hat z.B. auch der Feuchtegehalt des Permeanten und des Polymers eine starke Wirkung auf die Permeationsvorgänge.

HINWEIS: Um interpretierbare Messergebnisse zu erhalten, sind jegliche Umgebungsgrößen stets konstant zu halten; eine Übertragbarkeit ist andernfalls nicht gewährleistet.

Treibende Kraft für die Permeation ist die Druck- oder Partialdruckdifferenz des Gases auf beiden Seiten der Probe. Die Messdauer bei allen Verfahren liegt je nach Probendicke und Permeabilität im Bereich von einigen Stunden bis zu einigen Tagen. Diese lange Messdauer liegt darin begründet, dass sich zunächst ein Permeationsgleichgewicht eingestellen muss, ehe die eigentliche Messung beginnen kann.

Einige der im Folgenden vorgestellten Messverfahren sind höchst empfindlich und weisen schon geringste Mengen an permeiertem Gas nach. Bei Anwendung dieser Verfahren ist höchst genau darauf zu achten, dass der Probekörper absolut dicht schließend an oder in der Messzelle befestigt wird. Es ist unbedingt zu berücksichtigen, dass Dichtungsmaterialien, wie z.B. O-Ringe aus Viton, eine vergleichsweise hohe Permeabilität aufweisen. Vor allem bei der Messung von Hochbarrierematerialien (z.B. bei der Messung der O_2-Durchlässigkeit von plasmabeschichteter PET-

Folie) kann dies zu relevanten Messfehlern führen. In solchen Fällen kann es sinnvoll sein, die Probe z. B. mit Epoxidharz an der Messkammer festzukleben oder Metalldichtringe aus der Hochvakuumtechnik anzuwenden.

Die meisten der folgenden Verfahren können für alle Gase verwendet werden, die weder mit dem Probekörper chemisch reagieren noch unter den Messbedingungen kondensieren. Besonders geeignet sind für diese Verfahren Gase wie z. B. O_2, N_2 und CO_2. Für Gase, die unter den Messbedingungen kondensieren, eignen sich das gravimetrische und das gaschromatografische Verfahren.

12.7.1 Volumetrisches Verfahren nach DIN 53380-1 Teil 1

Das volumetrische Verfahren ist geeignet für die Bestimmung von Gaspermeationsraten im Bereich von 3 cm³/(m² d bar) bis 20 000 cm³/(m² d bar). Die zu untersuchende Kunststofffolie bzw. das zu untersuchende Kunststoffformteil teilt ähnlich wie in Bild 12.12 eine Messzelle in zwei Teile. Der eine Teil der Messzelle wird evakuiert und mit einer quecksilbergefüllten Kapillare verbunden. Diese Verbindung mit der Messzelle erfolgt derart, dass mit steigendem Druck in der evakuierten Messzelle der Quecksilberspiegel in der Kapillare sinkt. In den oberen Teil der Messzelle wird nun das Prüfgas eingebracht. Das Absinken des Quecksilberfadens wird in geeigneten Zeitabständen aufgenommen. Sobald sich eine konstante Sinkrate eingestellt hat, ist das Permeationsgleichgewicht erreicht und die Messung kann beendet werden. Durch Berechnung kann dann aus der Sinkrate die flächenbezogene Permeationsrate ermittelt werden.

12.7.2 Manometrisches Verfahren nach DIN 53380-2 Teil 2

Das manometrische Verfahren ist geeignet für die Bestimmung von Gaspermeationsraten im Bereich von 0,5 cm³/(m² d bar) bis 20 000 cm³/(m² d bar). Auch bei diesem Verfahren teilt die zu untersuchende Kunststoffprobe eine Messzelle in zwei Teile. Der eine Teil der Messzelle wird evakuiert und in den anderen das Prüfgas eingeleitet. Im Gegensatz zum volumetrischen Verfahren wird jedoch nicht die Zunahme des Volumens, sondern die Zunahme des Druckes in der evakuierten Kammer gemessen. Sobald sich ein zeitlich konstanter Druckanstieg einstellt, ist das Permeationsgleichgewicht erreicht. Die tatsächliche Permeationsrate wird aus dem Druckanstieg dann rechnerisch bestimmt.

12.7.3 Gravimetrisches Verfahren

Für hohe Dampfdurchlässigkeiten eignet sich das gravimetrische Verfahren. Für dessen Durchführung gibt es zwei verschiedene Vorgehensweisen. In der ersten Variante wird in eine Schale ein starkes Absorptionsmittel für den zu untersuchenden Dampf eingebracht und die Schale mit dem Probekörper abgedeckt. Die Schale wird dann den zu untersuchenden Dämpfen ausgesetzt und die Gewichtszunahme des Absorptionsmittels, die durch die kontinuierliche Absorption der permeierten Dämpfe entsteht, über der Zeit bestimmt. Stellt sich eine konstante Gewichtszunahme ein, kann die Messung beendet werden. Bei Wasserdampf eignet sich dieses Verfahren für die Bestimmung von Permeationsraten im Bereich von 1 g/(m^2 d) bis zu 200 g/(m^2 d).

In der zweiten Variante des gravimetrischen Verfahrens erfolgt eine Umkehrung der zuvor genannten Vorgehensweise. Die leicht flüchtige, bei Standardbedingungen jedoch flüssige Substanz wird in eine Schale gebracht und diese mit dem Probekörper abgedichtet. Die Umgebung der Prüfanordnung wird dann gut belüftet, sodass sich ein Partialdruckgefälle entsprechend dem Dampfdruck bei den Prüfbedingungen einstellt. Aufgrund der Permeation durch den Prüfkörper kommt es zu einem Masseverlust der in der Prüfanordnung enthaltenen Flüssigkeit. Stellt sich ein konstanter Masseverlust ein, kann die Messung beendet werden. Der Messbereich bei dieser Vorgehensweise ist ähnlich dem bei der ersten Vorgehensweise.

12.7.4 Massenspektroskopisches Verfahren

Das massenspektroskopische Verfahren ist besonders geeignet für die Bestimmung von sehr kleinen Gaspermeationsraten. Je nach verwendetem Gerätetyp liegt die Nachweisgrenze zwischen ca. 1 ppb und 10 ppm (engl.: parts per billion / parts per million). Für dieses Verfahren wird eine Messzelle benötigt, die durch die zu untersuchende Probe in zwei Hälften geteilt wird. In die eine wird das Prüfgas eingebracht, in die andere kann entweder ein inertes Spülgas eingebracht oder es kann ein Vakuum angelegt werden. Ein Teil des Spülgases bzw. des abgepumpten Gases wird dem Massenspektrometer zugeführt und dort analysiert. Da das Massenspektrometer in der Lage ist, die permeierten Gasteilchen nach ihrer Masse zu trennen und quantitativ zu analysieren, können als Prüfgas auch Gasgemische mit definierter Zusammensetzung verwendet werden. Wenn sich das Permeationsgleichgewicht eingestellt hat, kann aus dem dem Spektrometer zugeführten Massestrom, der Druck- bzw. Partialdruckdifferenz und der im Spektrometer gemessenen Masse die Permeationsrate bestimmt werden.

12.7.5 Gaschromatografisches Verfahren

Das gaschromatografische Verfahren eignet sich besonders für die Bestimmung der Permeationsraten von Gasgemischen, da die Gase sauber getrennt und quantifiziert werden können. Die Betrachtung von Gemischen ist sehr interessant, da sich die einzelnen Komponenten hinsichtlich ihrer Permeationsrate gegenseitig beeinflussen können.

Für die Messung der Permeationsrate wird eine Probe in eine Messzelle gebracht, die diese in zwei Hälften teilt. In die eine Hälfte wird das Prüfgas/Prüfgasgemisch eingebracht. Die permeierten Gasmoleküle werden in der anderen Kammerhälfte von einem Trägergas aufgenommen und dem Gaschromatografen zugeführt. In diesem wird das Gasgemisch dann qualitativ und quantitativ analysiert. Wenn sich ein konstanter Volumenstrom an permeierten Gasen einstellt, ist das Permeationsgleichgewicht erreicht und die Messung kann beendet werden.

Die Empfindlichkeit des Verfahrens hängt stark von den zu untersuchenden Gasen und den dafür vorgesehenen Detektoren ab. Für O_2, CO_2 und N_2 ist ein Wärmeleitfähigkeitsdetektor geeignet, dessen Empfindlichkeit im unteren ppm-Bereich liegt. Organische Gase, wie z. B. Benzol oder Toluol, können mit einem Flammenionisationsdetektor (FID) nachgewiesen werden, dessen Nachweisgrenze bei ca. 20 ppb liegt. Aus diesem Grund ist das Verfahren besser für den Einsatz mit Gasen geeignet, die im FID nachgewiesen werden können.

12.7.6 O_2-spezifisches Trägergasverfahren nach DIN 53380-3 Teil 3

Das O_2-spezifische Trägergasverfahren ist geeignet für die Bestimmung von Gaspermeationsraten im Bereich von 0,01 $cm^3/(m^2$ d bar) bis 1000 $cm^3/(m^2$ d bar). Aufgrund der hohen Messgenauigkeit hat sich dieses Verfahren als Standard- und Referenzverfahren für die Bestimmung von O_2-Transmissionsraten durchgesetzt. Die O_2-Transmissionsrate wird bei Lebensmitteln am häufigsten bestimmt, da diese entscheidend für die Haltbarkeit ist.

Die Kunststofffolie bzw. der Kunststoffhohlkörper teilt bei diesem Verfahren eine Messzelle in zwei Teile (Bild 12.12). Nach Einbau der Probe wird im ersten Messschritt die Undichtigkeit des Gesamtsystems überprüft. Hierzu werden beide Kammerhälften mit Stickstoff gespült und der Gasstrom der einen Messzellenhälfte einem Sauerstoffsensor zugeführt. In den meisten Fällen wird hier ein coulometrischer Sensor verwendet. Der Sauerstoffgehalt, der in diesem Zustand gemessen wird, entspricht der Undichtigkeit des Systems und bildet die Basislinie (engl.: baseline). Anschließend wird in eine Kammerhälfte reiner Sauerstoff eingebracht

(Bild 12.12, obere Hälfte) und das Trägergas der anderen Kammerhälfte, das den permeierten Sauerstoff aufnimmt, dem Detektor zugeführt. Sobald sich das Permeationsgleichgewicht eingestellt hat, liefert der Detektor ein konstantes Signal und die Messung kann beendet werden. Nach einmaliger Kalibrierung des Messsystems gestaltet sich die Auswertung sehr einfach, da die Sensorspannung direkt proportional zur Permeationsrate ist.

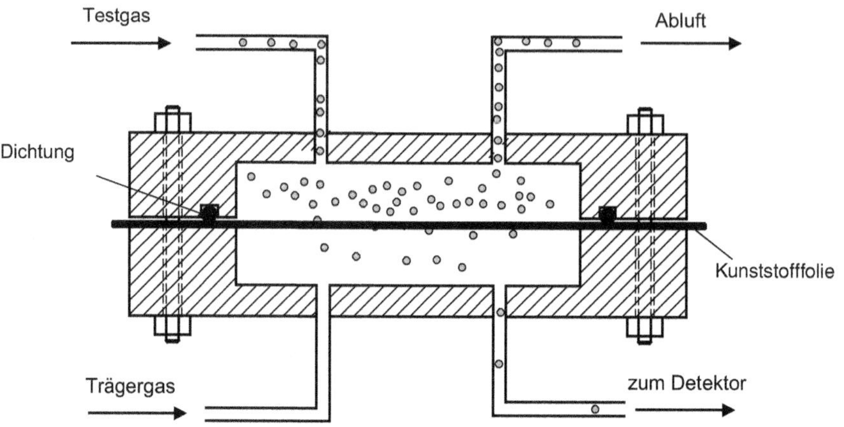

Bild 12.12 Messzelle für Permeationsmessung an Folien

Time-Lag-Methode

Das Trägergasverfahren bietet in der hier dargestellten Form unter Zuhilfenahme weiterer physikalisch-analytischer Methoden die Möglichkeit, über den Permeationskoeffizienten hinaus auch den Diffusionskoeffizienten zu bestimmen. Dies geschieht nach der sogenannten Time-Lag-Methode. Dazu wird nach dem oben beschriebenen Testverfahren eine Permeationskurve bis zum Permeationsgleichgewicht aufgenommen (durchgezogene Linie in Bild 12.13). Diese Kurve wird numerisch integriert, sodass man nun eine Funktion über die gesamte, seit dem Zeitpunkt 0 permeierte Menge an Testgas erhält (gepunktete Linie in Bild 12.13). Der Bereich stationärer Permeation der Kurve wird nun in den Bereich des nicht stationären Zustandes (i. e. zu kleineren Zeiten) bis zum Schnittpunkt mit der Zeitachse extrapoliert. Dieser Zeitpunkt Θ wird Verzögerungszeit (engl.: time lag) genannt.

Der Verzögerungszeitpunkt Θ liegt für handelsübliche Kunststofffolien von einigen 10 µm Dicke im Bereich von einigen Minuten. Mit wachsender Dicke der Kunststofffolie steigt die Zeit bis zum Erreichen eines Permeationsgleichgewichts stark an.

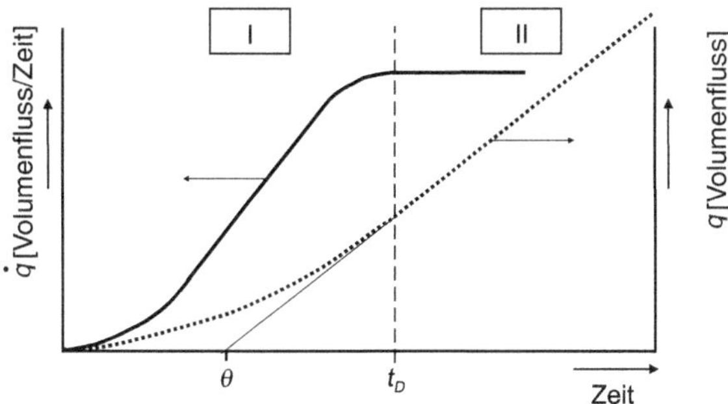

Bild 12.13 Messschrieb eines Permeationsmessgerätes (–) und dessen numerische Integration (···)

12.7.7 O_2-Fluoreszenzverfahren

Das Messprinzip des O_2-Fluoreszenzverfahrens beruht auf dem Effekt der dynamischen Lumineszenzdämpfung eines Farbstoffkomplexes (z. B. Ruthenium-2-Diimin) durch molekularen Sauerstoff. Eingebracht in eine Folie bietet dieser Komplex die Möglichkeit, in einem geschlossenen Volumen den Sauerstoffgehalt zu bestimmen. Für die Messung wird die Sensorfolie in das zu untersuchende Volumen eingebracht und dieses mit einem anderen Gas als O_2 oder einer Flüssigkeit befüllt. Die Sensorfolie wird dann von außen mit monochromatischem Licht bestrahlt und es wird die Lumineszenzintensität und -dauer gemessen. Aus diesen lässt sich dann der Sauerstoffgehalt im zu messenden Volumen berechnen. Wenn sich eine zeitlich konstante Zunahme des Sauerstoffgehaltes einstellt, kann die Messung abgeschlossen und die Permeationsrate bestimmt werden. Die Empfindlichkeit des Sensors liegt bei ca. 1 ppb für in Wasser gelösten Sauerstoff.

12.7.8 CO_2-spezifisches Infrarotabsorptionsverfahren nach DIN 53380-4 Teil 4

Für dieses Verfahren eigenen sich nur IR-aktive Substanzen, wie beispielsweise CO_2. Das Verfahren ist geeignet für die Bestimmung von Gaspermeationsraten im Bereich von 0,01 $cm^3/(m^2$ d bar) bis 5000 $cm^3/(m^2$ d bar). Bei der Messung wird die zu untersuchende Probe gasdicht in die Messzelle eingespannt und teilt diese in zwei Teile. In die eine Messzellenhälfte wird CO_2 eingebracht, welches durch die Probe permeiert und von einem Trägergas auf der anderen Seite aufgenommen wird. Dieses strömt an einem IR-Detektor vorbei, der den CO_2-Gehalt misst. Einen Schwachpunkt dieser Analyse stellen IR-aktive Substanzen (z. B. in Form von verflüchtigbaren Zusätzen) dar, welche ebenfalls detektiert werden könnten. Stellt sich eine zeitlich konstante Konzentrationszunahme ein, kann die Messung beendet und die Permeationsrate berechnet werden.

Literatur zu Kapitel 12

Amberg-Schwab, S., Hoffmann, M., Bader, H.: Barriereschichten für Verpackungsmaterialien. *Kunststoffe* 86 (1996) 5, S. 660 - 664

Braches, E.: *Aussagefähigkeit von Untersuchungsmethoden bei der Beurteilung kunststoffbeschichteter Metallsubstrate unter Medieneinwirkung.* RWTH Aachen, Dissertation, 1981

Buttig, D.: *Bestimmung binärer Diffusionskoeffizienten in Gasmischungen mit einer Loschmidt-Zelle und holografischer Interferometrie.* Universität Rostock, Dissertation, 2010

Dahlmann, R.: *Permeation durch plasmapolymerisierte Schichten und Plasmabeschichtung von Kunststoffrohren und -hohlkörpern.* RWTH Aachen, Dissertation, 2002

DIN 53380-1 Teil 1 vom August 2001. Bestimmung der Gasdurchlässigkeit Teil 1: Volumetrisches Verfahren zur Messung an Kunststoff-Folien

DIN 53380-2 Teil 2 vom Juni 2003. Bestimmung der Gasdurchlässigkeit Teil 2: Manometrisches Verfahren zur Messung an Kunststoff-Folien

DIN 53380-3 Teil 3 vom Juli 1998. Bestimmung der Gasdurchlässigkeit Teil 3: Sauerstoff-spezifisches Trägergas-Verfahren zur Messung an Kunststoff-Folien und Kunststoff-Formteilen

DIN 53380-4 Teil 4 vom Juni 2003. Bestimmung der Gasdurchlässigkeit Teil 4: Kohlenstoffdioxidspezifisches Infrarotabsorptions-Verfahren zur Messung an Kunststoff-Folien und Kunststoff-Formteilen

Fayoux, S. C.; Seuvre, A. M.; Voilley, A. J.: Aroma transfers in and through plastics packagings: orange juice and d-limonene. A review. Part I: orange juice aroma sorption. *Packaging Technology and Science* 10 (1997), S. 69 - 82

Flaconneche, B.; Martin, J. and Klopffer, M. H.: Permeability, Diffusion and Solubility of Gases in Polyethylene, Polyamide 11 and Poly (Vinylidene Fluoride). *Oil & Gas Science and Technology - Rev. IFP*, Vol. 56 (2001), No. 3, S. 261 - 278

George, S. C., Thomas, S.: Transport phenomena through polymeric systems. *Progress in Polymer Science* 26 (2001) 6, S. 985 - 1017

Gitschner, H. W.: *Diffusionsbedingte Verformungs- und Spannungszustände in Verbundwerkstoffen.* RWTH Aachen, Dissertation, 1980

Hanika, M.: *Zur Permeation durch aluminiumbedampfte Polypropylen- und Polyethylenterephthalatfolien.* TU München, Dissertation, 2003

Klimant, I.; Wolfbeis, S.: Oxygen-Sensitive Luminescent Materials Based on Silicone-Soluble Ruthenium Diimine Complexes. *Analytical Chemistry* 67 (1995) 18, S. 3160 - 3166.

Knappe, W.: Wärmeleitung in Polymeren. In: *Fortschritte der Hochpolymeren-Forschung. Advances in Polymer Science*, Vol. 7/4. Springer, Berlin, Heidelberg. 1971

Langowski, H.-C.: Sperrschicht-Folien - ein Überblick. SKZ-Fachtagung „Sperrschichten in der Lebensmittelverpackung“, Würzburg, 25./26. März 1998

Langowski, H.-C.: Grundlagenwissen zum Verpacken mit Sperrschichtfolien. SKZ-Fachtagung: „Sperrschichtfolien für anspruchsvolle Verpackungen“, Würzburg, 23./24. Mai 2007

Leiber, J.: *Technologisches Konzept zur Herstellung von Permeationsbarrieren in großen Kunststoffhohlkörpern.* RWTH Aachen, Dissertation, 1993

Lohmeyer, S.: Diffusion und ihre Bedeutung in der Polymertechnik. *Gummi Fasern Kunststoffe (GAK)* 40 (1987) 2, S. 80 - 87

Lutterbeck, K.: *Das Verhalten von Kunststoffen unter wechselnder Umgebungsfeuchte und Temperatur.* RWTH Aachen, Dissertation, 1984

Luxenhofer, K.: Trends bei Barrierematerialien. *Neue Verpackung* (2000) 8, S. 50 – 52

Massey, L. K.: *Permeability Properties of Plastics and Elastomers. A Guide to Packaging and Barrier Materials.* Norwich: Plastics Design Library/William Andrew Publishing, 2003

Menges, G., Löwer, K.: Corrosion of Plastics under Special Consideration of Cracking Phenomena. Metallic Corrosion Proceedings – 8th International Congress on Metallic Corrosion, 1981, S. 2202 – 2226

Neogi, P.: *Diffusion in Polymers.* Marcel Dekker, Inc., 1996

Rogalla, D. G.: *Ein Beitrag zur Erklärung der Spannungsrissbildung bei Kunststoffen.* RWTH Aachen, Dissertation, 1982

Schenck, H.; André, J.: Barriereeigenschaften: Theorie und Praxis. *Kunststoffe* 89 (1999) 4, S. 106 – 111

Stoll, F. K.: *Untersuchungen zur Korrosions- und Witterungsbeständigkeit von Coil-Coating Verbundsystemen.* RWTH Aachen, Dissertation, 1977

Teichmann, W.; Moosheimer, U.; Huber, K.; Rodler, N.: Barriereeigenschaften und deren Messung. *Verpackungs-Rundschau* (1999) 5, S. 131 – 134

Uwira, V.: *Entwicklung eines Meßsystems für Umweltgase mit verbesserter Empfindlichkeit und Selektivität.* Justus Liebig Universität Gießen, Dissertation, 1999

Van Krevelen, D. W.: *Properties of Polymers: Their Correlation with Chemical Structure; Their Numerical Estimation and Prediction from Additive Group Contributions*, Elsevier Science, 2009

Vieth, W. R.: Diffusion in and through Polymers. In: *Progress in Polymer Processing.* München: Carl Hanser Verlag, 1992

13 Die Alterung von Kunststoffen

Trotz der Artenvielfalt von Kunststoffen ist allen Polymertypen der organische Bindungscharakter auf struktureller (atomarer) Ebene gemein. Die große Bindungsfähigkeit der typischerweise zugrunde liegenden Elemente (wie beispielsweise Kohlenstoff, Sauerstoff, Wasserstoff, Stickstoff und/oder Silizium) ermöglicht eine breite Palette an möglichen Bindungen zu anderen Atomen, wodurch ein - im Vergleich zu vielen anorganischen Werkstoffen - von Natur aus hohes Reaktionsvermögen resultiert. Neben dieser Anfälligkeit gegenüber Veränderungen auf struktureller Ebene (*intramolekular* und somit chemisch) lassen sich zudem ganze Gerüste solcher Strukturen wie beispielsweise die räumliche Anordnung der Polymerketten zueinander bereits unter moderaten Bedingungen beeinflussen (*intermolekular* und somit physikalisch). Verlaufen diese Prozesse unumkehrbar, spricht man bei Kunststoffen von einer Alterung.

In den folgenden Unterkapiteln werden insbesondere diese Aspekte behandelt:

- Typischerweise alterungsbedingte Erscheinungsmerkmale (siehe Abschnitt 13.1)
- Die Definition des Begriffs *Alterung von Kunststoffen* (siehe Abschnitt 13.2)
- Externe Auslöser, welche eine Kunststoffalterung verursachen können (siehe Abschnitt 13.2.1)
- Mechanismen gängiger Alterungsvorgänge (siehe Abschnitt 13.3)
- Abhilfe- bzw. Vorbeugemaßnahmen (siehe Abschnitt 13.4)
- Positiver Nutzen durch beabsichtigte Alterungsprozesse (siehe Abschnitt 13.5)

13.1 Alterungserscheinungen an Kunststoffen

Der stetig voranschreitende Prozess der Alterung findet in erster Linie auf atomarer bis mikroskopischer Ebene statt, doch er zeigt sich in aller Regel erst in einem weiter fortgeschrittenen Zustand anhand von makroskopischen Veränderungen, welche insbesondere durch den optischen Wandel (siehe Bild 13.1) sowie durch ein abweichendes Verhalten charakteristischer Eigenschaften (siehe Bild 13.2) wahrgenommen werden. Dadurch ergibt sich, dass die Alterung des Werkstoffes erst realisiert wird, wenn dieser beispielsweise verfärbt, verformt oder rissig erscheint. Diese Erscheinungsformen der Werkstoffveränderung (sogenannte *Alterungsphänomene*) sind sehr vielfältig und lassen keine allgemeingültige Korrelation zu deren Ursprung bzw. Auslöser zu, da sehr unterschiedlich ablaufende Alterungsprozesse zu gleichartig erscheinenden Phänomenen führen können.

Alterungsphänomene

Um dies zu verdeutlichen, folgen drei kurze, nur exemplarisch ausgearbeitete Beispiele:

- Eine Werkstoffversprödung zeigt sich beispielsweise durch Risse/Sprödbruch, eine zunehmende Härte und/oder eine verringerte Zug- bzw. Biegebelastbarkeit. Ursächlich könnte einerseits eine Degradation der Polymerkomponente (beispielsweise thermo-oxidativ oder mikrobiell induziert), andererseits eine Migration/Ausblühung von Zusätzen mit weichmachender Wirkung sein.
- Eine Delamination einer Bauteil-Randschicht kann sowohl auf eine Relaxation von Eigenspannungen hindeuten als auch durch eine Strahlenbelastung (UV-Schädigung) verursacht werden.
- Optische Farbänderungen korrelieren nicht nur mit einer Oxidation der Polymer-Komponente; es könnte sich auch um eine chemische Umwandlung eines Stabilisators, um einen mikrobiellen Befall, um Ausblühungen eines Zusatzstoffes oder um eine Nachkristallisation handeln.

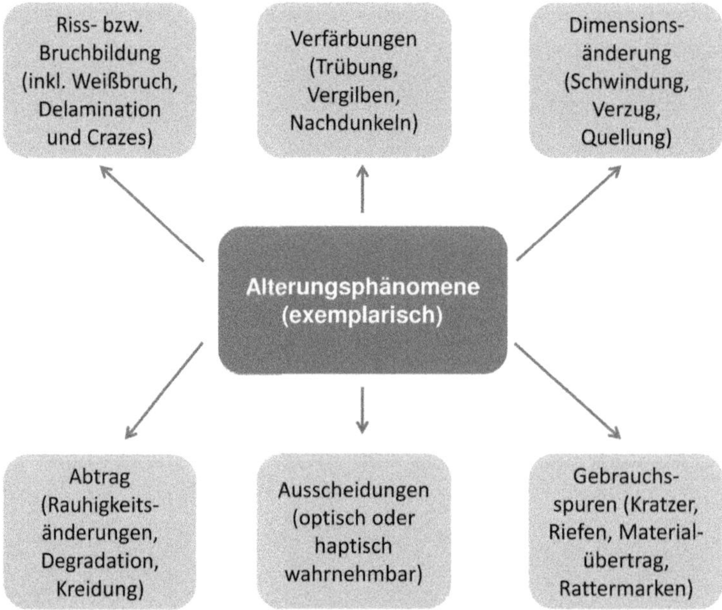

Bild 13.1 Optisch erfassbare, auf Alterung basierende Veränderungen (exemplarische Übersicht)

Neben den optisch und somit offensichtlich wahrnehmbaren Alterungsphänomenen äußert sich die Alterung zudem in Form von werkstoffspezifischen Eigenschaftsveränderungen, wobei diese zumeist in Abhängigkeit vom Anwendungszweck auffällig werden. Dies bedeutet, dass insbesondere „Abweichungen vom Anforderungsprofil" erkannt werden. Beispielsweise tritt bei einem Kunststoffbauteil, welches funktional eine Last zu tragen hat, die Alterung in Form von mechanischem Versagen in den Vordergrund. Grundsätzlich ist es möglich, dass sich auch andere Verhaltensweisen (wie z.B. das thermische Verhalten) verändert haben könnten, doch diese Aspekte nicht verfolgt und somit auch nicht bemerkt werden.

13.2 Die Bandbreite des Begriffs „Alterung"

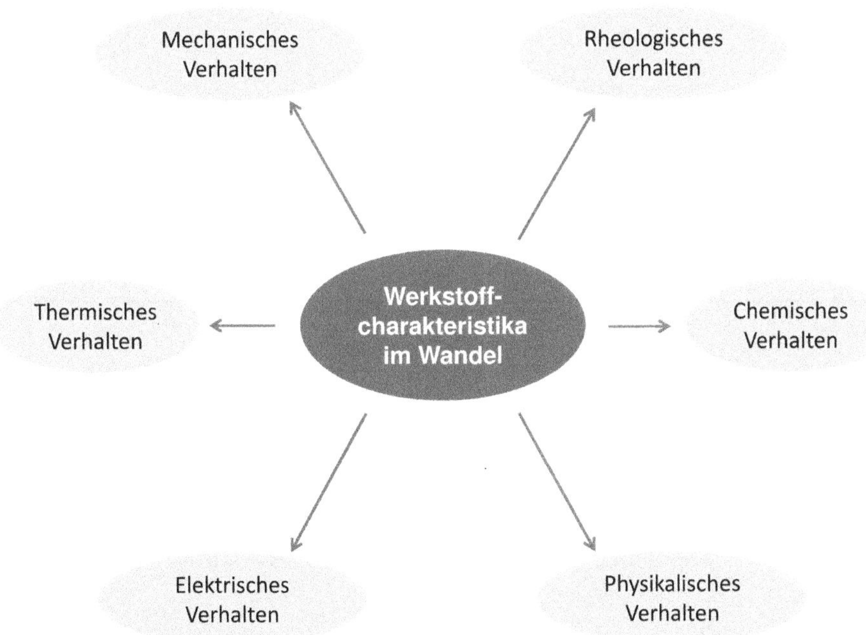

Bild 13.2 Alterungsbedingte Veränderungen von werkstoffspezifischen Eigenschaften

In der DIN 50035 („Begriffe auf dem Gebiet der Alterung von Materialien – Polymere Werkstoffe") ist die Alterung polymerer Werkstoffe wie folgt definiert:

> *„Gesamtheit aller im Laufe der Zeit in einem Material irreversibel ablaufenden chemischen und physikalischen Vorgänge."*

Bei der Herstellung einer Polymerkomponente kann somit bereits mit Abschluss der Synthesephase eine Alterung einsetzen. Die Lebensdauer von Polymeren ist daher von Anfang an limitiert. Durch den Verarbeitungs- bzw. Fertigungsprozess, mögliche Montageschritte und/oder Lagerung sowie durch den eigentlichen Gebrauch wird der Werkstoff regelmäßig auf unterschiedlichste Weise beansprucht. Aufgrund dieser Belastungsvielfalt ist auch das Spektrum an auftretenden Phänomenen sehr variantenreich. In der Praxis führen solche Effekte zu einem Bauteilversagen und treten daher als Fehler- oder gar Schadensursache in Erscheinung. Die voranschreitenden Alterungsprozesse können nicht gestoppt, jedoch durch geeignete Verfahren sowie Zusätze bei Bedarf gebremst und mitunter unterbunden werden. Eine Übersicht an möglichen Zusätzen ist dem Abschnitt 13.4 zu entnehmen.

chemische und physikalische Ursachen der Alterung

Das breite Spektrum möglicher Lasten, welche die Lebensdauer des Werkstoffs Kunststoff verkürzen, wurde in der bereits zitierten DIN 50035 wie folgt kategorisiert: Es werden sogenannte *Alterungs-ursachen* von definierten *Alterungsvorgängen* differenziert. Hinsichtlich der Alterungsursachen werden *innere Ursachen* und *äußere Ursachen* unterschieden (siehe Abschnitt 13.2.1). Alterungsvorgänge können – unabhängig von ihrer Ursache – chemisch oder physikalisch ablaufen.

Chemische Alterungsvorgänge sind in der DIN 50035 wie folgt definiert:

> *„Vorgänge bei der Alterung, die unter Veränderung der chemischen Zusammensetzung, der Molekülstruktur und/oder der Molekülgröße des Materials bzw. bei Mehrstoffsystemen mindestens einer der Komponenten des Materials verlaufen.“*

Beispielhaft sind die Nachpolymerisation, Autooxidationsprozesse sowie der molekulare Abbau zu nennen. Solche chemischen Alterungsvorgänge können mit **allen** Komponenten des Werkstoffes stattfinden. Entsprechend sind auch die Zusätze wie Additive, Füll- und Verstärkungsstoffe betroffen.

Physikalische Alterungsvorgänge sind nach DIN 50035:

> *„Vorgänge bei der Alterung, die unter Veränderung des Gefüges, des molekularen Ordnungszustandes, des Konzentrationsverhältnisses der Komponenten (bei Mehrstoffsystemen) bzw. der äußeren Form und Struktur oder der messbaren physikalischen Eigenschaften verlaufen, sofern nicht die chemischen Alterungsvorgänge Ursache sind.“*

Repräsentanten physikalischer Abbauprozesse sind exemplarisch die Relaxation bzw. der innere Spannungsabbau, Nachkristallisationsprozesse sowie Entmischungsvorgänge bzw. Agglomerationen.

13.2.1 Innere und äußere Ursachen der Alterung

Sowohl chemische als auch physikalische Alterungsvorgänge können durch intrinsische Prozesse oder durch äußere Einflüsse initiiert werden. Eine innere Alterung basiert auf der Umwandlung von thermodynamisch instabilen Zuständen zu energetisch günstigeren Systemen. Bei polymeren Werkstoffen führen beispielsweise unvollständige Polymerisationen, Eigenspannungen bzw. Orientierungen sowie begrenzte Mischbarkeiten zu inneren Alterungsvorgängen.

Lasten von außen beinhalten jegliche Einwirkung aus der Umgebung: Neben klassischen Umwelteinflüssen wie Sauerstoff, Feuchte, Schadstoff- und UV-Belastung sind zudem thermische, mechanische und chemische Einflüsse zu beachten.

Eine Zusammenfassung der Klassifizierung in Anlehnung an die DIN 50035 ist der grafischen Übersicht in Bild 13.3 zu entnehmen.

13.2.2 Kunststoffalterung durch die Beanspruchung von außen

Alterungsursachen / **Alterungsvorgänge**	**Innere Ursachen** (Thermodynamisch instabiler Werkstoffzustand)	**Äußere Ursachen** (Chem. und phys. Wirkung der Umgebung auf den Werkstoff)
Chemische Alterung	▪ Nachpolymerisation ▪ Oxidativer Abbau (autokatalytische Oxidation unter Anwesenheit von Luftsauerstoff)	▪ (Thermo-) Oxidativer Abbau ▪ Hydrolytischer Abbau ▪ Mikrobieller Abbau ▪ Ozonbedingter Abbau
Physikalische Alterung	▪ Eigenspannungen aufgrund inhomogener Dichteverteilung durch ungleichmäßige Abkühlung und/oder anisotroper Schwindung ▪ Orientierungen	▪ Relaxation/Retardation ▪ Nachkristallisation ▪ Spannungsrissbildung ▪ Verlust/Wanderung von Weichmachern ▪ Entmischung/Agglomeration

Bild 13.3 Zusammenhang von Alterungsvorgängen und Alterungsursachen

Das Spektrum an Alterungsvorgängen sowohl chemischer als auch physikalischer Natur ist insbesondere aufgrund der Vielzahl von außen einwirkender Beanspruchungen sehr weitläufig. Hinsichtlich der äußeren Ursachen werden folgende Einflusskategorien differenziert)(s. a. Kapitel 14):

- Klimatische Beanspruchung
- Mechanische/tribologische Beanspruchung
- Temperaturbeanspruchung
- Mediale Beanspruchung
- Biologische Beanspruchung

Polymeren Werkstoffen schadende *Klimaeinflüsse* sind die Strahlenbelastung (vordergründig UV- und Gammastrahlung), Luftsauerstoff, Luftfeuchtigkeit, Schadstoffe wie Stickoxide (und der damit verbundene saure Regen).

Bei *mechanischen Beanspruchungen* unterscheidet man statische, dynamische, schlagartige und/oder tribologische. Neben den offensichtlich sichtbaren Bewegungen sind auch langsame, optisch nicht über Bewegungsabläufe wahrnehmbare Beanspruchungen wie beispielsweise eine statische Druck-, Zug- oder Biegebelastung für Alterungsprozesse ursächlich. Neben angelegten äußeren Beanspruchungen sind zudem auch durch einen mechanischen Materialabtrag erzeugte Spannungen (beispielsweise Bohrungen) nicht zu vernachlässigen.

Hinsichtlich der *thermischen Beanspruchung* sind jegliche Temperatureinflüsse zu berücksichtigen, wodurch unterschiedlichste Alterungsvorgänge ausgelöst werden können. In der Regel stellen die Aufarbeitung des synthetisierten Polymers sowie dessen Verarbeitung zu einem Produkt die ersten thermischen (sowie mechanischen) Hürden dar. Sofern sich das Produkt (oder dessen Lagerung) im Außeneinsatz befindet, sind einerseits Temperaturminima und -maxima, andererseits das Auftreten der Wechsellast an sich zu beachten, da der stetige Temperaturwechsel dem Werkstoff zusätzlich schadet. Gegenüber moderaten Temperaturlasten heben sich die Extrema *Hitze und Kälte* nochmal ab, da sie einen vergleichsweise intensiveren Einfluss auf polymere Werkstoffe darstellen. Des Weiteren ist zu berücksichtigen, dass die thermische Beanspruchung auch durch Kontaktpartner wie erwärmte Medien (beispielsweise Reinigungsmittel) oder angrenzende Werkstoffe (z. B. temperierte, metallische Oberflächen) stattfinden kann.

Die *mediale Beanspruchung* basiert auf der physikalischen und/oder chemischen Wechselwirkung von zumindest der Kunststoffrandschicht mit (zumeist flüssigen) Chemikalien. Diesbezüglich sind Reinigungsmittel, Treibstoffe und Öle ebenso zu berücksichtigen wie Säuren bzw. Laugen, organische Lösungsmittel, pharmazeutische Produkte und Nahrungsmittel. Der Artenvielfalt entsprechend zeigen sich sehr unterschiedliche Alterungsphänomene wie beispielsweise Versprödung, Quellung oder Spannungsrisse.

Im Fall von Auswirkungen durch Mikroorganismen (wie Bakterien, Viren oder Pilzen) sowie Pflanzen und Tieren spricht man von einer *biologischen Beanspruchung.*

Eine grafische Übersicht dieser äußeren Alterungsursachen ist Bild 13.4 zu entnehmen.

Bild 13.4 Einwirkung äußerer Lasten auf polymere Werkstoffe

Eine Korrelation dieser Einflussfaktoren zu gängigen Schadensbildern an thermoplastischen Kunststoffprodukten ist in der VDI-Richtlinie 3822 (*Schadensanalyse - Grundlagen und Durchführung einer Schadensanalyse*) verankert und wird im Kapitel 14 aus der Sicht der Fehler- und Schadensanalyse an Kunststoffprodukten behandelt.

13.2.3 Die Überlagerung von Beanspruchungen: Lastkollektive

Aufgrund der gegebenen Bandbreite sowie Vielseitigkeit der Einflussparameter, welche eine Alterung von Kunststoffen initiieren und/oder intensivieren können (siehe Abschnitt 13.2.1 und Abschnitt 13.2.2), liegt es auf der Hand, dass Beanspruchungen in den seltensten Fällen separiert und losgelöst voneinander auftreten. Zumeist wird der Werkstoff Kunststoff auf verschiedenste Arten gleichzeitig gefordert, sodass es sich nicht um einen Alterungsprozess, sondern um eine Summe vieler Einzelprozesse handelt. In diesem Fall spricht man von einem Lastkollektiv. Je nach Lastintensität und der Fähigkeit des Werkstoffs, solchen Lasten entgegenzutreten, werden die einzelnen Lasten eines Lastenkollektivs als kritisch oder weniger kritisch eingestuft. Ferner ist zu berücksichtigen, dass mit dem Entfernen einer akuten Belastung der damit ausgelöste Alterungsprozess nicht automatisch beendet wird.

Lastkollektive beschleunigen die Alterung

Ein typisches Lastkollektiv äußerer Ursachen stellt der Gebrauch im Außeneinsatz bzw. die Freibewitterung dar: Neben der offensichtlichen Strahlenbelastung sind der Einfluss von Sauerstoff (und Ozon), der Luftfeuchtigkeit, saurem Regen sowie von Temperatur (inklusive Temperaturwechsellast) und mikrobiellem Befall nicht zu vernachlässigen. Je nach Werkstofftyp sind Anwendungsart und/oder -dauer sowie weitere Lasten wie beispielsweise mechanische Beanspruchungen (z.B. Hagelschlag oder anwendungsspezifische Krafteinwirkungen) zu berücksichtigen.

Ein weiteres Lastkollektiv wird nachfolgend anhand eines kunststoffbasierten Verteilers eines Kühlwasserkreislaufsystems im Motorraum veranschaulicht. An dieser Stelle werden drei Belastungskategorien in den Vordergrund gestellt (*mechanisch*, *thermisch* und *medial*), um aufzuzeigen, dass die Kategorien wiederum mehrere andersartige Lasten beinhalten.

- *Medialer Lasteneintrag:* Der für den Verteiler ausgewählte Kunststoff muss resistent gegenüber Kühlmitteln sein. Ferner sind Belastungen mit anderen Flüssigkeiten im Motorraum zu berücksichtigen wie der Kontakt mit Motoröl, Bremsflüssigkeit und Scheibenwaschwasser (inklusive deren Kühlmittelzusätze sowie tensidhaltige Nachfüllkonzentrate).
- *Thermische Belastung:* Aufgrund des Einsatzortes ist der Werkstoff den Umgebungstemperaturen und somit sowohl den Außentemperaturen als auch möglichen Temperaturanstiegen im Motorraum ausgesetzt. Im Bauteilinneren herrschen zudem von der Umgebung abweichende Temperaturbelastungen, welche durch das Kühlmittel bedingt werden. Dadurch ergeben sich „zu bewältigende" Temperaturgradienten.
- *Mechanische Beanspruchung:* Einerseits müssen in einem Motorraum eines Automobils Vibrationen und Stöße unterschiedlicher Intensität mit inhomogenen Schwingungsprofilen während der Fahrt ausgehalten werden. Zugleich steht der Werkstoff aufgrund der sich ausdehnenden Kühlflüssigkeit unter einer Innendruckbelastung.

Alterungsprozesse bei der Produktplanung berücksichtigen

Diese Beispiele zur Freibewitterung und zum Verteiler im Kühlkreislauf zeigen auf, wie wichtig es ist, bereits in der frühen Planungsphase eines Produktes die Werkstoffanforderungen inklusive möglicher Beanspruchungskollektive zu definieren, um diese Anforderungen bei der Werkstoffauswahl, Konstruktion und Auslegung umsetzen zu können.

13.3 Mechanismen gängiger Alterungsprozesse

Die Vorhersage des Alterungsverhaltens von Kunststoffen gestaltet sich sowohl aufgrund der Bandbreite möglicher Ursachen (siehe) als auch aufgrund der Vielseitigkeit der Werkstoffe im Allgemeinen äußerst komplex. Sofern man sich bei dieser Thematik auf eine Polymertype und/oder auf eine Auswahl an möglichen Ursachen konzentriert, lassen sich teilweise empirisch ermittelte und teilweise wissenschaftlich hergeleitete Muster erkennen, deren Erkenntnisse auf strukturverwandte Systeme zumindest anteilig übertragen werden können.

Im Rahmen dieses Abschnitts werden folgende vier Mechanismen bereits erforschter Alterungsprozesse auf struktureller (atomarer bzw. molekularer) Ebene behandelt:

- Die (thermo-)oxidative Alterung (repräsentativ für Polyolefine; siehe Abschnitt 13.3.1)
- Das strahleninduzierte Alterungsverhalten (siehe Abschnitt 13.3.2)
- Die hydrolytische Zersetzung (relevant bei Polykondensaten; siehe Abschnitt 13.3.3)
- Die Entstehung von Spannungsrissen unter medialer Belastung (siehe Abschnitt 13.3.4).

13.3.1 Die (thermo-)oxidative Alterung

Bei der oxidativen Alterung von Kunststoffen (vorwiegend an Polyolefinen erforscht) handelt es sich primär um eine irreversible, chemische Alterung in Form der partiellen Oxidation der Polymerketten. Sekundär sind Umstrukturierungen wie Kettenspaltung und -verzweigung die Folge. Die thermo-oxidative Alterung verläuft analog zur rein oxidativen, jedoch unter erhöhtem Temperatureinfluss („thermisch initiiert“) und somit aus reaktionskinetischer Sicht beschleunigt. Ferner können Bindungsbrüche auch thermisch induziert werden.

In Bild 13.5 sind exemplarisch zwei Polyethylene dokumentiert, welche jeweils für 56 Tage (8 Wochen) isotherm thermooxidativ (künstlich beschleunigt) gealtert wurden. In Abhängigkeit von der Temperatur zeigt die PE-Type „A“ (linke Bildhälfte) deutlich unterschiedliches Verhalten: Während die achtwöchige Belastung bei 70 °C optisch dem neuwertigen Material gleicht (linker Prüfstab mit der Bezeichnung „A 62“), wurde bei gleichartiger Belastung bei 90 °C bereits eine Vergilbung beobachtet (mittlerer Prüfstab mit der Bezeichnung „A 90“). Bei einer thermooxidativen Belastung bei 110 °C wurde nach 8 Wochen eine deutliche Verfärbung erhalten (rechter Prüfstab mit der Bezeichnung „A 104“). Dem gegenübergestellt zeigt die PE-Type „B“, die mit einer stärkeren Stabilisierung ausgerüstet ist, bei gleichartigen Lasten lediglich nach 8 Wochen bei 110 °C eine leichte Vergilbung an (siehe rechte Bildhälfte und dort der Prüfstab rechts mit der Bezeichnung „B 104“).

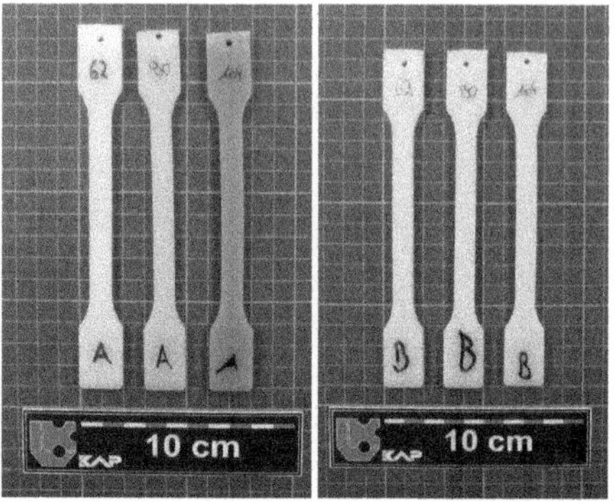

Bild 13.5 2 Polyethylentypen (A und B) nach 56 Tagen thermooxidativer Alterung bei 70 °C (links), 90 °C (Mitte) und 110 °C (rechts). Die Type B ist offensichtlich stärker stabilisiert als die Type B

Bildung von Radikalen

Ausgelöst wird die (thermo-)oxidative Alterung durch die Bildung von sogenannten Radikalen. Radikale sind reaktive Moleküle mit einem freien, nicht gebundenen Elektron, auch Primärradikale genannt. Radikale entstehen zunächst durch Bindungsspaltung eines Elektronenpaars zweier Bindungspartner. Dem Schritt 1 in Bild 13.6 ist die typische Radikalbildungsreaktion der (thermo-)oxidativen Alterung zu entnehmen: Durch die Oxidation einer Kohlenstoff-Wasserstoff-Bindung innerhalb einer Polymerkette entsteht ein Peroxid („ROOH“, wobei „R“ eine Polymerkette symbolisiert und die Position der Bindungspartner nicht endständig sein muss). Da es sich bei Peroxiden um thermodynamisch instabile Verbindungen handelt, neigt die labile Sauerstoff-Sauerstoff-Einfachbindung bereits bei Raumtemperatur zur homolytischen Bindungsspaltung und somit zur Bildung von zwei Radikalen.

Die räumliche Ausbreitung von Radikalen basiert auf dem hohen Reaktionsvermögen von Radikalen, welche mit der zunächst ungeschädigten Polymerkette reagieren. Dem Schritt 2 in Bild 13.6 ist schematisch die Übertragung des Reaktionsvermögens durch das Wandern der Radikalfunktion zu entnehmen: Durch die „Übernahme“ eines in Nachbarschaft gebundenen Wasserstoffatoms entsteht an der ehemaligen Bindungsposition des Wasserstoffs ein Radikal. Dieser Prozess kann so lange fortgeführt werden, bis es zu sogenannten Abbruchreaktionen (wird im späteren Verlauf dieses Abschnitts beschrieben) kommt. Auf diese Weise breitet sich der zunächst lokal stattfindende Prozess „beliebig gerichtet“ im Kunststoff aus. An der ursprünglichen Radikalposition wird eine neue Bindung geschaffen, welche an dieser Stelle den „Einbau" von Sauerstoff aus dem ersten Schritt zu vergleichsweise polaren Gruppen finalisiert. Als Nebenprodukt wird Wasser gebildet, welches der Polymerkomponente und/oder Zusätzen im Kunststoff schaden kann.

Schritt 1: Bildung von Radikalen

$R\text{-}H + O_2 \longrightarrow ROOH \longrightarrow RO^{\cdot} + {}^{\cdot}OH$

Schritt 2: Ausbreitung durch Übertragung

$RO^{\cdot} + RH \longrightarrow ROH + R^{\cdot}$

$HO^{\cdot} + RH \longrightarrow H_2O + R^{\cdot}$

Schritt 3: Autooxidation

$R^{\cdot} + O_2 \longrightarrow ROO^{\cdot}$

$RH + ROO^{\cdot} \longrightarrow R^{\cdot} + ROOH\ [\longrightarrow RO^{\cdot} + {}^{\cdot}OH]$

Schritt 4: Abbruchreaktionen

$R^{\cdot} + ROO^{\cdot} \longrightarrow ROOR \longrightarrow RO^{\cdot} + {}^{\cdot}OH$

$R^{\cdot} + R^{\cdot} \longrightarrow R\text{-}R$

$R^{\cdot} + RO^{\cdot} \longrightarrow ROR$

Schritt 5: Umlagerungen

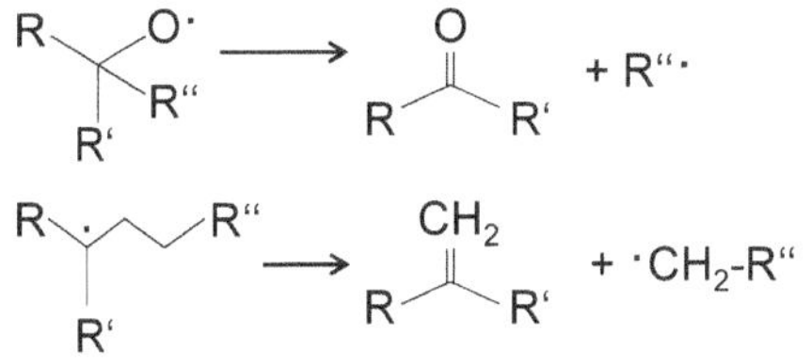

R, O·, R'', R' ⟶ O, R, R' + R''·

R, ·, R'', R' ⟶ CH_2, R, R' + $\cdot CH_2\text{-}R''$

Bild 13.6 Radikalkettenmechanismus der (thermo-)oxidativen Alterung von polymeren Werkstoffen

Autooxidation

Durch die räumliche Streuung der Radikalfunktionen (Ausbreitung durch Übertragungsreaktionen) erhöht sich die Wahrscheinlichkeit, auf ein Sauerstoffmolekül zu treffen, welches sich ebenfalls reaktionsfreudig an ein Radikal bindet. Im Schritt 3 in Bild 13.6 ist das Voranschreiten der Sauerstoffeinlagerung durch Oxidation und somit irreversiblen Veränderung der Polymerkomponente (auch unter dem Begriff *Autooxidation* bekannt) skizziert. Es resultiert ein Peroxid-Radikal, welches durch den Übertrag der Radikalfunktion und somit Anbindung von Wasserstoff aus der Nachbarschaft zu einem Peroxid reagiert. Durch dessen Zerfall werden wiederum zwei neue Radikale gebildet. Mit jedem Oxidationsschritt steigt somit die Anzahl an Radikalen, wodurch sich eine ständige Beschleunigung des Alterungsvorganges ergibt. Hierdurch erklärt sich die zunächst langsame, lokal begrenzte Alterung, welche nach und nach rascher verläuft, sich räumlich ausbreitet, einen nahezu exponentiellen Aufschwung erfährt und dadurch schlagartig auch auf makroskopischer Ebene zu wahrnehmbaren Alterungsphänomenen führt. Aufgrund der höheren Diffusionsbarriere in kristallinen Bereichen läuft die radikalische Oxidation bevorzugt in amorphen Bereichen (z. B. oberflächennah) eines Kunststoffs ab.

Abbruchreaktion

Bei einer lokalen Anhäufung von Radikalen bremst sich dieser Prozess selbst, da parallel zu den beschriebenen Radikalübertragungen und Oxidationsprozessen auch Abbruchreaktionen stattfinden. Schematisch sind diese dem Schritt 4 in Bild 13.6 zu entnehmen: Zwei Radikale reagieren bei räumlicher Nachbarschaft unter Bildung eines gemeinsamen Elektronenpaars. Auf diese Art können Verzweigungen sowie deutliche Verlängerungen von vereinzelten Polymerketten, aber auch weitere sauerstoffhaltige Gruppen, (instabile) Peroxide und – im Vergleich zum Polymer – kurzkettige Kohlenwasserstoffe („Oligomere") entstehen. Sofern dadurch Peroxide gebildet werden, ist die Anzahl an Radikalen nur temporär verringert, da durch den Zerfall des Peroxids erneut zwei Radikale gebildet werden. Auf diese Weise wird zudem der durch Schritt 3 eingelagerte Sauerstoff räumlich betrachtet gestreut.

Umlagerung

Ferner neigen Radikale nicht nur zu Übertragungsreaktionen (entspricht der Radikalausbreitung), sondern auch zu sogenannten Umlagerungen. Exemplarisch sind dem Schritt 5 in Bild 13.6 zwei Umlagerungen zu entnehmen. Auf diese Weise werden Polymerketten einerseits verkürzt und im Extremfall halbiert, da solche Reaktionen auch in der Mitte einer Kette stattfinden können. Die dabei gebildeten, nun endständigen Radikale können durch Abbruchreaktionen andererseits zu neuen Verzweigungen mit einer ggf. beachtlich langen Seitenkette und im Extremfall zum Wachstum einer Hauptkette führen. Zudem kann die Doppelbindung gebildeter Alkene (entspricht dem Produkt des zweiten Umlagerungsbeispiels) wiederum mit einem Radikal in einer Hauptkette reagieren, sodass auch auf diese Weise neue, verzweigte Kettenstrukturen entstehen. Durch die Folgeprozesse der Autooxidation (Abbruchreaktionen, Umlagerungen und die darauf aufbauenden Reaktionen) resultiert eine breite Molmassenverteilung mit inhomogenem Kettenaufbau der Polymerkomponente(n).

In Bild 13.7 ist grafisch dargestellt, wie sich die (thermo-)oxidative Alterung nicht nur auf das mittlere Molekulargewicht auswirkt, sondern insbesondere, wie die Änderung dessen die Bruchdehnung beeinflusst: Nicht selten wird zunächst ein Anstieg der Bruchdehnung erhalten, bevor diese schlagartig abnimmt. Solch ein Verlauf (schlagartige Verhaltensänderung) wurde auch in Bezug auf andere Eigenschaften beobachtet.

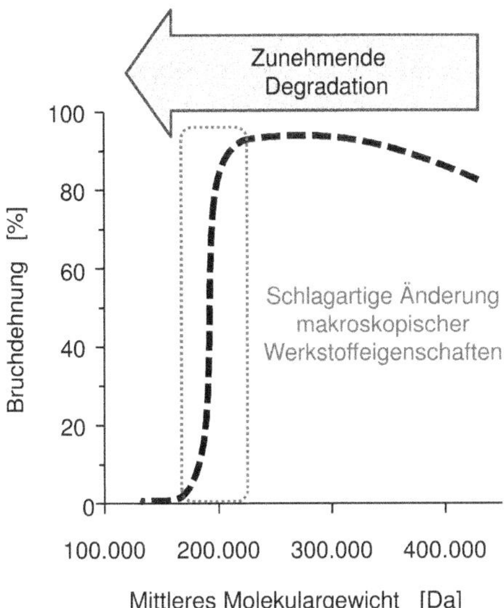

Bild 13.7 Einfluss der (thermo-)oxidativen Alterung eines Polypropylens auf das mittlere Molekulargewicht sowie die damit verbundene Änderung der Bruchdehnung nach [Pfaendner]

Darüber hinaus können auch Zusätze sowohl durch den direkten Angriff von Sauerstoff als auch durch Radikale dauerhaft geschädigt werden. Diese strukturellen Veränderungen beeinflussen unmittelbar das Werkstoffverhalten.

13.3.2 Das strahleninduzierte Alterungsverhalten

Die strahleninduzierte Alterung von polymeren Werkstoffen verläuft ebenfalls (siehe Abschnitt 13.3.1) über eine Radikalkettenreaktion, wodurch sich Überschneidungen hinsichtlich des Mechanismus ergeben. Einen erheblichen Unterschied stellt jedoch insbesondere die Startphase dar, da die Bindungsspaltung zu zwei Radikalen durch den Energieeintrag elektromagnetischer Strahlung (beispielsweise UV-Strahlung) erfolgt. Hierdurch ergibt sich besonders bei Kunststoffen im Außeneinsatz der Bedarf, den Werkstoff gegen solche Angriffe zu schützen.

Den ersten zwei Reaktionsgleichungen in Bild 13.8 ist zu entnehmen, dass die strahleninduzierte Radikalbildung einerseits direkt innerhalb einer Polymerkette stattfinden kann. Andererseits können zunächst gasförmige Moleküle der Atmosphäre gespalten werden und resultierende Radikale daraufhin den Kunststoff schädigen. Bei Anwesenheit von Ozon (beispielsweise durch die Reaktion von Stickoxiden mit Sauerstoff oder bei Gewitter) wird dieses durch UV-Strahlung zu einem Sauerstoffmolekül und einem Sauerstoffatom zersetzt. Da es sich bei einem Sauerstoffatom um ein Diradikal (ein Radikal mit zwei ungebundenen Elektronen) handelt, ist es sehr reaktionsfreudig. Sofern solche Reaktionen nahe einer Kunststoffoberfläche stattfinden, ist diese durch einen Radikalangriff gefährdet.

Strahleninduzierte Bildung von Radikalen

$$R\text{-}H \longrightarrow R^{\cdot} + {}^{\cdot}H$$

$$R\text{-}R' \longrightarrow R^{\cdot} + {}^{\cdot}R'$$

$$O_3 \longrightarrow O_2 + {}^{\cdot}O^{\cdot}$$

$${}^{\cdot}O^{\cdot} + RH \longrightarrow R^{\cdot} + {}^{\cdot}OH$$

Bild 13.8 Strahleninduzierte Radikalbildungen

Sowohl die Ausbreitung des Radikalcharakters (durch Wasserstoffübertragungsreaktionen und Umlagerungen) als auch der Verlauf von Abbruchreaktionen entsprechen schematisch betrachtet den Schritten 2, 5 und 4 der (thermo-)oxidativen Alterung und sind somit dem Bild 13.6 zu entnehmen.

Bei Anwesenheit von Sauerstoff finden zudem ebenfalls Autooxidationsprozesse statt (siehe Schritt 3 in Bild 13.6). Dadurch ergibt sich die Tatsache, dass Alterungsphänomene der strahleninduzierten Alterung denen der (thermo-)oxidativen Alterung gleichen.

13.3.3 Die hydrolytische Zersetzung

Bei der Herstellung von Polykondensaten wie beispielsweise Polyestern und Polyamiden entsteht während der Polymerisation mit jeder Anbindung eines weiteren Monomers ein Wassermolekül als Nebenprodukt (Abschnitt 2.4.4). Da es sich bei diesen Kondensationsreaktionen um sogenannte Gleichgewichtsreaktionen handelt, können sie auch rücklaufend stattfinden; in diesem Fall spricht man von einer Hydrolyse. In Bild 13.9 ist dies exemplarisch anhand des ersten Kondensationsschrittes zur Bildung eines PA 6,10 dargestellt. Bei der Synthese von Polykondensaten wird dem System regelmäßig das Nebenprodukt H_2O entzogen, um so den Reaktionsverlauf bestmöglich auf die Produkt- und somit Polymerseite zu bringen. Aufgrund dieser Anfälligkeit gegenüber einer wässrig induzierten Depolymerisation werden solche Kunststofftypen bei der Lagerung sowie Verarbeitung möglichst trocken gehandhabt. Polykondensate eignen sich demzufolge je nach Anforderungsprofil (beispielsweise bei thermischer Beanspruchung und zugleich medialer Belastung unter Druck) nur bedingt für Anwendungen, bei denen es zum regelmäßigen Kontakt mit wässrigen Systemen oder einer recht hohen Luftfeuchtigkeit bei gleichzeitig erhöhten Temperaturen kommt.

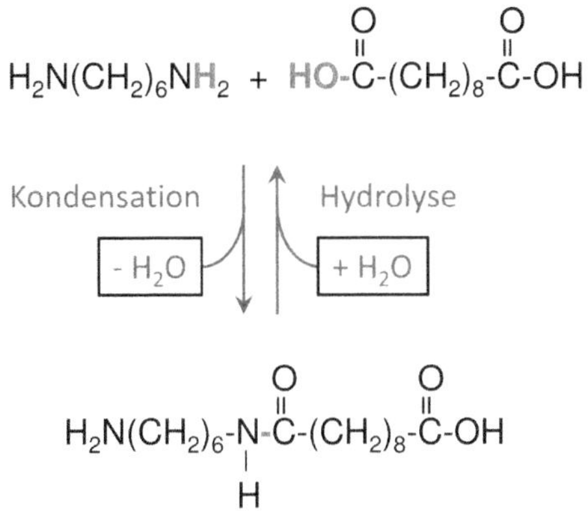

$$H_2N(CH_2)_6NH_2 + HO\text{-}\overset{\displaystyle O}{\overset{\|}{C}}\text{-}(CH_2)_8\text{-}\overset{\displaystyle O}{\overset{\|}{C}}\text{-}OH$$

Kondensation | Hydrolyse

$-H_2O$ | $+H_2O$

$$H_2N(CH_2)_6\text{-}\underset{\displaystyle H}{\underset{|}{N}}\text{-}\overset{\displaystyle O}{\overset{\|}{C}}\text{-}(CH_2)_8\text{-}\overset{\displaystyle O}{\overset{\|}{C}}\text{-}OH$$

Bild 13.9 Polykondensation und hydrolytische Polydegradation im Gleichgewicht

Die hydrolytische Zersetzung von Kunststoffen kann sowohl durch basische Lösungen (mit einem pH-Wert von mindestens 9) als auch säurekatalytisch erfolgen, sofern dem Werkstoff eine Carbonylbande (C=O) in der Polymerkette zugrunde liegt. Beispielhaft sind Polyester, Polycarbonate, Polyurethane, Polyamide und Polyimide zu nennen. Bei Polyacrylaten sind entsprechend die Seitenketten gefährdet.

basisch induzierte Hydrolyse

Eine basische Hydrolyse ist in Bild 13.10 exemplarisch an der sogenannten Esterverseifung dargestellt: Bei Carbonylverbindungen (exemplarisch an einem Polyester) erscheint das Molekül nach außen hin hinsichtlich seiner Ladungen ausgeglichen; es ist neutral und somit nicht ionisch. Jedoch neigt Sauerstoff gegenüber Kohlenstoff dazu, die Elektronen einer gemeinsamen Elektronenpaarbindung basierend auf einer höheren Elektronegativität stärker an sich zu ziehen. Dadurch resultiert am Kohlenstoffatom lokal ein Elektronenmangel: es ist positiv polarisiert. Das Hydroxid-Ion (HO^-) der beispielsweise wässrigen Lauge greift den lokal positiv polarisierten Kohlenstoff an. Die gebildete Zwischenstufe (in Bild 13.10 oben rechts) ist instabil und zerfällt in ein Alkoholat-Ion ($R\text{-}O^-$) und eine Carbonsäure [RC(O)OH] (in Bild 13.10 unten rechts). Aufgrund der höheren Neigung zur Protonenabgabe (Azidität) von Säuren gegenüber Alkoholen wird das Proton (H^+) unmittelbar auf das Alkoholat-Ion unter Bildung des Alkohols (ROH) übertragen und die Reaktion ist abgeschlossen (in Bild 13.10 unten links).

Dieser Reaktionsablauf (alkalische Hydrolyse eines Polyesters) ist nicht katalytisch, da die Hydroxid-Ionen „verbraucht" werden. Folglich werden für eine vollständige Esterverseifung stöchiometrische Mengen (1:1) an Hydroxid benötigt.

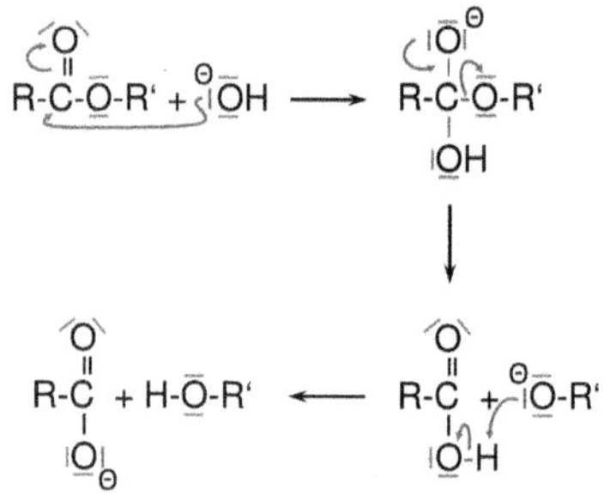

Bild 13.10 Mechanismus der basischen Hydrolyse: die Esterverseifung

Durch diesen Hydrolyse-Vorgang wird eine Polymerkette gespalten. Bei voranschreitenden Hydrolysereaktionen ist sowohl eine Verringerung des mittleren Molekulargewichtes als auch eine Verbreiterung der Molekulargewichtsverteilung die Folge. Da Werkstoffeigenschaften unmittelbar mit dem mittleren Molekulargewicht korrelieren, kann die Anwesenheit von Feuchtigkeit beispielsweise bei der Verarbeitung von Polykondensaten zu erheblichen Änderungen der Werkstoffeigenschaften (wie beispielsweise der Viskosität) führen. Bild 13.11 ist der Abfall der Viskositätszahl in Abhängigkeit von der steigenden Belastungsdauer zu entnehmen: Während das hydrolysestabilisierte PBT bei 50 °C und 75 % relativer Luftfeuchtigkeit („RLF") sowie bei 60 °C unter Vollkontakt mit Wasser auch nach 1000 Stunden kaum eine merkliche Degradation erleidet, zeigt sich bei einem Beanspruchungskollektiv von 85 % RLF und einer Temperatur von 85 °C der hydrolytische Abbau in Form des stetigen Absinkens der Viskositätszahl. Nicht hydrolysestabilisierte Werkstoffe zeigen dieses Verhalten bereits bei vergleichsweise geringeren Beanspruchungen.

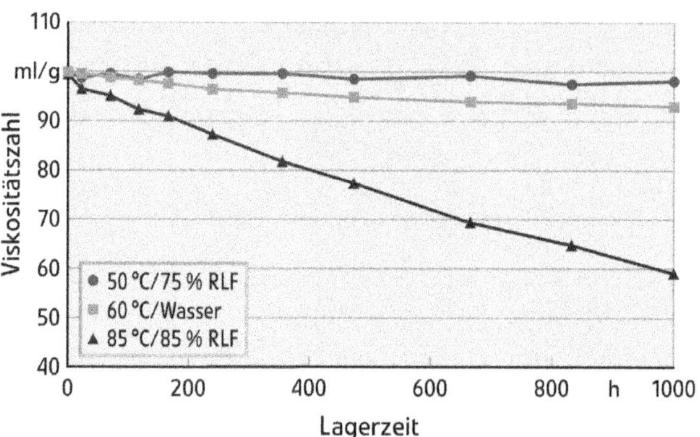

Bild 13.11 Erfassung der hydrolytisch initiierten Alterung eines PBT in Abhängigkeit von der Beanspruchungsintensität sowie -dauer

Gegensätzlich zur basischen Hydrolyse verläuft die wässrig-sauer-induzierte Hydrolyse hinsichtlich des Ladungsträgers katalytisch, da die Protonen letztendlich nicht verbraucht werden. Von Vorteil ist das reversible Verhalten aller Zwischenstufen und somit auch der gesamten Reaktion zu nennen. Dieser Art der Hydrolyse liegt entsprechend eine Gleichgewichtsreaktion zugrunde. Der Mechanismus der Säure-katalysierten Hydrolyse ist exemplarisch an einem Polyester dem Bild 13.12 zu entnehmen:

sauer induzierte Hydrolyse

Das Proton wird von dem negativ polarisierten Sauerstoff der Carbonylgruppe angezogen und gebunden. Das dadurch gebildete Kation reagiert mit einem Wassermolekül. Durch die „Rückgabe" eines Protons entsteht eine neutrale, thermodynamisch instabile Zwischenstufe (in Bild 13.12 rechts unten). Durch Abspaltung des Alkoholats ($R'O^-$) verbleibt ein Dihydroxycarbenium-Ion (in Bild 13.12 unten mittig). Durch Protonenübertragung und Elektronenumlagerung werden die „klassischen" Produkte der hydrolytischen Polyesterdegradation (eine Carbonsäure und der korrelierende Alkohol) gebildet (in Bild 13.12 unten links dargestellt).

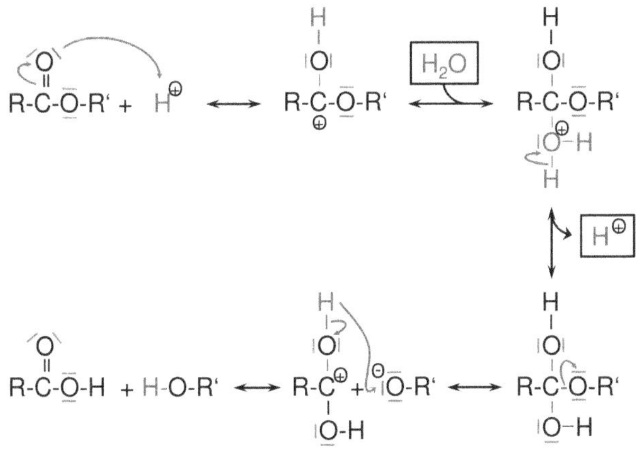

Bild 13.12 Mechanismus der sauer katalysierten Hydrolyse

Ein hydrolytischer Angriff führt im Rahmen der Anwendungsphase insbesondere zu Oberflächenangriffen. Durch Fehlstellen oder lokal amorphe Bereiche kann sich dieser Prozess beispielsweise lokal „schneller" ins Innere fortbewegen. Eine Temperaturerhöhung beschleunigt den Diffusionsvorgang. Ein Wasserangriff auf ein glasfaserverstärktes Polyamid bei erhöhter Temperatur ist dem Bild 13.13 zu entnehmen: Im Bauteilquerschnitt ist im Randbereich eine dunkel erscheinende, auf der medialen Beanspruchung basierende Randschicht mit einer Schädigungstiefe von etwa 330 μm zu beobachten.

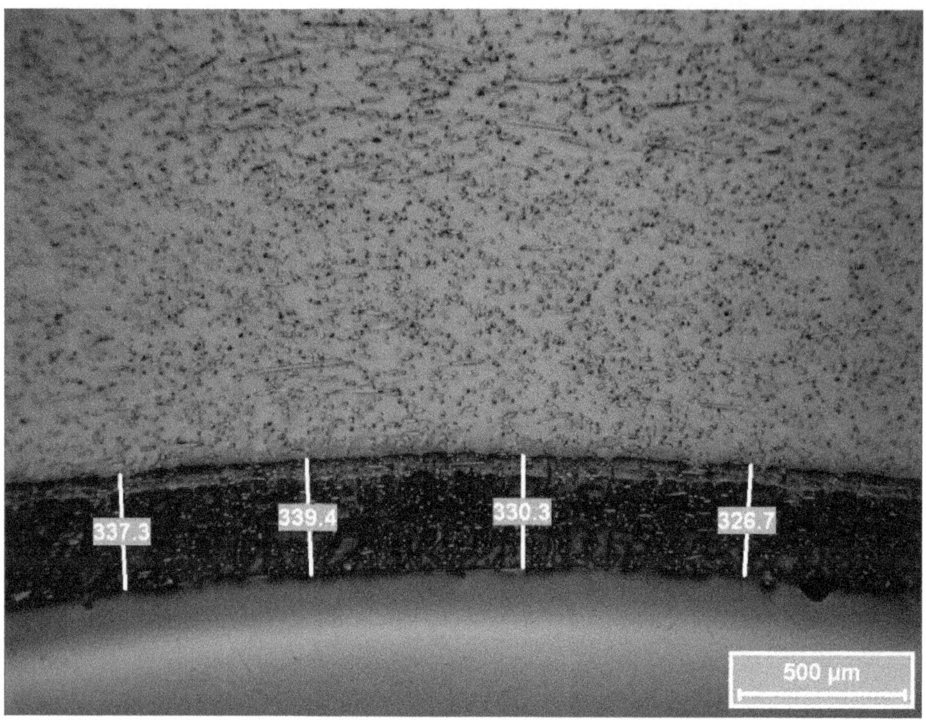

Bild 13.13 Hydrolytische Zersetzung eines glasfaserverstärkten Polyamids: Seitenansicht im Querschnitt

Von derselben Probe ist in Bild 13.14 eine Detailaufnahme der Bauteiloberfläche zu sehen: Die Zerrüttung verlief insbesondere in amorphen Bereichen und führte zum Freilegen der Glasfasern.

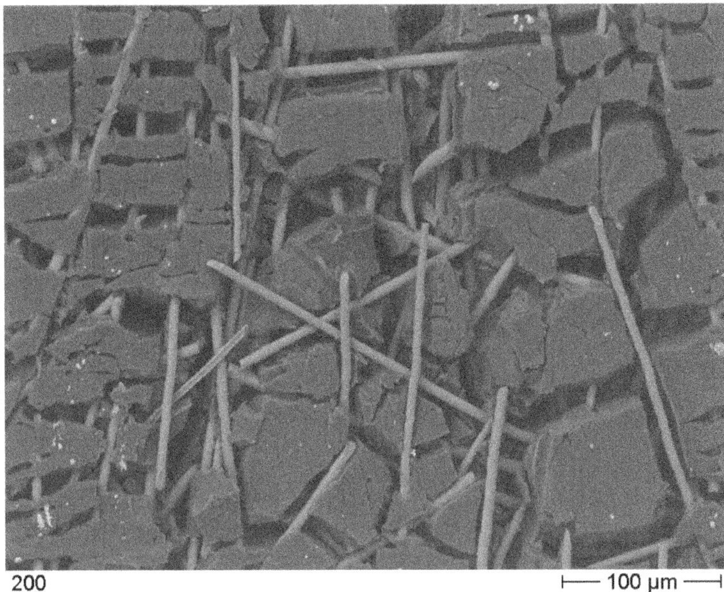

Bild 13.14 Hydrolytische Zersetzung eines glasfaserverstärkten Polyamids: Aufsicht auf die geschädigte Oberfläche

13.3.4 Die Entstehung von Spannungsrissen

Spannungsrisse in Kunststoffprodukten können unterschiedlichen Ursprungs sein, wobei zumindest einer der drei folgenden, physikalisch irreversiblen Fälle zugrunde liegt:

- Relaxation von Eigenspannungen
- Reaktion auf eine mechanische Beanspruchung
- Auswirkung während oder nach medialer Belastung.

Im ersten Fall werden *innere Werkstoffspannungen* abgebaut, welche häufig bereits durch den Herstellungsprozess in den Werkstoff eingebracht werden. Ein klassisches Beispiel stellt die zumeist unvermeidlich inhomogene Abkühlung der Schmelze im Spritzgießprozess dar. Die sich aufgrund der Neuanordnung der Polymerketten bildenden Mikrorisse (auch Crazes genannt, siehe Abschnitt 7.1.1) können je nach Bauteilgeometrie und Herstellungsverfahren theoretisch über die gesamte Probe hinweg im Bereich solcher Werkstoffspannungen auftreten. In Bild 13.15 ist dies exemplarisch dargestellt, wobei solche Wirkungen in aller Regel durch Molekülorientierungen überlagert werden.

Bild 13.15 Risse durch Molekülorientierungen und Eigenspannungen

Im Fall einer von *außen wirkenden, mechanischen Beanspruchung* (welche unterhalb der Streckgrenze liegt) können nach einem schlagartig oder auch langzeitig verlaufenden Prozess Spannungsrisse auftreten, wobei auch eine Kombination der äußerlich eingebrachten mit im Inneren existierenden Spannungen ursächlich sein kann. Auf molekularer Ebene werden aufgrund der von außen wirkenden Beanspruchung in den lokal unter Zugbelastung stehenden Bereichen zunächst Mikrohohlräume gebildet, welche sich zu Makrohohlräumen ausbreiten und zu Crazes führen. Durch das voranschreitende Risswachstum entstehen makroskopisch wahrnehmbare Risse. Bei zu hohen Lasteneinträgen kann es zu einem Bruch kommen. Das Fehler- bzw. Schadensbild ist im Bereich der aufgetragenen Belastung „lokalisiert". Beispielhaft für eine mechanische Beanspruchung sind Spannungsrisse auf einer durch Biegebelastung beanspruchten, gekrümmten Probenoberfläche zu nennen.

Quellung

Eine weitere Ursache für die Entstehung von Spannungsrissen stellt die physikalische Wechselwirkung des Kunststoffes mit flüssigen Chemikalien (Lösungen und Lösungsmitteln) dar. Dieser Prozess ist rein diffusionskontrolliert und geht nicht mit einer chemischen Reaktion einher. Die Wirkung beschränkt sich dabei auf die Nebenvalenzkräfte; die chemische Struktur der Polymerketten selbst bleibt erhalten. Durch das Eindringen des Mediums in den Werkstoff kommt es zu einer Quellung des Werkstoffs. Sofern zusätzlich keine mechanische Beanspruchung erfolgt und lokal ein Medienvollkontakt besteht, steigt die Konzentration des Mediums bis zu einer Sättigung an, während das Quellspannungsprofil nach ausreichend langer Zeit ausgeglichen ist (siehe Bild 13.16 zum Zeitpunkt t_0). Gerade in der Anfangsphase des Medienkontaktes stellt sich ein starker Konzentrationsgradient ein, der ein hohes Quellspannungsniveau erzeugt. In dieser Phase können Spannungsrisse entstehen.

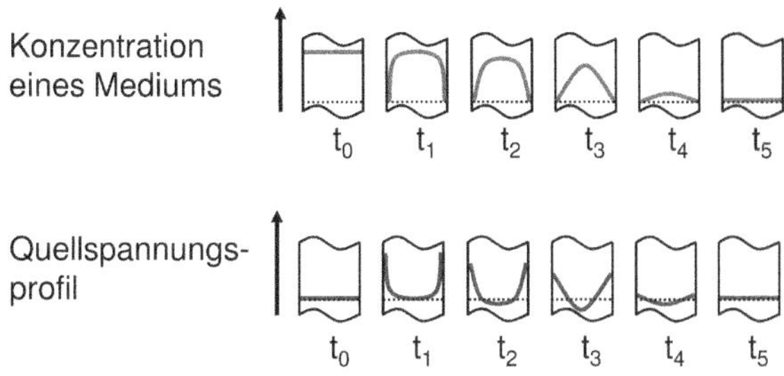

Bild 13.16 Spannungsrissbildung durch Medieneinfluss: exemplarisch durch das Abdampfen des Mediums dargestellt

Ein weiterer Zeitpunkt der Spannungrissbildung kann durch das Abdampfen des Mediums initiiert werden, wie Bild 13.16 zu entnehmen ist: Sobald die Medienkonzentration lokal an der Oberfläche sinkt, kommt es zu einem sprunghaften Anstieg der Quellspannung (siehe Bild 13.16 zum Zeitpunkt t_1). Diesem Spannungsungleichgewicht wird durch lokalen Verzug und somit Neuanordnung der Polymerketten entgegengewirkt; es werden Crazes und somit Spannungsrisse gebildet. Je weiter sich das Konzentrationsgefälle (das lokale Ungleichgewicht) legt, desto mehr beruhigt sich auch der Zustand der Quellspannung. Sobald der Zustand t_5 erreicht ist, werden keine weiteren medial induzierten Risse gebildet. Dadurch, dass viele Quellung auslösende Medien zugleich eine weichmachende Wirkung haben, ist der Zeitraum des Abdampfens häufig bezüglich der Spannungsrissbildung kritischer als der Moment des Aufbringens des Mediums.

Wenn zusätzlich zur medialen Belastung zum Beispiel durch den Abkühlprozess eingebrachte Eigenspannungen oder durch von außen angelegte Spannungen eine zusätzliche mechanische Beanspruchung vorliegt, beschleunigt die Quellung die Entflechtung der Polymerketten, welche durch die mechanisch induzierte Aufweitung hervorgerufen wird. Durch den voranschreitenden Diffusionsprozess werden neue Hohlräume gebildet, sodass das Medium weiter eindringen kann. Über eine zusätzliche Zugbelastung wird die Bildung von Crazes noch gefördert. Diese Kombination von medialer und mechanischer Beanspruchung beschleunigt den Prozess der Spannungsrissbildung erheblich.

In Bild 13.17 ist der mediale Angriff an einer Fehlstelle einer Bauteiloberfläche schematisch dargestellt: Zum Zeitpunkt t_0 befindet sich der Werkstoff unter Zugbelastung, welche parallel zur Bauteiloberfläche wirkt. Das Medium dringt durch Diffusion in den Werkstoff ein (t_1): Durch einen lokal weichmachenden Effekt weitet sich die Fehlstelle unter der Zugbelastung aus. Bei voranschreitender Diffusion und somit höherer Beweglichkeit der Polymerketten weichen diese der mechanischen Beanspruchung aus, sodass sich besonders im Bereich der ursprünglichen Fehlstelle durch die Hohlraumbildung ein Riss ausbildet (t_2).

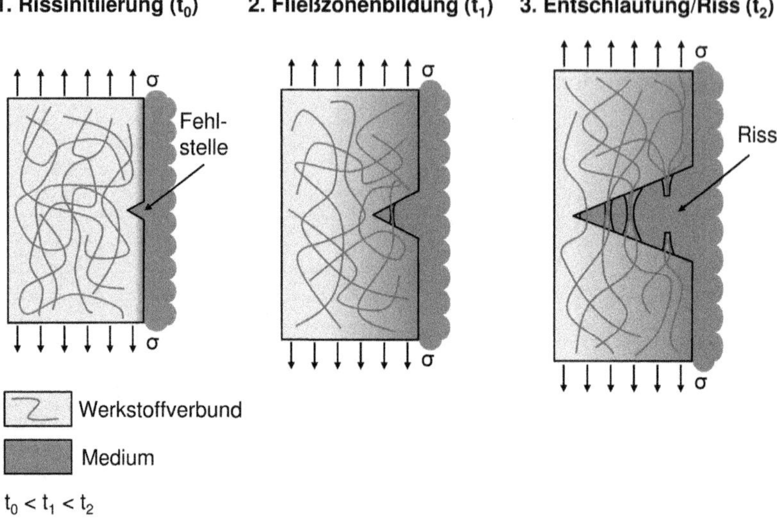

Bild 13.17 Medial beschleunigte Spannungsrissbildung unter Zugbelastung [Eipper et al.]

Die Neigung zur medial induzierten Spannungsrissbildung hängt neben der Werkstoffart u. a. von der Art und Konzentration des Mediums, der Belastungsdauer, der Temperatur, der ggf. gegebenen mechanischen Last(en) sowie der Morphologie des Polymers ab. Da dieser Diffusionsvorgang vorrangig in amorphen Bereichen erfolgt, erhöht sich der Widerstand gegen die Bildung von Spannungsrissen mit zunehmender Kristallinität. Grenzflächen solch kristalliner Strukturen stellen dabei ihre Schwachstelle dar. Demnach beeinflusst der Herstellungsprozess die Spannungsrissbildung nicht nur über das Einbringen von Eigenspannungen, sondern zudem über den Anteil und die Arten der kristallinen Überstrukturen.

HINWEIS: Neben dem Begriff Spannungsrissbildung wird der Begriff Spannungsrisskorrosion verwendet. Die Spannungsrisskorrosion hat dabei explizit den chemischen Angriff auf die Polymerketten, wie beispielsweise durch Hydrolyse oder Oxidation, als vorherrschenden Wirkmechanismus und grenzt sich dadurch von der Spannungsrissbildung ab. ■

13.4 Abhilfe- bzw. Vorbeugemaßnahmen zum Entschleunigen von Alterungsprozessen

Aufgrund des umfangreichen Spektrums an möglichen Alterungsursachen sowie der gegebenen Bandbreite an chemischen sowie physikalischen Alterungsvorgängen (siehe Abschnitt 13.2) sind Kunststoffe grundsätzlich der Gefahr ausgesetzt, durch Umgebungseinflüsse irreversibel geschädigt zu werden. Erste Beanspruchungen (zumindest thermisch und mechanisch) erfolgen bereits im Verarbeitungsprozess. Je nach Art und Intensität der im Laufe des Lebenszyklus herrschenden Lastenkollektive führt dies früher oder später zum Werkstoffversagen. Um dieser Flut an Störfaktoren entgegenzutreten, wird der Werkstoff mit Zusätzen („Stabilisatoren") versehen, wobei schon geringe Mengen weit unter einem Gewichtsprozent eine große Wirkung zeigen. Gängige Abhilfemaßnahmen dieser Art wie beispielsweise die Zugabe von Antioxidantien werden in diesem Kapitel in Form eines Überblicks vorgestellt.

Stabilisatorpakete

Bei dem Verzögern der Alterungsprozesse durch Stabilisierung ist zu beachten, dass in der Regel mehrere Stabilisatortypen gleichzeitig einzuarbeiten sind, um den erwarteten Lasten möglichst langfristig entgegenzutreten. Um beispielsweise der strahleninduzierten Alterung (siehe Abschnitt 13.3.2) entgegenzuwirken, sind Kunststoffe für den Außeneinsatz zumindest mit Lichtschutzmitteln und Antioxidantien (sowohl Radikalfänger als auch mit Hydroperoxid-Zersetzern) zu versehen. Bei solchen Mischsystemen ist jedoch zu berücksichtigen, dass sich manche Stabilisatortypen gegenseitig in ihrer Funktionsweise negativ beeinflussen können und somit ihre Kombination ungeeignet ist. Dieses Verhalten lässt sich derzeit weniger theoretisch, sondern vorwiegend empirisch ermitteln. Darüber hinaus sind „Unverträglichkeiten" nicht nur hinsichtlich kombinierter Stabilisatoren, sondern zudem mit anderen Hilfsmitteln (siehe beispielsweise Kapitel 3.6.3.1) der Polymerkomponente, den Funktionszusatzstoffen sowie anwendungsrelevanten Lasten (wie beispielsweise thermische und/oder mediale Beständigkeit) zu berücksichtigen.

Für Stabilisatoren ergibt sich im Wesentlichen folgendes Anforderungsprofil:

- hohe Wirksamkeit bei geringen Konzentrationen,
- sehr gute Verträglichkeit mit dem Polymer (inklusive Farbechtheit etc.),
- hohe Verträglichkeit mit Zusätzen wie Füllstoffen, Weichmachern, Antistatika etc.,
- gute Verarbeitbarkeit (homogene Verteilung ohne Agglomeration), gute Handhabbarkeit,

- thermische sowie mechanische Stabilität (auch im Verarbeitungsprozess),
- anwendungsgerechtes Migrationsvermögen (ohne Ausblühen bzw. Ausdampfen),
- gute Medienbeständigkeit (zumindest gegen Wasser),
- gute Lagerbeständigkeit,
- falls erforderlich lebensmittelecht.

13.4.1 Antioxidantien

Antioxidantien bremsen die Oxidation der Polymerkomponente, indem sie aktiv in den Mechanismus eingreifen (siehe Abschnitt 13.3.1). Da sich die Initiierungsphase (entspricht dem Schritt 1 in Bild 13.6) nicht beeinflussen lässt, wurden geeignete Substanzen entwickelt, welche in die Radikalkettenreaktion und somit sowohl in die Radikalübertragung als auch in die Autooxidation (entspricht insbesondere den Schritten 2 und 3 in Bild 13.6) eingreifen. Hinsichtlich ihrer Wirkungsweise unterscheidet man zwei Arten von Antioxidantien:

- **Primäre Antioxidantien:**
  Primäre Antioxidantien führen zu einem Abbruch der Übertragung der Radikalfunktion, indem sie als Wasserstoff-Donator ein reaktives Radikal durch Wasserstoffübertragung deaktivieren. Das dabei resultierende Radikal, welches nun am primären Antioxidans positioniert ist, ist vergleichsweise inaktiv. Die Wirkungsweise als „Radikalfänger" basiert auf der Bildung eines sterisch gehinderten (räumlich abgeschirmten) Radikals. Dies wird erzielt, indem beispielsweise sterisch gehinderte Phenole, aromatische Amine sowie sterisch gehinderte Amine („HAS") zum Einsatz kommen.
- **Sekundäre Antioxidantien:**
  Bei den sekundären Antioxidantien handelt es sich um Hydroperoxid-Zersetzer, deren Produkte (beispielsweise Alkohole) keine Radikale beinhalten. Ihre Wirkungsweise basiert somit auf der Unterbindung der Radikalbildung durch den homolytischen Peroxidzerfall. Typische Repräsentanten sind organische Phosphorverbindungen niedriger Oxidationsstufe (Phosphite und Phosphonite) sowie organische Schwefelverbindungen (Thioester). Während Phosphite und Phosphonite eher zur Stabilisierung im Verarbeitungsprozess eingesetzt werden (da sie erst bei höheren Temperaturen reaktiv sind), dienen Thioester aufgrund ihrer Wirkungsweise bei Raumtemperatur der Langzeitwärmestabilisierung.

Sowohl primäre als auch sekundäre Antioxidantien werden aufgrund ihrer Wirkungsweise verbraucht. Je höher die Belastung während der Verarbeitungsphase war, desto geringer ist der Gehalt an verbliebener Reststabilisierung, welcher der (thermo-)oxidativen Alterung in der Anwendung entgegenwirkt. Da idealerweise stets beide Arten an Antioxidantien vertreten sein sollten, ist die Kombination beider Funktionalitäten in einem Molekül bzw. der Einsatz von Stoffgemischen gängig.

„Oxidationsinduktionszeit": Messung antioxidanter Wirksamkeit

Die lokale Wirkungsweise solcher Antioxidantien lässt sich beispielsweise an Kunststoffbauteilen unter Verwendung der DSC (siehe Abschnitt 8.2.2) bestimmen, indem die sogenannte Oxidationsinduktionszeit (OIT) gemessen wird: Hierfür wird eine entnommene Probe in inerter Atmosphäre in die Schmelze gebracht. Oberhalb der Schmelztemperatur wird die weitere Temperaturführung isotherm gehalten (z. B. bei 200 °C) und anschließend auf eine sauerstoffhaltige Atmosphäre umgestellt, indem als Spülgas Luft oder Sauerstoff verwendet wird. Solange Antioxidantien oberflächlich den Sauerstoff „abfangen", bleibt der mittels DSC erfasste Wärmestrom konstant (siehe horizontaler Verlauf im Intervall $0 \text{ min} < t < \text{OIT}$ auch Bild 13.18). Sobald die Wirkung der Antioxidantien nachlässt, wird die Polymerkette angegriffen. Dies äußert sich in einer thermischen Reaktion; der Wärmestrom verändert sich. Die Zeit zwischen Einleiten des Sauerstoffs und dem Anstieg der Kurve wird als Oxidationsinduktionszeit bezeichnet. Sie dient als Maß zur Beurteilung des Stabilisierungszustandes des Werkstoffs.

Dem Bild 13.18 ist eine exemplarische Auswertung der OIT eines gut stabilisierten polyolefinen Werkstoffes zu entnehmen. Eine unzureichende Stabilisierung (aufgrund der Abwesenheit oder bereits erfolgter Deaktivierung von Antioxidantien) äußert sich in Form von geringen OIT-Werten (wenige Minuten oder weniger).

Bei der Interpretation der OIT ist zu berücksichtigen, dass die Bedingungen im DSC-Ofen durch die erhöhte Temperatur deutlich von typischen Produkteinsatzbedingungen abweichen. Es stellen sich dabei zum Teil stark abweichende kinetische Vorgänge ein. Ein direkter Übertrag auf die Lebensdauer eines Produktes ist daher nicht möglich. Aus diesem Grunde sucht man in aller Regel Referenzmuster zur Bewertung des Stabilisierungszustandes. Wenn diese fehlen, kann beispielsweise dadurch Abhilfe geschaffen werden, dass OIT-Werte von Tiefenprofilen ermittelt werden. Da der Angriff stets von der Oberfläche erfolgt, steigen die OIT-Werte zum Bauteilinneren stets weiter an und erreichen mit ausreichend großem Abstand zur Oberfläche möglicherweise ein konstantes Niveau. Dies wird dann als Referenz für den ursprünglichen Zustand des gesamten Bauteils herangezogen.

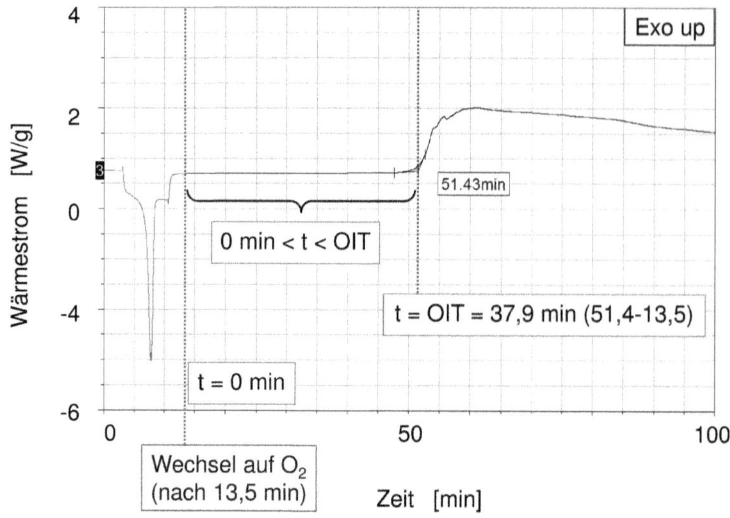

Bild 13.18 Bestimmung der (Rest-)Aktivität von Antioxidantien in Kunststoffen mittels DSC-OIT

13.4.2 Lichtschutzmittel

Um eine strahleninduzierte Schädigung gemäß Abschnitt 13.3.2 zu unterbinden, ist es notwendig, den Energieeintrag auf die Polymerkomponente im Kunststoff möglichst zu minimieren, sodass der Energierestgehalt nicht mehr ausreicht, um eine Bindung homolytisch zu spalten. Je nach Bindungstyp werden 300 bis 500 kJ/mol benötigt; entsprechend ist der Energierestgehalt auf unter 300 kJ/mol zu reduzieren.

Folgende Möglichkeiten sind insbesondere in Bezug auf UV-Strahlung gegeben:

- **Volumendeckende Pigmentierung:**
  Während Ruß-Pigmente zu einer (nahezu) vollständigen Lichtabsorption führen, dient Titandioxid an der Oberfläche zur Lichtreflexion. Nachteilig ist jeweils, dass die oberflächliche Randschicht des pigmentierten Bauteils nicht geschützt ist. Als Abhilfemaßnahme können Produkte auch mit einem UV-beständigen Lack oder durch Kombination mit anderen Lichtstabilisatoren geschützt werden.
- **(UV-)Absorber:**
  Absorber neigen dazu, die durch elektromagnetische Strahlung zugeführte Energie aufzunehmen, indem Valenzelektronen aus ihrem Grundzustand in einen energetisch höher gelegenen Anregungszustand überführt werden. Es werden sogenannte aromatische Systeme wie Triazole, Benzophenone und Triazine eingesetzt. Da der UV-Bereich im elektromagnetischen Spektrum an den visuellen Bereich angrenzt, neigen manche Absorber dazu, auch in diesem Be-

reich die Strahlenenergie umzuwandeln, wodurch eine Verfärbung des Kunststoffes auftreten kann.

- **(UV-)Quencher:**
  Quencher sind in der Lage, bereits absorbierte Strahlung (beispielsweise durch Absorber) einerseits über Schwingungen in Reibungswärme oder andererseits durch Fluoreszenz bzw. Phosphoreszenz in langwelligere (und somit energieärmere) Strahlung umzuwandeln. Die Verwendung von phenolischen Quenchern auf Nickelbasis wird jedoch aus ökologischen Gründen in der heutigen Zeit gemieden.

Ein enormer Vorteil einer Kombination aus „Absorber und Quencher" ist die Tatsache, dass sich deren Wirkungsweise nicht verbraucht, da der synergetische Effekt stets die Ausgangslage wiederherstellt.

Trotz dieser Stabilisatoren ist die Polymerkomponente nicht vollständig vor dem Energieeintrag geschützt, daher werden zudem Radikalfänger zugesetzt. Im Bereich der Lichtschutzmittel werden sterisch gehinderte Amine mit der Bezeichnung **HALS** (engl.: hindered amine light stabilizers") verwendet. Deren strukturelle Basis stellt das Tetramethylpiperidin dar. Gegensätzlich zu den Antioxidantien wird bei HALS-Derivaten ein mehrstufiger Stabilisierungszyklus angenommen, wodurch sich dieser Stabilisator anteilig regenerieren kann. Bei fortgeschrittener Alterung werden HALS-Stabilisatoren nach aktuellem Wissensstand dennoch nach und nach verbraucht.

Bei der Kombination von HALS mit UV-Absorbern wird häufig ein synergetischer Effekt beobachtet, weshalb HALS als Radikalfänger gegenüber Antioxidantien im Bereich Lichtschutz bevorzugt werden. Nachteil von HALS-Derivaten ist die Wechselwirkung mit anderen Zusätzen wie beispielsweise Füllstoffen, Pigmenten, Flammschutzmitteln, Pestiziden und Antioxidantien sowie die Unbeständigkeit gegenüber Schwefelverbindungen und Säuren, wodurch die Funktionalität und folglich das Einsatzspektrum von HALS herabgesetzt wird.

13.4.3 Metalldesaktivatoren

Sowohl durch die Synthese der Polymerkomponente als auch durch die Verarbeitung gelangen zumindest Spuren an redoxaktiven Metallionen in den Werkstoff, welche die Einlagerung von Sauerstoff in die Polymerkette katalysieren (entspricht dem Schritt 1 in Bild 13.6). Folglich werden mit steigender Kationenkonzentration mehr Hydroxide pro Zeiteinheit gebildet. Aufgrund des nachfolgenden Hydroxid-Zerfalls zu Radikalen steigt auch der Verbrauch an primären Antioxidantien. Durch den höheren Bedarf wird der Stabilisator-Bestand schneller aufgebraucht; ein verringerter Schutz resultiert.

Um diese an dieser Stelle unerwünschten katalytischen Eigenschaften der Kationen zu unterbinden, werden sogenannte Metalldesaktivatoren eingearbeitet. Durch die Komplexierung der Metallkationen, ein räumliches Einklammern durch Anbindung an mindestens zwei Positionen, werden diese „deaktiviert". Als Metalldesaktivatoren eignen sich diverse organische Verbindungen, welche mindestens zwei Koordinationsstellen (freie, sich zur Komplexierung eignende Elektronenpaare) aufweisen. Solche Verbindungen werden Chelate bzw. Chelatliganden genannt. Beispielhaft sind Carbonsäureamide, Hydrazone und Hydrazide zu nennen. Je mehr koordinative Bindungen mit dem Kation eingegangen werden, desto intensiver wird das Metallkation von seiner Umgebung abgeschirmt.

13.4.4 Biostabilisatoren

Biostabilisatoren, auch Biozide genannt, dienen als Schutz vor biologischen Beanspruchungen. Dies beinhaltet die Bekämpfung von Mikroorganismen wie Bakterien, Viren, Pilzen und Algen, wodurch ein breites Spektrum an antimikrobieller Aktivität benötigt wird. Aufgrund unterschiedlicher Wirkungsweisen werden zwei Arten von Aktivitäten unterschieden: Die (mikrobio-)statische Aktivität unterbindet lediglich das Wachstum von Mikroorganismen, während die mikrobiozide Aktivität deren Anzahl reduziert, indem die Mikroorganismen getötet werden. Zu Letzterem zählen unter anderem fungizide und bakterizide Aktivitäten, die speziell gegen Pilze beziehungsweise Bakterien eingesetzt werden.

Die Wirkungsweise dieser Stabilisatoren ist von deren Umgebungsbedingungen abhängig, sodass exemplarisch die Polymermatrix, der pH-Wert und die Temperatur deren Aktivität beeinträchtigen können. Beispielhaft ist das PHMB (Polyhexamethylenbiguanid) zu nennen, welches bakterizide, viruzide und algizide Eigenschaften aufweist. Es wird in Bezug auf den Werkstoff Kunststoff beispielsweise in der Textilindustrie eingesetzt. Zinkdimethyldithiocarbamat ist ebenfalls für seine breite biozide Wirkung bekannt. Des Weiteren weisen phenolische Verbindungen eine fungizide und/oder bakterizide Wirksamkeit auf.

13.5 Beabsichtigte Alterungsvorgänge

Im alltäglichen Gebrauch wird der Begriff „Alterung von Kunststoffen" häufig als unerwünschte Erscheinung gemeint und wahrgenommen. Jedoch haben diese irreversiblen Vorgänge durchaus auch ihren Nutzen. Richtig positioniert werden sogar deutliche Vorteile gegenüber weniger schnell degradierenden Werkstoffen gewonnen. In den folgenden Abschnitten werden exemplarisch drei inhaltlich sehr unterschiedliche Thematiken vorgestellt, bei denen der Alterungsprozess von Kunststoffen unerlässlich ist:

- Biologisch abbaubare Kunststoffe auf Basis sowohl nachwachsender als auch fossiler Rohstoffe (siehe Abschnitt 13.5.1)
- Resorbierbare Kunststoffe in der Medizintechnik (siehe Abschnitt 13.5.2)
- Beschleunigte Alterung zur Vorhersage des Langzeitverhaltens (siehe Abschnitt 13.1).

13.5.1 Biologisch abbaubare Kunststoffe

Der Werkstoff Kunststoff gilt als biologisch abbaubar, wenn seine Bestandteile von Mikroorganismen wie Bakterien, Pilzen und/oder Bodenlebewesen nahezu vollständig zu den Stoffwechselendprodukten Wasser, Kohlenstoffdioxid und Biomasse umgesetzt werden können. Diesbezüglich ist irrelevant, ob der Werkstoff biobasierend, durch Modifikation natürlicher Polymere wie Cellulose oder basierend auf fossilen Rohstoffen hergestellt wurde.

Neben dem Ausgangsmaterial beeinflussen die vorherrschenden Umgebungsbedingungen wie beispielsweise Temperatur, (Luft-)Feuchte, pH-Wert und Sauerstoffgehalt die für den Abbauprozess benötigte Zeitspanne maßgeblich. Grundsätzlich wird zwischen dem aeroben Abbau sowie dem anaeroben Abbau differenziert. Der aerobe Abbau findet in Anwesenheit von Sauerstoff beispielsweise bei der Kompostierung vorherrschend statt, der anaerobe Abbau geschieht unter Ausschluss von Sauerstoff. Dies wird zum Beispiel in einer Biogasanlage genutzt.

Kompostierung

Die industrielle Kompostierung, welche gezielt zur Abfallverwertung eingesetzt wird, hebt sich von der Eigenkompostierung insbesondere durch technisch steuerbare Prozessabläufe ab, welche die bereits exemplarisch aufgeführten Einflussfaktoren auf ihre optimalen Werte regulieren. Nur Kunststoffabfälle, welche der vorausgesetzten Zertifizierung gerecht werden, gelangen in die industrielle Kompostierung. Während europaweit nach den Normen EN 14995 (Kunststoffe allgemein) und EN 13432 (speziell in Bezug auf Verpackungsmaterialien) zu prüfen ist, gilt es global, die ISO 17088 (Kunststoffe allg.) bzw. die ISO 18606 (Verpackung) einzuhalten.

Besonders im Bereich von Einwegartikeln, deren Anwendungsdauer recht kurzlebig ist, steigt der Bedarf, die Anhäufung von Kunststoffabfällen zu reduzieren. Neben dem großen Zweig der Wiederverwertung stellt die Kompostierbarkeit von Kunststoffprodukten und somit die beabsichtigte Zersetzung eine Alternative dar, für Kunststoffe einen geschlossenen Werkstoffkreislauf abzubilden. Exemplarisch ist der Einsatz biologisch abbaubarer Mulchfolien aus Stärkepolymeren oder PLA zu nennen: In der Agrarwirtschaft realisierte man neben der Vermeidung von

Kunststoffabfällen die Vorteile, dass die Folien nach der Ernte nicht eingesammelt und somit auch nicht entsorgt werden müssen, da sich diese nach ca. drei Monaten zersetzen und die verrottenden Reste untergepflügt oder kompostiert werden können. Da sich die damit verbundene Zeit- und somit Kostenreduktion sowie Kostenersparnis der entfallenen Entsorgung aufgrund des vergleichsweise höheren Mulchfolienpreises erst ab einer bestimmten Einsatzmenge rentiert, ist der Einsatz biologisch abbaubarer Folien eher für Großbetriebe lukrativ.

13.5.2 Resorbierbare Kunststoffe in der Medizintechnik

Orthopädische Implantate auf Metallbasis wie Titan müssen zumeist nach Heilung von beispielsweise Knochenbrüchen durch eine zweite Operation wieder entfernt werden. Da solch ein Eingriff jedoch stets mit zusätzlichen Risiken und Einschränkungen für den Patienten verbunden ist, ist die Verwendung von resorbierbaren Produkten, welche sich im Laufe einer definierten Zeitspanne zersetzen und somit nicht operativ entfernt werden müssen, von klarem Vorteil. Für die Behandlung von Frakturen kommen daher Implantate wie Platten, Schrauben und Nägel auf Basis resorbierbarer Kunststoffe (wie Polylactid und PLA-co-CL) immer häufiger zum Einsatz.

Da sich einerseits das Anforderungsprofil in Abhängigkeit von der spezifischen Anwendung wandeln kann und andererseits das Abbauverhalten von mehreren Faktoren abhängig ist, ist die Entwicklung geeigneter Produkte nach wie vor komplex. Hinsichtlich des Anforderungsprofils ergibt sich beispielsweise die Schwierigkeit, eine ausreichende mechanische Stabilität sowie die Mindestdauer einer gewünschten Festigkeit einzustellen, ohne dass diese Werte merklich überschritten werden. Das Abbauverhalten wird dementsprechend nicht nur von der Polymertype und deren gegebenen Variablen (z. B. mittlere Molmasse sowie Kristallinität) beinflusst, sondern zudem auch von der Art und dem Gehalt an Zusätzen wie Stabilisatoren und Füllstoffen gesteuert.

Nichtsdestotrotz erweitert sich der Markt von Knochen- und Sehnenersatz über individuelle Implantat-Geometrien bis hin zu präzisen Verbrauchsartikeln und resorbierbaren Nahtmaterialen mit eingestellten, variierenden Halbwertszeiten. Gängige Werkstoffe sind Polylactide, Polyglycolsäuren, Polydioxanone sowie PLA-Copolymere mit beispielsweise Glycoliden, Glykosiden oder Glykolen.

resorbierbare Kunststoffe

In Bild 13.19 ist beispielhaft die Degradation eines resorbierbaren PLAs in Abhängigkeit von der Zeit exemplarisch dargestellt: Nach einer gewissen Zeit („Ende der Phase 1 zum Zeitpunkt t_D“) beginnt der Werkstoff sich zu zersetzen. Bis zu diesem Zeitpunkt verhält sich der Werkstoff formstabil und ist mechanisch belastbar; das Produkt dient als vollwertiges Implantat (Bild 13.19), fotografische Abbildung unten links). In Phase 2 beginnt zu dem Zeitpunkt t_D der Abbau des Werkstoffes; eine fortlaufende Reduktion des mittleren Molekulargewichtes findet statt. Die Belastungsgrenzen und die Formstabilität sinken nach und nach mit steigender Degradation (Bild 13.19), mittlere fotografische Abbildung). Zu dem Zeitpunkt t_H hat sich die mittlere Kettenlänge gegenüber t_D durchschnittlich halbiert. Nach Verdoppelung dieses Zeitraums hat sich zu dem Zeitpunkt t_{2H} die mittlere Molmasse erneut halbiert. Der Übergang von Phase 2 in Phase 3 stellt den fortgeschrittenen Abbau dar, der sich anhand des Zerfalls des Implantats äußert (Bild 13.19), fotografische Abbildung unten rechts). Zu diesem Zeitpunkt ist die ursprüngliche Notwendigkeit der Stabilisierung von beispielsweise einem Knochenbruch nicht mehr gegeben. Der Zeitpunkt, zu dem diese Fragmentierung eintritt, ist nicht pauschal skizzierbar, da dies von der Materialtype abhängig ist. Die Dauer der Phase 1 ist ebenfalls materialspezifisch. Je nach Kunststofftype treten zudem unterschiedliche Halbwertszeiten (t_H, t_{2H}, t_{4H} etc.) auf. In der Medizintechnik wird eine Materialpalette mit einer großen Bandbreite bezüglich dieser Degradationseigenschaften eingesetzt, sodass die stabilisierende Wirkungsdauer jedes Implantats gezielt dem Bedarf entsprechend eingestellt wird.

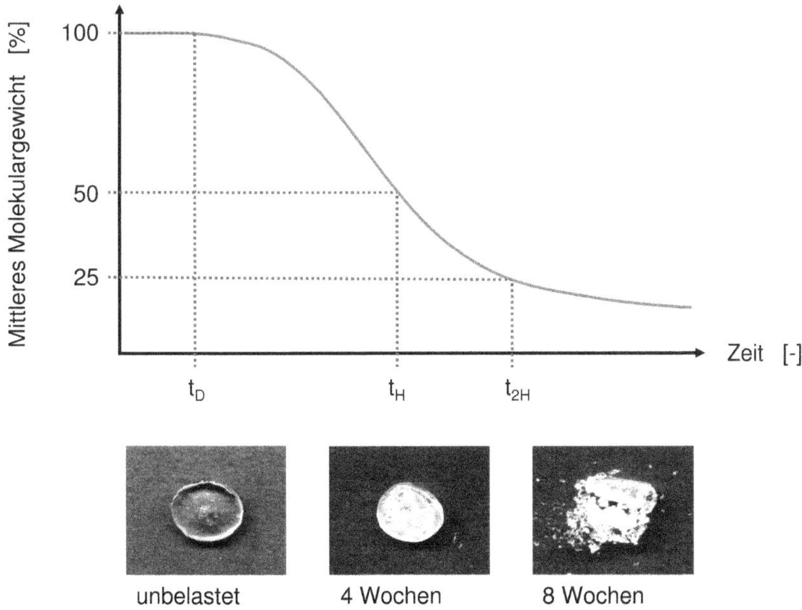

Bild 13.19 Degradation eines resorbierbaren PLA

13.6 Beschleunigte Alterung zur Vorhersage des Langzeitverhaltens

Durch die Vielfalt der Kunststoffe und die innerhalb von Polymertypen entwickelten Modifikationen ist das Langzeitverhalten dieser Werkstoffe und somit auch deren Lebensdauer höchst individuell und nicht geschlossen darstellbar. Um solch ein Materialverhalten möglichst realitätsnah vorhersagen oder zumindest abschätzen zu können, wurden Verfahren zur sogenannten *künstlichen Alterung* entwickelt. In der DIN 53 896 ist die Begrifflichkeit wie folgt definiert:

> *„Das Verfahren der künstlichen Alterung dient dazu, durch verschärfte Bedingungen die durch natürliche Alterung in der Praxis eintretenden Eigenschaftsänderungen beschleunigt herbeizuführen. Der Vergleich der vor und nach der künstlichen Alterung ermittelten Eigenschaftswerte gestattet eine Beurteilung der Alterungsbeständigkeit. Für die Prüfung auf Alterungsbeständigkeit sollen solche physikalischen Eigenschaften herangezogen werden, die für den praktischen Gebrauch entscheidend sind."*

Um beispielsweise die Anwendung unter Globalstrahlenbelastung nachzubilden, wird der zu prüfende Werkstoff Bewitterungseffekten wie Temperatur, Luftfeuchte und Strahlenbelastung intensiviert ausgesetzt. Weiterhin wurden Verfahren entwickelt, mit denen zudem die Auswirkungen durch Oxidation und/oder Hydrolyse durch (Luft-)Feuchtigkeit nachgestellt werden können. Darüber hinaus lassen sich viele weitere Alterungsprozesse wie beispielsweise die Beständigkeit gegenüber Medien, auch in Kombination mit Belastbarkeitstests gegenüber mechanischer (z.B. dynamischer oder statischer) Beanspruchung beschleunigt prüfen. Beispielhaft ist die mediale Beanspruchung unter Zugbelastung bei erhöhter Temperatur zu nennen.

Lebensdauervorhersage

Zu überwindende Hürden hinsichtlich der Lebensdauervorhersage sind sowohl die Vielfalt des Werkstoffes und seiner Alterungsreaktionen als auch das möglichst realitätsnahe, anwendungsorientierte Abbilden unterschiedlichster Lastenkollektive. Ein wichtiger Punkt einer Lebensdauerprognose ist die Festlegung der zu prüfenden Größen, die für die Anwendung Kerneigenschaften darstellen. Dies kann beispielsweise ein mechanischer Kennwert oder ein Stabilisatorgehalt sein. Weiterhin muss für jede dieser Größen ein kritischer Wert definiert werden, der nicht über- bzw. unterschritten werden darf. Aufgrund der sich ergebenen Vielfalt ist es für eine Lebensdauervorhersage notwendig, die Prüfbedingungen gezielt gemäß dem Werkstoff, dem Lastenkollektiv sowie zuvor klar *definierten Verhaltenskriterien* festzulegen.

Exemplarisch ist dies an der Zugfestigkeit eines glasfaserverstärkten PA 6.6 in Abhängigkeit von einer rein thermischen Belastung in Bild 13.20 visualisiert: Die

Zugfestigkeit des nicht stabilisierten Werkstoffs sinkt deutlich mit steigender Lagerungsdauer bei einer isothermen Wärmebeanspruchung bei 200 °C. Der Werkstoff ist nicht für eine längere Wärmebeanspruchung unter Zuglast geeignet, denn das Ziel war es, nach einer Belastung von 200 h eine Zugfestigkeit von mindestens 150 MPa zu halten. Durch den Zusatz eines kupferbasierten Stabilisators kann der Werkstoff diesem Kriterium genügen.

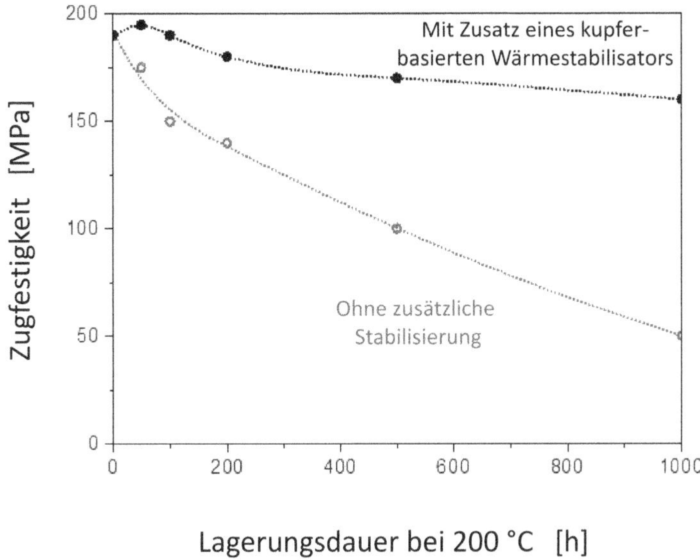

Bild 13.20 Wärmestabilität eines PA 6.6 GF30 in Abhängigkeit von der Stabilisierung nach [Cremer]

Ein weiteres Beispiel ist in Bild 13.21 gezeigt: Durch den Zusatz eines Füllstoffes (Basiswerkstoff: PP) wurde eine deutlich frühere Versprödung bei einer thermischen Beanspruchung isotherm bei 135 °C festgestellt. Der Ausfall ereignete sich schon nach 14 Tagen, während der ungefüllte Basiswerkstoff eine Beständigkeit von 40 Tagen erreichte. Um diesem Verlust der Wärmebeständigkeit entgegenzuwirken, wurde ein weiterer Zusatzstoff eingearbeitet, welcher dem negativen Effekt des Füllstoffes entgegenwirkt: Durch eine Konzentrationserhöhung des Deaktivators auf 1 % konnte die ursprüngliche Stabilität des Basismaterials wiederhergestellt werden.

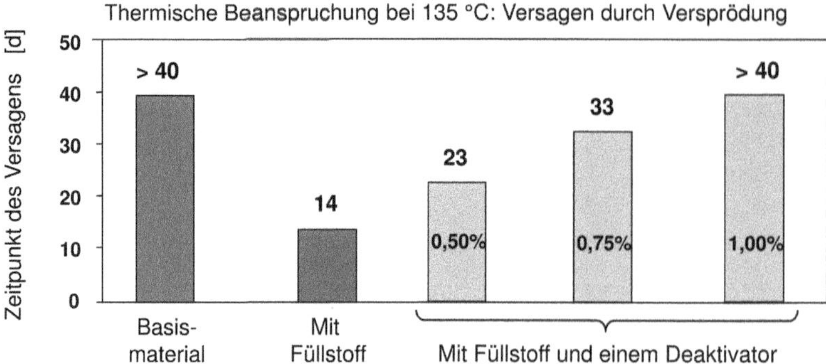

Bild 13.21 Einfluss von Zusätzen auf das Wärmelangzeitverhalten eines Polypropylens nach [Pfaendner]

Ziel einer künstlichen Alterung ist es, anhand zuvor festgelegter Lastenkollektive zeitraffend langfristige Eigenschaftsänderungen von Produkten abzubilden. Dabei konkurriert die Zeit, die für die Prüfungen angesetzt wird, mit der Abbildungsgenauigkeit der realen Bedingungen in der künstlichen Alterung: Je früher Prüfergebnisse vorliegen sollen, desto intensiver müssen die realen Belastungen verschärft werden. Typische Ansätze zur Reduktion der Prüfzeit liegen in der Erhöhung von Prüftemperaturen, von Strahlungsintensitäten und/oder Medienkonzentrationen. Dabei ist allerdings stets sicherzustellen, dass sich durch eine Verschärfung dieser Prüfbedingungen die Alterungsmechanismen nicht unstetig ändern.

Weiterhin muss berücksichtigt werden, dass alle Aussagen hinsichtlich des Langzeitverhaltens anhand der Extrapolation der im Rahmen der künstlichen Alterung resultierenden Daten erfolgen. Dies hat weitere Unsicherheiten bezüglich der Belastbarkeit der getätigten Aussagen zur Folge. Es empfiehlt sich stets der Abgleich mit „echten“ Langzeitergebnissen bzw. Produkten aus dem praktischen Gebrauch, sofern dies möglich ist.

Gängige Prüf- und Analysemethoden, welche zur Generierung der Daten des Langzeitverhaltens dienen, stellen insbesondere Verfahren und Verfahrenskombinationen dar, welche unmittelbar die für eine Alterung charakteristischen Eigenschaftsveränderungen erfassen. Beispielhaft sind folgende Eigenschaftsänderungen und Methoden zu nennen:

- Verlust der mechanischen Beständigkeit über mechanische Prüfungen,
- Werkstoffversprödung anhand der Kerbschlagzähigkeit,
- (lokale) Oxidation mittels Infrarotspektroskopie,
- Sauerstoff(rest)beständigkeit anhand der DSC-OIT,
- Polymerdegradation mittels GPC und/oder IV-Wert,
- Medienbeständigkeit anhand von Spannungsrissen und/oder Quellvermögen,

- morphologische Merkmale wie Eigenspannungen und/oder Oberflächenbeschaffenheit.

Da nicht nur eine natürliche Alterung in Form von chemischen und/oder physikalischen Werkstoffveränderungen, sondern ebenso beschleunigte Alterungsprozesse zumeist ein umfangreiches Spektrum an sich verändernden Eigenschaften mit sich bringen, empfiehlt es sich, vorab, während und nach dieser Beanspruchung eine möglichst umfangreiche Werkstoffcharakterisierung durchzuführen.

13.7 Biopolymere fossilen Ursprungs mit der Eigenschaft biologischer Abbaubarkeit

Einer der ersten biologisch abbaubaren Kunststoffe war ein photochemisch (also durch Lichteinwirkung) abbaubares Ringgebinde eines Sechserpacks, welches aus einem Ethylen-Kohlenmonoxid-Copolymer bestand. In neueren Untersuchungen sind bestimmte Polyesteramide entwickelt worden, die vollständig biologisch abbaubar sind und in gewöhnlicher Umgebung ein ähnliches Verhalten wie Polyethylen besitzen. Diese Werkstoffe eignen sich für Müllbeutelfolien, für Folienverpackungen sowie Etiketten auf kompostierbaren Waren. Im Spritzgussverfahren können Einwegblumentöpfe, Einweggeschirr und Hygieneartikel hergestellt werden. Auch im Bereich der Getränkeverpackungen existieren Produkte aus abbaubaren Kunststoffen, z. B. Kunststoffflaschen aus Polylactid (s. a. Abschnitt 2.4.6.3).

Bei all diesen Ansätzen zur Verwendung bioabbaubarer Polymere ist zu berücksichtigen, dass der biologische Abbau sehr spezifische Randbedingungen erfordert und die Kunststoffe ggf. aus Biomüll-Mischfraktionen separiert werden müssen. Es bedarf daher einer kritischen Analyse im Einzelfall, um herauszufinden, ob ein biologisch abbaubares Polymer ökologische Vorteile gegenüber einem nicht biologisch abbaubaren Kunststoff bietet. Darüber hinaus ist zu berücksichtigen, dass die Abbauprodukte sehr häufig klimaschädliche Gase sind. Allein aus diesem Grunde ist der kontrollierte biologische Abbau ein wichtiges Element bei der ökologischen Bewertung bioabbaubarer Kunststoffe.

13.7.1 Polyester

Bei rein aliphatischen Polyestern handelt es sich um biologisch abbaubare Polymere. Es gibt im Wesentlichen zwei unterschiedliche Strukturen synthetischer Polyester, die als biologisch abbaubare Polymere interessant sind. Zum einen sind dies Derivate der Hydroxyalkansäure bzw. deren intramolekulare, zyklische Kondensate („Lactone"), zum anderen Kondensationsreaktionsprodukte aliphatischer Dicarbonsäuren und aliphatischer Glykole. Bekanntester Vertreter der erstgenannten Gruppe ist das Polycaprolacton (PCL) (Bild 13.22). Die bekanntesten Polymere, die mittels Kondensationsreaktionen hergestellt werden, sind Polybutylensuccinat (PBS) sowie das Copolymer Poly(butylensuccinat-*co*-butylenadipat) (PBSA). PBS besitzt als geblasene Folie ähnliche Eigenschaften wie LDPE, PBSA weist aufgrund niedrigerer Kristallinität höhere Degradationsgeschwindigkeiten auf. Aliphatische Polyester eignen sich als niedrig-schmelzende, flexible Thermoplaste beispielsweise für Tüten, Filme oder Monofilamentfasern und lassen sich auf konventionellen Anlagen für Polyolefine verarbeiten.

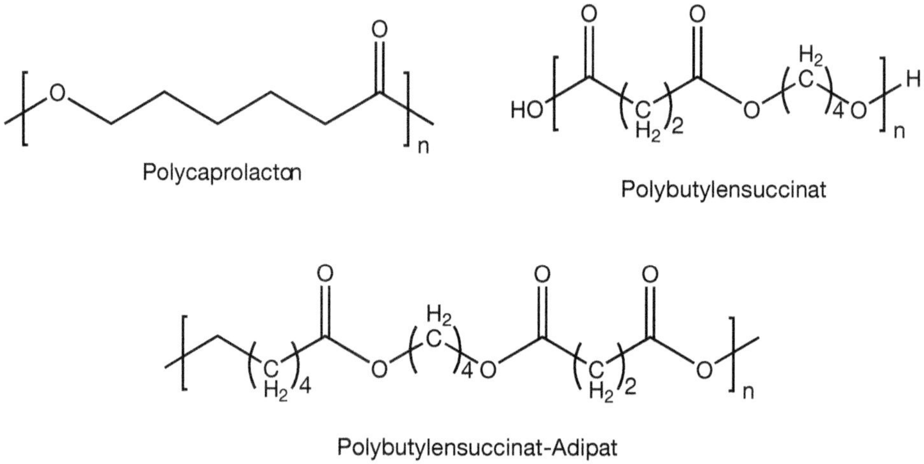

Polycaprolacton

Polybutylensuccinat

Polybutylensuccinat-Adipat

Bild 13.22 Strukturformeln von PCL, PBS und PBSA

13.7.2 Polyesteramide

Polyesteramide (PEA) sind Polymere, die sowohl Ester- als auch Amidgruppen (s. Bild 13.23) in der Hauptkette enthalten und dadurch die guten mechanischen und thermischen Eigenschaften der technischen Polyamide mit der guten biologischen Abbaubarkeit aliphatischer Polyester verknüpfen. Während Polyesteramide mit einem molekularen Gewicht von < 10 000 als Harze oder Elastomere zum Einsatz kommen, besitzen Polyesteramide mit einem höheren Molekulargewicht thermoplastische Eigenschaften. Diese lassen sich mittels katalysatorunterstützter Polykondensation oder durch ringöffnende Polymerisation (ROP) bzw. auch durch die Kombination beider Verfahren herstellen. Durch die Variation des Amid- und Ester-Anteils lassen sich PEAs mit unterschiedlichen, gezielt einstellbaren chemischen sowie Degradationseigenschaften herstellen. Bisher hat sich die Synthese von Polyesteramiden jedoch industriell noch nicht durchsetzen können. Der bekannteste Vertreter der Polyesteramide ist das von 1997 - 2001 von der Bayer AG vertriebene BAK®. Dieses war zur Anwendung im Verpackungsbereich bestimmt, insbesondere zur Herstellung von Flaschen und Kanistern. Die Herstellung konnte sich jedoch aufgrund der zu hohen Kosten zur Markteinführung und dem Vorzug des Gesetzgebers für Kunststoffe auf petrochemischer Basis nicht durchsetzen.

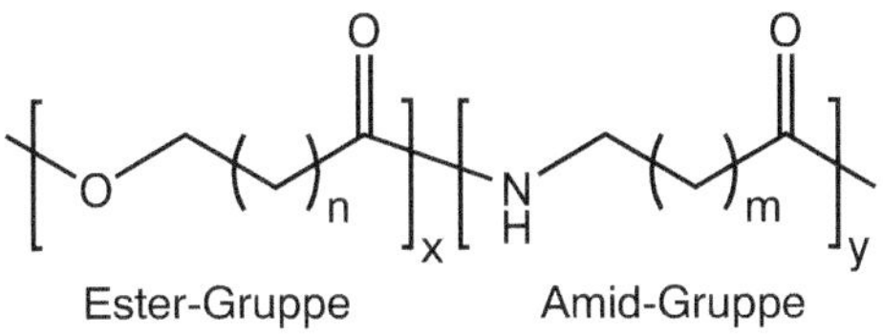

Bild 13.23 Strukturformel von Polyesteramiden

Literatur zu Kapitel 13

Craemer, Jens: Heat Resistant Polyamides - Between Research and Innovation. Aachen Polymer Chain-Talks 2015 - Aging of Plastics, Aachen, 2015

DIN 50035: Begriffe auf dem Gebiet der Alterung von Materialien - Polymere Werkstoffe. Beuth Verlag, Berlin 2012

DIN 53508: Künstliche Alterung. Beuth Verlag, Berlin 2000

DIN 53896: Künstliche Alterung durch erhöhte Temperatur in Luft oder Sauerstoff. Beuth Verlag, Berlin 1985

DIN EN ISO 2440: Weich- und Hartschaumstoffe - Schnellalterungsprüfung. Beuth Verlag, Berlin 2015.

DIN EN ISO 29664: Kunststoffe - Künstliche Bewitterung einschließlich saurer Beanspruchung. Beuth Verlag, Berlin 2017

DIN EN ISO 4892-2: Kunststoffe - Künstliches Bestrahlen oder Bewittern in Geräten - Teil 2: Xenonbogenlampen. Beuth Verlag, Berlin 2013

Ehrenstein, G. W.; Pongratz, S.: *Beständigkeit von Kunststoffen*. München: Carl Hanser Verlag, 2007

Eipper, A.; Hanley, S.; Natarajan, K. M.; Reinfrank, K.-M.: Die Tests werden immer härter. *Kunststoffe* 98 (2008) 5, S. 98-101

Jansen, K.: *Säureeinfluss auf die photochemische Alterung UV-stabilisierter Polyethylenfolien*. Dissertation, Freie Universität Berlin, 2003

Maier, R. D.; Schiller, M.: *Handbuch Kunststoff-Additive*. München: Carl Hanser Verlag 2016.

Menrad, A.: *Beurteilung des Versagensverhaltens von Gefahrgutbehältern aus Polyethylen hoher Dichte auf Basis relevanter Werkstoffkennwerte*. Dissertation, BAM Bundesanstalt für Materialforschung und -prüfung, Berlin, 2013

Pauquet, J.-R.: Antioxidantien. *Kunststoffe* 89 (1999) 7, S. 80-84

Pfaendner, R.: Nanocomposites: Industrial opportunity or challenge? *Polymer Degradation and Stability* 95 (2010) 3, S. 369-373

Pfaendner, R.: Strategies for the (photo)oxidative stabilization of filled polyolefins. Aachen Polymer Chain-Talks 2015 - Aging of Plastics, Aachen, 2015

VDI-Richtlinie 3822: Schadensanalyse - Grundlagen und Durchführung einer Schadensanalyse. Beuth Verlag, Berlin 2011

Vollhardt, K. P. ; Schore, N. E.: *Organische Chemie*. Weinheim: Wiley-VCH Verlag, 3. Aufl., 2000

Zweifel, H.: *Stabilization of Polymeric Materials*. Berlin: Springer-Verlag, 1998

14 Schadensanalyse an Kunststoffprodukten

Schäden an Kunststoffprodukten treten meistens weitestgehend unvorhergesehen auf, erfordern aber unmittelbares problemlösendes Handeln. Je nach Ausmaß der Schäden und vor allem deren abzusehender Folgen erzeugen sie eine große Aufmerksamkeit in Unternehmen und damit unmittelbaren Handlungsdruck. Dieser führt schnell zu Formen des Aktionismus unter den unmittelbar Verantwortlichen. Die systemische Schadensanalyse bietet Werkzeuge, derartige Situationen geeignet zu handhaben.

Dieses Kapitel greift die Methodik der Schadensanalyse auf, da sie ein Aufgabenfeld mit einem stark werkstofftechnischen Hintergrund darstellt. Die Schadensanalyse ist jedoch nicht darauf beschränkt, sondern erfordert einen sehr weiten fachlichen Blick, der auch die Konstruktion und die (Weiter-)Verarbeitung umfasst. So gesehen ist die Schadensanalyse keine eigene Lehre, sondern eine Methodik, die sich die Lehre zunutze macht. Gleichwohl können Schäden außerordentlich lehrreich sein. Dieses das Buch abschließende Kapitel ist aus diesem Grunde anders aufgebaut als die vorangegangenen Kapitel, weil hier einige der zuvor erläuterten Zusammenhänge zur Anwendung kommen sollen. Im Vordergrund steht hier die Vorgehensweise.

Herkömmlicherweise wird der Begriff Schadensanalyse im Kontext von Schäden verwendet, die bei einer missbräuchlichen Nutzung von Produkten entstehen. Ein Beispiel ist die Analyse von Unfallschäden an KFZ, die einen starken Fokus auf den Schadenshergang und die Feststellung der Schadenshöhe legt. Die systemische Schadensanalyse geht über diese Blickpunkte deutlich hinaus. Sie betrachtet sämtliche Einflüsse, die theoretisch und aus der Betrachtung des Einzelfalles zu dem vorliegenden Schadensbild führen können. Dies umfasst unter anderem auch alle Aspekte der Konstruktion inklusive der Definition der Produktanforderungen bis zu den erdenklichen Einflüssen auf das Produkt während der Nutzung. Sie betrachtet insbesondere alle fertigungstechnischen und werkstofftechnischen Gesichtspunkte und wird damit eine umfassende und universelle Methode zur Ursachenfindung für Produkte jeglicher Art.

systemische Schadensanalyse

Die Grundzüge der systemischen Schadensanalyse sind in der Richtlinienreihe des Vereins Deutscher Ingenieure VDI 3822 zusammengefasst. Sie unterscheidet grundsätzlich Schadensanalysen an metallischen, thermoplastischen und elastomeren Produkten, für die jeweils eigene Richtlinienreihen entwickelt wurden. Die Unterscheidung trägt der Tatsache Rechnung, dass diese Werkstoffgruppen unter anderem grundlegend unterschiedlichen Fertigungsverfahren unterliegen, unterschiedliche Schadensmechanismen aufweisen und unterschiedliche analytische Methoden zu deren Nachweis benötigen.

Schäden an Kunststoffprodukten haben oftmals eine hohe Komplexität. Dies ist auf das Zusammenwirken unterschiedlicher Umstände zurückzuführen:

- Kunststoffprodukte sind sehr häufig Massenprodukte. Schadensteile repräsentieren - zumindest anfänglich - einen unbekannten Teil der Gesamtproduktion. Es muss also in erster Linie der gesamte Produktlebenszyklus von der Definition der Produktanforderungen bis zur Nutzung betrachtet werden.
- Die Konstruktion von Kunststoffprodukten und deren werkzeugtechnische Umsetzung unterliegen einer Fülle von konkurrierenden und zum Teil widersprüchlichen Anforderungen. Die Bauteil- und Werkzeugkonstruktion stellen daher insbesondere bei anspruchsvollen Produkten stets einen Kompromiss dar, der für einige Anforderungen zwangsweise eine nicht-optimale Umsetzung darstellt.
- Die Fertigung von Kunststoffprodukten unterliegt im Allgemeinen einem hohen wirtschaftlichen Druck. Auch hier muss vom Verarbeiter ein Kompromiss gefunden werden, der eine gute Produktqualität bei zufriedenstellenden Zykluszeiten sicherstellt.
- Kunststoffwerkstoffe sind sehr stark diversifiziert. Dies macht es zu einer Herausforderung, den Sollzustand eines Kunststoffwerkstoffs allein anhand eines Schadensbildes zu bewerten. Daher sucht man in der Praxis im Schadensumfeld stets Referenzprodukte, die in irgendeiner Weise den Sollzustand repräsentieren sollen. So simpel sich dies zunächst anhört, stellt es sich als eine der großen Herausforderungen in der Praxis dar.

ganzheitlicher Ansatz

Dies führt in der Gesamtheit dazu, dass Schäden an Kunststoffprodukten nur selten monokausal sind. In der Regel gibt es mehrere schadensbegünstigende Einflüsse, die mit- und gegeneinander abgewogen werden müssen. Systemische Schadensanalysen müssen daher einen ganzheitlichen Ansatz verfolgen, der die Vertiefung in Details genauso wie die Rückkehr zu einer übergeordneten Betrachtungsebene erlaubt. Dadurch ist die Gefahr, zur Schadensaufklärung wichtige Informationen versehentlich außer Acht zu lassen, auf ein Minimum beschränkt. Die Methodik der systemischen Schadensanalyse lässt sich auch auf wesentlich erweiterte Problemstellungen anwenden, wenn man den Begriff Schaden auch auf unerwartete Hemmnisse in der Entwicklung, in der Vorserie oder in der Produktion erweitert, die Schäden erwarten lassen.

Die Methoden der systemischen Schadensanalyse lassen sich weiterhin zur Förderung von Kunden-Lieferanten-Beziehungen sowie als Grundlage für Gerichtsgutachten, aber auch außergerichtliche Bewertungen und Schlichtungen einsetzen.

Bevor im Folgenden das Vorgehen bei einer systemischen Schadensanalyse anhand der einzelnen Schritte erörtert wird, sind zunächst die Begriffe Fehler und Schaden zu beschreiben und zu definieren. Daraus wird zugleich die Breite der Nutzbarkeit der Schadensanalyse deutlich.

14.1 Definition der Begriffe Fehler und Schaden

Fehler

Als Fehler wird eine eindeutige und grenzwertüberschreitende Abweichung von einem gewünschten oder Sollzustand bezeichnet. Fehler müssen nicht die grundsätzliche Funktion stören. Als Beispiel kann man Fehler in der Bedruckung von Verpackungsmaterialien nennen. Die wesentlichen Anforderungen wie die Fixierung des Inhalts oder der Schutz des Inhalts vor äußeren Einflüssen bleiben bestehen, der Fehler bewirkt aber eine Einschränkung des Erscheinungsbildes der Verpackung bzw. des Produktes.

Schaden

Von einem Schaden spricht man, wenn das Produkt Abweichungen vom Sollzustand aufweist, die vorgesehene Funktionalitäten wesentlich beeinträchtigen oder unmöglich machen. Dies ist im obigen Verpackungsbeispiel dann der Fall, wenn das Druckbild auf der Verpackung so schlecht ist, dass wichtige Hinweise nicht mehr lesbar sind. Die informative Funktionalität der Verpackung ist damit stark eingeschränkt.

Die Übergänge zwischen den Begriffen Fehler und Schaden sind dabei nicht immer scharf. So kann der Anbieter eines Produktes eine (lediglich) dekorative Einschränkung im Druckbild durchaus zu Recht als Schaden definieren, weil sich in vielen Verkaufssituationen das Produkt dem Kunden gegenüber ausschließlich über die Verpackung darstellen lässt (z. B. Zahnpastatuben). Man muss erwarten, dass der vor einem solchen Produkt stehende Kunde unweigerlich auf die Qualität des Inhalts schließt und daher dazu neigen wird, ein dekorativ uneingeschränktes Produkt zu wählen. Es ist also ein wirtschaftlicher Verlust durch dekorative Abweichungen zu erwarten.

Wie sehr die Abgrenzungen zwischen den Begriffen Fehler und Schaden einer mitunter eingehenden Betrachtung bedürfen, wird deutlich, wenn man das Beispiel von Oberflächenfehlern durch schlechte Bedruckung auf die Anwendung Automobilaußenhaut überträgt. Hier werden bereits kleinste Abweichungen, die nur von geschulten Experten unter bestimmten Lichtverhältnissen erkannt werden können, als schwerwiegende Schäden interpretiert.

Primärschäden, Folgeschäden

In der Bewertung von Schadensfällen unterliegt die Unterscheidung zwischen ursächlichen Primärschäden und daraus resultierenden Folgeschäden einer sehr großen Bedeutung. Die Ursache eines Folgeschadens ist folglich ein Primärschaden. Oftmals zeigen Primärschäden unmittelbar nur eine geringe technische Funktionseinschränkung, Folgeschäden hingegen dramatische Wirkungen, die die Existenz eines Primärschadens komplett überdecken können.

Ein typisches Beispiel für eine Kette von Folgeschäden liegt in der fehlerhaften Verarbeitung von Kunststoffen. Die Verarbeitung bei zu niedrigen Temperaturen kann zu einer kritischen Temperaturerhöhung der Schmelze führen, die weiterhin einen thermischen Abbau des Polymers bewirken kann. Im Einsatz zeigen solche Produkte mitunter ein deutlich spröderes Verhalten gepaart mit einer reduzierten Tragfähigkeit. Versagen solche Produkte, so wird man - sofern geeignete Referenzmuster vorliegen - möglicherweise als Ursache eine reduzierte mittlere Molmasse feststellen und dies auf das Granulat zurückführen. In diesem Fall ist die reduzierte Molmasse jedoch nicht die primäre Ursache, sondern eine Folge der Verarbeitung unter ungeeigneten Bedingungen.

14.2 Durchführung von Schadensanalysen

Die folgenden Ausführungen beschreiben die Vorgehensweise bei der Durchführung von Schadensanalysen. Bild 14.1 zeigt die Schritte der Schadensanalyse schematisch. Die Vorgehensweise ist als eine Art Leitfaden zu verstehen, der den Anwender auf die wichtigsten Aspekte hinweist, ihn jedoch nicht aus der Verantwortung nimmt, da die Vorgehensweise auf jeden Fall individuell angepasst werden muss. Im Anschluss an die Vorgehensweise werden einige Beispiele skizziert.

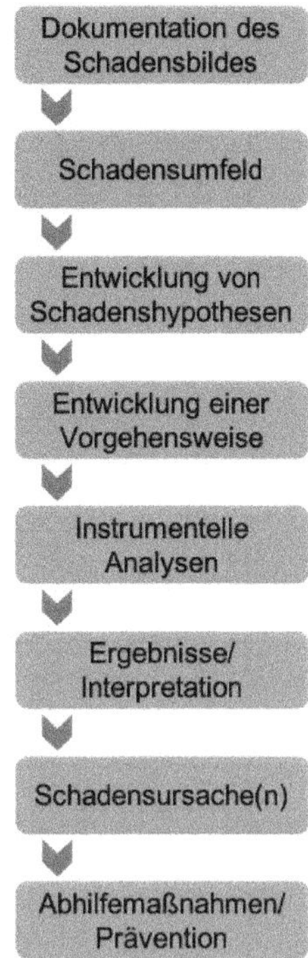

Bild 14.1 Schema zum Ablauf einer Schadensanalyse

14.2.1 Erfassung und Dokumentation des Schadensbildes

Am Anfang einer Schadensanalyse steht die umfassende Erfassung des Schadensbildes selbst. Es ist dabei generell vorzuziehen, das Objekt in Form einer Ortsbegehung in der Umgebung zu inspizieren, in der der Schaden ursprünglich festgestellt wurde, weil dadurch Einflussfaktoren intuitiv erfasst werden können. Dies ist leider nicht immer möglich, da aus wirtschaftlichen und produktionstechnischen Gründen häufig die Anlage wieder in Betrieb genommen wird, bevor eine umfassende Ermittlung der Schadensursache stattgefunden hat. In diesem Fall sollten vor Inbetriebnahme Fotos und/oder Skizzen angefertigt werden.

Die Erfassung des Schadensbildes erfolgt im Allgemeinen mit dem bloßen Auge, einer Lupe oder einem Makroskop. Präparationen sind in dieser Phase zu vermeiden, da sie das Schadensbild verändern. Sollten dennoch bereits zur Schadenserfassung verändernde Maßnahmen vonnöten sein, sind der Ausgangszustand und alle verändernden Schritte fotografisch zu dokumentieren. Folgende Aspekte sind bei der Schadensbilderfassung zu beschreiben:

- Fertigungsmerkmale des Produktes,
- Erfassung von Zeit-, Versions- und ggf. Kavitätsinformationen,
- Auffälligkeiten bezüglich der Bauteil- oder Werkzeugkonstruktion,
- Hinweise zum Werkstoff, ggf. Einbeziehung von Datenblättern,
- allgemeine Funktionalität des schadhaften Produktes, Wechselwirkung eines Produktes mit anderen Baugruppen,
- Abweichungen vom Sollzustand und Sollfunktionalitäten durch offensichtlich erkennbare Merkmale oder durch Vergleich mit Referenzprodukten.

Die Erfassung muss immer dem Anspruch auf Vollständigkeit genügen, da davon auszugehen ist, dass das Schadensbild im Laufe der Zeit weiteren möglicherweise verfälschenden Einflüssen unterliegt und viele der nachfolgenden Analysen verändernden oder zerstörenden Charakter haben. Es handelt sich also um eine Bestandsaufnahme und Spurensicherung im kriminologischen Sinne.

14.2.2 Erfassung des Schadensumfeldes

Dies gilt auch für die Erfassung des Schadensumfeldes. Sie sollte zunächst soweit möglich ohne weitere Bewertung durchgeführt werden. Dies soll sicherstellen, dass nicht zu früh Einflussfelder außer Acht gelassen werden, die beispielsweise erst in Kombination mit anderen Einflüssen eine größere Bedeutung für die Schadensentstehung erlangen könnten.

Die systematische Erfassung des Schadensumfeldes ist vergleichbar mit der Situation einer medizinischen Anamnese. Hierbei werden zunächst wertfrei alle Informationen gesammelt, die einen Zusammenhang zum Schadensbild haben können. Solche Informationen müssen oftmals aktiv von den Personen erfragt werden, die in die Schadenserfassung, die Produktentwicklung, die Produktion oder die Qualitätssicherung involviert sind.

Der Begriff des Schadensumfeldes meint also nicht nur die lokalen Rahmenbedingungen, unter denen der Schaden wahrgenommen worden ist, sondern umfasst auch die gesamte Produkthistorie von der Definition der Produktanforderungen bis zur Schadensfeststellung. Dies beinhaltet Informationen über

- die dem Produkt zugedachten Beanspruchungen,
- die Auslegungskriterien,
- Informationen zur Fertigung (Maschinen, Parameter, ...),
- Produkt- und Werkstoffdatenblätter,
- die Historie des Produktes in Bezug auf den Produktlebenszyklus.

Produkthistorie erfassen

Bild 14.2 zeigt weitergehend die Einflüsse auf eine Schadensentstehung beginnend mit der Definition der Produktanforderungen. Dieser Aspekt ist von Bedeutung, um überhaupt bewerten zu können, ob in diesen Anforderungen alle wichtigen Merkmale berücksichtigt wurden, damit das Produkt den ihm zugedachten Beanspruchungen gerecht werden kann. Als nächstes ist zu prüfen, ob diese Anforderungen in der Konstruktion und Auslegung richtig umgesetzt wurden und ob unter diesen Umständen der Werkstoff grundsätzlich richtig ausgewählt wurde. Weitere Einflüsse können in nicht dokumentierten Veränderungen der Werkstoffzusammensetzung und durch eine (fehlerhafte) Verarbeitung eingetragen werden. Zu guter Letzt sind selbstverständlich auch die Einflüsse während der Produktnutzung zu berücksichtigen, die in Bild 14.2 noch einmal in die wichtigsten Typen unterteilt sind. Im Rahmen der Schadensbilderfassung sollen diese Einflüsse grundsätzlich beschrieben werden; im Rahmen der Entwicklung der Schadensthesen (s. u.) werden diese in Zusammenhang mit anderen Einflüssen wie zum Beispiel „Werkstoff" bewertet.

Das Schema in Bild 14.2 lässt sich grundsätzlich als Leitbild für die Erfassung des Schadensumfeldes wie auch später für die Entwicklung der Schadensthesen nutzen. Dabei sind eine Anpassung und Detaillierung hinsichtlich des betrachteten Falles stets erforderlich. Beispielsweise sollte bei geschweißten Produkten der Einfluss „Verarbeitung" noch einmal untergliedert werden in die Fertigung der Halbzeuge und den Fügeprozess.

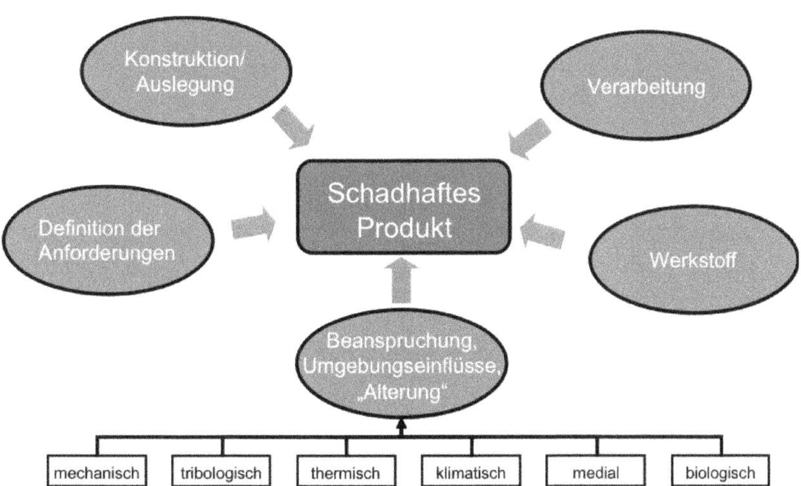

Bild 14.2 Mögliche Einflüsse auf die Schadensentstehung

Viele dieser Informationen werden bei vorliegenden Schadensfällen bereits von den beteiligten Parteien zur Verfügung gestellt. Gerade diese Phase einer Schadensanalyse erfordert aber auch aktives Nachfragen, um die „Blinden Flecken" der beteiligten Parteien beleuchten zu können. In der Praxis stellt sich oftmals heraus, dass die erwünschten Informationen zur Produkthistorie (z.B. Auslegungskriterien, Werkstofffreigabe) nicht verfügbar sind, beziehungsweise nicht zur Verfügung gestellt werden. Es ist in dieser Phase auch die Aufgabe der Schadensanalysierenden, zu dokumentieren, welche Informationen erfragt wurden, aber nicht beigebracht wurden oder werden konnten, weil dadurch die in einer späteren Phase festgelegten analytischen Untersuchungen begründet werden können. Zudem muss der Schadensanalytiker exakt festhalten, von welcher beteiligten Partei welche Informationen beigebracht worden sind, da dies zu einem späteren Zeitpunkt der Schadensanalyse neues Gewicht bekommen kann.

An das Management von Informationen werden folglich hohe Anforderungen gestellt. Bild 14.3 zeigt schematisch, dass insbesondere im Rahmen komplexer Schadensanalysen mit mehreren beteiligten Parteien eine Fülle von Informationsbedarfen existiert, die nicht befriedigt werden (können), aber auch viele Informationen angeboten werden, die zumindest zum betreffenden Zeitraum keinen eigentlichen Zusammenhang zum Schadensfall erkennen lassen.

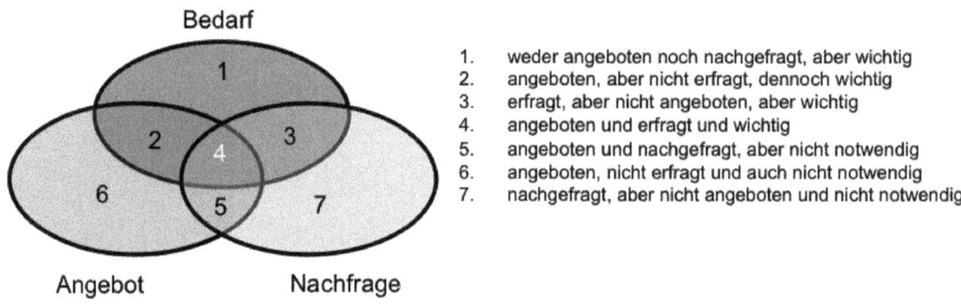

Bild 14.3 Erreichbarkeit von Informationen bei der Erfassung des Schadensumfelds

Schäden bei Massenprodukten

Eine Besonderheit stellt bei Kunststoffprodukten die Eigenschaft dar, dass es sich zumeist um Massenprodukte handelt. Es kann eine Schadensanalyse sehr beschleunigen, wenn Schäden hierbei klassifiziert werden. Bild 14.4 unterscheidet dabei drei Klassen:

- Individualschaden (I):

  Individualschäden des Typs I sind dadurch gekennzeichnet, dass bereits gleichwertige Produkte im Markt sind und der vorliegende Schaden gemäß den vorliegenden Informationen einen Einzelfall darstellt. Dies kann die Schadensanalyse insoweit deutlich vereinfachen, als das Produkt als solches als erprobt betrachtet werden kann. Es ist dann weniger wahrscheinlich, dass bei der Definition der Anforderungen, bei der Werkstoffauswahl, bei der Konstruktion oder bei der Verarbeitung Fehler gemacht wurden. Vielmehr sollten die ersten Untersuchungen sich auf die Beanspruchungsphase konzentrieren (s. Bild 14.2).

Es muss jedoch kritisch geprüft werden, ob der Schadensfall tatsächlich ein Einzelfall ist, indem ein Vergleich zwischen schadhaften (nicht in Ordnung, „n. i. O.") und nicht schadhaften (in Ordnung, „i. O.") Mustern angestellt wird. Hierbei sind unter den i. O.-Mustern solche zu bevorzugen, die eine möglichst ähnliche Historie aufweisen wie das n. i. O.-Muster. Ebenso ist zu berücksichtigen, dass die Einordnung in diese Klasse nur eine Momentaufnahme sein kann, wenn nämlich im Laufe der Untersuchungen weitere Schadensfälle bekannt werden. Dann sind diese Schäden als Individualschaden (II) einzuordnen.

- Individualschaden (II)

  Individualschäden des Typs II unterscheiden sich vom Typ I dadurch, dass gehäuft schadhafte Produkte auftreten, jedoch nicht alle Produkte der Massenproduktion schadhaft sind. Auch hier kann in erster Näherung zunächst davon ausgegangen werden, dass das Produkt bewährt ist, da bereits Markterfahrungen bestehen. Es ist zu prüfen, in welchem Einfluss sich die schadhaften von den nicht schadhaften Produkten unterscheiden. Die Untersuchungen sollten daher in erster Linie dem Versuch der Zuordnung zu Produktionszeiträumen und Werkstoffchargen usw. dienen.

  Dabei ist stets zu berücksichtigen, dass durch aufgetretene Schäden oft die Wahrnehmungsschwelle der Beteiligten beeinflusst wird, sodass häufig nach einem Schadensfall Produkte als mangelbehaftet eingestuft werden, weil die Methoden und die Sensibilitäten nach dem Schaden angepasst wurden. Dadurch laufen Schadensanalysierende Gefahr, nach imaginären Veränderungen der Produkte ab einem bestimmten Zeitpunkt zu suchen.

- Kollektivschaden

  Von einem Kollektivschaden ist auszugehen, wenn der vorliegende Schaden sich auf alle Produkte einer Serie bezieht. In diesem Falle ist die Schadensanalyse auf alle Einflüsse zu erstrecken, die in Bild 14.2 gezeigt sind, was eine Schadensanalyse sehr aufwendig machen kann.

Der Individualschaden des Typs II kann im extremen Fällen in einen Kollektivschaden übergehen, falls die vorliegenden schadhaften Produkte aus einem sehr frühen Zeitraum der Serienproduktion stammen. Dann ist die Gefahr gegeben, dass die Produkte erst im Laufe einer bestimmten Betriebszeit frühzeitig ausfallen, was demzufolge dem Rest der Produkte ebenfalls noch zustoßen könnte.

Bild 14.4 Klassifizierung von Schadenstypen bei Massenprodukten

14.2.3 Entwicklung von Schadensthesen

Ausgangspunkte für die Entwicklung von Schadensthesen sind einerseits ein allgemeines Wissen über typische Schwächen von Verarbeitungsprozessen und andererseits bekannte Schadensmechanismen der betreffenden Werkstoffe. Ebenso kommen im Besonderen natürlich die Erkenntnisse aus den Betrachtungen des Schadensbild- und Schadensumfelds hinzu.

Komplexität reduzieren durch Ausschließen von Einflüssen

Um diese Phase zu strukturieren, empfiehlt es sich, die Einflussfelder (Bild 14.2) an den speziellen Schadensfall anzupassen, in dem einerseits durch den Abgleich mit dem Schadensumfeld Einflussfelder ausgeschlossen werden können und andererseits einzelne Einflussfelder detailliert werden können. Hilfreich ist dabei in aller Regel die Klassifizierung des Schadensfalles gemäß Bild 14.4, da hierdurch oftmals komplette Einflussfelder ausgekoppelt werden können. Dieses Vorgehen reduziert die Komplexität, ohne dass riskiert wird, dass wichtige Einflussfelder aus den Augen verloren werden. Methoden des Troubleshootings, die Erstellung von Mindmaps oder Ishikawa-Diagrammen helfen in dieser Phase sehr, den Schadensfall in einem Team zu bearbeiten.

Angewendet auf das Beispiel der fehlbedruckten Zahnpastatuben lässt sich die Komplexität dadurch reduzieren, dass das Produkt als solches etabliert ist und infolgedessen die Konstruktion, Werkstoffauswahl, der Fertigungsprozess, die Lackiertechnik und das Lacksystem (inkl. Vorbehandlung) nicht grundsätzlich und in erster Linie hinterfragt werden müssen. Auch das gesamte Feld der Einflüsse durch betriebliche Beanspruchungen wird vorerst ausgeklammert. Vielmehr ist hier von Belang, ob Abweichungen in diesen Einflussfeldern vom Soll- bzw. bisherigen Zustand identifizierbar sind.

In diesem Schadensfall führt dies unmittelbar zu der Frage nach Referenzmustern aus früherer Produktion, da vergleichende Untersuchungen zumeist aussagekräftigere Ergebnisse in den anschließend durchgeführten instrumentellen Analysen erlauben.

Bedeutung von Referenzmustern

Referenzmuster haben bei Schadensanalysen eine äußerst hohe Bedeutung, die nicht außer Acht gelassen werden darf. Oftmals wird bei der Schadensanalyse nach Einflüssen und deren Wirkung auf die Produkteigenschaften gesucht, die herkömmlich nicht bekannt sind. Aus dem allgemeinen Wissen heraus ist das Ergebnis einer Analyse daher bei weitem nicht bekannt. Deswegen werden Referenzen herangezogen, die den Sollzustand in einer genau zu definierenden Weise repräsentieren. Im Einzelfall ist sehr genau zu hinterfragen, worauf ein als Referenz bezeichnetes Produkt tatsächlich referenziert. Zum Beispiel können Rückstellmuster durchaus aus anderen Rohstoff- oder Fertigungschargen als die Schadensteile stammen, was die Darstellung des Sollzustandes unscharf machen kann.

14.2.4 Festlegung des Prüfplans

Ein wesentlicher Schritt bei einer Schadensanalyse ist die Übersetzung der Schadensthesen in Fragestellungen, die mithilfe der instrumentellen Analytik beantwortet werden können. Bei der Auswahl der Analysen ist darüber hinaus natürlich stets zu prüfen, ob die Probenbeschaffenheit einer ausgewählten Analysemethode zugänglich ist. Mithilfe eines Prüfplans werden die festzulegenden Prüfungen und Analysen, die zeitliche Abfolge der Untersuchungen sowie die Kriterien zur Entnahme der Proben aus den Schadens- und Referenzmustern skizziert.

Der Prüfplan muss nicht zuletzt oft auch wirtschaftlichen Gesichtspunkten genügen. Es ist daher zweckmäßig, abzuwägen, ob Untersuchungen nach dem Kriterium der wahrscheinlichsten Schadensanalyse oder des geringsten Aufwands festgelegt werden. Ebenso wird man nicht-zerstörende Untersuchungen zerstörenden vorziehen.

Auch bei zunächst offensichtlich erscheinenden Schadensfällen hat es sich als hilfreich erwiesen, einen genauen Prüfplan zu erstellen, da sich mitunter nach ersten Ergebnissen eine unvorhergesehene Komplexität auftut. Ein fehlender Prüfplan kann insbesondere bei Arbeiten im Team dazu führen, dass im Nachhinein nicht rekonstruiert werden kann, aus welchem Grunde eine Analyse durchgeführt wurde und unter welchen Kriterien die Probennahme erfolgt ist. Letzteres reduziert die Aussagekraft von Analyseergebnissen oft in kritischem Ausmaß. Möglichkeiten zur Wiederholung von Probennahmen sind bei Schadensanalysen oft nur sehr begrenzt.

14.2.5 Durchführung instrumenteller Analysen

Die instrumentellen Analysen werden gemäß dem Prüfplan angesetzt. Sollten Zwischenergebnisse neue Thesen zulassen, kann der Prüfplan geändert werden, wobei auf eine gute Dokumentation Wert zu legen ist. Da Analysen häufig von Fachpersonal durchgeführt werden, sollte deren Durchführung in aller Regel unmittelbar an die durch Schadensthesen erzeugte Fragestellung gekoppelt werden, da ansonsten die Gefahr besteht, dass zur Beantwortung der Fragestellung ungeeignete Analyseparameter gewählt werden. Weiterhin ist zu erwägen, ob die zur Verfügung stehenden Probenmengen eine statistische Absicherung der Messergebnisse erlauben.

wichtige Analysemethoden zur Schadensanalyse

Zu den wichtigsten Analyse- und Prüfmethoden gehören in der Schadensanalyse vor allem licht- und elektronenmikroskopische Methoden nebst der ggf. zugehörigen Präparation zu An- bzw. Dünnschliffen oder Dünnschnitten. Bei diesen Methoden spielt die Probennahme insofern eine besondere Rolle, als von vornherein klar sein muss, welche Blickrichtung in Bezug auf das Bauteil mikroskopisch dargestellt werden soll. Weiterhin spielen spektroskopische Methoden wie die Infrarotspektroskopie, die Energiedispersive Röntgenspektroskopie und Photoelektronenspektroskopie bei der Werkstoffidentifizierung, der Strukturaufklärung, der Darstellung von Alterungszuständen und Medieneinwirkungen sowie bei der Bruchbildbewertung (Fraktografie) eine bedeutende Rolle. Thermische Analysemethoden wie die Differentialthermoanalyse, die Thermogravimetrische Analyse und die Thermomechanische Analyse helfen dabei, den thermodynamischen Zustand des Werkstoffs (z. B. Orientierungen, Kristallinitäten, Phasenübergänge, physikalische Alterung) darzustellen.

Einige der hier genannten Methoden wurden bereits oben erläutert. Ihnen ist gemeinsam, dass ihre Aussagekraft mit Unterstützung von Referenzmustern in der Regel deutlich steigt. Die besonderen Aspekte der einzelnen Analysemethoden im Rahmen von Schadensanalysen stellen ein weites Feld dar und können in diesem Buch aufgrund des Umfangs nicht beleuchtet werden.

Die Interpretation der Analyseergebnisse geschieht in erster Linie unter Berücksichtigung der analytischen Fragestellungen, die sich aus den Schadensthesen ergeben. Aber auch Auffälligkeiten in der Probenvorbereitung, der Versuchsdurchführung und den Ergebnissen abseits der eigentlich verfolgten Fragestellung können sehr wertvolle Hinweise zur Schadensursache geben.

Umgang mit Schadensthesen

In dieser Phase einer Schadensanalyse betrachtet man häufig eine Schadensursache als „bewiesen“, wenn die betreffende Fragestellung zu einer These mit den Ergebnissen der Analysemethoden verträglich ist, so gesehen die Analyse die These also „bestätigt“. Dies kann sehr trügerisch sein, da wissenschaftlich betrachtet die These lediglich nicht widerlegt wurde. Das erhöht aber ihren Wahrheitsgehalt nicht und macht keine Aussage darüber, ob es nicht eine bessere Schadensthese gibt, die überhaupt nicht beachtet wurde.

Ähnlich trügerisch ist oft die Auswertung von Nachstellversuchen. Sie sind ein probates Mittel, um die Plausibilität einer Schadensthese zu prüfen. Man geht also der Frage nach, ob ein Schadenshergang einen bestimmten Verlauf genommen hat und zum gleichen Schadensbild führt wie der eigentliche Schaden. Kann man das ursprüngliche Schadensbild durch den Nachstellversuch nicht erzeugen, so ist entweder die These falsch oder der Nachstellversuch ungeeignet. Wird hingegen das Schadensbild abgebildet, so stellt dies immer noch keinen Beweis der These dar, da auch andere Thesen zum gleichen Schadensbild führen könnten. Insofern bleibt die Schadensanalyse eine im engeren Sinne nicht-wissenschaftliche Methode.

14.2.6 Benennung von Einflüssen, Ursachen und Abhilfemaßnahmen

Die Schadensursachen werden in Gegenüberstellung des Schadensbildes, des Schadensumfeldes und der insoweit bestätigten Thesen dargestellt. Hierzu ist ebenfalls der Schadenshergang zu beschreiben. In der Praxis ist es nicht ungewöhnlich, dass für ein Schadensbild verschiedene Einflüsse genannt werden müssen und eine eindeutige Ursache nicht identifiziert werden kann. Dies ist auch insofern von vornherein plausibel, als bei der Entwicklung eines Produktes an vielen Stellen Interessenskonflikte entstehen, die zu Kompromissen zwingen, wie oben bereits dargestellt. Diese Einflüsse aus konstruktiver, werkstofflicher, verarbeitungstechnischer Sicht gepaart mit den Beanspruchungen während der Nutzung werden häufig erst in der Gesamtheit kritisch. Daraus folgt auch, dass in der Regel im Rahmen einer Schadensanalyse an mehreren Stellen Schwächen identifiziert werden, die wiederum zu einem ganzen Paket vorgeschlagener Abhilfemaßnahmen führen. Streng monokausale Schäden treten in der Praxis eher selten auf bzw. sind so offensichtlich, dass eine Anwendung der Methoden der systematischen Schadensanalyse nicht erforderlich ist.

14.2.7 Praxis der Schadensanalyse

Anhand der folgenden Beispiele soll skizziert werden, wie sich Schadensanalysierende nach der oben skizzierten Vorgehensweise auf Grundlage des Schadensbildes Lösungsansätze erarbeiten können. Die einzelnen Fälle sind dabei der Kürze wegen sehr geradlinig formuliert, was bei weitem nicht immer der Praxis entspricht. Bewusst wurden hierbei Schäden aus unterschiedlichen Branchen ausgewählt, um die Universalität der Methodik zu zeigen.

Schadensanalyse an Elektroniksteckern

1. Problem-/Schadensbildbeschreibung

   Gegenstand der Untersuchungen sind Elektronikstecker, die im Spritzgießverfahren aus Polyamid 6 mit 30% Glasfasern hergestellt werden. Bei der Fertigung durchlaufen die Stecker zunächst eine Bestückungs- sowie eine anschließende Lötmaschine, wo sie mit entsprechenden Platinen verbunden wurden. Seit einem Lieferantenwechsel treten beim Kunden in unregelmäßigen Abständen bei diesem Vorgang Blasenbildungen an den Steckern auf (Bild 14.5), die weiterführende Montageprozesse behindern und somit zum Ausschuss der gesamten Elektronikplatine führen.

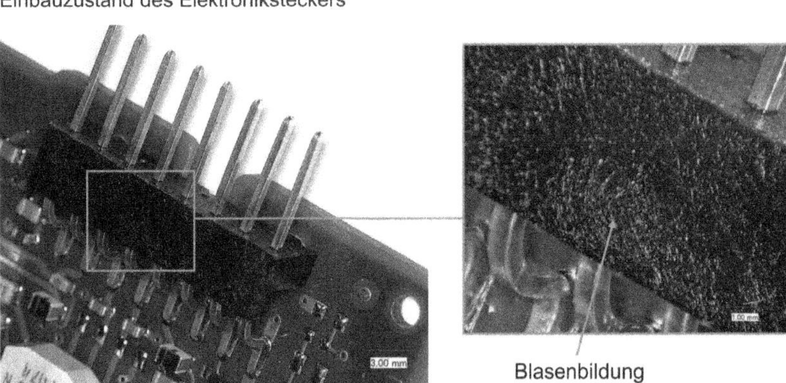

Bild 14.5 Schadensbild: Blasenbildung auf Elektroniksteckern

2. Schadenshypothesen und Vorgehen

   Der Stecker hat sich in der vorliegenden Bauart bereits seit einigen Jahren erfolgreich auf dem Markt etabliert. Auch die automatisierten Bestückungs- und Lötprozesse stellen in der Branche standardisierte Vorgänge dar. Die Konstruktion und die Werkstoffauswahl werden als Einflussfelder daher zunächst zurückgestellt, der Werkstoffzustand sowie die Verarbeitungsqualität rücken in den Fokus der Untersuchungen.

   Ein unzureichend hitzebeständiger Werkstoff (Polymer und/oder Stabilisierung durch Füllstoffe) oder verarbeitungsbedingte Gefügeanomalien (z. B. kalte Randschichten, innere Orientierungen bzw. Spannungen) könnten unter dem Einfluss der kurzzeitig hohen Löttemperaturen zu den reklamierten Blasenbildungen führen.

3. Analysen und Interpretation

Mittels thermischer und spektroskopischer Analysen (DSC, TGA und FTIR) konnten sowohl die spezifizierte Werkstofftype als auch der angenommene Glasfasergehalt (ca. 30 %) bestätigt werden.

Die lichtmikroskopische Analyse der Bauteiloberflächen ließ eine ungenügende Formfüllung erkennen (Bild 14.6), welche bereits einen ersten Indikator für einen zu kalten Verarbeitungsprozess darstellt.

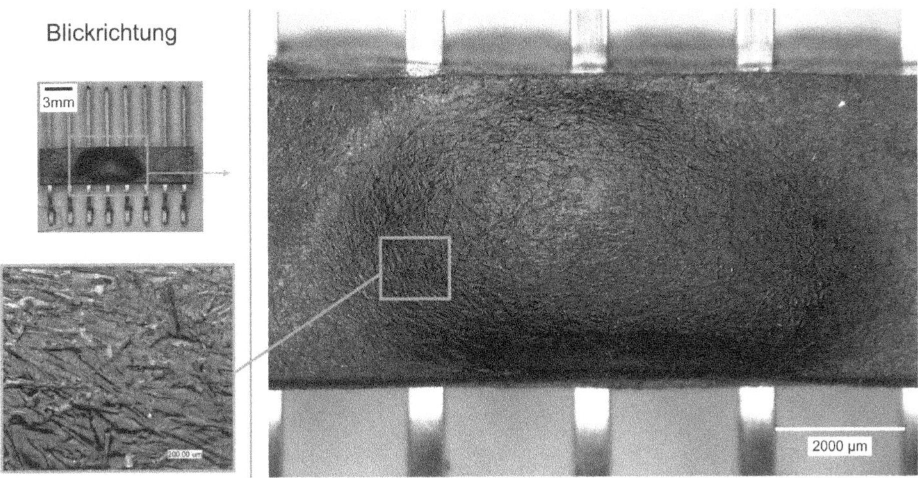

Bild 14.6 Ungenügende Formfüllung auf der Bauteiloberfläche erkennbar

Zur Beurteilung der allgemeinen Verarbeitungsqualität wurden weiterführend Rückstellmuster ohne Auffälligkeiten und reklamierte Stecker mit Blasenbildung zu lichtoptisch durchstrahlbaren Dünnschliffpräparaten verarbeitet und polarisationsmikroskopisch untersucht (Bild 14.7). Eine bessere Handhabung der Stecker während der Präparation wurde durch das Herausziehen der Metallkontakte vor dem Einbetten erzielt.

Bei den Untersuchungen konnte eine verarbeitungsbedingte Lunker- sowie Schichtenbildung in den Bauteilen festgestellt werden. Letztere äußerte sich insbesondere in der Existenz sogenannter „kalter" Randschichten. Kalte Randschichten können in Folge einer zu niedrigen Prozesstemperaturführung (Masse-, Werkzeugtemperatur) beim Spritzgießprozess auftreten und zu einem über dem Bauteilquerschnitt heterogenen Werkstoffeigenschaftsprofil führen. Der Randbereich erstarrt hierbei während des Füllvorgangs schlagartig und grenzt sich durch die noch andauernden Schmelzefließbewegungen im Kernbereich in Form einer mehr oder weniger ausgeprägten Scherzone von diesem ab.

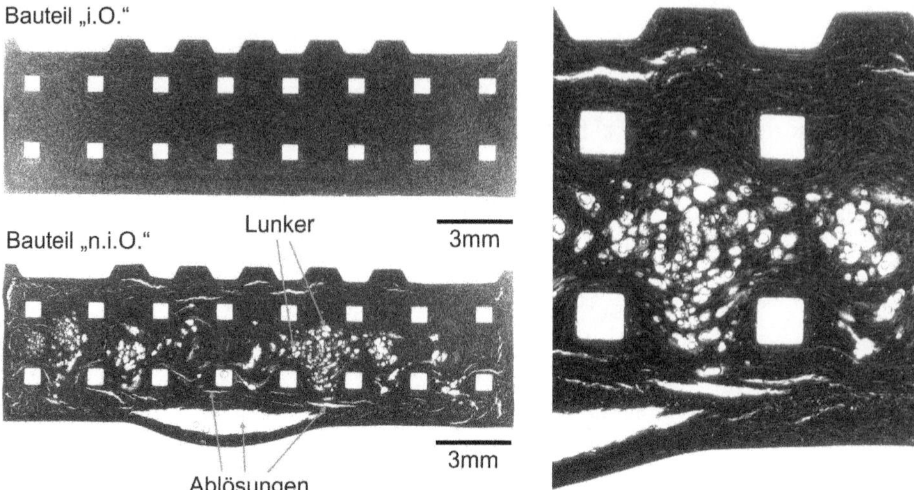

Bild 14.7 Durchlichtmikroskopische Aufnahmen zweier Bauteilqualitäten im Vergleich

Die Lunkerbildung ist vermutlich auf eine unzureichende Nachdruckzeit bzw. -höhe im Spritzgießprozess zurückzuführen. Aufgrund der zahlreichen Formnester (64) und des vielfach verzweigten Angussverteilers im Werkzeug kommt hier jedoch auch eine Überschreitung der Siegelzeit am Bauteilanschnitt in Betracht. In dem Fall ist der aufgebrachte Nachdruck ab dem Zeitpunkt des einfrierenden Anschnittbereichs im Bauteil unwirksam und kann die auftretende Schwindung des Werkstoffs nicht weiter kompensieren.

4. Schadenshergang, Ursachen, Abhilfemaßnahmen

   Der Herstellungsprozess bedarf hinsichtlich der Temperaturführung einer Optimierung. Sowohl die ungenügende Formfüllung als auch die Lunker- und Schichtbildung im Bauteil selbst sind häufig auf eine zu niedrige Schmelze- bzw. Werkzeugwandtemperatur zurückzuführen. Schichtbildung kann zu Eigenspannungen im Bauteil führen, die bei hohen Temperaturen aufgrund der zunehmenden Beweglichkeit der Molekülketten relaxieren können. Ablösungen zwischen den Schichten und die Ausbildung der beobachteten Blasen können die Folge sein.

Schadensanalyse an PET-Mehrwegflaschen

1. Problem-/Schadensbildbeschreibung

   Im vorliegenden Fall wurden von Zwischenhändlern sowie Endverbrauchern bei PET-Mehrwegflaschen vermehrt Undichtigkeiten im Gewindebereich einer bestimmten Mineralwassertype reklamiert, was zum teilweisen Verlust des Füllguts oder mindestens des Kohlensäuregehalts und somit zum Ausschuss führte. Der verantwortliche Abfüllbetrieb konnte trotz großer Anstrengungen und Nachforschungen keine Systematik hinter dem Schaden erkennen. Erschwert wurden die Bemühungen durch den extrem hohen Durchsatz an Flaschen in der vollautomatisierten Abfülllinie und eine demgegenüber vergleichsweise kleine Zahl betroffener Flaschen.

PET-Mehrwegflaschen durchlaufen typischerweise zwanzig und mehr Nutzungszyklen. Während des Waschens, Befüllens, Transports, der Lagerung und der eigentlichen Nutzung beim Verbraucher unterliegen die Flaschen einem Belastungskollektiv, das für jede Flasche individuell ist. Bei den Millionen sich gleichzeitig im Umlauf befindlichen Flaschen handelt es sich daher um einen undefinierten Mix mit unterschiedlichsten (Ab-)Nutzungsgraden. Wie viele Mehrwegzyklen eine Flasche tatsächlich schon erlebt hat, kann auf Basis statistischer Erhebungen und des Produktionsdatums nur grob geschätzt werden.

2. Schadenshypothesen und Vorgehen

   In der Bewertung möglicher Einflussfelder (Bild 14.2) rückten die Definition der Anforderung, die Werkstoffauswahl sowie die Konstruktion/Auslegung zunächst in den Hintergrund, da es sich bei dem Produkt um einen millionenfach bewährten Massenartikel handelt. Weiterhin war erfahrungsbasiert aus zahlreichen vergleichbaren Untersuchungen bekannt, dass auch die alleinige Bewertung des Einflussfeldes der Bauteilverarbeitung nur bedingt aufschlussreich sein würde: Das Produkt „PET-Mehrwegflasche" ist nur dann konkurrenzfähig, bzw. wirtschaftlich, wenn es in der Massenfertigung mit sehr hoher Produktionsrate hergestellt wird. Ein hoher Durchsatz bedeutet eine möglichst geringe Zykluszeit, womit in der Branche automatisch ein Kompromiss zum Nachteil einer gemäß Definition „optimalen" Verarbeitungsqualität eingegangen wird. Tatsächlich zeigen nahezu alle PET-Mehrwegflaschen in der polarisationsoptischen Gefügebewertung ein vergleichsweise hohes Spannungs- bzw. Orientierungsniveau im Hals-/Gewindebereich, als Merkmal der kurz getakteten Preform-Herstellung. Diesem Einflussfaktor konnte demnach im Kontext des Schadens zwar eine Gewichtung eingeräumt werden, es handelte sich jedoch vermutlich nicht um den alleinigen Auslöser. Das Hauptaugenmerk richtete sich demnach auf das weite Feld möglicher Beanspruchungen / Umwelteinflüsse bzw. der Alterung (Bild 14.2).

   Zur Erforschung möglicher Ursachen wurden aufgrund der vielen oben genannten Variablen neuwertige PET-Flaschen in enger Zusammenarbeit mit dem betroffenen Abfüllbetrieb im Nachstellversuch einem simulierten Lebenszyklus unterzogen. Testflaschen wurden dazu markiert und in laufenden Abfülllinien insgesamt in 10 Durchgängen gewaschen, befüllt, verschlossen und entleert. Nach jedem Durchgang wurden einige Flaschen der Gesamtheit markierter Flaschen aus der Abfülllinie entnommen.

Im Anschluss erfolgten vergleichende licht- und elektronenmikroskopische Untersuchungen zur Detektion möglicher Rissbildungen im Gewindebereich in Abhängigkeit von den zuvor durchlaufenen Füllzyklen.

3. Analysen und Interpretation

Mithilfe einer speziell angefertigten kombinierten Beleuchtungs- und drehbaren Flaschenaufnahmevorrichtung konnten die Gewindebereiche vollflächig, zerstörungsfrei im Durchlichtverfahren mit einem Lichtmikroskop untersucht werden. Hierbei zeigte sich bereits eine Zunahme lichtoptisch erkennbarer Risse mit steigender Zahl absolvierter Füllzyklen in der Abfülllinie. Über eine Fokusnachführung konnte zudem schon lichtmikroskopisch eine Schadensinitiierung ausgehend von der Flaschenaußenseite nachgewiesen werden. Bei undichten Flaschen haben sich äußerliche Anrisse demnach durch den gesamten Wandquerschnitt bis zur Flascheninnenseite ausbreiten können.

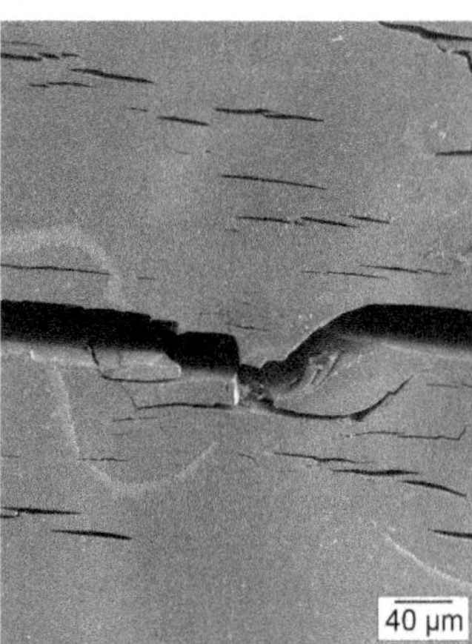

Bild 14.8 Rissbildung im Gewindebereich einer PET-Mehrwegflasche

Hochauflösende feldemissionsrasterelektronenmikroskopische (engl.: FESEM) Untersuchungen der Gewindeoberflächen ließen weiterhin zunehmend Spuren eines chemischen Materialangriffs erkennen, der vermutlich durch die verwendete Waschlauge bei der Flaschenreinigung hervorgerufen wurde (Bild 14.8).

CT-Aufnahmen im Bereich der Schraubverschlüsse (Bild 14.9) sowie polarisationsmikroskopische Dünnschliffuntersuchungen an eingebetteten Flaschengewinden sollten eine qualitative Bewertung der vorliegenden Passungs- und Spannungszustände erlauben. Verfälscht wurden diese Ergebnisse lediglich durch den Umstand, dass auf die untersuchten Segmente präparationsbedingt kein Flascheninnendruck einwirken konnte, weil die Flaschenhälse zuvor vom

Flaschenkörper abgetrennt werden mussten. In der Qualifizierung verschiedener auf diese Weise bewerteter Verschlussvarianten konnte ein schadensbegünstigender Einfluss bei Verwendung eines bestimmten Schraubverschlussdesigns nachgewiesen werden. Die Variante war mit einem vergleichsweise harten und zudem dickeren Dichtelement ausgestattet, welches die Flaschenmündung gegen die Innenseite des Schraubverschlusses abdichtet. Hieraus resultierte gegenüber anderen Verschlüssen eine vergleichsweise höhere Axialspannung auf den Gewindebereich.

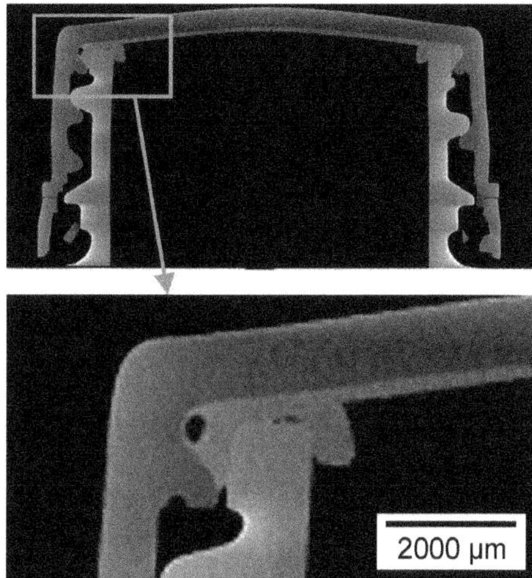

Bild 14.9 CT-Aufnahmen/Dichtung zwischen Schraubverschluss und Flaschenmündung

4. Schadenshergang, Ursachen, Abhilfemaßnahmen

   Stichprobenartige Untersuchungen beliebiger im Umlauf befindlicher PET-Flaschen von unterschiedlichsten Herstellern konnten aufzeigen, dass Mündungsrisse im Anfangsstadium offensichtlich ein verbreitetes Phänomen darstellen, ohne dass damit zwangsläufig eine Undichtigkeit einhergeht. Damit es jedoch letztlich zum Schadensfortschritt bis zur feststellbaren Undichtigkeit kommt, ist eine Überlagerung der folgenden Effekte ausschlaggebend:

   - Verarbeitungsbedingte Orientierungen/Spannungen im Gewindebereich des Flaschen-Preforms
   - Chemischer Angriff des PET-Materials durch wiederholte Waschzyklen
   - Zug-/Biegespannungen im Gewindebereich durch den vorherrschenden Flascheninnendruck sowie das verwendete Verschlussdesign

Die mechanische Festigkeit sowie die Beständigkeit von PET gegenüber medialen Einflüssen steigt mit der vorliegenden Werkstoffkristallinität. Da diese jedoch herstellungsbedingt im Gewindebereich kaum ausgebildet ist, steigert dies ebenfalls die Gefahr sich ausbildender Spannungsrisse.

Schadensanalyse an PVDF-Bauteilen mit Rissbildungen

1. Problem-/Schadensbildbeschreibung

   Der vorliegende Schadensfall beschreibt einsatzbedingte Rissbildungen an thermoplastischen Kunststoffbauteilen, welche aus dem Hochleistungsthermoplast Polyvinylidenfluorid (PVDF) im Spritzgießverfahren hergestellt wurden. Aufgrund seiner guten thermischen und chemischen Beständigkeit kam der Werkstoff in dem thematisierten Anwendungsfall bei der nasschemischen Herstellung von Wafern in automatisierten Handling-Systemen zum Einsatz. Der Auftraggeber war sich der Tatsache bewusst, dass das stetige Durchlaufen der Reinigungsbäder die Lebensdauer der PVDF-Komponenten herabsetzt. Dennoch wurden in vergleichbaren Anwendungen üblicherweise deutlich höhere Standzeiten bei Einsatz eines identischen PVDF-Materials erreicht, als es bei plötzlich auftretenden Reklamationsfällen mit ausgeprägten Rissbildungen der Fall war.

2. Schadenshypothesen und Vorgehen

   Durch die langjährige Bauteilanwendungshistorie konnten die zu berücksichtigenden Einflussfaktoren hierbei zunächst auf die eingehendere Untersuchung der Bauteilverarbeitungsqualität im Zusammenspiel mit dem vorliegenden Belastungskollektiv reduziert werden. Letzteres setzte sich insbesondere aus einer Überlagerung von Temperatur (bis zu 90 °C) und Medienkontakt (u.a. Flusssäure, Salzsäure, Kaliumhydroxid) zusammen. Der Auftraggeber stellte hierzu Bauteile in unterschiedlichen Beanspruchungsstadien und unbelastetes Referenzmaterial aus unauffälligen Produktionszeiträumen zur Verfügung.

   Die Spritzgießbauteile wurden im Rahmen der finalen Baugruppenfertigung mittels Stumpfschweißen an extrudierte PVDF-Plattensegmente angeschweißt, die im späteren Bauteileinsatz eine identische Belastung erfuhren wie die Spritzgießbauteile, aber augenscheinlich keinerlei Rissbildungen erkennen ließen. Es konnte daher angenommen werden, dass der herstellungsbedingte Gefügezustand der Spritzgießbauteile gegenüber den extrudierten Halbzeugen (aus gleichem Material) Merkmale aufwies, die den Bauteilen im Einsatz ein vergleichsweise ungünstigeres Eigenschaftsprofil verliehen.

3. Analysen und Interpretation

   Zur Bewertung der allgemeinen Verarbeitungsqualität und der medialen Wechselwirkungen mit dem Kunststoff wurden mikroskopische Oberflächen- sowie Querschnittsanalysen durchgeführt. Im Bereich der Oberflächenanalysen wurden bei reklamierten Bauteilen flächendeckend Rissbildungen in unterschiedlichen Größenordnungen festgestellt (Bild 14.11). Zudem wiesen alle

Bauteile mit vorangegangenem Medienkontakt bei hoher mikroskopischer Vergrößerung Lochfraßerscheinungen auf der Oberfläche und auf freigelegten Bruchflächen vorhandener Risse auf (Bild 14.10). Dies betraf sowohl Spritzgießartikel als auch extrudiertes Plattenmaterial aus PVDF.

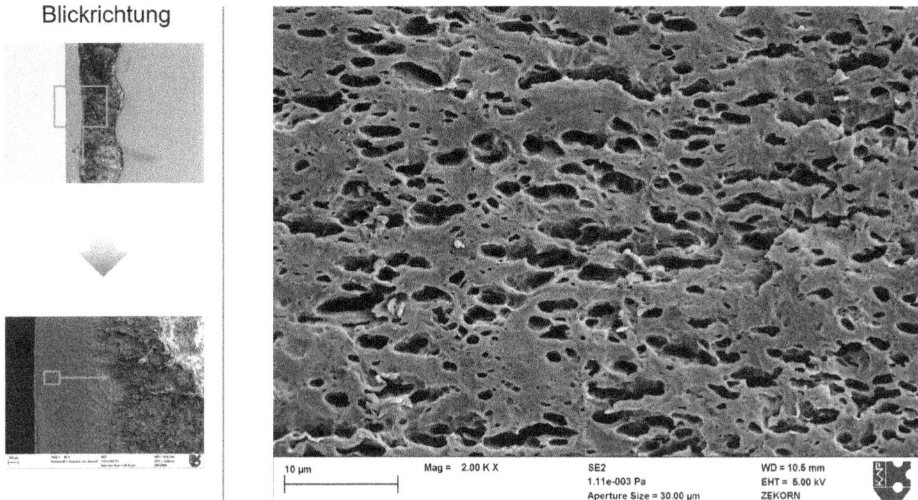

Bild 14.10 Lochfraßerscheinungen in einer PVDF-Bruchfläche

Eine fraktografische Untersuchung freigelegter Rissflächen offenbarte in allen Fällen eine zu Beginn spröde und von der Bauteiloberfläche ausgehende Materialtrennung, die weiterführend in ein eher duktiles Materialversagen mit höherem plastischen Verformungsanteil überging.

Auf Basis erstellter Dünnschliffpräparate und einer polarisationsmikroskopischen Untersuchung konnten bei den schadhaften Bauteilen verarbeitungsbedingte Spannungen bzw. Orientierungen sowie sogenannte kalte Randschichten identifiziert werden. Dies wies auf eine zu niedrige Prozesstemperaturführung hin (Bild 14.11).

Zur weiteren Klärung wurden DSC-Analysen im Vergleich zwischen Rand- und Kernmaterial durchgeführt. Ein Vergleich der Enthalpien der ersten Aufheizung zeigte, dass ein Unterschied zwischen Kern und Oberfläche detektiert werden konnte. Während die Schmelzenthalpie im Kern des Materials bei 51 J/g lag, wurde für die Phasenumwandlung an der Oberfläche lediglich eine Wärmemenge von 47 J/g benötigt. Im Kernmaterial schien demnach eine höhere Kristallinität vorzuliegen als in den Randbereichen, was mit dem vorliegenden Temperatur- bzw. Abkühlungsgradienten über den Bauteilquerschnitt zu begründen ist. Durch die vergleichsweise langsamere Abkühlung des Kernmaterials bleibt den Molekülketten dort mehr Zeit zur Ausbildung einer teilkristallinen Anordnung.

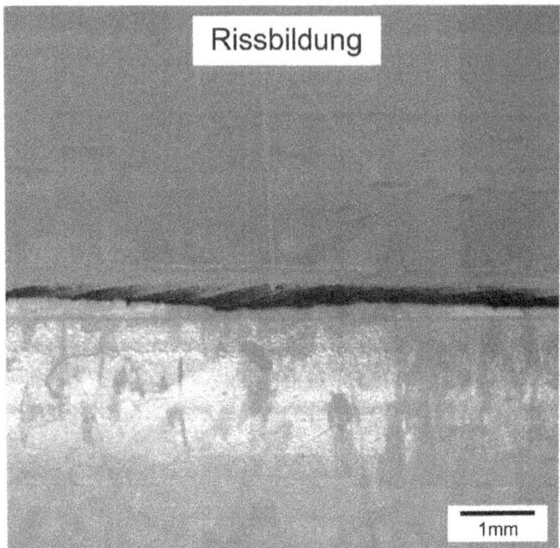

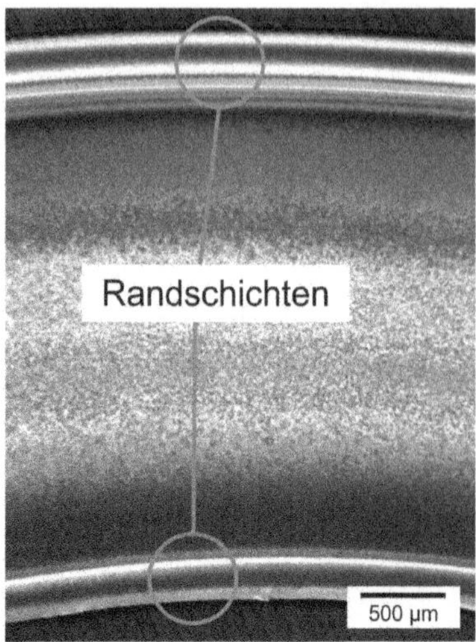

Bild 14.11 Links: Oberfläche (LIM), rechts: Dünnschliffaufnahme im polarisierten Durchlicht

4. Schadenshergang, Ursachen, Abhilfemaßnahmen

   Die mikroskopische Untersuchung reklamierter Bauteile konnte oberflächlich auftretende Lochfraßerscheinungen aufzeigen, die im zeitlichen Verlauf durch wechselnde Einwirkung der hoch temperierten Chemikalien entstanden waren. Darüber hinaus wurden feinste Oberflächenrisse detektiert, deren Tiefe ins Bauteilinnere mit verarbeitungsbedingten kalten Randschichten korrelierte und die das Vorstadium der größeren, reklamierten Bauteilrisse darstellten.

   „Kalte Randschichten" können zu anisotropen Werkstoffeigenschaften über dem Bauteilquerschnitt führen und verhalten sich vergleichsweise spröder, was durch die Bruchflächenuntersuchungen bestätigt werden konnte. Die Sprödigkeit resultiert nicht zuletzt aus eingefrorenen Molekülorientierungen bzw. Spannungen aus dem Spritzgießprozess. Addieren sich hierzu nun äußere Einflüsse (thermisch, mechanisch, chemisch), wie es im vorliegenden Fall nachweislich die eingesetzte Chemie („Lochfraß") und vermutlich anteilig auch die erhöhten Einsatztemperaturen waren, kann dies infolge der Überschreitung werkstoffspezifischer Maximalspannungen im Randbereich zur Ausbildung von Rissen führen.

   Dass derartige Rissbildungen häufig erst aus der Summe mehrerer Einflussfaktoren resultieren, wurde im vorliegenden Fall auch durch die Tatsache bekräftigt, dass das Extrusionsmaterial der betroffenen Baugruppen ebenfalls chemisch angegriffen wurde, jedoch keine weitergehende Rissbildung aufwies. Das Material wurde demnach zwar nachhaltig chemisch angegriffen, was im Allgemeinen jedoch nicht zur Rissbildung führte. Erst durch das zusätzliche Auftreten kalter Randschichten wurde das Bauteil in der Anwendung auf ein überkritisches Belastungsniveau gehoben.

Zur zukünftigen Vermeidung der Bauteilrisse war es daher im vorliegenden Fall hinreichend, durch ein angepasstes Prozesstemperaturprofil die Ausbildung der Randschichten zur unterbinden.

Schadensanalyse an versprödeten PP-Heizungsrohren

1. Problem-/Schadensbildbeschreibung

   In einem Mehrfamilienhaus wurden PP-Kunststoffrohrleitungen zur Frischwasserförderung verbaut (Bild 14.12). Etwa 20 Jahre später kam es in besagtem Bauobjekt vermehrt zu Rohrbrüchen, weshalb sich dem Hausbesitzer die Frage stellte, ob eine Sanierung notwendig sein würde.

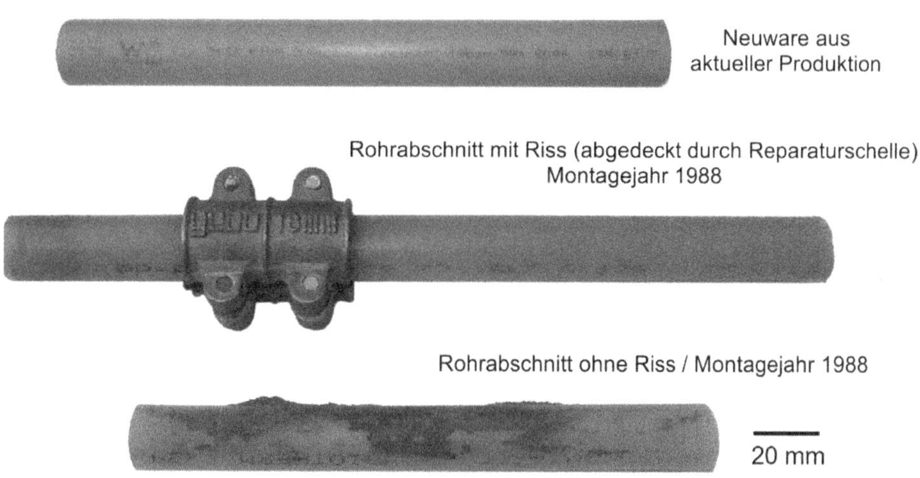

Bild 14.12 Bauteilübersichtsaufnahmen/PP-Wasserleitungsrohre

Zur Klärung der Schadensursache diente ein ausgebautes schadhaftes Rohrstück (Bereich mit Rohrbruch) und ein noch nicht ausgefallenes Rohrstück (Bereich ohne Rohrbruch). Dazu war der Werkstoffzustand im Vergleich zu Neuware aus aktueller Produktion hinsichtlich morphologischer, physikalischer und thermischer Eigenschaften zu charakterisieren. Weiterhin erhoffte sich der Auftraggeber aus den ermittelten Ergebnissen eine realistische Einschätzung, ob potentiell die Gefahr weiterer Rohrbrüche gegeben war.

2. Schadenshypothesen und Vorgehen

   Die folgenden Schadensthesen ließen sich unter Berücksichtigung der kundenseitig zur Verfügung gestellten Informationen aufstellen:

   - Die Rohrbrüche erfolgten aufgrund material- bzw. verarbeitungsbedingter Fehlstellen in den Rohren (Fremdeinschlüsse, Inhomogenitäten).
   - Durch Alterungsmechanismen wurde das Rohrmaterial nachhaltig geschädigt und konnte dem anliegenden Leitungsdruck nicht mehr standhalten (Verlust von Antioxidantien, ggf. Weichmachern).
   - Äußere mechanische Verletzungen, z. B. bei der Rohrinstallation, waren für die Rohrbrüche verantwortlich oder haben diese begünstigt.

   Bei einer ersten Inaugenscheinnahme der vorliegenden Rohrstücke waren bereits deutliche Farb-abweichungen zwischen schadhaftem und neuwertigem Material zu beobachten, weshalb sich hier zunächst der Verdacht einer stattgefundenen Alterung aufdrängte. Erfahrungsbasierend wurde daher der Verifizierung der beiden zuerst aufgeführten Schadensthesen Vorrang gegeben.

3. Analysen und Interpretation

   Eine Bewertung der Werkstoffhomogenität erfolgte mithilfe lichtmikroskopischer Präparations- und Analyseverfahren. Von den drei Rohrabschnitten wurden Bereiche eingebettet und zu Anschliffproben verarbeitet, welche anschließend lichtmikroskopisch untersucht wurden. Im Anschluss wurden die Anschliffproben zu Dünnschliffen weiterverarbeitet und im polarisierten Durchlicht analysiert.

   Die mikroskopischen Untersuchungen haben ergeben, dass die damals verbauten Rohrabschnitte mit zahlreichen Rissen durchsetzt waren, welche an den Rohrinnenoberflächen ihren Ursprung hatten (Bild 14.13). Diese Risse reichten teilweise über 500 µm in das Rohrmaterial hinein.

   Bei der Dünnschliffuntersuchung stellte sich die neuwertige Probe vergleichsweise opak dar. Demgegenüber wiesen die ausgebauten Rohrsegmente eine vergleichsweise gute Lichtdurchlässigkeit auf und ließen den teilkristallinen Zustand des Materials erkennen. Die Verarbeitungsqualität der Rohre war bis auf einige herstellungsbedingte Randschichten im Rohraußenwandbereich (ausgebaute Proben) und schwach ausgeprägte Inhomogenitäten im Material (neuwertige Probe) eher unauffällig.

   Um Aussagen zu möglichen Alterungsmechanismen der vorliegenden Rohre treffen zu können, wurden mithilfe der dynamischen Differenzkalorimetrie (DSC) alle drei Proben im Vergleich untersucht. Die aus der DSC ermittelten Kenngrößen wie z. B. Glasübergangstemperatur, Schmelzpunkt, Kristallinität sowie das oxidative Verhalten gaben Auskunft über die herstellungs- und/oder einsatzbedingte thermische Historie im direkten Vergleich zwischen dem alten und dem neuen Rohrabschnitt.

Bild 14.13 Mikroskopische Gefügeanalyse/schadhaftes Rohr im polarisierten Durchlicht

Um das oxidative Verhalten gegenüber Sauerstoff abbilden zu können, erfolgten in der DSC OIT-Messungen im Vergleich der drei vorliegenden Rohrsegmente. Die OIT-Messungen ermitteln den Zeitraum, in dem eine Oxidation des Werkstoffs durch sein Additivsystem, das aus Antioxidantien und Stabilisatoren besteht, verzögert wird, wobei die Probe bei einer festgelegten Temperatur (T = 200 °C) in einem Sauerstoffstrom im DSC-Ofen isotherm gehalten wird.

Aus den Thermogrammen (Bild 14.14) der OIT-Messungen wurde ersichtlich, dass die neuwertige Probe nach dem Umschalten auf Sauerstoff über die gemessene Zeitspanne von 90 Minuten keine Reaktion zeigte, was darauf zurückgeführt werden kann, dass hier noch ausreichend Antioxidantien/Stabilisatoren vorhanden waren.

Die aus dem Bauobjekt entnommenen Segmente zeigten hingegen schon nach wenigen Minuten eine Reaktion mit dem eingeleiteten Sauerstoff. Der unmittelbare oxidative Abbau könnte darauf zurückzuführen sein, dass durch die Einsatzbelastung der Rohre Antioxidantien oder Ähnliches verbraucht worden waren.

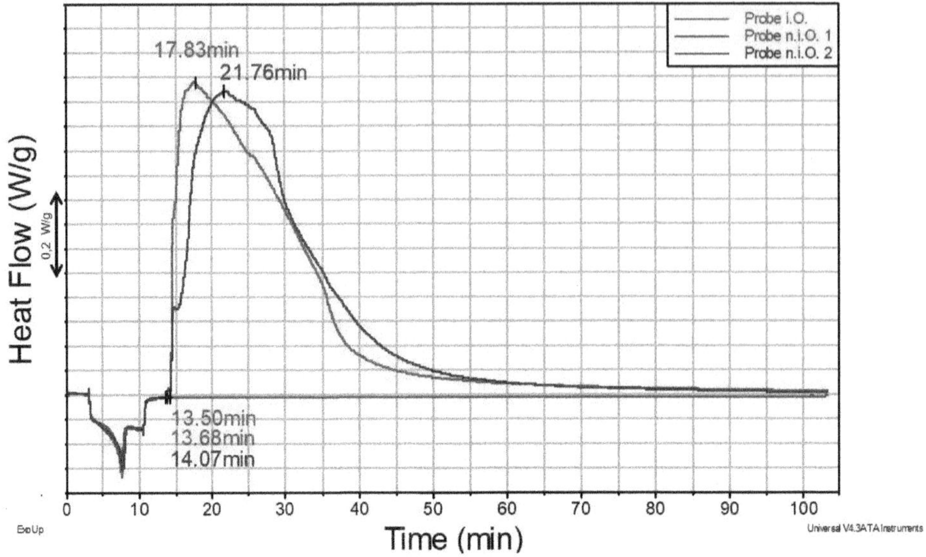

Bild 14.14 DSC-OIT-Messung/Probenüberlagerungsansicht

4. Schadenshergang, Ursachen, Abhilfemaßnahmen

   Auf Basis der durchgeführten Untersuchungen blieb abschließend festzuhalten, dass von den aus dem Bauobjekt entnommenen und untersuchten Rohrabschnitten im weiteren Betrieb keine nennenswerten Standzeiten mehr zu erwarten waren. Aus den mikroskopischen und thermischen Analyseergebnissen ließ sich eine Materialversprödung über der Einsatzdauer ableiten. Unter der Annahme, dass es sich bei den untersuchten Rohrabschnitten um für das Bauobjekt repräsentative Bereiche handelte, schien eine Erneuerung des häuslichen Rohrleitungssystems ratsam.

Schadensanalyse an GFK-Hülsen aus Sicherungseinsätzen

1. Problem-/Schadensbildbeschreibung

   Zur Untersuchung lagen GFK-Wickelrohrsegmente vor, die als Gehäusekörper für Mittelspannungssicherungen eingesetzt wurden. Der Auftraggeber fertigte die Sicherungen im eigenen Betrieb. Bei internen elektrischen Abschalttests unter Laborbedingungen ist vorgesehen, dass ein Silberband innerhalb der Sicherungen ab einer Überspannung von 25 kV durchbrennt und der Stromfluss somit dauerhaft unterbrochen wird (Einweg-/Glühdrahtsicherung). Die Sicherungen weisen nach erfolgreichem Abschalttest üblicherweise Oberflächentemperaturen von etwa 150 °C auf.

   Im Zuge eines Lieferantenwechsels der zugekauften Wickelrohre traten bei den stichprobenartigen Laborversuchen vermehrt (50 % Ausfallquote) Fehlerbilder auf, die bei Erreichen der kritischen Überspannung nur eine kurze Unterbrechung des Stromflusses aufzeigten und anschließend in Flammen aufgingen und vollständig abbrannten.

2. Schadenshypothesen und Vorgehen

   Da die Sicherungen durch den Auftraggeber selber gefertigt wurden und sich bereits in jahrelanger Anwendung etabliert hatten, konnte frühzeitig der Lieferantenwechsel der Wickelrohre als vermutlich ausschlaggebender Einflussfaktor für den Schadensfall identifiziert werden. Die Rohre des alten und neuen Lieferanten unterlagen der gleichen Spezifikation hinsichtlich der werkstofflichen Zusammensetzung (Glasfaser in Harz auf Basis von Bisphenol A), wiesen aber deutliche Farbunterschiede auf, die auch zwischen den Lieferchargen des neuen Lieferanten noch Variationen zeigte.

   Auf dieser Informationsbasis kamen die folgenden Schadensszenarien in Betracht:

   - Bei den Wickelrohren wurde nicht die spezifizierte Harztype verwendet
   - Die Materialzusammensetzung der Hülsen variiert hinsichtlich Füllstoffen/Additivierung
   - Die Hülsen haben eine unterschiedliche Temperaturbeständigkeit
   - Variierende Qualitäten der Innenoberflächen führen zu einem unterschiedlichen Testverhalten

3. Analysen und Interpretation

   Zur Verifizierung der eingangs entwickelten Schadensszenarien wurden diverse mikroskopische sowie thermische und spektroskopische Analysen in Kombination eingesetzt, um werkstoffliche und strukturelle Unterschiede im Bauteilvergleich des alten und neuen Lieferanten identifizieren und bewerten zu können:

   - Rasterelektronenmikroskopische (REM) Analysen der Rohrinnenoberflächen
   - Lichtmikroskopische Untersuchungen an Rohrquerschliffen, zur vergleichenden Qualifizierung des Verbundaufbaus
   - Charakterisierung eventuell vorhandener Füllstoffe mit der Kombination aus Rasterelektronenmikroskop (REM) und energiedispersiver Röntgenspektroskopie (EDX) an den Anschliffproben
   - Infrarotspektroskopie (IR) zur Identifizierung des verwendeten Harzsystems
   - Thermogravimetrische (TG-)Analyse zur Beschreibung des thermischen Abbauverhaltens

Die REM-Analysen der Rohrinnenoberflächen zeigten beim neuen Lieferanten eine hohe Rauheit (Bild 14.15). Demgegenüber stellten sich die Rohre des alten Lieferanten insgesamt glatter dar, zeigten aber zum Wickelkern offenliegende Lufteinschlüsse infolge einer unzureichenden Harzentgasung bei der Herstellung. Die zunehmende Rauheit und vorhandenen „Materialzipfel" könnten sich in der Anwendung nachteilig auf die dielektrische Festigkeit auswirken.

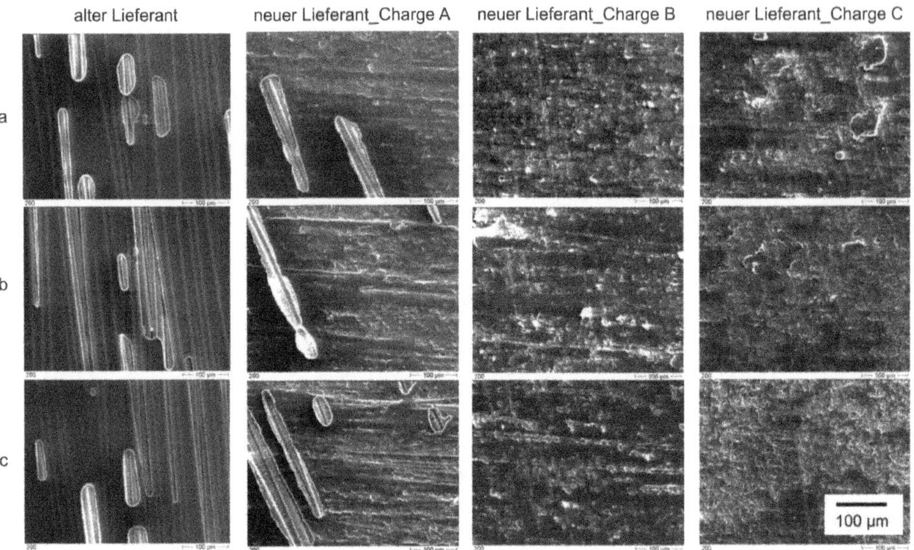

Bild 14.15 REM-Aufnahmen der Rohrinnenoberflächen im Vergleich

Im Rahmen lichtmikroskopischer Gefügeanalysen (Bild 14.16) zeigte sich nach qualitativer Bewertung beim alten Lieferanten der vergleichsweise höchste Faservolumengehalt. Zudem wiesen die Rohre des neuen Lieferanten im Matrixmaterial eine undefinierte weitere Phase in Form sichtbarer Partikel zwischen den Fasern (Bild 14.16) auf, die chargenabhängig auch in unterschiedlicher Konzentration festzustellen waren. Auch aus Bild 14.15 wird in Form der variierenden Oberflächengüte ersichtlich, dass die Rohrhalbzeuge des neuen Lieferanten offensichtlich von Chargenschwankungen betroffen waren.

Über eine ortsauflösende EDX-Analyse konnten dieser Phase die Elemente Sauerstoff und Aluminium zugeordnet werden. Durch charakteristische Bandenintensitäten bei den FTIR-Analysen (Bild 14.17) wurde deutlich, dass es sich bei dem Füllstoff mit hoher Wahrscheinlichkeit um Aluminiumhydroxid (ATH) handelt. Die FTIR-Analysen zeigten zudem Unterschiede hinsichtlich der verwendeten Harztype. Während beim alten Lieferanten ein Harzsystem auf Phenolbasis (z. B. Bisphenol A) nachgewiesen werden konnte, kam beim neuen Lieferanten ein Polyestersystem zum Einsatz.

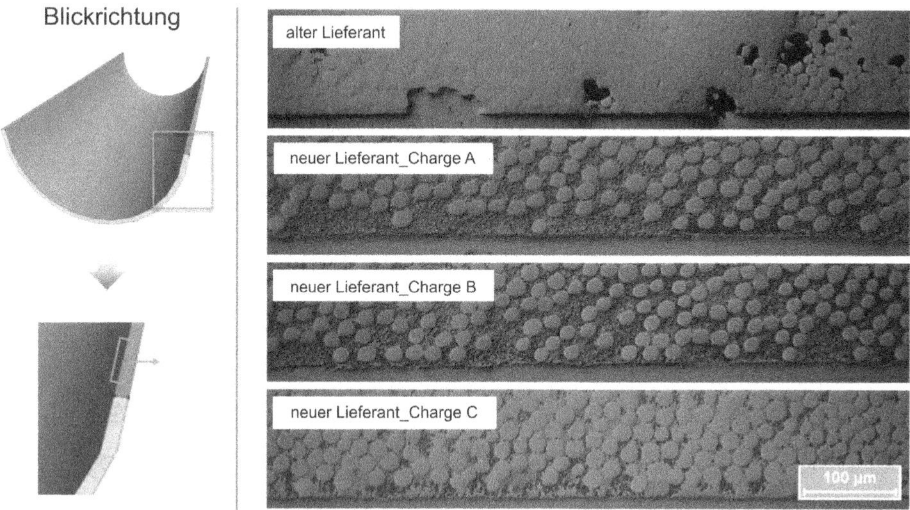

Bild 14.16 Lichtmikroskopische Gefügeanalysen des Verbundaufbaus im Vergleich

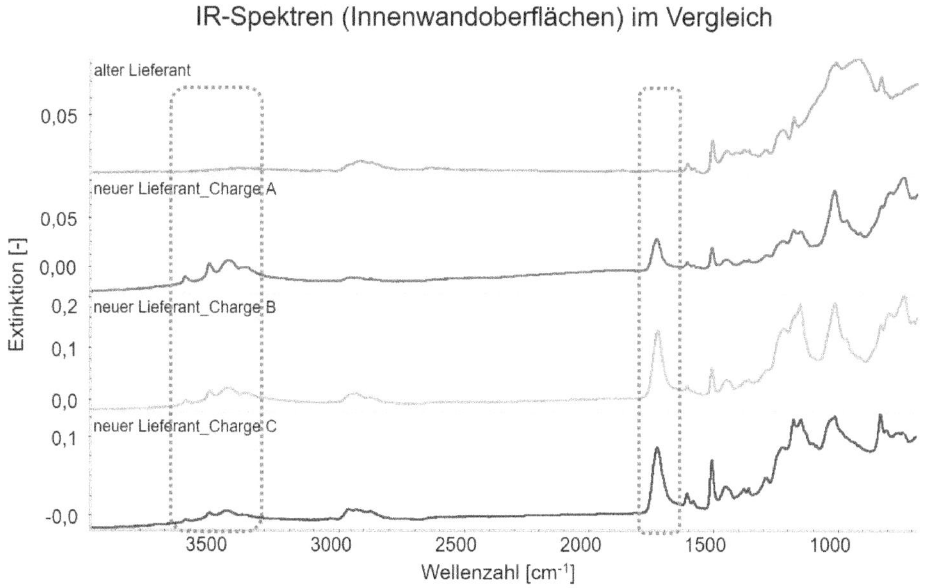

Bild 14.17 Vergleichende FTIR-Analysen im ATR-Modus

4. Schadenshergang, Ursachen, Abhilfemaßnahmen

   Die Untersuchungen konnten aufzeigen, dass lediglich das GFK-Rohr des alten Lieferanten der Spezifikation entsprach. Die Rohre des neuen Lieferanten wichen sowohl bzgl. der Harzmatrix als auch durch Verwendung des Füllstoffs ATH von der Spezifikation ab. Sowohl Polyestersysteme als auch solche auf

Phenolbasis können aufgrund ihrer aromatischen Strukturen zu einer Kohlenstoffabscheidung im Lichtbogen führen, was sich in einer verminderten Kriechstrom-, Lichtbogen- und Witterungsbeständigkeit äußern kann. Für den Anwendungsfall wären vor diesem Hintergrund cycloaliphatische Harzsysteme vorteilhafter.

Der Füllstoff ATH wird oft als Flammschutzmittel eingesetzt. Die flammhemmende Wirkung des beim neuen Zulieferer detektierten ATH beruht auf der Abspaltung von Wasser unter Hitze. Denkbar ist daher, dass bei einer elektrischen Abschaltung eine Kondensatbildung auf der Rohrinnenoberfläche bzw. Dampfbildung innerhalb der Sicherung einen erneuten Stromfluss bei weiterhin anliegender Spannung begünstigen konnte, was letztlich zum Abbrand führte.

Literatur zu Kapitel 14

Ehrenstein, G. W.: *Kunststoff-Schadensanalyse - Methoden und Verfahren.* München: Carl Hanser Verlag, 1992

Kinloch, A. J., Young, R. J.: *Fracture Behaviour of Polymers*, Applied Science Publishers, 1983

Kurr, F.: *Praxishandbuch der Qualitäts- und Schadensanalyse für Kunststoffe*, München: Carl Hanser Verlag, 2011

Scheirs, J.: *Compositional and Failure Analysis of Polymers - A Practical Approach*, John Wiley & Sons, 2000

VDI-Richtlinienreihe 3822 „Schadensanalyse“

Sachverzeichnis

T

U

V

W

Z